収穫と蒔いた種と

―数学者のある過去についての省察と証言―

★★★

ある夢と数学の埋葬

―陰（イン）と陽（ヤン）の鍵―

アレクサンドル・グロタンディーク著

辻　雄一訳

現代数学社

クロード・シュヴァレーの思い出に

目　次

収穫と蒔いた種と

第3部　埋葬（2）——陰（イン）と陽（ヤン）の鍵

XI　故人（まだあい変わらず死亡届が出されていない…）

1　小さな事故——身体と精神……(98)……2

2　わな——自在さと枯渇……(99)……10

3　クロード・シュヴァレーとの別れ……(100)……15

4　表層と深み……(101)……18

5　書くことへの賛辞……(102)……25

6　子どもと海——信念と懐疑……(103)……28

XII　葬儀

1　弔辞

(1)　おせじ……(104)(47)……32

(2)　力と後光……(105)……38

2　陰（イン）と陽（ヤン）の鍵
(1)　筋肉と心の奥（陽は陰を埋葬する(1)）……(106)……50
(2)　ある生の歴史：三つの運動からなるサイクル
a　無邪気さ（陰と陽の結び合い）……(107)……57
b　スーパー・ファーザー（陽は陰を埋葬する(2)）……(108)……62
c　再会（陰のめざめ(1)）……(109)……69
d　受け入れ（陰のめざめ(2)）……(110)……76
(3)　カップル（対）
a　ものごとのダイナミズム（陰と陽の調和）……(111)……83
b　敵対する夫婦（陽は陰を埋葬する(3)）……(111′)……87
c　半分と全体――ひび割れ……(112)……93
d　原型的な認識と条件づけ……(112′)……100
(4)　わが母なる死
a　行為……(112)(113)……102
b　愛する人……(114)……109
c　使者……(114′)……113
d　アンジェラ――別れと再会……(115)……120

(5) 拒否と受け入れ
a 失われた楽園……(116 112)……123
b 円環……(116′)……130
c 一緒にあるもの――「悪」のなぞ……(117)……136
d 陽は陰をもてあそぶ――師の役割……(118 116′)……139

(6) 数学――陰と陽
a 科学・芸術の中でも最も「マッチョ(男権的)」なもの……(119)……145
b すばらしき未知なるもの……(120)……148
c 願望と厳格さ……(121)……151
d 満ちてくる海……(122)……153
e 九か月と五分……(123)……162
f 陰の葬儀（陽は陰を埋葬する(4)）……(124)……167
g スーパー・ママそれともスーパー・パパ？……(125)……174

(7) 陰と陽の逆転
a 逆転(1)――烈しい妻……(126)……176
b 振り返り(1)――光景の三つの面……(127)……182
c 振り返り(2)――核心……(127′)……188
d 両親――葛藤の中心……(128)……191
e 敵としての父(3)――陽は陽を埋葬する……(129)……205

f　矢と波……(130)……208
g　紛争のなぞ……(131)……210
h　逆転(2)——両義的な反乱……(129)(132)……219

(8)　主人たちと奉仕者
a　逆転(3)——陰は陽を埋葬する……(133)……224
b　兄弟と夫たち——二重の署名……(134)……229
c　陰—奉仕者、そして新しい主人たち……(135)……239
d　陰—奉仕者(2)——心の広さ……(136)……253

(9)　ビロードをまとった爪
a　ビロードをまとった足——微笑……(137)……265
b　逆転(4)——夫婦の曲芸(サーカス)……(138)……273
c　無邪気な暴力——転移……(139)……278
d　奴隷と操り人形——仕切り弁……(140)……283

(10)　暴力——遊びととげ
a　正当な暴力……(141)……288
b　仕組みと自由……(142)……295
c　熱望とわりに合わない取り引き……(143)……298
d　二つの認識——知ることに対する恐れ……(144)……302

e　隠された活力……(145)……309
f　情熱と渇望——エスカレート……(146)……313
g　子どもに甘い父……(147)……317
h　活力の中の活力——こびとと巨人……(148)……320

(11)　もうひとつの自分自身

a　執行猶予中のうらみ——事態の回帰(2)——……(149)……327
b　無邪気さと紛争——つまずきの石——……(150)……334
c　またとない状況——大詰め——……(151)……340
d　否認(1)——想起……(152)……348
e　否認(2)——変身……(153)……358
f　舞台化——「第二の天性」……(154)……363
g　もうひとつの自分自身——一体化と紛争——……(155)……370
h　対立的な兄弟——転移(2)……(156)……376

(12)　紛争と発見——悪のなぞ

a　憎しみもなく、容赦もなく……(157)……386
b　理解と再生……(158)……391
c　理由のない暴力の原因……(159)……398
d　藤井日達師——太陽とその惑星……(160)……404
e　祈りと紛争……(161)……417

f 確信と認識 ……（162）…… 422
g 最も熱い鉄棒――転換点 ……（162′）…… 426
h 終わりのない鎖――転移(3) ……（162″）…… 428

宇宙への扉（「陰と陽の鍵」（第三部）の付録）

1 岩と砂 …… 430
2 一妻多夫のことがらと一夫多妻のことがら …… 439
3 創造的な両義性(1)：対、長い行列、輪舞 …… 441
4 創造的な両義性(2)：役割の逆転 …… 447
5 創造的な両義性(3)：部分は全体を含む …… 450
6 創造的な両義性(4)：両極端は触れ合う …… 451
7 私の困惑：「含む―含まれる」と「重い―軽い」 …… 454
8 統一性の探求 …… 457
9 一般性と抽象化――支払わねばならない代価 …… 460
10 二十面体とクリスマス・ツリーの話 …… 465
11 願望と必然性――道、そして目的 …… 470
12 正確さと一般性――ことがらの表層 …… 475
13 調和――秩序と不思議さの結び合い …… 478
14 性格的なものと特徴的なもの――宇宙のアコーディオン …… 483
15 発見それとも「発明」？――書きつける人と「別の人」 …… 489

16 花とその動き――私が遠ざかれば、それだけ私は近づく……495
17 カオスと自由――手に負えない姉妹……502
18 漠然と正確さ――［魚をすくう］たも網と海……508
19 秩序と構造――正確さの精神……511
20 抽象と具体(1)：思考の誕生……513
21 抽象と具体(2)：単純さの奇跡……516
22 抽象と具体(3)：言語の諸層――皮膚と抱擁……520
23 抽象化と意味――コミュニケーションの奇跡……529
24 母―言語――回帰の道……535
25 宇宙への扉……548
A 扉と鍵穴（一覧表）……548
B 木……567
C 窓……570
D 二重の二十面体……573
事項さくいん……592
人名さくいん……620
訳者あとがき……623
（なおタイトルのないノートのページを以下に記しておきます）
106_1……56
108_1……67
108_2……68
128_1……201
134_1……237
136_1……259
156_1……384

第3部　埋葬(2)——陰（イン）と陽（ヤン）の鍵

XI　故人（まだあい変わらず死亡届が出されていない…）

1　小さな事故――身体と精神　98
（一九八四年九月二十二日）

埋葬にあてられたノートの最後の日付は、五月二十四日です（いくつかの注を除いて）――それからやがて四か月がたちます。そのあと二週間、六月十日まで、とくに、すでに書かれたノートを読みなおしたり、あちらこちらを補ったり、手直ししたりしました。また、この間に、ゾグマン・メブクが、埋葬のためのノートの全体を印刷に付す前に読み、彼の意見を述べるために一・二日訪ねてきました。決定原稿は六月の初旬にすっかり出来あがり、大学の夏期休暇の前にタイプ打ちされ、印刷されるものと考えていました（いずれにしても、それは楽観的でしたが…）。私は、夏のバカンスの出発時のてんやわんやの前に、それぞれの人に、私の「500ページの手紙」を送りたかったのでした！

実際のところは、いまこれを書いている時点で埋葬に関する文書はあい変わらず仕上がっていません：四か月前と同じく、まだ二・三の最後のノートが欠けています――さらにもうひとつ[1]がこの間に付け加えられました[本書…ページ]。この付け加えられたノートは、その間に生起したことについての手短な評価として、書きながらつくっていったものでした。

六月十日、思いがけないことに満ちた、この『収穫と蒔いた種と』の執筆に、もうひとつの新しい思いがけないことが入り込んできました。私が病気になったのです！突然わき腹に痛みをおぼえ(その少し前には、全く考えてもみなかったことなのですが)、有無を言わせぬ断固とした力でもって、私はベッドに押しやられてしまいました。立っていること、坐っていることさえ、突然非常に耐えがたいものになりました。寝そべっている姿勢だけが適しているようでした。それは本当にばか気たことでした。しかもたいへん急いでいた仕事を終えつつあった時点においてなのです。このことについて語るのはこれ以上はやめにしましょう！寝そべってタイプを打つことなど問題にならず、この姿勢で手で書くことさえ、楽な仕事ではありません…。

それでもなお二週間近く、万難を排してなんとか仕事をつづけようと試みました。身体は、疲れきっており、――私は耳を傾けようとはしていなかったのですが――完全な休息を執拗に求めているという明白な事実を認めるのに、これだけの期間が必要なのでした。

私はなかなかこの休息の執拗な求めを理解できませんでした。精神の方は、身体の生命からは完全に切り離された、自立した生命を持っているかのごとく、はずみに乗って仕事をつづけようとぴちぴちしており、元気いっぱいのままだったからです。それは、あまりにも元気で、ぴちぴちとしていたので、身体の眠りの必要性を考えに入れることが非常にむずかしく、取り組んでいる仕事を放すのをかたくなに拒否し、眠り――つまり事態がうまく運んでゆくのを妨害するもの――の期限を、疲労の極限にまでたえず押しやっていたのでした！

私の人生全体を通じて、ここ三・四年前までは、深く、長い睡眠による回復の限界のない能力は、時には度をこしたエネルギーの投入の、しっかりとした、有益な対(つい)をなしていました。睡眠が確保されているときには、何も恐れることはありませんでした。がむしゃらに、あふれんばかりの仕事に、へとへとになるまで身を投ずる（狂気とは言わないまでも）ことが出来ました――あとは、回復力をもった、これもあふれんばかりの睡眠を取ればよかったのです！この能力は、私の人生全体を通じて、仕事をする能力、発見する能力（もちろんこれら二つの能力は緊密に結びついていますが…）と同じく当然のものだと思われていたのですが、ここ数年、すり切れ、時には消えてしまうことになりました。その理由については、現在私にはよくわかっておらず、まだそれを探ってみる努力を本当にはおこなっていません。しだいに多くなってきているのですが、タイプライター（あるいは原稿）にむかっての長い一日のあと、つづけることを拒否する身体の命令に従って、ついに床につく決心をすると、寝そべった姿勢（と、これが、坐った姿勢のもつ緊張に与える部分的な和らげ）は、たちまち、省察を再開させます。省察はすばらしい再出発をして、数時間、さらには、夜じゅう(あるいはむしろ夜の残りの部分…)つづきます。このやり方は（長期にわたって**やってゆけるもの**と仮定して）有益なものではないとたしかに考えてはいます。（少なくとも私にあっては）書くという支えのない長い省察は、堂々めぐり、しばしば一種の反すうになってしまいます――悪い癖がしっかりとついてしまい、悪化する傾向を持つからです。それは、ここ数年、私の生活において、エネルギーの散逸の大きな中心となったようです。ところが、エネルギーの他の散逸のメカニズムは、年月を経るにつれて、ひとつひとつ、徐々に消え去っていったのですが。

このメカニズムが私の生活の中にこれほどの強靱さでもって根づき、ここ数年の間にこれほどの代価を支払うことになったのは、たしかに、私の中のなにかがそこに利益を見い出してきたし、また近い将来そこに利益をさらに見い出すことになるからでしょう。この状況を詳しく検討してみることは無駄なことではないでしょう――また、ここ四か月間に、一度ならず、これを検討してみようとしたことがあったのです。

ここには、おそらく、緊急の課題があったでしょう。だがそこにはさらにもっと緊急なものがあることを理解することになりました。私はまず最も急がなければならない事柄に備えねばなりませんでした。つまり、私の身体との断ち切られていた接触をとりもどし、私が感じ、認めることになった疲労の状態から身体が立ちなおり、失われた力強さを再び見い出すのを助けることです。そのためには、期間を決めずに、私に起こったことの意味についてめい想することをも含めて、あらゆる知的活動を放棄しなければならないことをこのとき私は理解しました。私の大きな自己投入における、この長い、有益な「挿入期間」が終わるのは、今日再開されたこれらのノートと共にです。これらのノートは、しばらくして(今年一九八四年の二月以後の)この『**収穫と蒔いた種と**』の文の中に加えられました。このノートは、四か月のこの「挿入期間」についての、まず最初の省察、あるいは少なくとも一種の簡潔な評価です。

とどのつまり、完全な休息の必要性を理解する時がきました。大きな疲れが、深い疲弊となったのでした。身体のもつ有無を言わせぬ言語を聞くことを知らなかったので、この最初の二週間に、身体の疲労の状態にあって無理やりおこなわれた、埋葬への解説と手なおしのわずかなページが、エネルギーの投入を代償としてこのことを理解させたのでした。後から考えると、このエネルギーの投入はバカ気たものに思えます！とにかく、この武勇のあと、何週間もの間寝ていなければなりませんでした。この間どうしても必要な日常的な仕事のために日に数時間起きているだけでした。

驚くべきことに、ひとたび完全な休息の必要性をついに**理解する**や、すべての知的活動を完全にやめてしまうのにいかなる困難も味わず、「ごまかす」ような形跡も全くありませんでした。決心をさえする必要がありませんでした——理解したという事実だけで、すでに活動をやめていました。その前日にはなお私をやきもきさせていた仕事は、突然非常に遠くにあるように思え、はるかに遠い過去に属しているもののように見えました…。

それでもこの期間は空虚ではありませんでした。何週間も何か月も睡眠はためらいがちのものであり、長時間にわたって、みかけは完全な不活動の中で寝そべったままだったのですが、一度も時間が長いと感じたことはありませんでした。私の身体を、また一番身近かな環境をあらためて知ることになりました——たまたま私が寝込んでいたところ、家の近く、あるいは短い（慎重を期した…）散歩の道すがら、ちょうど目の前にある、私の部屋、日光をあびた一片の芝生あるいは乾草、太陽の光の中でのハエのダンスを追いかけるのに、あるいは、私の目の下で草の細い茎がからみ合った森の中で、つながったこれらの茎に沿って、蟻や、緑やピンク色の半透明の小さな虫のおこなう巡礼を追って長い時間を過ごしました。それは、また、静けさと大きな疲労のために、腹わたを抜けるわずかな風のためらいがちな流れに、気を配りながら、ついてゆくことができる気分でもありました——結局、初歩的で、基本的な事柄との接触を取りもどす気分だったのです。そして、体力を回復させるものとしての睡眠のありがたさをたっぷりと知ることができ、さらに、なんの問題もなく、単に小便するだけのことがどれほどすばらしいかを知ることが出来る気分だったのです！身体が単に機能しているだけのことが途方もなくすばらしいことなのです。この機能がなんらかの仕方で支障をきたしたときにのみ、少しばかり（ときには不承不承に）このすばらしさを意識するのです。

「医学的に言えば」、私の「健康を害したこと」の底には睡眠の支障があったことは実にはっきりしていました。この支障の深い理由は、私にははっきりしませんでしたし、今もなおわからないままです。私が知っている大きな睡眠、一番必要とされている時点で不思議にもそっと逃げていってしまったもの、この睡眠をまず手探りで再び見い出そうとしました！私はほんの少し前にそれを見い出したばかりです。もちろん言うまでもありませんが、離れ家にこもってしまうという考えは浮かびませんでしたし、せんじ茶やオレンジの花をしぼって作る橙花水（この機会に知ったのですが）を試みたのですが、心の底では、それは一番よくても一時しのぎのものにすぎないということを知っていました。もっと真剣に、私はこの機会をとらえて食生活を大きく変えました。でんぷん質の野菜を減らして、緑の野菜やくだ物（なまのものや煮たもの）を増やし、食事の日常的な要素として肉を（少しばかり）再び導入し、とくに脂肪と糖分の消費を大幅に減らしました。（豊かな国における多くの人たちと同様）私にあっても、少なくとも戦争［第二次世界大戦］が終わって以来、一貫してアンバランスがありました。支障をきたした生活の均衡を取り戻すために、食生活のこの変化の重要性をとくに考慮する上で、私は、義理の息子のアーメドに大いに助けてもらいました。彼は中国医療を実践しており、こうした事柄に非常によい「感受性」を持っているのです。緊張した知的活動に対してバランスを保つために、日に数時間の、身体の大きな活動をおこなうことの重要性を疲れを知らずに主張したのも彼でした。さもなければ、この緊張した知的活動は、自由に使用できる生命のエネルギーを頭の方へ引っぱり、陽（ヤン）の強い不均衡をつくりだして、身体を疲弊させる傾向をもっています。

さらに、アーメドは、陰（イン）と陽（ヤン）の弁証法を含んだ良き忠言を私に惜しげもなく与えるだけで満足してはいませんでした。この陰（イン）と陽（ヤン）の弁証法について言えば、私はかなり感受性を持っており、ここ四、五年来、ことがらのこの微妙なダイナミズムに親しむ機会を大いに持ちました。庭仕事ができるほど良くなると、かなりみじめな様子をしていた小さな庭を少しばかり軌道に乗せるために、私の出来ることを見て、アーメドは機先を制して大きな仕事をしはじめました。地面に新しい筋をつけ、土を持ってきて、凹凸をならし、種をまき、段丘をつくり、支えのため低い石垣をおき、堆肥の山をおきかえました…。数日間、数週間、疲れを知らぬこの友の力によって、私の人生の残りのためのとは言わないまでも、何年間かはたずさわるに十分なほどの、整備の仕事が、私の眼前でおこなわれてゆくのを見ました！

これこそ、まさに、私に必要なことでした、そして、あまりにも激しい知的活動に対して釣り合いをとるために長期にわたって必要とされるものです。この点に関しては、これから自分に課すことになるだろう毎日の散歩——これはずっと前から人にすすめられていたものですが——は、私には大きな救いにはならないでしょう。頭は、風景の美しさによって邪魔されることなく、ベッドにいるときと同様に、散歩のあいだも働きつづけるのです、私はほとんど何も見ずに通り過ぎてしまうのです！これに対して、菜園に水をやり、うまくゆくように手入れすることを自分の役目とし、さらに菜園を中耕すると、多少とも注意を向けて、それに入ってゆかねばならず——土の組成を考えに入れ、土が中耕や野菜や、そこに生えてくる「雑」草、堆肥やこものおおいによってどんな影響を受けるのかを考慮せざるを得ません——さらに、また、ついには、私が世話をしているとされている植物の状態、私がそれらに与えた多少とも大きな注意を大いに反映している状態を考慮せざるを得ません。この菜園での活動と、これをめぐるすべてのことは、私の中にある二つの強い願望あるいは姿勢に応えてくれます。つまり、毎日**私の手からなにかが出てゆく**のを目にする活動へと向かわせる願望（散歩の場合こうしたことは全くなく、ある同僚—友人が私にすすめた重量挙げについても、もちろんこうしたことは全くありません…）、そして、各時点で、ものごととの接触で**学ぶ**機会を持ちうるような活動へと向かわせる願望です。私は、なにか——私の手のもとで形をとり、変化してゆく「なにか」——を「おこなう」という状況の中で学ぶのが一番向いているように思えるのです…。

狭い意味での疲弊がひとたび過ぎてしまうと、回復は、二つのタイプの活動、あるいはむしろ、家の中と庭での毎日の活動の二つのタイプの重要で、有益な要素のおかげで達成されたように思えます。一方には、**身体上の努力**がありました。仕事にとりかかる前にはしばしば疲労や元気のなさを感じさえしました——例えば、重いつるはしや大きな石を扱ったりして、仕事が「きつ」ければ、それだけ、その後では、心地よい疲労にみちた調子のよさを感じるのでした。また**生きたもの**との接触もありました。手入れしなければならない植物、植物を迎え入れる準備の必要な土、ついで、わらをかぶせること、中耕すること。準備しなければならない食べ物、それを、自分で食事を準備しなければならないだけに、それだけ喜びをもって食べました。餌を求める猫、猫の愛情、さまざまな家庭用品や道具、そして、でこぼこした、ほとんどは不細工な小石、それらを集めて、しっかりと立った低い石垣にするためには、あらゆる方向にまわしてみなければならないもの…。

身体上の努力と生き物との接触——これは、まさに知的労働の中に欠けている二つの側面であり、このために、知的労働は、その性質からして、不完全で、細分化されたものであり、極限においては、もし他の事柄によって補完され、埋め合わせられなければ、危険なもの、さらには有害なものになります。私がこのことを考える機会を持ったのは、ほんのここ三年あまりの間で、これが三度目です。私が苛酷な最終的決着の前に立たされていることが、いまや実にはっきりとさえしてきました。つまり、生活の様式を変えること、私の存在、身体という陰（イン）の極が、精神あるいは（もっと適切な言い方で）頭という陽（ヤン）の極のために絶えずなおざりにされないようなある均衡を見い出すこと、さもなければ、ここ数年のうちに「戦死」してしまうことになるだろうと言うことです。これが、私の身体が告げていることです、最大限に明確な言い方で！現在私の生活においてある基礎的な「知恵」の必要性が、言葉の本来の、文字通りの意味で、**生き残り**の問題となった時点に至りました。たしかにこれはよい事です――さもなければ、このいわゆる「知恵」は、大人になってからの私の生活全体において支配的な力のひとつであった、知的活動の中のこの種の熱狂のために、永遠に無期延期にされてしまったでしょうから。

「生活を変えるか、さもなくば死んでしまうか！」という、実に明確な最終的決着の前に立たされながら――私の選択を知るために探りを入れてみるということはしませんでした。結局のところ、四か月ばかりの間、自分に強制しているという印象を一度ももたずに、数学も数学以外のものも、知的活動のすべてを控えることが出来たということです。自分でそう言ったわけではありませんが、極限的には、生きて畑をする人の方が死んだ数学者（あるいは死んだ「哲学者」または「作家」、これはどちらでもいいことですが！）よりもはるかに良いことを私は知りました。少しばかりいたずらっぽく、生きた数学者よりも良いと付け加えることも出来るでしょう！（しかし、これはまた別の話です…）。

しかしながら、私が長期間にわたって、すべての知的活動――数学上の、あるいはめい想についての――を放棄せざるを得なくなるような「極限的な」状況にいつか追い詰められるとは考えていません。むしろ、これからの年月の最もさし迫った、緊急の実際上の課題は、まさに、二つのタイプの活動、つまり身体の活動と精神の活動が、その日その日に共存していて、このどちらもむさぼるようなものでなく、他を追い立てないような生活の均衡に達することです。幼年時代以来、私の最も強い自己投入がなされたのは、たしかに「精神」の方向であり、ここ何年間か私の生活を支配しつづけていた二つの主要な情熱が今日なお私を向かわせるのもこの方向にあることを私は隠しません。これら二つの情熱、数学に対する情熱とめい想の情熱のうちで、私の生活における不均衡の一要因――これだけのために残りのすべてを「むさぼり食う」という困った傾向をいまなお持っているなにものかとして振る舞っているのは、これだけだとは言わないまでも、とくに数学に対する情熱です。私の生活において、一九八一年六月以来、不均衡の状態の目じるしとなった三つの「病気のエピソード」が、まさに、数学に対する情熱が舞台の前面にあった時期にあたっているのは、たしかに偶然ではありません。

厳密な意味でのめい想の時期とは言えないまでも、私自身についての省察の時期となった、『収穫と蒔いた種と』の執筆の過程で不意に生じたこの最近のエピソードは、完全にはこのケースにあてはまらないと言うことも出来るでしょう。だが私の数学者としての過去に関するこの省察が、数学に対する情熱から絶えず糧を与えられていたことも事実です。第二部の「埋葬―裸の王様」[『数学と裸の王様』]においては、とくにそうだったと思われます。そこではこの数学に対する情熱のもつ自己に集中する部分が絶えずとくに強い仕方で引き込まれているのが見られます。しかし、あとから振り返ってみても、この省察は、どの時点においても、私の身体が遂には有無を言わせずに「もういやだ！」と言わざるを得なくなった前の二つの場合におけるように、むさぼるような、さらには狂気を伴ったリズム、調子をもったという印象はありません。この一年半の私の知的活動（『園（シャン）の探求』の執筆による「再開」と、それにつづく『収穫と蒔いた種と』以来の）は、生活全体の枠組みから切り離してみるとき、飲むことや食べることを忘れることなく（だが、それでも、少しは眠ることを忘れますが…）、実に道理にかなったリズムでおこなわれているように見えます。それが、第三の「健康についてのエピソード」（婉曲な表現を用いましたが）にゆきついたのは、おそらく、長い間動ずることなく耐えしのんできた丈夫な体に対する、あまりにも強く、そのリズムと規則を押しつけている、頭の側に傾いたこの果てしない不均衡によって彩られてきた生活全体を基盤としているからでしょう(2)［本書…ページ］。

ここ二か月の間に、私は、書物や省察だけでは得ることができない、単純で、基本的な事柄を静かに私に語りかけている、目立たない生きた事柄との親しい接触を伴う、身体を用いる労働のもつ、他のもので代替することが出来ない恩恵を感ずる機会を多く持ちました。この労働のおかげで、睡眠、飲むことや食べること以上にはるかに貴重なこの同伴者を再び見い出しました――そして、この睡眠と共に、突然消え去ってしまったと思われた力強さと頑強さが再生しました。そして、もし私が昨年から始めたこの数学上の新しい冒険をなお数年の間つづけようとするならば、私の菜園の腐植土の上にしっかりと二本の足を下ろしてはじめて、私の人生のこの季節の中で、健康と生命を危険にさらさずに、これをおこなうことが出来ることを認めることが出来ました。

これからの月々は、毎日、身体の仕事と精神の仕事を行ない、これらを互いに両立させるような、新しい生活様式を開始せねばならない時期となるでしょう。なんと仕事をたくさん抱えていることだろう！

注 (1)（九月二十三日）実際には、この予定された「ノート」は、三つの別々のノート（No.99―101）［本書…ページ］に分裂しました。

(2) ここで一九七四年から一九七八年までの五年間は、例外とせねばなりません。この五年間は、なんらかの大きな仕事によって支配されておらず、手を用いての仕事が、私の時間とエネルギーの無視できないほどの部分を占めていましたから。

2 わな――自在さと枯渇（九月二十三日） 99

昨晩は仕事を中途でやめざるを得ませんでした。あまりにも良く知っている悪循環の中に入りこみ、朝の二、三時まではずみに乗って仕事をつづけないということです。私は元気はつらつとしていました。もし私の生来の傾向にしたがっていたとしたならば、夜明けまでつづけさえしたことでしょう！知的労働のわな――少なくとも、長い習熟によって、水の中の魚のごとく感じている素材の中を情熱をもって追求してゆくというわなです――それは信じられないほど**容易なこと**なのです。撃つこと、撃つこと、そうするとつねにうまくゆきます、撃ちさえすればよいのです。時には、ほんの少し努力や摩擦について感ずることがあります、それは少しばかり抵抗があることの兆候です…。

だが、私の数学者としての若い時代に、重さ、鈍重さをしつこく感じたことを思い起こします。私はこれを執拗な努力によって乗り越えねばなりませんでした、そのあとに疲労感を覚えながら。それは、とくに私が不十分な、さらには不適切な道具を用いて仕事をしていた人生の一時期に対応しています。さらにその後の、ある集団（基本的には、ブルバキ・グループ）に押されて、少しばかり「あらゆる方面で使われる」道具を多少とも苦痛にみちて獲得しなければならなかった時に対応しています。この集団では、これらの道具はやすやすと使われていましたが、私には、それらの存在理由は徐々にしかわかりませんでした、あるいは時には何年間もわからないままでした。時には少しつらかったこれらの年月について、『収穫と蒔いた種と』の第一部で語る機会がありました（第9節「歓迎された外国人」、注10「火の中の百本の鉄棒——ひからびてしまうと何もできない！」を見られたい［『数学者の孤独な冒険』、P210、P373］）。それは、とくに、一九四五年から一九五五年までの時期で、私の関数解析の時代と一致しています。（その後、一九六〇年と一九七〇年の間、私のもった学生たちにあっては、年長者たちの威信を信じて概念や技法を頭に詰め込むための、十分な動機をもたない実習に対するこの抵抗は、私が体験したものよりもはるかに弱いものだったように思えます——要するに、私は学生たちのもとでそうした抵抗があるのを全く感じないほどでした）。

私についての話に戻りますが、しばしば「舞う」ような印象を持ったのは、とくに一九五五年とそれにつづく年月からです——遊ぶように、努力をしているいういかなる感情もなく、数学をおこなうという印象です——私の年長者たちの持っていたもので、私はかつてこのような半ば奇跡的な自在さに対して大いにうらやんだもので、私のような鈍重な人間には全く到達できないものだと思えたものでした！今日では、このような「自在さ」は、ある特別な才能（このような「才能」が私には全くないと思われた時点で、いく人かのひとびとのもとで私が出会ったような）の特権ではなく、ある素材（例えば、数学のような）に対する熱の入った興味と、この素材と多少とも長い期間の親しみとの結びつきの果実として自然に現われてくるものだということがわかります。もし「才能」がこのような自在さの出現においてはっきりと介入してくるとすれば、おそらく、あれこれのテーマについての仕事において完璧な自在さに達する上での時間のファクターを通じてでしょう。その時間は、人に応じて（また時には同一の人において、その時期に応じて…）長かったり短かったりします[1]［本書…ページ（以下P…と書く）］。

とにかく、さらにこれが進むと——年月を経るにつれて——数学をおこなうとき、いっそう「自在さ」についてのこうした印象を持ちました——事柄をながめ、多少とも注意深く観察しさえすれば、事柄はおのずと私たちに姿をあらわすのです。それは技法上の妙技の問題ではありません——この技法上の妙技という観点では、一九七〇年、私が「数学を去った」時点よりも、現在私ははるかに良くない状況にあることは実にはっきりしています。その時以来、私は学んだことを忘れる方がとくに多かったのです、私のいる片隅で、以前とは（少なくとも一見したところは）かなり異なった精神でもって、たいへん異なったテーマについて、ほんの散発的に「数学をおこない」ながら。もちろん、ある有名な問題（例えば、フェルマー、リーマン、ポアンカレの問題）について、その解決へ向かっての一直線の道を切り開くためには、一、二年さらには三年間これに取り組めばよいと言っているわけでもありません！私の語っている自在さは、あらかじめ定められたこのような目的を提出し、到達する――ある予想を証明する、あるいはこれに対して反例を与える…――という自在さではありません。その自在さとは、むしろ、未知の中に、ひそかな保証を伴って、ばくぜんとした直観が私たちにそれが肥沃なものであることを告げている方向へとつき進んでゆくことを可能にするものです。このばくぜんとした直観は、決して否認されることはなく、私たちの旅の毎日、毎時間が私たちに新しい知識の収穫を必ずもたらせてくれるようなものです。翌日、さらにはすでにその日の後につづく時間に、私たちに**どんな**知識がちょうど取っておかれているのか、たしかにそれを私たちは予感するのです――そしていつも不意にやってくるこの「予感」、それと一体となっているこの未決定の状態、それが絶えず私たちを前へと駆りたてるのです、一方私たちが探索しているこれらの事柄そのものは、私たちを引きつけているように見えるのです。わかってくるものは、つねに予感されていたものを超えています、具体性において、その味わいと豊かさにおいてです――そして、この知られたものが、今度は、直ちに出発点となり、新しくなった予感のための素材となり、知られることを渇望している新しい未知の探求へ向けて乗り出すのです。事柄を発見するというこの動きにおいて、私たちが各時点で従ってゆく**方向**は知られていますが、実際ある目的から出発して、それに到達することを考えたとしても、その**目的**は忘れ去られるのです。たしかにこの「目的」は、その時、野心あるいは無知の生んだひとつの**出発点**なのでした。それは、「ボス」を動機づけ、当初の方向を定め、その目的が本当には関与していないこの動きを開始するにあたって、自らの役割を果たしたのです。企てられた旅が一日や二日のものではなくて、息の長いものでさえあれば、日がたち、月がたつごとにそれが私たちに明かすもの、長くあい次いで起こる未知の出来事の末に私たちを連れてゆくところは、旅人にとっては、全くのなぞなのです、きわめて遠くにある、実際のところ全く到達できないなぞであって、それについては何も心配することはないのです！もし地平線を注意深く観察することがあったとしても、それは到達点を予言するという不可能な仕事のためではなく、ましてや好みに応じて到達点を決めるためではなく、その時点で自分がどこにいるのかを明らかにするためであり、旅をつづける上で選択することが出来るさまざまな方向の中から、その時一番関心の的として感ぜられる方向を選ぶためなのです…。

数学のような、全く知的な方向での発見の仕事に関して、さきほど話した、この「信じられないほどの自在さ」とはこういったものです。この自在さは、（私がいまおこなっているようなめい想の仕事において非常にしばしばそうであるように）心の中の**抵抗**によって**抑制される**こともなく[2][P…]、また、明確な中止の信号を与えることになる疲労をつくるものである、**身体上の努力**をおこなうことで抑制されるものでもありません。**知的な**努力について言えば、（残されている唯一の「抵抗」が時間という要素だけであるような地点に達した「努力」について語ることが可能だと仮定して）、それは知的な疲労も身体上の疲労も共に生成するものではないようです。もっと正確に言えば、もしそこに身体上の「疲労」があったとしても、この疲労は、あまりに長い間おなじ姿勢で坐っていることで一時的な痛みや、これと同じような他の付随的な困り事を別にすれば、それ自体として本当に感ぜられるものではありません。こうした痛みや困り事は単に姿勢を変えるだけで容易に除去されます。寝そべった姿勢は、本当に必要な睡眠に代わって、これらを消し去ったりして、知的な仕事を再び活発にするのを促すというあいにくな効力を持っています！

だが、筋肉あるいは神経の疲労よりもより微妙で、よりひそかに進行する身体上の「疲労」があることに、私は気づくようになりました。それは、休息や睡眠の拒めない必要性によって、こうしたものとして現われてきます。ここでは「疲弊」という語の方が（「疲労した」という言葉より）事態をより浮きぼりにしているでしょう。ただし、極端な疲労、とくにただ起きたり、数歩あるいたりするのにもたいへんな努力が必要とされるものを指す、この「疲弊」という語の通常の意味では、この状態はあるがままには感知されませんが。それは、むしろ頭脳のために身体のエネルギーが「疲弊」するというもので、この疲弊は、身体の全般的な「活力」の、身体のもつ生のエネルギーの水準の漸進的な低下として現われます。過度の知的な活動（つまり、身体の疲労や休息の必要性をつくりだす、十分な身体上の活動によって補われていないもの）によるこの疲弊は、漸進的で**蓄積してゆくもの**と思われます。その効果は、ある期間の間の知的活動の**強度**と**持続期間**の双方に関係しているにちがいありません。私が知的労働をおこなう強度のレベルにおいては、年齢とともに、また私の体力を考え合わせると、この蓄積する疲弊は、規則的な身体の活動によって補われない、中断のない活動を一、二年つづけると、危険で、重大な戸口に達するように思えます。

ある意味では、私の言うこの「自在さ」は、見かけ上のことにしかすぎません。緊張した知的活動は、相当なエネルギーを費やすことは明らかです、エネルギーはどこかで取られ、仕事の中で「消費」されます。この「どこか」は身体のレベルに位置しているように思えます。身体は、頭脳が気前よく費やす支出（ときには、気が遠くなるほどの）に出来るかぎり「耐える」（あるいはむしろ**支払う**）のです。身体によって与えられたエネルギーを取り戻す正常な方途は睡眠です。頭脳が睡眠を侵害するほど多食になるとき、エネルギーの元金を、それをよみがえらせることなしに、むさぼり食うことになります。知的労働の「自在さ」のもつわなと危険性は、それが私たちをこの敷居を越えることを、また越えたあとではそこにとどまることを倦むことなくたきつけることであり、またその上、この敷居を越えることは、疲れ、さらには疲弊といった通常の、明らかな兆候によって私たちの注意を引くことがないことです。情熱をかきたてる冒険に全面的に乗りだしているときには、この敷居が近づいていること、それを越えるのを見破るためには、大きな用心が必要だと思います。身体のレベルでのエネルギーのこの欠乏を知覚するには、身体に対して耳を傾ける状態にあることが必要です。これはしばしば私に欠けていたことであり、ほんの少しの人しかこうした状態にないものです。また、自覚的な注意をともなった、身体とのこのような交流の状態が、あらゆる身体上の活動のない、純粋に知的な活動によって支配されている生活の時期において、開花することがだれかのところで可能かどうか、私には疑問です。

また知的労働をしている人たちの多くは、直観的にこのような身体の活動の必要性を感じており、したがって彼らの生活を調整しています：庭仕事、しろうと大工、山、船、スポーツ…といったもので。私のように、あまりにも大手をふった情熱（あるいは、あまりにも強い無気力状態）のために、この健全な直観を無視してきた人びとは、遅かれ早かれその費用を支払うことになります。私は三年の間に三回勘定を支払うことになりました。はっきり言って、しぶしぶではなしに私はそれを支払いました、あるいは、もっと正確に言って、感謝をこめて支払いました。ひとつひとつの病気のエピソードごとに、私自身の怠慢の果実を収穫していえるにすぎず、さらには、おそらくこれのみが私に与えることができる教訓を私にもたらせてくれたことを考えに入れてです。いま終わったばかりのこれらのエピソードのうちの一番最近のものが私にもたらせた、おそらく最大の教訓は、機先を制し、このような静粛をよびかける命令を今後は無用なものにするよい機会だということ――あるいはもっと具体的には、私の菜園を耕すのにちょうどよい時期だということです!

注 (1) だが、深い作品を生みだしながら、ここで問題にしている軽ろやかさ、「自在さ」という印象を私が一度も持ったことのない、数多くの数学者を知っています――彼らは至る所にある重力と対決し、一歩ごとに、努力してそれを克服しているように見えます。なんらかの理由によって、さきほど問題にした「自然な果実」は、これらの卓越した人たちのもとでは、そうだとみなされているように「自然に現われ」てはいません。そういうわけで、すべての結びつきが必ず期待される成果を生むとはかぎりません…。

(2) しかし、私は、たいへん才能に恵まれた数学者で、数学との関係が典型的なほど葛藤にみちていて、ある期待(例えば、予想という形での)があやまりであることが明らかになるかもしれないという恐れのような、強い抵抗によって、一歩ごとに足かせをはめられている人をひとり知っています。こうした抵抗は時には知的機能の完全な停止に至ることがあります。これと前の注(1)とを比較されたい。

3　クロード・シュヴァレーとの別れ　100

昨日と今日の省察において、故意に、まず、ある出来事を傍らにおいておきました。それは、七月上旬の、まだ床にふしていた時、病気のエピソードの真っ最中にあった出来事です。クロード・シュヴァレーの死のことです。

私は多少ともこの出来事にさかれた、「リベラシオン」紙の漠然とした一記事で知りました。ある女性の友人が、私が興味を持つかもしれないと考えて、念のためにと渡してくれたのでした。シュヴァレーについてはほとんど何も書かれておらず、彼が創立メンバーのひとりであったブルバキ・グループに関する長々とした記事でした。私はこのニュースを知って、自分を実にバカものだと感じました。何か月も、『収穫と蒔いた種と』は終わりつつあり、タイプライターを打ち、印刷に付され、仮とじされ――まだ出来たての一部を彼に届けるために大急ぎでパリへゆくことを予定していたのでした！私のこの厚い本を本当に興味をもって、しばしば喜びをともなって、読んでくれる人がこの世にひとりいるとすれば――私はそれを確信していましたが――それは彼だったのです――そして私は彼以外にだれかこうした人がいるとは全く確信が持てませんでした！

省察のはじめから、私の人生の決定的な時点で、シュヴァレーは私になにかをもたらした、沸騰状態のときに蒔かれ、静かに芽を出していたなにかをもたらしたと考えていました。このとき私が彼と結びついていると感じたのは、例えば感謝あるいは共感や愛情という**感情**といったものとはちがっていました。これらの感情はたしかにありました、それは、二十年以上前に、私を彼らのひとりとして迎え入れてくれた「年長者」たちのあれこれの人に対して持っているのと同じく。シュヴァレーに対する私の関係を、彼らのだれかに対する関係とも、またすべてとは言わないまでも、友人たちの大多数との関係とも異なったものにしているのは、別の事柄です。それは、文化の相違や、私たちの若い時に刻印されたあらゆる種類の条件づけを超えたところにある、基本的な**類似性**についての感情、あるいはもっと適切に言って、これについての知覚です。彼について述べた省察の一節[1]［P…］に、この「類似性」のいくらかが透けて見えるかどうかは何とも言えません。これらの行にあらわれている私の人生の時期の中では、シュヴァレーは、ひとりの「類似したもの」としてよりも、生活のいくらかの基本的な事柄の理解のレベルで、またひとりの「年長者」として多く現われていたでしょう。そこには、その後の私の成熟が縮めたにちがいない、そしておそらく廃したにちがいない距離がありました、数学のレベルにおいては、ずい分前から、彼に対する関係、また他の年長者たちに対する私の関係がそうであったように。いまこの類似性の意味、あるいはその印（しるし）のひとつを言葉によって浮き立たせてみれば、つぎのようになります、双方とも「単独の騎士」であり――自分自身の「孤独な冒険」の中の旅人であるということです。私の場合については、「うぬぼれと再生」の中の（この「孤独な冒険」という名をもつ）最後の「章」で述べました[2]［P…］。おそらく、シュヴァレーをよく知っている人たちにとって（また他の人たちにとっても）、省察のこの部分は、彼の名を挙げている個所よりも、私が述べたかったことを示唆する上では、ずっと適切なものでしょう。

彼と出会い、多少とも彼と話をすることが出来たら、きっと、過去を通じてよりも、この友人をよりよく理解し、この基本的な類似性と、われわれの相違とをよりよく位置づけることができたでしょう。ピエール・ドゥリーニュを別にすれば、この『収穫と蒔いた種と』を自分の手で渡すことができるように急ぎたいと感じさせる人がいるとすれば、それはクロード・シュヴァレーでした。その評言――いたずらっぽいものであれ、皮肉を込めたものであれ――が私にとって特別な重みを持っている人がいるとすれば、それも彼でした。七月の第一週のこの日に、私が贈ることのできる最良のものを彼にもってゆくという喜びも、彼の声のしらべを再び聞くという喜びも味わえないことを知ったのでした。

奇妙なことですが――そして、これが、この知らせを聞いて自分がどんなに**バカ**なんだろうと感じたことにおそらく寄与したことでしょうが――ここ数か月の間、シュヴァレーとの近々の出会いを頭に描きながら、一度ならず、私は、彼が健康上の心配と苦闘していることを思い出していました――そして、私の中には、つねに遠ざけているひとつの心配事のように、この出会いはないのかもしれない、友は私が会いにゆく前に亡くなってしまうかもしれないという思いがありました。彼の健康状態について、またどうしているのかを尋ね、私がおこなっている仕事について数言のべ、このことで彼に会いにゆくつもりであることを言うだけだとしても、手紙を書くか、電話するという考えがもちろん浮かびました。この考えを、バカ気ていて、迷惑をかけるものだとして（本当に何の根拠もないのだから…などと）、この種の状況の中でしばしば人がおこなうように、払いのけてしまったという事実は、私自身が、他の多くの人たちと同じく、いかに「私の持てる能力以下で」生きつづけているのかということを実にあざやかに示しています――それを聞くにはあまりにも忙しく、あまりにも怠惰であって、ある認識を私にささやいている、事柄についての漠然とした予感を押しやりながら…。

注 (1) 「クロード・シュヴァレーとの出会い――自由と善意」（第11節）、およびつぎの節「才能と軽蔑」の最後の段落を見られたい［『数学者の孤独な冒険』、P216、P219］。

(2) この方向においては、とくに、二つの節「禁じられた果実」と「孤独な冒険」（No.46、47）を見られたい［『数学者の孤独な冒険』、P328、P331］。

4　表層と深み　101

（九月二十四日）ここ数か月の「病気のエピソード」についてのこの二日間の脇道のあと、六月に中断して放置したままであった話を再びつづける時だと思います。そのとき、まだ書かねばならない最後の二つのノートがあると考えていました。つまり、「弔辞(1)―おせじ」［P…］（五月十二日付のノート「弔辞(1)―おせじ」［P…］のつづきで、これを補足するもの）と最後の「深き淵より」で、そこで私は埋葬をめぐる省察の全体的な評価を素描することを予定していました。

この二つのノートに予定されていた内容は、私が病気になった時点ではまだ全く新しくほやほやのものでした――紙の上にすべてを投じつつありました。しっかりとして、よく整った「すでに出来上がったもの」を基礎に仕事をしているという気持ちをもつために、これまでのノート全体に最後の手を入れおわったところでした…。時折タイプライターで打たれたものの訂正をしたことを除くと、実質上埋葬についてのすべての仕事をやめていたまる三か月の間（正確には六月二十三日から）、この仕事は、残念ながら少しばかり心の外にありました。文の題名はすでに暫定的な目次の中に書かれており、しかも発表を予定したある文の中のあちらこちらでそれに言及するという軽率なことをしでかしていたということで、課された題名を背にして空白のページをおとなしく埋めはじめながら、私は少しばかりバカものだと、いずれにしても気づまりを感じていました。それはとくに「弔辞(2)」の場合にありました。さきほど最初の文「弔辞(1)」（つまり、「おせじ」）を読みなおしましたが、それさえ、数か月のあいだ片隅で冷えてしまうだけの時間があった内容を私のために再びあたためるには十分ではありませんでした！

しかし、このノート「弔辞(1)―おせじ」を書いた五月十二日の直後から、それにつづく一か月を通じて、私の手に落ちてきたばかりの、予想だにしていなかった、この新しい鉱脈―宝庫をさらに深く探ることで、このノートは私の手を一杯にしました。昨年ニコ・キュイペールが高等科学研究所（IHES）の創立二十五周年を記念した小冊子を送ってくれたとき、ほんの三十分ばかり（ドゥリーニュと私についてのおのおの半ページの二つの説明文を含めて）目を通したにちがいありませんが、そこに特別なものは何も見い出せませんでした。私の目を打った唯一の事柄は、高等科学研究所の最初の困難な数年間――この研究所の名声が仮住まいの場所で確立され、私自身が（最初の代数幾何学のセミナー（SGA）をおこなうことで）ただひとりその「専門の分野」で、この名声を体現していた――についていかなる言及もないことでした。数か月後の八四年三月に、注「救いとしての根こぎ」（No.14）［『数学者の孤独な冒険』、P380］を書きながら、これについて再び考えてみました。(最初のものを再び手にすることができなかったので）気がかりをなくすために、ニコ［・キュイペール］に小冊子をもう一部送ってくれるように頼みました。これが、問題の二つの説明文に新たに目を通す第二の機会となりました、おそらく少しゆっくりとした目で。しかし今回もやはり、私は把握できませんでした。通りすがりに、ある驚きをもって、ドゥリーニュについての説明文の中で「彼の研究の基軸は『代数多様体のコホモロジーを理解すること』である」と言われていることに気づきました。一体だれがそう思ったのだろうか！そして一、二か月の間（ノート「遺産の拒否――矛盾の代価」（No.47）［『数学と裸の王様』、P25］を書きながら、思い出すことになる時点まで）このことを忘れてしまいました。これとは逆に、私についての説明文の中には、「コホモロジー」という語も、「スキーム（シェーマ）」という語もないことに気がつきませんでした。その時の私の不注意の状態にあっては、少しばかり大げさな形容詞で飾りたてたこの月並みな文が、弔辞の機能を有しており、（しかも）「完璧な手ぎわで」「準備された」ものだとは、まだ全く推測だに出来ませんでした！あまりに完璧な手ぎわなので、この小冊子（こうした機会のために必要とされたのでしょうが、あらゆる種類のおせじで満たされた話のために多少退屈な…）の読者のだれかで、一回目、二回目と読んだときの私以上に、これが弔辞の役目を果たしていることに気づいた人はいなかったろうと思います。

このことは、直ちに、日ごとの私の生活の中につぎつぎと現われてくる大小の事柄や出来事に対して、はじめは、「習慣的な」、ありふれた注意でもって、「通りすがりに」みつめることで満足していた事柄を、なんらかの理由で多少とも緊張を伴った、持続的な注意をもってながめることになるごとに、いつも私にやってくるひとつの確認と結びつきました。このような状況は、めい想の時期にひんぱんに現われます。そこでは、いつもの注意の状態では多少とも見過ごしてしまっているか、あるいは、その意味（しばしば明確で明らかな）がまずはじめ私の意識された注意から完全に逃れてしまっている、その日あるいはその夜のある出来事（夢も含めて）をより注意深く検討してみることに（ほとんどの場合「少しずつ」、そして意図せずに）いく度も導かれることがあるのです。

ここで私が「多少とも緊張を伴った、持続的な注意」と言うとき、それは結局は、**目ざめた視線**、新しい視線、つまり思考の習慣によっても、そうした視線や思考の外見の役割を果たしている「知識」によっても重苦しくされていない視線のことです。なんらかの理由で、その事柄の上に目ざめた、注意深い視線を注ぐことになりさえすれば、それらの事柄は私たちの目の前で変化してゆくようです。日常の私たちの「注意」が私たちに提示している、事柄の活気がなく、なめらかな表層の見かけ上の単調さの背後に、突然、思いがけない**深み**が開かれ、活気づくのが見られます。事柄のもつこの深い生命は、そこにあるために、私たちがそれを知る労をとるのを待っているわけではありません――それはいつもそこにあり、数学の対象であろうと、庭の芝生であろうと、あるいは、ある時点である人の中で作動している心理的な諸力の全体であろうと、それらの事柄の本性の一部分をなしているのです。

思考は、表層の背後にあるこの深み、事柄のこの秘められた生命を私たちに明らかにし、それを探る、さまざまな道具の中のひとつです。この深みは、私たちがながめることにあまりにも怠惰で、みることをあまりにも抑制されているが故に、「秘められて」いるにすぎません。思考は、その不便さと限界を持っているのと同じく、利点をも持っているひとつの道具です。だがいずれにしても、思考が発見のための道具として用いられるのはまれです。思考の最も普通の機能は、私たちの中や事柄の中にある秘められた生命を発見することではなく、むしろそれを覆い隠し、動かなくしてしまうことです。それは、子ども―労働者とボスの双方が手にすることのできる、多様な使いみちを持った道具です。一方の手にあると、私たちの願望の諸力をとらえ、未知の中に遠く私たちを運んでゆくのに適した帆となります。他方の手のもとでは、思考は、渦巻きでも嵐でも揺り動かすことのできない不動の錨（いかり）となるのです…。

省察は少しばかりわき道にそれつつあるところでした、そしてまた出発点にもどってきました――それは昨日立ちどまった確認のところです、つまり、年来の習慣と条件づけによって、私がどれほど自分の能力以下で生きているかと言うことです！（この点では、非常に数多くの仲間をともなって、このように生きているのです…）。怠惰な注意がついに目ざめることになったのは、レクチャー・ノート900という大きな事実から出発して[1][P…]、埋葬を徐々に発見していったからです。ノート「遺産の拒否――矛盾の代価」（№47）［『数学と裸の王様』、P25」を読むことにより、五月十二日に、例の二つの「説明文」の三度目(!)の読みなおしをすることになりました。今回は、なんとか、創立記念の小冊子の中の私にさかれているベタぼめの文体の小さな文の中のどこにも(代数多様体に関しても、スキームに関しても)「コホモロジー」についてひとつも問題にされていないという、多少奇異なことに気づきました!これは注にするには少々珍妙に見えましたが、それをそっけなく書きはじめていました。ついでに、まだ私の注意にひっかかっていなかった一、二の他の「珍妙な」個所についても考えてみました。それは三度目の読みなおしではあったのですが、それでも皮相で、機械的なものにとどまっていました――少しばかりのことを除くと、以前に読んだことを**くり返し**、**再生する**ことに限られていました。少しずつ立ち向かう気になり、**好奇心**がめざめ、これらの文にもう一度もどって、今回は少し詳しくながめてみることになったのは、注にするつもりであったものが、ノート「弔辞(1)」になったものを書いているときがはじめてです。この時点でやっとさきほど話した変化が生じました――ある「深み」が開けてきました、晴れの機会の大げさな響きの中で用立てされた、ベタぼめの文の平板なうわべの背後に、緊張をともなった生命が現われたのです!機械的で、くり返すばかりの、ぼんやりした視線を「目ざめた」視線に変えたのは、この好奇心でした…。

さらに、この「目ざめ」は、瞬間的に生じたのではなく、注になるはずだったこのノートの中でおこなわれた省察の歩みと共に徐々に生じたものでした。それはまたこのノートの終止符までに完結したわけでもありませんでした、その時夜おそくなっていた(と思います)し、「カタをつけ」てしまいたいとも考えてはいたのですが(2)[P…]。しかし、弔辞についてはまだまだ汲み尽くしていないと考えましたので、むしろこの終止符を打たず、あるいは少なくとも翌日にまわしたのでした。このときになってはじめてこの二つの実に短い、見かけの月並みな文がどれほど豊かな意味を含んでいるのか、一言でいえばどれほど真の宝庫をなしているのかを心底から感ずることが出来たのでした!そして私がそれに耳を傾けさえすれば、それらが言わんとしていることを一巡したとは到底言えないことをも…。

(九月二十五日) 省察は出発したばかりだと思われたのですが、この夜も、打ち切らざるを得ませんでした。それでも三時間半ぶっつづけでタイプの前に坐っていました。ひそかな小さな兆候が、立ち上がり、動くときだと私に指し示しはじめていました。

書かれた文に「緊張を伴った、持続的な注意」を向けることになり、何か月もの間に、一日一日と、輝きのない、平板な「表層」が、生命をもち、豊かで具体的な意味、思いがけない「深み」を明らかにしながらびっくりするような変化をしていったはじめてのときのことをよく覚えています。それはまた同時に持続するかぎりつづいた、未知への旅という精神における、息の長い最初のめい想でもありました…。出発にあたっての素材は、私の父（パリに亡命していた）と母（当時五歳であった私とともにまだベルリンにいた）との間の一九三三——三四年の膨大な文通でした。私の目的は、両親を「知る」ことでした。その前年に、私の人生全体を通じて彼らにいだいてきた、そして一種の敬愛として固定することになった感嘆が、彼らについてとてつもない無知におおわれ、この無知を維持しているものだということを発見していたのでした。けれども、私が全生涯を通じて維持しつづけたいと思っていたこの驚くべき無知がはじめてそれが持っている規模でもって現われるのは、やっと一年後、一九七九年八月から一九八〇年三月までの息の長いめい想を通じてでした。

一九七九年の七月中に「その下準備」をしはじめていました。その時最後の手を入れつつあった「私の手になる詩集」(3)［P…］についての仕事の傍らで、とくにこの文通全体の第一回目の通読をしたのでした。毎晩三つ四つの手紙とその返事を読むのに数時間費やしました、もちろん興味深く、そしてためらいなく言えますが、注意深く。しかし、ばく然と、私としては読んでいるものの外にいて、無縁でありつづけていると考えていました——真の意味は私の理解をこえていました。私が読んでいるものはしばしばかなり妙なものでした。私の目の下で生き、気どっているこの男とこの女は、私が知っていると信じていた人たち——私の記憶が明瞭で、はっきりとした侵し得ないイメージを復元してくれる人たちとは全く共通点がないかのようでした。読んでいることに関して、進むにつれておこなわねばならない忍耐強い、きめ細かな、面倒な仕事が欠落していたので、私はただこれらの手紙の中に、（比較的）内容がわずかしかないのに茫然とするばかりでした。これらの手紙は、私の皮相な注意に留まるにはかなり「大きな」ものだったのです。このような具合に記憶にとどめられたものは、ただ「よく知っていること」、私の幼少時代から今日に至るまで（たしかに、それについて考えることもなく）私の人生と私とはこんな人間だという感情の見えないが、不変の基礎をなしていたものに重ね合わさっただけでした。このときこの第一回目の通読だけで満足してしまったとすれば、このようにして基層に重ね合わせられた新しい、消化されていない「事実」からなる薄い層は、そのあとにつづく数か月、数年のうちに、きっとほとんど何の跡も残さずに侵食され、持ち運ばれていったことでしょう。

この準備の仕事の時点では、主として打ち込んでいたものは、ほかのところ、私のエネルギーの最も大きな部分を吸収していた一著作の執筆でした。別の仕事の傍らでおこなう仕事の限界はよく分かっており、徹底的に打ち込む、細かな部分にわたる仕事によって、この仕事をはじめからしまいまでやりなおさねばならないと考えていました。それは数週間の仕事になるだろうと予想していました――が、実際には、両親が残した手紙や書きものを細かく検討するのにまる七か月費やしました。残されたものの中でも最も「細心の注意を要する」ものはもちろん一九三三―三四年の文通でした。また、最後には中断することに終わったこの七か月から、この主題（「私の両親を知ること」）はほとんど汲み尽きせぬものだということがわかりました。その後は、両親について、そしてこれを通じて、少なくとも間接的に、忘れられていた私自身の幼少時代について学んだばかりの事柄に助けられて、**私自身を知ること**がもっと緊急なことになりました…。

一九七九年八月三日にはじめた、両親についてのこのめい想のノートのはじめにざっと目を通すのにいま二時間あまり費やしたばかりです。せっかちに思い出したと信じていたのとは反対に、その前の月に読んでいた両親の手紙や他の書かれたものを深く、（さきほど書いた言い方では）「はじめからしまいまで」見なおしてみる必要性を当時まだ、非常にばく然とした形だったとしても、理解していませんでした。とにかく私のノートの中にこの方向での聞くべきことを何も残していません。この読むという仕事によって得られた少しばかり混乱した、多面的な私の印象についての暫定的な評価をしながらの、一、二日の要点を復習する省察の後にも、私は綿密な部分部分にわたる仕事によってこの読み込みを再びつづけるという形に全くなりませんでした。むしろ（当然のことのように）**他の**手紙（そしてとくに一九三七年―三九年の両親の膨大な文通）を読むこと（これもはやい速度で）へと向かい、また、これから刺激を受けた省察を平行しておこないました。この七九年八月とつぎの月を通じて、少しずつ、時には鮮やかにわかる、真の意味を手紙から理解することを可能にする、手紙（あるいは、ひとつの人生の他の書かれた証言）に関する**仕事**とはどんなものであるかを学びはじめました――だがその意味とは、書いた本人が、他の人たちに対してと同じく、しばしば自分自身に対しても知らせず、回避する方を好み、見もせず、知りもしないもので、「行間に」時折は見せびらかすように、鋭くさらけ出されているものです！そしてほのめかしや挑発（時には容赦のない…）が受け手に届いたり、あるレベルで受け手によって知覚されたり、「受けとめ」られたりすることはまれです。そして受け手もこの知覚や認識が自分の視界の中に入らないよう気を配っており、「見もせず、知りもしない！」というこの同じ遊戯の中に大手を振って入ってゆくのです。好奇心をもった目に、最も豊かな意味を明かすのは、間違いなく、最も漠然とした部分、脆弱さ（あるいは狂気…）すれすれのもので、あらゆる合理的な解釈に挑戦しているように見える部分です。つまり、それは見かけ上意味のないものの積み重ねの背後にある単純で、明確な意味の中にさらにわけ入ってゆくためにかけがえのない鍵を与えている真の鉱脈―宝庫なのです。両親の文通の中に、とくにそのリードをとっていた母の手紙の中にしばしば見られるこのようなくだりは、七月中つづけられた最初の読み込みのとき、もちろん完全に「私の頭の上を通りすぎ」てゆきました。つぎの月には、そこここで、それに注意を引きよせられはじめました。九月になってはじめて、さまざまな突き合わせをおこなうことでやっと、私は一九三三年―三四年の手紙の中に学ばねばならないもののうちの基本的なことを取り逃がしていたことを理解しました。そして、これらの手紙のいくつかをはじめて「深く」読む気になって、これらの手紙に戻りました。この読み込みはたちまちのうちに、私の幼少時代から両親について、私と私の姉に対する両親の関係について私が持っていたイメージをすっかり転覆させてしまいました。

注 (1) ノート「ある夢の思い出――モチーフの誕生」（No.51）およびつぎのノート「埋葬――新しい父」（No.52）［『数学と裸の王様』、P41、49］を見られたい。

(2) それは、また、その日すでに、長い、内容のある省察「虐殺」（No.87）［『数学と裸の王様』、P225］をおこなったばかりだったのでなおさらでした。ついでに言えば、これにつづくノート「弔辞――おせじ」（No.104）［本書…ページ］の終わりあたりにこの省察について触れています。

(3)　この著作「私の手になる詩集」と、それが表わしている私の人生のエピソードについては、「導師でない導師——三本脚の馬」（No.45）の節の末でそれとなく言及されています。またその節で触れている注No.43の中でも言及されています［『数学者の孤独な冒険』、P324、P381］。

5　書くことへの賛辞（九月二十六日）　102

こうしてこの二日間、「これまでの自分についての想起」のまっただ中にいました。ある弔辞について、あるノートのつづきを（「冷静に」）書こうとしていたのですが。この脇道が私の熱を再び少しばかり上げることが出来たかどうかはわかりません！少なくとも、「言うべきことを言っていないような様子をしているメッセージを読む術について」という方向に一昨日少しばかり乗りだした時に見えていた地点に到達していたと言えるでしょう。この種の文—メッセージは、以前私が考えていたよりもはるかに頻繁に見られるものです…。

人があなたに言ったり、書いたりすることすべてを文字通り、そのまま受けとり、何についても、誰に対しても、当事者によってはっきりと述べられたこと以外の意図を探したり、見たりしないかぎりは（私は人生の大部分をこのように過ごしてきました）、この「読む術」とは「どのようなもの」であるかという問題はもちろん提起されません。これに対して、こうした定義できない表現に直面するとき、このような言明、長い説明や語りの中に、なにか「おかしな」ものがあり、何か隠し事があり、言われたとみられていない何かがどこかを「伝わった」（あなたはそこで何を想像しているのですか！といった具合に）ときに、この「術」は「どのような」ものかという問題が提起されるのです。時折はまた、脆弱さや狂気と見えるほどまでに、あらゆる表現や限界に挑戦しているように思えるのは、初歩的で、狼狽させる、一貫性を欠いた、不条理な、時には非常に大きく、同時に見かけ上つかまえどころのない知覚です。こうした状況は多くの場合苦悩を山ほど抱えさせます——不条理が突然私の人生の中に侵入してくるこうした状況に対して間違いなく私が反応するのは、あるがままには決して認められず、混沌としており、激しく、度を失った怒りの波によってたちまち回避されてしまう、苦悩の瞬時の流れという形によってです。この不条理は、受け入れがたく、理解不可能であり、それがあるたびに世界と私自身についての私のもっている平静なビジョンの基礎までをゆるがす脅威にみちた不条理なのです！少なくとも「めい想」を発見するまでは、この不条理に関して、私はこのようなものでした。「めい想」の発見の時点で、大胆で、積極的な好奇心が、怒りと苦悩からなるこれらの波の作動を押さえ、これにとって替わったのでした…。

この好奇心こそが、つまり、知りたいという願望こそが、必要性の力に押されて、混沌とした文書―証言を解読するためのこの「術」――あるいはもっと控え目に言って、私のもつ限られた能力と鈍重さに見合ったひとつの方法を自然な形で見い出させたのでした。私は、多くの意味にみちたこれらの手紙の最初の読み込みにおいて（さらに二回目の読み込みにおいても）十分に力を入れ、たいへん好奇心を持っていたにもかかわらず、すべて基本的なものは私の頭の上を通りすぎてゆきました――「私はそこに熱気しか見ませんでした」。時折は、おそらく際立って漠然としていて、度はずれなあれこれのくだりについて、いくらかのしばしば混乱した印象を注解しながら、筆の進むにつれて、不可解とおもわれた文の意味の中にさらに一歩入ってゆくことがありました。その途中で、時折、引用のために、多少とも長いくだりを書き写してみることがありました。そのくだりは、なんらかの理由で、漠然としたものだったり、ざっと見て、それは「重要だ」という印象を持ったものでした。何日か何週かたつうちに、注意深く考察したあるくだりを全文**書き写してみる**という単純な行為が、このくだりの真の意味の理解へ向かって開かれてゆく方向で、このくだりと私との関係をおどろくべき仕方で変化させるのに気づきました。

それは全く予期していない事でした。私のはじめの動機は（少なくとも意識のレベルでは）純粋に便宜上の問題だったのです。思い出しますが、長い間、写字生以上でも以下でもないものの役割を果たすのに貴重な時間をさくことに対するある種の抑制されたいら立ちが私の中にあり、それを押さえながら最後まで書くのでした、しかも出来るかぎり速く…。しかし、書かれた行に目を通してゆく速度と、一語一語それを書き写してゆく手の速度とでは、その速度は比較になりません。たとえ書いてゆく速度がはやかったとしても、この「時間の要素」は、目の速度とは決して同一ではないでしょう。この「時間の要素」は、純粋に機械的、量的な仕方で作用していないのではないか――あるいはもっと適切な言い方をすれば、それはもっと微妙で、もっと豊かなひとつの現実の一側面にすぎないのではないかと私は推測しています。実際、少なくとも私にあっては、他の人が考え、書いた行に目を通す行為と、これらの行を一文字一文字、一語一語再び書いてゆく手の動作とは、もちろん共通の尺度で測れません。確かに、手と、精神あるいは思考との間には、ある深い緊密な関係があります。書く手と同じリズムで、いかなる意図がなくとも、精神は必ずその同じ語を作りなおし、考えなおし、意味をもった句に集め、またそれらの句を文章にするのです。知りたいという願望が、文字、語、句を再び生みだすこの手を鼓舞し、また、これと一緒になって、また別のレベルでそれらを「再び生みだす」精神を鼓舞しさえすれば——たしかに、この時、この二重の行為は、読むことに満足している目がおこなうとくに受動的な、支えのない、明白な跡を残さない行為に比べて、私と、私が写字生―文の編集者となっているこのメッセージとの間にとりわけ緊密な接触をつくりだすのです。

この手探りの直観は、ある古くからの確認と同一の方向にあります——つまり、私にあっては、働いている思考のリズム（それが、数学上の仕事であろうと、私が「めい想」と呼んでいる仕事を含む、他の仕事であろうと）は、ほとんどの場合（すべてとは言わないまでも）書いてゆく手のリズムであり、読む目のリズムでは決してないと言うことです。(1) 急がず、決してぐずぐずせずに進む思考のリズムに合わせて、手によって（あるいは、時折は、手で操作されたタイプライターによって）**書かれた跡**は、この思考の不可欠な物質的支えです——同時にその「声」であり、その「記憶」です。さらに私は、このことは、すべての「知的な働き手」とは言わないまでも、その大多数において、多少とも同じ(だがおそらくもう少し強くない度合いで)ではないかと予測します。

注 (1) 数学者の私の同僚の大多数においてよりも、私にあっての方がより強い度合いで生じていたと思えるこうした事情のために、以前、私は、ブルバキ・グループの共同の仕事の会合の中に入ってゆくのが困難となっていました、おこなわれている読む仕事のリズムについてゆくのが不可能であることがわかったのです。さらに私はどんなにすばらしいものであっても数学の本を**読む**のが本当に好きであったことは一度もありません。数学を理解するための私の自然なやり方は、つねに（必要な場合には、ときには、同僚たちによって、やむを得ない場合には、書物によって提供されるアイデアや指摘に助けられて…）数学を**おこなう**、あるいは数学を**やりなおす**ことでした。

6　子どもと海——信念と懐疑（九月二十七日）

103

とにかく事実はつぎのようになっています。私は書きながらでしか数学の理論の中に「入ってゆく」ことが出来ないのと全く同じように、それを自分で**再び書いてみる**ことでしか、文—メッセージの中に、メッセージの「行間」に入ってゆきはじめることがほとんどできないのです。私の最初の「文を基礎にした」めい想の仕事が変化してゆき、見かけの単調さが生き生きとした深みに向かって開かれはじめ、不条理がひとつの意味を見い出しはじめるのは、私がこのメッセージの全文を再び書き直してみることをはじめるか、あるいは（それがあまりにも長すぎる場合には）直観によってそこが決定的だと感じたいくらかのくだりを再び書いてみることをはじめた**時点から**です。

例えば、ひとつの文について、（いわゆる？）「仕事」の結果あるいは帰結として示されたある「解釈」の妥当性を保証するための信頼できる「客観的な」基準がないため、どんな文あるいは論述に対しても、まさに人が欲するすべてのことを言わせたり、それに私たちが託したいと思うある「メッセージ」を発明させることが出来ると言われるかもしれません。たしかにそれは全く正しいと思います——実例はもちろん沢山あります！さらに私は（たぶん歴史学のような範囲の限定された分野を除いて——それでもあやしいものですが…）このような基準を引き出せるかどうか疑問に思います。いずれにしても、そうした基準は大して役に立たないでしょう。だれかが空想的な解釈を好きなだけ発明するのを押さえることも出来なければ、だれかに対してあるメッセージ、ある状況、ある出来事の真の意味を探ったり、発見したりするのをこの基準が可能にすることもないでしょう。規則や基準はひとつの**方法**の要素です。そして方法は、科学や技術の知識の発達の中でも、車を運転したり、修理したりするような、なんらかの技量の発達の中でも、発見したり、確証したりするための道具としてその有用性と重要性を有しています（ところが、これはしばしば全く性質を異にする他の要素や力を低くみて、過大に評価されてもいますが）。これに対して、自己や他の人を知ったり、発見したりするというレベルにあっては、方法の役割は全く付随的なものになります。基本的なものがそこにあるとき、方法は確実にあとでやってくる「管理」のようなものです。そしてある方法から着想を得たり、出発したりすること、さらには方法にかたくなに固執することは、このより基本的なことがらの出現には何の役にも立ちません——ちょうどこの反対です！

これを別の言い方をすればこうなります、（「真の」、あるいは「真実の」と呼ばれるような）あらかじめ決められたある事柄を見い出すために出発する人は、それを見つけ、またそれで完全な満足を味わうことに何の苦労もしないでしょう——そして確実に途中で沢山の人とは言わないまでもだれかを見つけて、その人と協力関係を結び、確信と満足を分かち合うことがあるでしょう。その人は、あみの中に（たぶんはく製の）美しい蝶を入れて出発し、「蝶々とり」から帰ってきて（全く満足して）それを取り出す、蝶を採集する人のようなものです。

また海に向かう裸の子どものように、ある未知の前に立つ人もいます。子どもが海を知りたいときには、そこに入り、海を知ります——なまぬるいか冷たいか、静かであるか波立っているか。このように未知な事柄にひきつけられ、それを知るために発つ人は、確実にそれを多かれ少なかれ知ることでしょう。網を持っていても持っていなくとも、その人は真なるもの、あるいはとにかく真なるものの一部分を見い出すことでしょう。その人がおこなう誤りも思いがけない発見も同じくその歩みの行程なのです、あるいはもっと適切に言えば、知りたいと思っていることと交わす**愛情**の中にあるのです。

私が今述べていることについてはよく知っています、私の人生において、この蝶の採集者であったり、裸の子どもであったりしたことがたっぷりとあったからです。この二つを区別して見分けるのにはどんな困難もありません。「客観的な基準」がここで大いに役立つかどうかは疑わしいと思います、それよりもはるかにもっと単純なのです！自分の目を使うだけでよいのです…。

今述べたばかりのこの歩みの中で、つぎつぎに現われる段階、つぎつぎに生ずる明確になってゆく段階を区別するのにもいかなる困難も伴いません。何かを予想させるような、意識にふれる予感が何もない、「死んでいる」段階から出発して、まどろんでいる目が私たちに示す平板で、生気に乏しいある表層を超えて、段階的な「目ざめ」を通じて、この「事柄」のますます微妙で、より本質的で、より完全な把握へと私たちをいざなうのです。数学上の事柄の発見における歩みについてであれ、自己や他の人の発見における歩みについてであれ、それは基本的に異なった性質をもつものではありません。少しずつ深まってゆく（たとえ忍耐強く、疲れを知らず修正されてゆく、誤りの積み重ねを通じてだとしても）ある**認識**におけるある**進行**という感情――この感情はこの双方の場合において必ずあるものです。

この**確信**こそは、心のもつ姿勢の諸側面のひとつです、そしてもうひとつの側面は、**懐疑へと開かれていること**です、これは自分自身の誤りに対して、あらゆる恐れをいだかない好奇心をもった態度です、これが自分の誤りを探りあて、つねにそれを修正してゆくのです。懐疑を迎えるため、また発見するために不可欠なこの二重の姿勢、この**信念**の基本的な条件は、企てた研究から「出てくるであろう」ことについてあらゆる恐れ（目に見えるものであろうと、隠されたものであろうと）――とくに、私たちが発見しようと準備している現実が私たちの確信や信念を覆してしまうこと、私たちの希望を打ちくだいてしまうことについてのあらゆる恐れがないということです。このような恐れは、私たちの創造的な能力、再生のための力の深刻な機能麻痺として作用します。私たちは苦労や苦痛を伴いながら発見したり、自己を再生したりすることが出来ますが、まさに知られようとしているもの、まさに生まれようとしているものを前にしての恐れの中ではそうしたことは出来ません。（ひとりの男が、ある女を恐れたり、彼女の中にあって彼にさし向けられる行為を恐れたりする時点では、彼女を知ったり、彼女を懐胎させたりすることが出来ないのと同じです）。このような恐れは、おそらく科学研究の枠組みの中では、あるいは私たち自身が多少とも深くかかわっていないようなテーマの研究では比較的まれでしょう。これに対して、自己あるいは他の人を発見するということに関しては、これは大きなつまずきの石となります。

だがしかし、大小の発見に伴うこの感情は、自己や他の人の発見の場合においても、例えば数学のような個人が介入しない研究の枠組みにおいても、必ずあって拒むことのできないものです。この感情についてはすでに言及する機会がありました。それは、生起したばかりの事柄――**新しい**なにかの出現――の知覚の感情のレベルにおける反映です。そしてこの「なにか」は、例えば数学のある命題、あるいはある概念または証明の出現――これについては前もって一度も考えられたものではなかった――と同じく明確で拒むことが出来ないもの（いく度もくり返すのを許してください！）として現われます。さらに、ある特別な発見に伴うこの感情と、あらゆる研究に伴う、さきほど話した進行してゆくときに持つ感情とを区別したり、切り離したりすることは難しいように思えます。「大小の」

発見は、進行を実現しているひきつづく**踊り場**、私たちが超えなければならないひきつづく**敷居**としてあるのです。この進行とは、これらの敷居の乗り超え、これらの踊り場のひとつからつぎへと到達してゆくこの流れにほかなりません。

この「感情」、あるいはもっと適切には、このプロセスを反映し、復元する知覚は、確かで疑う余地のないひとつの「基準」です――私は、数学にあってもめい想にあっても、それが私を誤りに導いたという記憶はありません、つまり振り返ってみて、この感情が幻想であったと認めたことは一度もありません。しばしばこの感情によって、疑いの残余なく、真を誤りから区別し、あるいは、誤りの中にある真と、真とみなされているものの中にある誤りとを識別することが出来るのです。だがこれはとくにあらゆる真の研究において他のものでは代替できない**道案内**なのです――各時点で（それを参照にする労をとりさえすれば）間違った道を歩んでいるのか、正しい道を歩んでいるのかを私たちに告げる用意をしている道案内なのです。

この確かな道案内に対して聞くという姿勢にあること[1]は、省察の別の場所で、私が「厳格さ」と名づけたものと同一であるように思います。この厳格さは、数学研究における要請、あるいは自己の認識における要請において異なった本性のものではないと思われます、この厳格さなしでは、このような認識はできないでしょう。だが当然のことながら、このような知的な仕事のレベルで、この厳格さの存在が、自己および他の人を知ることを保証したり、別の性質の精神的な仕事にとっての同じ厳格さの存在のしるしであったりすることを意味しているわけでは全くありません。実際のところ、その逆が正しいのです、私は、私自身の場合をはじめとして、無数の機会にこれを確認することができました。私自身の場合においては、ここで述べている「厳格さ」は、私の人生の中では、めい想と同時に現われました。あるいはもっと適切な言い方をすれば、私はこの「厳格さ」とめい想とを本当に識別することは出来ないようです。私の人生の中でのめい想の各時点は、私自身についてのきわめて厳しい態度の中で（非常に多くの場合、他の人に対する私の関係を通して）私というものを検討する時点にほかなりません。

注　(1)　「厳格さと、もうひとつの厳格さ」という節（No.26）[『数学者の孤独な冒険』、P 257]において、研究の中での「各瞬間に現われる**理解の質**に対する鋭敏な注意」としての「厳格さ」について語りました。

XII 葬儀

1 弔辞

(1) **おせじ**[1][P36](五月十二日) !104(47)

この同じ小冊子[2][P36]の中にある私の作品についての小さな「場所」において、注目すべき事柄は、「コホモロジー」あるいは「ホモロジー」という語が記されていないことです！さらにまた「スキーム」という語もありません。たしかにそこには私の作品の「巨大な側面」、刊行された著作の数、基本的な諸問題を引き出したこと、しかもきわめて自然な一般性をもって（奇妙なフランス語です！）、それから非常に入念に考えられた用語、「グロタンディーク群」についての言及（これもきわめて自然な一般性のひとつにちがいありません！）、さらにはトポスとこれが論理学において（だがとくに他の分野でではない！）用いられていることについての言及さえあります（「高等科学研究所（ＩＨＥＳ）に最初のフィールズ賞をもたらした」のが私なので、状況によってこうせざるを得なかったかのように）…。だが**ひとつの結果**、あるいは私が発展させた、そしておそらく役に立ったであろう**ひとつの理論**についての言及は全くありません――これらの巨大な二十巻の著作は全く空虚なものであったか、諸問題（決して解けない）と概念の寄せ集め――もちろんきわめて自然な一般性をもった――にすぎないと考えないわけにはゆきません、グロタンディーク群、これは落札されています（私の名がすでに付けられているからです）、ところがこれは代数的K理論の「祖先」として述べられているのです（！）（そして、もちろん、この理論は、位相的K理論とは全く関係がないのでしょう、位相的理論にはひと言も触れられていません）[3][P36]。リーマン・ロッホの定理については、これは、真の定理、真面目な事柄をつくっている人たち、これらにたずさわっている、「祖先」の末裔のものにちがいありません！流行によって一般性が軽蔑される（「きわめて自然な一般性」というなんとなくコッケイなこの言いまわしによってそしらぬ顔でやゆされている…）時代において、ここで私に対する弔辞を書いた匿名の筆者は、今日軽蔑の対象となっているものをたっぷりと私に与えました[4][P37]。私はまた弔辞のつぎのくだりの中のこの匿名の筆者のユーモアをも味わいました（これを味わったのはおそらく私がはじめてでしょう…）：

「彼［グロタンディーク］は高等科学研究所で代数幾何学の一学派を創りました。それは彼が推力となったセミナーのまわりに結集したもので、**心の広さによってつちかわれ、この心の広さをもって自分のアイデアを伝えました**」（強調したのは私です）。残念ながら、私の「巨大な作品」に対するのと同じく、私が念入りにはぐくんだこの「代数幾何学の学派」は、まったく空虚なものになっています——その名前さえ挙げられていません、この名を忘れているとだれも文句を言いにきませんでした、いずれにしても私にそう言った人はいませんでした。

しかしながら、一九六五年（このときドゥリーニュは19歳だったはずです）と一九六九年の間、（中身がないとされている）このセミナーに忠実に足しげく通い、このセミナーで、あるいは私たちが一対一で、スキームの技法とコホモロジーの技法、それにエタール・コホモロジー、つまりまさに彼の作品の各ページで（少なくとも私が見た作品の中で）用いられている道具を学んでいる若いドゥリーニュを見た記憶があるように思うのです。この小冊子の中のドゥリーニュにあてられている「場所」でも、読者が、彼が私からなにかを学んだかもしれないと推測することが出来るようないかなる言及もありません。しかしながら、注目すべきことに、ドゥリーニュ（「高等科学研究所における三番目のフィールズ賞受賞者」）に対する賛辞（これはまったく弔辞ではありません）においては、私の名が三度記されています。そして遠まわしな表現で、私が出てくるごとに、これを包まねばならない正確さをぼやけさせて、私が「任意の体上の幾何学においてコホモロジーの理論を構成」したらしいことを述べています——もちろん「きわめて自然な一般性でもってです」、臭気ふんぷんとしたグロタンディーククリーズが感ぜられます[5][P37]。この一節の全体は引用に値するでしょう、これは、この種のものではちょっとした傑作と言えるでしょうから：

「これ［古典的なホッジの理論］から、そしてグロタンディークによって示唆されたℓ—進の類似物［グロタンディークは、きわめて自然な一般性をもつ二十巻の著作を書きながら、このような真面目な事柄を学ぶ時間をどこでみつけたのかと人は思うことでしょう」から出発して、彼［ドゥリーニュ］は、混合ホッジ構造という概念を引き出し、これにもとづいて、すべての複素代数多様体にそのコホモロジーを付与しました。ℓ—進コホモロジーにおいて、したがって[?·]有限体上の多様体に対して、彼は、伝説的に困難だったヴェイユ予想を証明しました。この結果は、グロタンディークが、任意の体上の幾何学におけるコホモロジーの理論［彼はまたここでもなにを探したのかと人は問うことでしょう］を構成したあと、残っていた予想［???］を、その当時と同じくらい今日でも接近できない一連の予想に帰着させていただけに、それだけ驚くべきもの［!!］にみえました。」

はっきり言えば、こうしたグロタンディークリーズ(最も頑固な自然な一般化論者をもしりごみさせる)は、実に伝説的な困難さをもったこの驚くべき結果を証明する上でなんらかの貢献をしたどころか、まさに**予想**(彼はそれ以外のことは何もしなかった!)、しかも(予期されたように)彼がこれらをつくるという奇妙な考えをもった時点でも、今日でも、接近できない予想でもっていっぱいにするにすぎなかったのです。

しかしながら、私はこれらの接近できない予想に取り組んだのを記憶しています、だがこれはおそらく私が事情に通じていなかったからでしょう。それは、私が別れた——いやごめんなさい、死亡したと言うべきでした——ころでした。ドゥリーニュがこれは接近できないと断言していることからみて、私よりも情報に通じている後世の人たちは、これらには決して首を突っ込まないようにしたことでしょう!

私はこの文体をよく覚えています：グロタンディークを大いに挙げながら自らの務めを果たしました(彼も他のだれも、この荘厳な日にグロタンディークを埋葬しているとは言えないでしょう)、そして混合ホッジ理論のスタートにおいてある役割を果たした「ℓ—進的な類似物」に対して何かをふせながら言及さえしています。これは、例の十三年前に半行だけで簡潔に触れて以来の二度目のものにちがいありません(6)［P38］。この二つの言及は奇妙にも一九六八年のある論文の「重さについての考察」への言及に似ています(7)［P38］、何かに触れずにいますが、同時に読者を引き回しているのです!ここでは、荘厳な機会でもありますから、何かに触れない参照の方が、敵をじらすよりもよい方法なのでしょう——例のグロタンディークに関するこの文が示唆しようとしている印象は、ここ数年来私が感じてきた流行の「風」によって運ばれてきたものとまさに同じものです——すでに今日私が感じとることがあったものです[8][P38]。弔辞の調子の中、多くの出席者を前にしての立派な機会の調子だけではなく、虐殺の調子の中でも感じたものです…。

引用をつづけます、それだけの価値があるでしょうから。

「この定理（もとヴェイユ予想）は、ℓ—進コホモロジーを強力な道具にするのに寄与しました。このきわめて強力な道具の輝かしい、かつ控え目な発明者の名を挙げる必要はないでしょう…、これは、例えばラマヌジャン予想のような、見かけ上代数幾何学からかけ離れている諸問題へ適用することが出来ます。

さらに最近、彼［ドゥリーニュ］はアーベル多様体の上のホッジ・サイクルを研究し、グロタンディークが夢みていた「モチーフ的」理論へ向かっての第一歩をしるしました。彼はまた「交叉コホモロジー」、マクファースンとゴレスキーの位相的な理論の代数的メカニズムを証明しました。これによって、この理論をℓ—進理論へと移すことが出来ました、そこでは非常に役立つことがわかりました。」

こうして、匿名の筆者（私は同一人物のものだと推定しますが）は、「記念すべき著作」[9]［P38］の刊行のあと一年たって、この著作の中の小さな「忘却」を訂正することになりました。おそらく誰かがとにかく質問をしたにちがいありません、ドゥリーニュはここで彼流にこの忘却を訂正するという義務を果たしたのでした（ついに、まじめな数学に関することだとして、グロタンディークというこの夢想家を挙げることになったのはとにかく親切です！）。また「第一歩」はすでに一九六八年にドゥリーニュによるホッジ—ドゥリーニュの理論のスタートでもってなされており、その根っこは、これに先立つ四年間を通じて私と接触しながらしっかりと「獲得」したモチーフの哲学（ヨガ）の中にあるのですから、あい変わらず読者をだましています。彼の作品がそこから出てきて、これを否認しながらも、一度もこれから離れることが出来なかったこのモチーフの哲学（ヨガ）は、はじめの引用のまわりくどい表現の中に追いやられ「ℓ—進の類似物」という名のもとで出ています。よく事情に通じていて、しかも非常に注意深い読者でなければ、もちろんホッジ—ドゥリーニュの理論[10]［P38］に対して出発点の役割（だがとくにそれ以上ではない…）を演じたこれらの「ℓ—進の類似物」と、私がたしかに夢みていた「モチーフの理論」（その上実に精密な夢なのです）との間にあるつながりを推測することはないでしょう——この関連について推測できなかったとすれば、（きわめて自然な一般性を用いて）真の数学者たちに対して、彼らが真の仕事をおこなうようにと、類似物を示唆することに成功したのは、グロタンディークというこの夢想家だということも推測できないでしょう。

例の「交叉コホモロジー」の「代数的メカニズム」については、私たちは「よこしまなシンポジウム」の真ただ中にいることになります[11][P38]（だが「よこしまな」という語は発せられていません）。たしかにこの機会の荘厳さを考えて、「高等科学研究所（IHES）の四人のフィールズ賞受賞者」のひとりに対しては手加減をしましたが――この同じグロタンディークの死後の学生に対しては遠慮する必要はありませんでした。フットライトをあびた、大臣の演説などのあるこの特別な機会での私自身の埋葬は、沈黙による埋葬ではなく、巧みに配した、計画された**おせじ**による埋葬なのです。しかし、マクファースンとゴレスキーの名は挙げられていますが、死後の学生ゾグマン・メブクに対しては、二年前に「よこしまなシンポジウム」の折にそうであったように、また今日においてもそうであるように、沈黙は当然ながら厳格に守られています。

注 (1)　（五月十八日）このノートは、「（ノートNo.47『数学と裸の王様』、P25」の）注から生まれ、あまりにも長くなりすぎた」ものです。ここでは、書いた時期による順序よりも自然だと考えて、ここに挿入しました。

このノートを書いた時点のあと、さらにいくらかこれを展開する必要を感じました――それはこれにつづくノートでおこなわれるでしょうが、この行を書いているいまの時点ではまだ書かれていません。この二つのノートは全体として、今からすでに「弔辞」という名をどうしてもとることになります！

(2)　（五月十八日）これは、高等科学研究所（IHES）の創立二十五周年を記念して一九八三年に研究所によって編まれた小冊子のことです。これについては、すでに、ノート「救いとしての根こぎ」（No.42）の注［『数学者の孤独な冒険』、P381］で、またさらにノート「遺産の拒否――矛盾の代価」（No.47）の冒頭［『数学と裸の王様』、P25］で触れられています。このノート（弔辞(1)）は、いま挙げたノート（No.47）に関連したものです（前の注をみられたい）。

(3)　リーマン・ロッホの定理についての私の仕事は、**代数的**K理論の最初の力強いスタートであって、決して「祖先」ではありません。**位相的**K理論は同じ年（一九五七年）に生まれました。この年に、ヒルツェブルフのセミナーでの私の報告のあと、リーマン・ロッホ・グロタンディークの定理を私は証明したのでした。沈黙に付されているこの「末裔」の「祖先」はまだ生まれてから一年しかたっていなかったのです！（バースによる関手K^iの導入、さらに私が導入した関手K^0でもって）代数的K理論は、これにつづく数年の間に、「祖先」とこれの最初の「末裔」という二重の影響のもとに発展しました。

さらに私は、一九六〇年代の後半に、（「単項的」カテゴリー、例えば加法的カテゴリーに対する）高階のK^iの叙述へ向かってのアプローチを、シンさんの学位論文の路線に沿っておこないました。シンさんの学位論文の方向は、**包絡的なピカール∞－カテゴリー**についての直観にもとづいていますので、発見的なものにとどまっていました。ところがこの時点ではだれも（それ以後もそうですが）（広い意味での）∞－カテゴリーの概念、つまり今では私は（点トポスの上の）∞－園（シャン）の名で呼んでいる概念、を発展させることをしませんでした。（私が一九五五年と一九六五年の間に発展させたアイデアからの真っすぐな道にある）、私が『園（シャン）の探求』の中で発展させようとしている、園（シャン）のコホモロジー的・ホモトピー的定式化のための基礎の素描と共に、高階のK^i-不変量の理論へ向かってのこの「幾何学的」アプローチは、ようやく手に入ることになるでしょう。

(4)　（五月十八日）これについては触れずにおきました！私に対する弔辞の完全な引用は、つぎのノート「弔辞(2)」をみられたい［本書38ページ］。

(5)　（五月十八日）「弔辞」の中で、私が用語に「大きな注意」を払ったことが述べられています。「きわめて自然な一般性」や「任意の体上の幾何学におけるコホモロジーの理論」のような奇妙な表現の使用の中に、明確にこの用語に対する注意を軽蔑しようという意図を私は感じます。

事柄に与える名についての私の非常な気配りは、これらの事柄に対する私のもつ敬意から自然に生まれてくるものです。その名は基本的なもの、あるいは少なくとも基本的なある側面を表現しているものと考えられます。私にやってくるさまざまな伝聞から、一度ならず、この敬意を表する態度に対して今日なされている軽蔑、重要な概念に対して時折わけのわからない名を用いていることで表現されている軽蔑の気どりにショックを受けました。このテーマについてはノート「よこしまさ」（No.76）をも見られたい［『数学と裸の王様』、P150］。

(6)　この「簡潔な半行」は、一九七〇年のニースの国際数学者会議でのドゥリーニュの報告「ホッジの理論Ｉ」の中にあります。ノートNo.$78'_1$の中の解説をみられたい［『数学と裸の王様』、P172］。

(7)　このテーマについては、ノート「かん詰にされた重さと十二年にわたる秘密」（No.49）［『数学と裸の王様』、P36］をみられたい。またもっと詳しい検討については、ノート「追い立て」（No.63）［『数学と裸の王様』、P72］をみられたい。

(8)　同じ日付五月十二日のノート「虐殺」（No.87）をみられたい［『数学と裸の王様』、P225］。

(9)　一九八二年に刊行された、レクチャー・ノート900のことです。これについては、ノート「ある夢の思い出――モチーフの誕生」（No.51）、とくにノート「埋葬――新しい父」（No.52）において扱われています［『数学と裸の王様』、P41、49］。モチーフが、（暗黙のうちに）作者を交換して、（これに対しては十二年の死の沈黙ののちに）「発掘」されたのは、この著作においてです。

(10)　このホッジ－ドゥリーニュの理論は、あい変わらずまだ揺らん期のままの状態です、C上有限型の任意のスキームの上の「ホッジ－ドゥリーニュの複体」という概念と、これらの「係数」に対する六つの演算の定式化が発展させられていないからです。このような理論の必要性は、混合ホッジ構造についてのドゥリーニュの最初の仕事が出る前から、ドゥリーニュにとっても私にとっても明らかでした、それはモチーフの哲学（ヨガ）から明らかな仕方で出てくるものでした。しかし数学の舞台を私が立ち去ったときから、ドゥリーニュの中に、ホモロジー代数において私が導入した基軸となるアイデア（導来カテゴリー、六つの演算、それにトポス）に対する「阻害（ブロック）」が発展してゆきました、このために、そのスタートは目をみはるものであった理論の自然な飛躍がはばまれたのでした。

(11)　このシンポジウムについては、葬列Ⅶ、「シンポジウム――メブク層とよこしまさ」をみられたい［『数学と裸の王様』、P139］。

(2)　**力と後光**（一九八四年九月二十九日）　105

「前の」ノート：「弔辞(1)――おせじ」（No.104）は、五月十二日付です、したがって四か月以上前のものです。これは、「遺産の拒否——矛盾の代価」（三月末のノートNo.47）［『数学と裸の王様』、Ｐ25］の注としてはじめられ、気づいたばかりの「珍妙な」小さな事柄を通りすがりに取り上げたのでした。しかしこれを書きながら、行が進むにつれ、ページが進むにつれて、解説しつつある、見かけ上月並みなこの二つの短い文は、予測していたわけでも、探し求めたわけでもありませんでしたが、まぎれもない「宝庫」である[1]［Ｐ47］ことがわかりました。その日は、また、ある虐殺の光景（ノートNo.87）［『数学と裸の王様』、Ｐ225］を素描し終えた日でもありました。この虐殺の光景は数週間の間に少しずつもやの中から引き出されてきたものでした。その日に、この光景は突然実体をもち、数え上げして描写することだけでははっきりしてきたのでした、そしてこれは私に力強く問いかけを発していました。虐殺と、哀惜される故人にあてられた「おせじ」—弔辞、これらは、この同じ日に現われた、同一の、はっとさせるような光景の二つの互いに補足しあう側面としてあったのでした！

たしかにここには私を喜ばせるものがありました！翌日には、勢いに乗ってつづけてゆくこと、とくに思いがけなく手を触れたばかりのこの小さな宝石にさらに探りを入れてみようと、「手がむずむずしていました」。まず最初におこなうべきことは、この記念の小冊子の問題の二つのくだりを全文引用してみることだということが明らかになりました——同時にこれはまたこれらの文とさらに接触し、それらの**真の**メッセージ、「行間にある」メッセージにさらに入ってゆく最良の方法でもあるでしょう…[2]［Ｐ47］。この二つの文を手で書いてみる余裕がまだなかった、前日の接触でさえすでに、私の中に、実りの多いと感ぜられた、数多くの連想を呼びおこしたり、目ざめさせたりしました。私はそれがどこへ連れてゆくのかまだそれほどわからないままに、急いでそれを追ってゆきました…。

結局は、これにつづく日々、数週間おこなったことは、この勢いに乗ってではありませんでした。この期間ずっと、近いうちにこのテーマに戻ってくるのだと自分に言いきかせながらも。思いがけない「健康についての事故」によって、三か月以上にわたって、『収穫と蒔いた種と』に関するすべての省察の仕事、さらにはすべての知的な仕事が中断されました[3]［Ｐ47］。これらの日々に開かれたばかりの、省察のためのこの方向の追求にとって恵まれた、この「あつい時点」はその後過ぎ去ってしまいました。ここへ戻ってくるか、あるいはなにがなんでもここへ戻ってくるために（あついものに！）「息を吹きかける」ための努力をしてみようとするかさえ、確かなものではなくなりました。ひと言でいえば、現在の私の真の望みは、埋葬と名づけられた省察の全体に関する暫定的な**評価**をおこなう最後のノートに至り、――そして**最後の言葉**でしめくくるということです！このノートについて言えば、自分に約束していた（さらには、すでに読者に約束していた）完全な引用を少なくともおこなうこと、そして、おそらく、これら二つの文が（そしてたぶんこれらを書いてみることが）私の中にひき起こすだろう、いくらかの連想について、なにがしかの簡潔な指摘を少なくともしておくということです。

この二つの文（「高等科学研究所」と題された、一九八三年の記念の小冊子の13ページと15ページにある）は、一九五八年に創立されて以来のこの研究所の「専任」と「長期にわたる招待者」の「小さな肖像」を、入所してきた年代順に並べたシリーズに入っているものです。これらはそれぞれが約半ページのかなり短いもので、高等科学研究所に滞在した時期、役職（教授、あるいは長期の訪問者）、主な賞、関心をもつ主な分野と最も重要な寄与、それに（必要な場合には）いく人かの協力者の名が書かれています。しかしながら私に対しては、作品と人物についてのあとの方の三つの「客観的な」側面――つまり関心をもつ分野、主要な寄与、主な協力者または学生――について注目すべき空白があります――この空白は、その一部分は、前のノートですでに取り上げ、引用したべたぼめの文体の「おせじ」によって埋められているのです…。

このシリーズ――光栄にも私が先頭にあります――は、つぎの数学者、物理学者からなっています：A・グロタンディーク、L・ミッシェル、R・トム、D・リュエル、P・ドゥリーニュ、N・H・キュイペール、D・サリヴァン、P・カルティエ、H・エプシュタイン、J・フレーリヒ、A・コンヌ、K・ガヴェツキー、M・グロモフ、O・ランフォード。

デュドネは、私と同じく、高等科学研究所の教授であったと思っていました。ところがこのリストからすると全くそうではなかったようです――すると彼は『数学刊行物』の指導をすることで満足していたことになります。しかし、今度は、小冊子の3ページにある、高等科学研究所の「履歴書」の中では、全くそうではなく、デュドネは、少なくとも形の上は、私と同じく、一九五八年から（一九六四年まで）たしかに「専任教授」であったことがわかります。少しばかり奇妙な小さな矛盾です！ここでこの「履歴書」の冒頭にある最初の二つの「日付」である一九五八年と一九六一年を書き写してみます：

一九五八年　レオン・モチャンによって、世界的に名声のある科学者からなる助言者およびヨーロッパの実業家の一グループからの援助によって、パリに社団高等科学研究所が創立される。

科学活動は、専任教授に任命された二人の数学者：ジャン・デュドネ（↓一九六四）とアレクサンドル・グロタンディーク（↓一九七〇）によってはじめられた。「高等科学研究所（IHES）の数学刊行物」の第一号が発刊される。

一九六一年　公益事業と認定される。

ついでにわかりましたが、この短い履歴書の中で、代数幾何学のセミナー（SGA1とSGA2という親しまれた略号のもとでよく知られている）ではなくて、『数学刊行物』の第一号（G・E・ウォールの24ページの論文からなる――この著者は生まれたばかりのこの社団と特別な結びつきは全くありませんでした）の発刊（小さなシンボル）を挙げることが有益だと思ったようです。代数幾何学のセミナーによって、私がただひとりで、この研究所がまだほとんど「紙の上で」しか存在していなかった年月のあいだ、この研究所の科学上の名声を確保しはじめていたのでしたが。さらに、『数学刊行物』の24号ごろまでは、この刊行物の大きな部分は、『代数幾何学の基礎（EGA）』[4]［P48］のひきつづく巻（第1章から第4章まで）からなっていました、他の巻はそれぞれ50ページほどのものでした（言うまでもなく、科学上の水準の高いものですが）。さらに小冊子の19ページに（「小さな肖像」のシリーズ――これには、何故かわかりませんが[5]［P48］、デュドネがないのですが――のあとの）、（威信のある『数学刊行物』の全巻の堂々たる積み重ねをとった気をそそる写真のある）「広告」のようなページの中で、つぎのことが書かれています：

数学刊行物

一九五九年から、ただひとりで［!］、『数学刊行物』を世界的にすぐれたものにしたのは、ジャン・デュドネです。

一九七九年以後は、ジャック・ティッツを編集長とする編集委員会の指導のもとに、一年に400ページの定期刊行物としてあらわれている。

配布は：　によってなされている（…）。

『数学刊行物』が、その主な使命が定期刊行物の編集をすることでは全くなかった威信のある研究所の記念を表現するものの中で、**このような仕方で**極端に誇張されたのは、明らかに、いく人かの人たちに心地よくないある事実を忘れさせるためでしょう(6)[P 48]。つまり、難局にあった三・四年間に、ある人物が、自分の片隅で、自分に固有のアイデアを執拗に追求しながら、（これらのアイデアは、幸せにも、「高貴な社会」の中の人を含めて、いくらかの人びとをとらえました）、あらゆる障害に抗して(7)[P 48]、この研究所に保証と信頼性とを付与したのではないかということを、おそらく損益を考えて不問にし、ずいぶん前から忘れてしまっているということです。この信頼性は、世界的なこの研究所のもつすばらしいステイタスも、「世界的に名声のある科学者からなる」実にすばらしい「助言者たち」（原文のまま）も与えることが出来なかったものです。

（九月三十日）この記念の小冊子の「派手に見せびらかすような」、そして「四方八方に向けられたごますり」—ごめんなさい—のような文体（私にはこれがよくわかるようになりましたが）（きわめて大げさな「広報活動」と言えるでしょう）は、もちろん、わが友ピエール［・ドゥリーニュ］のものでも、ニコ［・キュイペール］のものでもありません——彼らそれぞれには、たしかにこの種の時事的な文書を作成することよりも、ほかにもっと大事な仕事があるでしょう。ところが、私が関心をいだいている二つの小さな肖像——ひとつは私についての、もうひとつはドゥリーニュについての——は、ドゥリーニュが少なくとも鍵となる語を与えなければ書かれなかったものであることは明らかです——高等科学研究所ではこれをおこなうことが出来るのは彼のみだからです。また私にとってはこれも明らかなのですが、この二つの文は、少なくとも、このドゥリーニュがまず読んで、青信号を出さなければ、印刷に付されなかったということです。したがって、私には直ちに明白に見えますが、この二つの文は、とにかくなによりもまずわが友の態度と意図を反映しているということです——彼が、私について、また自分について、彼自身に対しても数学の世界の人びとに対しても与えようとしているイメージなのです。もちろんこの意味において、これらの二つのくだりは私の興味をそそるのです。この興味は、ドゥリーニュがこれらの隠されたものを明かしている行を書いたのか、それとも別の人が書いたのかということには依存していません。別の人だとすれば（おそらく、この小冊子を全体として「考えた」人でしょうが）、何らかの理由によって、わが友が伝えようとしていたこの「メッセージ」を取り入れたのでしょう。

さて、ようやく来ましたが、つぎのものが二つの小さな肖像です。「専任教授および長期の客員教授の活動」と名づけられた、肖像画の陳列室（13―19ページ）から抜き出されたものです。

アレクサンドル・グロタンディーク、数学者、一九五八年から一九七〇年まで高等科学研究所の教授、フィールズ賞受賞。

A・グロタンディークは、研究所にいた十二年のあいだに、代数幾何学の基礎と方法を革新し、代数幾何学の新しい応用、とくに数論における応用、を切り開きました。彼は高等科学研究所で代数幾何学の一学派を創りました。それは彼が推力となったセミナーのまわりに結集したもので、心の広さによってつちかわれ、この心の広さをもって自分のアイデアを伝えました。彼の作品の巨大な側面は、その出版物の中に反映されています、この中には、ジャン・デュドネの協力で書かれた、概論書『代数幾何学の基礎（EGA）』（8分冊）があり、数多くの学生の協力でなされた「マリーの森の代数幾何学セミナー（SGA）」（12巻）があります。

代数幾何学において、彼は基本的な諸問題をひき出し、おのおのの概念にきわめて自然な一般性を与えました。導入された諸概念は、代数幾何学をこえて、きわめて基本的なことが明らかになりました。これらの概念は多くの場合あまりにも自然なので、これに必要とされた努力を想像することがわれわれには困難なほどです。今日それらが自明のように見えるとすれば、おそらく彼が用語に払った大きな注意によって容易にされたことによるものでしょう。

また、代数幾何学において交叉の理論に関連し、トポロジーで用いられている「グロタンディーク群」は、代数的K理論の祖先であることも想起されます。先にトポロジーを用いてC上で証明されていた諸結果を移し植えるために、一般の基礎体の上の代数幾何学に導入されたトポスは、現在論理学で用いられています。

彼は一九七〇年、数学に対する彼の情熱が一時的に消えた時点で、高等科学研究所を去りました。彼がひいた路線の中で彼が提起した諸問題があまりにも難しいものになったと考えるべきなのでしょうか？

ピエール・ドゥリーニュ、数学者、一九七〇年以来高等科学研究所の教授、フィールズ賞、アンリ・ポアンカレ金メダル受賞、科学アカデミー外国人準会員。

彼の研究の基軸は、「代数多様体のコホモロジーを理解する」ことです。複素代数多様体Xが非特異で射影的ならば、調和積分の理論は$H^*(X)$上にホッジ構造を与えます。これと、グロタンディークによって示唆されたℓ—進の類似物から出発して、彼は、混合ホッジ構造という概念をひきだし、これにもとづいて、すべての複素代数多様体にそのコホモロジーを付与しました。ℓ—進コホモロジーにおいて、したがって有限体上の多様体に対して、伝説的に困難だったヴェイユ予想を証明しました。この結果は、グロタンディークが、任意の体上の幾何学におけるコホモロジーの理論を構成したあと、残っていた予想をその当時と同じくらい今日でも接近できない一連の予想に帰着させていただけに、なおさら驚くべきものに見えました。

この定理は、ℓ—進コホモロジーを、例えばラマニュジャン予想のような、見かけ上代数幾何学からかけ離れている諸問題へ適用できる強力な道具にすることに寄与しました。

さらに最近、彼はアーベル多様体の上のホッジ・サイクルを研究しました。これはグロタンディークが夢みていた「モチーフ的理論」へ向かっての第一歩をなすものです。また彼は「交叉コホモロジー」、マクファースンとゴレスキーの位相的な理論の代数的メカニズムを証明しました。これによって、このコホモロジーをℓ—進理論へと移すことが出来ました、そこでは驚くほど有用なことが明らかになりました。

現在彼は非可換な調和解析（実リー群あるいはp—進群——あるいは有限古典群の上の——そしていくらかの等質空間の上の関数の理論）に関心をもっています。これは、保型形式についての彼の研究（ラマヌジャン予想）、およびG・リュスティグと共におこなった、有限群の表現についての研究の延長です。

彼はすべての数学について吸収と洞察力のおどろくべき速さを有しています。この結果、彼に提出されるそれぞれの問題に対して明快で建設的な反応をします。

この二つの文は、ドゥリーニュと私に大急ぎで触れられている第三の文によって補足されるべきでしょう。この第三の文を私は小冊子の中にはさまれていて、「肖像の陳列室」のある章と同じ題名「高等科学研究所での研究方向」のあるチラシの中に見い出しました。副題として、「「科学活動の見通し」についての短い注記」と書かれています。これは基本的には肖像の陳列室の大幅な「要約」[8]で、（現在と過去の）「専任教授」だけに限られており[P49]、ひとりあたり二、三行になっています。（書かれている順序で言えば）私、ドゥリーニュ、ミッシェル、トム、リュエル、サリヴァン、コンヌ、ランフォード、グロモフです。これはより詳しい肖像の陳列室と同じ順序ですが、ドゥリーニュが私と共に取り上げられて、「上に昇って」います。おもしろい細目ですが、この文の中で、検討されている傑出した人物の名には、私を唯一の例外として、すべて**下線**がひかれていることです(9)［P49］！つぎのものが、わが友と私に関するくだりです：

アレクサンドル・グロタンディークの伝説的な深みをもつさまざまな理論と**ピエール・ドゥリーニュ**の輝かしい発見（二人ともフィールズ賞受賞）は、「分野を超えた」諸手段（コホモロジー）によって、トポロジー、代数幾何学、数論と関連しています。つい最近、これによって、西ドイツのファルティングス（高等科学研究所ですでに研究したことがある）は困難な一定理を証明することができました。この定理は数論における大きな成果であり、有名な「フェルマーの定理」に光を投げかけるものです。

ついでながら指摘しておきますが、この小さな陳列室では、「フィールズ賞」は大文字のM［メダルのM］からはじまっていること――また、「分野を超える」ことは、高等科学研究所の当初から、その創立者―所長のとくに好きな大テーマであったことです。この要約において、私という人間が「コホモロジー」と呼ばれるある「分野を超えた手段」（これはまたどのような偶然によるのかわかりませんが、ドゥリーニュの仕事の「基軸」ともなっています）となんらかの関係があることをついに示唆しているようにみえるのは、おそらくこうした状況のおかげでしょう。

だが私はこの文の小さな末端を取り上げています！ファルティングスについての具体的な言及――ファルティングスは、彼のセンセーショナルな結果（ここでは、この故に取り上げたかのように「困難な」と名づけられています――だが私のテーマにとってはあまり重要ではありません）、この結果でもって急に現在の科学の世界の第一線へと昇ったばかりでした――それからこれもまたこの文の「小さな末端」に属していますが、筆者の「署名」についても気にとめることはほとんどないでしょう。このくだりの基本的な「メッセージ」が含まれているのは、明らかにドゥリーニュと私について述べた最初の一句です。

これは、わが友で元学生のある姿勢について――そしてなによりも深い「Unsicherheit」（不安、確信のなさ、心の中の深く安定した土台の欠如)[10][P49]について多くのことを私に語っています。ここでも、彼の署名のある発表されたどんな文の中でも[11][P49]、またその前にある二つの小さな肖像においてと同じく、わが友がある時期に私からなにがしかのことを学ぶことが出来たことを推測させるものはなにもありません。だがここでは、きわめて鮮明な言葉で、「他人から取ってきた」[12][P49]ある広大な統一的ビジョンの**もうひとりの父**として表わされています。あたかも、**自分自身の**ビジョン――同じくらい大きな、あるいはさらにもっと大きな――を自分で構想し、自分自身の中で開花させることが出来ないという、心の中での深い確信によって支配されているかのごとく、そして、「大きく」あって、そう見せるためには、威信のある年長者の後光を**自分自身の利益のために取り上げる**という取るに足りない方策しかもはや残っていないかのごとく、この後光によって、彼は若い時から、威信のある、そして今日では故人(あるいは少なくとも、天の恵みのコンセンサスによって故人だとされている…)となっている年長者を包むことを好んだものなのでした。まだ形をなしておらず、名前をもたず、生まれ、名づけられることを待っている事柄を自分の中に芽生えさせ、開花させるよりも――彼の中に宿っていて、これも待っている**自分に固有の力**を生きるよりも、**ある後光**をつかもうとしているのです…。

(十月一日)昨夜あらためて葛藤の核心に触れたように思えました――この葛藤については、やがて八か月になりますが『収穫と蒔いた種と』の冒頭で「(他人の)無謬と(自己に対する)軽蔑」の節(No.4)[『数学者の孤独な冒険』、P196]でばくぜんとした言葉を用いて取り上げたものであり、さらに埋葬のはじめ頃に(四月二十六日のノート「核心」(No.65)[『数学と裸の王様』、P88]で)「この特別な、きわだってあざやかな一ケースの中で」再び見い出していたものでした。気がかりをなくすために、他の二つの引用をした勢いに乗って、もうひとつの引用をした折に、この核心に、新たに、思いがけなく出会ったのでした!私はすでに数日前にこの小冊子をめくりながらこのくだりを見つけていました、そのとき即座に強い印象を受けましたが、ここに立ち止まることはなかったのです。しかし昨日、ひとたびこれを書き下してみると、それは、私が書き写したばかりで、書きつつあったノートの主要なテーマをなすものと考えていた詳しい二つのくだりよりも、より重い意味をもち、さらに鮮やかなものであることが直ちにわかりました。しかしながら、四か月前にも、これら二つのくだりの中には、20ページとは言わなくとも、たちまち10ページにはなる連想を呼びおこすような箇所にこと欠かなかったはずです。しかし直ちに、このように展開させることが出来ることは、結局のところ、せいぜいひとつのことを除いて、**すでに知られている**と思えたのでした。これは、おそらくいくらか異なった角度から、とくに、五月に書いた前のノート「おせじ」［P32］の中で（また、埋葬についての私の省察の全体を通して）十分に述べたような側面、結局は**付随的な**側面であることをあらためて確認していたものでした。これに対して、この第三のくだりは、**本質的な**なにか、（とくに）埋葬についての仕事となった長い「調査」の過程では見失いがちだったものへと私を連れ戻してくれました。

数日前これについて検討してみようかとも考えましたが、あるレベルではよく「理解され」ていた、4行からなるこの簡潔な一文が私に言おうとしていることを少なくともひとつひとつの語によって把握するという試みはおこないませんでした。結局は別のところへと行きました。語はゆっくりと、ためらいながらでしか上がってこず、また最初はぼんやりしていた印象は書くにつれて明確になってきました。ひとたび書き上げ、不必要だと思われた部分を削除すると、私が「理解して」いたことと、理解させることができることとを浮き立たせることが出来たと思いました。

あまりにも夜おそくなりはじめていました、本当にそこで止めねばなりませんでした。書いたばかりのものに満足して、ただし発表を目的とした私の証言にこれを含めるかどうかについてはまだ確信をもたずに、寝ました。結局は、メッセージの表面を超えてすすみ、そこで**読者が**理解したことを自分自身ではっきりとさせることに興味をいだくかどうかを読者にまかせることも出来たでしょう！今日はじめてこのくだりを含めることに決めたのです。このくだりは、私には重要だと思われる、そしてこの埋葬の深いところにあるバネとして決定的でさえある事柄についての私の（あるいは、私が得たと思った）ある知覚ないしは理解をうまく表現しているものです。

注

(1) このテーマに対する過去を振り返ってのいくらかの解説については、九月二十四日付のノート「表層と深み」（No.101）の冒頭をみられたい［P18］。

(2) このテーマについては、ノート「メッセージを解読する術について――書くことへの賛辞」（No.102）をみられたい［P25］。これは、前の注で挙げられているノートNo.101につづくものです。

(3) このテーマについては、ノート「小さな事故――身体と精神」（No.98）および「わな――自在さと枯渇」（No.99）をみられたい［P 2、10］。

(4)　私がその著者です、J・デュドネの協力のもとでつくりました。

(5)　（九月三十日）その理由はつぎのようなものではないかと思います：問題とされている年月（一九五八年——一九六四年）の間、デュドネの時間は、基本的には『代数幾何学の基礎（EGA）』の執筆（ここでは運悪く私が主要な著者として現われています）とブルバキの執筆にさかれていた——ピアノと料理を別にして（デュドネは音楽家で同時にすばらしい料理人でした）——ことが何も言う必要のない理由になったのだと思います。この小冊子はあまりにえり抜きのものだったので、きっと、通りすがりに微笑を浮かべながら、こうしたことを挿入することは残念ながら出来なかったのでしょう…。

(6)　わが友ニコ・［キュイペール］は気に入らないでしょうが（彼はこのとき、記念を祝っているこの研究所の所長を十二年していました）、そしてもちろん彼は（他の機会にも、この機会にも）これに気づかなかったでしょう…。

(7)　あらゆる障害に抗してとは、つまり、この四年の間、少しばかりふざけているとは言わないまでも、全く非現実的な「冒険」はたちまち破産するだろうという警告と執拗なうわさ（よく事情に通じていた友人たちが流していた…）に心を動かされることなくと言うことです！高等科学研究所（IHES）はこの当時財政的にもあるいは不動産の上でもまったく基盤をもっておらず、その生命はいつも多少とも好意をいだいたいく人かの実業家の短期の贈与に依存していました。私は、所長で創立者のレオン・モチャンを信頼するだけで、このことについてはほとんど心配していませんでした。モチャンは、毎年毎年おどろくべき財政の手品と「広報活動」によって「窮地を脱して」いました。結局のところ、これらの寛大な時代に、これが挫折していたならば、これほど問題をかかえていない落下点をすみやかに見つけるチャンスは私には大いにあったでしょう！これに対して、（デュドネの励ましによって——彼はモチャンを知っていましたし、私は彼をまったく信頼していました）高等科学研究所に対して私がおこなった賭に勝ったとすれば、高等科学研究所における私の位置は、私の知る他のどこよりも私に適したものだったということです。

(8)　（十月一日）「おまけ」をつけるために、この中にコンヌも含まれています（彼は「訪問者」にしかすぎないのですが）、これで収集家にとってもうひとつ多く「フィールズ賞のメダル」が得られます。これに対して、わが友ニコ・キュイペールは無視されました。こうした折に自分を目立たなくしたからには、難しいことをしたのは彼ではないでしょう…。

(9)　（十月一日）このすばらしい手法によって得られる印刷上の効果（その意図はおそらく意識的なものではないでしょう）から、つぎに引用されるくだりは、**ピエール・ドゥリーニュ**のためのものと思えます（彼の名は印刷上では、私を除いて、「専任教授」の行の先頭にくることになります）、また私はそこではいくらか研究所の外の**協力者**という姿をとっています！年代の順序は守られています、これについてはたしかに言うべきことはありません――しかしながら生まれる効果（確実に追求された）は、役割の**逆転**であり、これは私の中に「逆転」（No.68′）、「追い立て」（No.63）、「タイム！」（No.77）といったノート［『数学と裸の王様』、P109、72、153］の中で取り上げた）なじみ深い連想を呼び起こします。その結果、また私は横領をめざすある種の**文体**――「タイム！」の文体――を再び見い出します――これからこのメッセージの真の**作者**はだれであるか私には明確にわかります。

(10)　ここで浮かんだドイツ語の語「Unsicherheit」は、フランス語にも、英語にも（と思いますが）同値なものはありません。その文字通りの［フランス語への］翻訳「insécurité」は、心的な一特徴を指すのに適用することはほとんど出来ません。否定の語「確信のなさ（manque d' assurance）も間に合わせの近似にしかすぎません。もちろんここでは深いレベルでの「落ち着き」に関することであり、表面的には、落ち着き、完璧な余裕をもっているという印象を与えたとしても、その欠如はいくらかの機会にかいま見られるものです。これらの表面的な落ち着き、完璧な余裕は、惰性や「強固さ」からなる、多くの場合、強力な、何にでも耐えられる保護のためのよろいを形づくっています…。

(11)　少なくとも現在までに私の目にとまったものにおいて。

(12)　さらに、彼自身のための「後光」としてここで他人から取られたこの**ビジョン**は、実際には、師の「死去」以来、その遺産から距離をおき、拒絶しながらも、その後継者としての姿をしている彼自身によって軽蔑の対象となり、系統的に反対されていたという事実の中に特別な皮肉があります。このテーマについては、三つのノート「遺産相続者」(No.90)、「共同相続者たち…」(No.91)、「…そして金切りのこ」(No.92)［『数学と裸の王様』、P259、267、277］をみられたい。また他の解説については、四つの「ひつぎ」（1から4まで）と「墓掘り人」（ノートNo.93から97まで）からなっている葬列X（霊きゅう車）をみられたい［『数学と裸の王様』、P280、284、287、297、303］。

2 陰（イン）と陽（ヤン）の鍵

(1) 筋肉と心の奥（陽は陰を埋葬する(1)）（十月二日）

106

三つの側面をもつ弔辞（これについては昨日やっと完全な引用をおこないました）によって呼び起こされた連想のうち少なくともひとつをさらに追求してみたいと思います。この連想は、五月十二日、ノート「弔辞(1)――おせじ」(No.104)［P32］を書いた直後に、強い印象のもとで生まれたものでした。それは、しばしば見すごしている、そして私が本当にこれを考慮に入れるようになったのはここ五、六年にすぎない、事柄についてのある側面に触れるものです。

検討した文の行間に、いくつかの**価値**に対する崇拝を認めることができます。例えば、ドゥリーニュによって証明されたヴェイユ予想に関して浮き彫りにされていることは、それらの**美しさ**、それらの単純さ、すでにヴェイユによって発表された時点でこれらが開いた広大なビジョンではなくて、それらの「**困難さ・難しさ**[1]」［P55］です。私は、さらに、これらが証明されるずっと前から、これらのかいま見られた見通しによってもたらされた果実、そしてまたこの証明へと導いた長い旅の中の最後の障害が乗り超えられるや、ちょうどそこにあってかいま見られた他の果実についても考えます。それらがかいま見せてくれたもの、二世代にわたる幾何学者と数論学者たちに対して、実に強く、肥沃な着想の源泉となったものは、これらの予想の美しさ、おどろくべき内的な一貫性、以前には考えられなかった関連です。私の作品の最も深い部分（「完全に仕上げられた」ものも、「モチーフに関する夢」も）は、直接にこれらから着想を得たものです（セールを介して、彼はこれらの予想の中に表現されているビジョンのもつあらゆる力を把握し、伝達することを知っていました)。これらの予想がなければ、ℓ—進コホモロジーも、トポスの言語さえもおそらく生まれなかったことでしょう。もっと適切な言い方をすれば、私の人生の十五年の間、発展させるのに打ち込んだ、(代数)幾何学、トポロジー、数論のこの「広大な統一的ビジョン」、私がその最初の、息をのむほどの素描を見い出したのは、これら「ヴェイユ予想」においてでした。そしてこのビジョンが広がりと成熟を獲得するにつれて、一歩一歩なにをなすべきなのか、手の届くところにあるものをどの端から「取り上げる」べきなのかを私にそっと教えてくれたのは、このビジョンそのものであり、このビジョンがひとつひとつ把握することを可能にした、それまでは隠されていた事柄だったのです。ヴェイユ予想の証明における最後の一歩とは、いつからか私にはわかりませんが、きっと私の生まれるずっと前から始まり、私の死後にもなお完了することのない、長く、魅惑的な旅の歩みの中の**一歩**以上のものでも以下のものでもありませんでした！

だが引用した文の中に読み取れる精神にしたがうと、「ヴェイユ予想」は重量挙げの問題であるかのように思われます：ここに「大奮闘して」挙げねばならない重量がある！二百キロ、それは相当なものだ、この困難さは伝説的なものだ、多くの人がこれを試みたが、まだひとりも達成できなかった——「Hの日」(Hはヘラクレスを指します)までは！その結果はおどろくべきものだった(106₁[P56])、二キンタル［200キロ］を考えていただきたい——だれもこれを達成するとは考えてもみなかったでしょう…と言った具合です。

ファルティングスによって証明された「困難な定理」についての簡潔な解説の中に見てとれるのもこの同じ精神です：ここでも、事柄についての私たちの知識におけるこの新しい段階を指すことの中で、群衆の称賛を呼びおこすために際立たせられているのは、やはり**難しさ**であって——乗り超えられた新たな頂上から開かれている見通しではありません(2)[P55]。「モーデル予想」という名を挙げる必要さえもないようです(たしかに、数学外の人びとには知られていません)——この予想の把握と定式化(ここではモーデルによる)は付随的なことであるかのように、なぜならそれは「やさしい」ことだからです。その代わりに、「フェルマーの定理」についての見せかけの見通しが述べられています(この「定理」に「光が投げられた」とされています)。たしかにこのフェルマーの定理は、三百キロをこえる重量をもつもの(三世紀にわたる努力に抵抗している)として(数学の世界の外においても)広く知られています。

私の触れたかった第一の点は、これらの文の中で称揚されている（もちろん、おかれている状況にふさわしい控え目さを伴ってですが）諸価値は、**筋肉の**、いまの場合「頭脳の筋肉」の**諸価値**と呼びうるものです‥手首の力で、「難しさ」に関する伝説的な記録を乗り超えることを可能にする筋肉です。

これらの諸価値は、ある記念の小冊子の著者（著者は匿名ですが、私には同定することが出来るように思えます）のような、ここで極端に誇張されているヒーローのものだけではありません。これらの価値は、また、数学の世界において、またもっと一般に科学の世界においてますます支配的になっている（と思われる）ものです。さらに、この世界を超えて、なお比較的限られたものだとは言え、これらは、また、次第に、「西欧的[3]」[P55] と呼ばれる、ある「文化」の諸価値となりつつあります。今日、そしてずいぶん前から、この「文化」とその諸価値は、他のすべての文化を絶滅させながら、わが地球の表面を征服しました、それがこの文化の優越性の拒否できない証拠とされています。これらの諸価値の地球規模のシンボル、ヒーローとしての体現者は、画面の前に坐って、息をこらしている数百万のテレビ視聴者たちを前にして、想像を絶するほど遠く、荒涼とした、はじめての惑星の土を踏む、堅固な宇宙服に身をまとった宇宙飛行士です。

これらの諸価値――詳しく浮き彫りにせずに、シンボルとしての価値をもつ簡潔な用語である「筋肉」によって指すことにとどめましたが――は、最近生まれたものではありません。民族学者の用語では、「家父長的な」とも呼べるでしょう。これらの価値の優越性が力をこめて（断固として！）主張されている、書かれた最初の文書のひとつは、旧約聖書（とくに、モーゼの書）だと思われます。しかしながら、遠い時代のこの魅惑的な文書を読むだけでわかりますが、これら「家父長的な」価値の優越性、女性に対する男性の優越性、あるいは、「身体」あるいは「物質」に対する「精神」の優越性は、相補的な価値（おそらく当時はまだ「反対の」、あるいは「対立的な」ものとは見られていなかったのでしょう）の否定あるいは軽蔑へ向かうこととはほど遠かったことが分かります[4][P56]。これら二つの相補的な価値の集まりの有為転変の歴史が書かれたことがあるのかどうか私は知りません――モーゼの時代から今日に至るまで、世紀を通じて、何千年かにわたってこの歴史を追求することは魅惑的な事柄であるにちがいありません。これはまたおそらく、一方には「家父長的な」、あるいは「男性的な」、他方には「母権的な」あるいは「女性的な」――つまり「筋肉」と

「心の奥」の、「精神」と「物質」のある均衡の徐々に進んでいった破損の歴史でもあるでしょう。これは明らかに、「男性的な」（あるいは東洋の伝統的な弁証法においては「陽（ヤン）」の）諸価値に優位な方向で、「女性的な」（あるいは「陰（イン）」の）諸価値を犠牲にしてなされた破損でしょう。

　私たちの時代は、この文化的な均衡の破損が極端に激化した時代として特徴づけられるように思います。この歴史の最近の行為の中に、二つの敵対的な超大国（基本的には同一の価値を信じている）の間の「宇宙競争」と軍備（とくに核）競争の緊密に連携した活動があります。ある種の「力」あるいは「権力」のエスカレートの中のこのすさまじい進展の最終的行為、ありうる大詰めとして、全地球的規模でのなんらかの核による大きな犠牲（あるいは他の事柄、選択には困るほど沢山あります…）がすでに現在から予測されます。それはおそらく、一撃で、ただ一回で、すべての問題を解決するという利点があるのでしょう…。

　だがここでの私のテーマは、「世界の終わり」についての興味をそそる素描をしたり（だれもこれを私から期待していないでしょう）することではなく、まして「筋肉」に対して、あるいは「頭脳」（つまり「精神」）に対して戦争をしかけることでもありません。私の「心の奥」でさえこの戦争に全く勝ち目がないことはよくわかっています！私の筋肉や頭脳に私は愛着をもっています、もちろんこれらは私には実に役に立つものです、それは、これも同じく役立っている私の「心の奥」に愛着をもっているのと同じです。むしろここでは、私自身の中で、この二つのタイプの諸価値の間の、周囲の文化によって伝達された、この深い葛藤がどのように生じたのかを、（できれば）簡潔に述べてみる方がよいでしょう。もっと具体的な言葉で言えば、私という人間のもつ、現実のものであり、また触知できるものでもある二つの**側面**あるいは**面**について（受け入れ、さらには称揚、あるいは拒否という）私の態度の歴史ということです。これら二つの側面は、その本性からして分かち難いものであり、かつ相補的なものです。そしてそれ自体としては敵対的なものでは決してありません。これらを私の中の「**男性**」および「**女性**」と呼ぶことが出来るでしょう、あるいは（もっと「誇張」の少ない呼称として、したがって誤りを生むことが少ないものとして）「**陽（ヤン）**」と「**陰（イン）**」と呼ぶことができるでしょう。

　大多数の人びとのもとで、幼少期に「これらの働きがつくられ」るようです。この時期に、全生涯にわたって、じつに的確に働く自動作用を伴って、沈黙のうちに、態度や振る舞いを支配することになる基本的なメカニズムが作動しはじめます。これらのメカニズムの中心にあるのは、私たちの中にあるあれこれの特徴、あるいは陽（ヤン）あるいは陰（イン）の「符号」をもった深い衝動、あるいはある符号をもった「ひとまとまりの」特徴や衝動、さらには「陽」の全体、「陰」の全体を肯定したり、拒否したりするメカニズムです。私たちの「わたし（自我）」を構造づけている（肯定あるいは拒否という）選択をおこなう他のすべてのメカニズムを決定しているのは、ほとんどは、これらのメカニズムです。

私自身のケースにおいては、私にとってもなお謎にみちたままであるいくらかの理由によって、私の中でのわたし（「ボス」）と「男性」と「女性」との間の（意識された、あるいは無意識の）関係の歴史（さらに、「ボス」自身の中、「労働者」の中でのこれらの関係の歴史——これら「ボス」と「労働者」は、あらゆる事柄のもつ陰—陽という二重の側面に依存しています）——この歴史は、通常よりも起伏に富んだものでした。これには三つの時期があったことが分かります。第三の時期は、ある意味では第一の時期とつながっています、第一の時期は、私の幼少時代の最初の五年間にわたるものです。第三の時期——これを**成熟**の時期と呼ぶことが出来るでしょう——は、この幼少時代へのある種の「回帰」、あるいは私という存在の中の「陰（イン）」と「陽（ヤン）」の平穏な結びつきの調和があった「**幼少時代の状態**」を徐々に再発見してゆくものとみることが出来ます。これらの再発見は、一九七六年七月、四十八才の時にはじまりました——それは（その三か月後に）その時まで知られずにいた、私の中のある力、めい想という力を発見した年でもあります[5]［P56］。

私の両親——母と父——のそれぞれの人格の中での支配的な諸価値は、陽（ヤン）でした。意志、知性（知的な力という意味で）、自己のコントロール、他人に対する影響力、非妥協性、「コンゼクヴェンツ」（ドイツ語で、自己の意見、とくにイデオロギー的なものにおける極度な一貫性を意味します）、政治と実生活のレベルでの「理想主義」…といったものでした。母にあっては、こうした価値づけは、若い時代から極端な力をもっていました。これは、彼女の中の「女性」に対して、（そして、これから発して、一般に女性的なものに対して）発展させてきたまぎれもない憎悪の裏面でした。彼女の中のこの憎悪は、生涯を通じて全く隠されたままだったのですが、それだけにまた激烈さと破壊的な力をもつことになりました。(私自身はやっと今から五年前にこれらの事柄を発見することになりました、めい想が私の人生の中に現われてから三年たったときでした)。こうした家族の環境において、幼少時代の最初の五年間に私がしっかりと開花できたことは、ひとつの謎です(しかし、私にとっては疑うことのできない一事実なのです)――これは、母の意志によって、また(たぶん)一九三三年の政治的な出来事のために、私の生まれた家族(両親、姉、それに私からなる)が破壊され、私が家族から切り離される時点までつづきました。

注 (1) (十月三日) さらに「伝説的な」という形容詞のついた難しさです! これは、事情に通じていない人たちをおどろかせるという目的がなければ、ほとんど意味のないものです! ひとつの予想の「困難さ・難しさ」は、それが証明されてはじめて本当に評価されうるものです――これに対して、直ちに予感され、それが着想を与えた仕事によって、その証明の前に、しばしば客観的に現われるものは、それがもつ肥沃さです。「大きな」予想が、他の予想から区別されるのは、それらの「難しさ」(これは、この語に意味があるとしても、未知なものです…) によるものではなく、それがもつ**肥沃さ**によるものです。ついでに記しておきますが、この肥沃さとは、事柄の典型的な「陰(イン)」、女性的な側面です、一方「難しさ」は、典型的な「陽(ヤン)」、「男性的」価値です。

(2) これに対して、ファルティングスが、(ここで問題にしている)モーデル予想を含む、三つの鍵となる予想を証明している彼のプレプリントを手にしたとき、私が一番強い印象を受けたことは、「手の届かない」と思われていたこれらの予想を四十ページあまりで証明している、そのやり方のおどろくべき**単純さ**です! (ノートNo.3と比較されたい[『数学者の孤独な冒険』、P194、349])。

(3) ここで私が、私たちの文化の今日現われている「諸価値」を取り上げるとき、もちろん「公的な」諸価値――つまり、学校、メディア、家庭によって伝達され、さまざまな職業集団の中で全般的なコンセンサスの対象となっているものを指しています。それは、これらの価値はすべての人によって無条件に受け入れられているとか、すべての人の態度と振る舞いの基調をなしていることを意味しているわけではありません。したがって、「まじめな」人たち、メディア、(教育者、社会学者、精神科医などの手になる) 専門的な文献が、とくに

「いくらかの若い人たち」が、みるからに「枠にはまらず」、ある光景を台なしにしていると言って悲嘆にくれることがあります！

(4) 例えば、母に対する崇拝は、ユダヤ文化の中に強く根づいている伝統です。これはおそらく、聖書の中で前面に出ている（いわば）「公式の」諸価値に対する埋め合わせの役割を持っていると言えるでしょう。この伝統は、カトリックの伝統において、（処女！）マリアの崇拝という、変形された、より強い形で再現されています。

(5) 二つの節「願望とめい想」（No.36）と「感嘆」（No.37）をみられたい［『数学者の孤独な冒険』、P293、297］。

(106_1) （十月三日）私もドゥリーニュも、ヴェイユ予想が正しくないものかもしれないという疑問を少しでも持ったことは一度もありませんでした。また誰かがこのような疑問を表明したことを聞いたという記憶も私にはありません。この「結果」（つまり、これらの予想の証明）を「おどろくべき」と形容することは、また聴衆をあっと言わせるという意図を示しています。さらに、エタール・「トポロジー」、およびエタール・コホモロジーの導入以後、いかなる時点でも、私はこれらの予想は手が届かないと感じたことはありませんでした。むしろ（一九六三年から）これらは近年のうちに必ず証明されるにちがいないと思っていました。一九七〇年に私が発った時点で、このためにだれよりも良い位置にいたドゥリーニュが必ずこれらの証明をするだろう（これは確かにおこなわれました）こと、同時にまたさらに強い「代数的サイクルに関するスタンダード予想」をも証明するだろう（こちらの方は、彼は信用を落とすことに専念しました）ことに疑いを持っていませんでした。

またドゥリーニュはこれらのスタンダード予想の正しさについて理由を挙げて留保を表明しました。この留保については、私は彼ほどは納得できませんでした。だがある予想の及ぶ範囲（重要性）は、それが正しいか、誤りかが明らかになるという事実や、それを「手の届かないもの」にする、いわゆる「難しさ」という性質――これは全く主観的な性質です――に依存するものではありません。その及ぶ範囲は、ただこの予想が言い当てた**問い**（これが提起される前には見えなかったもの）――この問いが、事柄についての私たちの知識にとって真に基本的なある事柄に触れているかどうかということにのみ依存しています。したがって、（少なくとも私には！）これらスタンダード予想の正しさの問題が解決されない間は、代数的サイクル、代数多様体のコホモロジーのいわゆる「数論的な」諸性質（あるいはさらに、「モチーフの幾何学」）について十分な理解が得られたとは言えないことは明らかです。一九六八年のボンベイにおける会議でと同じく、今日でも、私は、この問題は、特異点の解消の問題と共に、代数幾何学において提出されている最も基本的な二つの問題のひとつだと考えています。この二つの問題のもつ重要性を私は大いに感じ取っています！この潜在的な肥沃さは、「あまりに難しい」と宣言されている予想をなんとか遠まきにすることにとどまらずに、ついにだれかが腕をまくって、取り組むことになった時点から、必ず現われてくることでしょう！

(2) ある生の歴史：三つの運動からなるサイクル

a 無邪気さ（陰（イン）と陽（ヤン）の結び合い）（十月四日） 107

私の人生の最初の五年間の重要な一側面を、きわめて貴重な「特性」として触れる機会がすでにありました(1)[P62]。それは、父との深い、問題のない一体化であり、怖れやせん望の影が一度もあったことのないものでした。このことについて、静かな力としてある、父とのこの一体化について、これがあったことについてさえ、考えるようになったのは、ほんの四年前からにすぎません（一九七九年八月から一九八〇年三月までおこなった、両親についてのめい想のつづきとしておこなった、私の幼少時代と私の人生についてのめい想の過程においてでした）。この一体化は、両親、姉（四歳年上でした）それに私からなる家族への一体化の穏やかで、力強い核でした。私は、父に対しても、母に対しても、かぎりのない感嘆の気持ちと愛情をいだいていました。彼らの人格は、私にとってすべての事柄の尺度でした。

だからと言って、両親に対する私の態度は、反射的な称賛、満足しきった賛嘆というものでは決してありませんでした。彼らが私にとってすべての事柄の尺度であることを多分私は知らなかったでしょうが、彼らにも私とおなじく欠点があることについては私は非常によくわかっていました。そして私の中には、対立を認めて、それをはっきりと表現することを抑えるような怖れはひとつもありませんでした。私を取り巻いていたさまざまな紛争の中で、私なりの仕方で立場を明らかにすることを恐れていませんでした。このことは、私という存在の深く、揺るぎない土台をつくっていたある信頼、ある確信に触れるものでは全くありませんでした——いやむしろ、こうした態度は、この信頼、この確信そのものから自然に生み出されるものでした。

父は、むなしい怒り——姉が（そのようには見えませんでしたが）これを挑発して喜んだのですが——を爆発させて、姉をひどく殴ることがありました、するとその度ごとに私は無条件に姉の側について侮辱を感じました。これが、父との関係の中で生じた唯一の大きな影だったと思います（母との間にはこのようなものはありませんでした）。姉がおこなう、ときにはひどいいたずらに同意していたわけでもなく、こうしたいたずらによって私が本当に乱されたわけでもなかったと思います——私にとって事柄の尺度であったのは、**姉**ではなかったのでした。彼女のいたずら（その理由は、父や母にとってと同じく、私にももちろんわからないものでした。父はその度ごとに「わなにはまった」のですが、母はその前にもその後にも中に入ることを控えていました）——これらのいたずらは、ある意味では、私には重大な結果を招くことはありませんでした。姉は、姉であり、それだけのことでした。しかし**私の父**がこのような無分別な乱暴をはたらくとは、なんということだろう…ということだったのです。

あわせて私の最初の年月の母体を形づくっていた、最も近かったこの三人は、ひとりひとりが自分自身の中の葛藤、他のふたりとの対立によってひき裂かれていました。母と姉との間の平静な姿をした、ひそやかな対立、そして父母と姉との間の激しく爆発する対立ですが、おのおのは、自分なりにそれを表現していました（両親のどちらも生きている間は一度もこれらの対立に気づいたようではありませんでした…）。不思議な、そして驚くべきことは、人生のうちで最も感受性の鋭い、最も決定的なこれらの年月において、このように紛争に取り囲まれながらも、この紛争は私には**外的なもの**にとどまっていたこと、これらの年月においては私という存在に真にこれが「くい込む」ということがなかったこと、私の中に住み込んでしまわなかったということです。

すべての人の人生と同じく、私の人生に刻印された、私の中の分裂は、これらの年月にではなく、このあとの二、三年間に、つまり六歳から八歳くらいのころに、住み込むようになりました。ある時点で（数か月の誤差で位置づけることが出来るように思えます、八歳のときでしょう）、両親（両親は私に消息を知らせるという気遣いをほとんどしませんでした）、それに姉と別れて二年以上たったとき、ある**転換**がありました。それは、とりわけ、**私の幼少時代との断絶**でした。私の幼少時代は、この時点から忘却という効率のよいメカニズムによって「埋葬された」のでした（このメカニズムは、ほぼ今日においてもなお生きつづけています）。ある深いレベルで（だが最も深いところではありませんが…）、このとき私の幼少時代がこれ以後私によって「無縁である」と宣告されたのと同じく、両親は私によって「無縁なもの」と宣告されたのでした。ある意味では、私はあきらめて**譲歩した**のでした。その後は私を取り巻いていた世界の中で受け入れられるために、「彼ら」のようになること、この世界を支配している大人たちのようになることを――そこで尊敬をかち得る武器を獲得し、発展させること、ある種の「力」だけが受け入れられ、評価されている世界の中で対等の武器をもってたたかうことを決意したのでした…。

ところがこうした力そのものも、私の最初の年月を取り囲んでいた両親の好みでもあったのです。こうしてまた、私の人生のこれらの最初の年月における、**私の中での分裂の不在**という「不思議な事柄」に戻ってきました（この事柄から呼びさまされた他の連想にしたがって、この不思議な事柄からは遠ざかっていましたが）。

おそらく私にとってこの不思議さは、その不在にあるのではなく、むしろつぎのことにあるようです、つまり、私の両親、父も母も、このとき**わたしを全体として**、私の中の「男性的」、「男」であるものも、「女」であるものも、全体として**受け入れていた**ことです。あるいは別の言い方をすれば、両親、それぞれが葛藤によって引き裂かれており、彼らの存在の基本的な一部分を否定しており――自分自身に対しても、姉に対してもやさしい開かれた態度をとれなかったように、相手に対してもやさしい開かれた態度をとることができなかった両親が…にもかかわらず彼らの息子である私に対しては、このような開かれた態度を示したこと、留保なしに受け入れたということです。

さらに別の言い方をすれば、私の人生のこの最初の五年間のいかなる時点でも、**あるがままの自分を恥ずかしく思った**ことはなかったということです。私の身体や身体の働きについても、あるいは私の衝動や好みや行動についても、そう言えるのです。いかなる時点でも、周囲の人たちに受け入れられ、周囲の人たちと穏やかに暮らすことができるように、私の中のあるものを否認しなければならなかったということはありませんでした。

もちろん、なにかをおこなって「許されない」ことがありました、すべての子どもがそうであるように、もちろん、そうしたことをおこなったとき、つらい、さらには耐えられないことが、私にもありました――

そしてもちろん、ときおりは方向を修正せねばなりませんでした。なんらかのひそかな損傷を埋め合わせる必要がなかったので、わがもの顔に振る舞ったり、そのようにしようとしたりすることもありませんでした。また私に対する両親の愛情の中には、ほめすぎ、いたずらに対するおもねり、無条件の称賛はありえませんでした。また父か母によって「こっぴどく叱られる」ことがあったとしても（この逆も時折は生じましたが）、これらの年月においては、彼らの気に入らなかった行為や振る舞いについて、私を恥ずかしくおもわせることは一度もありませんでした。

父との、いかなる曖昧さもない深い一体化を基礎として、子どもとしての私の人格は、今日からみて、男性的なものと女性的なもの――双方とも強い――の刻印をもっていたようにみえます。

おのおのの人における、またおのおのの事柄における、陰（イン）と陽（ヤン）の性質の分かち難い、揺れ動く結び合い――これがそのものらしくしており、この微妙な均衡がその人あるいはそのものの中にある深い美しさ、ハーモニーをなしているのです――この結び合い、陰（イン）と陽（ヤン）のこの緊密な結合の中に、しばしば（おそらくつねに）陰（イン）であれ陽（ヤン）であれ、ひとつの基調、ある「支配的なもの」があるように思われます。この基調は、個人の中につねに容易に検知されるとはかぎりません、多少とも効果的で、完璧な抑圧のメカニズムのために、原初のハーモニーを借りもののイメージに置き換えるという作用が働くからです。例えば、私の「おもて向きのイメージ」は、四十年の間ほとんど完全に男性的なものでした――さらに四十八歳のときまで、私自身によっても、（おそらく）他の人によっても、これが検討されることもなく、こうしたものだと認められることさえ一度もありませんでした。しかしながら、私は、生まれたときにあったこの基調は、人生全体を通じて、おそらく白日のもとで現われてくる機会が一度もないような深い層の中に存在しつづけているという考えに傾いています。私自身の場合、奇妙なことですが、この支配的な基調がなんであるのか、つまり生まれたときにすでに「私のもの」であったもの、私の幼少時代にしみ込んだものはなんであるのか、今日でさえも言うことができません。さまざまな徴候からして、一度ならず推測できたことですが、この基調は、「陰（イン）」であること、私という人間の中で支配的なものは、「女性的な」諸性質であること、幼少期以来私の中に蓄積された、あらゆる種類の条件づけから自由になる瞬間に、自然に現われてくる機会をもつのはこれであると思います。別の言い方をすれば、私の身体と私の精神の中で創造的な力をなしているものは、私が時折私の中の「子ども」あるいは「労働者」と呼んだもの（わたしという構造、つまり私の中の条件づけられているもの、私の中で蓄積された条件づけの総和あるいは結果を表現している「ボス」に対置されるもの）——この力は、「男性的」というよりはるかに「女性的」（この力はその性質からして当然この双方であるのですが）であるように思えます。

ここでは、これらすべての「徴候」を検討してみることはしません。また最も重要なことは、私の中の深く、支配的なこの基調が「女性的」なものなのか、それとも「男性的な」ものなのかということではありません。重要なのはむしろ、各瞬間に**私自身であること**を知ること、私が「女性」となる、私の中の特徴や衝動をも、わたしが「男性」となる特徴や衝動をも、ためらいなく迎えること、これらが自由に表現されるようにすることです。

子どもの時、最初の数年間、よその人たちが私を女の子とみなすことがまれではありませんでした——しかもこのことで私の中に居心地の悪さを感じたことも、不安を感じたことも一度もありませんでした。こうしたことが生じたのは、とくに私の声のせいだったと思います、非常に澄んでいて、鋭い声だったのです。長い髪（ほとんどの場合、逆立ち乱れたものでした）のせいもあったかもしれません、これはおそらく母は（他に気がかりなことが沢山あったので）しばしば髪をいくらか短くするひまがなかっただけのことだと思います。また私はたいへん力がつよく、いくらか激しい、あるいは無鉄砲な遊びも嫌いではありませんでした、それでも静かさ、さらには孤独をさえ好む傾向や人形遊びをすることも好きでした[2][P62]。人形遊びのことでだれかが私をからかったという記憶はありません、ときどきはこうしたことはあったにちがいないのですが。このような出来事があっても、傷や屈辱感の跡をとどめなかったとすれば、それらは、私の中のなんらかの不安の感情によって、反応したり、増幅されたりすることが全くなかったからにちがいありません。また私にとって本当に大切であった人たちによってだけは、あるがままの私が受け入れられていることは疑いの余地のないことだったのです。こうしたからかいは、私に打撃を与えることはできず、この世で最も自然な事柄に文句をつけるような態度をとることから、私には実にばかなように見えたにちがいない人に投げ返されたことでしょう。

また私はこの種の少しばかり奇妙なばかさかげんは

めずらしいものでないこと、はだかを見ることだけでも物議をかもすことをよく知っていました。しかしながら、記憶をずっと古くたどるかぎり、裸の母や父や姉を見る機会があったこと、これはまた彼らのひとりひとりが、私自身と同じく、どのようにできているのかという私の当然の好奇心を満足させる機会でもあったことを思いだします。実に明らかなことでしたが、男や女の身体の形態——私にはあるがままでじつに好いものにみえました——とくに女性の形態（私はこれに不思議さを感じたことは全くありませんでした）の中に物議をかもすものは全くありませんでした。

注 (1) ノート「虐殺」（No.87）をみられたい［『数学と裸の王様』、P225］

(2) この人形遊びをするという好みが、少年のもとでまれにしかみられないのは、とくにこれが周囲の人たちによって系統的に水をさされることによるものと思います。

b スーパー・ファーザー（陽は陰を埋葬する(2)） 108

（十月五日）

一九三三年、六歳だったときですが、私の人生における最初の決定的な転換がありました。それは、また同時に、私の母と父の人生において、彼らの相互の関係においても、彼らの子どもたちに対する関係においても決定的な転換でした。それは、私たち四人みんながつくっていた家族の激しい、決定的な破壊のエピソードです。この破壊については、四十六年後に、両親の手紙の中に、また生気を失ってはいるが、謎のような、執拗な一・二の記憶の中に、はじめて、ただひとり私が確認し、その波乱を追ってみることができたものです——父の死と母の死のあとずいぶんたってから、忍耐づよく探りを入れ、解読したものです[1]［P66］。

このエピソードの重要性と意味について、この長期間にわたる仕事の過程で私が学び、理解したことをここで述べることはしません。この転換については、すでに三日前に[2]［P66］、私の中の陰と陽の結び合いの歴史の中での、三つの大きな期間の最初のものの突然の終わりを印（しる）すものとして言及しました。一九三三年十二月、私はある見知らぬ家族に大急ぎで預けられました、私も、ベルリンから私を連れてきた母も、一度も出会ったことのない家族でした。実際のところ、母が私を連れてきたこれらの未知の人たちは、実にわずかな寄宿料で私を「寄宿生」として受け入れたいと言った最初の人たちだったのです。いかなる種類の保証金も支払われなかったようです、母は、パリで彼女を待ちあぐんでいた父にできるだけ早く合流しようとしていたのでした。私はブランクネーズ（ハンブルクの近郊）に、姉はベルリンにいるのが一番いいというのが、両親の間で合意されたことだったのです。姉の方は、その数か月前から、ベルリンの身障児の施設に結局のところ入れられていました（姉は、私や両親と同じく、障害をもってはいなかったのですが、その施設の人びとが彼女をほしがったのでした）。

ひそかな脅威と苦悩が重くのしかかっていた奇妙な六か月ののち、人生で私の知っていた唯一の世界、つまり両親と姉と私からなっていた世界とはまったく異なった世界にわずかの間に入ることになりました。そこで寄宿生たちからなる一グループのひとりとなりました。寄宿生は家族とは別に食事をし、その家の子どもたちとはちがった第二の部類の子どものようでした。家の子どもたちは、別の世界をつくっており、私たちを見下していました。母からは、時たま急いで書かれた、しゃちこばった手紙を受け取りました、父からは、私がそこにいた五年間、自分の手で書いた手紙を一度も受け取りませんでした（戦争前夜の一九三九年までそこにいました、この年には情勢の力に押されて私は両親と再び一緒になりました）。

私を迎え入れてくれた夫婦は、すぐに私に愛情をいだいてくれました。彼は、聖職を退いて、わずかな年金と、ラテン語とギリシャ語と数学の家庭教師をして暮らしている元牧師でした、その妻は、はつらつとした、時にはいたずらっぽい人でした、彼らは並みの人ではなく、多くの面で魅力のある人たちでした。彼は、広大な教養をもったユマニストで、いくらか政治に迷い込み、ナチス政体とひと悶着おこしたのですが、政体の方は彼を穏やかな状態に置いたのでした。戦後彼らとは再び結ばれ、二人の死に至るまでこの交流はつづきました[3]［P66］。

私の両親からと同じく、彼から、とくに彼女から、私は最良のものと、最悪のものとを受け取りました。今日、あとではるかな過去を振り返ってみて、この「最良のもの」とこの「最悪のもの」に対して、彼らに感謝しています（両親に対してそうであるように…）大きな「包み」のなかの分け前を受け取った（各人が自分の子ども時代に分け前として受け取ったように）。私の最も大きなものが、はじめは両親から、ついで彼らから受け取ったこの最良のものとこの最悪のものです、これらを解きほぐし、調べてみるのは、私の役割に属しています。それらは私の過去の滋養分であり、富です、これらを糧にして私の現在を養うかどうかは私のみに属することです。

私の新しい環境は、まったく「申し分ない」もので、多くの面で大勢順応的でした。いずれにしても身体に関すること、とりわけ性に関することではすべて実に厳格な抑圧的な態度がありました。しかしながら、私が裸になることを恥ずかしくおもったり、これと平行して自分の身体に対してうさんくさいといった関係をもったりする、こうした態度を内面化し、自分からこれに反発しなくなるには、何年もかかったと思います。若い時に植えつけられた、この恥ずかしさは、深い分裂のさまざまな側面のひとつです。この分裂の中では、身体はひそかな軽蔑の対象となり、いわゆる「文化的な」諸価値が（記憶などの知的な能力と合わさって）極端に誇張され称揚されるのです。私の中のこの分裂は、四十八歳の時までは知られずにいました。この時から、この分裂は解消されはじめたのでした。これが、私の人生の第二の大きな転換点です。それは、また私自身に対する関係の歴史、つまりは私の身体に対する、私の中の「男性」と「女性」に対する私の関係の歴史の中の「第三の時期」の到来を印すものでした。しかしそれ以前に、私はこの分裂を私の子どもたちに伝達するのに一役かう多くの機会をもちました(4)[P66]、そして子どもたちもこの分裂を伝達するのを私は見ることができました…。

昨日すでに私の中に生じた「転換」について述べました(5)[P66]。はじめの家族という環境から切り離されてから（あるいは、もっと適切な言い方では、この環境が**破壊**されたあと）二年あまりして、この転換は普通にある抑圧のメカニズムをつくりだしました、この時まで、私の子ども時代にはこれがないというまれな運にめぐまれていたのでした。私の大人としての人生と子ども時代の大部分を支配してきた抑圧的な性質の二つの大きな力を現在までに見い出しました（108₁［P67］）。これらの出現は徐々になされたのではなく、私のケースでは、これらのメカニズムは、意図的なある**選択**の結果として、無意識のレベルで、多かれ少なかれ突然に現われ、すぐ力強いものとなったと言えるようです。私はさきほどこの選択を「譲歩」と呼びました、しかしそれは同時にひとつの強力な行動の原理でもありました。つまり「彼らのようになるのだ（「私のように」ではなく）は、また私は「頭脳」に「賭（かけ）」よう、いずれにしても私の頭脳はだれかよりも悪いということはないのだ、努力して、彼らがもっている武器をもって「彼ら」とたたかおう！ということをも意味していました。

これらのメカニズムのひとつは、ここで私がとくに関心を持っているもので、最も日常的なもののひとつです、つまり**私のもつ「女性的な」特徴**（あるいは流布しているコンセンサスによって女性的だと感じられているもの）を、男性的な諸価値を優位に置いて、**抑圧すること**です。このメダルの表は、もちろん、「男性的」と感じられる私の特徴および能力を徹底的に重く見て、これらを極端に発展させて、過大な場を取らせることでした。

ここでなんらかのものが通常からはみ出しているとすれば、それはもちろんこの二重のメカニズムが単に**存在している**ということでも、厳密な意味での「抑圧的な」要素の力、つまり「陰（イン）」の特徴、態度、衝動の抑圧の力でもないように（思えます）。ここでは私の母のもとで生じたことと比較されるほどのものではありません。母のもとでは、その人生は（そして彼女に近い人たちの人生も）彼女の中の女性をなしていたものに対する憎しみによって荒廃させられたのでした（この憎悪は彼女の生涯を通じて隠されたままでした）。私の存在の仕方には、いかなる時点でも、と思いますが、ある穏やかさ、さらには優しさが完全になくなることはありませんでした。この穏やかさと優しさは、幼少時代から自分でつくってきた人格のかどを執拗に丸くするのでした、そしてしばしば共感と愛情を私の方に引きつけてくれました。例外的な側面は、むしろ**過度な**自己投入の中に、左右をみて気を散らすことなく、自分の仕事に投じたエネルギーの過大さの中にあったでしょう！仕事そのものの外では、私の精神は絶えず仕事のあれこれの段階の達成へ向かって、到達へ向かって投入されました。この態度（ドイツ語で「Zielgerichteheit」、英語で「aimdirectedness」）は、すぐれて陽（ヤン）の態度、**緊張**と、この仕事に直接に関連していないようにみえるすべてのことに対して**目を閉じる**態度です。

この過度は、他の人の中に、一種の「スーパーマン」あるいは「スーパー男性」のイメージ—たしかに残念ながら感嘆すべき！（現在流布している諸価値からみると）—を呼び起こすものでした。だがただちに（ほとんどの場合、無意識のままのあるレベルにおいて）こうした力の誇示を前にして、脅威である、さらには攻撃的である、あるいはいずれにしても危険であると感じて、本能的な防御の反応、さらには敵対の反応を呼びさまします（108₂［P68］）。そしてとくに、このイメージは必然的に「**スーパー・ファーザー**」というイメージを連想させ、ただちに父との果てしない対立をめぐってつくられる**両義性**をもつ多様な吸引と反発の反応を活動させます…。私の人生の中でじつに沢山あったこれらの両義的な関係の中で、**私**が一役かったのはこの点です、こうした関係については、『収穫と蒔いた種と』の過程でいく度も出会うことになりました。この両義性は、私の中にある、共感をよびさます陰（イン）の特徴の存続によって弱められるのではなく、かえって強められました。この両義性は、ある種の巨大な「スーパーマン」の中にある陽（ヤン）の特徴の過剰だけではよび起こすことの出来ないものでしょう。

そして新たに確認できるのですが、これらの果てしない「両義的な関係」の中で、収穫はたとえその度ごとに思いがけないもの（そして筋ちがいのもの…）にみえようとも、私自身が蒔いたものを収穫しているだけだということです！なぜなら、私の中の「ボス」を絶えず作品を積み重ねることに奮起するように押しやる動機（あるいは少なくとも動機の**ひとつ**）は、まさに（まず第一に）私の同じレベルの同僚たちの、（さらには）その他の同僚たちからの評価を絶えずもとめ、強いるものであり、その中の最良の人たちのいく人かが、前を走っている私のリズムで、私のあとを追うことが出来ないと言って嘆くのを聞くことになるものであったからです!?たしかに、他の人の中に（私の中にも）、それが反映している実物とおなじく過度な、「実物より大きな」このイメージを呼び醒まそうというひそかな願望がありました。そしてこのイメージは、他の人を通して、執拗に、期待されていた（また当然のことのようになされた）称賛によって――**そしてまた**ひそかな反目と対立というばくぜんとした、深い道を通じて、明確で、大きな声でもって、私にもどってきたのです…。[6]

注

(1)　父は一九四二年にアウシュヴィッツの強制収容所で亡くなり、母は一九五七年に亡くなりました。ここで語った仕事は、一九七九年八月から一九八〇年十月までおこなわれました。

(2)　ノート「陽は陰を埋葬する――筋肉と心の奥」（No.106）のおわりを見られたい［P55］。

(3)　彼女は二年前に九十九歳で亡くなりました。私は埋葬の前夜に亡くなった彼女と向き会うこともできました。

(4)　少なくとも、彼らのうち、私が育てるのに寄与した四人について、これが言えます。最後の第五番目の子どもはその母によって育てられました。彼と私とが知り合うというだけのためにも、それに好都合な機会が今までのところありません。

(5)　前のノート「力の開花――結び合い」（No.107）のはじめを見られたい［P57］。

(6)　（十月六日）結局のところ、ふたたび触れることになった、この「ひそかな願望」は、（ほんの数年前にやっと…）つきとめられたのですが、また今日では以前よりも激しいものではないのですが、なおいまも燃え尽きてはいません。

(108₁) (十月六日)

私が言いたいのは、私の人生の中で働いていた抑圧的な性質の力は、もっぱらこれだけとは言えませんが、とくに過去を埋葬すること、と私の「女性的な」特徴を犠牲にして、「男性的な」特徴を前面に押し出すという、二つの特別な形のひとつをとっているように思われます。これら二つの「力」、それぞれが抑圧的な性質の(つまり、ある現実の「抑圧」、隠蔽をめざした)ものですが、これらだけが「私の人生を支配してきた」と言おうとしているわけでは全くありません！これだけだとすると、身体と精神の双方のレベルで表現された、私という存在の自己に集中したものでないすべての側面、知の衝動を忘れてしまうことになるでしょう。(このテーマについては、とくに「私の情熱」(第35節)をみられたい［『数学者の孤独な冒険』、P289］)。

わたしを構造づけている、したがって「ボス」から出ている諸力の中にさえ、少なくともひとつは、それ自体としては、抑圧的でない性質をもつものがあります。それは、抑圧的な諸力よりもはるかに古いもので、私の人生の中でのその役割ははるかにずっと基本的なものです。それは、私の父との一体化であり、私自身の力についての感覚の「穏やかで、力強い核」でした。この一体化は、いくつかの価値あるいは性質(例えば、男性的な)を称揚して、他のもの(「女性的な」)を犠牲にする方向のものでは決してありませんでした。父によって説かれていた諸価値とは独立に、彼の人格は(一九三三年まで――この年に彼の中にある転換が生じました[1]［P68］)陰(イン)ー陽(ヤン)の均衡がみごとにとれており、直観と自然さが、知性や意志よりも劣っているということはありませんでした。

そして、最後に、さまざまな抑圧的なメカニズムに緊密に結びついた、自己に集中した性質の(あるいは、もっと適切な言い方で、それ自体「抑圧的」な性質をもった)もうひとつの大きな「力」として、いつもの**うぬぼれ**を挙げておいた方がよいでしょう、この力の役割もまたすべての人の人生においてとおなじく、私の人生においても重いものでした。しかし、この「力」は、あまりにもゆきわたったものなので、そしてこの力が各人の人生の中で(粗野な形であったり、微妙な形であったりしますが)演ずる支配的な役割もきわめて普遍的なものなので、「わたし(自我)」を構造づけている、そしてこのわたし(自我)に特別な姿と基層を与えている力とメカニズムのとる特殊な形の見取り図の中では、わざわざ取り上げる必要はないでしょう。

注 (1) 注目すべきことは、私の父（当時四十三歳でした）のもとでのこの「転換」は、スーパー陽（ヤン）の役割を演じていた母との緊密な示し合わせのもとで、**スーパー陰（イン）**の状態へ向かって、ある種の安逸な受動性に向かってなされました。母は、子どもたちの世話をする代わりに、父の世話をしました。(子どもたちは、少なくとも一九三九年までは、「損益を考えて」、放置されました。この一九三九年、さまざまな出来事の力に押されて、不承不承、母は私をひきとることになりました…)。父のこの従属関係および私の両親の間での陰（イン）―陽（ヤン）の役割の逆転は、一九四二年に父が姿を消すまで続きました。

(108$_2$) (十月六日) この「力の誇示」の中には、意識されたものも、無意識なものも、言葉の通常の意味での「攻撃的な」意図は全くありませんでした、ただ強い印象を与え、評価をかちえようという無意識の願望のみがあったのです。私に自然にやってきた「評価をかちえる」ということの言葉は、もちろんすでに「攻撃的な」に近い、**強制**という意を含んでいます。この強制という無意識の意図―これも無意識のレベルにおいてみられるのですが―は、しばしば一種の攻撃として体験されるにちがいありません（ところが、この体験は、これが生みだす敵対的な反応とおなじく、隠されたままになっていますが）。同時に、それは、しばしば子ども時代にさかのぼる、主役としての父との同様な体験とこの体験とが融合されたものにちがいありません。そこでは、父は、抑圧的な権力の主要な担い手、さらには圧倒的で、うらやましがられ、嫌悪されているライバルとして立ち現われているのです。

　このような融合がなくとも、また私の中の「強制」の意図が他の人のもとでどのように見えるのかということは独立に、(少なくとも、その精神と意図において) とりわけ陽（ヤン）なこの「力の誇示」において、非常に**バランスを欠いている**、深く調和を欠いているという知覚をしばしばもつにちがいありません。この過度は、主要な当事者、つまり私自身にとって有害であり、とどのつまりはその身体上の生存にとってさえじつに危険でもあります（ここ数年の事故―健康がそれを私にあざやかに示したように！）。「このような力の誇示」は、「いずれにしても危険だと」感じられる――その「本質からして」危険、したがって従ってはいけない実例だ…！――と書いたとき、たぶんこのことは私の考えの中にほのかにあったのでしょう。たしかに、このような感じは、あらゆる攻撃性あるいは攻撃の意図がないときでさえも、「防御の反応」を呼びさますに十分なものでしょう。

たしかに、このような両義的な関係は、一九七六年以後も、数学上の投入が全くなく、私の生活において目にみえる「力の誇示」がまったくなかった時点においても、とくに私の学生のいく人かとの間で生みだされたことも事実です。また、**過去**のこのような「誇示」が**名声**を生みだし、これがとくに私の職業生活において身に染まっており、ある程度は**現在の**私という人間についての知覚に取って替わっていることも事実でしょう。さらに、いくらかの数学のテーマに関して、私はある自在さを獲得しており、私の数学活動の時期の外でさえも、私の名声も手伝って、自然にあるこの自在さあるいは熟達が、それほど意欲のない学生に「力の誇示」という効果をもちうることでしょうし、（感じのわるくない、さらには安心感を与えるいくらかの特徴にもかかわらず）私を一種のスーパーマン（そしていくらかスーパー・ファーザー！）として彼らによって感じられることもあるでしょう。

さらに、いま話した自在さの裏面として、私はしばしば学生がある知識を獲得したり、ある道具を発展させたりする時に生じうる困難さを過小に評価する傾向があります——これによって学生は私の期待に対して不安定な状態に置かれることになります。（このテーマについては、ノート「教育の失敗(1)」（No. 23[4]）をみられたい［『数学者の孤独な冒険』、P367］）。このような状況は、かなりしばしば父に対する不自然な関係の重要な要素のひとつにちがいありません…。

c　再会（陰のめざめ(1)）（十月九日）　109

四日前、前のノート[(1)]［P75］を終えつつあるとき、大きな満足感を味わいました。このとき思いがけなく、一九七六年十月十七日という日曜日（あれから数日ちがいでまる八年になります）に私にやってきたある直観と再び出会うことになったのでした——それは、私のなかの「ある力」が、私の母の人生においてと同じく、私の人生においても、大きな被害をもたらしたことについての直観でした。そのとき、私の人生において、はじめて私の人生とはどんなものであったのか、そしてとくに私の幼少時代とはどんなものであったのかということについて、短いものだとはいえ、省察をおこなったのでした。それはまた、私がめい想の力を発見した日の翌々日でもありました[(2)]［P75］、そしてこの時点のあと、非常に長い間知られずにいた、この力を用いた最初のことでもありました。この日のこの省察が私の幼少時代へと向かっていったのは、意図したものではありませんでしたが、きわめて確かな直観によって熟していたかのごとく、ある深い衝動の力によるものでした。振り返ってみてはじめて、どれほど幼少時代がたしかに私の真の力の源泉のところにあったのか、そしてまた私の中の葛藤と分裂の源泉でもあったのかを私は推しはかることが出来ます。この時知りたいという深い必要性が私をそれへといざなったのでした。三年近くの間、もはやそこへは立ち戻ってはいませんでした、これらの年月、「日程にのぼっている」問題だけに気を散らされて、実にはるかに遠くにあるように見えていた、もやの中にかすんでいるこの幼少時代という核心そのものから執拗に離れていて、私の人生の中の葛藤の周辺にまだとどまっているにすぎないのだということを考えることもありませんでした…。

いま私の人生におけるこの決定的なめい想から生まれた、特別な濃密さをもった十八ページの文をあらためて「ななめ読み」してみました。心をゆさぶる力をもったある夢をみたのは、このめい想につづく夜、あるいはむしろこのめい想の夜のあとの夜明けでした——それは、私がそのメッセージを情熱をこめて探ろうとした、私の人生における最初の夢でもありました。その前々日、「めい想を発見」しつつあった時と同じく、この時も、私はどこへ向かっているのか、何が生じつつあるのか考えてもみませんでした。四時間のあいだ、この体験の意味、この夢—寓話の意味の中へと奥深くすすみ、意味からつくられている、次第に重要性をおびてくる層をつぎつぎと通って、そのメッセージの核心、単純で、明確なその意味へと到達したのでした。

この時、それは、「知性」による理解の突然のはじまりではなく、また闇の中、あるいは薄明かりの中での突然の光のごときものでもありませんでした。それは、むしろ、私の中に生まれたある深みのある波のようなものでした、波は私の中で突然おし寄せてきて、この広大な水の中で、その時まで隠れていたこの意味を私にもたらせたのでした…この瞬間に、私は、幼少時代以来見失っていた、きわめて大切な、じつに貴重なある存在をふたたび見い出したのでした…。

この瞬間は、**ひとつの誕生**として、深い再生として、体験されました。この感情は、この日一日じゅう、さらにそれにつづく日々に、非常につよく残っていました。八年たった今も、この時点は、私の人生における、とりわけ創造的な時点、私の精神の冒険におけるひとつの基本的な転換の時点であったと思えます。それは、たしかにこれに先立つ日々、月々に、他の多くの「時点」によって準備されたものでした。その最初の先駆をなす時点は、おそらく、十年以上も前の、私の生涯を終えるところだと考えていた機関［高等科学研究所（IHES）］からの例の「救いとしての根こぎ」だったでしょう[3][P76]。これらの先行する時点は、いくらか、私の手元にある要素、あるいは**手段**のように思えます、これらを用いて、私は、私の前にありましたが、見ることもなかったこのもうひとつの「敷居」を越えることができたのでした、この敷居は、その前に越えていた他の敷居よりも、より深い、より隠されたレベルにあるものでした。数日まえから、あるいは数時間まえから、この敷居を越える上で、すべてが整っていたのでした――そして、この敷居を越えることが出来たのでした、私の人生をつうじて、くる日もくる日も、これを越えることが出来なかったのですが…。

そしてまた、この敷居はたしかに越えられましたので、道は、さらなる乗り越えに向かって、別の「めざめ」、あるいは「覚醒」へ向かって開かれていました。これらのめざめのひとつひとつは、その本性からして、また、ひとつの再生、そして、いくらかは、ひとつの「新しい誕生」、ふたたび生まれることでもありました。ある強靱な幻想を途中で取り除きながら、この一歩を越えることになるまでに、何か月も、何年ものあいだ、これらのめざめのいくつかを回避するということもありました。この強靱な幻想は、人生を通じて、私と、私の人生、そして私をとりまく世界のもつ真の味わいとの間に置かれていたものです。もちろん、また、これらの行を書いている今の時点でさえ、私は回避しつづけていることでしょう…。

ここ最近の日々におこなわれた省察の視角からすれば、人生の長い期間、失われ、死んだものと信じられていた、私の幼少時代との再会のこの時点は、私の精神の遍歴の「第二の時期」の終わりをしるすものです。この第二の時期は、私自身の生活において、創造的な力、知と再生の力に逆らって、**自己に集中するメカニズム**が優越していたのであって、四十年のあいだほとんど完全な停滞の状態でした。それは、また、「ある力」、まわりの世界でもてはやされている諸価値に似せてつくられた、ほとんど完全に「男性的な」性格の力が、私という存在の中の、無視され、抑圧されていた（だが、ありがたいことに、これは完璧な成功だとは言えない！）、「女性的な」深い側面および力を犠牲にして、支配的であった時期でもありました。

私の人生を、私の母の人生を、そしてまた私の人生の中で重要であった他の女性たちの人生をも支配していた、この力のもつ破壊的な性質についてのはじめての直観は、これらの緊張をともなった成熟の日々に、少しばかり姿を現わしました。それは、たしかに、事柄についての私の意識された理解の中に、陰の、「女性的な」エネルギーが再び現われでてきたおかげでした。さきほど私が性急に思い出せたと信じたこととは反対に、この出現は、私の幼少時代との再会の前夜のめい想の中であったのではなくて、この再会のあと数時間して、生じたばかりのことの意味についての短いめい想においてでした。この直観は、このめい想の数ページのノートの末尾で生まれ、形をなしたのでした。私は、この「力」（今日では、「スーパー陽の」、つまり陽が極端に支配的な、「力」と呼ぶでしょう）のもつ破壊的な性質を、まずはじめは私の母において、ついで他の女性たちにおいて認めたのでした、そのあとつぎのような最後の行を書いています：

「私自身の中のこの「力」、たしかにこれが、Mの、ついでJの、そのあとSの、隠されている憎しみ、恨みの、若い人生を通じて待ち望んでいた標的および対象に、私をしたのでした――それは、愛を失った幼少時代の途方にくれた日々に、彼女たちが私の存在を知るずっと前に、彼女たちの中に置かれた憎しみなのです。」

私の人生においてとりわけ重要な一日を証言しているこの最後の行の中にある「幼少時代」という語は、三年近くあとにまた現われてくるのです！敵対的な反応を、さらには憎しみや恨みを呼び起こすものとしての、私の中のスーパー陽の力の性質についての直観の方は、なおもここ最近の日々まで、いくらか忘却の中に沈んでいた（ようです）。もっと具体的には、この直観は、私の人生の中のいくつかの重要な関係（そして、とくに私が愛していた女性たちとの関係）についての私の知覚の中だけに現われていました。そして、それは、やや「偶然に生じた[4][P76]」紛争の状況、とくにいく人かの学生たちとの状況には、『収穫と蒔いた種と』の中でいく度も検討したり、取り上げたりしましたが、真には浸透していませんでした。さらにこの省察をおこなっている間、意図的でない、ある種の「挑発」によって、あちらこちらで私が取り上げたり、検討したりした紛争の状況に対して、私自身が寄与した部分があるという事実――この事実はしばしば完全に隠されたままでした、ところが、これとは反対に、相手側の寄与は私には実にはっきりと見えていたのですが。これは、もちろん、あまねくゆきわたっているものとは言わないまでも、最もゆきわたっている反射作用でしょう！ここ最近の日々の省察によって、この反射作用を未然に骨抜きにすることができるようになりました、私自身の中にあらためてこの作用を見い出すことによって――（陰と陽についての省察という…）脇道を通って、突然私自身と、――少なくとも**ある**私自身と向き合いながら。

また、四日前の短い省察は、私という人間のさまざまな側面、幼少時代以来私が仮住まいしていた「人間」における、陽の過剰による不均衡、そしてこの不均衡が時折は他の人に対して与えることになった、重くのしかかるような効果を感じさせた諸側面にようやく触れはじめたばかりです。この重くのしかかるような効果は、とくに、陽のタイプの力がなお安定していない人たちに対して、まず第一に私自身の子どもたちに対して及ぼされました。ここで私はとくに、私のもつある断固とした自信の「あり方」、すべての事柄（それらは数多くありました）において、是非はともかくとして、私の見たり、感じたりするあり方、あるいは実にゆるぎない意見について考えています。たしかに、これらのものの見方をだれかに押しつけようという考えをもったことはないと思います、そして私の子どもたちには他の人に対するよりももっとこうした考えはなかったでしょう――また私の中に束縛があるというあらゆる気持ちがまったくなかったことから（少なくとも意識のレベルで）、私の人生の大部分において、私の中のこれらのあり方（これらは、自然に生まれた、当然なもののように私には見えていました、そしてそれらのもつ複雑な性質を識別するということは出来ませんでした…）は、どれほどのものなのか――それらが私の子どもたちや他の人たちにどれほど束縛と同じ効果を与えることなのかを考えることは出来ませんでした、あるいは、むしろさらにもっとひそかな効果、つまり他の人自身の感情、見方、意見のもつ価値について、（私の首尾一貫した確信、さらには悲しみをこめた私の驚きを前にして）あたかもこれらが**存在の場**さえないかのような、**ある不安**をその人の中に呼び起こしたり、維持したりする効果です。

さらに、私は、とくに私の子どもたちに対する関係の中での、私の中のこの傾向の発展は、私の夫婦生活の有為転変と緊密に結び合って、かなり複雑なものであったろうと感じます。ここでは、これらの不思議さを探ってみることも、この不均衡が現われている、私という人間の他の側面についてのいくらかでも完全な目録をつくることもしません。前のノートでは、この不均衡のとくにあざやかな一側面である、「力の誇示」について浮き彫りにしてみました。

人生全体を通じてつちかわれてきた、この不均衡とこれが表現される多様な心のメカニズムが、魔法の杖のひと振りによるかのごとく、その直後に消えてしまったと考えることは出来ないでしょう。私は、この再会の日にも、それにつづいた日々にも週にも、もちろんこのようなことをまったく期待していませんでした。

（十月十日）それは、新しいエネルギーの力強い奔流に押された、氷の溶解の日々――小さな日常の事柄からなる、目立たない枠組みのなかで生まれていて、熱心に見ようとしている目の緊張した働きのしたでくり広げられている、一日一日と私がかいま見た、これらの新しい世界を前にして、心の中の労働と感嘆の日々でした。それは、また、突然私に問いかけた、その前夜にはまだ私の知らないものだった、この未知なるものの豊かさをはじめて予感しはじめた日々でした。私は、それを、この再会の瞬間の時点で、そしてそれにつづく思いがけなく、予測できない旅の中で、私に知られたばかりのこれら「断片」によって把握したのでした。私が体験したばかりのこの「誕生」は、まさに、まったく未知なるものの**はじまり**であること、あるいはむしろ、中断され、あるとき遮られるか、抑圧されたが、不思議にも再び動きはじめていたものの**再開**であると、はっきりと感じました。実際のところは、この激しい「生成」は、それに先立つ月々にすでに動きだしていましたが、そこではまだ内省的な**思考**がほとんど加わっていないレベルにおいてでした…。

生命を取り戻したこの生成の、再びはじめられたこの働きの深い側面のひとつは、日を重ね、週を重ね、年を重ねる中で、私の中の「女性」と「男性」の、陰と陽のもともとあった均衡が徐々に回復してきたことでした。ある意味では、この再会の時点以後は、「幼少時代」あるいは子どもの状態は、しばしば私という人間の表面を揺さぶりつづけるある「分裂」の影響を超えたところで、私の固有の性質について、壊すことのできない、基本的な私の**統一性**についての、私の中の深く、消し去れない認識を通して、「潜在的に」存在していると言うことができます。だが、この**事柄**、存在のこの統一性を指す、「子ども」あるいは「幼少時代」という語そのものは、何年かたって、意識された思考のレベルで、すべての事柄の陰―陽という二重の側面を知りはじめた時点ごろに、やっと現われたのでした。それは、また、幼少時代の状態、創造の状態とは、創造的なある調和の状態としてあらわれる、陰と陽の力とエネルギーの完全な均衡の状態、陰と陽の「結び合い」の状態であるという、この認識（あるいは、少なくとも、この予感)があらわれた時点でもありました。

あるレベルでは、私の生来の統一性についてのこの認識はどんなときにも存在していたし、すべての時点で**働いていた**と思います。同じく、この作用は、時期にしたがって多かれ少なかれ際立ったものであったり、効果的なものであったりします。またそれは自己に集中した諸力、つまり「ボス」を多少とも絶えず除去したり、さらには一括して破壊してしまう性質をもったものでは全くありません――また抑圧の諸力(これらは、「わたし」のすべてだとは言えないとしても、そのかなりの部分を形づくっています…)を除去する性質をもったものでさえありません。これらの力は、私をとりまいている現実と私の中でくり広げられている現実を内密に隠してしまう力――強靭な幻想を万難を排して維持するために、静かにしかも執拗に働いている諸力です、これらの力がなければ、これらの強靭な幻想はたちまちのうちにみずからの重みで崩れてしまうことでしょう…。これら抑圧のメカニズムのいくつかは、ひとつひとつ突き止められ、消えてゆきました。私の上に重くのしかかっていたいくつかの**幻想**を私は取り除きました、そしていくらかの執拗な**疑念**を明らかにしました、これらの疑念は、人生全体を通じて、一度も調べてみたことのない地下のごみ箱の中に(「ボス」のはからいで)追いやられたままだったのです。ついにそれらのメッセージが聞き入れられて、これらの疑念は、穏やかで、陽気な認識をあとに残して、消えてしまいました。さらに私は、私の中に深く根づいていた、きわめて強力な抑圧のメカニズムを突き止めました。いまでは(ここ数年前から)、私の人生の中でのこれらの影響は、以前にも今日でもきわめて大きなものであることがわかります。それらは、陽が過剰な不均衡の方向、いくらかの陰の力や能力を隠す方向にあります。これらのメカニズムがある日解体されることになるのかどうか私にはわかりません――だが、それは私のみに関わるものであることを知っています。おそらくそれらは、今までおこなったことがないほど、より深く、より全面的に、私の人生の中の葛藤の起源に入り込んだ日に、その日にのみ、消失することでしょう。

当面は、かなりの数学への投入をおこなうという私の人生の現在の方向づけがあるかぎりは、こうした日を迎える道へと向かうことは到底ありえないと、はっきり言えます！

注 (1) ノート「陽は陰を埋葬する――スーパー・ファーザー」(No.108) をみられたい [P62]。

(2) 「願望とめい想」の節(No.36)[『数学者の孤独な

冒険』、Ｐ293」をみられたい。

(3) この名をもった注（No.42）［『数学者の孤独な冒険』、Ｐ380」をみられたい。

(4) あるいは、偶然に生まれたとみなして取り扱われた…。

d　受け入れ（陰のめざめ(2)）（十月十一日）　110

ここ一・二日、私の中のこの「陰—陽の均衡の漸進的な回復」は、（八年たったいま）どこまでいっているのか、簡潔に明らかにしてみたいと思っていました。

おそらく一番重要な変化は、私という人間の過去にあったよりも、そのときそのときに真におこなわれている、**受け入れ**がはるかに大きくなっているということでしょう。これを別のかたちで表現すれば、私の中の抑圧のメカニズムが大幅に和らげられたということです。昨日語りましたように、そのメカニズムのいくつかは、突きとめられ、理解されたあと、消えてしまいました。また私の人生を通じて知らないままでいた、他のメカニズムについては、その日常の表現に親しむようになりました。これらのメカニズムが作用しているのが私には見えます、なにがなんでも一掃しなければならない敵としてではなく、条件づけられた私という存在の多様な面に属しているもの、したがって現在「与えられているもの」の豊かさに属するものとしてです。この現在「与えられているもの」は、私の過去の歴史を忠実に反映しているのです、さらにそれは、私という人間の中の条件づけと、分裂の根の「古い」歴史をも、私の成熟と労働のずっと最近の歴史をも忠実に反映しています。この労働をつうじて、私の両親と彼らのあとを継いだ人たちから贈られた最初の包みをほどき、「食べ」、吸収したのでした。私の中のこの「受け入れ」は、したがって、私が長い間無視し、抑圧してきた「子ども」の衝動と特徴（そしてとくに、私の中の女性的側面を反映している特徴）を含むだけではなく、「ボス」に固有の抑圧のメカニズム、つまりまさに「受け入れない」という年来のメカニズムをも含んでいます！これら後者を受け入れるということは、「それらを育てたり」、あるいはそれらを強めたりすることではまったくありません。その反対に、これは、好奇の心をもった、思いやりのある注目によって、それらをほぐし、作用をとめるための不可欠な第一歩なのです。この八年間の経験から、私は確信をもったのですが、この注目がかなり深いものであって、抑圧の根にまでゆきさえすれば、この抑圧は大きなエネルギーを解放しながら、溶解し、消えてゆくということです。この大きなエネルギーは、そのときまでは、抑圧のメカニズムの全体を、これらの維持に役立つ思考やその他の習慣をなにがなんでも維持しておくために固定されていたものです。

しかしながら、私自身のこの新しい受け入れが、私の人生において、はじめて現われたのは、私という人間に本来的に「結びついた」諸側面に対してではありません。それは、めい想の発見の少し前に、つまりこの発見の先駆をなすいくらかの「再会」の前に、こっそりとやってきたのでした。それは、一九七六年七月の、ある若い女性Gとの短い愛情関係においてでした。彼女は、私が以前に愛した女性たちよりもいくらか、振る舞いが「男っぽい」方だったと言えるでしょう。偶然が欲したのでしょうか(?)、この愛をめぐる諸状況から、私は典型的に「女性的な」役割の中に入ることになったのです。私は家事仕事をし、夕食の準備をしました、つれ合いが長い、骨の折れる仕事から帰ってくるのを待ちながら。その仕事は、丘で150頭の山羊の群れをみることでしたが、彼女は夕方さらに乳しぼりをせねばなりませんでした。この住居での常ならぬ妻の役割が私にしっくりとするようになりました。このことは取るに足りないものに見えるかもしれませんん、しかし、この時それはじつに「ぴったり」としていたのです。これは、私の中で、愛情生活におけるある衝動、ある願望と結びついていました、この時、はじめてのことですが、いくつかの愛の詩の中で、それらは表現されましたが、そこでは、愛の体験は、じつに明確に「女性的」なものとしてあらわれていました。この時、私は、考えることも「努力する」こともなく、ためらいや、とまどいの思いもなく、私の身体において、願望の中で、感情や精神において、私は女性であって、同時に男性であることを理解しました――そして、私という存在の中のこの二つの深い現実の間には、いかなる種類のいかなる紛争もありませんでした。これらの日々、支配的な基調は、女性的なものでした――そして私は、無言の驚きの中で、感謝をこめて、このことを受け入れたのでした。このことについて考えたとき、私の中には、とても心地よい、静かな喜びがありました。

この喜びはそれ自体で十分なもので、私自身に対してであろうと、他の人に対してであろうと、言葉でもって語られる必要はまったくないものでした。このことについて、私が愛人であった人に語ったかどうか、私は覚えていません…。きっと、彼女はあるレベルでそれを知っていたでしょう、私がこのことを語る必要もなく。

この喜びは変質しませんでした、今日に至るまで生き生きとしています。この喜びは、香りが花に伴っているように、生き生きした認識から生ずるものです。私の人生のある時点で、あるいはある時期に、この認識と、この認識のひとつのしるしであるこの喜びは、他の時よりも、よりはっきりとあり、たいへん活発です。しかしこれが私から去ってしまうことがあるとは思いません。

その何週間かのちに、何年かのちに、この経験とこの認識についてときには語ることがありましたが、それは、ほんの少しの間でも、私の中のこの喜びのなにかを受け入れるために開かれていると私が感じたひとに、そのたびごとに、大切なものを伝えたように思いました。いくらか扱いづらいことがらについてのように、これを語るのを押さえるようなとまどいを感じたことは一度もありませんでした。(私の中の「男性」という現実と力がわずかでもあったならば、おそらく時にはこうしたとまどいがあったことでしょう！)。また私は、このように同時に二つの役を演じて、うまくゆくという考えをもってじつに気分をよくしていた時期のことをも思い出します――そのときは、もう少しで並みに生理をもち、すぐにも子どもができるのではないかという思いでした。

私のこの新しい女性的なアイデンティティーは、男性的なアイデンティティーと重なり合って、私の愛情生活に対してただちに再生の効果をもたらせました。それは、その後に私が愛した女性たちのもとできわめて強い反響を生みだしました。彼女の中で、男性的な衝動をよびさましたのでした、それは、彼女の全人生を通じて、入念に抑圧されていて、自覚された愛情体験の中に姿をみせるにふさわしくない、ある種のしみのように、その時までは、「こっそりと」しか表現されなかったものです。

無意識の愛の体験は、さまざまな原型的な衝動に富んでいます、その中のもっとも強力なもののひとつは、母への回帰、もとの住みかへの回帰の衝動でしょう。このような原型は、男性においても、女性においても、愛の経験の深い層の中にあります。女性にあっては、カップルの愛の体験の中での、このような衝動を満足させることに対する抵抗は、男性におけるよりもはるかに強いものでしょう。男性にあっては、この衝動の満足はひとつの大きなタブーに突き当たりますが、女性にあってはふたつの大きなタブーに突き当たります。双方のもとで、通常の体験の中での、これらの衝動の満足はたいていの場合多かれ少なかれ象徴的なものにとどまっており、とくに意識のそとにあります。

このような原型とこの体験が深い層から、日の光るところまで昇ってきて、意識的な視線の中に入るとき、この体験はたちまち変化して、新しい次元を獲得します。それと共に、著しいエネルギーが解き放たれます。このエネルギーは、それまでは、抑圧のメカニズムによってしめつけられていたか、抑圧の仕事によってつなぎとめられていたものです。その結果、エロスの衝動がたちまちのうちに**解放**され、それは、愛の体験の中で、一新された強度と新しい充実となってあらわれます。

いままで述べたことから、もちろん、すでに明らかなように、私自身のこの新しい受け入れは、他の人の受け入れをともなっています。この双方は切り離しがたく結びついています。もちろん、ここでは、言葉のまったき意味での「受け入れ」であって、残念ながら不可避の悪として感じられるが、やむなく「つき合ってゆく」ことを余儀なくされている、あれこれの「わるい癖」や「欠点」に対する**寛容さ**（しばしば、やさしそうで、とげを含んだ）を意味するものでは決してありません。このような寛容さの態度の中に、とくに私は、譲歩とは言わないまでも、あるあきらめを感じます。そしてもちろん、喜びの源泉でもなく、許容しようとしているこれらの「欠点」や「わるい癖」という平板な表層の背後にある、未知の、予感される深み、知られるに値する事柄を知ることへの高まりもないでしょう…。

しかしながら、ここでの喜びのある、創造的な受け入れということは、これが完全なものであることを意味しているわけでは決してありません――すでに昨日確認しましたように、完全なものではまったくないのです。注意ぶかい読者は、『収穫と蒔いた種と』の過程で、一度ならずすでにこのことを自ら確認されたことでしょう。他の人、あるいは私自身のもとでの、不快にみえる事柄をすべて**拒絶**するという、私の中のいつものメカニズムにあらたに向き合うときに、ことのついでに私がこの不完全さについて考えることがあったのと同様に。（だが、自分に関するときには、このメカニズムは、ほとんどの場合、こうした不快な事柄を認めさえしないという形をとります…）。

いま語っている受け入れは、自分自身あるいは他の人のもとで、「受け入れる」この事柄に対する**関心**の中に根をもっています。受け入れそれ自体は、典型的に「陰（イン）」の性質をもった心の態度ですが、私のもとでこれがとる「関心」というこの意味あいは、「陽（ヤン）」の性質のものです――これは、陰と陽の限りないからみ合いという、中国の精巧な弁証法の中での、「陰の中の陽」です…。少しばかり勢いに乗って、受け入れ（本当の！）と、この関心、この好奇心とのあいだには無条件の同一性があると言ってよいかもしれません。しかし、少しばかりこのように事柄を提起すると、とくに私になじみ深い受け入れよりも、それ自体でもっと完全に陰の性質をもったもうひとつの受け入れもあることがわかります。それは、探りを入れるためにそれにむかって突進するというものではなく、受け入れられた事柄を**迎え入れる**というものです。（この迎え入れというニュアンスは、私には、突然「陰の中の**陰**」のように見えてきました、いよいよ大切なところにきました！）。関心の高まりと、迎え入れという態度は、それぞれ、他の人あるいは自分を受け入れることの基調を形づくっていると言えるでしょう。この双方に共通なものは、**共感**です。それはまた、**愛**のもつさまざまな形のひとつです。したがって、ここで浮き立たせねばならない深い性質があるとすれば、**受け入れとは愛のひとつの形だ**という確認でしょう。自己に対する愛、他の人に対する愛、この双方は離れがたく結びついているのです…。

きわめてわずかな時点を除くと、私自身に関するときは、他の人に関するときよりも、はるかに強い関心が生じます。この八年間、めい想の長い期間を鼓舞してきたのは、私という人間に対するこの熱の入った関心です。他の人および世界を知ることの中心にあるのは、たしかに自己について知ることであって、その逆ではありません――私のあたらしい情熱である、めい想に私をいざない、今もなおいざなっているのは、たしかに事柄の核心へ向かって、もっとも基本的なものに向かってであることを感じています。他の人に対する関心は、これから生じた受け入れと同じく、これらの年月を通じて、より部分的な、よりためらいがちに現われました。この受け入れが具体的に表現される仕方のひとつは、私が同伴しているとき、あまり話しすぎないこと、そして聞くという態度です。私の人生のほとんどを通じて、この聞くという能力はほとんど完全に欠けていました。さまざまな再会という大転換のあとでさえも、この年来の傾向がなくなりはじめる前には、聞くことと識別力が欠けていたので、調子はずれに話していたということを、かなりしばしば認めねばならないことがありました。この傾向がずっとでしゃばらなくなったのは、そしてほとんど消えてしまったのは、私が自分に課したなんらかの規律（…のときにのみ、なんじ口を開け、といった調子の）の結果ではまったくありません。それは単に、それは無用だと、それは他の人にも私にも何ももたらさない――少なくとも私の目からみて価値のある何ももたらさないと、私が感じた時点では、しゃべりたいという欲求がなくなってしまったからです。現在こうしたことをしばしば感ずることがあるのですが、それはおそらく、私がずっと注意深くなったからでしょう。これもある規律（「…のとき、なんじは耳を大きく開くように心せよ」）の成果としてやってきたものではありません、しかし何と言ったらよいのかわかりません。いずれにしても、これは良いことだと感じています、人生はそれだけ興味深いものになり、（とくにずっと騒々しくないものになりました！）。そして他の人たちもこれを良いことだと感じていることでしょう…。

私は思うのですが、他の人にある「欠点」と（正否は別にして）私にみえるものを、――あたかも自分のもつ欠点をつきとめ、正すだけでは十分ではないかのように！――つねに正そうとするように押しやる、私の中の力が（いわば）消えてしまった時点から、ほんとうに話すのが少なくなりはじめました。あれやこれやを他の人になにがなんでも認めさせようとする方向に私を押しやっていた（そして時折はなお今も押しやる）のも、またこの力です。これは、なぜこの人が頑固にあれ（こちらの方が「良い」と私にはみえ、私はその人にそう説き伏せようとしていたのでした！）よりもこれを信じたがっているのだろうか、あるいは、なぜ私はこの人がこれよりもあれを信じるようになることに執着するのだろうかと単純にみつめてみる代わりにそうしていたのでした。この力は、私たちの中にほぼ普遍的にあるもので、他の人（しかもたったひとりだとしても…）の賛同の中に、私たちが正しいと信じている事柄の妥当性の確証をもとめようとつねに私たちを押しやっているものです――自我（エゴ）の中に深く根づいていたこの力は、私の中では、ついに解き放たれた、と思います。それは、たいへんな心の安らぎであり、とてつもないエネルギーの分散のおわりでした(1)[P82]。この力が作動をやめ――そして私が突然「百トンの重さ」ほども軽やかになったのは、二年前、私の人生の中でこの力が及ぼしていたものについて、その性質について、これが表わしていたおどろくべきエネルギーの分散についてついに気づいたときでした。他の人が私たち自身に関して、私たちに、賛同や確認の願望や「必要」（それがどんなに隠されていようと）と結びつかずに、送ってくる反響をためらいをもたずに知ること――それこそが、「その人から自由である」ことです。こうした必要あるいは願望こそが、まさしく、あらゆる苦難をひそかに「ひきとめる」ものであり、これらの苦難をしっかりと固定させるものです。これを通じて、葛藤が私たちの中に「根づき」、これを通じて私たちは（欲していようと否と、認めていようと否とにかかわりなく）他の人の好意のもとで、その人に依存することになるのです――結局は、これを通じて、他の人は私たちを「つなぎとめ」、（そしらぬ風をしながら）その人の思いどおりに私たちを操るのです…。

当然の論理からして、他の人を受け入れるということは、ことがらを見るその人の見方をも受け入れていることになります。たとえそれらが私たちに間違っているように見えようと否と、そして私たち自身という大切なもの（私たち自身の見方をも含めて…）をみるその人の見方についてさえもです。しかしながら、弱点となるのは、とくにこの点でしょう――**ここ**こそが、他の人を受け入れるということの急所をなす点です。それは直接には私たちにかかわっていない、いくらかやっかいな、よくある「欠点」を受け入れるということでは決してありません。だが多くの場合、他の人のこのような「欠点」を私たちが拒絶するのは、とくに、これらの「欠点」によって、私たちが直接に問題視されているのを感ずるからです。それは、私たちのあり方に対立する（ここでも間違っているかどうかは別にして）あり方に直面するというただ一つの事実によるのです。ことばを変えて言えば、それは、私たちの中の**不安**であり、うぬぼれという反応（はっきりとしたものであったり、隠されたものであったりしますが）によって表現されます、これは、他の人を受け入れることに逆らう、大きな障害です。しかしこの不安、深く根づいており、うぬぼれという心の動きによって埋め合わせられているこの不安は、私には、私たち自身を受け入れないことと解き難くむすびついているようにみえます。この不安は、私たち自身を受け入れないことの分かちがたい影のようなものでしょう。

したがって、ここで、他の人を受け入れることへと私たちをひらく鍵となるのは、自分を完全に受け入れることです。そして今あらわれたばかりの、このつながりは、私がずいぶん前から、おそらくもっとずっと前から知っているもうひとつの深いつながりとつながっています、それは、自己に対する愛は、他の人に対する愛の穏やかな、強い核心だということです。

注　(1)　（一九八五年八月七日、一九八六年三月十一日）
ここで私の語っている心の安らぎという感情は、現実にあったひとつの体験にまさしく対応しているものです。この体験は、私の人生遍歴の中で（また、とりわけ、「私に近い人たち」と呼べる人びととの関係の中で）重要な一時点をしるすものでした。だが、（ここで全く疑問をいだかずに私が書いている）「自我（エゴ）の中に深く根づいていたこの力」は、「ついに解き放たれた」と主張するのは誤りでしょう。実際、「私に近い人たち」との関係において、そうであるかどうかについては、私の埋葬の発見と『収穫と蒔いた種と』の予備的な配布をめぐる有為転変が、あらゆる疑いの余地なく、この力は、私の数学上の作品への愛着を通じて、なお生き生きとした根を持ちつづけていることを、私に示してくれました。一年以上のあいだ、このことをかなり明瞭に示している、執拗な徴候を私が無視していたことは、私の中に、惰性、幻想、へつらいといった通常の心のメカニズムが依然として存在しつづけていることを証拠づけています。

(3)　カップル（対）

a　ものごとのダイナミズム（陰と陽の調和）　111

（十月十三日）

昨日はノートを書きつづけませんでした。その代わり、いくつかの陰—陽の「カップル（対）」を思い返して楽しみました。いくらか運まかせで、頭に浮かんできたものからはじめて、そのあとむきになって取り上げ、見つけることが出来たすべてのカップル（対）の一種の「目録」をつくって終わりました。私がこれをはじめたのは、最近書いたことのかなりの数が、すでに、ことがらの陰—陽という二重の側面についていくらかでも親しんだことがない読者の「頭の上を完全に素通り」してしまう恐れがあると考えたからでした。少なくともこれらのカップル（対）のいくつかの際立った実例、そしてここ最近の日々にひとまとまりで入ってきたものを与えることはおそらく無駄ではないだろうと考えました。ついで、私の中の系統づけたがるという小さな悪魔（あるいは、天使かもしれませんが…）に導かれて、五年まえのこのテーマについての古い省察が再び浮かび上がってきました。その時、一・二週間のあいだに、百か二百の実に示唆に富んだこれらのカップル（対）を「ひろい集めて」楽しんだのでした、これらのカップル(対)はその親近性の度合いにしたがって、二十ほどのグループにまとめられました。この省察は、その時書きつつあった例の「詩集」のあいまにおこなわれましたので、ひとつのグループとつぎのグループとの意味の親近性とつながりにしたがって、これらのグループをなんとか順序をつけて並べてみたのでした。昨夜は、その時を振り返って、詩という束縛なしで考えなおしてみましたが、たぶん少しばかり厳密にグループ分けすると、(二十ではなくて)十八のグループがみつかりました。さらにこの仕事の過程では考えなかった(おそらく、まだ一度も考えたことのない)、現実を把握するあり方に対応した、さらに数多くの他のグループが、おそらく限りなくあるにちがいないと推測します。

しっかりと書きとめた十八のグループについては、それらを相互にむすびつけている親近性の主なきずなにしたがって、それらをダイアグラム(あるいは「グラフ」)にあつめてみました。また、これらのつながりのいくつかは、ダイアグラムをつぎつぎに素描してゆく過程ではじめて私の注意にとまったものでした。ここでのこの仕事は、よくなじんでいる数学上の仕事に本当にひじょうに近いものでした。構成しようとしている「ダイアグラム」の「頂点」として表現された、いくつかの「集合」あるいは「カテゴリー」の間の関係(例えば、矢印によって表わされた「写像」によって与えられた)からなるいくらか複雑な集まりを、出来るかぎり際立つように、グラフをもちいて把握しようとするときには、その近さが目立ちました。ここでも、基本的に美的な性質の要請、とくに対称性や構造上の透明性の要請によって、出発点では考えていなかった「矢印」あるいはつながり、ときには新しい「頂点」さえも、導入する(そして必要な場合には、発見したり、発明さえしたりする)ことにしばしば導かれました。とにかく、五・六度、つぎつぎと素描したあと、漠然とクリスマス・ツリーの形をした、ひとつのダイアグラムに到達しました。これは一応私を満足させました——あまりに夜遅くなりはじめていただけに、とにかくこれで満足でした!

満足を感じながら寝ました。私のノートがまったく前にすすまなかったとしても、時間を損失したのではないと感じていました[1][P86]。しかしじつに味わい深い事柄との接触を私は再びはじめたのでした——これらのグループのおのおのは、重みと不思議さにみちており、そしてこうしたグループを構成するとみなされた(むしろ、それら全体で、決して汲みつくすことができない、このグループを**指し示している**とみなされた)、陰―陽のカップル(対)のおのおの――これらのカップル(対)のおのおのは、微妙で、重要なことがらをもっていて、私が生きているこの世界の性質について、そしてしばしば私自身について、私に語ってくれるのです。すべての事柄における、陰と陽のこの遊戯、「女性的」なものと「男性的」なものとのこの遊戯は、世界と自己の理解へむかってのたぐいまれな導きの糸であるという感情を私は再び力強く見い出したのでした。それは私たちを基本的な問題へとまっすぐにいざないます。またしばしば、陰と陽のこのヨガ(哲学)そのもの、つまり陰―陽の均衡と不均衡という用語で表現される、事柄および出来事の側面に注目するだけでも、これらの問題の最良の理解のための、そしてひとつの解答へむかっての最初の鍵を提供してくれるのです。

いくらかの読者に対して、ここ一・二ページ、私の話している陰―陽のこれらの「カップル(対)」とはどんなものであるのかさえわからず、さらにはこれらのカップル(対)のいくつかがあつめられている「グループ」とは何かもわからず、そしてついには(とにかく数学は有用なものだとして!)これらのグループが「ダイアグラム」にあつめられるとはどういうことかもわからず、なんの役にも立たない話をしているような印象を与えたとすれば、私は許しを乞わねばなりません。ここで少なくともこれらのグループのひとつを与える必要があるでしょう――昨日なにげなくはじめていたもの、省察の過程でついに「原始的な」グループ[2]「P86」とみえてきたものを取り上げたいと思います。他のすべてのグループは、(八つの「世代」についての私のダイアグラムにしたがって…)つぎつぎと生ずる、ある種のつながりを通じて、次第に出てくるように思えます。つぎのものが、私の取り上げた「カップル(対)」のリストで、この原始的グループを構成するものです(これらのカップル(対)の最初のもので名付けることが出来るグループ、つまり「**活動―不活動**のグループ」です)。

活動――不活動
能動――受動
目ざめ――眠り
主体――客体
(男が)子をやどらせ――受胎する[2]
実行――着想[2]
ダイナミック――均衡
飛翔――安定
熱情――根気
激情――忍耐

情熱――平静
粘り強さ――超然。

これに、さらに二つのカップル(対)を付け加えましょう。これは、昨日の省察の勢いに乗って、今朝になってようやく「遅れて」やってきた、十ほどのカップル(対)のなかのものです‥

知る――わかる
説明する――理解する。

これらのカップル(対)において、はじめに置かれているのが、「陽」あるいは「男性的」な項であることをわざわざ言う必要はないでしょう。男がカップル(対)に名を与えている私たちの家父長的社会の習慣にしたがっているのです。これに対して、伝統的な中国の社会は、私たちの社会よりもはるかにずっと家父長的であるのに、陰と陽の関係について語るにあたって、中国の慣習にしたがうと、たとえば「陰―陽の均衡」(陽―陰と言わずに)と言うように、つねに陰(「女性的」)を最初に置きます。この慣習の意味は、もちろん陽は、二つのうちの「より原始的な」原理である陰から生まれるのであって、その逆ではないという、原型的な直観に由来しているのでしょう…。

ここでは、これらのカップル(対)のあれこれについて解説することはしません。これらを見て「まったく何も感じない」読者に対しては、ともかく解説しても無駄でしょう。これらに問いかけられていると感ずる人、これらのおのおのは、世界について、その人自身について――均衡と不均衡について、人間と事柄の内的なダイナミズムについて…――何かを語っていると(漠然としたものであっても)感ずる人――そうした人は具体的な解説などはなしですませ、この問いかけを自分の省察の出発点にすることが出来るでしょう。

注 (1) その代わり、私は、新しい詩の形式、つまり「非線形の」詩、あるいは「ダイアグラムの形の」詩についての特許の登録ができるでしょう。

(2) (十一月六日) 実際には、「**父―母**」のグループと呼びうる、もうひとつのさらに原始的なグループがあります。この「忘却」については、ノート「わが母なる死――行為とタブー」(No.113)をみられたい[P102]。以下で挙げた(いわゆる「原始的な」)グループの中に入れたカップル(対)(「(男が)子をやどらせる――受胎する」と「実行――着想」は、カップル(対)「父――母」のまわりに作られた「グループ母」の中に自然な仕方で挿入できることがはっきりと分かります。

b　**敵対する夫婦（陽は陰を埋葬する(3)）**　111′

ここで強調したいことが一点だけあります、それは、例外なくすべての陰—陽の「カップル（対）」に共通なものです。これは、また、陰と陽の間の関係がもつ性質の理解のために、そしてこれを通して、宇宙の中のこれら二つの原理（あるいはエネルギー、側面、力…）のおのおのの性質の理解のために、もっとも決定的なものと思えることがらです。それは、活動——不活動のような、これらの対のひとつの中の二つの項のおのおのは、**もうひとつの項が不在であれば**[1]［P 92］、深刻な不均衡の状態となる、極限的には（この「不在」がほぼ完全なものであって、継続するとき）、この不均衡が生じている事柄（あるいは人間）の破壊、さらにはそのものとその周辺の破壊へさえ導かれるということです。

たとえば、中断がなく、十分な**不活動**、休息の期間によって交替されない、**活動**の状態は、疲弊、病気、そして（極限としては）死へと導かれるということです——これは、私に、最近実際にあったことです！[2]［P 92］。しかし、逆に、過度な不活動の状態も、（ケースによって）身体あるいは精神（心的現象）の能力と機能の弱体および硬直化へと、そして極限的には、破壊へと導かれます。私の「事故—病気」のケースにおいては、精神の極端な活動と、身体の不活動（そして、この双方に対する十分な休息の不在）という、**二つの**不均衡が同時にあるという一例を体験しました。

このケースに関して、陰と陽の均衡—不均衡についての「哲学」のこうした「説明」は、不活動という、陰の項に**対置して**、活動という、陽の項を優位におく、年来の文化上の先入観に触れていないという意味で、表面的なものにとどまっています。不活動は、「否定的な」もので、生産的なものでなく、どんな観点から見ても興味のあるものではなく、せいぜいやむをえない手段として認められており、これは、残念ながらどうしても必要になるのだ、なぜなら（さきほど説明しましたように、過労などの罰をうけるということで…）活動に自己投入しつづけることが出来るために、とにかく時折休息しなければならないというものです。結局、不活動は、残念ながら不可欠ではあるが、そのことを除くと、注目したり、評価したりするに値しない、活動のみすぼらしい召し使いとみられているのです。もちろん、不活動を犠牲にしての活動の「公的な」こうした優位づけは、ただちに、個人の中で抵抗のメカニズムを揺るがすという結果を生みだします（このメカニズムはしばしば隠されているか、少なくとも非常に茫漠としたものです)、それは、**反対**の優位づけによって表現されます：活動は、突然、存在するためのきびしい必要性によって課せられたもの、事務所や工場、さらには畑でさえ、結局はきわめて疲れる**仕事**、極端に疲れるものではないとしても、とにかくへとへとになるものになります。活動の真の存在理由は、食べ物と住まいを手に入れること(これは不可欠です)、そしてその上で、とくに(仕事をしている期間には)すてきな余暇を得ることであり、そしてその後「仕事」という嘆かわしい義務をおこなわなくてよくなった時には、しゃれた年金生活と心地よい継続的な自由時間を得るということになります。このときには、いくらかでも意識的に優位に位置づけられるのは、不活動(つまり「余暇」)であり、活動はそのみすぼらしい召し使いとなります。したがってここに**役割の逆転**があります、だがつねに同一の不均衡があります、つまり当事者によって(文化上の条件づけに押されて)つくられた、自己の生活の基本的な二つの側面あるいは極の間の**対立**からなる不均衡があります。その側面のひとつの専制的な優位性と、もうひとつの側面の隷属性の状態によって表現され、永続されている対立です。

　ほとんどの場合、これら二つの態度および優位づけは、同一の人間の中で重層しています。支配的な方は意識のレベルで石畳となっており、もうひとつは無意識のレベルにあります。もちろん、これら二つの対立する不均衡の重層から均衡は生まれません！これに対して、均衡は、活動と不活動の真の性質の理解(このような理解が言葉で表わされた「知」によってではなく、均衡のとれた振る舞いによって直接的に表わされている、純粋に「直観的な」ものにとどまっている時でさえも)から自然に生まれてくるものです。**言葉のまったき意味での活動の中には、不活動もふくまれています——それは活動の時点そのものの中にある**という意味であって、活動のあとはたしかに休息しなければならないからということで、「あと」にのみあるという意味ではありません！「活動」の中のこの「不活動」、つまり「陽の中の陰」、は表層で生ずる運動に対する土台として役立つ深い平穏さのようなものです。例えば、どんなどら猫でも、またがっしりとしためすのライオンでも、運動するネコ科の動物がみせる完璧なくつろぎという印象がそうです。

　また同じく、**真の不活動の中においても**、たとえそれが全面的なものであっても、**その中に活動があります**。たとえば、**睡眠**は、私たち自身について私たちに語りかける夢にみちています、これによって私たちはより緊張した、より微妙な**もうひとつの**生活を生きるのです。私たちはしばしば目覚めた生活を生きる上で、あまりにも鈍くなっているか、あまりにも小心になっているからです。夢がなくとも、真のよき眠りはそれなりに**ひとつの仕事**であることを感ずるためには、眠っている、あるいは単に深い眠りからさめたばかりの赤んぼをながめるだけで十分でしょう。この仕事は私たちを全面的に没入させ、結局は、四散させ、その源泉を**汲み尽くした**ばかりのエネルギーを「再び充満させる」のです…。ここにも、また、「陰の中の陽」があります、それなしでは陰そのものは破壊要因となってしまうでしょう。

睡眠時間以外の**めざめた**不活動に対しても、もちろん同様な方向の省察を展開することができるでしょう。これには、「不活動」としてみえているあれこれの状態を注意深く、部分部分にわたるまで観察するだけでよいでしょう。不活動の中に、活動があることが分かるでしょう、たとえそれが仕事をするのをやめたあと、空まわりしつづけている思考の不毛なおしゃべりにすぎないとしても。しかし実際のところ、この純粋に機械的な運動を「活動」と呼ぶのは不適切でしょう、それはただ惰性によって――機械を止める能力がないということによって、つづけられているものだからです！そして、「不活動」に対してこれを有益なものにする、陰―陽の調和をもたらすのは、たしかにこうした心の中の動きではあません。これに対して、余暇を豊かにすることをめざした、さまざまな活動というものもあります（この余暇が不活動の状態として体験されているとしても）。たとえば、病気の回復期の完全な休息の状態においてさえ、その中に活動がありえます、それなしではこの休息あるいは「不活動」は、**無気力**となり、たしかにこれは回復（つまり、変調をきたした均衡の回復）にとって良いものではないでしょう。例えば、この休息の状態は、自分の身体と（その第二の皮膚のようになっている…）すぐ近くのものへの注意、つまり認識、さらには共感を呼び起こすことがありえます。これらは、それ自体で、「活動」のもつたしかな性格を有しています、なぜなら、（**学ぶということ**は、ひとつの認識の出現という疑い得ない**効果**をもっていますので）それはたしかにひとつの**行為**だからです。

活動――不活動のグループの中に私が入れた十四のカップル(対)（もちろん、自然にこのグループにはいる他の多くのカップル(対)を見い出すことが出来るでしょうが）をひとつひとつ検討してみると、おそらくひとつを除いて、すべてにとって、威信、「価値」を付与えられているのは、第一の項、「男性的な」項だということです、私たちの文化によって伝えられ、子ども時代以来教え込まれてきた態度—条件反射によるものです。これは、私たちの文化の中の年来の不均衡のつねに変わらぬしるしです、陽の排他的な優位づけが際立っている不均衡であり、これについてはすでに指摘する機会がありました[3][P92]。同じことが、私の出会った陰—陽のカップル(対)のほとんどすべてに対しても言えます——これはきわめて人目を引くことがらであり、これほど具体的には以前に検討してみたことが一度もなかったものです。

さきほど書いたカップル(対)の中で、ただひとつ例外をなすとおもわれるのは、**情熱——平静**というカップル(対)です、日常の使用において、「情熱」という語はしばしば感情の爆発、激しさというイメージとつながっています、さもなくば「**破廉恥**」のような語のまわりにあるいくらかの連想と残念ながら隣り合っている、**だらしなさ**というイメージとつながっているからです。偶然であるかのように、だらしなさと破廉恥は、**陰**、女性的なものが過度に優位な心の不均衡の状態を指しています！これと対称的に、「平静」という語は、同一の自動的なメカニズム（これは、私たちの通常の条件づけを表わしているものであって、「平静」というような事柄の性質をあらわにするものでは全くありません）にしたがって、（「情熱」とは反対に）**自己のコントロール**——つまり、まさに**男性的**な本質をもつ性質——のイメージに結びつけられます。（実際、「コントロール」に対して陰の対をなすものは、「情熱」ではなくて、「棄てて顧みないこと」です。）

したがって、ここで生じていることは、いくらかの事柄の性質について、精神の中での全般的な混同——これは、これらを指し示すいくつかの語の使用の中での混同によっても表現されていますが——から由来する、「情熱—平静」という陰—陽のカップル(対)と、ゆるみ—コントロールという二つの概念の集まりとの混同があります。ゆるみ、コントロールという項は、（この二つの項は、「カップル(対)」を形づくることもなく、結び合うという望みもまったくないままに！）陰—陽となっています。したがって（陽の系統的な優位づけという）規則に対するいわゆる「例外」は、逆にこの規則のきわめて興味深い確証にもなっているように思えます！また私が取り上げた、陽—陰のカップル(対)の中で、陰の項が優位になっているように思える、他のいくつかの例でもこれと同じことが言えても、私は驚かないでしょう。

また女性的なものに対して、男性的なものに系統的に味方する先入観からくる、いわゆる「西欧的な」文明の中に私が認める、世界についてのビジョンの中のこのゆがみ、この不均衡が、中国の伝統の中では非常に弱い、あるいは今日の中国（さらにはもっと一般に「東洋の世界」）においてさえ非常に弱いということは、確かなことだとは決して言えません。これとは全く反対に、日常生活のレベルで、東洋の男女の私の友人たちを通しても、また中国や他の極東の諸国における伝統と今日の生活から私にやってきたこだまを通しても、このゆがみ、この不均衡が弱いということを予測させるしるしはまったくありません。むしろ、陰―陽のダイナミズムの繊細な知覚は、ほとんどもっぱら、書道、詩、料理、そしてもちろん医療のような**いくらかの芸・技術の実践**[4]の中に限定されているように思えます[P92]。ここ二十年を通じて、私たちのもとで市民権を獲得し、威信をもつようになったのは、とくに、「中国医学」の名のもとで、そしてはり療法のいくらかの目を見張るような成功を通しての医療です。しかしながら、中国医学においては、身体と、身体におけるエネルギーの流れ、そしてこの流れの支障（これが、私たちが「病気」と呼んでいる不健全な状態です）の把握のアルファとオメガ(全体)は、まさに陰と陽のきわめて繊細な弁証法の中にあることを知らずにいる人は数多くいます。この弁証法にもとづく「中国医学」が効果のあるものであり（それは、西欧の装備一式を用いては手がでない多くのケースにおいても言えます）、この弁証法が「通用する」ということは、陰と陽の「原理」あるいは「側面」あるいは（理解や存在の）「あり方」の現実性の一種の「証明」とみることが出来ます――それらが、いくらかの哲学者や詩人の帽子から出て来た（いい加減なものとは言わないまでも）純粋な空論ではないことを示しています。

もちろん、このような証明の意味とはなにかと問うことが出来るでしょうし、世界についてのあれこれのビジョンの正しさについてのすべての「証明」についても、その意味とは何かと問うことが出来るでしょう。この証明が説得力のある（つまり、当事者はしっかりと自分で納得しようとしている）ものであり、さらにはこのビジョンが深く、それ故に恵みをもたらすものであったとしても、この最良の証明も、**あるビジョンを伝達する**ことは出来ないし、もちろん世界についてのビジョンを伝えることも出来ません。したがって、みなさん方は、無縁で、理解されないままの、あるビジョンをかたくなに「納得して」もなんの役にも立たないことにもなります。結局のところ、それは意味さえ持たないのです――あるいは、もっと正確には、その人の「確信」の真の意味は、その当事者によって理解されてもいないし、また、その人の文化上の大きな知識の中にとり込んでいる風を装っている、このビジョンについても同じことが言えます。

ビジョンが理解され、吸収されたときには、「証明」という問題そのものがじつに奇妙にみえるでしょう――空が青いのをはっきりと見ているのに、空が青いことを証明しようとしたり、人の好きな花の香りが良いことを証明しようとするようなものです…。

注 (1) (十月十六日) 実際には、この「不在」は、完全なものでは決してないように思えます――いかなる場合にも、陰も陽も、それがどんなにわずかなものでも、その相補が同時に存在していないような、純粋な状態で存在していることはありません。したがって、私が語る「不均衡」は、互いに相補的な二つの項の一方の完全な不在（これは決してあり得ないことです）によってではなく、この項の極端な**弱さ**によって特徴づけられるものです。もうひとつのタイプの不均衡、あるいは不健全さは、**双方の**項が「不在」のとき、あるいは、もっと正確に言えば、存在しているのだが、きわめて弱いときに現われます。例えば、カップル（対）「活動――不活動」のケースにおいては、（自らを存続させるためではなく、混乱を維持するためであって）厳密に言って「行動している」のではない、エネルギーを分散しながらの**行動**の状態は、こうした（陰**と**陽を）「欠いている」不均衡とみることが多分できるでしょう。

(2) このテーマについては、葬列XI「故人（まだあい変わらず死亡届が出されていない…）」の最初の二つのノート（No.98、99）をみられたい［P 2、10］。

(3) ノート「陽は陰を埋葬する(1)――筋肉と心の奥」（No.106）をみられたい［P 50］。

(4) （十月二十一日）この中に、『**易経**』つまり『変化についての本』の中の**占い術**を入れるのを忘れました。この占い術は、今日、ヨーロッパとアメリカのある人びとのもとで非常に人気のあるものです。易経の占いの言語の基礎の「語」を形づくっている、六四「六角形」は、陰と陽の六つの「しるし」の列の、（陰を六つ並べた）純粋な陰から（陽を六つ並べた）純粋な陽に至る、2^6個の可能な組み合わせにほかなりません。ここには、陰と陽の組み合わせの一種の非常に精緻な分析があるようです、ユングはこれに魅惑された（ようです）。（とくに「原型の集まり」としての）この分析に対する関心は、もちろん占い術における使用とは独立したもののようですが、こうした他の使用も許されるということでしょう。

c　半分と全体――ひび割れ（十月十七日）　112

「女性的」と「男性的」という二つの側面についての私の最初の省察は、私自身についての省察から出てきました。それは、一九七九年のはじめ頃で、まだ「陰」と「陽」という中国の語も、中国文化の伝統の中に、陰と陽に関する絶えることのない遊戯についての一種の微妙な「哲学」があることをも知りませんでした。この年のおわりごろと思いますが、娘から、とくに私の婿（むこ）のアーメドから、こうしたことを学びました。アーメドはこのとき中国医学に興味を持ちはじめており、その後の数年間にこれをよく理解するようになりました。彼が私に語ったことの大多数は、私が到達していたビジョンと合致しており、このビジョンを確証するものでした、したがって私を驚かすものは何もありませんでした。そこに驚くことがあったとすれば、それは中国の伝統の中では、私には、「自然な」陰―陽の役割が逆転しているように思われる「カップル(対)」がいくつかあったことです。これに対する、私のその場での反応（ここでは強い「陽」でした！）は、より詳しくながめることをせずに[1][P99]、この「逆転」は文化による変形にちがいないという、皮相な確信でした――それは、女性的―男性的についての私のすでに集めてあった一揃いが、ずっと遠い過去にあるように見えていた時点でした。この時には両親の生涯と私の幼少時代についてのとりわけ個人的なめい想に入っていたのでした。そののち何か月、あるいは何年もたってからだと思いますが、かなりの数の突き合わせによって、私は、いくらかのケースにおいて、あれこれの「カップル(対)」の中での陰と陽の役割についての私の理解は、すこしばかり表面的なものであり、中国の陰―陽の弁証法が入念に区別している、異なった性質の状況を、少しばかりあわてて同じ袋に入れていたのに気づきました（112′［P100］）。いま、私にあっては、陰と陽の理解は、まだかなり粗雑で、動的になっていないと思います。とくに医学（食餌療法と料理法にも緊密に結びついた）のような、いくらかの中国の伝統的な術の実践に対して適用されている精緻さと比べた場合そう言えます。これらの術においては、この理解は第二の天性のようになっています。

私は、一度ならず、東洋の人でもヨーロッパ人でも、これらの術を実践している人、施している人にあって、この理解の精緻さは、ほとんどの場合、この術の実践の中に入念に閉じ込められているという意味で、断片的なままになっているという印象をもちました。毎日の生活の中では、それはどちらかというと、通常の「知識」のように働き、文化上の（あるいは他の）条件づけの「知識」と単純に重なり合い、こうした条件づけに対してはいくらか死文化しており、実効力を失ったままです。これを別の言い方で言えば、世界と自己についてのビジョン、現実の認識における抑圧のメカニズムは、こうした「知識をもっている」人たちと、普通の人たちとの間で全く異なるところがないという印象を受けました。この印象は、「事情に通じている」と見られている、ヨーロッパ人によって書かれた、二三の書物をながめてみたときの別の印象と合致します。これらの書物は、陰と陽についての中国の伝統的な哲学の概説を与えることを目的としたものでした。（著者のひとりは、フランスのよく知られたオリエンタリスト（東洋学者）ですが、いま名前は思い出せません）。私の目を引いたことは、これらの書物において、陰と陽は、**相補的な**というよりも、「**対立する**」（あるいは「**反対の**」）、さらには**敵対的な**（この最後の語は、これらの書物のひとつに幾度も出てきます）原理として示されていることです。この「対立」あるいは「敵対」は、人間社会の内部における、また社会によって制度化されたカップルの内部における、女と男の間で典型的な表現を見い出すことでしょう。

　夫—妻というカップル（対）の中の対立関係は、東の国々でも西の国々でも、じつにはっきりとしたひとつの現実です。それは、文化の中に深く根づいています、時には、人間の条件のさまざまな側面のひとつ（ときには面くらわせるような！）として、さらにはひとりの人間の中の、あるいは人間社会における紛争の根源としても現われることがあります。この敵対の現実は、疑い得ないもので、たしかに、なんとかこれを追い払ってしまおうとしている、日常にある型どおりの表現を超えています。この「社会的」現実は、太古からの条件づけの結果であり、きわめて早く、形成されつつある「わたし」とその構造の中に根を下ろします。しかしながら、この現実を超えたところに、ずっとはるかに遠いところからやってくる、もうひとつのより深い現実があります、それは、愛の衝動そのものの中では決定的なものです。それは、性のもつ深く、基本的な**相補性**という現実です、これをあるなんらかの「敵対」で代替させることは絶対にできません。この相補性という現実はまた、私たち人間を唯一の例外として、すべての生き物において明白に現われているものです。私たちのもとでは、文化上の対立によって、つまりひとりの人間および人間社会に固有のある**分裂**の状態によって大きくそれは隠されているのです。

文学とメディアの大部分を支配している、日常の型どおりのロマンティックな表現、「われわれふたり」という表現は、安直な「相補性」を極端に誇張し、男―女のやっかいな対立の側面の上に慎み深い覆いをかぶせるか、あるいは（一番よい場合でも）この対立を、あまりにも味がないか、さもなくば甘ったるい食事にいくらか唐辛子があればよいように、一種の少しトゲのある偶然のことがらとして扱おうとします。ひとたび人を安心させるこの種の型どおりの表現を超えるや、たちまち男―女のこの対立の現実に直面することになります――みるからにあまねく存在する現実であり、しかも何ものにも耐えうる強靭さ、やっかいな強靭さを持っているのです！だが、遍在している、否定しがたいこの現実から出発して、陰と陽、「女性」と「男性」についての、一種の宇宙レベルの敵対を作りだすことは、人間社会と個人の引き裂かれた状態、深い分裂の状態、つまりわが人類だけに固有の病気を宇宙全体に投影することとです。これは、また、自分自身の中の**もうひとつの**現実（相補的なものの調和という宇宙の現実とつながります）についての私たち自身の無知を永続させることでもあります。このもうひとつの現実は、やはり強靭なもの（あるいは、もっと適切な言い方では、破壊できないもの）であり、しかもより隠されたものです。この現実は、男と女、妻と夫の間、私たちの中の「女」と「男」の間にひそかにつくられた対立を制度化している条件づけに逆らうものです。

実際のところ、事柄のひとつの側面が、これもまた基本的な「対称な」ひとつの側面と絶えず戦っているという、宇宙についての**二元論的な**、あるいは**戦争モデルの**このビジョン――これは、ある**省察**の果実では決してありません、つまり（さきほど書きましたように、人間のカップルおよび人間社会の中の紛争の現実から「出発して」、宇宙全体にそれがあることを「推論する」（あるいは、すぐ前で書きましたように、「それを制度化する」）という省察からの果実では決してありません。それは、文化上の条件づけの、忠実な、いわば自動的な表現そのものであり、**その個人自身の中での紛争と分裂の維持**という、この条件づけの基本的な機能の流れの中にあります。私が生まれたときに受け取ったこうした目でもって宇宙をながめはじめ、（見たところ…）私自身と私に似たものを除いて、至る所、「女性」と「男性」が、相互に切り離しがたく補い合っているのを確かめ、天地創造から生まれたすべての生きたもの、および「死んだもの」の中に、調和、創造力、生きた美しさを生み出すのは、これらの婚礼(結び合い)、これらの結びつきによるものであることを確認した**時点から**、私の中の「女」と「男」の間につくられたこの対立の維持はみるからに不可能になったようです、あるいはこの対立はすでに解消したようです。これに対して、私が、宇宙の至る所に、そこにはないところに、「対立」と「敵対」とを「みよう」とするとき、(そして、このようにしながら、私は、何千年もの間つづいてきた、うやうやしい伝統にしたがっているのでしょう)、私の目を使っているのでは決してなく、(すべての人と同じように)おそらくはるかな昔から、世代から世代へと繰り返されてきたことを**繰り返す**こと、そしてとにかく文化上のコンセンサスの静かで、あらがいがたい命令に従うことにとどまっているのです——この文化上のコンセンサスの命令は、私自身の中に分裂と紛争を強固に作り上げました。そしてこれらの分裂と紛争を私は「宇宙の必然性」のごとく正当づけようとし、(このようにして、存続させていたようです)。

たしかに、カップルにおける対立について、そしてもっと一般に女—男の対立について言うべきことが多くあると思います——私に似た考えの人たちがこのテーマについて、適切なことをも含めて多くのことを書いたことと思います。非常に興味深いもののひとつである、このテーマについて、とくに、この対立が私たちの父権的社会の中でとる特別な形について、ここで述べることはしません。この対立の存在をはっきりとみている人たちの中で、多くは、この対立の原因である、男の女に対する支配を反映し、具体化している、社会の構造を受け入れているように思います。これらの人たちにもたしかに一理はあるでしょう——また、際立って母権的な傾向をもった社会では、いくらか対称的な形であらわれる、同様な対立がやはりみられるのではないかというのは疑問です。ただひとつここで付け加えておきたいことは、この因果関係は**間接的なもの**のようであること、それは今日の省察でほんの少し触れただけの、もうひとつの、より隠れた因果関係を媒介にして実現されているように思えます。カップルの中の分裂のより隠れた、より基本的な原因は、女においても男においても、**個人の内部での**、自身の衝動(とくに性の衝動)に対する、自分の能力に対する分裂の状態です。ここに、私は、男と女の間の対立の真の根源をみるのです、これは、また、精神のレベルでの**相互の従属性**、つまり双方の**心の中の自律性の欠如の**根源でもありましょう。

自己の中でのこの分裂は、双方の中で、**半分**でしかないという、ひそかな、心の中の確信からなっています。この確信のしるしのひとつは、**ひび**がある、たぶん**損傷されている**、これから私たちを——少なくとも、一時的には——救い出してくれるのは、他方の性のパートナーだけであるという、漠然とだが、ひそかにある、一度も調べられたことのない感情です。「男権的(マッチョ)」あるいは「魔女的（キルケ）」などの様子の背後に、男も女も、おのおのは、潜在的なものであれ、現実のものであれ、**物乞い**の立場にあるパートナー、相手の（いくらかの）誠意によって、つかのまの解放を期待している人に向き合うことになります。このパートナーは、壊れているとは言わないまでも、ひびの入った壺というあわれな状態、いつもびっこであって、補われることを望んでいるのです——つまり、結局は、よかれあしかれ（察せられるように、どちらかと言えば、あしかれの方でしょう…）再びくっつくために、他方をもとめている、**壺の半分**なのです。

ひびが入っているというこの感情、さらには、私たちの性に結びついた身体上の特殊性を超えたところにある、私たちの真の性質、深い**統一性**についてのこの**無知**——私たちの中のこの深い分裂は、社会的な条件づけのみから生まれたものだと思われます。いずれにしても、乳児の最初の日々、月々にはその跡をみることが出来ません。さらにこの条件づけは、「女性」を犠牲にしての「男性」の優位づけ、あるいはその逆、に還元されるものでは決してありません。とにかく、私は、「男」と「女」、**同時に**双方であると自分を感じ、これを受け入れ、かつ受け入れられているならば——私という個人のひとつの面からもう一つの面へと移れば、「基調」がかわり得ますが、そしてそれは生殖器官のレベルで優位となっている支配的なもの（たしかに、きわめて重要な）に限られたものでは全くありません——私の周辺で、優位づけられているのは「男性」であるか、「女性」であるかは、それほど重要ではありません。私の性的衝動のレベルでは、私の個人的な「優位づけ」は、ともかく、私の性と反対の性（ごめんなさい、相補的な、と言いたいのです）へと向かう傾向を持っています。けれども、身体において**異なった**人と向き合ったとき、あらがいがたく、深い衝動を感じますが、自分をそれより劣った（あるいは、すぐれた）ものとは感じません。さらに、性あるいは他のことがらに結びついた優位づけに関して、私の話す、「ひび割れ」という感情を持っていない（あるいは少ししか持っていない）人——つまり、うぬぼれでも、体面を保つものでもなく、自分自身の性質についての傷のついていない認識の表現である、自然に生まれた、この**落**

ち着きをもっている人のもとでは、（自己に対する、あるいは他の人に対する）社会的コンセンサスによって提供された「価値」あるいは威信がもつ重要性は、わずかなものとは言わないまでも、どちらかと言えば副次的なものです。

個人における「ひび割れ」あるいは分裂[2]［P99］が、ある優位づけの産物とだけは言えないことを示す、徴候のひとつは、この分裂が、男にも女にも及んでいること、つまりその人を「優位づけ」ようとするコンセンサスの「受益者」であるとみられる人にも及んでいるということ、このときには（ある意味では）、そのひび割れは、その人をも、そのパートナーをも挫くのです。この分裂がかなり鋭く、かなり激しいものであれば、それだけ一方の性の「利益」のためになされる、他方の性の抑圧は、より強く、より容赦のないものになることが分かります。抑圧のメカニズムを働かせるにあって、「社会」によって用いられる原理（抑圧の源泉および道具）は、「**支配するために分断せよ**」であると言えるでしょう！だが男と女を分断し、隷属させるための、コンセンサスによってつくられたこの「分裂」は、さらに同時に**二またをかけて**作動しています。最もよく見える光景は、**カップルの中の分裂**です、これは、一方の性の他方の性――男の女に対する、あるいはその逆の――に対する多少とも専制的な支配をつくることによって得られるものです[3]［P99］。一方は他方を支配していると考えられます――ところが、双方とも奴隷となるのです[4]［P99］。なぜなら、妻あるいは夫が軽蔑されるとき、軽蔑の対象になるのは、**双方**だからです――時折は他方による軽蔑ですが、より深いところでは、とくに、**自己自身による軽蔑**なのです。

ここで、分裂の働きの中での、より隠れた、「第二の光景」につながります。それは、**個人自身の中の分裂**です、これは、カップルの分裂の隠されたバネとなっています。個人の中のこの分裂は、カップルの分裂によって、縮小させられるどころか、鋭いものになります、それは、一方の性を犠牲にしての他方の性の優位づけのみから生まれるものでは決してありません。それは、むしろ、私たちのずっと若い時期から、周囲によって私たちの上に加えられる、ひそやかで、かつ絶えることのない**拘束**から生まれるものです。この拘束は、そうしなければ私たちが放てきされてしまうという脅かしのもとで、個人のもつひとつの側面（「陰」の側面、あるいは「陽」の側面[5]［P99］）を否定すること、コッケイなもの、あるいは場違いのものとして、そしてとにかく、**受け入れられないもの**として拒否するようにと、私たちを押しやるのです。

注

(1)　一層の慎重さを私に呼び起こし得たはずの古い伝統に対してとった、この有無を言わせぬ自信にみちた反応は、自分の能力を用いて確信するようになっていた $\pi=3$ という式のために、書物によって教えられている $\pi=3.14\cdots$ という式(確かにずいぶん複雑ですが！)を、子どもの私が拒否したときの反応と同じです。(ノート「円積問題」(No.69)をみられたい〔『数学と裸の王様』、P 112〕)。たしかに、この陰と陽についての問題にあたって、私は、「女性的」と「男性的」という性質、そしてそれらの相互関係の性質の理解は、年来の文化上のゆがみによって、どれほど大きく曲げられるものかを見る多くの機会を持ちました。これに対して、私は、これらの関係の的確で、微妙な把握が、いくつかの中国の伝統的な芸の実践において基本的なものであり、きわめて精緻なレベルに達していることについては、まだ考慮に入れていませんでした。

(2)　ここで私は、かなりはやっている「去勢」という表現を用いるのを避けています。これは、かなり激しい語であり(しかもスーパー陽です！)、さらに癒せない、元に戻らない損傷というイメージを示唆するという都合の悪さがあり、これによって徐々に解決してゆくという方向での進展を助成する代わりに、閉塞の状態を強めるような、混乱、反乱、あきらめといった反応を促進するという都合の悪さがあります。

(3)　(十月二十一日)少なくとも見かけ上はそうです。しかしすこし前で指摘しましたように、事柄のより深いところへとゆくとき、女性に対する男性の優位によって維持されている、カップルの中でのこの分裂は、より深い「根」をもっていることがわかります、これについては、数行あとで触れます。

(4)　その上、この奴隷は、自分の鎖を手放そうと決してしないのです、鎖は命よりも大切なものなのです…。

(5)　拘束の方向は、偶然の出来事を除いて、原則として、男をその陰の側面を否定する方向へ、女をその陽の側面を否定する方向へと押しやります。この状況は女性にとってかなり微妙なものです、まさに、社会的コンセンサスによって威信をもっており、したがって伸ばしたいと感じている、自分の中の特徴を否定しているとみられるからです。したがって、女性は、逆方向の二つの圧力に従うことになります。「実用上の」自己(アイデンティティー）を構造づけるための、無意識のおこなう仕事はそれだけ複雑なものになります。

d　原型的な認識と条件づけ(1)　［P 101］　!112′

例えば、**子宮―胎児**と**ちつ―ペニス**という対（つい）において、陰―陽の役割の配分は疑う余地がなく、また陰の項はそこでは陽の項を包み、含んでいます。このことから、私は、せっかちに、**含む―含まれる**というカップル(対)においては、陽は「含まれる」であると結論していました。**形式―内容**、**外部―内部**、**周辺―中心**というカップル(対)（これらについては、最初の項は、「含んで」いるが、たしかに陽であると感じていました）を考えることで慎重を期すことなくそうしたのでした。実際、子宮―胎児と、ちつ―ペニスという対（つい）において、私は、誤って、これら二つの項の関係の「幾何学的」あるいは形状という側面に力点を置いていました。ところが、この側面は、主要な側面、つまり今の場合、**養われているもの**（これが陽です）に対して**糧を与えるもの**（陰です）(2)［P 101］、そして**挿入されるもの**（これが陰です）に対する**挿入するもの**(陽です)（同じく、**受け取るもの**に対する**与えるもの**）という、役割の配分を決めている側面に対して、副次的なものです。

陰と陽についての私の省察は、実に限られたものでしたが、私の中の内的な確信、つまり陰―陽の役割の配分の（あるいはまた、例えばある人における陰または陽の「基調」についての）個人としての把握、「文化上のゆがみ」に強く影響されている把握の相違を超えたところに、「自然な」こうした配分(あるいは「基調」)がたしかに存在しているという確信にもとづいたものでした。この配分は、(これまでに検討されたもののような、普遍的な性質をもつカップル(対)の中の役割の配分に関しては)、たとえそれが実験(自然科学の実践の中でこの語が用いられている意味で）によって「確証され」ていなくとも、「検証」さらには「証明」によって確かめられていなくとも、物理学の法則や数学上の関係とおなじほど、否定できない、「宇宙的な」、変わることのない現実です。陰と陽についてのこの現実は、直接的な知覚によって把握されますが、この知覚は十分に深められた省察によって発展させ、（とくに）精緻にすることが出来ます。

このような省察の主な効果のひとつは、まさに、周囲の文化によって私たちの中にプログラム化されている型どおりの反射作用を乗り超えて、現実そのものとの接触を再び見い出させることだと思われます。この現実そのものは、心的現象の深い層のなかに、文化上の条件づけが手の届かないところにある、一種の原型的な認識として、すでに存在しているように思います。こうした省察の役割は、すでに存在しているこの認識との接触を取り戻させ、表層の「知」、つまり文化上の条件づけから、入念にこれを浮き立たせることです。

この方向で私がはじめた仕事は、世界と私自身についての私の理解にとって、またこれを通じて、私の日常の「おこない」と人生の歩みにとって、重要なものでした。この仕事は(他の多くの場合におけるように)、**最初の突破口**、押し開けたばかりの扉、いまから探検することになる、広大なパノラマに開かれている扉のように思えます。この探検をおこなう手段はすべて手元にあります――しかしいつかこれを行なうことになるかどうかは分かりません。(3) 数学を別にしても、より個人にかかわる、さらにより緊急の、同じく「実り多い」省察のテーマに事欠かないからです。これらのテーマは、おそらく、陰と陽についてのより一般的な省察を深めることよりもまずは優先されることでしょう…。

注 (1) このノートは、前のノートの注から出たものです (この前のノート (No.112) の第一段落の中に付した送り記号(112′)を見られたい [P93])

(2) (一九八六年三月三日) これに対して、中国の伝統においては、「保護するもの」は、保護されるものとの関係において、**陽**となっています、(したがって、保護されるものは陰です)、これは、幾何学的な形状

「外部」あるいは「含むもの」(保護するもの)

――「内部」あるいは「含まれるもの」(保護されるもの)

に対応しています。これは、陽―陰であって(私が最初にそう思ったように、この逆ではありません)。「母」は、私たちを保護しているものと見られるときには、そこでは、陰の「母」によって受け持たれている**陽**の機能のひとつとみなければなりません。つまり、「母」についての私たちの知覚における「陰の中の陽」をなすものです。

(3) ここで私の前に開かれているのをみる、この種の仕事はすでになされているものなのかどうかを私は知りませんが。(要するに、相補的な陰―陽の調和の光のもとで、宇宙の事柄の性質についての、一種の局所的、かつ大域的な「地図」をつくること、およびそれらの把握の仕方についての研究です)。しかし、あれこれについての学位論文を提出することではなく、個人の仕事の果実でしかあり

得ない、世界と自己自身の理解を深めるということですから、すでになされているかどうかということは、実に副次的な問題にしかすぎません。

(4) わが母なる死

a 行為（十月二十一日）　113（112）

三日間ノートを書かずに過ごしました。私の日々は、他の仕事と出来事によって占められていたのでした。出来事のひとつは、ピエール［・ドゥリーニュ］の訪問でした、昨夜小さな娘のナタリーを連れてやってきました。明日の夜までとどまって、それまでに埋葬について書かれたものを読む予定です。私が三か月近くかかって書いたものを読むには、少し短すぎるようですが…。

省察にあてることができた時間、私は、陰―陽の「カップル（対）」と、これらがつくるグループでもって遊びました。このテーマは、数学的な「構造」の研究のもつきわめて特殊な味わいが加わって、魅惑的なものです。その性質自体は、仕事の過程で徐々に具体的になってゆきます、また世界と存在についての省察の性質も具体的になってゆきます。主な陰―陽のカップル（対）のひとつひとつは、一種の「**鍵穴**」（無限にあるもののひとつ）を表わしており、世界の、あるいは世界の片隅のある側面を明らかにします。これまでに私が取り上げたカップル（対）からなる「グループ」は、どちらかと言えば、宇宙に開かれている扉、さまざまな角度から宇宙を私たちに示すものとして、宇宙の事柄のさまざまな可能な把握の仕方に対応しているように思えます。これらの「扉」のおのおのには、かなりの数の、おそらく限りない鍵穴があり、それを通してみることが出来ます――おそらく素直にこの扉を開けるのを期待されながら？さしあたり、私はこれらの穴のいくつかを見つけだし（二百ほどみつけました）、ほんの少しの間でもそれをみつめ、時間を失することなく、しばらく見つめる価値があること（その反対ではなく！）を確認することに限りました。しかし、私はうずうずしながら、他のあれこれの穴を通してさらに一瞥（べつ）すること、またこれらすべての扉を一巡してみること、それら相互がどのように配置されているのかをいくらか調べてみること、そしてこれらの穴のひとつひとつがその存在を明らかにしている「パターン」とはどんなものであるのかをも調べてみたくなったのでした…。

結局、一週間あまり前に、十八の「扉」を見い出しましたが、さらに三つふえて、二十一になり、ひとつのダイアグラムができました（これを「ほんのりとクリスマス・ツリーの形をしたもの」と名付けました）。現在では、九つの「頂点」（あるいは「扉」、または「グループ」または「角」）からなるひとつの「幹」があり、これらの頂点は、垂直な「稜」あるいは「ひも」によって結ばれており、幹の両側には、他の六つの頂点があって、この幹および相互に結ばれていて、「枝」の形になっています[1]［P106］。

かなり滑稽（こっけい）なことに、ここ数日に現われた三つの「新しい」グループの中で、最も明らかで、最も本源的な、あるいは原始的なものは、「女性的」または「メスの」、および「男性的」または「オスの」のような、陰と陽の最初の直観に対応しているものです。これは、（この同じグループに属している、「男—女」よりも）原型的なカップル（対）である「父—母」によって、きわめてあざやかに表現されていると思います。このグループは、「**（男が）子をやどらせる——受胎する**」あるいは「**ペニス—ちつ**」のようなカップル（対）の中に現われている、非常に強く性的なニュアンスを持っています。これらのカップル（対）自体が、また、典型的な**行為**、つまり、（少なくとも潜在的には）この行為から出てくる作品である**子ども**の出現によって、女性を**母**に変え、男性を**父**に変える創造的な抱擁という原型的な行為のまわりにある一連の連想を含んでいます。

愛の衝動に結びついたこれらのニュアンスは、5年前の私の省察の中ではいつも前面にありました。さらにそれは、その時の省察が凝縮された、例の「詩集」の130ページ全体を通じて、ほとんど絶えることのない叙情的な誇張をおびていました、このため非常に好意的な読者をさえうんざりさせることでしょう。これは、たしかに、ここ最近の省察において私の唯一の参考文献であったこの詩集の中での詩的で、エロス的なこの二重の「意図」[2]［P107］に対する苛立ちの反応だったのでしょうが、私は、陰—陽のカップル（対）のグループの中に、この不幸な文献において行列をもちろん開始させていた（これはじつにぴったりとしていました）グループをふくめるのを完全に「忘れて」しまったのでした。

この詩集の題名である「近親姦の称賛」というのは、また、少しばかり挑発的であり、その意図と「メッセージ」について誤った考えを与えてしまうおそれがあります。さらにこの意図とメッセージは、書きながら大いに発展してゆきました——詩作という拘束にもかかわらず、深めるという仕事はつづけられ、明確になってゆきました。第一の、主要なテーマは、私自身の体験から知っている、愛の衝動のある側面（これを、深く、基本的なものだと私は感じていました）に探りを入れてみるということでした。したがって、なによりも、**男**におけるエロスの衝動についてでした、もっと正確には、愛の遊戯と行為の中での「男性の役割」に対応している、「陽の」衝動についてでした。だがこれは、男性におけるとおなじく、強さは違うでしょうが、女性にも存在するものです[3][P107]。ずいぶん前から、おそらくはるかな以前から、私は、この衝動は、その性質そのものとして、「**近親姦的なもの**」であること、さらには、「**母への回帰**」、もとのすみかへの回帰の衝動でもあることを知っていました。この大いなる回帰は、愛の遊戯の過程で「上演」され、再体験され、それは、存在のある**消滅**、ある**消失**、ひとつの**死**の中で絶頂に達し、成し遂げられます。愛の行為をそのまったき形で生きること、それは、また、母というすみかの中へと私たちを回帰させる「逆向きの誕生」としてのその**固有の死**を生きることでもあります[4][P107]。

しかしこれは、また、同時にきわめて強固な**二つのタブー**を破ることでもあります。つまり愛の願望の対象として「母」を除外するという、**近親姦**についてのタブーと、（少なくとも私たちの文化の中では）**生と死**、**生まれることと死ぬ**ことを、和解できない敵のように、切り離し、対立させるというタブーです。しかしながら、すでに私のよく知っていることですが、愛の行為は、オーガスムの痙攣（けいれん）の中で達成される**死**であると**同時**に、この死から**出てくる**、存在の誕生、ひとつの再生でもあるのです…あたかも新しい芽が、養分を供給する土からそっと突き出てくるごとく、そしてこの土自身は、その中で死んでいった無数の生き物の創造的な分解から形成されているのです…。

五年前の、愛の行為の意味についてのこの省察の過程で、私は、ついに、「死」と「生」は緊密にからまっている同一のカップルの妻と夫であること[5][P108]、生は死から絶えず生まれており、そして死の中に絶えず沈んでゆくものであることを理解しました。あるいはもっと適切な言い方をすれば、生は絶えず**死**の中に沈んでゆき、ついで肥沃で、養分を与える**母**から絶えず再び誕生してくるのです——この母そのものは、その子どもたちの無数の身体の母への永遠の回帰によって絶えず養われ、再生されているのです。

そして妻と夫、女と男の愛人たちからなる人間のカップルは、互いに引きつける衝動を十全に生きるとき、生と死の終わることのないこれらの結びつき（婚礼）についての**寓話**のようなものとしてあります：愛の夜の終わりごとに、男は女の中で消え、死んでゆき、互いの抱擁の中で、この死から彼女とともに再び生まれてくるのです…。

この省察のはじめに、私は、個人の中での分裂の基本的な側面のひとつを、一種の**切断**、「**水平な**」切断として視覚化していました：生をその母である死から切るごとく、そしてまた一つの世代をその前の世代から切るごとく、子どもを母から「切る」、近親姦のタブーによってつくられた切断です。

私がまずはじめにこの切断をみたのは、おそらくこれは、まさに私がまぬがれていたものだったからでしょう。しかしながら、私の人生は、それぞれの人の人生と同じく、もうひとつの大きな切断によって深く刻まれていました、これはその後に省察の過程でみたものですが、私はそれを「**垂直な**切断」と呼びました：つまり、各人の中の女性的なものと男性的なものという二つの「半分」を切り離し、相互に対立させ、各人の中で一方を排除して他方だけをみとめるという切断です。これは、まさに、ここ一・二週間、私がおこなってきた、陰と陽についてのこの長い脇道で問題にしてきたものです。

この分裂（「垂直な」）は、もうひとつのもの（「水平な」）よりもはるかに決定的である、そして、ある意味では、この「垂直な」分裂は、「水平なもの」を伴っているか、「含んでいる」ように、いまや思えてきました。結局のところ、子どもを母から**切り離し**、そして生を死から切り離すこと、死に対して、また子どもを母に結びつける衝動に対して、**けがれ**、**反発**、あるいは**恥**という感情を結びつけることは、たしかにこれも、母—子ども、死—生という切り離すことができない、原初的な、宇宙のこれら二つのカップル（対）の中の夫と妻を相互に**切り離し**、相互に対立させることでもあります[6]［P108］。

興味深いことですが、「母—子ども」、「死—生」というこれら二つのカップル（対）は、「近親姦の称賛」で取り上げたものの中に入っていないことです。これに対して、私の愛の体験により直接に結びついている、「死—誕生」というカップル（対）は、この中に入っています[7]［P109］。「母—子ども」と「死—生」というカップル（対）は、私の注意からその時までのがれていた、他の数多くのカップル（対）とともに、ここ最近の省察の過程でやっと現われてきたものです。これらの中で最も興味深いもののひとつは、「悪—善」です。これは、（「死—生」と同じく）、「むずかしいもの」と呼びうるカップル（対）の中にはいるでしょう。きわめて強い条件づけのために、二つの項を、切り離しがたい、相補的なものとしてよりも、敵対的な「反対のもの」として把握するようにうながされるからです。明らかに、これらの条件づけは、私の中で、今日よりも、「近親姦の称賛」を書いていた五年前の方がずっと強いものでした。しかしながら、この「称賛」の中には、すでに、「混沌―秩序」や「破壊―創造」…といったカップル(対)のような、「むずかしいカップル(対)」がかなりの数ありました。

振り返ってみて、切り離しがたい相補からなる調和をもった統一体を形づくっているものとしての、さまざまな陰―陽のカップル（対）の性質の多少とも深められた理解(8)［P109］は、今、私には、世界と私たち自身の発見へと向かう私たちの旅において、乗り越えねばならない「敷居」のように見えてきました。このような「敷居」は、このカップル（対）がより「むずかしい」ものであればあるほど、つまり「カップル(対)」としてのその把握が、文化上の条件づけの表現である、より強い、心の中の抵抗にぶつかるものであればあるほど、それだけ注目に値するものでしょう。

注　(1)　（十月二十四日）今までに取り上げたどのグループにも自然な形で入らない、陰―陽のカップル（対）が現れてくるのか、つまり陰―陽の**他の**グループあるいは、世界に向かって開かれている「扉」がさらにあるのか、それは限りなくあるのかを予測するとなると、私はかなりの困惑を感じます。

もちろん、私が他のグループを見い出さなかったということは、他のグループが限りなく存在しない、人間の経験の外にある、宇宙についての私たちの知覚の手段からのがれている、他の限りないグループはおそらく存在しないだろうということを意味するものでは全くありません。このことから思い出しますが、ここ最近の年月、私は、一度ならず、蟻や小さなアブラムシから、すでに私たちに実に近い哺乳類に至るまで、おのおのの動物の種は、もちろん私たちの種（人間）を含む、他のすべての種にはない、宇宙についての知覚と把握の手段を持っているという直観をいだきました。したがって、私たちを取り巻いているものについての（例えば）感覚による把握の手段の豊かさに関して、私たちの種は、他のいずれの種も私たちを含むものではないのと同じく、他の種を「包み込む」ものでも「含む」ものでもないということです。

いま勢いに乗って述べた「のと同じく」というのは、性急な、さらにはうぬぼれの強いもののように思えます。純粋に感覚上の知覚の豊かさと繊細さというレベルでは、私たちの種の進化は、むしろ逆向きに**退行している**傾向があるようだからです。私たちが、他の種に対してすぐれているのは、知性、心の中のイメージ、そしてとくに言語に結びついたイメージの繊細さのレベルのみでしょう。自然に私の注意を引きつけた、陰―陽のカップル（対）の大多数は、この種のもの、とくに「人間に関するもの」であり、ほんの少しだけが、影―光、寒い―暑い、下―上、および他のいくつかのような、（とくに）明らかな感覚上の暗示的意味を持っていることは、偶然ではありません。

(2)　（十月二十四日）形式の中にあるこの意図は、心の中の態度、ある役割―あるメッセージの**使徒**という役割を選んでいるということの反映でした。このテーマについては、「導師でない導師――三本脚の馬」という節（No.45）およびこれに関連している注（43）をみられたい［『数学者の孤独な冒険』、P324、381］。

(3)　（十月二十四日）女性のもとでこの存在は、しばしば、きわめて強い抑圧のメカニズムによって、多かれ少なかれ完全に隠されています。私の印象では、男のもとでは、この陽の衝動はその相補である陰の衝動に対して優勢になる傾向があり、また女性のもとでは、その逆の傾向があるようです。しかし文化上の条件づけ、「ポジティブ」なものであれ、「ネガティブ」なものであれ、この条件づけの内面化のさまざまな仕方は、原初の衝動の働きときわめてはげしく（そしてしばしば複雑に）干渉しあい、これらの衝動の散発的な、ひそかな、そしてしばしば堕落した現われの背後に、この衝動があるのをみきわめることが、ときとして困難になるほどです。

(4)　私は、さらに、つぎのことを確信しています：陽の愛の衝動のこうした内容は、すべての生物種さらにはそれを超えて存在していること、それは、宇宙におけるすべての事柄のもつ同一の深いダイナミズムに対応していること、つまり、すべての創造的プロセス（あるいは「行為」）は、陰と陽の、「母」と子どもエロスの抱擁であり、子どもは母へともどり、そこで消滅するのだということです。母へと戻る子どものこの「死」（あるいは「逆向きの誕生」）から、養分をあたえる子宮からであるかのごとく、**行為の果実**、「作品」が出現するのです。これは、「子ども」、**新しい**事柄の出現であり、これを生みだす、「**古いもの**」の死と再生の行為によるものです。この宇宙的次元においては、性の原初の衝動は、人間という種の出現よりもはるかに前から、わが惑星の上に（生物学的な意味での）生命の出現の前からさえも、ずっと存在してきたのです。

(5)　（十月二十四日）そうすると、その数週間後に、私が取り上げた陰—陽のカップル（対）の中に、「死—生」というカップル（対）が入っていないのは奇妙なことです。おそらくそれは、そこに入っている、「死—誕生」（あるいはもっと適切に「死ぬ—生まれる」）という、類似のカップル（対）と混同していたからでしょう。したがって最初の「死—生」というカップル（対）が、この「死ぬ—生まれる」というカップル（対）とだぶって用いられていたようです。

(6)　私は、ここで、カップル（対）を、陰の項、つまり「原初」の項からはじめる、陰—陽の「自然な」順序で書きました。

「母—子ども」というカップル（対）については、「母」という項は、また、すでに挙げました、第二の重要な原型的なカップル（対）である、とりわけ原初のカップル（対）「母—父」にも現われていることが注目されます。このカップル（対）は、それが入っているグループに名を与えています。（「母—子ども」というカップル（対）が属しているグループは、これとは異なり、私が、「原因—結果」というカップル（対）の名で呼んでいるものです。）さらに、同じカップル（対）「母—子ども」の陽の項である「子ども」は、もうひとつの原型的なカップル（対）である「老人—子ども」にも入っています、この「老人—子ども」というカップル（対）は、きわめて興味深いカップル（対）「成熟—無邪気」に近いものです。この二つのカップル（対）は、私が「高い—低い」と呼んでいるグループに入れられています、これまでに私がみつけたすべてのグループの中でもっとも豊富なもの（数の上だけのことですが）です。このグループの中には、**衰退—飛躍**、**死ぬ—生まれる**、**破壊—創造**、**忘れる—学ぶ**、**終わり—始まり**…といった、他の数多くの注目すべきカップル（対）が含まれています。

これらいくつかのカップル（対）を数え上げる中で、陰—陽の順序の中でそれらの名を上げるために、ほとんど、年来の習慣に逆らわねばなりませんでした。一見したところ、この新しい順序は、少々とっぴな、さらには風がわりな様子をしています——要するに、逆さまになった世界です！だがもう少し詳しくながめてみるとき、この常ならぬ順序は、私たちに、（例えば）「生まれる」は「死ぬ」の前にある、通常の様相に相補的な側面、二つの項の関係についての**もうひとつの**側面を明らかにしてくれます——ところが、今たしかに見たように、より深い意味においては、「死ぬ」は「生まれる」に先行しているのです。

私の省察の全体を指す名である「収穫と蒔いた種と」についても同じことが言えます。これは、疑いなく、陰—陽のカップル（対）をなしています（たった今これがわかりました！）。さらに、これは、収穫は種蒔きの**あとにつづく**ものであって、その逆ではないという、通常の陰—陽の順序とは逆の順序にあります。しかしながら、まったく曖昧さはなく、この名は、「蒔いた種と収穫と」という逆でありうるという考えがいかなる時点でも生ずることなく、私にやって来たのでした。時ならぬ収穫が出てきた蒔いた種に私の注意を引きつけることになったのは、それぞれのこの時ならぬ収穫に直面したからでした。あたかも、収穫の深い意味と機能が、ずいぶん前に忘れてしまっていた、私の手でまいたこれらの種にわたしを執拗に**連れ戻した**かのごとく…。

(7) このカップル（対）「死—誕生」においては、「死」という項は、カップル（対）「死—生」における意味とは同じではないことに注意されたい：はじめのカップル（対）では、死はひとつの**行為**（「他界する」の同義語）を指し、第二のカップル（対）では、ひとつの**状態**を指します。ドイツ語には、「シュテルベン」（「他界する」）と「トート」という少しぶっきらぼうな暗示的意味のない）と「トート」という二つの異なった語があります。フランス語では、このカップル（対）を「死ぬ—生まれる」で示す方がよいように思えます、これによって、「死」という項のもつあいまいさがなくなります。

(8) ここで言う理解とは、純粋に知的なレベルにとどまっているものではなく、他の人、世界あるいは私たち自身に対する関係の変化によって、変化のさまざまなあり方によって、具体的に表現されるものです。

b　**愛する人**（十月二十六日）　114

昨日の省察[1]［P113］は、始動するのに少し骨が折れました。おそらくここ数日いく度も中断したことによるのでしょう。しかし、昨夜以来、私の中になお熱いものがあり、数行にすぎなかったのですが、急いでそれを紙に書きつけました。それは、選り分けられずに、追いやられて、失われてしまったことが分かって、あとになってがっかりしていたのでした！今日、いわば、ほんとうに知ることとさえなしに、誤解によるかのように、このように時期尚早に自分からこれを切り離すという決心が出来ませんでした。

「Zupfgeigenhansl［ギターのハンス］」(2)［P113］の最近の版をめくってみました。それはドイツの古い民謡の古典で、今世紀のはじめに集められ、編集されたものでした。これはもう見つけられないと思われていましたが、私のところに立ち寄ったドイツの友人が一部もってきてくれたのです。この日(つまり、一昨日)仕事にとりくむ前にこの本を一瞥（べつ）してみました、いくらか、古くからの友人と通りすがりに握手するかのように。「Wohl heute noch und morgen（今日もなお、そしてあすも）」という歌に目がとまり、本当に目をとめることもなく、ながし見しました、同時に私を待っている仕事に戻ることを急いでいたのでした。それでも、何かひらめくものがありました。実に単純で、みかけは素朴な、これらの歌詞が、私の中の深いなにかに微妙に触れるのをたしかに感じました。さらに、これは、三日前になんとか描こうと試みたものに非常に近いなにかでした。ちょうどこのテーマについての私のノートの書き直しをしようとしていたのでした。多分、一瞥（べつ）したばかりの歌節は、私のノートよりも、いま伝えようとしているもののより忠実な、より説得力がある伝達者であることを私は漠然と感じたのでしょう。私のノートの方は、なお他のことがらへ向かう勢いがあるときに、通りすがりに、そっけなく書かれたもので、その時にはじかに体験したことからくる感動が残っていませんでした。

今朝起きて、これらの歌節をフランス語に翻訳してみました、その旋律は知らないのですが、この二日間私の中で歌いつづけていたのでした。たしかに、これは、これらの歌節を再び見い出し、私の中で、その味わいとメロディーによりよく入ってゆくためのいい方法だったでしょう。驚いたことに、文字通りの意味に非常に近いもののままだったのですが、はじめは扱いがたいように思えた、別の言語の中で、少しばかり、ドイツ語の文のリズムと音楽を再び見い出すのにそれほど苦労をしませんでした。つぎのものが、うまく再構成できた、これら七つの歌節です(3)［P113］：

「今日もなお、そしてあすも

あなたのそばにいるでしょう
だが三日目の夜明けには
ただちに私は発ちます」

「しかし何時あなたは戻ってくるのですか
わが愛する人、いとしの人よ！」
「赤いバラが雪のように降り
新鮮なワインが雨のごとく降るとき！」

「バラは雪のようには決して降りません、
そして、ワインは雨のようには
　決して降りません
だから、わが愛する人、いとしの人よ
あなたはもう戻ってこないのでしょう！」

「父の庭で、わたしは横たわり、
　眠りました
かわいい夢がやってきました
私の上に白い雪が降りました」

「やがて目覚めると、
まったく何もありませんでした
私の上で花咲いていたのは
美しい赤いバラでした…」

「少年が戻ってきて、ゆっくりと
すてきな庭を歩いています
バラの冠をかぶり、
ワインのグラスをもって」

「少年はつまずきました
かわいい小さな丘で
ゆっくりと倒れました
――バラは雪のように降り
新鮮なワインも雨のように
　降りました…」

読んだものを手探りで復元してみようとしていました、次第にそれは私の一部分となりました、この間、私の中に喜びと幸せが感ぜられました。ここには、穏やかで、同時に鋭い、飾りけのない、やさしい美しさが、喜びと悲しみが緊密にからみ合ってできた重みのある美しさがありました。このような歌を聞いていくらかでも感動を感じない人はまれだとおもいます――たとえ感動することを拒否したとしても――あたかも、私たちが知らなかった、私たちの中の深いなにかが、突然共振して、私たちが無視しておきたかったことを沈黙のうちに語る時、しばしば思いがけない感動を拒否してしまうように。

私たちの中のきっと隠れたままになっているもの、なに無言のままのものを響かせることが出来るのは、なによりも、夢です。おそらく、夢の言語だけが、私たちの中のこれら秘密の弦に触れ、私たちの意志に反してそれらを歌わせることが出来るのでしょう。そして、ほんの一瞬、あなたが、それらが歌うのを容認するとき、それが、苦悩の歌、重くるしい悲嘆の歌であろうとも、あなたは、にわかに、軽やかに感ずることでしょう、あたかも豊富な水があなたの中を流れ、古く、しっかりとくっついていたすべてのものを解体し、運んでいったかのごとく、沢山の水で**濯われて**、新しくなったかのように感ずることでしょう…。

詩人は、歌が心の中の水を動き出させるこうした弦のひとつをふるわせる用意をしている時、直観的に、澄みきっていると同時に不思議さを含んだ、夢の言語を借用します――イメージと比喩による言語であり、そのみかけの不合理によって、理性をとまどわせ、そして隠れた明白さによって、詩人が触れたいと思うところへ真っすぐにゆくのです！

ここで、「死」という語、あるいは、目覚めたときの理性にとって、この語と関連しているなにか別の語を発する必要はまったくありません。**それ**はだが存在しており、おぼろなその姿は、愛する人の姿なのです。ずいぶん前にあなたが別れた、遠くにある、そして同時にきわめて近い、眠っている愛する人――それは同時に、雪であり、雪として降ってくる、雪から生まれるバラなのです…。その中にある、あなたを引きつけるカは、実に深い、きわめて力強い波、それを呼び、それへといざなう力からやってくる波のようなものです。そしてその呼びかけは、胸を刺すような悲しみであり、その帰還は、きわめて低い声で歌われる喜びであり、そしてこの喜びと悲しみは**ひとつのもの**であり、生み出すというあらがいがたい力をもって、愛する人のもとへあなたを連れてゆく、この波**なのです**。

そして、たった一言でさえも、あなたの、**子ども**の――つまり、愛する人が死の中で呼んでいる、「少年」のもつ、このふさぎ込みと、願望のほとばしりに言及する必要はありませんでした。夢み、めざめ、呼び、待っている人のふさぎ込みに応える、ずっと前に忘れ去られていた、この波をあなたの中にも呼びさますには、ひとつの夢が、雪を夢み、バラでめざめる、父の庭で眠っている人について語るだけで十分だったのです…。

注

(1)　これは、今日の省察の**あとに**おいた、昨日のノートの中での省察（No.116）［P123］のことです。

(2)　Whilhelm Goldmann Verlag（一九八一）の版。

(3)　（十月二十九日）つぎの訳は、三日間検討してできたものです。夜に人びとは歌ってくれましたので、私はこの歌の調子を学ぶことができました。初訳から変えたところの大部分は、歌われる歌詞の中のリズムと強さアクセントを考慮してなされたものです。曲の音符に歌詞の音節を適切に配分することにすれば、フランス語の歌詞で強さアクセントを一度もやぶることなく、歌うことができます（いくらかの最近生まれたフランスの歌では残念ながら強さアクセントに逆うことが多いのですが）。

c　**使者**

114′

この［ポーランドの］シロンスク地方の古い歌は、**愛する人**と**死**の不思議な、そして胸を刺すようなアマルガム（融合）を歌っている、愛をうたう、古い、あるいは新しい、他の多くの歌の中の一つです。いま書き写したばかりの歌は、意味を含んだイメージの豊かさからしても、この歌が呼びおこす連想の豊かさからしても、おそらく並み外れたものでしょう。ここでの私の主題は、私の心を特に打ったひとつ、ふたつの連想を取り上げたあと、これらの連想をひとつひとつ追求してゆくことではありません。昨日と一昨日、急いで読んだこれらの詩節にもどったとき、まずは表層にとどまっていた、ある感動を深めるという方向のものではありませんでした。この感動は、むしろ、愛と死、あるいは愛する人と死というテーマは、なにか不思議な魔法によるかのように、どれほど結びついて現われてくるのかということに、私の注意を引きつけたのでした！そして、愛する人の姿をした死のテーマを超えて、これらは、**生まれる**というテーマに通じています——眠り—雪のそとにある目覚め—バラ、これらは、父の庭でねむり、夢み、そして目覚めるひとの上に、雪となって降るというバラの胸を刺すようなイメージの中に、二つが不思議に結びついているテーマです。

タブーによって、死に対する反発、愛や生とは死が相いれないことがどれほど教え込まれていることだろう！なにがなんでも分離させておかねばならないことを、世代から世代へと、世紀から世紀へと伝えられた歌や神話を通して、シンボルと夢という迂回した道を通して、これほどまでに執拗に、結びあわせようとしているからには、深く根づいた認識、あるいはこの認識が隠されているだけにそれだけますます強力な衝動に対して、このタブーは対決しているのだということを考えないわけにはゆきません。

もちろん、数多くの学問的な著作が、これらのやっかいなアマルガム（融合）について、なんとかこれらを追い払うということで、書かれてきたにちがいありません。こうした努力にもかかわらず、私たちのおのおのの中の「どこかで」、強靭なこれらの連想の深い意味が、たしかに認められます――少なくとも、夢という逃れやすく、強力な言語で、私たち自身について語っている、これらのメッセージを迎える私たちの中の感動に対して故意に目を閉じない時点には。

これらの連想のもつこの「深い意味」は、愛の体験によって、私たちがその体験を十全に生き、その明白なメッセージを聞き取りさえすれば、直接に、簡潔な力でもって、新たに私たちに明らかにされます。この体験は、このとき、生を伝達し、恋人たちを再生させる**行為**の中でわかち難くむすびついている、死と生のなぞを私たちに語ってくれます。

たしかに、私は、この「深く根づいている認識」は、それが長く追放されている、漠然とした深みにさかのぼるものであること、それを完全に自覚し、死と生に対する、世界と私自身に対する関係にもそれだけ強い刻印をおしていることを知った最初の人とは言えないでしょう。しかしながら、意識のレベルでこのような認識を示している、書かれ、発表された証言は、きっと稀なものだという印象を持っています。今までに私の知り得た唯一のものは、老子の『道徳経』の中の三・四の詩節です[(1)]［P118］。

他方では（そして、いくらか逆説的ですが）、印象として言えることですが、この「愛―死」のアマルガム（融合）は、きわめてためらいがちな目からさえ、おせじの涙を引き出す、きわめて確かな、一種のロマンティックな月並みなことがら、「空疎な常套文句」になったこともあったと思います。たしかに、この手法は、ついには、信用を落とすことになり――残念ながら、微妙な感受性を持っている人びとのあいだでさえも、ときには、純粋の金と、ブリキ製の粗雑な偽ものとを混同してしまう傾向があるほどです。隠された現実についての生き生きした、繊細な知覚と、あらゆる「流行」とは無縁な、微妙な表現があるところでさえも、流行遅れ、さらにはコッケイな雰囲気を見る人たちがいます。「良識」というコンセンサスが、ここで、心の中のあらゆる抵抗を助けにやってくるのです。これらの抵抗は、なじみ深い平凡なリズムをゆるがす、喜びや苦しみ、快楽や苦悩といった、本物の、生き生きしたあらゆる感動の不意の侵入を自動的に制しているのです。

この同じメカニズムが、また、非常にしばしば、愛の遊戯と、そのオーガスムという帰結の原初の力をさえぎるのです。幸いなことに、隠されつづけ、意識の領域から追放されているという事実のみによっては、愛の衝動を鼓舞しているさまざまな原型がとにもかくにも存在しつづけるのを妨げることは決してできません――愛の遊戯の意味が表現され、達成され、そして終極の行為が、ひとつの創造的行為、ひとつの再生となるために、消えるべきものは消えるということになるのです。しかしまたしばしば、あるひそかな**恐れ**が、求めていると思っている「喜び」そのものを制してしまいます。知られざる、恐るべき、ある力がすぐ近くにあることによってたじろがされるのです。この力は、(ひとがそれに気づかなくとも…)、どんなことがあっても「コントロール」を保持しておきたいと思っている、私たちの中の「喜び」を藁（わら）くずのごとく掃き出してしまうかもしれないのです。このような恐れは、喜びが、よろこびであると**同時に**苦悩でもある、この二つが、オーガスムの空虚の中でついに融解し、消失するために、解放をもとめている、長い、我慢できないほどの抱擁の中で統一する、鋭い[2]緊張というこの敷居に近づくことを許さないのです…［P119］。

（十月二十七日）「今日もなお、そしてあすも…」のような、歌と夢の隠されたメッセージを、それらに共通する**基本**において理解しえたと思います。しかし、まだ次の問題が残っています：私たちの種（人間）よりも、おそらくもっと古いものである、この「深く根づいている認識」に対してこのような執拗さで声を発するように促し、気難しく、狭量な**検閲官**の監視にもかかわらず、万難を排して自己を表現するよう、行動の自由を与え、無限の方策をもっている、夢という象徴的な言語を用いて自由に振る舞うようにさせる、この力とは一体どんなものなのだろうか、ということです。

神話、歌、夢が疲れを知らずに、無数の姿をもった同一のメッセージを私たちにささやくのですから、それを差し向けられた囚われ人は、それらを聞くのに疲れることはないことも事実です！それは、たしかに自分の意志でなっている囚われの人であって、**聞かないように**気をつけているのです！囚われ人は、空気、空間、光に満たされない思いを持っています。しかし限りなく遠い果てに、おそらく死があるとしても、大きな驚きも不思議さもない、ひとつの存在を取り囲んでいる四つの壁によって心穏やかなのです…。彼の牢獄は、これらの壁の向こうにある、かれが知らない振りをしている**未知なるもの**から彼を保護しているのです。この未知なるものは、この人を恐れさせると同時に、魅惑しています。この壁の向こうは彼を恐れさせるのですから、じぶんの牢獄―隠れ家は自分の命よりも大切なものになるのです。しかしながら、不承不承ながらも、壁の向こうにあるものは彼を魅惑し、引きつけます。時たまこれらについて彼に語りにくるメッセージが彼を引きつけ、魅惑するのと同じです。時には、検閲官―学監に隠れてであれば、この異様な魅惑に身をゆだねることがあります：そしらぬ風にして耳をかしますが、それでも「タイム」をとっているのです―彼はなにも聞かず、とくになにも耳をそば立てて聞くことはしないという風をしているのです！　さきほど私が自分に提出した問題は、説得力のあるイメージによって隠されて、消えてしまったようです。ところがこのメッセージの**効果**――メッセージの前にやってくるこの**感動**、そしてこの感動の**恩恵**を想起するや、この問題が再び現われてきました。

しかし、実際のところ、深い弦に触れる**あらゆる**感動は、四つの壁の向こうにあるものの使者、沖合からの使者なのです。すぐ直後にそのあらゆる跡を消そうと努力したとしても、それは恩恵を与えるものであり、すでにその跡を、微妙な香りのように残しているのです。あたかもこれらの陰鬱な壁がほんの少しでも取り払われたかのように、あるいは、思いがけないある戸口が、無菌の空気の中に、たとえほんの少しだとしても、一陣の、木々や野原の香気を、私たちに届けてくれたかのように。

（十月二十八日）少しばかり私の意志に反してでしたが、ここ十五日間ほど、省察は、まったく予想していなかった方向に、埋葬というテーマとも、（見たところ）私自身とさえ、はっきりと分かる関連のない方向にすすんでいます。だが心の底では、そうでは全くなく、やはり、そして他のところよりもずっと、私はこれらのノートの中にくみ込まれていることをよく知っています。にもかかわらず、「これにけりをつけよう」という願望と、日毎にかいま見られるものを探索し、非常に押さえがたい連想を追求してみようという願望――これは、埋葬についての私の「調査」を明らかにするようなものはなにも見逃さないという配慮とも合致する願望でもあります――との間で、私はひき裂かれていました。最も遠いように見えるものは、時には、もっとも近いものでもあるのです…。

とにかく、事故―病気のあとの、ノートを再開して以来だとは言わないまでも、ここ十五日間、急いで、

「勢いに乗って」ことを行なっている（時折、少しばかり苦痛を味わいながら）という印象を持っています。あたかも、おのおの新しいノートは、（もうかんべんしてくれと言っている、想像上の読者を前にして）私がさらに書く余談であり、できるだけ早く終えてしまわねばならないものであるかのように！時には少し混乱している、やはり急ぎがちの書き方になっているのは、ここ数週間の、私のところにやってきたかなりの数の友人の異例とも言える訪問によるというよりも、たしかにこうした姿勢のせいでしょう。これらをタイプしなおして、最近書かれたノートの大部分を次第に再びやり直さざるを得ませんでした。このため、進み具合が遅くなり、もっと仕事を進めたいという私のいら立ちによってやきもきさせられました！

これらのテーマ、つまり「よく知られたもの」だが、ただ気がかりをなくすために、またちょうどいま「スタートした」ばかりの読者のために、はっきりと述べておこうとするかのように、ときには勢いに乗って扱っておこうというような態度をとっているこれらのテーマは、このように軽々しい姿勢でおこなうには、あまりにも微妙であり、同時にその影響の及ぶ範囲はあまりにも大きなものです。私は、ページがすすむにつれて、このことを知ったにちがいなく、「方向を修正し」、いわば、気軽に扱えると私が考えていたものの重みに押されて、心の中の態度を直すことを余儀なくされました。

このことで思い出しますが、ここ四週間近く取り組み、まだまったく終わりそうにない、陰と陽についてのこの長い省察は、結局のところは、ある「弔辞」に関する最初のノートを書き終えたばかりの、5月12日の翌日に、自明なものだとは言えないまでも、実に単純なものに見えた、瞬間的に現われたひとつの直観、「フラッシュのように」現われた直観を**はっきりと述べてみる**ことにすぎなかったのです。ひと月前に、他のものよりも興味深いものに思えた、この考えの連想に従いながら、このノートのつづきを再び書きはじめた時(3)［P119］には、せいぜい5・6ページの補足をしているものと考えていたのでした。ところが、60ページを超えてしまいました…。

昨日、愛と死、あるいは死と誕生、あるいはまた生と死との間の関連についての象徴を用いた想起の意味について、また、このような想起が私たちの中に呼び起こす感動の意味について考えてみました。「無数の姿をした同一のメッセージを疲れることなく」、私たちに「ささやく」ようにしむけている、神話、歌、夢の中で作動している力とはどんものだろうか？　非常にしばしば、想起に先立つこの感動によってこれに応え、この想起は「的を突いている」こと、それが触れたいと考えていたところにちょうど触れたことを示す、安心感を与える、牢獄の自ら望んだ囚われの人である**私たちの中にある**力とはどんなものだろうか？また、夢の言語—名を挙げずに想起させ、他のどんな言語も伝達できないことを伝達できる、この言語のもつこの奇妙な力はどこから来ているのだろうか？

これらの問いを追求してゆくことは、愛の衝動の役割や夢の役割、それらを結びつけている深いつながりをさらに先へと探り入れることでもあります。一方は、他方を養い、また他方によって養われ、おのおのは、検閲官をのがれている、双方に共通の言語で、自己を表現し、他方と伝え合っているのです。これは、また、愛の衝動における原型や象徴の役割、そしてこの衝動の「象徴による」充足の役割についてさらに探りを入れてみることでもあります。

もちろん、これらすべては、ある葬儀のさ中でおこなっている（このことをいま思い出さねばならないでしょう）、陰と陽についてのこの「脇道」の中に適度に「おさめ」ようとしている限界をはるかに超えることでしょう！このあたらしい「糸」はここで放置しておいて、三日前に、私自身のことに導いてきた、中断されたままの、もうひとつの「糸」(4)［P119］に戻る時点でしょう。

注 (1)（十月三十日）私は一九七八年の末ごろに老子の『道徳経』のこれらの節に出会いました。これは、私がつよく感じていた（いくつかは、ずいぶん前から、他のいくつかは、ほんの少し前から…）ことがら、そしてこのように感じているのは私だけだろうと思われたことがらの、まったく思いがけない、際立った確証でした。この「出会い」は、大きなよろこび、言葉に表わされない歓喜として体験されました。このよろこび、この歓喜は、ひきつづく五・六か月のあいだに、近親姦の称賛の構想と執筆を生みだしました。着想は、この出会いのあと数日あるいは数週間のあいだになされました。すこし小さな、あるいは目立たないレベルで、ここ数日、同様なよろこびを感じました、名の知られていない一詩人（何世紀も前に亡くなっている）が、「lauter Nichts」——つまり「純粋な空、完全な無」から、不条理にも、奇跡のように生まれた、雪となって降っているこれらのバラを歌ったときに、彼を鼓舞した感動を「再び味わった」のでした。あるいは、もっと適切な言い方では、私自身の体験から、**同一の**認識のしるしである、この**同じ**感動を再び見い出したのでした。この認識そのものは、また、二千年以上も前の『道徳経』の中にも見い出されます――この中国の文書の中では、この認識は、高度にめざめた意識の象徴によってではなく、また夢の言語（これもまた、心的現象の深い層の言語―コードです）によってでもなく、イメージを用いた言語によって表現されているという相違がありますが。

『道徳経』のいくらかの詩節の中に私が認めたこの内容は、手元にある五つか六つの異なった版（フランス語、ドイツ語、英語）の翻訳者には、明らかに気づかれていません。私はこのことには驚きません。数千年にわたる条件づけに反しておこなわれる、ある理解の表現である、このようなメッセージは、自分自身の体験から自分のものにすることが出来たことによって、それをすでに知る人にのみ、あるいは同化するための仕事がその人の中でおこなわれ、すでにきわめて近いところにいる人にのみ、（表現するために用いられている言葉やイメージを超えて）真の意味を伝えるのです…。

(2)　（十月二十八日）快楽のある種の拒否として現われる、この同じ恐れが、同時に、快楽を愛の体験の全体から**孤立させ**、愛の体験を快楽にとじ込め、その目的（時には言外に、時にははっきりと表明された）にしてしまうのです。この時、「愛」は、「快楽の探求」に還元されます――つまり、フォリー・ベルジェール［パリにある大きなショーをおこなうミュージック・ホール］へ行かないときには、四つ星のレストランで食事をしにゆくことで互いに招待しあうように、結局は、二人のパートナーの間のよき協力関係に還元されるのです。綱にひかれておずおずとしている、この「快楽」は、巨匠の手によって描かれた絵画から削りとられた、乾いた絵の具のくずが、この絵画とは無縁のものであるのとおなじく、原初の衝動に無縁なのです、あるいは、ヘアドライヤーは、海と土の香りを持っている、沖からのたっぷりとした風とは無縁なのと同じです…。

(3)　ノート「筋肉と心の奥（陽は陰を埋葬する(1)」（No.106）をみられたい［P50］。

(4)　このノート（No.114）の**あとに**おかれたノート「失われた楽園」（No.116）の中のもの［P123］。

d　アンジェラ――別れと再会（十月三十日）115

一・二日前から、いくらかの詩句が私の頭を去来しました。三年前に書いた詩のものです。私はこれを最初ドイツ語で書き、ついで翌日これをフランス語にしました。思い出したのは、最初の二つの詩節でした――最後の、第三番目の詩節は、最初の詩句「Ein Kreis schliesst sich」――「ひとつの円環は完結する」を除いて、記憶から消えてしまったようです。（そして、最初の詩節の最後の詩句をくりかえしている最後の詩句をも別にして）。今夜めざめて、再びこの詩句のことを考えました、ついに起きて、書類の中を探してみました。この詩は苦労なく見つかりました――整理はうまくいっているようです！つぎの詩です。

濃密で、熟した、重い果実のように
わが人生は身をかがめ
そのもとへ
戻ろうとしている

甘く、濃い果汁が
わたしにしみ込み
乳白色のこわれやすい花をさかせ

それらは果実とワインになった

ひとつの円環は完結する――
わたしの住みかから
穏やかさが立ちのぼり
その軌道をえがく
そしてひそかに身をかがめ
そのもとへ戻ろうとしている…

これは、私の書いた詩の中で、死のことがはっきりと現われている(1)［P 123］、唯一のものだと思います。ここでは、死は「そのもと」という名で現われています。その前日のもとの詩では、それは、ドイツ語の「エルデ」（地）によって想起されていました。ドイツ語の三つの詩節の「翻訳」は、もちろん文字通りの訳からはほど遠いものです。最初のものは、つぎのようなものでした：

Voll und schwer
reife Frucht
neigt sich mein Leben
gen Ende
Der Erde zu

Die süssen Säfte
die mich durchtränken
haben geblüht
weiche Blüten
und wurden Frucht und Wein

Ein Kreis schliesst sich
aus meinem Schoss
steigt Süsse
kreist
und neigt sich
gen Ende
der Erde zu…

結局、今、ドイツ語のもとの詩を再び書きながら、最後まで書くことになりました、つづきの二つの詩節が、最初のものから自然に生まれてくるように思えたからです！これら三つの詩節は、私にとっては、愛の詩です（また、私は、愛の詩以外の詩をほとんど書いたことがないのです）。愛の詩は、私自身以外のだれかに宛てられているのですが、それは、**そのひと**——私を迎える用意をして、しずかに待っているひとに対してです…。

同じ日、これ以外にふたつの詩を書きました、ひとつはその前に、もうひとつはその後に。それらは、ある本当に生きている「愛する人」、アンジェラ、「天使」にあてたものでした——一週間前に、夏の暑さでふるえている道路で出会った、ブロンドの、すらりとした、ほんとうにはつらつとした大きな娘でした、彼女はヒッチハイクをしていたのでした。一時間か二時間大いにおしゃべりをし、そこで別れました。彼女が鼓舞したこれらの詩をあげたかったのですが、出会った日の夜に書いたもうひとつのものと、翌日に「（ほとんど）一挙にやってきた」さらにもうひとつ（これらは、私たちの共通の言葉であるドイツ語のものでした）をも一緒にして。そしてまた私たちは互いに好きになることをも望んだのでしたが…。しかし彼女の消息を失ってしまいました、彼女が私の消息を失ったのと同じく。

この出会いで呼び起こされた詩に共通する一点は、おのおのが、きわめてつよい「陰」であるか、きわめてつよい「陽」であることでした。これらは、私が書いたものの中で、非常に緊張度の強いものの中に入ります。それぞれは、ほとんど手直しすることなく、一挙にやってきました——その時すでに用意がととのっていて、しっかりした言葉の形をとるのに、この出会いというシグナルを待つだけであったかのように。

一見したところ、エロスの強い緊張をもったこれらの詩の中に、冬の長い眠りに入ろうとしている、秋の調子をもったもうひとつの詩が入っているのは奇妙に見えるかもしれません。しかし、それは、エロスの飛翔と死についての感情とを結びつけている深いつながりを感じない人のみを驚かせるものです。これら孤独な日々に、エロスの感情と、その基礎にあるおびただしい原型的なイメージによって拡大された、生についての緊張した知覚と――**同時に**、その時期がが近づき、「そのもとへ戻る」用意が整っている、完璧に生きられた生からの穏やかな離脱がありました。

私たちの静かな母、友であり、すぐ近くにあるものとして感じられている死との一体感をもつこのような姿勢は、たしかに、私たちの身体、愛、死といった、単純で基本的なことがらへと私たちをいざなう、身体の深い疲労の状態によって促進されたものでしょう…。この時、私は「数学への熱狂の長い時期」から出てきたばかりでした、この熱狂については、『収穫と蒔いた種と』の序文の中ですでに語りました(2)［P123］。ちょうど、少しばかり狂気にみちたこの時期によって引き起こされた、身体の疲弊の状態から立ち直りはじめていたのでした。この時期は、簡潔な力をもった、夢―寓話の衝撃によって（それがはじめられたのと同じく突然に）終わりを告げました。この時、私はこの夢(3)―寓話のメッセージに耳を傾けたいと思ったのでした［P123］。それは、自由な心もちと耳を傾ける余裕のある日々でした――私のうしろには、「数学の」長く、大きな波があり、私の前には、すでに予告されていた、おとらず大きな、「めい想の」波がある、ちょうどそのあいだの、「敏感な時期」でした…この時期は、十日ほどのちに、『収穫と蒔いた種と』の序文の冒頭で語ったもうひとつの夢、私自身についての、「あるがままのわたし」についてのビジョンでもって、勢いを得ました。

それは、緊張をともなった心の中の仕事、静かな懐胎と変化の数週間でした。そして、それまでに私が書いたすべて詩とは異なった調子をもっている、これらの愛の詩は、この緊張、この充実の果実であり、証言でした。

これらは、また、私の書いた一番最近の愛の詩だということです。おそらく私の中に、恋愛の感情が生まれ、愛する人に対して大きな歌の花火を打ち上げるのは、これが最後だという予感があったのでしょう！未知の娘、彼女を知ることなくその美しさをつよく感じていた娘にあてられたこれらの詩は、同時に、愛の歌と、私が愛した女性たちに対する**別れの言葉**であり―

―このきらめく花束の中で燃えつきることになる、そして私から去ってゆくことになる、私の愛の情熱に対する別れの言葉でもあるという予感だったのでしょう。そして、よりひそかな、またさらにより深いところでは、新しい姿をもって**ひとつ**になり、合体した、**すべての**女性に対する別れの言葉（あるいは、多分、また会う日までの…）だったのでしょう。おそらくずっと遠い、道のもうひとつの端で、もやにかすんでいる、ひとつの姿――だが同時にきわめて近い、そしてきわめてやさしい姿に対する…。

注 (1) むしろ、**私の**死のことが、と書くべきであったでしょう。私の母の死の年である、一九五七年に書かれた二つの詩（おのおのは、いくつかの詩句からなる）は、この死の予感をもっています。

(2) 「夢と成就」［『数学者の孤独な冒険』、163ページ］をみられたい。この「熱狂の時期」は、一九八一年二月から六月にわたっています。それは、また、「ガロアの理論を貫く長い歩み」の時期でもあります（「ガロアの遺産」（No.7）、『数学者の孤独な冒険』、p205をみられたい）。それは数学に対する私の関係についての長いめい想の時期へと至りました（「座をしらけさすボス――圧力なべ」（No.43）、「導師でない導師――三本脚の馬」（No.45）［『数学者の孤独な冒険』、p319、324］をみられたい）。この長いめい想は、一九八一年七月十九日から十二月までつづきました。アンジェラにあてた詩（そして、「そのもと」へあてられた詩）は、七月八、九日のものです（最初のひとつだけは、七月一日付です）。

(3) 前の注で挙げた、ノートNo.45［導師でない導師――三本脚の馬］の冒頭をみられたい［『数学者の孤独な冒険』、p324］。

(5) 拒否と受け入れ

a 失われた楽園（十月二十五日）[1] ［P128］

116(112)

さらに三日間、勢いに乗って追求する時間を見い出さないまま、時が過ぎました。最初の日の月曜日は、とくに、ピエールの娘ナタリー（二歳の）を連れての訪問にとられました。オランジュで夜行列車に乗るために夜おそく見送りました。数日のあいだに、この訪問――もう期待していなかった訪問――が私にもたらせたことについて明らかにすることになるでしょう…。しばらくは、陰と陽についての思いつくままの省察をつづけたいと思います。

この省察は、これとは全く関係のない、ある**調査**の中に突然入ってきた、哲学的な脇道とみえるでしょう――ある弔辞をめぐる考えの連想からなるいくつかの波から予告もなく出てきたものではありますが…。しかしながら、まさにこの「脇道」とともに、埋葬をなしている「**素材**」の全体を明るみにだすという状態を超えて、ついに、奇妙に非常識にみえる行為や振る舞いの背後で作動している**諸力**にいくらかでも近づきはじめていることを、私は感じ取っています…[(2)][P129]。また、予期されたわけではありませんが、『収穫と蒔いた種と』の他のいかなる時点よりも、より深く、私自身がくみ込まれることになったのも、まさにこの「脇道」を通じてであることは、たしかに偶然ではありません。これは、七週間のあいだ追求された調査からすぐに手早く結論を出すところまでいっていた時点で不意に生じた、最近の病気のエピソードの予期せぬ果実のひとつです…。

したがって、この「脇道」は、ある種の私的な告白とみる人もいるでしょうし、思弁的な抽象的思考とみる人もいるでしょうが、私にとっては、(『収穫と蒔いた種』のどの部分にもまして) 埋葬の**核心**そのもの、紛争の核心に位置しているのです。変わったのは、視角だけ、ことがらを見ている「視点」です――だが、その結果、きわめて大きくかわり、調べたばかりのことがらは、突然消えてしまったかのようになりました!まもなく、途中で失ってしまったように見えていた、埋葬という「三面記事」との接触を再び取り戻すものと思います。

しかしこの三面記事を忘れることも出来ます、そのときにはその主な効用は、この「脇道」を生み出したことになるでしょう…。

昨日は、日中のある部分を、四日前に書いた前のノートの下書きを打ち直すことにあてました。結局このノートは「わが母なる死――行為」と名づけることにしました[P102]。この下書きの大きな部分が思い切って削除されました、文章化が少しばかり混乱していたしるしです。一方では、いくつかの重要で、微妙なテーマが、他のことがらへ向かっての流れの中で、いくらか「間接的に」省察の中に導入されました。実際には、このノートを書きはじめた時には、とくに、ちょうど一週間前に書かれた、「半分と全体――ひび割れ」[P93] と名づけられた、その前のノートの糸をたどってゆくつもりだったのです。だが結局のところ、この糸はまだとぎれたままです、ようやくそれをたどる時でしょう。

そのノートでは、また、基本的には同じ理由によって、途中で、稚拙さ、および曖昧さのゆえに、文のかなりの部分を訂正せざるを得ませんでした。それは、カップルの中の分裂についての省察の冒頭のところです。それは、**個人の中の分裂**、つまりもっと適切な言い方では、(四日前のノート「行為」で)「垂直な切断」と呼んだもの：私たちの中の原初の「全体」の陰または陽の「半分」のどちらかを「切断」したり「切除」したりするもの、に緊密に結びついているカップルの中の分裂についてのところです。

現在のところ、言葉で表わされていない、直観的な理解のレベルですが、私はつぎのように「理解」しています。しかも私にとっては「明らか」なことなのですが、個人そのものの中の分裂（条件づけによって、細かな部分にわたるまで作り上げられているように見える分裂）こそが、人間社会の中に遍在する紛争の深い原因だということです。それらは、カップルの中や家族の中の紛争であったり、もっと大きなグループの中の紛争であったり、グループを相互に対立させる紛争であったり、さらには民族や国民の武力による対立だったりします。異なっていて、それとして容易に認められる、二つの対立するタイプを対置させている、カップルの中の紛争は、理由のあることですが、人間社会の中の紛争の基本的な比喩として、基礎的で、なにかに還元できないケースとしてみることができるでしょう。「ひび割れ」という省察の「論点」は、とくに、カップルの中の紛争というケースを、さらに基本的な、さらにもっと「基礎的な」もの、つまり、おのおのの個人の中のある「部分」を他の部分に対立させている紛争というケースに帰着させることでした。

七日前のこの省察の視角においては、まずなによりも、私たちの中の陰と陽の「部分」、一方は受け入れられ、しかるべく前面に出され、肥大化され、他方は多かれ少なかれ完全な仕方で拒否され、抑圧されているものの間の紛争について考えることは自然なことでした。しかし現在、個人の中には、[個人は男か女かどちらかだという]**性の一義性**のタブーとはちがう別のタブーに結びついた、他の対立があるとも考えています。たしかに、性の一義性のタブーは、近親姦のタブーと同じくらいつよく、それがまとっている明らかだという側面のために、当然のように見えるので、それに表現を与えたり、名を与えたりすることさえ必要と思われないほどなので、なおさらひそやかなものです！一歩一歩とそれを確証するための労をまだ取ってはいませんが、私は、(近親姦の称賛についての省察以来)このタブーこそ、すべての中で最も決定的なものであり、これが個人の中につくる分裂あるいは「切断」は、人間としての個人の中の年来の分裂のさまざまな側面のおのおのの終局的な根源であるという印象を持っています。これがどの程度このようになっているのかを入念に明るみに出すことは、もちろん、「紛争の発見への旅」にとって、最も魅力的な出発点のひとつになるでしょう。ここでは、私はこれに乗り出すことはしません——そして、私の前にあり、私に定められている旅について言えば、これよりももっと緊急性をおびた出発点もあるのです…。

このノート「半分と全体——ひび割れ」[P 93] の文を清書しながら、さらに、私は、これらを書きながら、**なぜ**私が個人における紛争の中に、カップルの中の紛争、そして社会の中の紛争の深い原因をみているのかを、いくらかでもはっきりと述べるということを考えていなかったことに気づきました。これこそ、さきほど言いましたように、(今まで「はっきりと述べた」ことは一度もなかったのですが) 私の「理解して」いることがらであり、日々を通じて、年を経るにつれて、無数の日常のことがらの言葉のない、だが雄弁な言語によって教えられ、確証されてきたことです[3] [P 129]。ここで、それは「なぜなのか」、また「どうしてなのか」をはっきりと述べたり、「説明」したりすることは興味のないことだとか、数ページでできるだろう、あるいは、たぶん何巻もの著作になるだろうと言いたいのではありません。おそらく、ここで、このテーマについて数ページ書くことは、すでにこれらのノートの中の、陰と陽についてのページや、紛争についてのページと同じくらい「場違い」なものとなるでしょう。たしかに、省察のこの別のテーマを追求しながら学んでいるように、そこで、私たちの中の分裂の究極の原因として、私たちの中の陰と陽との間で作り上げられている紛争について多くのことがらを学ぶことでしょう。さらに、これらのテーマのひとつは、他のものとみるからにつながっており、それがまたそれぞれのテーマを魅力あるものにしているからです！しかし、今、わずかだとしても、私が追求したいと思っているのは、この方向ではありません。すでに一週間以来、とくに取り上げたいと思いながら、あい変わらず中断されたままなのは、この「糸」ではありません。

一週間前、このノート[4] [P 129] の省察を終えつつあるとき、突然大きな満足を感じ、元気を取り戻しました：この省察が、思いがけなく、それまでの日々、少しばかり視界から消えていた、重要なもの、つまり**受け入れ**との接触を回復したのでした。この接触が回復したのは、予期せぬかなり長い休止のように、この省察を終わりにする語——「**受け入れられない**」という語によってで、いわばマイナスの通路を通じてでした。それは、私たち個人のある「側面」が、私たちの周囲の人たちによって、まず第一に、手本を示している両親（あるいは、両親がそれをおこなっていないときには、その代わりをしている人たち）によって、「受け入れられない」として拒絶されるということです——紛争が私たちの中に定着するのは、この**受け入れられない**ということを通じてです。私たちの中の紛争、分裂は、私たち自身の拒絶された一部分の私たちによる**放棄**——私たちの分割できない性質の放棄にほかなりません。この放棄は、周囲によってなんとか「受け入れられる」ために、私たちが支払う代償、支払わ**ねばならない**代償なのです。

しかし、この「受け入れ」は、言葉のまったき意味での受け入れ、つまり私たちが実際にあるものの受け入れではありません。むしろ、それは、ある**規範**への私たちの従属に対する、これらの規範に順応し、型にはめられたがために与えられる**褒賞**なのです——結局のところ、私たちを取り巻いている人びとによって若い時代以来従われている、**歪み**や**損傷**のイメージにあわせて、私たちという人間の歪みや損傷のゆえに与えられる褒賞なのです。

前のいくつかのノートの省察において、二度ばかり受け入れのことを問題にしました。そして、二度とも、この受け入れは、決定的なことがらとして現われていました。最初は、ノート「無邪気さ（陰と陽の結び合い）」（№107）［P57］においてでした。そこでは、四年前のめい想にさかのぼるある確認を取り上げています…つまり、私の中の分割されていない力の出現と完全な開花は、紛争と潜在的な憎しみによってひき裂かれている家族という枠組みの中にあって、**私の両親**と周囲の人たち**によって、私はまったき意味で受け入れられていたというただ一つの事実によって、**実現されたということです。私という人間の中では、紛争は、のちになって、五歳以後に、私の生まれた家族よりもはるかにずっと「穏やかな」環境の中で、やっと居をかまえることになりました。たしかに、ここでの近い人たちの間の紛争は、私の生まれた家族におけるように、激しい緊張をうみだす（たとえヴェールでおおわれたものでも）ようなものになることはありませんでした（少なくとも、私がいたときには）。しかし、私の生まれた家族の中では、私自身は**紛争のそとに**とどまっていたのでした。私がこの紛争に加わることがあったときでさえ、そこにあったのは、引き裂かれではなく、分割されていない人間の自然に生まれる表現でした。私は近くの人びとによる拒絶による損傷と、拒絶されることに対する恐れを一度も体験したことがなかったのでした。

半世紀前を振り返って、今わかるのですが、私のあたらしい環境においても、私の中の無邪気さというこの力は、輝き、いわばある種の魅惑をもっていました。はるか遠くにある、そして生涯をつうじて、懐旧の情をもっている、**失われた楽園**のもつ魅惑であり、それは、突然、子どもの声とまなざしを通して、あなたに呼び掛けるのです。このおかげで、私は、強い、持続的な愛情を得ました、それらは、私が大人になってもつづき、私を愛してくれた人たちの死に至るまでつづきました(5)[P129]。だが、**同時に**、この力は、**許容されることはありません**でした——形のきっちり整えられた観賞用の庭園においては、力づよく繁茂した木や茂みが許容されないのと同じです。そうした木を、立方体や円錐や球の形に無理にしながら、人はそれを愛していると信じているのです…。

さまざまな出来事を再構成してみるとき(6)[P129]、この力は、最終的に、私がすべての人のような人間になることを決心したあと、深く埋もれ、地下に片づけられてしまう前に、おそらく二年か二年半のあいだ、十分に保たれていました。すべての人のようになるとは、予期されたように、すべては筋肉と頭脳の力であり、心の奥にとっては残念なことですが——平和を得るために！と言った具合です。私は、拒絶し、無視しなければならないすべてのことを（そうとは知らずに）**拒絶し**、無視して、私のまわりのすべての大人たちのもつ裂け目のないコンセンサスのとおりにしました。それはまた私の両親のもつコンセンサスでもありました。両親はほとんど消息を知らせることを断つまでになっていましたが、子どもたちのはるかに遠い、大きな愛を生きていたのでした…。

注 (1) （十一月一日）このノートは、十月二十六日と三十日の間に書かれた、二つの前のノートよりも前のものです。これら二つのノートの方は、そのすぐ前のノート「行為」（十月二十一日付のNo.113）[P102]の直接のつづきであり、それを深めたものです。このノートは、むしろ、それよりも前の十月十七日付のノート（No.112）、つまり「半分と全体——ひび割れ」[P93]の終わりと関連しています。したがって、この「半分と全体」のノートから、省察は二つの平行な道に分かれたことになります：ひとつは、（死についてのもので）（つづきとされの衝動との関係についての感情と、それと愛

た）三つのノートNo.113、114、115［P102、109、120］で追求され、もうひとつは、このノートNo.116［P123］ではじめられました。

(2)　（十月十四日）「勢いに乗って」なされたこの主張は、じっくりと考えておこなわれたものではなく、部分的にたしかなものにしかすぎません。もっと具体的で、もっとニュアンスに富んだ概観については、ノート「振り返り——光景の三つの面」（No.127）をみられたい［P182］。

(3)　この「理解」あるいは確信は、母と父からなるカップルの中の分裂、およびこの分裂を表現している対立的な態度は、子どもの上に深い刻印をのこし、しばしば大人の態度や振る舞いをも支配しているという、何度も私がおこなうことが出来た確認と真に対立するものではない、と思います。私たちの中の分裂は、少なくともかなりの部分は、私たちの幼少時代に、母と父を対立させていた分裂のしるしおよび遺産であると言っても、たしかに正しいでしょう。したがって、個人の中の分裂が、カップルの中の分裂よりも、より基本的なもの、あるいは「基礎的なもの」なのか、あるいはその逆なのかを決めるという問題は、鶏は卵から出てきたのか、卵が鶏から出てきたのかを知るという問題に少しばかり似ていると思います！

しかしながら、夫婦のひとりが、「ひとつ」であって、自分自身と紛争していないカップルにおいては、たとえその相手が敵対的な態度をとっていたとしても、その紛争は、このカップルの子どもたちには**伝達されない**と、私は確信しています。この確信の理由と思えるものは、このケースにおける子どもは、両親のひとりによって全体的に**受け入れられ**ているからです。小さい子どもにおける分裂の出現は、まさに、その周囲の人たちによる、そして第一に、**二人の**両親による、その子どもという人間の一部分の**拒絶**の結果にほかなりません。

(4)　ノート「半分と全体——ひび割れ」（No.112）のことです［P93］。

(5)　私にこのような愛情を与えてくれたひとは、七人います。そのうちただひとりだけが、今日も生存しています。

(6)　私の幼少時代の際立った出来事を再構成したのは、一九八〇年三月です。

b　円環

116′

（十一月一日）ちょうど一週間前、愛と愛の歌の中での死についての感情に関する、一種の「詩的な脇道」に思いがけず入っていった時（十月二十六日）、中断された糸を再びたどることにします。

十月二十五日付のページをいま読みなおしてみました、そして最後のページを打ち直しました。二週間前に、ノート「力の開花——結び合い」（No.107）［P57］でもって、その道筋が描かれはじめた、ひとつの円環が閉じたのがみられます。この道筋は、これまでのページでもって完結しています。それらのページは、十月十七日付のノート「半分と全体——ひび割れ」（No.112）［P93］の末の「かなり長い休止」を再び取り上げ、増幅しています。その日の省察を閉じる、この休止、あるいは「結末の語」は、最後の語である、「**受け入れられない**」という断定的な要請の中に要約されています。

この「受け入れられない」という結末の語は、私たちの生活を作り上げているあらゆる種類の条件づけのもつとまどいを覚えるほどの多様性の中で、私たちの中の分裂の決定的な原因をあざやかに浮き彫りにしていると思われます：それは、私たちの人生の最初の数年間において、私たちという人間を**受け入れない**、**拒絶する**ということです[1]［P135］。それは、私たちの中にある、**いくらかの力および衝動を受け入れないこと、拒絶することによって具体化されます。これらの力や衝動は、私たちという存在の、私たちのもっている知り、創造する力の基本的な一部分なのです。求めてやまぬ、あらがいがたい、心の中の検閲官**の処置によって、私たち自身がおこなう、それらの抑圧は、私たちの中にあるこの力の手足をもぎとることです。多くの場合、その効果は、私たちの創造的能力の真の麻痺をもたらせます[2]［P135］。

受け入れられないこの力、あるいはこれらの「能力」は、また、私たち自身であるという目立たない能力にほかなりません。言い換えれば、型にはまった、プログラム通りの、なによりも、**繰り返し**や**模倣**という反射運動によって（そして多くの場合もっぱらこれだけで）動いている生活よりも、私たち自身の能力をつつましく、しかも完璧に用いることによって、私たち自身の生活を生きるということです。こうした繰り返しや模倣の反射運動は、いかなる時点でもそれをはなさず、堅い、水も入らない、重い殻のごとく、私たちを閉じ込め、私たちを孤立させるのです[3]［P136］。

この殻は、若い年齢のときに作り上げられ、年を経るにつれて厚くなってゆきます。その当初の機能は、おそらく、とくに私たちの近くの人びとによる（多くの場合かなり意図的な）攻撃から私たちを守り、かれらの側からの、いくらかでも思いやりのある寛容さを確保するという機能だったのでしょう。しかしながら、この殻は、私たちを外部の世界から守るだけではありません――それは、また、もっと深くは、おそらくもっと本質的には、私たちを孤立させ、**私たち自身から**私たちを守ること、つまり、私たちのまわりで通用している言葉で表わされないコンセンサスによって、存在理由のないもの、「受け入れられないもの」として宣告されている、私たちの中の例の認識、例の力から私たちを孤立させるという機能を持っているのです。それは、私たちの幼少時代にあるのですが、年を経るにつれて、次第に**二つの顔をもった**殻になってゆきます、ひとつは「そとの顔」であり、もうひとつは「うちの顔」です。それらは、「わたし」、「ボス」を、一方では、外部の世界からやってくる、それがおそれる攻撃からまもり（「ボス」は、年とともにだんだんにより強く恐れをいだく傾向があります！）、他方では、そして**とくに**、「労働者」の側からのやっかいで、許せない気まぐれや突飛なことから、つまり、もっと適切な言い方をすれば、火や水から保護している、三重の厚い、堅い皮膚によって遠ざけられているにもかかわらず、非常に予測できない、不安をかきたてる、**たちの悪い子どもから**、この「わたし」、「ボス」を守るのです…。

（十一月二日）ノート「無邪気さ」（No.107）［P57］で、私の人生の最初の数年のあいだで、私の周囲の人たちによって私が受け入れられたことが演じた役割に照明をあてたあと、「受け入れ」と「受け入れられない」ということが、省察の中心にあった第二の時点がありました。それは、「受け入れ――陰の中の陽」（ノートNo.110）［P76］で、そこで、私の中の子どもとの「再会」の日以来、私の中で生じた変化の部分的な評価をおこなっています。これらは、「幼少時代の状態」への漸進的な「回帰」の方向にあります。

この回帰は、以前のある状態への「後退」では決してありません。こうした後退ならば、私が歩んできた道の、旅人としての私の中の跡を消してしまうことになるでしょう。私たちが、消えてしまったと思われた無邪気さとの接触、ずっと以前に死に、埋葬されたと思われていた、私たちの中の子どもとの接触を再び見い出すことが出来るのは、ただ、心の中の仕事の果実である、**成熟**を通じてのみです。そして、ある程度は回帰でないような、――つまり、子どもへの回帰、子どものもつ率直さ、無邪気さへの回帰でないような成熟はありません。このようにして、まったき意味で生きられた人生は、「完成された」円環のようになるのでしょう。それは、幼少時代を再び見い出す老年であり、無邪気さを再び見い出す成熟です――そしておそらく死において全うされるのでしょう、そしてその死は、冬が新しい春を準備するごとく、新しい誕生を準備するのです…。

まだ終わっていない回帰への道のこのような「評価」をおこなう中で、その「結末の語」は、**受け入れ**であるということが現れてきたのでした、私の断絶のための道、はじめの道の結末の語が、**受け入れない**、拒絶、拒否という語であったように。私の成熟とは、長い間、全力をあげて私が拒否し、排除し、あるいは無視してきた、私の中にあることがらを徐々に受け入れ、迎え入れてきたプロセス、心の中の仕事にほかなりませんでした。

それは、「逆戻り」、一度歩んだ道を新たに反対の方向に歩むこと、つまりさきほどの表現を用いれば、「後退」では決してありません。それは、むしろ、円の、すでに描かれている下半分の弧の延長であり、それとつながっている上半分の弧のようなものです。それは、養分を与える層、新しい飛躍のジャンプ台のようになった下半分の弧から**生まれる**のです…。

（十一月三日）昨日のノートは、呼び寄せることもなく、省察から浮かび上がってきた、思いがけないイメージで終わっています。私は、はじめ、いくらかのためらいを感じつつこれを迎えました、このイメージが直ちに示唆する、現実についてのビジョンは不自然なものではないかという思いからでした。また、このイメージが私に「手かせをはめ」、「強引な」ことがらを私に言わせるのではないかと思ったからでした。しかし、ひとたび、最後の数行を書き終え、しばらくの間それに目をとめてみるや、ある現実の重要な、思いがけない一側面に触れたのだということを知りました。おそらく私に知られてはいたが、完全には自分のものになっていなかった一側面、無視したり、忘れたりする傾向のあった一側面に触れたことに気づいたのでした。

私は、ずいぶん前から（118）［P139］、「受け入れ」の方向にあるものを優位に置き、逆に、「拒否」の方向にあるものをとくに否定的に見るという傾向を持っていました。このことは多分つねにはっきりとは表現されてはいなかったでしょうが、私は、受け入れと拒否という、これら二つの態度を、「反対のもの」、「対立するもの」、一方は、私自身にとっても、すべての人にとっても「良いもの」であり、他方は「わるいもの」であると感じてきました。

ことがらを理解する上での言葉で表現されないこのようなあり方の中で、私は、ことがらについてのあい変わらずの「二元論的な」ビジョン、以前に私が「戦闘に似せた」ビジョンと名づけたものに囚われたままでした（もちろんそうとは考えずに）。このビジョンは、さらに深いビジョンが、同じひとつの現実の切り離せない、**相補的な側面**として、私たちに明らかにするものを、敵対的なものとして対置するのです。受け入れと拒否についてのこの省察をはじめた時点で（十月二十五日、つまり十日前）、これらは、まさに、一か月前から――陰と陽についてのこの「脇道」のはじめから――問題にしてきた例の陰と陽の「カップル（対）」あるいは「宇宙的な」カップル（対）の妻および夫であることに気づきました。そして私は、この省察は、ことがらのこの側面についてのものになるだろうと予測していました。ここ二日は、これから遠ざかっているようにみえるかもしれません。しかし、互いにつながり合っている。ひとつの円環の二つの弧というイメージを用いた、昨日の省察をしめくくる行によって、表現されないままであった、この出発点の直観に戻されました。

私は、八歳から四十八歳までの、私の人生を支配してきた**拒否**をとくに**否定的な**側面（もっぱらそうだったわけではありませんが）として見る傾向がありました：私の人生の四十年の間ひきずってきて、ここ八年の間に取り除くことになった（あるいは、むしろ、取り除き**はじめた**）ときには、圧倒するような**重荷**として見る傾向があったのです。「その日」は、めい想の発見のあと、私の中の「子ども」との「再会」のあと、明らかになりはじめたのでした。したがって、それは、ちょうど、ある種の「スーパー陽の順応主義」によって表現される、私の人生の中の拒否のプロセスを発見しはじめた時点でした。ことがらのこの側面は架空のものでは決してありません。以前には「白」、完全な空白としてあったところにこれを見るということは、この八年の間すすめられてきた成熟の果実のひとつでした。それでも、これは同じ現実の、もちろん実際にある、重要なもうひとつの側面、「**強力な行動原理**」という「陽性の」側面でもあるのです。この側面は、十月五日のめい想「陽は陰を埋葬する――スーパー・ファーザー」（No.108）［P62］において、はじめて（しかも、じつに控え目に）あらわれました、そこで、私はつぎのように書いています：

「私は（「私のように」ではなくて）彼らのように

なるのだ」ということは、また、つぎのような意味でもありました：私は「頭脳」に「賭ける」のだ、結局のところ、私の頭脳はだれかのものよりも悪いわけではないだろう、彼らのもっている武器でもって「彼らと」たたかうのだ！」

一九四五年から一九六九年まで、私を数学に極端に自己投入させた生きた力としてあったのは、この動機です——これが、四分の一世紀のあいだ発見のための飛翔に糧を与えた力でした[4][P136]。「正の」、あるいは「負の」光のもとでこの自己投入を見ることにしても、明らかに、ここには、たしかに、**飛翔**、激しい**活動**があったということです。人生を学ぶという側面では、完全な停滞とは言わないまでも、一度も検討されたことのない、「ときには圧倒される重荷」がありました——そして、この同じ「重荷」が、同時に知の飛翔に糧を与え、この飛翔に生きた力を与えたのでした。

一九七〇年の数学の世界との私の「別れ」以来、このような飛翔に同意を与えるような「価値」、外部の世界のいわゆる「科学的な」発見と理解の方向にある「価値」を過小に評価したり、時には否定したりする傾向がありました。『収穫と蒔いた種と』の過程で、私は、幾度となく、このような発見と自己の発見との間にある共通する諸側面、そしてまた逆に、それらの間の相違を浮き彫りにするよう試みました[5][P136]。もちろん、科学上の方向（生物学であろうと、「心理学」であろうと…）での発見の飛翔は、私たち自身から、そして私たち自身の理解から私たちを遠ざけると言えるでしょう。したがって、このような理解の役割が十分に把握されるとき、科学上の発見の飛翔の中に（また、私たちを「私たち自身から遠ざける」他のすべてのことがらの中に）ある「悪」を、あるいは少なくとも、成熟に対する、そしてこれを通じて私たち自身の十全な開花に対するある「障害」を見い出す試みをおこなうことが出来るでしょう。（少なくとも、長い間私のものでもあったケースにおいては、この飛翔は、精神のエネルギーの圧倒的な部分、さらにはそのすべてを動員しています）。しかしながら、私たちが生きておこなう**すべての**ことがらは、人生と私たち自身について学ぶための素材であることも事実です。それは、素材なのです、認識に変わり、私たちの中で成熟のための仕事がはじめられ、つづけられてゆくことを可能にするものになるのかどうかは、私たち次第である**素材**なのです。このため、私は、結局のところは「すべては良いものであり、捨てるものは何もない」ことがわかって、私が経験してきたことに対して何も後悔していません。このことは、むさぼり食うようなある情熱の中に極端に自己投入したがために、けちけちすることなく（そして目を閉じて…）支払った代償であった、長い時期にわたる精神上の停滞がもたらした砂漠に対しても言えます。いま私には、これらの砂漠そのものは、何か私に教えるものをもっていたこと、おそらくこれらだけが教えることが出来たものを持っていたことが分かります。これなしに済ますことは出来なかったでしょう――おそらくは、何十年もの間、期日を引き延ばしてきた、円環のこの「第二の弧」をその数年後には開始できたのはそのおかげでしょう。

また、私の成熟の年月に生まれ、発展してきた、私自身と他の人の受け入れは、私の人生の最も長い部分――昨日述べた円の「下の方の弧」、そしてその「養分を与える層」を特徴づけてきた拒否から「糧を得て」いることが分かったのも、その日でした。たしかに、私の人生の最初の六年間には、私の中に、私自身に対する完全な受け入れがありました。存在し、開花し、主張するためには、それ以前に「拒否」をまったく必要としませんでした。まったく逆に、その開花は、ある拒否というハサミによって妨げ**られず**、切り刻まれなかったがために、**それゆえにこそ**、おこなわれ得たのでした。だが幼少時代にあった私の中のこの「受け入れ」は、成熟した年代のものと「**同一**」ではありません。幼少時代のものには、広がりが欠けていました。

私の幼少時代を取り囲んでいた人びとによる、私という人間の受け入れだけでは、この広がりは与えられなかったのでしょう。それは、他の人による、あるいは私自身による、私自身の（あるいは、私自身の一部分の）**拒否**、拒絶**についての認識**を必要としました。この認識は、拒否の経験を通じて、また拒否がもつ多くの顔のひとつである軽蔑の経験を通じて、私にやってきました。

多分、拒否についての認識や理解をもって生まれてきている人もいることでしょう。このため、こうした人は、幼少時代にさらされた拒否にもかかわらず、素朴で、かつ理解力をもった**ひとつのもの**であることができるでしょう。私の場合はこうではなかったことを、私はよく知っています。私は、拒否、そして軽蔑の理解（たとえ不完全なものだとしても）の開花のための腐植土として、他の人による、そして私自身による拒否と軽蔑の経験なしで済ますことは出来ませんでした。

注 (1) 私自身の場合は、この点では例外的でした。私のすぐ周囲の人たちのこのような態度にさらされたのは、六歳からだったからです。

(2) （十一月二日）多くの場合、そしてさらに大手をひろげて、それは、「閉塞」という効果として現われます——私たちが組み込まれているこのような状況の中で「作動」したり、またこの抜け道のない状況から脱却したりすることが出来なくなるのです。

(3) 眠りと夢の時間を別にして、そこでは、この殻は軽くなり、時には消えさえします…。

(4) もっと正確に言えば、それは、この飛翔の**自己に集中した**成分、この「生きた力」の自己に集中した「要素」でした。

(5) とくに、「願望とめい想」、「禁じられた果実」、「孤独な冒険」の節（No.36、46、47）をみられたい［『数学者の孤独な冒険』、p293、328、331］。

c　一緒にあるもの——「悪」のなぞ　117

私自身の人生の中での拒否と受け入れとの間の関係の思いがけない一側面に探りを入れたばかりです、この側面は、昨日の省察の中で不意に現われたのでした。ここでの「拒否」は、しかしながら言葉のまったき意味での拒否ではありません、つまり、完全に受けとめられた拒否ではありません——ちょうど反対だと言えます。この拒否は、拒否された事柄の前での長い**逃避**でもありました。それは、拒否された事柄を**見ない**、**無視する**、そしてこれによって、ある程度は、私の意識された理解の領域から、また他のひとに見える領域からその事柄を消失させることから成り立っていました。それは、非調和、不均衡の状態の原因であり、隠れた力でした——いまの場合、私の大人になってからの時期を際立たせ、そのいくらかの決定的なメカニズムは今日においても活動している、「スーパー陽の」不均衡です。したがって、この「拒否」は、ここでは、さきほど問題にした（自分自身の、そして他の人の）「受け入れ」に対して、対称な役割、さらには陽―陰の相補の役割の中にあるものでは全くありません。これとは逆に、受け入れの方は、私自身を認識する仕事の中に位置づけられ、変調をきたしている調和を復調させる方向にあります。したがって、ここでは、「事情をよく知った上での」受け入れであり、言葉のまったき意味での受け入れであって——さきほど挙げた「拒否」という名の逃避とは逆方向の、もうひとつの逃避では全くありません。

しかしながら、「拒否」と「受け入れ」との間には、さきほど探りを入れた関係よりももっと明白な関係があります。この関係は、その双方が「言葉のまったき意味に」取られるとき、現われてきます。そのとき、これらは、同一の調和、完全に受けとめられた同一の態度の、**同時にある**、相補的な側面となります。(このとき、さきほど述べた、ひとつの歩み、あるいはひとつの進展の**引き続く**二つの側面は、不均衡、非調和の状態を経由して、再生されたある均衡へ向かって歩んでゆきます)。この視角においては、拒否を排除し、拒否に目を閉じるような、「真の」受け入れはありません。そして、受け入れから生まれたものでない、受け入れのしっかりとした表現でないような、そして、二つの「面」のひとつ——つまり、二つの面を含んでおり、その「陰」あるいは「母」の面が、受け入れである、分割できないひとつの事柄の「陽の」面でないような「真の」拒否はありません[1][P138]。

拒否を排除するような「受け入れ」は、受け入れではなく、へつらい(他の人に対する、あるいは自分自身に対する、あるいはこの双方に対する)、あるいは加担または黙許(他の人を「受け入れる」ということに関しては)です。自分自身であれ、他の人であれ、ひとりの人間を全体として受け入れるということは、その人の行為としぐさ、その人の習慣と傾向に無条件に同意することを意味するものでは決してありません。このような無条件の同意は、それ自体、ひとつの**逃避**であり、(多くの場合あざやかにみえている)現実を認識することを拒否することであって、受け入れでは全くありません。それは、再生や、忘れられていた統一性との接触を取り戻すのに好都合な「力の場」をつくることからほど遠く、惰性をつよめ、因習の中にとどまるのに一役買うものです。

同時に開かれていない、また他の人にさしのべられた手(あるいは「救いをさしのべるさお」)のようでない、あるいは自分自身との関係においてある断絶と再生をしるす飛躍のようでない拒否——このような「拒否」は、実際には、拒否する人と拒否される人とを同時に「切り」、そして切り離す、ひとつの切断にほかなりません。これは、また、私たちの実に安定した生活を、私たちのもつ便利さをおびやかす、いやな、さらにはやっかいな、重苦しいと感ぜられる現実を前にしての逃避です。「そんなことはあるはずがない」…と、大きな包丁で切って、私たちが逃れられたと信じている現実を前にしての逃避なのです。しかしながら、その現実は**そこにあるのです!**そして私たちの断定的な「拒否」は、事柄がいまあるあり方を、たとえ私たちがいやがっても、変えるものでは決してありません。まったくこの反対に、このような拒否は、自動的な同意をともなうへつらいと同じく、創造的な変化に抗する惰性をつよめます。それは、きみが受け入れることが出来なければ、きみはそのままの状態でいることになろう…、といった**判決**のようなものです。

私のもとで、完全に受けとめた受け入れと拒否の調和を実現したと言っているのではありません。もちろんこの反対で、まったくそうではないことを私は知っています——またこの調和を実現したと思われる人に出会ったという確信はありません。この調和を実現するということは、また、その人自身の中の、不公正、うそ、意地悪、だらしなさ、軽蔑といった「悪」——また打撃を受けたが、声を出せない人たちの苦しみといった、「悪」をめぐる大きな謎を解明することでもあります。それは、また、もちろん心の中での感情の激発が、非常にしばしば私たちに「悪」として名指すものの中にある「善」を完全に理解することでもあります。

戦いは至る所にあり、すべての人の中にあり、また私自身が戦いを取り上げ、担い、広め、伝達していたのと全く同じように、私が愛情をいだいている人たちが戦いを担い、広げていることを見て、そうした現実を受け入れながらも、戦いを拒否すること。戦いがいまあることを受け入れながら、数知れない、無分別な兵士たちを愛しながら、戦いを拒否すること。これは、もちろん、戦いから抜け出ること、紛争から抜け出ること——戦いを広めることを止めることをも意味しています。

注 (1) 記しておきますが、受け入れ—拒否というカップル（対）の中での陰—陽の役割の「自然な」この配分（フランス語では、このカップルの項の双方を表わす名詞の性——男性と女性——によって表現されている部分）は、昨日の省察の末に自然な形で現われてきたイメージにあるものとは**逆転している**ことは興味深いことです。このような逆転があっても驚くことはありません——それは、愛の関係が固定していない、女—男の愛人たちのカップルにおけると同じです。そこでは、愛の遊戯において、女性の中にある「陽の」エロスの衝動、男性の中にある「陰の」エロスの衝動が発現するような、役割が逆転する時点が必ずあり得るでしょう。また、私は、ノート「受け入れ（陰の中の陽）」No.110（このノートの最初の部分の最後の段落［P78、79］）で、役割のときたま生ずるこのような逆転の重要性について語りました。

d　陽は陰をもてあそぶ——師の役割　!118（116′）

（十一月四日）[1]［P144］「受け入れ」を優位におくというこの「傾向」[2]［P144］の出現は、一九七〇年代のはじめ、つまり私が数学の舞台と「別れた」あとの数年間においてでした。それ以前とは非常に異なった環境と友人たちの影響のもとで、私が援用していた諸「価値」の全体の中で大きな転換がありました。振り返ってみるとき、この転換を、「スーパー陽」または「父権的な」価値の体系からほとんど正反対の、「陰」がつよく支配しているもの——「母権的な」体系への移行として描くことができます。この逆転の中で影響を与えたもののうちに、クリシュナムルティの著作の散発的な読書もあります——このテーマについては、注「クリシュナムルティ——足かせとなった解放」（No.41）［『数学者の孤独な冒険』、p378］をみられたい。

このとき、このような『イデオロギー的な』転換へと私を向かわせたこれらの影響が作動するままにしたのは、おそらく（その時には私の考慮の中になかったのですが）私の中に、再生をおこなう深く、緊急の必要性、なによりもまず、年来の「スーパー陽の」態度の重みから解放される必要性があったのでしょう。この同じ必要性は、一九六九年に、激しく、実り豊かな数学研究のさ中に、突然私が数学を「わきに置いて」、生物学に興味をもつようになった時にも、たしかに作用を及ぼしていました[3]［P144］。ついで、その翌年、（戻るという考えを持たずに）数学の舞台、それに科学研究とさえ別れたときにも、それが作動していたでしょう。この時、環境と活動の、突然の大きな変化がありました、これについては、「うぬぼれと再生」（『収穫と蒔いた種と』の第一部、『数学者の孤独な冒険』、p189〜382）でいく度も言及する機会がありました）。

しかしながら、環境と活動と、そしてついには「諸価値」のこうした劇的な転換を、ひとつの「再生」、ひとつの「解放」と考えることは、正確とは言えないでしょう、あるいは部分的にのみ正しいと言えるでしょう。すでにこのことについては、「クロード・シュヴァレーとの出会い——自由と善意」の節（No.11）［『数学者の孤独な冒険』、p216］で、かなりはっきりと述べました。陰と陽についてのこの省察でさらに深く入り込んだ光のもとで見るとき、すべての中でおそらく一番意義深いものとして現われた変化は、陰の諸価値のために、陽の諸価値が撤退させられた変化だと言えます（私の中の陽の諸価値を突きとめる前に、もちろんこれらを検討してみる前に）——しかし、この変化は、

「わたし」の（スーパー陽の）構造を変えたわけでは全くなく、せいぜい、この構造から出てくる態度と振る舞いをほんの少し和らげただけでした。たしかに、外部の世界についての私の理解は、突然、拡大の方向に著しく変化しました——しかし、この変化は、部分的なもの、ほとんど専ら知的なレベルのもの、「選択」のレベルのものに限られたままでした。この変化が、「外部の世界」についての私のビジョンに限られ、しかもその中で、私自身は、あらわれないか、とくに私の「社会的役割」とそのあいまいさと矛盾を通してのみ、ときたま、あるいは表面的にあらわれるだけであった限りでは、これ以外のあり方はあり得なかったのです。それ以前と同じく、その時、**私自身の中に**、あいまいさや矛盾があり得るとは全く推測してもみませんでした！これとは反対に、**私**という人間は、あらゆる矛盾からまぬがれていること（だが、他の人のもとでは、私のまわりのほとんど至る所で、私は、矛盾を目にしはじめていたのでしたが）、そしてとくに、私の意識された願望と事柄についての意識にのぼった私の認識と、私の無意識（私の場合にこのようなものがあるとして、それが、私の意識に合致した単なる複製でないとして…）との間に完璧な一致があるという不動の確信によって鼓舞されていました。

この確信にできた最初の割れ目は、やっと一九七四年の春にやってきました。それは、すべての私に近い人たちとの関係（当時、私の大人としての人生全体を通じて、人生はこれに還元できるように思えていました）の容赦のない破壊の原因として、他の人たちのもとだけではなく、**私においても**なにかたしかに具合の悪いことがあるにちがいないことを、ついに理解したときでした。このときは、このありがたい割れ目の効果は、私自身に対する真の**好奇心**の欠如のために、限界のあるものにとどまっていました。こうした好奇心は、その地点にもぐり込み、背後にあるものをながめながら、一度も検討されたことのない、奇妙きてれつな幻想から成り立っている、重い構築物が壊れてゆくのを見るという楽しみを持てたでしょうに…。

自然な好奇心をもつことに対するこの強靭な閉塞は、たしかに、とくに次のことに由来していました。つまり他の人のもとで、このような好奇心に出会ったことがなかったこと、数学におけると同じく、人生においても、ある問題が生じるごとに、そこにみつめることがあり、このようにして、思いがけない、じつに有益な、多くのことがらを学ぶことができること——別の言葉を使えば、**自己の発見**と言えるようなことがあるのだと私に推測させるようなこうした好奇心に出会ったことが一度もなかったからでした。

当時、クリシュナムルティをいくらか読んでいました。彼の言っていることのいくらかは確かで、深く、重要なものであると考えていました。こうして、私は、クリシュナムルティの言をすべての行にわたって文字通りに受け取る傾向がありました。わずかのことを除いて、私は暗黙のうちにクリシュナムルティ流の世界についてのビジョンを採用していたのでした[4]［P144］。いま語っている時点で、この知識は、真の解放、言葉のまったき意味での再生にとって、たしかに、「足かせ」として作用しました。このテーマについては、すでに挙げた注（No.41）「クリシュナムルティ―足かせとなった解放」（いましがた読みなおしてみました）で説明しました。そこでは、私自身の道程において、（クリシュナムルティの）「教え」が果たした役割はどんなものであったのかを浮き彫りにすることを試みています。

言葉のまったき意味での最初の「めざめ」は、その後二年半たってやっと、めい想の発見とともに生じました。それは、また、自己の発見の発見、「わたし」という**未知なるもの**があること、私はこのものの中に入ってゆき、それを知ることが出来るという発見でした。この決定的な発見は、すべての教え（大文字で書かれているものも、そうでないものも）が忘れられた時点でなされました。それは、また、巨大な惰性で維持されている、あらゆる種類の世に認められている考えや「教え」からつくられている「構築物」が、はじめて、崩れ落ちた時点でもありました――そしてまた、活発で、しばしばいたずらっぽい、そしてつねにありがたい好奇心が出現した時点でもありました。

この転換のあと、まずは私自身に対する、そしてさらに「生」に対する好奇心が私の中で開花するとともに、自然な果実として、新しい目でもって、クリシュナムルティと彼のメッセージを見ることが出来るようになったのでした。振り返ってみて、このメッセージの豊かさを評価することができ、同時にその限界と欠陥、そして師（彼の弟子や信奉者にとっての「師」）の中にあるいくらかの深い矛盾を認めることが出来ました。これらの欠陥や矛盾の中で最も重いものは、さきほど改めて軽く触れたもの、つまりこの師自身の中にあらゆる好奇心が不在だということのように思えます。彼によって書かれたものの中に、遠い昔の日々に、このビジョンが、**ひとりの個人の中に生まれたこと**、出来合いの考えや一度も突きとめられたことのない矛盾からなる網のなかに、あなたや私と同じく、閉じ込められている個人の中に**生まれた**こと、このビジョンは、巨大な惰性の力に抗して、緊張した、ときには苦痛を伴う**仕事**の過程で**誤りの中から明確になっていった**こと、そしてこの仕事のおのおのの段階、あるいはこれら労苦の過程で乗り越えられた「敷居」は、そのひとつひとつが、模倣と繰り返しというどこにでもあるメカニズム(5)［P144］によって永続させられている、年来の考えの全体を覆すような、思いがけない**発見**であったことを推測させるようなものが何もないのです。

これらすべてのことを、子どもは、緊張をもって体験したがために、これらのことをある日知ったし、それと分かってさえいるのです。しかし師はそれらを忘れてしまったし、思い出さないように気をつけているのです。情熱をもって発見し、**学び**、そして発見しながら自ら変わってゆく子どもであるよりも、彼は、神から与えられた不動の知識を**知っている**、普通の人たちのために、彼の**教え**を広めるために自分の生涯を捧げる変わることのない**師**であることを欲したのでした。彼は、彼の信奉者や弟子たち、彼を信ずる人たちが、彼にそうであることを欲している人に、つまり、変化のない、繰り返しのできる、したがって安堵させるメッセージの体現者、ひとつの新しいイデオロギーの使徒になったのでした。私自身がかつてそうであったように（おそらく(6)［P145］、彼という実例と張り合って）、結局は、**導師でない導師**なのです…。

（十一月十五日）前のノート（十一月四日付の）を、私は「陽が陰をもてあそぶ――あるいは師」と名づけました。私自身についてのめい想の中に入るかのように、このノートの第一の名は、私自身に関するものであり、一九七〇年に科学の世界と別れたあと、数年の間、私が演じたある「演技」を引き合いに出しています(7)［P145］。第二の名の「師」は、「陽が陰をもてあそぶ」というこの演技の中で私がとっていた役割または姿勢を指すこととしても、あるいは私に関することとしても、暗黙のモデルとして役立っていた、クリシュナムルティの姿勢に関することとしても、どちらにでも解釈できるでしょう。

実際、クリシュナムルティの本から出てくる諸価値は、ほとんどすべて陰の価値をもっています。（一九七〇年か一九七一年に）クリシュナムルティをはじめて読んだとき、このような価値が前面に押し出され、私のもっていた（そして、いくらかの相違を除いて、「すべての人」がもっている）、世界についての陽のビジョンの限界と欠陥を洞察力をもって浮き立たせているのを見たのは、これが最初でした。何章かのこの読書がきわめて強い印象を私に与えたのは、たしかにこの故でした。それから六・七年たって、リュイテンスさんによるクリシュナムルティのすばらしい伝記を読む機会もありました。リュイテンスさんは、クリシュナムルティの本から出てくる、彼という人間についてのある印象を確認しています（そこには本人は一度も現われていないにもかかわらず）。今日では、私は、クリシュナムルティの気質の基調は、つよい**陰**だと言って、それを表現することが出来るでしょう。これに加えて、彼の書いたもののすべてを通して、常にあるライトモチーフとして、陰の色彩をもった性質、態度、価値が押し出され、陽の色調の性質、態度、価値を（明確に、あるいは言い落としによって）低く見積もっているのが見られます。

したがって、クリシュナムルティの人生と教えは、「**陰が陽を埋葬する**」という、かなり例外的な態度を実現しています。これは、さらに一番普通のものである、「陽が陰を埋葬する」という態度とは逆の方向にあるものです。私自身の人生は（少なくとも48歳までは）、やはり、この「陽は陰を埋葬する」という態度の極端な実例を提供しています。クリシュナムルティの「スーパー陰の」選択(8)［P145］は、周囲の文化の基調をなしている諸価値に逆行しているという大きな長所があります。それでも、この選択は、私の場合がそうであったのと同じくらい抑圧的（彼の人格のある部分によって他の部分を）であるように思えます。

しかしながら、クリシュナムルティの人生の中には、際立った、非常に強烈な「陽の」一側面があります。これは、多分、彼がまだ子供であった時に、彼の威信のある、神知論を信奉する保護者たちによって決められた、指導者の役割、（未来の）「精神上の師」の役割によってまず彼に押し付けられたものでしょう。そのあと、ことがらについての彼のビジョンを根底的に覆した諸発見（これらの発見はその後「教え」となりました）によって特徴づけられる、彼の人生における大転換のあと、この「師」という役割、あるいは「先達」という役割は、完全に内面化された（と思われます）。それは、彼個人のものであった、ひとつの教義の普及とともに、自分で復活させたものであって、神知論の彼の師たちから受け継いだものではありません。この普及は、激しい、さらにはひどく疲れる活動になっています。この活動は、陰と陽の**均衡**の方向にあるものとは到底言えません。それはむしろ誰のもとでよりも、この師において、強く、大手を広げている「わたし」によって、すぐれてめい想的な気質に押し付けられた、ある**拘束**のように見えます。この光のもとでみるとき、とくにクリシュナムルティについて語っている、このノート「陽は陰をもてあそぶ」は、また「**陰は陽をも**

てあそぶ」と呼ぶことも出来るでしょう。

このようにして、二度にわたって、異なった二つの仕方で、私の人生において「演技」をしました。この「演技」は、私の歩みのある時期において、私のブランド・イメージ（まったく暗黙のもの）と、私のいくらかの態度と姿勢の言外のモデルになったにちがいない人生を支配していた、態度の**逆転**としてあったと言えます。しかし相互に逆転している表現スタイルの中に、今日、私は明らかな類似性をみることができます。そのひとつは、陰と陽の自然な均衡を破壊する、（もちろん、無意識の）**抑圧**の存在の中にあります[9]［P 145］。もうひとつは、ある**役割**の選択の中に、そして**この役割の重荷**の中に、そして開花と成熟と、理解あるいは認識の進展の中での、この役割のもつ抑止、さらには閉塞の効果の中に見い出されます。この役割（あるいは、この姿勢）は、私のもとでも、私にモデルとして役立った人のもとにおいても同じでした。私はこの人から文字通りにこの役割を借りてきたのでしょう。それは、**師という役割**です。

注 (1) このノートは、ノート「円環」（No.116′）の注から出てきたものです。十一月三日付のノートのはじめの方にある送り記号（118）をみられたい［P 132］。

(2) 「拒否」に対して、「受け入れ」を優位におこうとする傾向。

(3) まずは、友人のミルチア・ドゥミトレスクの影響のもとで、「分子生物学」の断片からこれに興味を持ちました。

(4) （十一月五日）ひとつのビジョンのこの「採用」——一種の文化上の知識となりました——が私の人生に及ぼした影響は、かなり限られたものにとどまっていました。私の注意は、それまで私には完全に見えなかった、現実のいくつかの側面に引きつけられました。しかし、これによって、再生を可能にする、選別と同化をおこなう深い仕事をスタートさせることはありませんでした。一九七〇年と一九七六年の間（つまり、数学の舞台との私の「別れ」と、めい想の発見との間）に、クリシュナムルティが、私の道程において重要だったのは、私が彼から借用したこの「知識」によるというよりも、（もちろん、私はそれと気づかずに）そのような様子をしようとしたこともなく、私がしたがった暗黙のモデルに彼がなったことでした——結局、導師でない導師、師であることを自らに禁じている師というモデルです。

(5) （十一月五日）これらのメカニズムは、人間においても動物においても、明らかに、精神の基礎的なメカニズムに属しています。これらのメカニズムは、あらゆる条件づけ、あらゆる学習（小さな子どもによる言語の学習や、日常生活のほとんどすべての行為の学習のような）に先立って存在しています。これらの条件づけや学習は、このメカニズムなしでは、作り出されたり、活動したりできないでしょう。このメカニズムは、この若い未来の師においては、だれにおけるよりも、はっきりとあって、効率のよいものでした。

(6)（十一月五日）たしかに、この「おそらく」という懐疑を示すニュアンスは、適切ではありません！このテーマについては、今日書かれた注(4)をみられたい。

(7) 一九七六年十月のめい想の発見という時点は、また、この演技の突然の衰退をしるすものです。この演技は、どうにかこうにか一九八一年まで、よりひそかな調子でつづけられていました、一九八一年には、ついに暴かれ、骨抜きにされました。このテーマについては、すでに挙げた節「導師でない導師――三本脚の馬」（No.45）［『数学者の孤独な冒険』、p324］をみられたい。

(8) こうした「選択」は、おそらく幼少時代に、もっと具体的には、彼の神知論の保護者たちとの最初の接触にさかのぼるでしょう。

(9) この類似性の中では、私たちはたしかに非常に数多くの道連れをもっています！

(6) 数学――陰と陽

a 科学・芸術の中でも最も「マッチョ（男権的）」なもの　119

（十一月五日）数学における陰と陽について語りたく思ってからいくらか経ちます。数学の研究における、あるいは数学のアプローチのにおける、陰と陽という二つの側面が現われてきたのは、やっとここ数週間の陰と陽についての省察の過程においてです。これらのノートの中で、この二つの側面にいくらか探りを入れることは、「数学者のある過去」についての回顧をおこなおうとするこれらのノートにおいて、「本題にもどる」もっとも自然な仕方だと予想していました。

（五年前の）陰と陽についての最初の省察をはじめたときから、私にはきわめてはっきりしていたのですが、「数学をおこなう」ということは、おそらく、今日までに知られている、人間のおこなうすべての活動の中で**最も陽なもの**、もっとも「男性的な」ものであろうということでした。実際、とくに科学研究のような、完全に知的なあらゆる活動、そしてもっと一般に、普通「研究」と呼ばれているすべての活動は、きわめて陽が支配的な活動です。私は、「陽の方に傾いている強い不均衡によって特徴づけられる」と書こうとしたのでした。事実、この活動が、ひとりの人間のほとんどすべてのエネルギーを吸収してしまうような場合はたしかにそう言えます。この陽の優位（あるいは、この不均衡）は、かなりの数の陰―陽のカップル（対）を挙げればみえてきます。知的な仕事の中に「現われる」のは、すべてだとは言わないまでも、とくに陽の項であることは明らかです。そのうちのいくつかを挙げるだけにとどめておきますが、これらはすべて、私がグループ「漠然――明確」と呼んでいる、同一のグループ（あるいは、同一の「世界に開かれている扉」）に属しています。（注　この「漠然」――明確」というカップル（対）においても、以下のカップル（対）においても、最初にくるのが、陰の項です）。

感受性――理性（あるいは、知性）
勘――熟考
直観――論理
ひらめき――方法
ビジョン――一貫性
具体――抽象
複雑――単純
漠然――明確
夢――現実
不定――定まった
［言語で］表現されない――表現される
形の定かでない――形の定められた
無限――有限
限りのない――限りのある
すべて（全体）――部分
大域――局所（あるいは、細分化されたもの）

陰―陽の私の目録にざっと目を通しましたが、純粋な知的活動のもつスーパー陽の特徴を感じさせる、他のかなりの数のカップル（対）をも挙げてあります。ここで、すでに考えていたすべてのカップル（対）のうちの最初のものだけを挙げることにします、それは、**身体―精神**というカップル（対）です。

これらを考えるとき、さまざまなタイプの知的活動の中で、極端な陽を表わしているのは、数学の仕事のように私には思われます。それは、おそらくなによりも、数学の仕事の極端に抽象的な性格に関係しているでしょう。それは、外部の世界、つまり私たちが生き、私たちの身体が動いている世界についての感覚の上での経験や論理に基づいた観察によるあらゆる「支え」から、きわめて顕著に独立しているということに由来しています。抽象性というこの極端な性格によって、数学は、他のすべての科学から、数学の仕事は、他のすべての知的な仕事から区別されます。数学と数学の仕事をこれによって「純粋な理性の」科学あるいは仕事にしているからです。実験科学や観察にもとづく科学とちがって、その結果が、厳格に体系化され、裂け目のない原理をもった**方法**、つまりいわゆる「**論理的な**」方法にしたがっておこなわれる、言葉の最も厳格な意味での**証明**によって確証され、いかなる疑念あるいは留保の余地がない、また現在までに観察されたケースに例外となる可能性を与えない**確実性**に至る唯一の科学が数学です。これらが、数学の仕事の中にあつまっている極端に陽な特徴です。そしてこの仕事の中でのみこうなっているのです。

たしかにこれらの特徴は、幼少時代から私を引きつけました、私は心の底で「頭脳」と極端な陽を選んでいたのでした![1][P148]。とくに、戦争の体験と、最も初歩的な理性にさえ挑戦しているように思われた、差別と偏見の的になった強制収容所の体験のあと、数学活動の中で、(リセ［中学・高校］の年月に私が知り得たわずかなものを通して)とくに私を魅惑したものは、相手が私とともに数学の「遊戯の規則」を受け入れさえすれば、単純な証明のおかげで、最もためらいがちだった同意さえ獲得できる、結局そのための姿勢が出来ていようがいまいが、他の人の賛意を**勝ち得る**という、その**力**でした。マンドのリセ［中学・高校］(私はそこから五・六キロ離れていたリウクロの強制収容所に収容されていましたが、このリセに通うことが出来ました)で、一九四〇年に学校数学と最初に接したときから、これらの規則は、あたかもずっと前から知っていたかのように、直観的にこれらを知っている、これらを感じるように思えました[2][P148]。たしかに、これらを先生自身よりも私はしっかりと感じ取っていました。先生は私たちに、［カトリック教の儀式により］初めて聖体を拝領した生徒が祈禱文にしたがっているかのように、教科書にしたがって、確信をもたずに、「公準」(先生と私たちが聞くという幸運に恵まれた唯一のものである、ユークリッドの公準)と「公理」の相違についてのきまり文句や、「三角形の三つの合同条件」の「**証明**」をそのまま述べてくれるのでした。

しかしながら、その五年後、原子物理学の威信にとつぜん魅せられて、まず、物理学を学ぶために、モンペリエ大学に学生登録しました。物質の構造の神秘とエネルギーの性質の神秘を知ろうと考えたのでした。しかしすぐに分かりましたが、もしこれらの神秘を知ろうとするならば、そこに到達できるのは、大学の講義に出席してではなく、私自身の能力によって、それのみでか、あるいは本を用いて仕事をしながらであることでした。このような仕方で物理学を学ぶために、私は直観力も器具も持っていなかったので、これらをもっと良い時期に延期しました。それから私は、「遠くから」いくつかの講義に出席しながら、数学をはじめました。これらの講義のどれも私を満足させず、ありふれた教科書で見い出すことの出来ること以上のものは何ももたらしてくれませんでした。しかしいずれにしても試験にはパスしなければなりませんでした…。

注 (1) それでも軍事や戦争に関するもの、パレード、軍服、ふんぞり返った気をつけの姿勢、完璧に組織された虐殺と死体の山などは除いてですが…。

(2) この学校数学との最初の接触は、円積問題についての私の子どもっぽい考えのあと、少したってからでした。この円積問題のエピソードについては、ノート「円積問題」(No.69)[『数学と裸の王様』、p112]で述べました。

b　すばらしき未知なるもの

120

（十一月六日）昨日のノートを今しがたざっと目をとおしてみて、陽がきわめて支配的な活動である、数学の**仕事**と、「数学」との間にいくらかの混同が起こらないように注意していることを確かめることが出来ました。ドイツ語でと同じくフランス語でも、この数学を指す言葉が、これを含む「**科学**」と同様、女性名詞であることは、もちろん偶然ではないでしょう。このことは、さらにもっと広い用語である「**認識**」[(1)][P150]、そしてまた「**実体**」についても同じです。言葉の厳密な意味での数学者という言葉で、私は、(「愛を交わす」と言うときと同じく)「数学をおこなう」人と理解しています。したがって、その人が知り、それに深く入り込みながら知る、数学という未知の実体に対する関係の中での役割の配分についていかなる曖昧さもありません。数学は、このとき、その人が知った、あるいは単に欲した女性――きわめて優しいと同時に、断固とした力でもって、引き寄せる、不思議な力を感じた女性とおなじ「女性」なのです。

私は、老子の『道徳経』の詩節との出会いの数か月前に、「女性」に向かって私を引きつける衝動と、「数学」に向かって私を引きつける衝動との間の深い同一性にはじめて気づいたのでした。『道徳経』とのこの出会いは、「近親姦の称賛」の執筆を始動させることになりました（そのついでに、「女性的なもの」と「男性的なもの」についての私の最初の系統的な省察をも始動させました。そのときには、まだ、「陰」と「陽」という中国の語を知りませんでした）。それは、六年前、「プログラムの代わりに」と題する、二ページの文を書きつつあるときでした。この文は、はっきりと述べたわけではありませんでしたが、「研究へのいざない」という講義のためのものでした。この文は、その講義の入門、もっと正確には、この「講義」の精神についてのねらいを明らかにしておくというものでした。じつに自然に生まれたこの文を書いたあと、つぎつぎと生まれてきたイメージが、エロス的なニュアンスを豊富にもっていることに強い印象を受けました。たしかに、それは、偶然でも、文学的であろうとする単純な意図から出てきたものでもないことが分かりました――それは、私の大人になってからの人生を支配してきた二つの情熱のあいだに深い類似性があることの明白なしるしでした。このときには、この事柄について、系統的な省察(それから数か月たって、やっと、「近親姦の称賛」を書くときになって、それはおこなわれました)によって深めようとすることもなく、突然みえたことをはっきりと言葉にしてみようとさえ考えませんでした(と思います)が、この時点で、私は、ひっそりと、重要なことがらを学んだ――それ以前には私には全くとらえられなかった、あることがら(2)［P150］を私は「発見」したと言うことが出来ます。

もちろん、すべての人と同じく、私も、フロイトについて、リビドの昇華やその他について語られるのを聞いたことがありますが、これはそれとは全く関係がありません。精神分析学の何トンもの書物もその他なにをもちいても、このような時点なしですますことはできません。その時点では、あらゆる理論、あらゆる「知識」が忘れられ、そしてその時点で突然なにかが「ひらめく」のです！ことがらについての私たちの認識が新しくなるのは、こうした時点においてです。それは、本を読むこと、報告を聞くこと、つまり知識を増やすこととは全く関係のないことなのです(3)［P151］。

私が「数学」について考えるとき、もちろんそれは、古代から今日まで、出版物、プレプリント、手稿、手紙の中に書きとめられている、ひとが「数学」と呼ぶことができる**知識**の全体を指しているのではありません。繰り返しを避けたとしても、おそらく、簡潔な文で数百万ページに、一〇トン以上の書物に、あるいはさらに何千冊もの厚い本になり、広大な図書館を一ぱいにすることでしょう。もちろんこれには驚くことは何もありません、全くその反対です！「数学」について語ることは、ある**ビジョン**、ある**理解**という枠組みの中でしかほとんど意味をもちません――それは、基本的には個人的なものであって、集団的なものでは決してありません。数学者がいれば、その数だけ「数学」があります。数学者ひとりひとりは、数学について、広いものであったり限られたものであったりしますが、ある個人的な経験を持っています。その経験の成果のひとつは、（その人が知っている）「数学」についての固有の理解と固有のビジョンです、これらはつねにいくらかは仕切りで区切られたものですが。それは、いくらか「**女性**」のようなものです。「女性」は、ある人たちには、単なる抽象、あるいは空虚な表現のように思われるかもしれませんが、しかし（少なくとも私にとっては）深く、力づよい、拒否できないひとつの「現実」であり、出会ったり、知っているひとりひとりの女性は、その体現であり、その一側面を表わしているのです。そして**同一**の女性も、別の経験の中では、おそらくさらに、もうひとつの体現、もうひとつの側面を表わすことになるでしょう。

ここでの私の主題は、「数学」についてのこの広大で多様な経験、理解、ビジョンを、ひとつの全体の中に、ひとつの統一体の中に「統合する」という困難に立ち向かうということでは全くありません――しかも、それは、数学の生産がある種の度はずれの「拡散」をしており（と思えます）、数学者がひとりとして、私たちの科学の重要な成果の全体あるいは基本的なものを、大筋においてだけだとしても、知っていると誇れることがおそらくできない時代においてです。私の主題は、むしろ、数学の**仕事**における、つまり、また、「数学」に対する数学者の関係（あるいは、私自身からはじまって、ある数学者の関係）における陰と陽の働きをいくらか調べてみることです。したがって、検討される事柄は、「数学」それ自体というよりも、（数学に対する関係の中での）「数学者」あるいは「ある数学者」です。

注

(1) これに対して、「知ること」は、男性名詞であり、これは、「認識――知ること」という陰―陽のカップル（対）の中では、たしかに「夫」の役割となっています。ドイツ語はここではこれほど明確ではありません、二つの項「Kennen」、「Wissen」は、（名詞化された動詞としては）**中性**だからです。

(2) これは、その時、「陰」、「女性的」なあり方での「発見」でした――私たちの中にやってきたものを静かな、開かれた姿勢で、新しい認識を迎えることによってなされました。このような時点は、私の人生の中で稀であったように思います。とにかく、私が記憶にとどめている、発見の時点は、ほとんどすべてが陽の、「男性的な」色調なのです。

(3) この確認は、この認識（つまり、無意識の中で感知された事柄の意識のレベルへの移行）が、フロイトの理論が広く認められていることによって容易になったということはあり得る、あるいは十分あり得るという事実に反対しているわけではありません。フロイトの理論が広く認められていることについては、私は聞いたことがありますが、それほど関心を持ちませんでした。ある知識が、ある認識の開花を助けることはあり得ますが、もっとはるかに頻繁に起こると思われることは、それが、開花のあらゆる可能性を未然に防いでしまうことです――出来あいの「解答」が、（すぐれた）問いの開花を未然に押さえてしまうからです…。

注目すべきことですが、（例えば、芸術上の、あるいは科学上の）創造におけるエロスの衝動の役割については、「すべての人がいくらかは聞いたことがある」のに、私がさまざまな時点で加わった、いくつかの集団の中で通用していたコンセンサスにはその刻印がみえるようにはなっていませんでした。しかしながら、ずっと以前から気にかかっている、際立った事実は数多くあります。たとえば、三年前までは、私の人生における激しい創造の時期、そしてとくに心の再生の時期は、また、エロスのエネルギーの激しい奔流によっても際立っていました。けれども、私の数学活動は、意識にのぼった、エロス的なイメージや連想を伴ったことは一度もありませんでした。しかし、一九五〇年代に、ブルバキ・グループの仕事の会合で、ある同僚である友人が、実にありふれたことであるかのように、私に向かって、彼の数学の仕事におけるひとつの特色を挙げたとき、いくらか面くらわされたことを覚えています：それは、困難な仕事が決着したとき、性交したい（パートナーがいたり、いなかったりしますが）というあらがいがたい欲求を感じるということ、それは、おこなったばかりのことに対する満足感が大きければ大きいだけ、この欲求もそれだけ強いということでした。

c　願望と厳格さ　121

（十一月七日）私たちの知的能力、理性のレベルにおいては、あることがらを「知る」ということは、なによりもまず、それを「**理解する**」ということです。そして私たちの能力のこの域に位置している発見の仕事の中では、私たちの中の子どもを活気づけている知の飛翔（「わたし」、「ボス」に固有の動機とは独立した）は、**理解したいという願望**です。これが、おそらく、知的な認識の衝動を、その姉である愛の衝動から区別する主要な相違でしょう。この理解したいという願望は、科学的、あるいはその他のあらゆる「方法」よりも前に存在しています。この「方法」は、理解する目的で、理性の手の届く未知なるものへわけ入るという目的のために願望によって作られたひとつの道具です。認識は、知りたいという願望から、つまり理性が知りたいと思った時、理解したいという願望から生まれます。願望の道具である**方法**は、それ自体としては認識を生み出す力はありません——医者のもつ鉗子（かんし）や助産婦の手慣れた手でさえ子どもを生み出せないのと同様です。しかし医者や助産婦は、時が熟し、ちょうど良いときにやって来るならば、時折、新しい子どもの誕生に有益な助けをします…。

　中高校生や大学の学生の多くは——すべてとは言わないまでも——数学の中に**厳格さ**を感じるにちがいありません。それは、むっつりした教師たちによって、彼らにとって完全に外的な、ある種の先験的なものとして教え込まれるものです。それは、ある断固とした、無慈悲な神が、主任の大検閲官になったユークリッドという人物に書き取らせた、理解不可能で、恣意（しい）的なものです。大文字で書かれた文化をなんとか詰め込む、数しれない世代の生徒たちの顔を青ざめさせるという使命をもっているのです。私は、学校数学との関係において、この段階を通過しなかった稀な人間ひとりにちがいありません——つまり、六学年［中学一年］の数学の教科書にはじめて出会ったときから、この窮屈な枠組みの中で、直観的に、厳格さのもつ原初の機能と意味とを感じ取ったのでした。そこには、「数学」と呼ばれる事柄——理性のみで完全に知りえる事柄——の理解に役立つ、柔軟で、驚くべき効率のよさをもった道具がありました。この「厳格さ」は、また、一昨日の省察において、私が「数学という遊戯の規則」と呼んだもの、そしてさきほど「方法」と呼んだものの魂であり、神経のようなものでもあります。これらをちらっと見ただけで、私はずっと以前から知っていたかのようでした——あたかも、私に対して、予感される豊かさが汲みつくせぬことが明らかになりつつある、未知の不思議な世界をひらくことが出来る、このような鍵を微妙に、愛情をこめて作り上げたのは、あたかも私自身の願望であったかのように…。また中・高校と大学での年月に、この道具を精緻なものにしつづけたのも、たしかに**私自身の**願望でした。それは、どこかに**同類**の人たち——私のように、みるからに誰にも知られていない（私の先生たちをも含めて）この鍵だけがかいま見させることのできる未知なるものに探りを入れることに喜びを見い出している人たち——がいるかもしれないと推測させるようないかなる出会いもなかったときでした。[1]

注 (1) しかし、中・高校と大学で私が学んだわずかな数学で、とにかく、少なくとも過去には、私のような人たち、「数学者」と呼ばれた人たちがいたにちがいないことを私に教えるには十分なものでした。スラ先生（大学での私の先生のひとり）は、また、ルベーグについて話してくれました。ルベーグは、数学における最後の未解決の諸問題を解いたということでした。これには、測度の理論におけるものも含まれていました（測度の理論については、一九四五年にリセ（中・高校）を出て以来、私は研究していたのでした）。しかしこれらの年月（一九四五年——一九四八年）、**私自身**が私に提出した諸問題を**自分の**力で明らかにしようという私の願望は、過去と現在の数学者の作品あるいは人物とはほとんど無関係なものでしたし、こうした作品や人物の存在については、あらゆる好奇心がありませんでした。

d 満ちてくる海…

122

（十一月八日）省察が、主として、「数学における陰と陽について」おこなわれてから三日たちます。だが、部分的に他の仕事に追われていたこともあって、まだそれはスタートし終わっていないという印象を持ちます。その準備に追われて、最初に取り上げようとしていた事柄にあい変わらず達していません、つまりその事柄とは、私自身の数学の仕事において、支配的なのは、**陰、「女性的な」**色調だということです！

私は、このことに、数週間前に、陰と陽についてのこの省察の傍らで、またこの長い脇道の出発点となった「三つの扉をもつ弔辞によって呼びさまされた連想」との関係で気づいたのでした。（ノート「陽は陰を埋葬する(1)——筋肉と心の奥」の冒頭をみられたい［P50］）。ひと言でいえば、この連想は、私の数学へのアプローチは、陽がきわめて支配的であるという直観にいくらか基づいていました（この連想については、再び戻る機会があるでしょう）。この直観は、かなり自然なものでした、なぜなら数学において長期にわたって自己投入することを動機づけたのは、私のスーパー陽の選択だったからです。にもかかわらず、この直観、あるいはもっと正確には、こうした考えはあやまりでした――その反対の方が正しいことが分かるためには、いくらかそれを調べてみるだけで十分でした。

これは、意表をついた驚きでした！私はこのことを「すぐその時に」ノートの中で語りませんでした。陰と陽、それにこれから私のためにひき出されてきた哲学をみる私のあり方を浮き彫りにしようとしていた時点で、この省察の糸を切ってしまわないためでした。しかしついにここで本題にきたのです！

私の数学へのアプローチについてのこのあやまった考えは、五・六年前の、事柄の陰―陽の側面に注目しはじめた時期から、私の中に、調べることもなく、当然のことのようにすべり込んできたにちがいありません。それは、私の陽の、男性的なブランド・イメージの残余にちがいありません――その片隅を箒で掃くという労を払わなかったがために、単なる惰性として、この時までひきずってきた残余です…。

おそらく読者は、私が読者を作り話でだましているのだという印象をもつことでしょう。ほんの三日前に、数学の仕事は、スーパー陽な活動の中でも最もスーパー陽なものであり、また数学に対する関係の中では、数学は「女性」の姿をもっており、数学者の方は積極的な愛人という姿をもっていると、私はおおいに説明したからです――ところが、突然、私という人間の場合には、この仕事あるいは「アプローチ」は、陰であろうか陽であろうかという問いを提出して、(じつに当然であるかのように) それは陰であると結論するのです、誰が信じようか！と言った具合です。

ここに見かけ上の混乱があるとすれば、それは、つぎの普遍的な事実についての無理解から来ているのでしょう。つまり、すべての事柄の中で、それが最も陰なものであろうと最も陽なものであろうと、原初の二つの力の結び合いによって、陰と陽のダイナミズムが働いているということです。例えば、あらゆる事柄の中で最も陽で、陽のシンボルでさえある火は、その側面のいくつかの中では陰となります (これが「陽の中の陰」です)、また逆に、陰のシンボルでさえある水は、その側面と機能のいくつかにおいては、陽となります (これが、「陰の中の陽」です)。きわめて教訓に富むこれら二つの実例をここでくわしく展開する必要はないでしょう――たしかに、これらの主張 (読者には、おそらく、有無を言わせぬもの、あるいは謎めいたものに見えるでしょう) に興味をそそられた読者は、自分で、火に、そして水に結びついた連想にしたがうだけで、これら二つの場合の中で、陽の中の陰の現実、および陰の中の陽の現実を自ら発見することでしょう。そしてもしその読者が数学者であれば、あるいは知的な仕事になじんでいるだけだとしても（数学者でも、科学者でさえなくとも）、もしそれを細分化のすくない、他のタイプの活動と比較して「陽」だとしても、どんな種類の知的な仕事に対しても、陰と陽の相補的なアプローチのあり方が存在するのを認めるのにいかなる困難もないでしょう。

考えられるひとつの出発点は、三日前の省察のはじめ[1]［P161］に挙げた十五ほどの陰―陽のカップル（対）を取り上げることでしょう。それは、これらのカップル（対）のおのおのに対して、愛を交わす、歌う、描く（絵でも、壁にでもよいのですが）、庭仕事をするなどといった他のタイプの活動と比較するとき、知的な仕事（そして特に数学の仕事の場合にはそう言えますが）の中では、陽の項が支配的であることを確認したときのことでした。それでも、例えば数学をおこなう（もちろん、これはとりわけ陽なものです）といった、ひとつのきまった活動の中にとどまっているとしても、ひとりの数学者と他の数学者とではちがいますが、また時には、同じ数学者においても、ひとつの仕事ともうひとつの仕事ではちがいますが、陰や陽の諸特徴の均衡（あるいは、ときには不均衡）を区別することが出来ます。

例えば、ある仕事においては、前面に出ているのが、発展させられた理論の**論理**構造であり、別の仕事においては、**直観的な**側面であったりするでしょう。不可欠な側面のひとつが、他の側面の「利益」のためにはなはだしく無視されている時、読者あるいは聴講者（ときには著者）のもとでなじみ深い**居心地の悪さ**の感情によって表現される、ある不均衡があります。（二つの側面とも、はなはだしく無視されている時には、その本をごみ箱に捨ててしまったり、扉をバタンと閉めて部屋を出てゆきます！）。はっきりとであろうと、行間にであろうと、二つの側面のおのおのが、しっかりと現われている時には、それは、調和と美しさと均衡と満足感のなじみ深い感情となってあらわれます。アプローチの仕方を支配している「基調」とは独立に、このことは言えます。この基調が、「論理の」方向にあるものであれ、「直観の」方向にあるものであれ（あるいは、また、「構造」または「実体」の方向であれ）、そう言えます。おそらく、二つの側面のどちらかひとつが無視される時、例えばどこに弱点があらわれるのか（つまり、さきほど取り上げた「居心地の悪さ」を浮き彫りにする）を描くために、教訓に富むこの実例を詳しく述べる必要はないでしょう。読者はこのことを自分の経験によってすでに良く知っていることでしょうから！同じ方向にある確認を、三日前に考えた陰―陽のカップル（対）の大多数に対しても、引き出すことができるにちがいありません。いくつかのカップル（対）はより微妙であって、直観―論理というカップル（対）に比べて、完全に把握するためには、おそらくさらに深い検討が必要でしょうが、たぶんすべてのカップル（対）に対して、この確認ができるでしょう。

いま、つぎの事実、つまり数学をおこなう私のあり方において、リードしているのは、「男性的な」特徴よりも、陰の、「女性的な」特徴であるということをいくらか説明する、あるいは「これを調べてみる」ことにしましょう。ここでは、この印象を可能なかぎり多くの側面にわたって調べながら、この印象をつきつめてみることですから、（昨日はっきりと私の頭をかすめたものですが）自然な考えは、私の知っている陰―陽のカップル（対）の中で、（とりわけ）知的な仕事の一側面あるいは理解のあり方を表わしていると思われるもの（五〇はたっぷりあるにちがいありません）を検討して、それらのおのおのに対して、これらのカップル（対）の二つの「つれあい」のどちらが、私にあっては支配的なものかを見ることでしょう。すべての場合において、検討してみると、二つのうちのひとつは支配的であることが明らかになると予測しています。

例えば、直観―論理というカップル（対）において、一見して確認できますが、二つの側面とも、私の数学の仕事においてつよくあらわれています。したがって、これは、均衡と調和のしるしです。これと同じ方向にある他のしるしもあります。私にとっては（もちろん私の仕事の中で）、他の陰―陽のカップル（対）に対してもそうなのですが、これら二つの項（つれあい）は本当に切り離せないものです――ひとつの理論の論理構造は、それが取り扱っている事柄の**理解**の深まりと共に、つまり、次第に微妙なものになり、完全なものになってゆく**直観**の発展と共に、一歩一歩と展開されてゆくのです。おそらく数学者という仕事の規範にしたがっている、私の発表された作品の中では、読者にとって最も目にみえて、最も明白なものは、陽の側面、つまり「構造」あるいは「論理」あるいは「方法」の側面だと思います。しかしながら、私はよく知っていますが、私の仕事においてリードしているものは、支配的なもの、その魂と存在理由をなしているものは、数学上の事柄からなる現実を把握するために、仕事の過程で形成されてくる心の中のイメージなのです。

もちろん、私は、これらのイメージと、それらが与える理解を、数学の言語を用いて、出来るかぎり細かく浮き彫りにするための労をおしみませんでした。多分、数学の仕事に特有の（そして、また、すべての創造的な知的な仕事にとっても同じでしょうが）ダイナミズムが見い出されるのは、形をなしていないものを形をもったものにする、まだ漠然としているものを明確にするための絶え間ないこの努力の中においてでしょう——つまり、このダイナミズムは、多かれ少なかれ形をもっていない**イメージ**と、このイメージに形を与え、その過程で、前のイメージを深める、まだいくらかうつろいやすい新しいイメージを呼び起こす**言語**との間の絶え間ない弁証法の中に見い出されるのです。そして新しく生まれたイメージはまた今度はそれらに形を付与するための定式を求めるのです…。それは、また、まずは、定義できない、形をなしていない「予感」として、言葉にできない「感情」として、もやの中にうもれているイメージとして現われてくるものを、言語によって、出来るかぎり正確に、出来るかぎり完璧に浮き彫りにしようとするこの永続的な仕事なのです…。私の幼少時代以来、そして今日もなお、数学上の発見の仕事の中でもっとも私を引きつけているのは、この仕事です。しかし、ここで「努力」はつねに、数学の**方法**の要素—鍵をなしている、「言語」の側面、つまり定式、構造、論理の側面に向けられているように見えるとしても、そして（当然のなりゆきによって）数学の仕事（あるいは少なくともその成果）を再構成しているとみなされている数学の**文書**の目に見える側面が見い出されるのも、とくにここだとしても、それでも（少なくとも私にあっては）数学上の事柄の魂と理解、それに数学の仕事の中で働いている生きた力、あるいは動機がみいだされるのは、この側面の中ではありません。私の仕事の中で、この関係が逆転されているところ、つまり「幾何学的な」性質のイメージや直観によって表現される、ある内容、ある実体によるよりも、内的な論理のみにより、一貫性の要請により、あるいは定式化自体の他の側面によってだけ、あるいは特にこれらによって導かれて「定式」を発展させたところは、きわめて稀だと思います。とにかく、私は、いままでの人生において、もし数学の文書が、それがどんなに月並みなものでも単純なものでも、数学の事柄についての私の経験の用語で、この文書にある「意味」を与えることが出来ないときには、それを読むことができませんでした。つまり、筋肉と器官をもつ生きた肉体が、身体に生命を与える（そうでないときには、骨組みだけになってしまうでしょう）

ように、この文書が、私の中に、これに生命を与える心の中のイメージ、直観を呼びさまさなければ、私は読むことが出来ませんでした。そして、この読むことが出来ないということで、私と、私の同僚の数学者たちの大多数とでは違っていました。また（すでに述べる機会がありましたように）このことから、ブルバキ・グループの中の集団的な仕事に加わることが、しばしば困難になりました、とくに一緒に読むときがそうで、すべての人が容易に従っているとき、私は何時間もの間ついてゆけないことがしばしばありました。

★　★　★

いま私の数学の仕事について、「直観―論理」というカップル（対）と、このカップル（対）を考える勢いに乗って導入されたいくつかのカップル（対）、つまり、形になっていないもの――形のあるもの、定義されていないもの――定義されたもの、定式化されていないもの――定式のあるもの、漠然としたもの――明確なもの、ひらめき――方法、ビジョン――一貫性…に関連したいくつかの連想にしたがいました。（私が以前考えたように）知的な仕事に関連したあらゆる想像できる「カップル（対）」をひとつひとつ検討し、そのひとつひとつに対して、私の数学の仕事の中でどのような具合に、どの程度に、カップル（対）のふたつのつれ合いのそれぞれが現われているのか、そしてふたつのうちのひとつが「手本を示して」いるのか、それはどちらなのかを見るために探りを入れてみることは、たしかに得るところが多いでしょう。**私の**数学上の仕事のもつ特別な性格をより微妙に把握することを超えたところで、このような「ひとつひとつの細かな仕事」をおこなえば、たしかに、数学の仕事一般の性質についての私の理解を深めることも出来るでしょうし、このようにして検討されたカップル（対）のひとつひとつの理解をも深めることが出来ることでしょう。しかしこのような系統だった仕事は、みるからにあまりにも遠くまでゆくことになり、この省察の適度な限界をこえてしまうでしょう。より自然なのは、ここでは、私の数学の仕事の中では、ひそかにリードする傾向にあるのは、たしかに私という人間のもつ「女性的な」特徴であることを（それほど遠くまでゆかなくとも）私に納得させてくれる連想やイメージを見い出し、出来るならば、それらを「一瞥（べつ）してみる」こと、こうして、私の人生の他の領域においてこれらの特徴がなめた抑圧に対して（だれもそれをもっとも予期しなかったところで！）一種の思いがけない「仕返し」をしているのを見ることでしょう。

例えば、予想の段階にとどまっているある定理を証明するという仕事（いくらかの人たちにとっては、数学の仕事は、こうしたものに還元されるようです）を取り上げることにしましょう。これに取り組むのに、二つの極端なアプローチが考えられます。ひとつは、提出されている問題が、大きな、堅く、なめらかな木の実のようにみられ、殻によって保護されている栄養のある果肉のある内部に達することが課題であるとき、**ハンマーとのみ**によるアプローチです。原理は単純です：殻にのみの刃をあて、つよくたたくのです。必要ならば、数多くのさまざまな場所でこれをおこない、殻が壊れるまでおこないます——そして満足します。このアプローチは、殻がでこぼこしていたり、突起があったりして、どこで「つかんだり」するのかが分かっているときには、とくに心をそそります。いくらかの場合、木の実をつかむこのような「端（はし）」が目に飛び込んできます、また別の場合には、攻撃の地点を見い出すのに、あらゆる方向に注意深くまわし、入念に探査しなければなりません。最も困難な場合は、殻が球形で、完璧な堅さで、一様なときです。つよくたたいても、のみの刃はすべり、表面をほんの少しひっかくだけです——ついには仕事に疲れてしまいます。ときにはそれでも、筋力と忍耐力によって目的を達することがあります。

木の実を開けるというイメージを保ちながら、第二のアプローチを説明することが出来るでしょう。さきほど心に浮かんだ最初のたとえ話は、木の実を軟化液——たんなる水でもいいのですが——の中につけて、ときどきさわってうまく浸かるようにします、それ以外は放置しておきます。何週間か何か月か経つうちに、殻は柔らかくなります——時機が熟したとき、手で押すだけで十分です、ちょうど熟したアボガドの実と同じように、殻は自然に開きます！あるいは、また、木の実を太陽と雨のもとに、さらには冬の霜のもとにおいて、熟させることもあります。時機が熟するとき、遊んでいるかのようにして、殻に穴をあけるのは、滋養のある果肉から出てくる、繊細な芽なのです——あるいはもっと適切な言い方をすれば、殻は、芽が出るのを許すために、みずから開くのです。

数週間前にやってきたイメージは、さらにちがったものでした。知ろうとしている未知なるものは、入ってこられることにためらいを示す、いくらかの広がりをもった土地あるいは密度の高い泥灰土のように見えました。これとは、つるはし、発破棒、あるいはハンマー——刺し棒で取り組むことが出来ます：これは、（ハンマーを使っても使わなくても）「のみ」によるアプローチ、つまり第一のアプローチです。もうひとつのアプローチは、**海**のアプローチです。海は感じとれないほどゆっくりと、音もなく進んできます。なにも通過せず、何も動かさないようにみえ、水はずっと遠くにあり、やっとその音を聞くことが出来るか出来ないかです…。しかしながら、海はついにはその強情なものをとりまいてしまいます。このものは少しずつ半島になり、ついで島になり、それから小島になり、ついには沈んでしまいます。あたかもこの小島が、みわたす限りひろがっている大洋の中に溶解してしまったかのように…

私の仕事のいくつかにいくらかでも親しんだ読者は、これら二つのアプローチのどちらが「私のもの」であるのかをみることは、なんの困難もないでしょう――このテーマについては、『収穫と蒔いた種と』の第一部において、いくらか違った文脈の中ですでに説明する機会がありました[2]［P161］。それは、沈めること、吸収すること、溶解させることによる「海のアプローチ」です――あまり注意をしていないと、いつも何も起こっていないかのようにみえるアプローチです：おのおの時点でそれぞれのものは、きわめて明らかであり、とくに実に自然なので、すべての人と同じく、のみでたたく代わりに、遊んでいるような様子をしているとみられないために、それをしっかりと書きつけるのですが、それをしばしばためらうほどです…。しかしながら、これは、一度も学んだということがないのですが、若い時から直観的に私が実行しているアプローチなのです。

それは、また、実際のところ、ブルバキのアプローチでもありました。ブルバキ・グループとの私の出会いは、この点では、おもいがけない幸運でした。自然に私のものになっていたこの「スタイル」を是認し、これを勇気づけたのでした、そうでなければ、私のような種類の人間としては、ある程度ただひとりになってしまう恐れがありました[3]［P161］。もちろん、（私のような人間としてただひとりであるという）状況には、以前からなじんできたし、それほど私を困らせるものではありませんでしたが。数学の仕事についての、直観的につかんだ私のアプローチが「効力のある」ものであるのかどうか、つまりなによりも（通用している諸基準にしたがって、またとくに、かけだしの数学者を判断する上で）まだだれも解答を与えることが出来なかった「未解決の問題」を私が解くことが出来るのかどうかを知るということに関しては、前もってそれを私は知ることは出来なかったし、このことに過度に気をもむこともありませんでした。私の自然なやり方は、むしろ、他の人たちが提起した問題を解こうとするよりも、私自身の問題を提出する方へと私を導くのでした。私の数学上の作品の肥沃さがみられるのは、すでに提起されていた問題に対して私がもたらすことが出来た「解答」によるよりも、はるかに、とくに新しい**問題**の発見、やはり新しい**概念**の発見、さらには新しい**観点**、そして新しい「**世界**」によるものです。解答の発見へと向かわせるよりも、よい問題の発見へと私を向かわせるきわめてつよいこの衝動、証明の発見へと向かわせるよりも、はるかに、よい概念とよい命題へと向かわせるこの衝動は、数学における私のアプローチにおいて、きわめて強い「陰の」性質をもった特徴です[4][P162]。私が数学においてもたらすことが出来た最良のものが、私の学生であった人たちのいく人かによって、つまりこれらの一番最初の受益者であった人たちそのものによって、無造作に、あるいは軽蔑をもって扱われるのを見るとき、私がとくに感じやすいのも、おそらくこの故でしょう。いずれにしても、他の人たちが提起していた問題にひかれたり、それから着想を得たりした時にも、——つまり、そこに「ひらめくものがあり」、同時に、その問題が「私のもの」になったときにも、数学における私の自然なアプローチが「通用する」ことに気づくようになったのは、あとになってからのことです。このようなケースについてのかなり網羅的なリストをつくることを考えれば、リストはかなり長くなるのではないかと思います。ざっと見たところ、その及ぶ範囲の大きさからして「抜きんでている」ように思える、このような状況が四つあります[5][P162]。この四つの場合において、仮定としてあった定理は、基本的には、ある多少とも広い理論によって沈められ、解体されるという、「満ちてくる海」のアプローチによって証明されることになりました。その理論の方は、最初に確証しようとしていた諸結果をはるかに超えたものになっています。さらに私は確認することが出来ましたが、これらの状況（あるいは別の状況）において私が展開したアイデア、概念、定式、方法は、ずいぶん前から、数学の「よく知られたこと」の中に入っており、「すべての人」は知っており、それらの起源について気にかけることもなく、好きなだけ使っています[6][P162]。

注
(1)　ノート「科学・芸術の中で最も「マッチョ（男権的）」なもの」（No.119）をみられたい［P145］。
(2)　「夢と証明」の節（No.8）［『数学者の孤独な冒険』、p208］をみられたい。
(3)　この極端なほど陰のアプローチの中に、私は、ブルバキにおける私の友人の大多数がゆこうとしていたよりもさらに遠くまでゆく傾向がありました。一九五〇年代の末ごろ、このグループと別れることになった理由のひとつは、おそらくこれでしょう。

(4) さらに、私のもとでの他のすべての研究の仕事、とくに「めい想」と私が呼んでいるものについても、同じことが言えるという印象を持ちます。

(5) ここで私が考えている問題とは、その解決の時期の順序にしたがえば、つぎのものです：

1 任意の標数におけるリーマン－ロッホ－ヒルツェブルフの公式の有効性。

2 任意の標数の代数的に閉じた体の上の代数曲線の「標数とは素な」基本群の構造。

3 有限体上の有限型のスキームのL関数の有理性（これは、「ヴェイユ予想」の一部分をなおしており、これらの予想の証明へ向かっての重要な一歩でした。これらの証明は、ドゥリーニュによって決着がつけられました）。

4 離散付値環の商体の上で定義されたアーベル多様体の準安定の還元。

(6) 私自身、しばしば、私が用いた「よく知られたこと」の起源について、同じ気づかいのなさを示していました。しかしながら、この起源を、その誕生にいくらか立ち会っていたために、直接に知っている場合と、私自身が作者である場合を除いてですが。これまでの年月の過程で、とくに埋葬についての省察の過程で、いく度も確認することが出来たことですが、私の学生であったり、数学の世界において近い友人であった人たちのいくらかに、かれらが私自身から学んだことがらで、疑いの余地もまったくなく、その起源をかれらが知っている時でさえ、こうした初歩的なこまやかさがしばしば欠けているということです。このテーマについては、ノート「墓掘り人──会衆全体」（No.97）をみられたい［『数学と裸の王様』、p303］。

e　九か月（＊［P167］）と五分

123 （十一月九日）昨日取り上げた四つのケース、つまり「満ちてくる海というアプローチ」によって解決された（あるいは、むしろ、「溶解された」）未解決の問題には、もうひとつの共通点があります。それは、この四つのケースのおのおのの中で、**セール**が演じた役割です。それは、なによりも、これらの問題において私を「発進させた」、「起爆薬」という役割でした。この表現は、この役割に言及した、序文の中の注のものを再び用いたのです（序文の第8節「ある秘密の終えん」をみられたい［『数学者の孤独な冒険』、p188、注16］）。実際（この時私が確認しているように）、一九五五年と一九七〇年との間に、つまり関数解析を去って、幾何学へと向かった時点と、私が数学の世界を去った時点との間に、私が発展させた主な基軸をなすアイデアと大きな仕事の誕生の中で、セールはこのような役割を演じたと思われます。

少しばかり誇張して言えば、つぎのように言うことが出来るでしょう。一九五〇年代のはじめから、一九六六年ごろまで、つまりほぼ十五年の間、「幾何学」において（これは、きわめて広い意味であって、代数幾何学、解析幾何学、トポロジー、数論を含んでいます）私が学んだすべてのことを、私自身で数学の仕事の中で学んだことを除くと、セールを通じて学んだということです。セールが私にとって特別な話し相手になりはじめたのは、彼がナンシーにやってきた（私はそこに一九五三年までいました）一九五二年だと思います――そして、長年にわたって、関数解析以外のテーマについての私の**唯一の**話し相手でさえありました。彼が私に話した最初の事柄は、Tor や Ext についてだったと思います、これらについては私はむずかしく考えていましたが、それでも実に単純なものとみていました…そして単射的分解や射影的分解、導来関手や衛星関手などの魔法についてでした。それは、ブルバキ集団の中で「ディプロドクス（恐竜の名）」といわれていたカルタン―アイレンバーグの本『ホモロジー代数』がまだ出ていなかった時点でした。この時点で、コホモロジーへ向かって私を引きつけたものは、シュタイン解析空間について、セールが、カルタンと共に発展させたばかりの「定理Aと定理B」でした――これについて私はすでに話を聞いていたと思います。しかしこれらの実に単純なコホモロジー的命題に内蔵されているそのたいへんな力、幾何学的豊かさを感じたのは、セールとの一・二度の対談を通じてでした。彼がこのことを私に話してくれる前、空間の層のコホモロジーの中に含まれている幾何学的内容をまだ「感じて」いなかった時点では、はじめはこれらの命題は完全に頭の上を通りすぎてゆきました。私はそこに長くとどまるつもりはもちろんなかったのですが、なお関数解析において行ないつつあった仕事が首尾よく終わるや、長年にわたって、解析空間に関する仕事をするつもりにしていただけに、なおさら喜んだのでした！私がこの計画通りに進まなかったのは、セールがその間に代数幾何学へと向かい、彼の有名な基礎に関する論文「代数的連接層（FAC）」を書いたからでした。この論文は、その前には実にやっかいなものに見えていたものを理解可能で、きわめて魅力的なものにしたのでした——あまりにも魅力的だったので、これらの魅力に抵抗することが出来ず、この時、解析空間へ向かってよりも、代数幾何学へと私を向かわせたのでした。

もし押さえなければ、ここでつぎつぎと、セールとの私の関係についての話をしはじめることになるでしょう。それは、一九五二年から一九七〇年までの私の数学上の関心についての話とほとんど変わらないものでしょう。ここはその場ではないと思います。ただ、上に挙げた四つの問題に私が「引き入れられた」のは、例のごとくセールによってだったことだけは付け加えておきます。そこでは、もちろん、問題について具体的な命題を知らせること、それだけということではありませんでした。基本的なことは、セールは、その度ごとに、ひとつの命題の背後にある豊かな内容を強く感じ取っていたということです、もしそのままだとしたら、その命題は、私にはおそらくどうでもよいものに見えたことでしょう——そして、明白で、不思議な、豊かな内容についてのこの知覚が「伝播する」ことがありました——この知覚は、同時にこの内容を知りたい、この内容の中に入ってみたいという**願望**でもありました。それは、おそらく、この未知なるものとどこから取り組むのか、どこから入るのかについて、たとえまだきわめて漠然としたものだったとしても、全くアイデアがない時に、発見の仕事においてとりわけ決定的な時点、「ひらめくものがある」時点なのでしょう。それこそ、真に「懐胎」の時点であり——そこから発して、構想をあたためる仕事がおこなわれることが可能であり、状況に恵まれているならば、本当にそれがおこなわれることになるのです…。

セールは私の仕事と数学上の作品の中で重要な役割を演じたのですが、それは、私の仕事のあとの段階で、ちょうど良い時点に、彼が私に提供してくれることがあった、私の知らなかった技術上の手段、あるいは彼から借用したアイデアによるよりも、ひらめきが生まれ、見えない、漠然とした労働が始動しはじめた時、こうした決定的な瞬間の出現においてだと思われます。

セールが演じた特別な役割がありえた理由のひとつは、おそらく、私は本や論文を読むことで数学の現状を知ったり、「すでに知られている」理論の初歩を学ぶという嗜好をほとんど持っていないことによるでしょう。出来る限り、私は、「事情に通じている」人びとの生きた言葉によって知ることを好んでいます。（一九四八年の）数学社会との最初の接触から一九七〇年の別れまで、私が関心を持つような事柄に通じるにあたって、専門に通じており、好意をもって迎えてくれる話し相手に事欠いたことは一度もありませんでした。これは、おそらく、これらの話し相手に対してある依存性を生みだしたでしょうが、このようにそれを感じたことは一度もありませんでした[1][P167]。実際、話し相手と私とが、彼が私に教えてくれたことについて、同じ音域のある関心によって鼓舞されているかぎり、「依存性」という問題が提起されることはほとんどあり得ませんでした。知ることを熱望している人に教えることは、双方にとって有益だし、「教える人」にとっても、教えられている人にとってと同じく、学ぶ機会でもあります。

さきほど与えた「理由」は、私の数学者としての過去における話し相手の重要性をうまく説明していますが、セールによって演じられた特別な役割を説明するものではありません。彼の役割は、私の他のすべての「話し相手」を合わせたものをはるかに超えているように思われます！確かなことは、セールと私はじつにみごとに補い合っていたのでした。私たちには、数多くの、強い共通の関心がありました。また私は、彼の中に、私が仕事の中に注ぎ込んでいたのと同じ要請、同じ厳格さを感じていました。このことを別にすると、私たちの仕事は、きわめて異なった「スタイル」に従ってなされていました。私の印象では、数学における私たちのアプローチと仕事は、実際に互いに侵食しあうことが一度もなく、**補い合って**いたのでした。私がおこなっていた仕事の種類（そして、仕事をおこなう私のやり方）は、セールの仕事の種類とはかなり違っていました。彼は五十ページほどの文書の中にひとつの理論の最初の基礎を提出したり、彼を鼓舞したあるテーマを簡潔にしかもエレガントに述べた、中くらいの大きさの本を書くために一年を費やすことさえありました——しかし例えば代数幾何学の肥沃な、新しいアプローチの基礎をつくるために、（その時まではたしかにそれなしで済まされてきた）新しい言語を縦横に発展させて、何巻もの本にするため彼の人生の五年間たっぷり、さらには十年あるいはそれ以上を費やすことはありませんでした。彼はかなりの数の新しい、肥沃なアイデアや概念を導入しましたが、それらを最後までつきつめ、帰結に「至らせる」ことをしないままにしました。これに対して、いく度となく、これらのアイデアや概念は、私に広大な規模の仕事のための出発点としての役割を果たしてくれました。仕事はみごとなものになりました、またセール自身がこの仕事に身を投ずるということは論外だったものです。

ここでひとつの連想が抑えがたくやってきました。

ここ数日の省察に照らしてみるとき、私は、数学の仕事に対する私の関係、私の「作品」に対する私の関係を、「父性的なもの」としてよりも、むしろ「**母性的なもの**」として見るのです。懐胎の時点は、それがどんなに決定的であっても、私にとっては、「仕事」のじつにわずかな部分を表わしているだけです。この「仕事」を通じて、懐胎中の事柄、将来の「子ども」が成長し、発達してゆくのです。この仕事は、たしかに妊娠中の女性における妊娠という仕事のようです、受胎からははじまり、九か月の長きにわたってつづけられる仕事です…。胎児であったものを帰結にまで至らせること、そして**出産する**に必要な時間なのです――つまり、赤ん坊の頭あるいは上半身あるいは骨格などだけではなく、**一人の子ども**、生きた、**完全な**子どもを生み出すに必要な時間なのです。この母の役割は、あきらかに、父の役割と非常に異なったものです（たとえ実にすばらしい父だったとしても…）。わずかのことを除くと、父は種を投ずることで満足して、その後別の仕事をしにゆくのです。

あきらかに、セールの数学の仕事、数学上の彼のアプローチは、陽、「男性的なもの」がきわめて支配的です。困難なものに対する彼のアプローチは、どちらかというと、のみとハンマーによるアプローチであり、きわめてまれに、満ちてきて、浸す海というアプローチ、あるいはしみ込ませ、溶かす水というアプローチになることがあります。そして、種を投ずることで満足して、それがどこに落ちるのか、それが懐胎と労働を始動させたのか、それから生まれることになる子どもが自分に似ているのか、自分の名をもつことになるのかについてさえ過度には気にしないようです。

ひとつのイメージは、ある現実のひとつの重要な側面を理解するのに役立ちますが、それは、その現実を汲みつくすものではありません。現実の方は、それを表現しようとするあらゆるイメージよりも、つねにはるかに複雑であり、ずっと豊かです。数学における二つの異なったアプローチ――セールのアプローチと私のアプローチ――を表現するために、求めることなく私にやってきたイメージについても、それは同じです。セールにも、一陣の風をもとめていた仕事を最後までやりとげることがありました、私がアイデアを蒔き、そのいくつかは芽をだしましたが、それを私以外のだれかが最後までやりとげることがあったように。数学における私のアプローチにおいても（基調は「女性的なもの」なのですが）「男性的なもの」がありますが、セールのアプローチにおいても、その「男性的な」基調に平衡をもたらす、「女性的なもの」があります。

数学についても、他の事柄についても、未知の事柄への創造的なアプローチにおいて、これ以外のものであることは出来ないでしょう：同一の人間の中での陰と陽の原初のエネルギーと衝動の共同の、分かちがたい活動によってしか、発見も、認識も、再生もありません。ひとりの人間、あるいはひとつの作品の**美しさ**——調和と満足感をもたらすこの特別な感情によって、私たちに知らされる微妙で、捉えがたいこの質が宿っているのは、これら二つのエネルギーと衝動の完璧な融合の中なのです。この質は、肉声によってであれ、彼の書いた文章を通じてであれ、私の知っている、セールのすべての仕事の中にあります。この質が、これほど一貫して、これほどの力をもって表われている数学者を私はあまり知りません。

注 (1) 最初の、唯一の例外が、一九八一年にありました。つまり数学の世界を私が「別れて」のちずいぶん経ってからです。それは、私の「ガロアの理論を貫く長い歩み」のあと、アーベル的とは限らないテーマについての私の考察のための、うってつけの話し相手として、ドゥリーニュに声をかけた時のことです。この時、唯一の話し相手というこの状況を、からかいや意地悪を重ねて私を「いらいらさせる」ために利用するという意図を私は明瞭に感じました——私は、彼とは数学の平面でのすべての関係を中止し、それは今日に至るまでつづいています。このエピソードについては、ノート「二つの転換点」（№66）をみられたい［『数学と裸の王様』、p 91］。

（＊） フランスでは受胎した時点から数えるので妊娠期間は九か月とされています［訳者］

f 陰の葬儀（陽は陰を埋葬する(4)） 124

（十一月十日）昨日と一昨日の省察は、私の数学上の仕事における、陰の性質をもった、さまざまな際立った性質の全体を汲み尽くすものではもちろんありません。数学における陰と陽についてのこの省察の勢いに乗って、さらにこれら際立った性質の全体に探りを入れることは、私にとっては、数学の仕事の性質一般の理解を深めるすばらしい機会ともなるでしょう。一日の省察で一巡しようと考えていましたが、すでに引き続く五日間これに費やしても、ただやっとそれを始めたばかりだという印象をもっている、この数学における陰と陽というテーマは、見かけ上月並みだが、それに近づき、それに入ってゆけば、ますます広く、ますます深くなる、数多くのテーマのひとつであることが明らかになりました。度を超えて長くするつもりのない葬儀の最中に、この実りあるテーマを大急ぎで汲み尽くすことは（また、駆け足で「一巡する」ことさえ）、もちろん論外です！

ただ、私の数学上の仕事の中で、「陰」、「女性的な」方向にある、これら「とくに際立った性質」のうちの二つをさらに指摘しておく（解説をつけずに、これは約束します！）だけにしておきます。そのひとつは、特殊なものに対してよりも、**一般的なもの**に対する好みです（この特殊なものは、一般的なものと共に「対（つい）」あるいは「カップル（対）」をなしています）。もうひとつの特徴は、私には、さらに強いものに見えます、あるいはもっと適切な言い方をすれば、より基本的な、より核心に触れる、そして（これが、前の一般的なものに対する好みという特徴を**含んでいる**という意味で）より広いもののように思えます。それはつぎのようなものです。（高校を出たばかりの）十七歳のときから今日に至るまで、数学者としての私の人生全体を通じておこなわれた「探求」、かけ出しの時以来の私のすべての作品（発表されたものも、未発表なものも）を特徴づけている絶えざる探求があるとすれば、それは、数学上の事柄のもつ無限の多様性を通じて、またこれらの事柄への可能なアプローチのもつ無限の多様性を通じて存在する、**統一性**の探求です。多様性と、しばしば度はずれに見えるほどの豊かさを超えたところにあるこの統一性を（この豊かさを削ってしまうことを決してせずに）つきとめ、発見すること、相違や不同を超えたところにある共通の特徴を認めること、アナロジーや類似性の根元まで行って、深い関連性を発見すること――こうしたものが、人生を通じての私の情熱でした。限りなく、把握しがたい多様性の表現である、さまざまな相違そのものが、ついには広大な枝の集まりをもった一本の樹の、無限に枝わかれしている、枝や小枝として見えてくるのです。そこでは、おのおのの枝の集まり、おのおのの枝、おのおのの小枝は、私に、それらに共通の幹への道を示しているのです。本能的に、そしてその性質からして、私の歩みは、**水**の歩みであって、つねに**下ってゆく**傾向があり、この幹へ向かっての、これらの根に向かっての歩みでした。そして途中で道草をくうことがあるとすれば、頂きの上で葉や微妙な細い枝を探索することはまれであり、主として、大きな枝や幹や主要な根に向かい、それらの組成を知り、養分を含んだ樹液をのぼってゆく流れを樹皮を通して感ずるのでした[1]［P172］。

★ ★ ★

実際のところ、ほんの少し前に明らかになったこの新しい事実、つまり数学における私のアプローチにおいて、「数学をおこなう」私のやり方において、基調をなしているのは、つよい陰、「女性的」であるということについてどうしたらよいのか、どのように位置づけたらよいのか、私にはまだよく分からないのです。それは、すでに言及したある直観、つまり、私の中の深い存在の基調、言い換えれば私の中の「子ども」あるいは「労働者」、つまり条件づけを超えた（すなわち「わたし」、「ボス」を超えた）ところにいる創造するものの基調は、これもまた、男性的というよりも、「女性的」であろうという直観と同じ方向にあります。おそらく、今や、ひとつの方向にあるものであれ、もうひとつの方向にあるものであれ[(2)][P173]、すべての徴候を入念に調べて、それぞれの重要性の及ぶ範囲を知るために、現実にあるものと、これらの徴候の全体から引き出されるものとを明らかにする上で、私はすべてを手中に持っていると言えるでしょう。そしてこのような仕事によって、「イエス」か「ノー」かのしっかりした結論にたとえ達しなくとも、もちろん、それでも、私の無知をより浮き彫りにするということでは、無駄であると言うことにはならないでしょう。現時点では、私の無知は、これについてめい想をしていないために、なお漠然としていて、位置づけられないものなのです。おそらく、ひとたび、『収穫と蒔いた種と』についての仕事、そしてこの仕事の余勢に乗って行なう仕事が終わるや、私は、この無知を浮き彫りにするという仕事を行なうことでしょう。しかしまだ、ここではその場所ではありません。

しかし私が陰と陽に関するこの省察に導かれたのは、私と他の人たち（とくに、私の学生であった人たちの中の）との間のいくらかの関係をとくに理解しようと試みた省察の過程ででした。したがって、ここでとくに私が関心をもつのは、いま現われたばかりのこの「新しい事実」の、他の人に対する私の関係と、私に対する他の人の関係におよぼすと考えられる影響に対してです。そして、この新しい事実を「位置づけ」、探求するにあたって私の困惑がみられるのも、またこなのです。おそらくそれは、たぶん私以外のだれもこのことに気づいたことがなかった——少なくとも、意識の次元で、言葉で表現される次元では気づかなかった——ということに関係しているでしょう。とにかく、私の記憶にあるかぎりでは、私がこの方向で解釈できるような反響を受け取ったことは一度もありません――そしてまた、(ただひとつの例外を別にして)、私自身を「陰の」イメージでもって見るように仕向けるような反響が寄せられたことを記憶していません。一方では、幼少時代以来(幼児期は除くとしても)、私がすまいとしてきた人格は、つよい陽だったのでした、今日でさえ、この「男性的な」性格は、第二の(?)天性のようにみえ、私の人生をさまざまな仕方で支配しつづけているほどです。

たしかに、だれかの(今の場合、私の)ある特徴が、意識されたレベルでは知覚されないという事実だけから、それが、他の人との関係にかかわらないということには必ずしもなりません。この特徴は、数学の世界の中で、多かれ少なかれ私の作品に親しんだ数学者たちにおいて、はっきりと知覚されていたこと、そして、この知覚は、私の作品に親しんだ数学者たちよりもはるかに広い数学の人びとの中に「じわじわと浸透して」いったこと――このことは、私には、疑う余地はありません。「弔辞(1)――おせじ」の中で、「ここで私に対する弔辞を書いた匿名の筆者は、今日軽蔑の対象となっているものをたっぷりと私に与えました」と、私が書いたとき[P33]、その場では、まだ、私が大切なものだと思っている事柄の中で、数学における流行によって「今日軽蔑の対象となっている」ものは正確には一体なになのかを簡潔な表現で浮き彫りにすることは出来なかったようです。だがその直後に、(おそらくそのように表現したわけでもなく、現在ほど明確には見えていなかったのですが)、そのときの「連想」[3][P173]――これに再び戻ってくることになるでしょうが――によって、「このなにか」は、数学をおこなう上での「陰」、「女性的な」あり方として(しばしば表現をもたないレベルで)認めていたすべてのものにほかならないことを私は感じていました――この数学のおこない方は、暗黙のうちに、「空虚なたわごと」、「ナンセンス」(私の学生であり、友人のピエール・ドゥリーニュのすべての作品の基礎となっている文献に対して、彼がおこなったおせじを取り上げれば)、「やっかいな決まりきった仕事」、「容易さ」などになぞらえられているものです。

もちろん、(この同じ友ピエールによっておこなわれた)弔辞の中で、また大急ぎで引用した弔辞の一節においても[4][P173]、おせじはぜひ必要なものでした!それは、ナンセンスや空虚なたわごとが問題なのではなく、「**巨大な側面**」、「二十巻からなる」、「**基本的な問題**を引き出した」、「実に広大な**自然な一般性**」(元のままの表現)、「彼のアイデアを伝達する上でのその**心の広さ**によって**糧を与えられた**」学派、「**伝説的**な**深みをも**

ったさまざまな理論」、「**基礎**を革新した」、「新しい応用を**開いた**」、「それに費やされた努力を想像することが困難なほど（それらは「やさしいもの」だったとは言わないまでも――だが、私自身が、それらはやさしいということをはっきりとさせていたのです(5)[P173]）、あまりにも**自然な**」概念、「用語に払った大きな注意」（「空虚なたわごと」とは言わないまでも）、「代数的K理論の**祖先**」、「**一般の**基礎体の上に…導入されたトポス」、「グロタンディークによって**示唆された類似物**」、「…今日でも接近できない…**予想**」、「グロタンディークが**夢みて**いた」…が問題なのでした。

これらの引用の中で鍵となる語を強調しました――それらは、すべて、ことがらについての陰のアプローチを指している語です。「巧みに配したおせじ」によるこの埋葬における「完璧な巧みさ」は、これらの性質に対する誇張を系統的に用いることから成っています。これらの性質は、一方では「軽蔑の対象にされて」おり、かつ他方では、現実のものであり、私にとっては大きな価値を持つものです。そして、それは、これを相補する諸側面については、完全に、徹底的に消しながらなのです。これらの相補的な側面は、今日もっぱら栄誉を得ているもの、「男性的な」諸側面であり、しかも、ほんの少しの例外を除くと、他のだれかの作品においてと同じく、私の作品にもつよく存在しているものなのです。

しかも、これに対して、ピエール・ドゥリーニュについての文の中で、際立たせられているのは、実にわずかな「女性的なもの」を除いて、これら「男性的な」側面や価値なのです。このことは、いくつかの形容詞の選択（「伝説的に**困難だった**」、「**驚くべき結果**」、「ℓ―進コホモロジーを**強力な**道具にした」、「**第一歩**」、「**おどろくほど有用な**」、「**早さ**」、「**洞察力**」、「おのおのの問題への**明快で**、**建設的な反応**」、「**輝かしい発見**」）によっても、しっかりとした結果を詳しく挙げること（ところが、私についての小さな肖像の中では、私の結果はひとつでさえも取り上げられておらず、しかもこれらの結果は、ドゥリーニュの結果のためにある役割を果たしたということのみが示唆されているのです）によってもなされています。

形容詞をこうして急いで集めるという労を払ったことを徒労だとは思いません――その効果は本当にはっとするほどです！構造づけられた知のレベルでは、陰と陽についてのいくらかの知識をもっている人はまれだとしても、わが友ピエールの無意識の中に、そして彼に代わって書く役割を引き受けた人においても、一貫した、たしかなある知覚があることを信じねばなりません。ここでは、この知覚は、ある目的、つまり軽蔑に付さねばならない人を軽蔑すること、そして群衆の感嘆の的としてあるヒーローを指し示すことに役立てられているのです。

さらに、いましがた再読したこれらの三つの短い文が、きわめて多くの読者を得るとは思いません。しかし読者がいくらかいるかどうかということは、私には、付随的な問題だと思います。私にとって、これらの文は、仮定として存在するかもしれないパトロンたちに宛てられているのではなく（いずれにしても、わが友ピエールの心にかかることは、彼の属する研究所にお金を出してくれるパトロンを見つけることではありません）、「会衆全体」に宛てられているのです。この「会衆全体」という言葉は、同じ名をもつ（別の名は「墓掘り人」、No.97〔『数学と裸の王様』、p303〕）ノートにおける省察で現われたものです。これらの文に含まれているメッセージは、わが友ピエールや、私の友人あるいは私の学生であった人たちの中の他の人たちから、そしておそらくさらにその他の人たちから発せられ、この同じ会衆によってとらえられ、同意されたメッセージ、同じ方向にある数知れないメッセージの、はっと息をのむほどの、みごとな要約としてあるのです。集団無意識があるとすれば（現在私はこれが存在するという方にかなり傾いています）、あきらかに、私の荘厳な葬儀の大司祭の無意識におけると同じく、この会衆（別の名は「数学共同体」）の無意識の中にも、陰としてあるもの（これは、うんざりだ！）と陽としてあるもの（敬意を表して脱帽！）についての裂け目のない、この同一の知覚があるのでしょう。

するとこの葬儀は、突然、思いがけない、新しい光のもとで見えてきます。そこでは、私個人は付随的なものとなり、それは、「軽蔑に付さねばならない」もののシンボルとなっているのです。それは、もはや、ひとりの人間の葬儀でも、ひとつの作品の葬儀でも、許しがたい異端の葬儀でさえもなく、「数学上の女性的なもの」の葬儀なのです――そしてさらにもっと深いところでは、おそらく、弔辞に拍手を送っている数多くの参列者のおのおのの中の、**自分自身の中に生きている、否認された女性の葬儀なのです。**

注 (1) 多様性を貫いている統一性のこの探求の中に、私は、私の人生を特徴づけている三つの情熱、つまり愛の情熱とめい想をふくめたものに共通する際立った特質を認めることができると思います。おそらくまた、私のもとで、すべての情熱を超えたところで、これは、現実を**把握するひとつのあり方**と言えるでしょう。そこでは、とくに、相違よりも（もちろん、これらの相違を隠してしまおうとせずに）、共通の特徴や類似性を見ること、これらに注意を集中すること、重きをおくという傾向があります。もっとも普通にある傾向は、その反対の傾向、つまり陽の傾向であることに、私は気づきました。それは、おおくの場合、深い類似性を無視したり、否認したりするところまでゆきます。（これは、スーパー陽の傾向で、私たちの文化を特徴づけるものです。それは、しばしば、さまざまな相違を平らにし、不自然な「統一性」のために、「完璧な」あるいは「よりすぐれた」とみなされた同一のモデルの上に一列に並べてしまうという反射運動を伴っています。それは、一つの極端な衰弱であり、同時にひとつの暴力です）。話し相手と私の間のこうした重点の置き方の相違は、しばしば、相手の言うことを聞こうとしない人同士の対話となる原因となりました。そこでは、二つの平行した独り言が展開され、決して交わることがないのです…。

(2)　とくに際立った陽の私の特徴の多くは、条件づけに由来するもの、もう少し具体的には、私の幼少時代にさかのぼる、スーパー陽のブランド・イメージに由来する、**獲得された**特徴であるように思えます。これらの特徴の中に、活動の中への極端な自己投入、将来への、つまり私の仕事の成就へのきわめて強い投入、なによりも知的な発見の仕事に対する偏愛、思考の誇大な役割、その時点での私の仕事に直接関連していないように見えるものに対する閉じた姿勢、とくに風景、季節などに対する注意のなさがあります。しかしながら、生まれつきで、あとで獲得されたものではないように思える、陽の特徴がひとつあります。それは、**火**と私とを結びつけている、きわめて強い親近性の関係です。この関係は、明らかに「私の要素」ではない水に対する私の関係とは異なるものです。さらに、星占いの私のカードは、陽の方向へのきわめて強い不均衡を特徴としており、水に関するすべてのしるしを除くと、そこに現れるすべてのしるしは、「火のしるし」なのです。

(3)　ノート「筋肉と心の奥」（No.106）のはじめを見られたい。そこでこの連想がはじめて取り上げられています［P50］。

(4)　ノート「弔辞(2)——力と後光」（No.105）を見られたい［P38］。

(5)　ノート「わな——自在さと枯渇」（No.99）を見られたい［P10］。

g　スーパー・ママそれともスーパー・パパ？[125]

（十一月十一日）ほんの四・五時間眠ったあと、例外的に（一度なら癖にならないでしょう…）今朝はやく起きました。昨日の省察の思いがけない帰結は、直ちに激しい仕事を始動させたのでした。現われてきたばかりのこの新しい事実を「位置づけ」、同化するためでした。寝る前に、たっぷりのスープをあたため、夜食をとると、早朝の三時が過ぎました。そして朝はやくからすでに、この同じ仕事が私を睡眠から引き出し、そのあとでベッドからも引き出したのでした…。

だが「思いがけない」帰結と「新しい」事実について語るならば、つぎのことも付け加えねばなりません。つまり、陰と陽についてのこのいつ終わるか分からない「脇道」のはじめから、私の中には、ある「大詰め」に対する抑制された期待のようなもの、あるいは少なくとも、葬儀に集まったある行列でもってつくられるにちがいないある「合流」に対する期待のようなものがありました。私は葬儀の場から次第に遠ざかってゆく、さらには、葬儀は決定的に忘れられたかのように見えたかもしれません――ところがそうではなく、葬儀はつねにそこにあり、ひっそりと、あるいはほの見えていたのでした。私は本当には一度も葬儀と別れたのではなかったのです。葬儀の無言の存在は、ひそかで、つねにあるこの期待によって、緊張と未解決なものがあるというこの感情によって立ち現われていたのでした。この期待とこの感情が私をなお混沌としているこの地点へ向かって運んだのでした。この地点で、「合流」が最終的になされるにちがいないのでした。私はこの合流点のおおよその場所を予感することが出来ました――それは、ある「さまざまな考えの連想」（一度ならず取り上げましたが、いつも言葉でもって表現されませんでした）のまわりにありました。そこは、陰と陽をめぐる、そして私の人生をめぐるこの思いがけない旅の出発点であり、最初の動機でもあったところです。この旅は、結局のところ、その出発点へと（多少とも…）戻る、さらに大きな環のようになりました、あるいはむしろ、探りを入れている事柄の中のより深い刻み目から、この葬儀の「核心部分そのもの」へと私を連れてゆく（もし、私の予感が私を欺いていなければ）、下降してゆく渦巻きの中を一巡したもののようになりました。

だが、ようやく「たどり着く」準備をしはじめた時、そしてまだほんの「脇道」さらには「はんすう」の段階にあるひとつの「ノート」の最後の段階のところで、私は、突然、葬儀の真っ最中に、この葬儀のちょうど真ん中に降り立つことになったのです。いくらか、上祭服を着た司祭と信徒たちからなる会衆のちょうど前に急に飛んで入ってきた宇宙人のように、あるいはもっと都合の悪いことに、死んだと思われており、(ほぼすでに）埋葬されたと思われていた故人が、突然、棺の蓋をあけ、(花輪と感動的な墓碑銘を倒し！)、死者のための白い衣を着た、きらきらとした目の、本当に生きているちびっこ悪魔本人が、最も期待していない時点に棺から出てきたかのように！

このようにして、昨日の省察の帰結は、同時に、すでに話したこの未解決のままの状態、きわめて特殊な中断の解決でもありました。こうした未解決のままの状態は、数学の仕事であろうと、他の仕事であろうと、「広がる海というやり方」の仕事においては、私にはじつに親しみのあるものです。だが、長い中断というこの弛緩の航跡そのものの中に、ただちにある**当惑**が現われてきました。それ以来私を引きつけ、とんでもない時間に、私をベッドから引き出し、タイプライターへと向かわせたのは、とくにこの当惑です。当惑があるということは、なにも驚くことではありません——一つの状況が突然あたらしい光のもとで現われ、したがって、一見したところ、古いビジョンと矛盾するように思われる毎に、多かれ少なかれ、このような具合になります。この時ぜひ必要な最初の仕事は、これらの矛盾に入念に探りをいれ、どの程度これらの矛盾は現実のものなのか、それとも単なる見かけだけのもの、つまり異なった二つの照明のもとにある「同一の」事柄を認めることをいやがる精神の惰性の表現にすぎないのかを調べてみることです。新しい調和（それ自体まだ暫定的なものであっても）の中で、したがってひとつのビジョンの中で、すべての不調和が解消されるとき、またそれまでの部分的なビジョンを、この新しいビジョンが修正し、必要な場合には、調整し、本当に間違っていることが明らかにされたものは除去しながら、これらの部分的なビジョンを集め、統合する、ひとつのビジョンの中で、この不可欠な仕事が達成されるのです。このように革新されたビジョンにおいては、このビジョンを生み出した「古いもの」、つまりこのビジョンの中に統合されたより部分的なさまざまなビジョンは、それ自体、ひとつの新しい意味を獲得するのです(1)［P176］。

私の「当惑」に戻りますと、つぎのようになります。「解決」あるいは「新しい照明」は、突然現われたひとつのイメージからなっていました——そのイメージとは、私に体現されている「数学上の女性的なもの」

という「シンボル」で大いに飾られた埋葬についてのイメージ、そして同時に葬儀の参列者たちのおのおのの中の「否認された女性」の投影というイメージです、あるいは別の言い方をすれば、葬儀に唱和するためにやってきた人たちのおのおのの目立たない地下で細々と暮らしている女性ではあるが、めったに母にはならない人のかわりとして、結局はしょくざいの犠牲（いけにえ）としての、一種の**スーパー・マザー**の象徴的な埋葬のイメージです。このイメージは、六月以前の省察の過程で（ノート「墓掘り人――会衆全体」で頂点に達した）徐々につくられてきた、なお漠然としているも**うひとつの、反対のイメージ**、つまり称賛されると同時に恐れられ、魅力を感ぜられると同時に憎まれている、そしてその子どもたちに「虐殺された」、またそしてその切断された遺体はこの「同じ」葬儀の中で軽蔑の対象にされている、**スーパー・ファーザー**のイメージと矛盾しているように見えます。（さらになおその必要があるならば）強烈な外観をもつこれらのイメージを並べてみると、突飛さと妄想すれすれのところにあると思えるでしょう。ここまで息切れしないで私についてきた読者がいると仮定して、精神分析の方法の側で、これらの夢幻的光景が呼び起こすにちがいない勝利の大喜びを私は容易に想像することが出来ます！　この大喜びはその人たちにまかせておきます。それは、このあまり並みとは言えない埋葬に、じつによい効果を与えるめずらしい色合いを付け加えることになるでしょう。その間に、むしろ、昨夜から現われたひとつの連想にしたがうことにします。それは、いわばあい対立した、さらには和解できない、これら二つのイメージ、あるいは側面を和解させる、さらには愛し合い、結婚しさえしうるような性質のように思えるものです。

注　(1)　二つの節「子供と神」、「誤りと発見」（No.1と2）の中の省察と比較されたい［『数学者の孤独な冒険』、p190、192］。

(7)　陰と陽の逆転

a　逆転(1)――烈しい妻　126

（十一月十二日）ノートの中で、私の埋葬から引き出された、みかけ上対立している、二つのイメージを「和解させ」、「愛し合うようにさせる」という、昨日のノートの末で問題にした、この連想にしたがうことを考えていました。この方向でノートをはじめようとしていたのですが、あるためらいを感じました。このためらいを脇に置いておくわけにはゆきませんでした。

この連想は、私の母の、私の父に対する関係と、一九三三年にあった家庭の破壊の意味に関するものでした。この破壊は、父の同意を得ながら（はじめは、ためらいがちに、困惑気味に、ついで熱心な、全面的な）、母の意志によってなされたものでした。この決定的なエピソードは、私の両親によってつくられていたカップルの中でのある種の逆転をしるすものでした。このカップルの中で、父は、男性的な諸価値の、これみよがしに褒めちぎられる、英雄的な体現者の姿をもち、母（この上なく意志が強く、支配的な性格だったのですが）は隷属させられている女、そうであることに幸せを感じている女という色彩で飾られていました。そのうえ、絶えざる対立に彩られた日常生活がありました。子どもたちを犠牲にすることに対する同意は、この神とヒーローの**没落**の時点をしるすものでした。そのあと、前日まで、びっくりするほどの追従者を演じていた人のもとで、勝ち誇った軽蔑からなる真の大饗宴がくりひろげられました。彼女は、それ以後、「女」という軽蔑される役割に縮小され、衰えた。勢いをそがれ、そうであることを幸せに感じているヒーローがいた場所を占めたのでした。この時点で、彼女自身がヒーローになったのでした…。

いま語ったわずかばかりのことは、あまりに図式的で、あまりにエッセンスのみを抽出したものであり、ある埋葬の隠れた力を理解する上で役立つというよりも、数知れない誤解を呼び起こす恐れがあるかもしれません。しかしながら、ここは、いくつかの言葉で素描を示したばかりのことをいくらかでも展開する所ではないと感じます。これら二人の立て役者によって好んで混乱させられている、複雑な現実を少しばかりは精緻に再構成するには、この文脈からして許されないほどの規模をもった、新しい、長い脇道が必要になるでしょう。現在これに投入する気にはなりません。私以外の他の人たちをひき入れる状況に関することでもあり、（共同行為者としての）私自身の責任が真にくみ入れられていないように思われるからです。そこでは、私自身と、姉は、行為者としてではなく、熱烈に称賛され、うらやましがられてきたヒーローを打倒し、これに取って代わり、これを嘲弄の対象にするための、母の手にある道具として立ち現われているのです。

五年前に根気よく明るみに出したこのシナリオ[1]［P181］は、私の知っているこの種のもので最も極端で、最も激しいものだとしても、それ以来、他のカップルの中に、これに実によく似たシナリオを見い出す多くの機会を持ちました。私の両親の人生に関しておこなったこの仕事は、それ以前には私には全く理解できなかった事柄に目を開くのに、私をおおいに助けてくれました。しかしながらその当座は茫然としました。当然のことでしょうが！今日では、外観の特別な激しさを別にすると、私の両親によってつくられたカップルにおいて私が明らかにした種類の対立関係は、カップルの関係の、多かれ少なかれ典型であること、あるいは少なくとも、実に月並みなものであることを、私は信ずるようになっています。したがって、私と同じく、カップルの対立、あるいは女—男の対立の隠れた諸力に探りを入れるのに自分の能力を用いたことがある読者は、ここで私が述べたわずかなことに、とくに驚いたり（さらには衝撃を受けたり）することはないでしょう。

もしそれぞれのケースに特殊であるものを除外して、私がいくらか近くで見ることが出来、なんらかを理解できた、女—男の対立に共通する諸点を引き出してみれば、つぎのようになります。

（1）女性において、男性に対する感嘆およびうらやみの姿勢は、（とくに、男であるということからくる）地位による、またこの地位を正当づけている（現実のものであれ、仮定のものであれ）資質による、彼がまとっている（多くの場合、過大に評価された）威信によるものにちがいありません。

（2）しばしば、これに、うらみ、さらには憎しみという要素が入り込んできます。これは、男（例えば愛人あるいは夫）と父の同一視（アマルガム）（もちろん無意識の）によるものでしょう。父に対する母の対立的な関係は、この母と一体化した（多かれ少なかれ完全な仕方で）娘によって彼女の立場から受け継がれます。これに、しばしば、より直接的な（父に対する）うらみ（父の専制的な態度、愛情や注意や心づかいの欠如などによる）という動機が付け加わります。そのあと、「使用する準備ができている」これらの対立の感情（およびその他）は、パートナー（現実のものであれ、潜在的なものであれ）の上に、そのパートナーが「その役柄にぴったり」かどうかはともかくとして、そのままの形で投げつけられます。

したがって、さきほど（1）において男性に対する女性の（とくに感嘆とうらやみの）姿勢は、「威信…による」と書いたとき、それは部分的に正しいにすぎません。ほとんどの場合、これらの姿勢の中での**生きた力**は、**父に対する関係に由来している**ように思えます（たとえ父がずいぶん前に亡くなり、埋葬されていたとしても）。またその始動は、パートナーの特別な人格には限られた仕方でしか依存していないように思われます。

（3） 劣等感（もし必要があるならば言っておきますが、これは全く主観的なものです）、それとない対立、さらには敵意あるいは憎悪の感情の償いとして、パートナーの上にある力を行使しようとする強迫観念がうまれます（このパートナーこそが、多少とも暗黙の一般に認められたコンセンサスによって、権力を保持しているとみなされるのです）。女性による力の行使は、その手中にあるあらゆる手段を用いてなされます（最も強力な手段は、その身体、そして特に子どもです[2]［P181］）。またその行使はほとんどつねに隠されたものです。この力の行使に伴う満足感は、したがって、ほとんどの場合、無意識のものです。しかしそれは現実にあるものであり、重要なものです。しばしば、この力の行使は、むさぼり食うようなものになり、その女性の生活の主な内容となることがあります。彼女のエネルギーのほとんどすべてを吸収してしまうのです。生活の他の部分（愛の衝動や子どもを含む）は、これに従属させられ、躊躇することなしに犠牲にされるのです。

（4） 最も極端で、最も引き裂かれたケースは、男性に対する感嘆とうらやみがあり、男性に従属する姿をとりながらも、支配しようとしていて、女性的なものに対する――女性としての自分自身の条件に対する軽蔑、さらには嫌悪、憎悪を伴っているケースです。しかしながら、彼女が男を従属させることを期待できるのは、あるいは少なくとも自分の意にしたがって男を操ることが期待できるのは、まさに彼女の「女性性」に基づいて演ずる限りにおいてなのです！こうして、最も強い自己に集中した衝動、つまりパートナーを「したがわせる」（さらには、従属させる、または打ちのめす…）という衝動を満足させるためには、彼女は、軽蔑すべき、彼女にふさわしくないものとして感ぜられている、いやな役割の中に深く入ってゆくことを余儀なくされるのです。自己自身の条件と性質の拒否というこの極端なケースにおいては、**役割の逆転**に達するために、これらのすべての力を用いつつ、彼女自身の中にある葛藤からの幻想の逃げ道を求める、スーパー陽でアンチ陰の選択があります：彼女自身が、かつては感嘆され、うらやまれた、そしてその後衰えた、男、ヒーローかつ主人に取って代わるのです。長い間彼女が卑賤な従者としての役割を担ってきたものに、彼女がやっとそれから解放された軽蔑すべき役割に、この男自身が押し込められるのです…。

いまおこなった素描は、これもまた、図式的なものですが、すでにあちらこちらでこれを認めはしたが、まだ多分この素描のような簡潔な描写によっていくらか浮き彫りにしてみたことのない人には、ある現実を**想起する**上で多少は適したものでしょう。もしこの素描にいくらかの立体感を与えようとすれば、少なくとも、相互に対立している感情や欲求からなるこの全体が作動しているさまざまな**レベル**（ほとんどすべては無意識の）をはっきりさせるようにしなければならないでしょう。さらに、愛の衝動が全く不在のように見える、自己に集中した容赦のないメカニズムからなるこの錯綜の中に、その愛の衝動をも位置づけてみなければならないでしょう。そして、愛の衝動が、どの程度、どんな具合に、果てしのない堂々巡りに寄与しているのか（たぶん、重いひき臼をいつまでも回すために、巧妙にできた風車の翼によってとらえられた風の力のごとく…）を見なければなりません。そして、どの程度、時折は、歯車が動かなくなり、静かになり、**他の事柄**が自然に起こるにまかせることもあるのかも見なければなりません。

そして、私は、**彼**、つまり「パートナー」または立て役者の中で作動していることについて話すことを完全に言い落としました。あたかも彼は、彼女との関係においてしか存在していないかのように、また彼と向かい合っている人の吸引や反発、感嘆やうらみの**対象**としてしか存在していないかのように。おそらくこの言い落としの理由のひとつは、つぎのようなものでしょう：このカップルという回転木馬の中では、積極的な役割を演じ、これに心底から投入し、しばしば（やむなく）そこに彼女の真の存在理由を見い出しているのは、たしかに**彼女の方**であり、**彼**としては、そこに火しか見ず、もっぱら他の所にいて、この上なく素朴で[3]［P181］、理解しようとせずに次々と反応し、（さらには）実際に理解しておらず、無意識のレベルにおいてさえそうだ（と思われる）ということです。これが、少なくとも、私がこのカップルという回転木馬に注目しはじめて以来、いつもいだいてきた印象です！しかし、私は男性の役割についてははるかに少ししか知らないことも事実です。私自身のケース以外には本当に近くで男性を観察することが出来なかったのに対して、女性の側の役割を絶好の場所で知る機会を一度ならず持つことが出来たからです。

いずれにしても、10ページにわたって、あるいは一冊の本として、いくぶん図式的すぎる私の描写を肉づけするために大いに心を配ったとしても、このテーマについて、まだ「自分の能力を用いた」ことがなく、この種のことについて一度も見たことも、感じたこともない読者に対しては、それは無駄骨でしょう。いくらか「事情に通じている」読者にとっては、たしかに、私の述べたわずかばかりのことは、ぎこちなさや曖昧さがあるにもかかわらず、その人自身ですでに見ていた事柄の中に再び入り、私の簡潔な描写をおこなった時点で、その背景にあったものよりももっと豊かなイメージや連想を自分の中に呼び覚ますのに十分なものでしょう。

（前述の象徴的な埋葬の中にその表現を見い出している）「スーパー・ファーザー」に対する対立と、（表裏のある使用をしている、べたぼめの形容詞の氾濫のもとでの、「スーパー・マザー」の象徴的な「埋葬」の中におそらくその表現を見い出している…）「女性的なもの」に対する軽蔑と拒否、さらにもっと深くは、自己の中の「女性」の否認との間の「欠けている関連」が[4]立ち現れるのを見る必要はもはやないように思えます。

注 (1) このテーマについては、二つのノート「表層と深み」（No.101）、「書くことへの賛辞」（No.102）をみられたい［P18、25］。

(2) しかしながら普通に用いられている主な「手段」は、ここでは触れられていませんが、さらに微妙な性質のものであり、数語で取り上げることが難しいものです。それは、陰と陽についての省察のあとの部分「ビロードをまとった爪」（ノートNo.137—140）［P265—288］の中で検討した、至る所で用いられるある「戦術」から成っています。

(3) （十一月二十三日）もちろん、この回転木馬が回るならば、（たとえどんなに「素朴」であっても）彼は、彼女と同じく、そこに自分の利益を見い出します――彼女はそれを見張るという自分の仕事をするのです！彼女がこの木馬をもつ二つの主要な「鉤（かぎ）」（またこれらによって彼女は支えられていますが…）は、うぬぼれと、安定したパートナーによって保障される、愛情と愛の安全性であると、私には思えました。

(4) （十一月二十三日）この「必要はもはやない」というのは、少しばかり性急なことが分かりました。一週間後には、この結論とこの「欠けている関連」を完全に忘れてしまったほどでしたから！より納得のゆく「欠けている関連」に達するための「欠けている一歩」については、昨日のノート「逆転(2)――両義的な反乱」（No.132）をみられたい［P219］。

b　振り返り(1)——光景の三つの面　127

（十一月十三日）いまや、埋葬についてのより鮮明で、よりニュアンスに富んだ、しかも（一昨日書いたように）「それまでの部分的なビジョンを修正し、必要なら調整しながら、これらをも含めた…」ビジョンをいくらかの大筋において素描するのに機は熟しているように思います。ざっと見たところ、それまでのビジョンは三つあるようです。それらはひとつの全体の部分的な側面とみることが出来ます。

最も明らかで、最も単純なものとして現われた、最初の側面は、「**ある異端に対する制裁**」という側面です。これは、とくに、ノート「墓掘り人——会衆全体」（No.97）［『数学と裸の王様』、P303］——エピソード—病気の前の最後のノート——の中で前に押し出された側面です。葬列IからXのノート（病気の前のもの）の中でも、**集団的な動機**、つまり「墓掘り人」またの名は「（ほぼ）全員そろった会衆」の動機を最も深く浮き彫りにしたと思えるのも、このノートです。

さきほどこのノート（No.97）にざっと目を通してみました。「**スーパー・ファーザー**の（単に象徴的なものだけではない）**虐殺**と（象徴的な）**埋葬**」と呼びうる、第二の側面は、そこには現われていません。おそらくそれは、埋葬の動機の中のこの要素は、その時わたしの注意の焦点にあった「会衆全体」に真に関わるものではなくて、とくに「私の学生であった人たち」（この人たちだけだとは言えなくとも）に関わっているものだったからでしょう。たしかに、私の学生であった人たちは、彼らの異論の余地のないリーダーである、わが友ピエールを脇に置いたとしても、埋葬が作動する上で第一の役割を演じました。埋葬の実行は、これらのそれぞれの人の積極的な寄与なしでは、またこれらすべての人の同意なしでは、なされなかったでしょう。（このテーマについては、ノート「沈黙」（No.84）を見られたい［『数学と裸の王様』、P202］）。したがって、「スーパー・ファーザー」という側面が、埋葬の理解にとって決定的だと思われるのは、とくに、彼らを仲介にしてです。

第一の側面である、「制裁」という側面は、一九七六年のイヴ・ラドガイリーの不運以来、私の注意を引きました(1)［P187］。それ以来私はこの側面を忘れがちでしたが、それに続く年月に定期的に私の記憶に現われてきました。それは、ついに、「墓掘り人」についてのさきほど挙げたノート（No.97）において、単に「感じられた」だけの形になっていない段階を超えて、明確で、ニュアンスをもった理解という内容をもつようになりました。第二の側面、あるいは「スーパー・ファーザー」という側面は、『収穫と蒔いた種と』[2]の中での省察の過程でやっと現われはじめたものです[P187]。そしてはじめは[3]やっと現われはじめは[P187]埋葬そのものとの関係なしにです。埋葬の方はその後の数か月の間に発見することになりました。この側面は、埋葬についての省察の過程を通して、徐々にもやの中から出てきて、ついに、ノート「虐殺」（No.87）、「遺体…」（No.88）、「…そして身体」（No.89）［『数学と裸の王様』、P225、253、256］でもって驚くほどの形をとるようになりました。これらのノートは、一九八四年五月十二日、十六日、十七日付であり、「墓掘り人」についてのノートは、五月二十四日付のものです。エピソード―病気は、六月十日に現われ、三か月以上にわたってノートをつづけることを断ちました。ノートは九月二十二日に再開されました。少なくみても、ありそうなことは、もしこの病気というエピソード（実に場違いな！）が、私が全体についての評価をおこなって脈絡をつけ、特徴を最終的に引き出す用意をしていた時点で、現われていなかったとすれば、埋葬についての私のビジョンは、五月十二日と二十四日との間の二週間の間に引き出されていたビジョンに――つまり、「二つの面」をもった、しかもそれぞれの面は自分の片隅にとどまっており、それらを集めてみようという考えが私にやってこないビジョンのままで止まっていたことでしょう。

しかしながら、結末の言葉はあい変わらず本当には把握されていないという、ようやく知覚しうるもやのような、ばくぜんとした感情がありました。（埋葬についてのノートの過程で一・二度たしかに現われたにちがいない表現を用いれば）「闇の中で手探りしている」人のもつ感情です。墓掘り人についてのこの最後のノートは、もやの中にわずかな風を少しは通すという効果をもったにちがいありませんが、それは、このもやが散ってしまったという幻想を与えかねないものです。ところが、もやの方はほんの少しばかり場所を移したにすぎなかったのです。あるいはこれを別の言い方で表わせば、このノート（No.97）の中で取り上げられたこの「制裁」という側面は、きわめて明確に、かなりの奥行きをもって、現われてきました。そして、この側面について、しっかりした、洞察力のある理解を得たという印象（決して幻想ではない）と、これに伴った満足感（このノートの末にはっきりと現われている感情）を得ました――また、この印象とこの感情は、結末に触れる用意が出来ていることを感じている人のもつ幸福感を生みました。そしてこのため私はもうひとつの窓である「スーパー・ファーザー」という側面、これもかなりの大きさのもので、なお「検討するつもり」だったのですが、これを多少とも忘れてしまいました！

第三の面は、ほんの三日前に現われました（あいにくのエピソード——病気の出現ののちちょうどぴったりと五か月後に）。それは、「「**女性的なもの**」の**葬儀**（象徴的な）と**埋葬**（はっきりと現実の）」という側面です。この「女性的なもの」は、一種の「**スーパー・マザー**」によって視覚化され、このスーパー・マザーは私によって体現されているのです！この側面は、陰と陽についての全く思いがけない、長い「脇道」の終わりに現われました。この脇道において、葬儀をしめくくるものとみなされていた、ある「弔辞」から出てきたひとつの「連想」を理解可能な仕方で表現するに至るための努力が最終的に具体的なものとなったのでした。この例の「連想」あるいは「直観」（これについては、まずはじめに、ノート「筋肉と心の奥」（陽は陰を埋葬する(1)）（No.106）の冒頭で言及しました［P50］）は、あい変わらずはっきりと述べられていません——しかし、すべての準備が整っていますし、もうすぐそこに行くと約束できます！

とにかく、途中で、かなりの量の事実と直観が現われてきました。そのうちのいくつかは、私にとって新しいものであり、思いがけないものでした。そしてこれらすべては、私の人生、そして一般に人生の重要な諸側面と再び接触する上で有益なものでした。これらの事実のひとつである、私の数学上の仕事の「基底にある色調」は、「女性的なもの」であるということは、また、あい変わらずその時機を待っているこの連想の基礎にある直観のひとつ、つまり数学者として（他の所でも同じですが）、私はじつに**陽の側の**人物であったという直観、言い換えれば、埋葬の「スーパー・ファーザー」という側面と関連している直観と矛盾しているように見えます。そしてこの同じ事実は、（陰と陽についての省察全体から出てきた！）この連想と矛盾しているように見えますが、この事実がまた、それまで私の理解の外にあった第三の面、つまり「スーパー・マザー」という側面をたちまちのうちに出現させたのでした。それと同時に、（最終的に）その後100ページ近く忘れていたようにみえた「埋葬」との連結がなされたのでした！

「満ちてくる海」というアプローチにとっては、満ちてくるのは、海です——最終的な結果、つまり混沌とした状態から引き出してくる準備を私がしている約束のこの「ビジョン」——は、手元にある手段、すなわち陰と陽についての哲学的—フロイト的な脇道からなる海で対処しうるものであると期待できるでしょう…。潮は、十月二日に（発進をしるすノート「筋肉と心の奥」でもって）動きはじめました。決定的な「新しい事実」は、それにつづく日々にすでに現われています[4]［P187］。ところが私は一両日のうちに例の「連想」（この連想は、決定的なノート「虐殺」［『数学と裸の王様』、P225］が書かれた日と同じ日付のノート「弔辞(1)——おせじ」［P32］の省察のあとの、五月十二日あるいは十三日、つまり五か月前に現われていました）を遂にはっきりと書きつける準備をしていました。しかしこのことは、5日前の十一月八日のノートには「現われて」いません。（その前の三日間に書かれた）数学における陰と陽についての三つの準備的なノートのあとのことです。それは、ノート「満ちてくる海…」（No.122［P153］のことです。その翌々日の、十一月十日、ノート「陰の葬儀（陽は陰を埋葬する(4)）」（No.124）［P167］でもって、「スーパー・マザー」が現われてきます（しかし、この語は、翌日のノート「スーパー・ママそれともスーパー・パパ？」（No.125［P174］になってやっと告げられます）。こうして、埋葬の「第三の面」が現われたのでした！

　意図することなく、私は、ときの推力に押されて、葬儀についての省察のこの振り返りへと、（現在の私が見ることができる）埋葬の主要な三つの側面の相次ぐ出現という観点において、進むことになりました。息の長いめい想の過程での、このような暫定的な振り返りは、その度ごとに、非常に有益であり、省察の歩みの全体像を与えてくれると同時にこれらの主要な「結果」のいくつかについての新しい見通しを与えてくれます[5]［P187］。おそらく、この振り返りを読むかもしれない読者の目を打つことは、埋葬のもとにある例の「最終的な特徴」に遂に到達するために、（あい変わらず来るべき）例の「連想」に直ちに到達せずに、そしてこれについては語らずに、私がきわめて長い脇道という迂回をしたということでしょう。その特徴の方は、6月に中断されたままであった省察の装備一式をそのまま再び取り上げた、九月二十九日付のノート「弔辞(2)」［P38］において、かなり急いで引き出そうとしたものでした！三日後のつぎのノート「筋肉と心の奥」（No.106）［P50］をはじめたのも、たしかにこうした姿勢においてでした。このノート（No.106）は、そのテーマについては全く具体的に触れずに、この連想について言及することからはじまっています。

　この時テーマを具体的に示さなかったのは、そしてすでにひと月と十日の間、一日一日と、一週一週と、これを先へとひきのばしたのは、意図的になされたものでは全くありません。そうした意図は、ある時点または別の時点では現われることがあったでしょうが。もしその理由について探りを入れるとすれば、そう言葉で自分に言い聞かせることもなく、直観的に、その時私がいた地点では、問題のこの連想をいきなり書くということは、全く意味をもたないことであり、そしてそれは、純粋に形式的な、あるいは言葉だけの単なる「命題」のようになり、単に記憶しておくということのために私にやってきた言葉によって再び蔽われてしまった豊かな内容は、知られず、知覚されずにいることになるだろうと感じたにちがいないと言うことが出来るでしょう。読者が、もし数学者ならば（あるいは、数学者ではなくとも、科学者ならば）、たしかに、いく度も、このような状況と、それが呼び起こす居心地の悪さを知っていることでしょう。たとえば、完璧に正確だということが容易に確認でき、さらにそこで用いられている用語のおのおのの意味もなんとか知っているが、にもかかわらずその「意味」と内容は全く私たちの理解を超えていると感ぜられる命題に直面したときがそうです。おそらく、こうした状況は、技法的な性質のものでは**ないが**、著者によってははっきりと知覚された、触知できる内容を表現している文では、さらにもっと頻繁にあるでしょう。しかし、こうした相違があっても、読者が読んだものの意味を理解していないことを少しは明確に意識するということは、さらにはるかに稀なことでしょうが。今の場合、さらにつぎのことがありました——それは、**私自身**、ここ数か月は弔辞とこれに結びついている連想と「かかわり合って」おらず、ここ数年は、（一歩ごとに通りすがりに触れながらも…）陰と陽の現実の中にほんとうに「飛び込んだ」ことがなかった私にとってさえも、この連想を「述べる」ために、この時わたしが書くことが出来たことは、本当に感ぜられ、あるいは本当に知覚されたものではなく、言葉だけの事柄だったろうということです。これを覚悟すること、あるいはもっと適切な言い方をして、自らこれに縛られることは、結局は嫌な仕事に「けりをつけ」ながら、気掛かりをなくすために、一種の義務を果たすという純粋に形式的なやり方だったでしょう。こうしながらも、実りあることが予想され、燃えていた（このことをはっきりと思い出しました！）、そしてずいぶん前から記憶の片隅で冷えて、かびが生える時をもったこの「連想」に「しかるべき重みを与え」、途中で失わないように心を配っていたのでした！

私の思い出したことが、部分的なままであった理解を深めるのにたしかに役立ったにちがいないとしても、この100ページにわたる「脇道」なしですますことはできなかったことは、私には実に明らかです。これらの脇道は、『収穫と蒔いた種と』の全過程で追求されたすべての省察の中で最も深い部分をなしています。これらの脇道の流れの中で引き出そうとしている、埋葬についてのビジョンが、私に完全な満足の感情を残すのか、あるいは曖昧な片隅または不協和音を存続させるのか、なお私は予想することは出来ません。曖昧な片隅や不協和音があるとしても、少なくともしばらくは、あるいは『収穫と蒔いた種と』においては、明らかにしたり、解決したりすることはおそらくあきらめるでしょう。しかしいずれにしても、私の数学の作品におけると同じく、この脇道の100ページのおのおのは、今までに書かれた『収穫と蒔いた種と』の600ページのおのおの（ほんの少しをのぞいて）と同じく、それにふさわしい場所とメッセージと機能を持っており、私はそれらのどれもなしではすまなかった（ここまで私についてきてくれた読者がいようと、いまいと！）ことを私は知っています。追求されている目的が遠くにあったとしても（完全に忘れてしまうのでなければ…）、これらのページのおのおのは、それに固有の収穫を私にもたらしてくれたし、それのみがもたらすことを出来た収穫なのでした。

注

(1)　二つのノート「進歩は止められない！」（No.50）、「ひつぎ2：胴切り切断」（No.94）［『数学と裸の王様』、P38、284］をみられたい。

(2)　（十一月二十九日）実際のところ、この「スーパー・ファーザー」という側面は、ドゥリーニュに対する私の関係の中に多年にわたって、表層の直観という形においてすでにありました。しかし『収穫と蒔いた種と』の省察以前には、一度もそこに私は立ち止まったことはありませんでした。

(3)　二つの節「敵としての父(1)、(2)」（No.29、30）［『数学者の孤独な冒険』、P265、269］において。

(4)　翌々日には、ノート「無邪気さ（陰と陽の結び合い）」（No.107）［P57］の中に、この事実が現われ、このノートの中で扱われた（それらの主題についてのさらなる指摘はなく）、「さまざまな兆候」の中に入りました。これらの兆候から、「私は、一度ならず、私という人間の中で支配的なのは、「女性的な」性質であることを推測することになりました…」。

(5)　この種の振り返りは、数学の仕事の中ではきわめて稀だと思われます。私自身も（昨年の春にはじめた）「園（シャン）の探求」の執筆ではじめておこないました。これに対して、通常おこなわれる仕事の実行で、行なわれている数学のもつアイデアと結果の「新しい見通し」という観点から、類似の効果をもつものとして、発展させられている理論の概念と命題の全体を、その時点での理解からみて、最も自然なものとされる順序にしたがって、「はじめから」取り上げるというのがあります。単なる型どおりのものに見えるかもしれない、このような仕事は、しばしば、理解の本質的な深まりへと導きます。例えば、新しい体系の内的一貫性の要請によって、以前には見えていなかった、やはりこれも「自然な」概念、性質、関係などが現われてくることがあります。時には、また、いくつかの仮定の偶然的な、あるいは人工的な性格を明らかにし、また出発の時点での枠組み全体が窮屈なことを明らかにして、「言い換える」という仕事が、当初の意図からは推測できなかった拡大へとゆきつき、はじめに発展させられた理論に、新しい広がりと重要性を付与することがあります。

c　振り返り(2)——核心　127′

(十一月十七日)かなり苦しい四日間を過ごしたばかりです。私の浜辺に多くの波立ちがあったのです。勢いに乗ってつづけることは出来ず、ノートに関する仕事は、清書のためのタイプ打ちを頼むことになっている部分を読みなおしたり、出来あがったものを訂正したりする、少しばかりの整理の仕事に限られました。おのおののノートの文の「草稿」は、つぎのノートをはじめる前に読みなおし、印刷のために準備された最終的な文が出来るまでに、したがって、私は、少なくとも最初の二回では表現を訂正しながら、最低、全部で三回は注意深く読むことになります。こうして私は『収穫と蒔いた種と』の文をよく知ることになるのです！だがとくに、印刷のために託す文が、その文章表現をも含めて、本当に私の提供できる最良のものであることがたしかであるように、必要なことをおこなうのです。埋葬についてのノートのひとつを除くと、私が書き、読みなおした、『収穫と蒔いた種と』のすべての節とノートに対して、最後に読んだときに、私は完全な満足感をもちました。その度ごとに、書いている時点で私にとって明らかな、理解された、知られていることを全く隠さず、また漠然とした、不鮮明な、理解されていない、あるいは全く不思議な、未知なものでさえあるものをも全く隠さず、おこなうことが出来るかぎりの明確さとニュアンスを付与して、言うべきことを言うことが出来たという感をいだきました…。

唯ひとつの例外は、十月十七日付のノート「半分と全体——ひび割れ」[P93]です。このノートから、めい想の「糸」は、二つに分かれました。それは、(「陰と陽の鍵」の一連のノートの中の副題として)「わが母なる死」[P102]と「拒否と受け入れ」[P123]と名づけた二つのテーマについてです[1][P190]。その例外とは、このノートの最後の部分、つまり個人の中の分裂について、それを、カップル、家族、そして人間社会における分裂と紛争の終極的な根源として語っている二、三ページのことです。これは、まずは、私が科学の世界と「別れた」あとの最初の数年の間にあらわれ、年月を経るうちに発展し、確認され、深まってゆき、今日にまで至っている直観です。この直観は、(入念に、あらゆる側面にわたって、それを検討したことは一度もないのですが)私にとっては、じつに「明らか」なものとなりましたので、この「明らかさ」が少しはあらわれるような「部分」によってそれを表現する努力をまったくしないまま、いくぶん当然のことであるかのごとく、この省察の中に入れたのでした。しかし、もしこれらのページを読んで、私が、不鮮明だ、不満足だという印象をもつとすれば、それは、もちろん、不器用かもしれない「表現の仕方」という問題だけのためではありません。むしろ、この複雑なテーマについての内容のある省察、これをおこなうためのすべての要素を手に持ってはいるが、にもかかわらずおこなってはいないという感じをたしかに持っている省察の上を脚をくって飛ぼうとしていたのだと感じています！十七日のこのノートに直接に関連している十月二十五日のノート(「失われた楽園」(No.116)[P123])(これは、十七日のノートから出発して、テーマ「拒否と受け入れ」を発展させるためです)の中で、私は、まずは、前のノートにおいて指摘しておいた欠落をなんとか「埋めよう」と試みるのです——しかし最終的には、つぎのこと以上は言わないで終わっています：今後ありうる「紛争の発見の旅」について言えば、「現在追求したい」と思っているのは、この方向ではありません」、残念ですが、これは、したがってまだの機会におこないます！

★　★　★

四日まえのノートにおいて、いままでに引き出された、埋葬についての光景の三つの側面、あるいは「面」を一巡しました。あとになって、私は、紛争の「核心」の過程ですでに二度、埋葬についての省察に触れたことを感じ、それを書いたことを思い出しました。それは、ノート「核心」と「弔辞(2)——力と後光」(No.65、

105『数学と裸の王様』、P88、本書［P38］においてでした。これらのノートは、『収穫と蒔いた種と』の最初の節のひとつである「（他人の）無謬と（自己に対する）軽蔑」（第四節）［『数学者の孤独な冒険』、P196］における（みかけ上（じつに一般的な））省察とつながっていました。それは、**自己に対する軽蔑**であり、私たちの中にあり、私たちに知り、創造する力を与えている力の否認です。これはまた、**他人に対する軽蔑**、（例えば）他人を見下したり、打倒したり、あるいは単に苦しめたり、傷つけたりするという取るに足りない力を行使しながら、他人の上に自分を置いて、自分の価値を「証明する」というよくある反射作用——埋め合わせの源泉でもあります。

このノート「（他人の）無謬と（自己に対する）軽蔑」を書きつつあるとき、たしかに、私にはその実例に事欠きませんでした。このとき私の心にもっともあった人は、ピエール・ドゥリーニュでした。私はいく度も彼が勇気を挫いたり、はずかしめたりする力を用いるのを見ていましたが、そのやり方はしばしば私には不可解なものに見えました。このノートを書いてから二か月後にやっと、私は、四月十九日のノート（「ある夢の思い出——モチーフの誕生」（No.51）と「埋葬——新しい父」（No.52）［『数学と裸の王様』、P41、49］）が示しているように、「明明白白な埋葬」を発見しはじめるのです。それから徐々に、私の埋葬と葬儀の大司祭としてのわが友ピエールの役割を発見してゆきます。埋葬に関する六月以前のノート（葬列ⅠからⅩ）の圧倒的な部分は、彼のことに集中しています。他の多くの参列者のだれよりも、比較にならないほど豊かで、個人的な素材をもっているのも彼についてです。したがって、「紛争の核心に触れた」という感情をもった二つの時点で、私の注意の中心にあったのも、今日に至るまで定期的な接触が維持されていた唯一の人であった彼でした。

注 (1) 陰と陽についての「脇道」を形づくっているノートを副題によってグループ分けする必要性を感じたのは、ほんの数日前です。このことから、また、これらのノートに与えた名を手直しすることになりました。したがってこれらのノートは、いくつかの場所で、最終的な名とは少しちがった名で挙げられています（だが、とにかく、同じ番号で）。それと同時に、これらのノートの全体を指すのにうってつけの名、つまり「陰と陽の鍵」が浮かびました。

d　両親——葛藤の中心　128

（十一月十八日）昨夜は十二時間眠りました——何日も夜更かししていたので、それが必要なのでした！いくらか消耗しはじめていたエネルギーを再びみたしたという感じがします——そこで昨日よりも元気に、放置しておいた例の「糸」を再び取り上げることにします。

昨日語った二つの時点において、私の中で、じつに明白で、じつに強い、一種の「ひらめき」がありました。このひらめきを疑ってみるという考えは浮かびませんでした——つまり、今の場合、私にとって外的な、実際にあるなにかをそれは私に明かしたということに対する疑いです。それは、（例えば）私の心にあるなんらかの心理に関する「理論」を応用してみようという単純な意図から生まれた、純粋に主観的ななにかではありませんでした——そうしたものは、結局のところ、採集者のあみに思いがけなく幸運にもかかった「蝶」なのです(1)［P199］！このようなしるしに疑いをはさむことは、めいめい想においてであれ、数学においてであれ、また他のことであれ、知り、発見するという私のもつ力を単純に放棄することでしょう。私はこの力を知るという機会がありました。そして私が完全な信頼をおいているなにかがあるとすれば、それはこの力に対してです。

私は、この「ひらめき」の中に、そしてそれが私に教えたものの中に、（十一月十三日のノート［P182］で検討した）三つの面にさらに加えて、埋葬の光景の第四の「面」をみる思いです。しかし私には、それは「スーパー・ファーザー」と「スーパー・マザー」という二つの側面に緊密に関連しているのが直ちに分かります——そしてこの明白なつながりは、わが友という人間をはるかに超えたものです。昨日再び取り上げた、私たちの中の「知り、創造する力」のこの否認は、「陰」と「陽」の、「女性的な」と「男性的な」という性質、エネルギー、力の、私たちの中での結び合いの果実としてある、私たちの深い統一性の否認にほかなりません。なぜなら、私たちの中の「男性」は、それだけでは、私たちに知り、創造する能力を与えないし、同じく、私たちの中の「女性」も、それだけでは、この力を私たちに与えないからです。知り、創造する力をもっているのは、私たちという存在の取るに足りない、不自然な**半分**ではなく、この力をもっているのは、私たちという存在の**すべて**、その**全体**なのです。人がこの力をもつのは、ある探求、長い歩み、変転の帰結としてではなく、また途中で少しずつこの「力」を蓄えてゆく、一時的な無力の状態の中を私たちがかけ巡ることによってではありません。この力は、生まれながらに私たちのものなのです。私たちは、生まれたその日に無料の贈り物としてそれを受け取ったのです(2)［P199］。

そしてこの「自己の軽蔑」、あるいは「自己の否認」は、また、この贈り物に対する拒否、この深い統一性とこれに不可分に伴われているこの力の拒否にほかなりません。あるいはむしろ、この「自己の軽蔑」、「自己の否認」は、この拒否の不可分な影のようなものであり、この拒否によって生み出された、**無力さについての認識**なのです(3)［P199］。たしかに小心で、ごちゃまぜの、自身で受けとめられていない認識であり、より深く入り込み、この意図的にはぐくまれたこの無力さによって隠され、妨げられている未知の力を認識することを恐れて、既知のもの（もちろん十分には知られていない…）にとどまるようにしっかりと心を配っているのです。

私たちの社会のようなスーパー陽の社会において、私たちの統一性のこの拒否がとる最もありふれた形は、私たちの中の「陰なるもの」、「女性的なもの」を毎日毎日、毎時間毎時間、埋葬することです。これが、まさに、「スーパー・マザーの面」、言い換えれば、「女性的なもの」、そしてとくに、**とりわけ、自己自身の中の女性的なもの**の「葬儀と埋葬」です。

しかし、自己の軽蔑と、「スーパー・ファーザーという面」、別の名は「父の虐殺と埋葬」との間にも、ある直接的で、深いつながりがあると、私ははっきりと感じます。いま私が浮き彫りにしたいと思っているのは、つよく予感されるこのつながりです。別の言い方をすれば、この「予感」、この直観とは、私たちの中の分裂と、父に対する対立との間には、直接的で、深いつながりがあるにちがいないということです。

もちろん、この「対立」は、実の父に対しても、幼少時代に実の父の代わりをした人に対しても、あるいは、ある時期、なんらかの理由で、多少とも象徴的な「代わりの父」になった人に対しても、その表現を見い出す機会があります。こうした代わりの父の上にも、原初の対立の衝動が投影されることがあります。したがって、私のテーマは、これらの対立の衝動や態度の深い**理由**を浮き彫りにすることです。これらの衝動や態度は、あまりにありふれたものなので、時には普遍的なものであると考える傾向さえあります。ひとつの理由は、自分を生み出した親に対してもちうる、具体的な不満、これらはたしかにしばしばはっきりとしたものですが、これらの不満の単なる集まりよりも、はるかに深いものです。一度ならず、私は、ある対立に対して、納得できる、格好の**合理化**ということの中に、これらの不満がしばしば多くみられるということを確認することが出来ました。ところが、この対立の真の根源、そしてその激しさと執拗さの原因は、他のところにあったのですが。

さらにまた、浮き彫りにしようとしている、この直観を、それが自然に私に現われてきた形のもとで表現してみると、つぎのように言うことができます：分裂していない、「**ひとつ**」である人、自分の存在をその全体において受け入れている人においては、父、あるいは母に対する紛争は解決されるということを、私は深く確信しています。その人は、二人の両親のそれぞれから**自律**しており、「**自由**」なのです。へそのおは、幼少時代と思春期のあと長い間（非常にしばしば、大人の全時期を通じて、死に至るまで）、私たちを両親と結びつけていますが——その人の中では、このつながりは切れているのです。かつてはなお、私たちの母なる世界の発見をめざす、**私たち自身の旅**に真に発つことを抑えていたきずなが断ち切られているのです(4)[P199]。

この深い確信は、「単なる希望的観測」に還元されるものではありません。それは、（状況を考えて、「確信」と名を変更された）ある願望の投影でもありません。

この確信の起源は、たしかに私の体験の中に、まずなによりも私自身の両親に対する関係の中で確認することが出来たことの中にあります。ここで私は八年前の転換につづく年月のあいだに両親に対する関係の中に生じた深い変化のことを考えています。この八年前の転換は、私の中の「陰のめざめ」、ついでその数か月あとのめい想の発見、そして最後にその二日後の私の幼少時代との「再会」によって特徴づけられるものでした(5)[P200]。この転換は、とくに私が受け取ったり、採用してきた考えに対するそれ以前の依存と比較するとき、即座に得られた**自律性**によってきわだっていたと思います。これらすべての依存の中で最も深かったのは、私の両親に対するものでした。両親のもつ諸価値や選択が、私の価値や選択、そして世界についての私自身のビジョンのひな型となっていましたし、かれらが作っていたカップルについて、かれらの子どもたちとの関係について、彼らが持っていた自分たちについての少しばかり通俗的な英雄像をほとんどそのまま「まるごと」引き継いでもいました。私は、幼少時代以来、この価値、選択、イメージの全体に基づいて「機能して」きたのでした。これらの全体は、私自身の人生の経験、この経験を吸収するための仕事の果実としてあったのでは全くなく、単なる「知識」だったのであす。この知識は、かなりの部分は、型どおりの考えや自己満足の幻想からなっていました。それらを私は両親を「信頼して」受け継いだのであり、私の人生において非常にしばしば、私のまわりの事柄についての直接的で、生き生きした知覚、創造的な知覚の代わりをしていました。

いま話したこの「自律性」は、めい想のもつ力の発見と共に直ちに現われたことは事実です。これは、私が検討をくわえたものすべてにおいて、**全面的なもの**でした(と思います)。それでも、受け入れてきた考えの多く、とくに両親に由来する考えは、まだ検討されていなかったので、はじめは、惰性のためにその場にとどまっていました。みつめてみることがじつに多くありました。一度にすべてをみつめることは出来ないことでした！また、数か月にわたる激しい仕事のあと、「歩みつづけた人生」――もちろん、とくに愛情関係――によって気が散るにまかせていたこともあります(6)[P200]。そのあと二年近くの間、めい想は、いくらかの鋭い紛争の状況に直面したとき、また緊急にそれをはっきりと見る必要を感じたときに、きわめて狭い範囲のその場に応じたいくらかの省察をすることに限られていました。とくに両親についての、そして私自身についての、さまざまな出来あいの考えを「大掃除」しはじめたのは、やっと一九七九年八月以後のことです(めい想の発見ののち三年近くたって)。これらの出来あいの考えは、私をいっぱいにし、私の生きているこの魅惑的な世界から目を塞ぎつづけていたのでした。両親の人生についての仕事には、七か月間没頭し、翌年の三月までつづきました。この時私は五十二歳の直前でした。さきほど語った自律性は、その三年間はある意味では、単に「潜在的なもの」のままでしたが、この仕事と共に、真に現実的な、完全な、後戻り不可能なものになりました。さらに、私が言葉のまったき意味で両親を**愛すること**、つまり彼らがあった、あるいはかつてあったそのままを、(私がその時かいま見はじめた)それに含まれている、とくに彼らの息子である私にとって意味のある、すべてのことを合わせて、**受け入れること**が出来るようになったのは、ただ、この仕事を通じてでした。

私がこの仕事をおこなう必要性を感じたのは(128_1)[P201]、そしてこれをおこなうことが出来たのは、その三年前に、生まれた時に受け取った、そして四十年のあいだ拒否してきた、人生に関するこの贈り物――私の統一性という贈り物を受け取ることが出来たからでした。あるいは、別の言い方をすれば、**私自身の本性を受け入れる**ことが出来たからでした。両親を受けのこの仕事のあと、さらにまたこのあとにおこなった私の幼少時代についての仕事のあとでした。この牧歌的な関係は、母と私との関係の中に、あらがいがたい規則性をもって現われた――それは、かつて母と父との間でもそうだったのですが――苦しい時期（しばしば**引き裂かれ**として感ぜられる、実に鋭い対立）、あるいは慢性的な「しみ」を含む、「枠にはまらない」大量の事柄を、感動的な光景から執拗に**消しながら**でしか存続することが出来なかったのです。八歳の時に両親の上に描いた「大きなバツ印」といった、意識されたレベルの私の認識からは完全にすべり落ちていた事柄については、言うまでもなく、これら「枠にはまらないもの」は消されていたのでした。私がこの「バツ印」を描いたのは、年に三、四回、両親のうちのどちらかの消息をしらせるものとして、母から大急ぎの便りがあった、他の家で二年過ごしたのちのことでした…。

だが、一九三三年の夏(五歳のとき)から一九七九／八〇年の冬（そのとき私は五十一歳でした）までの両親にたいする関係を「紛争を伴った」と呼ぶ深い理由、**真の**理由は、この四十六年間に両親の一方または他方、あるいは双方に私を対立させた紛争があった――これらの紛争が頻繁あるいは稀にあった、激しいものであったり、陰で進行していた、あるいは意識されたものであったり、愛することが出来たのは、私自身を受け入れ、愛することを通じてでした⑺［P200］。

さらにつぎのように言うことも出来ます。この仕事を通じて、はじめて、「**私の両親との間の紛争**が解決された」のでした。この紛争については、私の両親は二人とも二十年以上前に亡くなっていたこともあって、数年前には、まだ存在すらも私は予測したことがなかったのでした。たしかに、両親に対する私の態度における基調は、幼少時代以来、感嘆をともなった尊敬、高い評価、留保なしの一体化であり、彼らが亡くなったあとは、彼らと彼らの思い出についてのある種の暗黙の信仰でした。それは、対立、反感が基調であることを示唆する、「紛争」という言葉でふつう表現されるような関係ではありません。私の側から彼らに与えたこの高い評価の中に、両親はもちろん自分たちの利益を見い出し、それは非常に良いことであり、当然のことだと考えていました――彼らにふさわしくあることを望まない、あるいはふさわしい時に自らそれに満足していない親はあまりいないにちがいありません！両親に対する私の関係としてあったこの牧歌的な関係が、どれほど**いつわりの**、作為的な、「真実のもの」ではないものかを、事情を完全に知った上で理解することが出来るようになったのは、やっと、両親についてであったり、無意識のものであったりしたということではありません。その深い理由は、むしろ、この関係は**受け止められ**ていなかった、(それがかつてあったように、つまり深く変容させられずに) そのままの形であることは**できなかった**ということです。この関係は、私が体験し、見てきたようには、体験され、見られていたのではなくて、認識と理解という私の能力を絶えず、執拗に**抑圧すること**を通じて、この関係の真の性質、あるいは少なくとも、私自身とともに、両親のおのおのを本質的な仕方で組み込んでいる、この関係のいくらかの重要な側面の認識を執拗に**拒否すること**を通じて、そして私がいだいていたイメージを通して、体験され、見られていたのでした。別の言い方をすれば、この関係がとっていた形は、じつにはっきりとしたある現実を前にしての、絶えざる、執拗な**逃避**によって存続していたのです。そしてこの現実の方は、両親が生きているときには、私は一度もそれを手本にしようとしなかったのですが、これもまた、執拗にいく度もいく度も、私に自らを知らせようとしていたのでした。両親のどちらかに私を対立させた、明らかな、否定できない紛争の、ときには悲痛なエピソードは、両親に対する関係、つまり**私自身の中に**あったこの抑圧とこの逃避のもつ「紛争的な」性質の多少とも表現豊かなしるしの中のいくつかにすぎなかったのです。

また別の言い方をすれば、言葉の深い意味での、他の人に対する「紛争をともなった」関係は、「分裂している」関係、それ自身を、抑圧と、現実からの逃避というプロセスによって存続させてゆく関係、そして逆にこうしたプロセスを長続きさせるのに寄与している関係なのです。この関係の中の「紛争」の、また「分裂」のしるしは、また、対立という性質をもったり、忠誠という性質をもったりすることもあります。それは、批判、さらには過小評価あるいは軽蔑の意図をもったり、称賛や感嘆を示したりもします。

ここで、それを求めたわけでも、予定していたわけでもないのに、私の哲学的な「おはこのテーマ」にもどってきたようです。つまり人々の間の紛争は、その当事者たちのおのおのの中の葛藤の「しるし」に他ならないということです。あるいは、さらに、社会の中の紛争の「みなもと」は、個人の中の葛藤、分裂であるということです。(これらすべての中で、両親は、跡を残さずに消えてしまいました!)

ことがらについてのこのビジョンは、もっと単純な、はるかにずっと月並みなつぎのようなビジョンを完全に切り捨てている形をとっています。もっと単純なビジョンとは、二人の間の紛争は、それぞれの中の「利益」あるいは願望に由来するものであり、それらの「利益」や願望は、「客観的に」対立している、つまりひとりの人の満足は、他の人の満足を犠牲にしてしか充足され得ないというものです。これは、異なった二人の間の紛争であれ、一人の人間の中の葛藤であれ、あまねく受け入れられている見方です。こうして、（第一の場合の二人の間の紛争においては）これらの和解できない「願望」は、それぞれの人のもとで、支配し、手本を示そうとし、命令しようという願望となることがあります——たしかに、これは、親と子の間（そして同じく、妻と夫の間、あるいは愛人同士の間）を含めて、もっとも普通のことです。しかし、私は、少なくともいくらかの場合において、こうした見方の現実性、有用性をすべて否定するわけではありません。だが、この見方は、表層の現実にしかかかわっておらず、もっと深い現実は、この見方の完全な外にあると思います。この方向にある一例を挙げますと、支配し（あるいは際立ち、あるいはもっと一般に、他の人よりも上になり）たいという願望は、まさに、さきほど話しました「自己に対する軽蔑」、「自己の否認」の中に、その根をもっています。そして、この自己のひそかな過小評価を**かき乱し**たり、**埋め合わせ**たりしようとする態度や振る舞いによって、これらから逃れようとするのです。こうして、対立した願望をめぐる「客観的な」紛争を超えたところに、この場合においては、この種の願望を生み出すものとしての、この人の中の葛藤が姿を見せています。そしてこれらの願望は、ただ他の人との対立を呼びさまし、糧を与えるのみなのです。

もちろん、これらのいくらかの解説によって、紛争の二つの側面、私はそれを「表層の」側面と「深い」側面と名付けたいのですが、これら二つの側面の間の関係についての微妙で、重要な問題を汲みつくしているとは思いませんし、おそらくここはその場ではないでしょう。むしろ、父との紛争、あるいは両親との紛争というテーマにもどる必要性を感じます。ずいぶんこのテーマから遠ざかりつつありました。ある時点で、私は、親のひとりとの紛争、あるいはピエールという人、またはポールという人との紛争、それは全く同じものだという印象を与えたかもしれません（また、しばらくの間、私もそうなっていたかもしれません！）。ところが、そうでは全くないことを、私はよく知っています。**父との紛争、母との紛争は、私たち自身の中の葛藤の中心にある**ことを、私はよく知っています。

この方向で、私はさきほど、自分自身の中で分裂していない人においては、両親との紛争は解決されるという、私の「深い確信」（これを、私は、私の中のひとつの認識、よく理解されたことがらとも呼びたいのですが)について語りました。この認識は、なによりも、私の両親との関係における紛争の解決についての経験に由来するものです(と思います[8][P200])。これを別の言い方でいえば、**私たちの両親を受け入れる**ことは(つまり、両親との紛争がやむことは)、**私たち自身を受け入れる**ことに属しているということです。両親は、(私たちとの関係では)私たちの**起源**であり、かつ私たちを**条件づけるもの**(あるいは少なくとも、この条件づけるもののかなりの部分)です。このうちの最初のもの(両親が私たちの起源であるということ)は、私たちの歩みと私たちの運命がいかなるものであれ、私たちと切り離せないものです。もうひとつの方(私たちを条件づけるもの)は、私たちの中に深く根づいており、この意味において、私たちの起源と同じく、私たちの一部分となっています。私たちの母についての、私たちの父についての真の現実を否認することは、その拒否が対立によって表現されようと、忠誠によって表現されようと、私たち自身の基本的な一部分を、私たちの人生であったものを——そこから記憶の許すかぎり時をさかのぼって——拒否することでもあります…。

さらにまだあります。とりわけ私たちの母や父を通じて、それぞれのなかにある葛藤が私たちに伝達されます(これは、「私たちを条件づけるもの」という簡潔な言葉で、さきほど表現されたものです！)。このようにして、両親は、私たちの中の葛藤と結ばれています。しかも世界の他の誰よりも近くで結ばれているのです。そして、私たちの中にあるこの葛藤の第一の外部への投影、そしてその中で最も古く、最も決定的なものは、母との紛争、父との紛争です。したがって、私たち自身の中の葛藤と、両親のそれぞれとの紛争は、解きがたく結びついており——それらは、ただひとつの紛争のように、私には見えます。さきほど「深い確信」ということで、私たちの中の葛藤が解消されるとき(あるいは、少なくとも、その根において、「陰対陽」の分裂の中でそれが解消されるとき)、両親に対する私たちの紛争もまた解消されると述べました。あるいは別の言い方をして、私たちの中の葛藤の解決は、両親との紛争の解決に通じていると述べました。だが、私は、この逆もまた正しいこと、つまり両親との紛争が解決をみるや、同時に私たちの中の葛藤も解消されるという確信をもっています[9][P201]。私が、両親との関係の中に、私たちの精神の冒険における、鍵となる役割、つれ合い、子ども、友人、師、学生といった私たちに近い人たちのだれからも来るものではない独自の役割を見るのは、上に述べたことによるのです。

注

(1) このイメージについては、ノート「子どもと海——信念と懐疑」(№103) をみられたい [P 28]。

(2) そしておそらく、私たちの誕生よりもずっと前に…。

(3) このあとの行で述べますように、この認識は「ごちゃまぜ」であり、その基本的な内容において、それは、無意識のままです。しかしながら、しばしば、その小さな一端が (その土台の方はしっかり沈んでいる氷山の頂きのごとく…)、ある種の**無力さの告白**を通して、立ち現われるのが見られます。一度ならず、私はこうした告白を前にして唖然としました。それらの告白は、断固とした、有無をいわせぬ**確認**という調子をおびています。その背後に、激しく、頑強なある種の閉じられたものが感ぜられます——このようにしっかりとした、大切な「事実」として主張されたこの無力さは、あたかも最も貴重な財産であって、どんな価格でも払い下げることをしないものであるかのように…。

(4) 奇妙なことですが、フランス語では、「世界 (le monde)」、「宇宙 (l' univers)」、「宇宙空間 (コスモス) (le cosmos)」という語は、三つとも男性名詞であることです。ドイツ語でこれに対応する語は、女性、中性 (これはドイツ語では多くの場合一種の「スーパー・女性的」です)、そして男性です。私には、これの方が、これらの語によって示される事柄の性質によく対応しているように思えます。人が「宇宙空間 (コスモス)」と言うとき、それが暗示する意味は (最近の発明である、宇宙カプセルと宇宙人を別にして) 法則によって支配されているある秩序というものであり——たしかに男性的なものに対応しています (ここでは、この二つの言語は一致しています)。これに対して、「世界」と「宇宙」の方は、私たち自身と他のすべての事柄がその**一部分**である、ある**全体**という考えを示唆しています。さらに、私たちにとって、**発見し、中に入ってゆき、知る**なにか、という考えをも示唆しています。この二つの語は、私には基本的なものに思える、こうした側面によって、「陰の」、「女性的な」性質をもつ、そして私たちとの関係ではとくにそうした性質の事柄をさしています。にもかかわらず、フランス語がこれらに男性という性を付与しているのは何故か、私には理解しかねます。

このテーマについて、もうひとつの奇妙な「変則(?·)」を指摘しておきます。今度は、ドイツ語の方で、そこでは「太陽」と「月」は、「die Sonne」（女性名詞）、「der Mond」（男性名詞）と言われます。これらは、フランス語で用いられている性とは逆になっています。フランス語における太陽は男性名詞で、月は女性名詞であるという方がずっと「自然な」ように思います。例えば、太陽は、直ちに熱、火というものとつながりますし、熱、火は、典型的に「陽の」性質のものです。おそらくこの「変則」は、北方の言語に共通なものでしょう。寒い国では、太陽の熱が焼けるような、燃えるようなものとして感ぜられたことがなく、恩恵、生命の源として待たれたからでしょう。そして太陽は、生き物たちが「とる」熱と、土地からやってくる糧を、生き物におしみなく与える、ある種の乳母（うば）のように感ぜられたのでしょう…。

(5) 私の人生の中でのこれらの決定的なエピソードについては、ノート「再会(陰のめざめ(1))」(No.109)、「受け入れ(陰のめざめ(2))」（No.110）において［P69、76］、また「願望とめい想」の節（No.36）［『数学者の孤独な冒険』、P293］で語りました。

(6) 一九七六年のめい想の発見につづく年月における、私の愛情生活は、私の人生の他のどんな時期にもまして、激しく、起伏に富んだものでした。それは、たしかに、めい想の当初の飛翔との関係では、ひとつの分散、気をそらせることではありました。この当初の飛翔は、(それにふさわしい広がりをもって)やっと一九七九年八月に、両親の人生についての息の長いめい想と共に立ち戻ってきました。(この両親の人生についてのめい想に関しては、ノート「表層と深み」（No.101）、「書くことへの賛辞」（No.102）をみられたい［P18、25］)。しかしながら、振り返ってみるとき、この分散「なしですませる」ことは出来なかったことが分かります――私の中にある情熱、ある渇きが燃え尽きること、そうしながら、私を愛の対象にした女性たちを通して、過去の私の人生では不完全にしか学ばなかったことを学びつづけることが必要だったことが分かります。そのときあった私としては、この過去についてのめい想のみでは、こうしたことを学ぶことが出来たとは思えません。

(7) このことは、ノート「受け入れ(陰のめざめ(2))」（No.110）の終わりのところの省察とつながります［P82］。

(8) このテーマについては、つぎの注(9)をみられたい。

(9)　ここで私は「自分自身の中の葛藤を解消した人」を気取っているような印象を与えるかもしれません。たしかに、私の両親との紛争は、完全に解消されたと、いかなる留保もなく言えます。ところが、私の中の葛藤はさまざまな仕方で感ぜられつづけており、それは消えていないことも事実です。これは『収穫と蒔いた種と』のおのおののページの中でもちろんはっきりと見えることでしょう。それは、また、それぞれの場合にそこで強調したことが一度ならずあったことです。したがって、これは、ここで解説した主張である、「私たちの両親との紛争が解決を見るや、同時に私たちの中の葛藤も解消される」ということと矛盾しているように見えるでしょう。しかしながら、ある意味では（これらの行を書きつつあるとき、私のもっていた考えでは）、たしかに「葛藤は私の中で解消していた」のです。少なくとも、この葛藤の中の、その根そのものにある、ある基本的なものが、私の統一性というこの認識、この私自身の受け入れということを通じて、たしかに解消されていました。この葛藤を、力づよく、深い根をもった一本の樹になぞらえるならば、根が切られたり、乾燥してしまったりしたとき、すでに獲得している惰性のために、幹や主な枝はなおそのままであったとしても、時を経るにつれて、少しずつ枯れ、解体してゆくものであり、この樹はすでに死んでいると言うことが出来ます。私は、葛藤の年を経る中で徐々におこなわれるこの「枯れ」を、かつては強く、生きた支配としてあったものが、少しずつゆるんでゆくもののように感ずるのです。『収穫と蒔いた種と』の執筆は、ここ八年の間におこなった多くの事柄の中の、このプロセスのさまざまな段階のひとつのように私には思われます。この同じ現実を描くための試みとして、もうひとつのイメージを挙げれば、表面を動かす渦によっては影響を受けない、深い海のもつ穏やかさのごとく、少しずつ広がってゆく深い穏やかさというイメージです。このテーマについては、二つのノート「再会（陰のめざめ(1)）（No.109）、「受け入れ（陰のめざめ(2)」（No.110）においてさらにもっと詳しく説明しました［P69、76］。

(128[1])（十二月一日[1]［P205］）私にとって「両親を知ること」の重要性は、一九七八年十月二十八日にみた、ある夢によって明らかにされました。それは、父の苦悩についての夢でした。この苦悩は、彼の周囲の人びとの忙しそうな無関心に取り巻かれながら、苦しい戦いの日夜にわたって延々とつづいていました。ところが、このとき、すべての人による暗黙のコンセンサスによって、父は「すでに死んだ」ものとみなされており――「このコンセンサスは、彼の死を実際のものにし、あらゆる疑いを遮断する判決のようなものでした」。めざめてから、この夢を記録しました。しかしそれにつづく三か月の間、このテーマについてのあらゆる省察を避けて、これを、半ば忘却した薄暗がりの中にしずめるところまでいっていました。結局、このとき、私は、この夢が私に語っていた父の死を「埋葬」したのでした。(めざめているときの私の人生のある決定的な一側面を想起させていた)この夢の中で、私が、まだ生きている父を「埋葬していた」のと全く同じく。心をゆさぶる美しさをもった、この夢の明らかで、心にしみるメッセージに対する、きわめて強力な抵抗がありました。この抵抗は、この夢の意味についての根気づよいめい想の最初の夜の終わりに解消されました。それは、一九七九年一月三十一日のことでした。そのあと、三週間の間に、他の四つのめい想がなされました。

この夢は、父と母に対する私の関係は、動かなくなった、「死んだ」、生きた現実から切り離されている関係であり、この生きた現実についての知覚が抑圧されている――(夢の中で)存在しないと宣告されている苦悩についての知覚と、苦しみながら、そしてすべての人に棄てられながら、生きるためにたたかっている人に救助の手をさしのべるという、そこから自然に出てくる行動とが抑圧されていたのと同じように――ことを私に理解させてくれました。

私の中にあるこの隔離に終止符を打つための最初になすべき事柄は、私の両親を知るということでした。このとき、私は、この仕事の大きさについて全く考えてもみませんでした。「このテーマの核心に」到達するのに、「数時間はかかる」と考えていたのでした! とくに、私自身について知るという考え――とくに、幼少時代を通して――は、このとき、かすめもしませんでした。私自身について知るというこの必要性は、そのあとに感ぜられたのでした。それは、私が企てようとしていた旅から自然に出てきたのでした。この旅はようやく六か月あとの、一九七九年の八月にはじめられました。こんなに延びたのは、エピソード「近親姦の称賛」となった長い脇道(だがさまざまな面からみて、無駄なものでは全くありませんでした)のためでした(このエピソード「近親姦の称賛」については、ノート「行為」（No.113）をみられたい［P102］）。

（さまざまな「再会」のきっかけとなった）一九七六年十月十八日の夢とあわせて、父の苦悩についてのこの夢は、私の人生のコースに最もつよく影響を及ぼした二つの夢のひとつでした。そのメッセージに対する抵抗は、非常につよいものだったと思われます。第一の夢のメッセージは、めざめのあと数時間のうちに受け入れられました。ところが父の苦悩についてのこの第二の夢のメッセージは、数か月の間、押しやられていました。この受け入れが達成されはじめたのは、やっと九か月後の、今日もなおつづいている発見の旅の出発によってでした…。

この夢の意味と、この省察において深く理解しようとしている埋葬の現実とを近づけてみたのは、ほんのここ最近の日々においてです。私が「主な故人」として姿をみせているこの埋葬は、以前には、「事態の回帰」［つまり、自分のおこなった過去の行為の結果が自分にもどってきたこと］として見えていました（同じ名のノート（No.73）をみられたい［『数学と裸の王様』、P126］）。今回も、やはり「事態の回帰」と見えますが、まったく思いがけない角度からです。実際、この埋葬においては、私は、「父」として、「母」としてつぎつぎに現われます。私がかつて、全くその反対に、その父を、あるいはその母を（象徴的にだとしても、あるいは暗黙のコンセンサスによって）生きていながら「埋葬する」息子という類似の立場にあったという考えは、私の頭をかすめさえしませんでした！そして実際のところ、この反対のことを確信するためのさまざまなもっともな理由を持っていました。これは、はじめて、ノート「虐殺」（No.87）［『数学と裸の王様』P225］の終わりのところで（たしかに、父の埋葬ではなく、その**虐殺**という文脈においてですが）取り上げた理由です。（これについては、より詳しく、ノート「無邪気さ（陰と陽の結び合い）」（No.107）［P57］の中で再び触れています）。ノート「虐殺」の中の、私の幼少時代に関する最後の二つの段階を書きながら、たしかに、私は、父に対する私の関係は、私の人生全体を通じて紛争からまぬがれていた、という印象を与えたにちがいありません（このとき、私自身こうした印象を持っていたとさえ言えます）。これは、この父との関係についての表面的な見方を連想させうるものでしょう。しかし、ここで解説をしているノート「両親──葛藤の中心」［P191］の中では、すでに、このような皮相な印象に私は閉じ込められておらず、この関係は、まったくこのようなものではなく、事柄についてのこのビジョン（一九七九年一月三十一日までは、たしかに私のものでした）は、私の大人としての人生の大部分の期間、これを維持することを私が好んできたさまざまな幻想のひとつであったことが明確に現われています。この幻想は、ついに父の苦悩についての夢の意味を検討してみるという労を払うや、すぐに、はっきりと見えてきました――この夢は、人生が今日までに私に与えてくれたすべての夢のうちで最も**美しい**ものです。この夢は、父に対する私の関係の中の紛争の跡を驚くほどのリアリズムでもって表わしています――この夢は、また、この紛争の**解消**を成就させてくれました。この紛争は、父の死を宣告しているコンセンサスと、私の中で**断絶**することによって解消されました、そしてこの断絶はとつぜん**他の事柄に**とびらを開きました――また締めつけられていた私の喉（のど）が彼に向かって発することが出来なかった叫びを父が聞いたことを私には意味している、父への愛の行為によって解消されました…。

両親に対する動かなくなっていた関係（これは、突然、生命を取り戻しました…）についての目をみはるような寓話である、この夢の体験と、やがて九か月になる私が探りを入れている埋葬という現実との間の深い類似性は、現在、力づよく、はっきりと私に見えてきました。注目すべきことは、この長い省察全体を通じて、そしてなおつい最近の日々に至るまで、この類似性という考えが私をかすめることもなかったということです。私は、注の中に、なにかの役に立つことと考えて、私の道にありがたい灯台としてあった、ここ八年来の多くの他の夢の中で、あるひとつの**夢**が演じた役割（両親についての省察の開始において）をも指摘しておこうとして、全く偶然に「その上に落ちてきた」のでした。このことで、私は、汲み尽くしたというにはまだほど遠いところにある、この夢の体験と内容にいくらかでも再び接触するという結果を得ました。ひとたび、この接触が回復されると、内容からみて、埋葬との類似性は明確ではないということは、ほとんど不可能なものになりました。

たしかに、この夢と、それが叙述している現実の中には、結び目とその解消とがありましたが、この類似性は、しばらくの間は、ある「**結び目**」のみに関するものです。ところがこの解消、この夢が私に体験させ、この夜からその味と力を知った、この解消は、父と母に対する私の関係の中で、めざめているときの私の人生の中でも体験される現実にするかどうかは、他のだれに属しているものでもなく、私に属しているものです。これをおこなうか、おこなわないかは、私の自由でした――何か月もの間、私が選択したのは、第二のおこなわないという方でした！今日――この解消ののち五年たって――私が組み込まれている、いくらか対称的な状況の中でも、再び同じようになっていると言えるでしょう。以前には、私は血肉をもった父を生きたままうやうやしく埋葬する息子だったのですが、今回は、あるコンセンサス―判決によって埋葬された父という姿をとっているのは、私なのです！そしておそらく今回も、私が加わっているもうひとつの結び目を解き、そして多分私の過去の重荷のもうひとつの部分を溶解させることになるのは、私の体験の意味についての、今の場合、この埋葬の意味についてのめい想によってでしょう。

このめい想が、私以外のだれかに対して――埋葬されたのは私ひとりではなく、葬儀にかけつけて埋葬をした人が大勢いる、この埋葬のある中心人物に対してなんらかの役に立つかどうかということについては、それは、私の心配することではありません。他の人のもとに私がみている結び目についても、それが解かれるか否かは、私の心配することではありません。それは、その人の仕事であり、私の方にはかなりの自分の仕事があるのです！しかしもし万一、私の生きているうちに、それが解消されることになれば、きっと私はその知らせを受ける最初の人のひとりになるでしょうし、私はうれしく思うことでしょう…。

注　(1)　このノートは、前のノート「両親――葛藤の中心」（No.128）［P191］の注のひとつから生まれました。

e　敵としての父(3)――陽は陽を埋葬する　129

あきらかに、これまでのページでは[1]［P208］、**両親との紛争**というテーマにかろうじて触れたばかりであり、私の出発点であった、父との紛争というテーマには触れてもいません。そのときから従ってきた、考えのさまざまな連想は、それを掘り下げるというよりも、むしろそれから遠ざかっていったようです。両親に対する紛争についていま述べたばかりのところでは、母と父の役割は交換することが出来ます。また同じく、これらのページの中に出てくる「私たち」も、男、あるいは女のいずれをも指しています。しかしながら、両親に対する私たちの関係の中では、母と父は、対称的な役割を演じるということからほど遠いところにあり、両親のおのおのによって演じられている役割は、「私たち」が少年あるいは少女（そのあと男、あるいは女になりますが）であるかどうかに、決定的な仕方で依存しています。

今の場合、私の埋葬に積極的に参加したことを私が知っている人びと――これらの人は、すべて**男**です――のケースにおいて、まず第一に、私が関心をいだくのは、父との紛争（父の象徴的な埋葬によって、さらには父の虐殺によって表現される）です。この時、わたしという構造をつくる中で、父は、他の人に対する（とくに、女性に対する）関係、そしてその人自身に対する関係において、自分が**一体化している**人、**自己のモデルにしている**人になります。この一体化に、大きな「しみ」がないことは、きわめてまれです。そして父との対立は、とてつもなく強靭な、これらのしみの刻印のひとつです。パパに範をとることでは最も恵まれた立場にある少年に対する、これらのしみ、しばしば具合が悪いものとされるすべてのもの、を一巡してみることは、ここではしません。またそれらが、父に対する関係の中でとる傾向があるその表現についても、ここでは検討しません。また、このテーマについての私自身の経験は、あまりにも典型的なものとは言えず、このような検討をおこなうには、おそらく私はだれよりも良い位置にいるとは言えないでしょう。そして私自身の体験を通しては、主なケースのいずれの場合にも、その一部始終と、その特別な「味わい」を心の底で感ずることが出来ません(2)[P 208]。ここでの私の経験は、とくに間接的なものです。私のまわりで観察できたこと、まずなによりも、私に対する私の子どもたちの関係において観察できたことによるものです。

これらの「しみ」のもつ特別な性質、そしてこれに由来する、父に対する不満やうらみの特別な性質を超えて、多くの機会に私がつよく感知することが出来たある共通の一側面があります。ところが、それに対する「説明」がまったく不在なのです。それは、少年あるいは男の、父に対する対立は、**自分自身**に対する対立の、決定的で、とくに鮮やかな一側面にほかならないということです――父は、その人がそれを欲しようと否と、それを認めようと否と、どうにかこうにかモデルとして役立ち、（模倣によって、あるいは反対することを通じて）「ポジティブに」あるいは「ネガティブに」再生産しているのです。もっと具体的に言えば、これは、父の**拒否**（多かれ少なかれはっきりと表明された）を通して、**自分自身のある一部分を拒否していること**の外部に現われたしるしなのです。このことから、もちろん、（自分の知らないうちに、あるいは意識的な、あるいは無意識のいくらかの選択にもかかわらず）その人は、この拒否によって、否認されたモデル――その父に似ることになるのです。

突然、私は再び足元に落ちてきました――「自己に対する軽蔑」（あるいは「自己の拒否（あるいは否認）」と、「父との対立」との間のこの予感されていたつながりが明確化されるのが見られます――しかし私は思いがけないところに落ちてきました。私は、父に対する対立と、その人自身の中の**女性的なもの**の拒否（あるいは「埋葬」）という形のもとでの自己の拒否との間の多かれ少なかれ直接的な関連を見い出そうとしていたのでした。その代わりに、**男性的なもの**の拒否の上に落ちたようなのです（しかしながら、「適切な論理」に従えば、これは予期出来たものにちがいありません）。しかし、男性のもとでのこの男性的なものの拒否は、自己の中での女性の拒否（これについては、とくに、語る機会がありました）よりも、それほど明らかでなく、より隠されているものですが、それは、まれなものだというわけではなく、これもまた同じくらいの重みでその人の上にのしかかっていることを、私はよく知っています。しばしばこれは、もうひとつのものの上に積み重ねられます。その結果、わたしが構造づけられるのですが、それが、陰を基調としていたり、陽を基調としていたりしますが、その人自身には確実に受け入れられないものなのです！あるいは、別の言い方をすれば、この父の拒否、あるいは自分自身の中の「男性的なもの」、「男らしいもの」、私たちを父に似せているものの拒否は、しばしば、これと**対**をなしている「陽」、「マッチョ（男権的）」一辺倒の価値体系を、（「陰」の側の分銅が否認されて、欠けているために）留保なしに採用するに至ります[(3)]［P 208］。

この矛盾（ひとたび、言葉で表わされ、はっきりと書かれると、実際のところ、じつに驚くべき！）は、おそらく、また、熾烈なこの**競争**の中の真の**活力**なのだという考えが浮かんできました。この熾烈な競争というのは、私たちのスーパー・マッチョ（男権的）な社会の特徴のひとつです（そして、このことは、他の至る所でと同じく、科学の上層社会においても言えます…）。なぜならば、「上昇し」、「乗り超える」ということは、すぐれてスーパー陽の価値だとしても、もし乗り超え、あるいは押しのけようとしている、私たちよりも良い位置にいるライバルの中に、同時に、私たちの前に、感嘆され、うらやまれ、同時にひそかに憎まれている父のおそろしい影があらわれなければ、これらの価値は、これほどの激しさをもって内面化されることはおそらくなかったろうし、これを実行に移すこともこれほど荒々しくはなされなかったでしょう（「上層社会」の場合には、それが押し殺されているとしても…）――その父は、私たちの前にあったし、私たちの思い出すかぎり、はるかに遠い過去にあったとしても、その存在だけで、私たちの人生における**巨大な挑戦**だったのです。

注 (1) ノートNo.128［P191］のことです。このページは、この直接のつづきをなしています。

(2) ノート「虐殺」（No.87）の末の省察と比較されたい［『数学と裸の王様』、P225］。

(3) （十一月二十九日）これは、少なくとも、私の知っている人たちにおいてとくに頻繁に見られるケースです。

f 矢と波 130

（十一月十九日）放置していた省察をつづけたくてじりじりしていました。「主題の核心」に入りつつあると日毎に感じはじめてから——つまり、省察の過程で得られていた部分的な「面」を集めた、期待していた、埋葬についての全体の光景について到達したと感じてから、一週間になります（つまり、十一月十二日のノート「烈しい妻（陰と陽の逆転）」（No.126）［P176］以来のことです）——また問題の「地点」を一日一日と押しやってから一週間になります。毎日ノートを終えながら（時間が進んで、やめて、寝なければならないからですが）、おこなわないですますことの出来ない仕事をおこなった、ひとつ「前に進んだ」という感じをたしかに持ちました——しかし、同時に、私の到達したい「地点」は、それだけ後退したという印象をも持ちました！ここで明らかに心をそそるのは、休まず一気に、例の「主題の核心」に到達するまでつづけることです。しかし、ここ最近の三年間の「健康についての事故」のあと、これは避けねばならないへまな行為だということも、私はよく分かっています。

さらに、心の底では、私は問題の「核心」のただ中にいることをよく知っています。ただ、それを一巡するのを、いら立ちながらも抑えているのです。仕事の結末に到達してしまいたいというこのいら立ち、私の前に緊張をともなって知覚されているこの「地点」あるいは「主題の核心」へと向かうこのはずみ——すぐ近くにあるか、まだ遠いところにあるか、それは結局のところ重要ではありません——的へむかってつき進む矢のように、私を前へとかりたてる、私に対して「目的」のもつこの引きつける力——私という人間の最もつよい「**陽**」と思われるこの側面は、**仕事の時間の外**にいるときの私のあり方を特徴づけています。これは、「**ボス**」の、私の中で条件づけられ、獲得されたもののもつ際立った一側面です。私の幼少時代について私の知っていることの中には、この性格を予示するようなものは全くないようです。この性格は、幼少時代のあとの方であらわれてきたもので、私の大人としての人生全体を今日に至るまできわめてつよく特徴づけています。

仕事そのものの中では、この側面はほとんど消えてしまうようです。私の印象では、そこここでこれが存続している少しばかりのものは、仕事の過程でボスが、ひそかにと言わねばなりませんが、ときおり口出ししているしるし以上のものでも以下のものでもありません（そこでは、たしかに、ボスはこうすることしか出来ないのです！）。仕事そのものは、私の手を通して、自分の固有のリズムにしたがって仕事をする労働者の手中にあり、全くことなった息づかいに従ってなされます。いら立ちの激情は、穏やかさ、穏和さ、執拗さの前で消えてしまいます。的へ向かって急ぐ矢はもはやなく、遠くまで広がっており、どこだか分からないところへと進む波があります。そこではこの波を活気づけている揺れ動く力が、この波を運んでいるのです——ひとつの波に、もうひとつの波がつづき、そしてまたもうひとつがつづきます…。この動きの中にはためらいは全くありません。おのおのの場所で、すべての時点で、それを運ぶ、あるいは前へと引く、それに固有の方向があります。おのおのの時点で、どちらへ向かうのかはわかりませんが、ある前進があり、努力を知らないひとつの動きの中で達成された「仕事」があります——そして、そこには目的はありません。ここでは、「目的」という考えさえ、奇妙で、突飛なものに見えます——目的をどこに置こうとしているのだろうか⁉目的は、矢と同じく消えてしまいました。もしも矢があるとすれば、それは、的の中心へと飛び、そこに立ち、その中に沈む、振動する**ひとつの**矢ではなく——つぎからつぎへと続く波からなるこの動く塊からなる**おのおのの**場に、はっきりとした動きと力があります。進行の中に、ひとつの方向があります。これらの進行と方向は、矢と同じくらい、具体的で、明確なものです。矢は見えませんが、絶対的なもので、この方向、この力、この動きを特徴づけるものでしょう。

こうして、私の仕事の中では、私は最大限に「陰」であり、かつ「海と動き」であると思います。私の人生における発見の仕事のすべてにおいて、私が情熱をもって乗り出したすべての仕事、とくに数学の仕事とめい想の仕事において、このようであったと思います。あらがいがたい、そして突然のイメージによって、この仕事を私がどのように感じているのかを思いがけなく描いたいま、このイメージは、同時に、私自身との再会の日以来、そして多分すでにその前から、おそらく居心地のよいすみ家からの「救いとしての根こぎ」の時点[1]からの、**私の人生の動き**をも描いているように思います。少なくとも、このイメージは、深いレベルでの私の人生が「どのようなものか」、昨日のノート（No.128）の注のひとつ［P201の注(9)］の中で語った（ほんの数時間前ですが）「穏やかさ」のレベルでの私の人生がどのようなものかを描いています――表面で生ずる揺れによって影響を受けない穏やかさです。この深い穏やかさの中に、動きと進行がありますが、目的はありません――目的は消えてしまいました。

また、三月にやってきたのも、これと同じイメージであることを、いま思い出しました。私の二つの情熱である、めい想と数学の現われについて、「ひきつづく波の上下運動として、また大きく、穏やかな呼吸の息吹きのように…」と語ったときのことです[2]。八か月たったいま、私は、これらのイメージの中に、私という人間の自然に生まれる動きを認めることが出来るように思います。最も自然なもの、私の中の真に原初的なものの中にあるもの――どのように見えるかということや、どうなるのかという渇望に触れられる前の、知ることに熱心な子どもからやってくるものの中にあるものです…。

注 (1) この名をもつ注、No.42をみられたい［『数学者の孤独な冒険』、P380］。

(2) 「私の情熱」の節（No.35の末［『数学者の孤独な冒険』、P292］をみられたい。これらの行は、これからの抜すいです。

g 紛争のなぞ

131

（十一月二十日）昨日の夜は、その前日のノートを読みなおすこと、途中でそれに手を入れること、あまりに多く加筆されているページは打ちなおし、（前日に予定されていた）注を書くことにほとんどすべてが費やされました――すでに真夜中でした！それでも、この夜のうちに、ほんの少しでも、さらに前に進もうとはやる気持ちを持っており、タイプの前に再びすわり、前日に中断されていた「糸」を再びとり上げようとしました。ところが、やってきたのは、全く別のことでした――矢と波のイメージです。ずいぶん以前から、私は自分を矢のイメージの中に認めていました。波のイメージは、私の気質とはかなり違った気質に対応しているように思えていました。しかしながら、「ボス」が遠くにいるとき、あるいは少なくとも、ボスが他のものの前で姿を消しているとき、私という人間において優勢な「基調」を、目をみはるような、しかもじつに的確な仕方で表現しているのは、この波のイメージであることが分かったことは、陰と陽についてのこの省察の過程であらわれた驚きのひとつです。このイメージは、あたかもすでにそこに用意がなされていたかのごとく、浮かんできました。ついにこれに形をあたえる言葉を待つのみでした。これらの言葉は、急ぐこともなく、ためらうこともなく、やってきました。私は、なお漠然とした予感の状態のままであったものを、まったく隠すことなく、変形することもなく、出来るかぎり忠実に**描く**ことのみに努めたのでした。

　この描写が終わったとき、午前二時ごろでした。その夜のうちに、この二ページを読みなおしてみました。手直しする必要のあるところは、ほとんどありませんでした。最も微妙な箇所は、力の「場」のようなものを形づくっている、連続した数限りない「矢」という直観を描こうと試みたところです。そこでは、この考えは、力づよく現われてきましたが、言葉によって取り上げられるのにためらいがあるように思われました。しかし、私は、これが、このイメージ全体の重要な一側面、「陰の中の陽」という側面であることを感じていました。波の中に「矢」があります。ひとつの矢のものではない、この波に固有の動きにしたがって、矢を前へと運ぶ、ある勢いがあります。この動きは、むしろ、この波の動きをしなやかに復元する、あらゆる多様性、**連続した**多様性が持つ動きなのです。また私は、私の仕事の中で、「矢」**でもあった**ことをもよく知っていました。しかし今まで私が想像していたのとは異なったあり方でそうなのです。それは、そのもつ全体を感知するために、いくらかの注意を払ってこの仕事をながめてみるという時間を取ったことが一度もなく、そして私以外のだれかのことであるかのような考えが私にしみ込んでいたからです。めい想しはじめてから八年たちますが、もっと早くこのことをおこなわなかったのは、おそらく、私の気づかないうちに、年来の意図、つまり自分を、労働者―子どもにではなく、私の中の「ボス」と同一化するという意図に囚われたままだったからでしょう。つまり、私が、「わたし」について語るとき、そしてまずなによりも（ほとんどの場合、おそらく専ら）、私という人間について考えるとき、それは、「ボス」が舞台の前面にいるときです。ほんの少しのことを除いて、まさに、それは、私の仕事の外にある時点でもあります。

　（とりわけ）学生を教育することが必要なことと失敗の可能性があることから、とにかく、めい想の発見以来、私の仕事の**いくつかの**特徴に注目するようになりました――つまり、それらは、普遍的な性質のものであり、**すべての**創造的な仕事、すべての発見の仕事の中に存在しているにちがいないと、私が感じていた特徴です[1][P217]。しかし、陰と陽についてのこの省察の前には、私自身の仕事の中に、他のすべての人の仕事とはちがった、特有な特徴を取り上げてみるということを考えたことはありませんでした。これらの特徴の中で最も決定的なものに思えるもののひとつが、ついに、十一月八日のノート「満ちてくる海…」において浮き立たせられました（No.122）［P153］。証明しようとしているある予想という特別な枠組みの中で、このノートにおいてはじめて取り上げられたこのイメージは、昨日のノートの中で、特殊な枠組みをはずして、異なった照明のもとで、再び取り上げられました。

ここで、ついに、一昨日止まっていたところから、省察の糸を再び取り上げます。父に対していだく特殊な不満を超えたところにある、父との対立の深い理由を浮き彫りにしてみようとして、出発したのでした[2][P217]。力づよく現われてきた、さまざまな考えの連想にしたがって、はじめはこのテーマから遠ざかり、とくに、**両親**——父あるいは母と区別することなく——との紛争について語ることになりました。この「紛争」は、また、対立という形とともに、忠誠という形をも取ることがあります（私の場合がそうであったように）。両親の人生についての私の仕事以来、両親とのこの「紛争」は、私たち自身の中の真の「葛藤の中心」にあるように、私には見えます。私たちの中のこの「葛藤の中心」を解消させることは、まさに両親との紛争を解決すること以上のものでも、以下のものでもないと、私は確信しています。つまり、両親から自由であること、精神的に完全に自律すること、**自分自身の**旅をつづけることです…。

新たに、男のもとでの、父との対立に戻りますと、私は、ここ最近の年月にいく度もあらがいがたく立ち現われてきたひとつの直観との接触を取り戻しました。つまり、父との対立の深い意味は、私たちの中の父に似ているものの拒否、私たちの中の**男性的な**側面と特徴の拒否であることが、私に見えてきました。昨日の省察のこの最後の部分[3]［P217］を、独立したノートにして、「敵としての父(3)——陽は陽を埋葬する」と名づけました——この名によって、「敵としての父」というこのテーマがはじめて現われた、二つの節「敵としての父(1)、(2)」（No.29、30）［『数学者の孤独な冒険』、P265、269］とのつながりをも示唆しているのです。

こうして、一昨日の省察の冒頭で問題にした埋葬の側面、つまり「自己の軽蔑」、あるいは「自己の否認」、あるいは「自己の拒否」という側面は、その前の二つの面である、「スーパー・マザー——あるいは「女性的なもの」の埋葬」という面と、「スーパー・ファーザー——あるいは父の虐殺と埋葬」という面とをつなぐ、一種のハイフン、あるいはもっと適切な言い方で「**橋渡し**」として見えてきました。これらの面のはじめのものの中で、「女性的なもの」は、なによりも他のことがら、つまり「**私たちの中の**女性的なもの」であり（実際、このことは、すでに「スーパー・マザー」の面が現われてきた、十一月十日のノート「陰の葬儀（陽は陰を埋葬する(4)」[P167]において認められます）、そして、さらに、「父」は、なによりも、「私たちの中の男性的なもの」の象徴的な代替であることが、はっきりと知覚されるや、この橋渡しという性質が立ち現われてきます。こうして、問題の二つの側面は、「自己の拒否」のもつ明らかな二つの「予想されたすがた」——つまり、私たちの中の「女性」（またの名は、母）の拒否、および私たちの中の「男性」（またの名は、父）の拒否——に対応した、完全に対称的な面という姿をとります(4)[P217]。また両親との紛争というテーマは、母との紛争と、父との紛争という異なった二つのテーマの一種の結合あるいは重なりですが、これもまた、ある種の橋渡しとして現われてきます。あるいは、もっと適切な言い方をすれば、昨日の省察でみられたことによって(5)[P218]、この両親との紛争というテーマは、それぞれの側面が、分割できないひとつの現実、つまり**私たち自身の中の葛藤**という現実の異なった二つの側面であるということで、自己の拒否というテーマと切り離すことができないものとして現われてきます。

　これらすべてを述べたあとでも、はじめの主題である、「父との対立の深い**理由**を浮き彫りにする」ということは、あい変わらず、未解決のままであるように思えるでしょう。私としては、父との対立は、自分自身に対する対立、あるいは自己の拒否が取る**さまざまな形**のひとつである、と言うことが出来ると思います。このときには、はじめの問題は、二つに分けられるようです。一方では、どんな「理由」によって、自己の拒否は、いくらかの場合に、父との対立というこの特別な形を取るのだろうか？これに探りを入れることは、また、このような対立を呼び起こすような、いくつかの異なったタイプの状況の中にいくらか具体的に入ってゆくことです。

　他方では、私たちは、自己の拒否の「**理由**」、つまり、また、私たちの中の葛藤と分裂の理由という、さらに深い、さらに決定的な問題へと戻ってきます。私は、少なくとも、世代の対立がそれを通して伝達される、通常の**メカニズム**を把握しえたと思います：つまり、私たちの中の私たち自身の拒否は、私たちが生まれて数年たつや、私たちの周囲の人びとによってなされる、私たちの拒否の内面化にほかならないのです――少なくとも、私たちの中のいくつかの側面、いくつかの衝動の拒否の内面化です。これらの側面や衝動は、私たちの原初の存在、私たちの創造的な能力の基本的な一部分なのです。私は、（なかでも）ことがらのこの側面に、「陰と陽の鍵」の「拒否と受け入れ」の部分において、そしてとくにはじめの二つのノート「失われた楽園」と「円環」（No.116、116′）［P123、130］において、触れています。

しかしながら、紛争の伝達のこの通常の「メカニズム」を把握したということは、私たちの中の、そして（私たちを通して）人間社会の中の紛争の**原因**を理解したということでは全くありません。**なぜ**、（時代を通して私たちにやってくる、一致した証言によると）あらゆる時代に、あらゆる所で、「社会」は、社会を構成している人々が**損なわれていない**存在であることを許容しないのだろうか？つまり、きわめて恥ずべきもの（あるいは、非常に恐ろしいもの…）とみなして、あるがままのものを無視した方がよい、暗黙のうちにそれは**存在しない**ことにした方がよいとして、自分のもつ創造的な能力の一部分を、たいへんな苦労をして抑圧していない、自らのもつ創造的な能力を完璧に保持している人をなぜ「社会」は許容しないのかということです…。

これこそが、私にとって、人間存在というものについての大きななぞのひとつ、おそらく最も大きななぞです[6]［P218］。

なお数年前にもそうだったのですが、抑圧と紛争という普遍的な現実に対する私の態度が、戦闘的な**反乱**という態度だった時がありました――その性質からして、ひとつのものでなければならないし、ひとつのものであったものを、二つに切ろうとしていたこの「**剣**（つるぎ）」に対する反乱です。五年前、「近親姦の称賛」を書きつつあったときの私の態度もなおそうしたものでした[7]［P218］。この態度が変わったのは、私の両親の人生についての、そのあとにおこなった、息の長いめい想の仕事によってです。この仕事、それによって、一日一日と、両親の中の紛争のさまざまな現われと深く接触し、根気よく、それらの現われからその意味、その原因へとさかのぼることができましたが、――この仕事によって、ついに私は紛争についてのこの**なぞ**を感ずるようになったのでした。この反乱という態度は、あたかも一度もそうであったことがなかったかのごとく、消えてしまいました。この態度は、表面的な反応であり、単にエネルギーの分散だったのです。反乱——だれに対してなのだろうか？ある人に対してでも、人びとからなるある集団に対してでも、例の「やつら…」に対してでもありません！私たちはすべて同じ船の中にいるのです。そうなってから百万年も二百万年もたっています…。神に対する反乱だろうか？そうだとしてもどうしようもないでしょう。

心の底では、私は、ずい分前から（いつからとさえ言うことができません、また長い間私はこのことを知らないような振りをしていましたが…）、この世界の中のすべてのことがらは、その良き存在理由をもっていること、そして、もしことがらの奥底を理解するならば、たしかにすべてのことがらは、それ自体としては**良いもの**でさえあることを、よく知っています。死や、死のむこうの「あの世」（このあの世というものがあるとして）は、こうしたことがらの中に入っています。これは、ひとつのなぞです。そしてこのテーマについて私の中にある「**信仰**」があるとすれば、それは、あの世の存在（あるいは不存在）についての、そしてそれがもつ特殊性についての「絶対的な真理」からなっているものでは全くなく、単に、死に関するすべてのことについても、これもまたなぞにみちた誕生に関するすべてのことがらについても言えますが、ことがらはそのものとして完全であるという単純な確信からなっているのです。しかしながら、長い間、私は、これらのことがらの多くのものから「紛争」を排除してきました——私はこの「紛争」を、ある種の「しみ」、汚れをつける許せないもの、創造というコンサートの中でのしつこく、奇妙な（さらには不愉快な）「調子はずれの音」とみなしていました。紛争に対する私の関係が深く変わるには、紛争とたたかう振りをして自らを浪費するかわりに、ついに紛争というものをいくらか深く知るだけで十分でした。

死と「死後」と、誕生と「誕生以前」についてのなぞは、私たちの種（人類）のみに固有のものではありません。これらが呼び起こす諸問題は、すべての生き物に、おそらくは電子から星雲に至るまでのすべてのことがらに対して、ある意味を持っています。これに対して、紛争にかんするなぞは、人間に、人類に固有のものだと思われます(8)[P 218]。それは、**私たちの種**がもつ特別な意味、特別な運命についての大きななぞだと思われます。人類学者や心理学者たちによって与えられている「説明」、少なくとも私が聞いたことのある説明は、みるからに、こうむり、内面化されている抑圧を、社会が順当にゆくために、そして社会の存在そのもののためにも不可欠なものとして**正当化する**ための**合理化**そのものです。いくらか、手が不自由か片足の人たちからなる社会の中で、すぐれた理論家たちに欠くことなく、二つの手（あるいは二つの足）を人びとが使っているような社会はとにかくうまく機能しえないことを理詰めで証明している（しかも、だれもこれに反論することを考えない）ようなものです[9]［P219］。これは、一目瞭然の正当化であり、「科学的なもの」として提出される説明によって、あるなぞを隠してしまおうとしているのです。実際、人間社会における紛争（あるいは抑圧）の起源と意味の問題は、この問いを提出する人が、緊張した、深い仕事を通して、**自分自身の中の**紛争を知るようになり、そして**自己の中の**紛争の起源を知るようにならないかぎりは、純粋に空虚なことばのままでしょう。自己についてのこのような認識がなければ、この問題は（自由や愛や創造の本質についての問題と同じく）、例の「天使の性を決める」ことについての中世の問題の現代版と言えるでしょう——とにかく、どこかに片づけねばならないものをなんとか「片づける」ための、たんなる大げさな練習問題です。この問題は、厳密に言って、「科学的な」問題ではありません。つまり、それを検討することが、ある**成熟**を必要としていなく、ただ単にある程度の予備的な知識と、あるレベルの知力あるいは理解の速さを必要としているだけの問題なのです[10]［P219］。

今の場合、私にとっては、人間社会の中で、どのようなメカニズムによって、抑圧が作りだされたのかをいくらかでも推測してみること、つまり抑圧という事実についての**説明**を見い出すことが問題なのではありません。たとえ、ありそうな、さらには納得のゆくシナリオに到達したとしても、それでもずいぶん前進したとは私は感じないでしょう。それは、おそらくこのなぞのある興味深い一側面を明らかにするでしょうが——それは、結局のところは、「機械論的な」側面であり——そこにわけ入ってゆくものではないでしょう。古生物学や分子生物学の詳しい諸結果、それにダーウィンの深い思想でさえも、これまでの三、四十億年のあいだの、地球上における生命の出現、その創造的な開花のなぞの中に真に入り込んでいないのと同じです。紛争のなぞの中で、私の興味をひくことは、機械論的な、科学的な側面、有名な「フェルマーの定理」と同じく、**私にとって外的な**一側面ではありません。この興味を引くのは、紛争の意味に関する問題です。この意味は、直接的に、基本的な仕方で、**私に関わって**います。それは、数知れない男や女のおのおのに関わっているのと同じであり、こうした人びとは、数知れない世代を通して、相互に分裂しあい、相互に殺しあい、両親から受け継いだ紛争を子どもたちに伝達しているのです。

紛争にはある**意味**があるにちがいないこと、そして私はこの意味をいくらかでも知ることが出来るということは、たしかに、さきほど話しました「信仰」に属することです。これは、私にとって、明らかなことがらであり――じつになじみ深い、そしてそこには探りを入れるべき深いなにかがあるという、この「なぞについての感情」は、同時に、この「なにか」が、まさに**この意味なのだ**ということを私に語っています。この「信仰」は、私の能力が、私の前に発見すべきある「意味」があると、ここで疑念の影なく、私に明かすとき、私の能力に対する信頼と重なり合っています。

おそらくいつか、この意味は明白なものになるでしょう。ずっと以前から私はその意味を知っていたかのごとく！このなぞは、私には、遠くて、接近しがたいものには全く思えません。それは、私には、じつに近くにあるものであり、より深く知るかどうかは、私次第だと思います。そしてたしかに、今や、私には、このなぞに近づくための道、あるいはむしろ、すでに私に親しげなしるしを送っている一側面が見えています。いずれにしても、紛争は、多くのことを私に学ばせることが出来るし、すでに多くのことを私に教えてきたからです…。

注 (1) これらの特徴のいくつかを取り上げている――と思いますが――最初に書いた文は、一九七八年十月の「プログラムの代わりに」です（これについては、十一月六日のノート「すばらしき未知なるもの」（No.120）［P148］で言及しています）。この文のあと、今年の『収穫と蒔いた種と』の省察の前には、このテーマについての私の観察をはっきりと述べたり、深めたりする労は取りませんでした。『収穫と蒔いた種と』の最初の八つの節［『数学者の孤独な冒険』、P190―209］は、基本的にはこのテーマにあてられています。この省察の過程の至る所に他の数多くの解説もありますが。

(2) ノート「両親――葛藤の中心」（No.128）において［P191］。

(3) 実際には、これは、昨日のノートではなく、一昨日のもの［つまり、No.128［P191］］です。ここでは、このつづきをおこなおうとしているのです。

(4) 「対称的な」二種類の拒否が、同一の人の中で相互に重なり合っていることは、まれなことでは全くありません。私たちの社会の中では陰の価値が低いことからみて、いずれにしても、陰の拒否が、多少とも強い形で現われていないことは、かなりまれです。したがって、私は、父との対立の中に、陰と陽の二重の拒否（少なくとも推定される）のしるしを見ようとしているのです。

(5) 注(3)をみられたい。

(6) この考えは、純粋に主観的なもので、単につぎの事実を反映しているだけです。つまり「人間存在のもつさまざまな大きななぞ」の中で、きわめてつよく、単なる知的好奇心を超えるような仕方で感じるのは、ここに挙げたなぞだということです。私の中に、ある**願望**――つまりこれに探りを入れ、これを知り、（私のもつ限りのある能力でもって知り得るかぎりにおいて）これの「真実」を知ること――を呼び起こすのは、ただこれのみです。この相違は、数学において、「私がしっかりと感じ取っている」未解決の問題（私が即座にこれに取り組むことができるもの）と、技法的な意味では「理解して」いて、その重要性を（表面的なレベルにおいては）つかんではいるが、「私の関心を呼び起こさない」問題との相違と同じです。リーマンの仮説は、この後者の問題に属しています（たぶん、解析数論についての私の大いなる無知のせいでしょう）。また「フェルマーの定理」は、数年前まではこの後者の問題に属していました。この「フェルマーの定理」に対する私の態度を変えたのは、「アーベル的とはかぎらない場合」についての私の考察でした。ところが、この定理が呼び起こしたさまざまな研究についての私の無知は、あい変わらず、以前と同じくらい大いなるものです。

(7) このエピソードについては、『収穫と蒔いた種と』の中でいく度も触れました。その最後のものは、ノート「行為」（№113）［P102］においてです。

(8) （十二月三日）たぶん（理由のあることですが）、個体の間、あるいは個体からなる集団の間の攻撃性と対立という形のもとでの紛争は、私たちの種以外の種の内部にも存在すると、私に異を唱える人がいることでしょう。ここで私が「紛争」というとき、それが人間社会において取る特殊な形、そして特にこれと、個人の中での**分裂**と**抑圧**との深いつながりについて考えています――その人という存在の大きな部分の抑圧、とくに現実を知覚する自分の能力と知覚そのものの抑圧です。抑圧のさまざまな形は、いわゆる「性の」抑圧という、すべての抑圧の中で最も決定的なものに思われるものにその根を持っているように思えます。この「性の」抑圧は、自分自身の身体と、身体の機能と衝動（あるいは、少なくとも、これらの機能や衝動のいくらか）について羞恥心を植えつけるのです。私の知るかぎり、これらは、人類以外では知られていないメカニズムです。「紛争」、「分裂」、「抑圧」という言葉をほとんど同義語のように、あるいは少なくとも、同一の現実のさまざまな側面を指す言葉のように用いることで、私はおそらく誤りを犯しているのでしょう。ノート「両親――葛藤の中心」（No.128）［P191］において、私にとって「紛争あるいは葛藤」という語がもつ意味についていくらか説明しました。

(9) 奴隷制社会の時代にあって、「最良の精神の持ち主たち」（かれらもまた奴隷を使っていました）にとっても、他の人たちにとっても、「奴隷のいない社会はありえない」と当然思えたように。プラトンが異なった風にことがらを見はじめるためには、自分自身が奴隷になるというおもいがけない運命を持つ必要があったでしょう。

(10) （十二月三日）紛争の意味の問題は、科学の管轄の範囲ではないということは、神話や宗教の中にその解答のさまざまな要素が見い出されるかもしれないという見通しを呼び起こすかもしれません。だが、こうでは全くないように私には思えます。私の知っていることから判断すると、神話や宗教の基本的な機能のひとつ――それが主要な機能だとは言わないまでも――は、基本的には、ある社会の中で、抑圧を具体的なものにする、「一連の」禁制からなるひとつの「教え」を制定することであると思われます。神聖な本質を表わしているものとして提出されるこの教えは、自らを正当化する理由を与える必要もなく、その「意味」を説明する必要もなく、ましてやこの教えと、他の社会を統御している教えとに共通する意味を説明する必要もありません。

h　逆転(2)――両義的な反乱　132(129)

（十一月二十二日）まったくプログラム外の脱線をして、ひきつづく二つのノートが出来ました――今回は、めずらしく、まずは**予定されていた**ことからはじめるように注意します。前のノートで（詳細には触れずに）取り上げた「さまざまなタイプの状況」のひとつを検討してみたいと思います。それらは、父との対立、そしてさらに深くは、自己自身の中の男性的な特徴の（多かれ少なかれ徹底的な）拒絶（この拒絶は、父の拒絶の中にその象徴的な表現を見い出します）を呼び起こすような性質をもった状況です。私は、この問題の状況を、ノート「敵としての父(3)——陽は陽を埋葬する」［P205］でおわっている、十一月十八日の省察のときから、思い出していました。このとき、私の注意は、少なくともこの「典型的な状況」の中で、**男性的なものの拒否と女性的なものの拒否との間の直接のつながり**に触れることでした。

私に最も近いケースで、しかも私が長い間研究したものは、私の母のケースです。母は、全生涯にわたって、女性的なものすべてに対するいくらか隠された軽蔑の態度を好んで取っていました。また過度に男性的な諸価値にのっとっていましたが、それと同時に、男性に対する関係は、思春期以来、「心の奥底では」対立的な関係でした(1)［P224］。母は非常に心よく幼少時代以来の自分の人生について私に話してくれたこと、そして父との共同生活の最初の数年までのじつに詳しい自伝的なノートが手元にあること、さらに厖大な手紙があるという、またとない幸運を私は持つことが出来たのでした。これは、母との接触で得た私自身の体験が復元してくれるものに加えて、途方もなく豊富な素材となっており、私はこれを汲み尽くしたとは到底言えない状態です。しかしながら、さきほど挙げた、母の中での二重の拒否、つまり女性的なものの拒否と男性との対立は、父親に対する分裂した関係の中にその根をもっていることを、疑いの余地なく感ずるほど十分にそれらを研究しました。母の父は、多くの面で魅力的で、心の広い、実直で、思いやりのある人でしたが、多くあったように、戦後の（もちろん一九一四—一九一八年の戦争）ドイツにおける長い社会的な没落の過程で、とげとげしくなりました。実際には、この没落は、その前からはじまっており、当時で車が持てるほどの裕福な身分から、町を歩く靴磨きの身分にまでなりました。心配と失望のため、彼の怒りっぽい気性は、時折は、家族の暴君へと変わりました。体の弱いその妻がとくにその犠牲となりました。父親にも母親にも深く愛着をいだいていた私の母は、その母が黙々と耐え忍んでいる、これらの父の横暴のエピソードによって動転させられました。その母は時折はこの横暴に耐えられなかったのですが、一度も不満をもらしたことはありませんでした。子どもであった母は、父親の横暴の犠牲者であるその母に愛情をこめて一体化していましたが、それと同時に、その母によって演じられている役割（犠牲者の役割、受動的な役割——「女の役割」…）は、彼女には認め難いように思えました。母とのこの一体化は、反抗、父親に対する心の底での敵対として表現されましたが、それと同時に（反抗もせずに耐えしのんでいる）「母のようには、私は決してならない」という奮起がありました。それは、**同時に**「私は女のようには決して**な**らない」ということを意味するしかない奮起でした。

しかしさらにもっと深いところでは、自分の望みにしたがって支配することが出来る、父の、男のこの力に対する羨望もありました。そして私の母の人生は、支配したいというこの激しい情熱によって支配され、甚大な被害を受けました――なによりも**男**を支配し、打ちのめすことです。彼女の中に怒りの反抗というこの奮起を呼び起こしたその男に対するもの、――その父が母を支配し、母は父の力を、青ざめて、無気力に耐え忍んでいたごとく、その性質からして彼女を支配するものとみなされた男に対してでした。

ここで、この省察は、いま、十一月十二日のノート「烈しい妻（陰と陽の逆転）」（No.126）［P176］の中でおこなわれた省察と「つながります」と書くところでした。ところがこのノートについての非常にはっきりとした記憶がもはやなかったので、いましがた読みなおしてみました。奇妙なことに、このノートは、（今日のノートと全く同じく）母の「ケース」から呼び起こされたことを、私は忘れていました。十日前には、このケースをいくらかでも詳説することにためらいを感じていたのでした。このためらい（私はその間このためらいをも忘れていました！）を克服して、今日これをおこなうことに戻ったのは、おそらくそこに、検討された状況の中に混乱したままであったひとつの側面があったからでしょう。さらに、私は、今日のノートの出発点、つまり「男性的なものの拒否と女性的なものの拒否との間の直接のつながり…に触れるという意図」、は、すでに十日前のこの省察の当初の動機であったことをも忘れていました。十日前の動機は、その前日のノート「スーパー・ママそれともスーパー・パパ？」（No.125）［P174］をしめくくる問いに自然につながるものでした。実際、この十二日の省察「烈しい妻…」の最後の句：「「…の間の「欠けている関連」が立ち現われるのを見る必要はもはやないように思えます」というのは、そのとき私は（このような関連を明らかにするという）その日の仕事をやり終えたと考えていたということのようです。この関連をすでに明らかにしていたこと、四日前のノート（このノートから、今日の省察をつづけたのですが）の前に、この問いを提出してさえいたことを私が完全に忘れてしまっていたからには、おそらく、ノート「敵としての父(3)――陽は陽を埋葬する」［P205］の六日前に文章にしていた、そしてさきほど取り上げたすばらしい結論に、私は完全には納得していなかったのでしょう。状況は、この句全体を引用すれば、さらに明らかになります：

「スーパー・ファーザーとの対立（前述の埋葬の中にその象徴的な表現が見い出される）と、「女性的なもの」に対する軽蔑と拒否、さらにもっと深くは、自己の中の「女性」の否認（裏表のある使用法をしている、べたぼめの形容詞の氾濫のもとでの、「スーパー・マザー」の象徴的な「埋葬」の中におそらくその表現を見い出している…）との間の「欠けている関連」が立ち現われるのを見る必要はもはやないように思えます。」

この結論の中には、欠けている一歩がありました。このため、この結論は性急なものになっています：つまり、欠けていたのは、「スーパー・ファーザーとの対立」と、「男性的なもの」の拒否との間のつながりです。このつながりは、上に挙げた、十一月十八日のノート「敵としての父(3)——陽は陽を埋葬する」において、はじめて省察の中に現われたものです。このとき、私には、父との対立は、自分自身の中の、陽の側面、「男性的なもの」の拒否という、もっとはるかに決定的な現実の象徴的な表現のように見えていました。女性的なものの拒否という「対称的な」場合においては、象徴的な表現とその深い意味とのこのつながりは、十一月十日のノート「陰の葬儀（陽は陰を埋葬する(4)）」（No.124）［P167］において、「スーパー・マザーという面」が現われてくるや、すぐに知覚されていました。したがって、十一日のノート「スーパー・ママそれともスーパー・パパ？」の中にあらわれているふたつの「向かいあった」面は、一昨日、**自分自身の中の男性的なものの拒否と女性的なものの拒否**という二重の姿をとる、自己の拒否（あるいは自己の軽蔑）の対称的な現われと見られたのでした。

十八日のノート「敵としての父(3)——陽は陽を埋葬する」の中では、さらに、私は、「当人」が男性の場合に限っていました——ところが、私の知っている最も極端なケースは、私の母のものだったのです！母のケースは、この省察の中では、さらにその前の六日間、完全に忘れ去られていました（十一月十八日のノート［P191］では、「私の両親」という言葉の下に隠されていますが）。

四日前に、父との対立と、自分自身の中の男性的なものの拒否との間のつながりを私に感じさせたのは、私の子どもたちについて、そして彼らの私との関係について、私の持っている知識によるものです。実際のところ、かなり近くで知る機会のあった（私の五人の子どものうちの）四人のおのおのに対して、ここ最近の年月に、一度ならず、彼らの父である私に対する、年来の対立の態度の背後に、彼らという人間の男性的な側面の拒否、とくに、世界との出会いへと彼らを乗り出させる、彼らの中の**飛翔**の拒否を感じました――この飛翔は、彼らが否認している父に彼らを似せるものです！これは、一般的な事実なのかどうかという問いを提出したことは一度もありませんでした。あるいは、むしろ、私の中に、これは一般的なものにちがいないという、言葉で表わされないある種の推定がありました。四日前の省察以前には、このことをはっきりと言葉に表わしてみるという必要を一度も感じたことはありませんでしたし、いくらかでも入念にこれを検討してみるという必要ももちろん感じませんでした。実際、この種の「一般的な」問いは、めい想の中で私が自分に提出するような問いでは全くありませんでした、めい想のテーマは、もっとずっと具体的なものでした。つまり、自分を理解すること、このことをなによりも、他の人に対する私の関係を通しておこなうこと――さらにこのことを通して、「他の人」、つまり私と関係を持った人たちを理解することでした。

もちろん、四日前の省察の中で、そこに確かにこのつながりがあるにちがいないこと、父との対立は、より深い紛争、つまり自己の中の「男」の拒絶の表現であることを示唆したとき、これは、まだ、私のきわめて限られた経験によって示唆された、単なる推定でした。このつながりは、少なくともあり得る、そしてとくに男性のもとでそうだと思われます。しかしこのつながり一般が「見えた」と主張しているわけではありません。このテーマに対しては、非常にしばしば、私のきわめて確かな道案内として選んでいる、例の「心の底での確信」を持っていません。例えば、私の母の場合には、父に対する対立は、**男性のもとでの**男性的特徴に対する隠れた、手厳しい敵対の源泉だったことが、私にはよく分かりますが、その反対に、女性のもとでのこのような特徴に対しては、全くそうではありませんでした。男性的な特徴を心の底で高く評価し、自己の中でそれらを極端なほど育むこと、それだけでは、おそらく、必ずしも、自分のもつ陽の側面を十全に受け入れることを意味しているわけではないでしょう。自分のもつ陽の側面を十全に受け入れるということは、また、結局は、陽が「支配的な」すべての特徴の中に自然に入り込んでいる「陽の中の陰」**をも**受け入れることを意味しているのでしょうから、母の場合はもちろんそうでは**ありませんでした**。

だが、省察は、ここで、いくらか弁証法の外観をもちつつあります。私はあまりこれには信頼を寄せていないのですが！私は、むしろ、母の人生について、まめてこのことに気づきました。

(8) 主人たちと奉仕者

a 逆転(3)——陰は陽を埋葬する

133

(十一月二十四日)一昨日の、前のノートの省察で取り上げたいくつかのケースは、父のもとでのスーパー陽の方向での不均衡(この不均衡が、専制的な形を取ろうと否と)は、子どもたちのもとで陽の拒否という影響を与えること、そして子どもたちのもとでのこの陽の拒否は、実にさまざまな形で表現されうるという、この予感を確証する、私の知っているケースのうちの一部分にすぎません。私が知っており、これを書いている時点で頭に浮かんだケースにおいては、少年の場合、この拒否は、自分自身の中の男性的な側面の(多かれ少なかれ完全な)抑圧という形をとります——そしてこの拒否は確実に彼の人生全体にわたってついてまわるでしょう(深い再生がなければですが、もちろんこうした再生はめったにないでしょう)。私の母のケースから確認できることは、少女においては、これとは必ずしも同じではないということです——母のもとで、非常に微妙で、今までのところ私の目に入らない、た父の人生についての私の省察によって精緻になった、母という人間についての私の直接の知覚に従いたいと思います。**母のもとで**、深く「男性的」であるなにかを拒否するという感情が一度でもあったという記憶はありません。この反対に、彼女の中につぎのような矛盾、あるいはむしろ**分裂**があったことを私は強く感知しました。すなわち、男性のもとにあるときには、彼女の中に、戦い、打ちのめすという激情と実にはげしい渇望を呼び起こす、その同じ特徴を(同じように**武器**として)自分の中に育み、これを自分の人生よりもいつくしむ人のもつ矛盾あるいは分裂です——絶えず突き当たり、対決し、他の人のもとにあるこの**同じ**力をなにがなんでも小さなものにするというこの熱によって、その生は徐々に衰えてゆきました(そして成熟に達する前に使い尽くされました)。彼女はこの力にあり金を全部賭け、その力は、彼女にとって大切であった人たちの人生に甚大な被害を与えたと同じく、彼女自身の人生にも甚大な被害を与えたのでした。

注 (1) 女性的なものに対する軽蔑とは反対に、激しく、波乱にみちた感情生活を通してほのみえている、この心の底での男性との対立は、彼女の生涯全体を通じて無意識のままでした。私は、一九七九年八月から一九八〇年三月までの仕事の過程ではじ彼女の中の男性的な側面のいくらかの拒否がやはりあったということがなければですが[1][P228]。これとは反対に、母のケースにおいて、あざやかなのは、極度に逆の結果――つまり、自分の中での男性的な特徴を過度に発展させること（さらに、女性的であるすべてのものに対する嫌悪）です。さらに、私は、**男性**のもとでの(例えば、私の母の父のもとでの)、同じ方向にある他のケースを知っています――父に対する**反抗**で、「同等な武器でもって」父と対決できるよう、強く男性的な人格を発展させるというケースです。このようなケースを近くで知るという機会を私は持ちませんでしたので、これはかなりまれなものにちがいないと考える傾向があります。しかし結局のところ、まれか否かはあまり重要なことではないでしょう。

　私が近くで、あるいは遠くから知っているすべてのケースに共通する一点があるとすれば、それは、つぎのことです：父のもつスーパー陽の方向での不均衡は、子どもの上に、ある**不均衡**として影響を与えますが、それは、陰の方向（おそらくこれが最も普通のケースでしょう）にも、陽の方向にもなりえるということです[2][P229]。私の心に浮かんでいるすべてのケースにおいては（しかしながら、ここで私の知っているすべてのケースを系統的にリストアップしてみようとは思っていませんが）、この不均衡は、**父との対立の関係**を伴っています。私の印象ですが、これは、また陽の特徴がつよく際立っているか、少なくともこれらが相補的な陰の特徴によって均衡が保たれていないような、第三者の男性に対する――つまり、父を想起させる、スーパー陽の方向での不均衡がまさっている男性に対する、心の底での対立的な態度を伴っています。

　このようなスーパー陽の方向の不均衡（逆の方向での不均衡も同じですが）は、たしかに、どんな人のもとでもある**居心地の悪さ**を呼び起こす性質をもっています。このことについては、すでに確信する機会がありました[3][P229]。しかしこの居心地の悪さは、かならずしも、自動的な対立の態度によって表現されるとは限りません――例えば、それが、多少とも無条件の服従、感嘆、あるいは忠誠という態度によって解消される（あるいは、少なくとも意識の場から消え去る）ということは、まれなことではありません。

　ここで連想が浮かびましたが、数学の世界の内部での、私（威信という後光でつつまれた）に対する関係において、こうした調子が、たしかに最も普通でした――少なくとも、（他の所で書きましたように）「私のものと比較できるような名声によって保護されていないと感じている」同僚（あるいは学生）たちの調子がそうでしたし、あるいは（ここで付け加えておきますが）ある心の内部の均衡はあり、自分自身の力についてのある自然に生まれた認識はあるのですが、それでもこうした不安定さを取り除いていない人たちのもとでもみられました。しかしおそらく、こうした「忠誠」の関係という性質の中に、隠された対立が包み隠されているのでしょう。この対立は、好機が生まれたときには、（公然と、あるいはなお隠されたままのあり方で）現われることでしょう…。

今までいくつかの連想にしたがってきましたが、これらは、一昨日の省察（前のノート「陰と陽の逆転(2)――反乱」の中［P219］の）、そしてそれを通して、十一月十八日のノート「敵としての父(3)――陽は陽を埋葬する」［P205］の省察を再び取り上げ、補足するものです。これらの連想によって私が理解できたことは、両親のひとりのもとでの陰あるいは陽の方向でのある不均衡の状態（いまの場合、父の陽の方向での不均衡）と、それが子どもの上に及ぼす影響との関係は、私がその前に性急に示唆していたように、常に同一のものでは決してないということです。疑いなく、親の、今の場合、父の不均衡が伝達される形は、他の多くの要素、そして家庭環境（そして特に、当人、また母の態度）にも、子どもの生まれながらの気質にも依存しているにちがいありません(4)［P229］。

だが、実際には、さきほど省察をはじめながら、進もうとしていたのは、この方向ではありませんでした。むしろ、（ノート「…――烈しい妻」（No.126）［P176］において）省察の中にはじめて陰の役割と陽の役割との**逆転**のダイナミズムが導入された、十一月十二日の省察以来、現われていた全く別の連想にしたがおうと考えていたのでした。おそらく、読者の側としては、この別の連想を近づけて見ていたことでしょう――とにかく、十一月十二日に、ついで一昨日の二十二日に、この問題を取り上げたとき、私の頭の中のどこかに、ひそかに、この埋葬についての省察の過程で、そのほか二度の機会に、「逆転」の問題がすでに取り扱われたという思いがありました。最初は、葬列Vの名と同じ名のノート「わが友ピエール」（四月二十八日のノートNo.68′［『数学者と裸の王様』、P109の「逆転」のこと］）においてでした。二度目は、九月三十日の省察の中の注においてでした。これは、ノート「弔辞(2)――後光と力」に入っています［P49の注（9）］。さらに三度目の機会もありました。それは、行間にあるものですが、省察「陰と陽の鍵」を開始した、翌々日の省察のはじめにあります。（それは、10月30日のノート「筋肉と心の奥（陽は陰を埋葬する(1)」（No.106）のことです［P50］）。

そこには、例の「三つの面をもった弔辞によって呼び起こされた連想」の内容があつかわれています。またそこでは、この弔辞についても言及されています――この連想そのものが、その日に、ここ二か月近くおこなっている、陰と陽についてのこの脇道に出発するきっかけを作ったのでした。私がこれらについて話しはじめて以来、おそらく今がちょうどこの秘密を打ち明けるいい時なのでしょう。ところが、六か月以上も前の、ノート「弔辞(1)――おせじ」のあと、五月十二日の翌日にはすでにこのことについて考えてはいたのですが。

これら三つの状況の共通点は、わが友で、私の元学生のピエールと私の役割の「逆転」ということです。さきほど想起しました、はっきりと文章化されている二つの場合においては、私は、この私の元学生の「協力者」として現われていました（きっぱりと、彼の学生としてではないとしても！）。はじめは、私のこのすばらしい先任者で友人による、ℓ－進コホモロジーという「強力な道具」の発展に寄与したかもしれない人（たしかに、混乱したあり方で、だが時折は興味深い、これは認めねばならない）として。二度目は、（「学際的な」手段によって、トポロジー、代数幾何学、数論を結びつけた」ということで…）、ひと息で私たちは取り上げられているのですが、印刷上の「忘れ」という巧妙な方法によって、まったくの偶然であるかのように、ある現実のこの同じ逆転が示唆されています[(5)]［Ｐ229］。さらに、称賛を表わす形容詞の選択（一方に対しては、「伝説的な深みのある諸理論」、他方に対しては、「さまざまな輝かしい発見」、この後者は、さらに、私を除くすべての人に対してと同じく強調されているのです）に注目するとき、この逆転の意味は、（ここ、つまり私がただひとり、デュドネと共に、科学上のレベルで「発進させた」が、ずいぶん前に立ち去っていた研究所の中で）どちらが先かという単純な問題以上に傾向的なものになります。この意味は、（十一月十日の）省察「陰の葬儀（陽は陰を埋葬する(4)）」（No.124）［Ｐ167］の中で、「鮮やかなあり方で」明らかにされました。これを通して、陰と陽についての省察は、突然、葬儀の真っただ中に「着陸する」ことになりました：一方に対しては、陰とスーパー陰の形容詞（ときには、べたぼめの）の積み重ね、他方に対しては、陽とスーパー陽の…といった具合に。

これこそは、五月十二日のノート「おせじ」［Ｐ32］を書いた直後にすでに私の目を引いていたことです。それは、二週間前にこれを出来るかぎり詳しく表現しようとたっぷりと時間をとるずっと前のことでした。

このとき私がこれらのことがらを感じていたあり方にしたがえば（ここで再び見直してみる必要があるでしょうが）、ここには、現実の真の**逆転**、あるいはもっと正確に言えば、私が、ニュアンスに富み、均衡が保たれていることがらとして感じていた、ある基底にある現実の極度に戯画化された「逆転」がありました。私は、自分を、少なくとも最も目につく、最も明らかな私の特徴においては、そして特に他の人によく見える特徴においては、「陽」さらにはスーパー陽がつよく支配的な人間と見ていました[6]［P229］。これに対して、わが友ピエールの中に、私たちがしばしば会っていて、彼が学生の姿をしていた時、陰を基調とする気質を感じていました。さらにこれは、私がそのときあったものよりも、はっきりとより均衡のとれたものでした。

また、現実についてのこの理解は、基本的には正しかったと思います。ここ数年の間に、またさらについ最近にも[7]［P229］、時折、私の中の「陰の」原初の基調を私が感じとることがあったとしても、それを感じたのは、私が最初で、唯一の人間であったように思います――意識されたレベルでも、無意識のレベルにおいても、他の人によって私がつねに理解されていたのは、なによりも、しばしばかなり前に出ている、陽の、あるいは「男性的な」私の特徴を通してであったと思います[8]［P229］――少なくとも人間関係に関してそうだったでしょう。この人間関係（愛情関係を別にして）は、また、それだけではないとしても、とくに、私たちの中の「ボス」をひきいれます。これは条件づけられたものです。陰と陽についての省察の過程で現われてきた新しい事実、つまり**私の仕事の中**では、事柄に対する私のアプローチはつよく陰、「女性的なもの」が支配的であるということは、他のところで私が知っていたこととは、真に矛盾するものではありません。それは、私が他のところで知っていたことにニュアンスを付し、いままで暗黙のうちに「いっしょくた」にしていたある点を修正してくれます。そしてよく検討してみるとき、ある現実の、戯画化された「逆転」についての、あるいはもっと正確に言えば、意図的なこうした逆転の**意図**についての、私の中に突然生じた、つよい印象、――この「直観」は、まだ簡潔なものだとしても、これもまた基本的に正しいと思います。いまからもう少し近くで探りを入れたいのは、この直観によって不完全にしか把握されていないこの現実です。

注　(1)　これに近い状況としては、スーパー陽の方向での不均衡のしるしである、支配をこのみ、前に出ようとする気質をもった**母**という場合がありま す。私が近くから知っている二つのケースにおいては、これは、その娘においては、「男性的な」特徴のかなり強い抑圧となって現われています。

(2) ここで私が「陰の方向での不均衡」について語るとき、その人のもつ陰の特徴の発展（おそらく過度な、一方的な）を意味しているのではなく、むしろ、陽の特徴の**抑圧**を意味しています。これは、同一のことでは全くありません。「陽の方向での不均衡」と名づけられた、反対の場合は、もちろん陽の特徴の「過度な発展」のことです。これは、多くの場合、いくらかの陰の特徴の多かれ少なかれ強い抑圧を伴います。

(3) ノート「スーパー・ファーザー（陽は陰を埋葬する(2)）」（No.108）においてです［P62］。

(4) 例えば、私の母の三人の兄弟のおのおの（すべて母より若い）においては、母とはかなり異なった進展がありました（母は、いくらか、あひるに卵をいだかれた白鳥のような姿でした）。またその他の二人の兄弟たちのもとでの進展とも異なっていました。

(5) あたかもその前にノート「虐殺」（No.87）［『数学と裸の王様』、P225］において、このことを私は考慮に入れていたかのごとく。活字印刷工と引っ越し業者が入ってくるとき、偶然はしばしば多くのことをなすものです！

(6) そして、これは、今よりも、一九七〇年の「私の別れ」の前の年月においてはなおさらつよいものでした。

(7) ノート「矢と波」（十一月十九日、No.130）において［P208］。

(8) そして、私自身によっても。

b　兄弟と夫たち——二重の署名　134

（十一月二十五日）まずはじめに、わが友ピエールという人の中の「基調」は、陰の色合いであるという、私にとっては明らかなこの印象をさらに細かく浮き彫りにしてみる必要があるでしょう。私が知覚するところでは、それは、「わたし」のレベルにおいても確かにそうだし、とくに、私や他の人たちに対する関係においても、彼の仕事、つまり彼の中の知の衝動、創造的能力のレベルにおいても、そのように現われているのを私は見ることができました。

第一の側面としては、みるからに、彼と私とは**相補的な**気質でした。ただし、私の気質の中の過度なもの、「スーパー陽」のものが、時折いくらか、彼を面食らわせたようだという、補足的なニュアンスを込めてですが。私の思うには、彼の中に一種の信じられないという驚きを呼び起こしたのは――そのとき、私は、愛情のこもった残念さというニュアンスを感じたのでしたが――、それは、とくに、私の仕事の達成へと向かって絶えず前へと投影すること、これらの仕事と関連していないすべてのことからのこの**孤立**に対してでした――この同じ愛情のこもった残念さは、私が、私のまわりのことがらの美しさからどれほど切り離されているかを私の母が見たとき、彼女のもとでいく度も感じたものでした[1][P235]。それは、彼のもとで、ある不安感、あるいはもっと適切な言い方で、ある現実の拒否のしるしではありませんでした。少なくとも、私には、一度も、彼の中に私に対する不安感を感じたことはありませんでしたし、私たちの間の衝突とは言わないまでも、拒絶、距離を取るといった態度や動きがあったという印象を持ったという記憶もありません。そして、これは、彼の「外交上の」意図、なにも見せないように決心している人のもつ「外交上の」意図では全くなかったことは、私には明らかです。その反対に、気づまりやいら立ちの跡をまったく伴わずに、さきほど言った「驚き」が表わされることがありました。みるからに、私たちの関係における基調――これは、今日に至るまで一度も裏切られたことがありませんが[2][P235]――は、全く影のよぎることのない、愛情にみちた共感というものでした。

私にとって、一つの奇妙な事実のままになっていることがあります。これは、高等科学研究所（IHES）との私の別れのエピソードの前には、誰にもまったく予測することが出来なかったことでしょうが（また、このエピソードの時点でさえも、いわば一対一の間で直接に「生じている」ことのレベルでは、まったく予測できるものではありませんでした）――その事実とは、私たちの出会いのあと最初の年月から、私に対する彼の関係の中に、ある深い、基本的な両義性（あいまいさ）がありました。それは、隠された対立、少なくとも私から距離をおくという願望、そして私を追い払うという願望の存在によるものでした。この私を追い払うという願望は、高等科学研究所との私の別れのエピソードの折に、その現われ方はまだ非常に押し殺されたものですが、とくに激しい形で現われました（その場では、私はそれにあっけに取られました）（このことは、「追い立て」（No.63）という節で取り上げました[『数学と裸の王様』、P72]。わが友は、これより少し前に、高等科学研究所の五番目の「専任」教授として選ばれたばかりでした。これは、とりわけ、この方向がってはいたのですが、彼には無縁な要求で、そのなりゆきに彼はまったく無関心であったものに、私の他の同僚たちと同じく、協力することは出来ないというものでした（134_1［P 237］）。

ここで、わが友の考えのはっきりとした、「表に現われた」内容を要約しました。私の記憶が再構成してくれる通りのもので、表現の仕方や対話の雰囲気を同時に見い出したり、再構成したりしようとは試みずにです。また、ここで私が述べたこと以上に特別なことは何も覚えていません。このエピソードは、じつに月並みな（そしてときには奇妙に不合理な）この内容の背後に、しばしば、ひそかに、しかもじつに明白に、全く別のメッセージが表現されているということを私がまだまったく思い及ばなかった時点にあったことです。この全く別のメッセージは、たしかに無意識のレベルでは知覚されました。しかし意識の場では激しく拒絶され、抑圧されました。さきほど挙げたノート「追い立て」（No.63）においてほのめかしましたように、もちろん、にもかかわらずじつに明らかなメッセージを排除するのに成功するために、かなりのエネルギーを必要としました！しかしながら、はじめて、意識された注意のもとにこのエピソードを置き、じつに長い間拒絶していたその意味を明確に文章化するという労をでの私の熱のこもった努力によるものでした。私たちの間であった「議論」（おそらくいく度もあったのでしょうが、もう覚えていません）において、彼は、彼を非常に魅力的なものにしている、あらゆる側面にわたる思いやりのある親切さを伴った、完璧で、ほほえみをたたえたこの自然さを失うことは一度もありませんでした。このとき、彼はつぎのように説明しましたが、私はその中に、ほんの少しでもためらいや困惑のニュアンス、さらには対立や反目、あるいはひそかな満足のニュアンスを感じませんでした。この彼の説明とは、自分は、いま若いがすでに自分の生涯とそのすべてのエネルギーを数学の研究に捧げる決心をしていること、自分の決めたこの献身は、最良のものだとしても、最悪のものだとしても、彼にとっては、他のすべてのことがらに優先させねばならないこと、そして私が同僚たちの、そしてとくに彼自身の連帯の支援を期待していた理由（国防省からの基金の撤廃をもとめる）は、自分には、数学とは全く無関係なものに思われること、そして、これが私にとって重大な障害となっている状況と、彼の観点からは、大したことではない理由のために、彼のものとは異なる生活の「原理」にもとづいて、私が高等科学研究所（ＩＨＥＳ）を去ることになるのをもちろん残念がりました。しかし、大いに残念取ったのは、十四年以上もたって書かれたこのノートにおいてです。

私は、そこで、現われてきた連想の糸の、おそらく最もつよいものに従いました。あたかもこの「脇道」によって、私の主要なテーマから離れてしまうかのような、あるためらいに抗して、これをおこないました。しかしながら、あとで考えて、まったくそうではなかったことが分かります。おそらく、ある人物や気質のイメージは、それらを浮き彫りにしていると考えられる「特徴」を列挙するよりも、それが組み込まれている具体的な状況の描写から自然に出てくるものの方が、より生き生きして、より説得力があるでしょう。だがこれに乗り出すよりも、さらにもうひとつの連想を述べる方を選び、別の脇道をおこなって、ここで検討した関係と、セールと私との関係とを比べてみたいと思います。セールと私との間の関係のレベルでは、私にとって際立つ印象は、ピエールとの関係のように、ある「**相補性**」の関係ではまったくなく、むしろ双方とも、つよく「陽な」二つの気質の間の**親近性**という関係でした。この親近性は、十八年にわたる緊密な数学上の交流の過程で、一度ならず、つかのまの冷却によって表現された、一時的な摩擦として現われましたが、いずれの場合にもそれは長くはつづきませんでした。私の記憶するところでは、これらの一時的な摩擦のエピソードは、すべて、セールの無造作ないらだちが原因でした。これが、私の傷つきやすい自尊心とうまく「折り合わなかった」のでした。あるアイデアが私には重要なものに見えたとき、私がすべてに抗してこのアイデアを追求してゆくその執拗さに、セールがいら立つことがありました。私は「良い」観点を持っているという確信(めったに私を裏切らなかった)がつよくありましたので、このアイデアが「人に認められる」のか否かを心配することなく、その度ごとに、そのアイデアを浮き彫りにしました。どんな理由によるものか私にはわかりませんが、セールは、コホモロジーについての「私の大きな装備一式」に対してある反発をはぐくみました――おそらく、アンドレ・ヴェイユと同じく、すべての「大きな装備一式」に対する単なるアレルギーだったのでしょう。他方では、一九五〇年代の後半に、私がコホモロジーについての「私の」ヨガ(哲学)を発展させはじめた時、セールは事実上ただひとりの時折の話し相手でした――したがって道がふさがってしまったわけでした!私の思うには、彼は、一九六三年からのエタール・コホモロジーの発展、そして同じ年の、L関数の有理性の(「大急ぎでの」)証明の私の素描によって、はじめてこれらの仕ばかりでなく、むしろ、すべてのものが隠れた源であるかのように、非常にしばしばあるように、「記録されて」いたのです。

事に慎重に関心をもつようになり、それらがどこかに行き着くことを実感しはじめたようです[3][P235]。

セールと私との関係は、ドゥリーニュとの関係とは反対に、典型的な陽—陽の親近性だったと思います。ドゥリーニュとの関係は、陰—陽の相補性でした。これに対して、数学の仕事および数学上のアプローチのスタイルのレベルでは、状況は逆でした。前のノート(「九か月と五分」(No.123)[P162]においてすでに述べましたように、セールのアプローチと私のアプローチは、陽—陰の相補性という意味で、**相補的**であったと感じます。彼のもとでも、私のもとでもきわめて陽な気質のために、時折の摩擦が生ずる機会があったのは、この相補性そのものによったのでした。

ドゥリーニュのもとでと、私のもとでの数学上のアプローチの間の関係は、あきらかにこれとは全くちがったものでした。双方が関心をいだいた数学の問題をみる見方において、それらに接近する仕方において、ある完璧な**親近性**という経験を持ったのは、他の誰よりもドゥリーニュとの関係においてであったと、どんな留保もなしに言うことが出来ます。この経験は、私たちの間で数学上の対話があるごとに、繰り返されました。私にははっきりとしていますが、それは、例えば、決定的な修業の年月の間に彼に対して私が確実に

及ぼした影響によるものというような、ある偶然の状況によるものではありませんでした。この親近性は、長い習熟の過程の中で発展していったものではありません——その反対に、私たちの最初の出会いのときにすでにあって、ほとんどその直後から、私たちの共通の情熱の中に根づいた、これほどの強いつながりをつくるために作動したのでした。それは、私たちの出会いの前から存在していた、数学についての二つのアプローチのあいだの深い親近性であって、(私はこれを確信していますが)双方の中にある原初の気質の重要な一側面を表わしているものです——つまり、ことがらの把握と発見における、陰の「基調」です[4][P236]。

このような心の底にある確信を「証明しよう」とするものではありません。それは、(例えば)私自身の数学上の仕事における基調は、陰、「女性的である」ことを、私が「証明しよう」と思わないのと同じです。それでも、時には、これらのことがらに対して、ある人から他の人にある感じが「伝わり」、それまでは注意を払わなかったなにかを認識することを他の人のもとで開始させることは可能です。その人の意識された注意からは逃れていたなにかですが、にもかかわらず、すでに、漠然とした形で、どこかに「記録されて」いたものです。たしかに、非常にしばしばあるように、尊

重されている諸価値に、陽の、「男性的な」諸価値に合わせるために、当事者によってなされる努力のために、状況はかき乱されます。ドゥリーニュの数学上の作品と彼が及ぼした（大きな）影響力は、私に対する彼のあいまいな（両義的な）関係によって深い刻印を受けていることは、私にはよく分かりますが、にもかかわらず、私のものに類似した、拒絶されている、基礎にある気質を消すためになされるこれらの努力が成功の栄誉に浴するのかどうか、私には疑わしいと思います。たしかに、私の「別れ」の前にはまだ彼の中で作動していなかった厳格な姿勢は、ずい分前から、（少なくとも、発表することになった文の中では）彼よりもずっと下のほうにあることがらを彼が検討することを、あるいは今日排斥されていることがらを彼が検討することを妨げています。しかしながら、彼の発表するものの中では、彼に自然にそなわっているアプローチのスタイルに従う以外にありませんでした。これが、少なくとも、十五年前の私の「死去」のあと、あの世の私になお親切に送ってくれた、わずかばかりの抜き刷りをひもときながらの印象です。

だがもちろん、ドゥリーニュの数学上のアプローチについての私の理解は、とりわけ、私の「死去」の前の年月、つまり一九六五年から一九六九年までの知識に依拠しています。このとき、五年の間、私たちは双方とも同じ事柄につよく打ち込んでおり、数学上の交流は中断されることがありませんでした（彼がベルギーで過ごした一年間を別にして）。そしてセールを含めたとしても（と思いますが）、他のすべての数学者との間でもった交流よりも、それはずっと密なものでした。双方とも激しい創造性をもった、これらの年月について一度ならず取り上げる機会がありました(5)[P236]。これらの年月は、わが友のもとで、印象的な出発をするものでした。だがそれは私には驚くことではなく、じつに当然のことのように思えました！それは、きわめて抽象的な見かけの背後にある、あるいはより一般な「ゼネラル・ナンセンス」の定式の中にある、実質的な内容について、確実なものについてのじつに確かな彼の感覚が、まだ、うぬぼれによっても、その後にあらわれた埋葬シンドロームによっても鈍らされていなかった時期でした。このとき彼はこれらのテーマ（きわめて陰な、と言ってもいいでしょう）に対して数多くの寄与をしました。これらのテーマは、その後のコンセンサス（彼の留保なしの賛同を得ていた）が、ずいぶん前から、「まじめな数学」の中に入れるのを拒否しているものです：つまりトポスに関する定式、コホモロジーの「大きな装備一式」などです[6][P237]。私は、SGA4［マリーの森代数幾何学セミナー4］への序文の中で、当然の喜びをこめて、これらの寄与を検討し、かなり誇大に持ち上げました[7][P237]。他のこのような寄与（さらにより「筋肉力を要する」他のものの中の――これらによって、彼は一躍にして「大スターたち」の中に入りました）は、一九六八年―六九年の私の二つの報告書の中に見い出されます。これらの報告書については、ノート「譲渡（叙任）」（No.64）で触れました［『数学と裸の王様』、P87[8][P237]。

注

(1) 私の母は、父と同じく、生涯の終わりまで、自然との共感の能力を保持していましたし、同時に、自分を取り巻いているすべてのものに対する鋭い観察の感覚を保持していました。これら二つとも、今日に至るまで私には欠けているものです。これは、おそらく、彼女の中で抑圧しなかった、自由に開花することが出来た、唯一の「陰の」側面だったでしょう。他方では、「ある目的に向かっての投射」ということに関しては、これは、私の「わたし」の支配的な特徴のひとつですが、おそらく、これは、母よりもさらに陽であることに成功した、私の唯一の側面でしょう！

(2) （十一月二十六日）この基調は、共感と人を引きつけるものでありつづけましたが、それでも、私の別れ以来、年月を経るうちに、次第に、この関係は、動かなくなり、硬直化し、それに生命の質を与えていたものがなくなってゆきました。一方向にも、反対の方向にも、もはやなにも通らない、じつに完璧にすきのない「殻（から）」の前に立っているような印象を持ちます。このテーマについては、ノート「二つの転換点」、「墓」（No.66、71）［『数学と裸の王様』、P91、119］をみられたい。

(3) おそらくもっと一時的なものだった、私の思い出すもうひとつの摩擦は、代数群と形式的スキームにおける商への移行の理論（一九五〇年代にはまだあまり理解されていなかった）を、平坦な同値関係の「実効性（エフェクティビテ）」の問題と結びつけること、さらには（そのあとには）fpqc層の枠組みの中での商への移行と結びつけることを私がつよく主張していたことでした。これらの観点は、まずはじめはガブリエルとマニンによって再び取り上げられ、今日では、代数幾何学やその他の分野においても至る所で日常的なものになっています。セールのためらいは、平坦で有限な同値関係に対する、最初の実効性の定理をはっきりと証明する労を私が払った（このやっかいな仕事を引き受ける人がほかにいなかったようなので）ときに、解消されたようです。

(4)　（十一月二十六日）ノート「満ちてくる海…」と「九か月と五分」（No.122、123）［P153、162］の省察のつづきをなす、このノートの省察は、すべての人は、ある「二重の署名」、あるいは**二重の**「基調」を持っているのだということを示唆しているようです：つまり、そのひとつ（おそらく、最も表に現われているもの）は、「ボス」、すなわち「わたし」の構造とそれを統御しているメカニズムに関するものであり、もうひとつは、「労働者」、別の名は「子ども」、つまり知の衝動、世界の発見の衝動、創造の衝動（これには、もちろん、愛の衝動が含まれます）に関するものです。（たしかに、ボスを労働者と思ったり、その逆に、労働者をボスと取りちがえたりすること、つまり、ぼうこうを提灯と取り違える（ひどい勘違いをする）ことは、始終あることです――だが、これはまた別の話です…）。

例えば、私にあっては、この二重の基調は、陽（ボス）―陰（子ども）であり、セールにあっては、陽―陽であり、ドゥリーニュにあっては、陰―陰です（このテーマについては、私の中にいかなる疑念やためらいの感情もありません）。この双方との共感の関係の基底の上で、この「しるし」（あるいは「調子」）の「配分」が、人間関係のレベルでは、セールに対する私の関係を親近性という関係にし、ドゥリーニュに対する私の関係を相補的なものにしており、また数学上のアプローチの間の関係では、その反対にしているのです。

四つ可能な「配分」のうちで、あと、二重の基調である陰―陽を検討するだけが残っています。私たちの男権的（マッチョ）な社会の中では陰に好意的ではなく、とくに第一の調子（「ボスの調子」）に重きを置く傾向があることを考えるとき、二重の基調 陰―陽は、陽―陽よりも頻繁なものではないと私は推測します。しかしながら、私は、この陰―陽の署名に対応しているように思える、著名な数学者を少なくともひとり知っています。もちろん、陽の第二の方の基調、あるいは「原初の基調」は、外的な影響によって、「すべての人のごとく」あろう、そのようになろうという配慮によって、しばしば「かき乱され」て、輪郭をはっきりさせるのはかなり難しいものです。

(5)　とくに、ノート「子供」、「埋葬」、「追い立て」、「譲渡（または叙任）」、「核心」（葬列V、「わが友ピエール」の中の）、また「遺産相続者」（葬列IX、「私の学生たち」の中の）［『数学と裸の王様』、P61、66、72、87、88、259］をみられたい。

(6) （十一月二十六日）さらに想起しておきますが、これらの数学の一部分は、一九八一年の「よこしまなシンポジウム」の折に、またその翌年に「記念すべき巻」レクチャー・ノート九〇〇でもって、鳴りもの入りで、しかも私の名前を発せずに発掘されました。このテーマについては、ノート「不公正——ある回帰の意味」、「信用貸しの学位論文となんでも保険」、「ある夢の思い出——モチーフの誕生」（No.75、81、51）をみられたい［『数学と裸の王様』、P139、180、41］。

(7) （十一月二十六日）これらの解説は、（とくに、シット（景）とトポスに関するすべてに対して）完全に書き直された、SGA4の第二版につけ加えられたものでした。それらは、エタールおよびℓ-進コホモロジーという「強力な道具」を構成している、主要なアイデアと主要な結果の開花に、ドゥリーニュが関与していたという印象を与えるかもしれません。したがって、そこで、私は、ドゥリーニュと他の私のコホモロジー専攻の学生たちに対して、死去した師の遺体を（十年後に）分け合うのに手を貸したのでした！

(8) この二つの報告書は、「数学上の省察」についてのこの第一巻の中に再録する予定です。

(134₁) （十一月二十六日）[1]［P239］象徴的な細部ですが、国防省からのこれらの基金は、私の別れの原因となりうるという問題であった限りでは、だれも小指も上げずなにもしようとしなかったのですが、私の別れのその年にすべての人の無関心の中で削除されました！よくわかりませんが、こうしたことに少々うるさい、一流の招待者を不快にするかもしれないと考えたのかもしれません…。また、この基金は、高等科学研究所（IHES）の資金のわずかな部分しか占めていませんでした(私の記憶が正しいとして、五％でした)。示し合わせをしたわけではないでしょうが、高等科学研究所の四人の同僚の間で、私を厄介ばらいする機会をとらえるということでは、みごとな一致があったわけです（さらに、ほとんど同時に、所長をも厄介ばらいする上で）。私としては不可欠な人間であり、人に好かれていると思っていたのですが！

（十二月六日）高等科学研究所の二人の物理学者ミッシェルとリュエルは、研究所の「物理」部門が、トム、ドゥリーニュそれに私（このうちの二人は「フィール傍らで、いくらか貧しい親類のような姿をしていることに不満でした。この不均衡は、ドゥリーニュの選出によってさらに増大しました(この選出は、トムを除く、研究所の科学評議会の事実上の満場一致で、ミッシェルとリュエルの留保なしの同意のもとになされたのでしたが)。研究所の物理学者と数学者は一緒になって、出来るかぎり、二つの部門の間の公正な均衡を回復するために、所長のレオン・モチャンに圧力をかけていました。しかしながら、物理学者の同僚たちは、私が出てゆくという突然の見通しでもって、この不均衡がうまく補正されること、しかも彼らが望んでいたよりもずっと早くそれがなされることに不満ではなかったと推測されます。

トムについて言えば、ドゥリーニュの選出が、彼の断固とした反対に抗してなされたことに深く傷ついていました。トムは、すべてまだ発表されていない、ドゥリーニュの寄与を、単なる「練習問題」と呼びました。これらの寄与については、私は、この「叙任」にあたっての私の輝くような報告書の中で検討しましたが、トムにとってはみるからに頭の上を通り過ぎるものでした！。彼自身と同等な立場となる、高等科学研究所の「専任教授」の地位にドゥリーニュが昇進することに、彼がショックを受けたのは、若いドゥリーニュ――このとき二十五歳でした――がまだ栄誉につつまれていないということによってでした。トムによると、このようなポストへの昇進は、「経歴の最後の仕上げ」としてのみもたらせられるべきものでした。その場しのぎの居場所で、私がまだ無名のヒロナカを迎えた草創期からまだ十年もたっていなかったのですが、ずいぶん隔たったものになりました…。とにかくトムの痛みはこうしたもので、このとき彼は高等科学研究所を去って、保持しておくように心を配ってあった(かつて、国立科学研究所(CNRS)を去って、高等科学研究所にやってきた私よりも慎重に)、ストラスブールの教授のポストに戻ることを考えました(彼自身が私に話したところによる)。私がドゥリーニュを熱心に推薦したことによって、私が、彼の不満の第一の、主要な原因だったのでした。私の推測ですが、私のすばらしい「お気に入り」を研究所に入れたあと、ほんの数か月で私が研究所から去らざるを得なくなったのをみて、トムは、心の中では、私の非常識な行ないにふさわしいことを得ただけだと思ったにちがいありません！

所長について言えば、彼に立ち去ることをせまる、専任教授たちの一致した希望によって追い詰められたとき、彼は（完璧にあやつることができた、試練ずみの戦術によって）「分割して支配する」という行為に出て、国防省からの基金の問題を、気をそらせるための手段、そして同時に、専任のうちの最もやっかいなものを追い払うための格好の手段として用いました。（事態のみごとな逆転でした。このとき、これらの基金の存在をめぐって彼がもっていた秘密は、私には、彼の方が立ち去るのを余儀なくされる、さらなる、絶対的な理由のように見えたのでしたが！）。にもかかわらず、私の別れのあと、ともかくそれほど長くはかかりませんでした。私が別れたあと、すぐに彼も高等科学研究所を立ち去りました――私は、彼と同じく、高等科学研究所の不安定で、英雄的な最初の数年からこれに属しており、彼と共に、彼自身の資金でもって、この研究所の信用と持続性を保障していたのでしたが。

注 (1) 前のノート（「兄弟と夫たち――二重の署名」（No. 134））に付したこの小ノートは、このノートの注から出たものです（このノートの第三段落の末の送り記号（134₁）をみられたい［P 231］）。

c 陰――奉仕者、そして新しい主人たち　135

（十一月二十六日）私の別れの前の年月の中での、ドゥリーニュと私との間の数多くの親近性の中に、まったく私と同じく、（それを行なう必要が感ぜられたとき）私が「大きな装備一式」と呼んでいたものを、彼が発展させはじめるという喜びがありました。すべてとは言わないまでも、数学者としての私のエネルギーの最も大きな部分は、このような仕事に捧げられました。家を建てることでしたが、「大きな装備一式」を作るとは、つぎのようなことを意味していました：家の魅力的な略図を描くことにとどめない、あるいは異なった角度からの二三の略図を描くことにとどまらない、また側面および全体についての詳細なプランをつくることにとどまらないということで、この家を建てるに役立つ石をひとつひとつ運んできて、刻むこと、それらを集めて壁にすること、梁（はり）、たる木、瓦、あるいはロウズと呼ばれるどっしりとした大きな瓦を置くこと、扉、窓、洗面台、流し、（水道、ガス、電気などの）導管、軒樋を設置すること、（自分自身でそこに住むということであればもちろん）窓のカーテンから壁のデッサンまでおこなうということです。それは、かなり大きな一軒の家であることもあり、ひと部屋だけの小屋であることもあります――しかしながら、作品をつくる上での精神は、同一です。そして、そこに住むことになった時点で、たとえすべてを徹底的におこなったとしても、仕事は決して終わりになることはなく、つねに新しく出来てくることがすぐに分かります――少なくとも、「大きな装備一式」、おおごめんなさい、家です。家が広いときにはそうなります。

　一九五五年と一九七〇年との間の、数学者としての私のエネルギーの大部分は、四つの**大きな**「装備一式」をスタートさせ、全力をあげて発展させることにさかれました――もちろん、このどれも終わりにまでいってはいませんが、このことについては、少し前の方を読まれたい。これらを、年代順に記すと、コホモロジーの道具、スキーム、トポス、モチーフです(1)［P248］。さらに、これらの主なテーマは、相互に緊密に関連しています。異なった建物が、ひとつの農場あるいは小部落に属していて、すべてがひとつの計画のもとにあるように。そしてこれらの「大きな装備一式」のおのおのによって、私は、必然的に、それを意図したわけでは全くありませんでしたが、あきらかにもう少し小さな、他の「装備一式」を発展させることへと導かれました――いくらか、大きな家、あるいは小部落全体を建設するために、石灰かまど、骨組みや大工仕事のための仕事場などを設置することになったかのように。例えば、毎年、カテゴリーに関する概念や構成の装備、それに二三の（小さな）補足的な「装備一式」をふやす必要性が新たに感ぜられました。十年あるいは二十年後にやってきて、すべてが準備されているのを見い出し、その場所に心地好く落ち着いた人びと（そして、実際にはこれに満足している他の人たちも）は、（ドゥリーニュの宣告のように）多くの解読不可能な「ナンセンス」に対して、またあまりにも細かすぎるもの（私に対しては好意的なのですが、ドイツのある高名な文通相手がそれを呼んだ通りでは、「Spitzfindigkeiten」（へ理屈をこねる(2)［P249］）に対して、尊大な様子で肩をすくめるのです。これらの人たちは、他の人が、自分たちのために、自分の二つの手でもって、心をこめて建設した家の中で、家主を気取ることに満足して、さら地に家を作るとはどんなことかについての考えが全くなかったり、おそらく一度も家を作ったことがないのでしょう。

　さきほどは少し激しすぎて、わが友ピエールを「…家を作るとはどんなことかについての考えが全くない」人たちの中にいれているような感じになりました。彼は私が仕事をしているのを見ていただけではなく、彼の側で喜んで家を作っていました。あたかも彼が世に生まれて二十年これ以外のことをしたことがないかのごとく。さらに、「大きな装備一式」そして家の建設をめぐるこの話は、（まだ読者がそのことに気づいていないとして話しますが…）以前に、「満ちてくる海」というイメージによって、ついで、つぎつぎとやって来る一連の波というイメージによって、なんとか把握しようと試みたあるものを浮き立たせるための、もう一つの側面、あるいは別のイメージなのです[3][P 249]。それは、現実を把握する、そしてこの現実に入り込み、この現実を柔軟にかつ忠実に再構成する、ひとつのイメージを引き出すための、これに対応したすすめ方の「陰のやり方」、あるいは「女性的な」やり方のことです[4][P 249]。したがって、私自身についてのある迂回を通して、再び当初のテーマに戻ってきました――つまり、ドゥリーニュにおける数学のアプローチと、私自身のアプローチとの間の基本的な類似性、親近性について、私の中にある強い知覚を「調べてみる」というテーマでした。しかし、ひとつのイメージでもって、いま浮き立たせることを試みたばかりの、ドゥリーニュにおけるこの側面の中に、一九七〇年の私の別れ―死去のあと、完全な「混乱」があったようです――「その後の」彼の発表されたものの中には、「大きな装備一式」は、まったく不在なようです。たしかに、自分自身の性質に合わせて、彼の中に、この特徴が開花するのを許容しながら、否認された彼の師をけなすために、この師のもとにあるこの同じ特徴をもちいることは道理にかなったものではなかったのでしょう。

たしかに、わが友は、基本的な衝動の表現である、心の中の必要性にしたがうのではなく、「ブランド・イメージの」**結果**を積み重ねることを通して、威信を増大させることだけが問題であるならば、もちろん（多少とも）「大きな装備一式」にこだわりつづけることになんの利益も見い出さなかったでしょう。すでに私のいた時代に、ブルバキ・グループの外では（このグループ自身は、かなりの大きさの「装備一式」に取り組んでいました！）、これは、どちらかと言えば、あまり良くみられていませんでした。私たちの社会における、そして科学の世界のコンセンサスの中での、「スーパー陽」に傾いた見方は、きのうきょう始まったことではないことを考えるとき、そこには驚くことは何もありません。私が喜んでつくった家が、石工職人自身（それは、同時に、建築家、大工などでもありました）を除いて、長い年月にわたって住まわれなかったのは、おそらく、主な理由はここにあったのでしょう。そして、今日になってもなお、私の仕事の一部分で、ずいぶん以前から、共通の財産になっているものでさえ（これも、私の書いたもの以外の入手できる他の文献があい変わらずありません）、（少なくとも、上流社会に属していなく、これらを尊大に上から見下すという義務をもっていない人びとにとっては）そこに入ることは、ほとんど超人的ともいえる能力が求められるかのように、ほぼ恐れを呼び起こすかさに取り囲まれたままなのです。たしかに、しばしば長く、かつそれ以外にありようのないものでした。なぜなら、すべては、手で、詳しく、しっかりと、始めからしまいまで、なされており、おのおのの章の曲り角には、何を論じているのかを述べた説明さえ付されていました(5)［P250］。私の学生たちは、私と一緒に仕事をしていた時、これらの中に入ってゆくのに過度に苦労していたとは思えませんでした。しかし、それは、「しっかりとした諸結果」が、すでに、数学の既成の秩序からの保障を得ていた時点でしたし、私の学生たちは、「たしかな」カードを用いているという自信をもって働いていました。私の印象ですが、私のいた時代の流行よりも、はるかにずっと専制的な今日の流行にしたがって、それ以来、これとは反対に、このやり方で出来たものは「解読不可能なもの」である、ということを信用させようとすることが、一度ならず、好んでなされたようです(6)［P251］。

流行からの要請を別にするとしても、収益や「見返り」を計算するとき、たしかに、「大きな装備一式」をペストのように避けようと心を配ることでしょう。「大きな装備一式」を発展させること、それをすべての人の手の届くところに置くということは、人が、科学共同体に対しておこなうひとつの**奉仕**なのです。しばしば、科学共同体はこれを不承不承受け取りますが。ところが、よく理解できるこのためらいによって、私が極度に困惑したということは一度もありませんでした。私は「うまいやり方」を持っていることを自分でよく知っていたし、遅かれ早かれ、人びとはかならずそこにやって来るにちがいないこともよく知っていました。しかし人びとがそこにやって来たところで、「支払いが猶予されている」「収益」はわずかなものでしかありません。一九五五年―一九七〇年の十五年間に、私が導入し、発展させ、そのあと、名のつかない共通の財産の中に入ったか、ひそやかに埋葬された（鳴り物入りで発掘されるのを待ちながら）概念、問題、アイデアについてではなく、「大定理」と呼ばれるものについて、数を挙げて収支を計算してみるならば、十も見つかるかどうか疑わしいものです。おそらくこれらの「大定理」の証明に直接に費やされた時間全体は、数週間、あるいはせいぜい数か月といったものでしょう。一九五七年（リーマン-ロッホ-グロタンディークの定理）より前には、ただのひとつもありませんでした――しかしながら、その前の三年間、時間を空費したのではないことを、私は知っています。もし私が、これらの十五年のあいだ、私の中の理解したいという情熱の指示するアプローチの仕方を信頼し、このアプローチの仕方は（なんらかの要請からみて）「収益性のあるもの」なのか否かにかかわりなく、あるいは、それが高貴な世界でよく見られるものなのかどうかにかかわりなく、この情熱にねばり強くしたがっていなかったとしたならば、おそらく、現在までに、どんな「大定理」も証明されていなかったことでしょう。このアプローチは、いつも、出発点としてのある強い直観から発して、あるいはひと握りのこうした直観から発して、これらの直観を、私を未知へと引っぱってゆく、しっかりとした、あらゆる試練に耐えうる糸としてとらえるということから成っていました。そして、このようにしながら、イメージを変えて言えば、次第次第に、知られつつあるが結局のところは未知なるものでもって、つまり刻みながら「知ってゆく」荒削りの石でもって、非常に大きな、そしてある程度の大きさの、住むためにはすべてが整った家を作ることになったのでした――おのおのの片隅がひとりならずの人にとって、もてなしのよい、親しみのある場所であるように作られた家です。扉と窓はしっかりと安定しており、すきまがあったり、きしんだりすることもなく、開閉します。屋根には漏れるところはなく、煙突はよく煙が通ります。それは、必ずしも、パリのノートルダム寺院のようなものではありませんし、おのおのの家のパンを入れるケースの中に「大定理」が隠されているわけでもありません――それは、単に、私が作らねばならなかった家であり、住むことが出来るように作りました。私は、美しく、広い家を作りながら、喜びを味わいました。ただひとりでか、仲間とともに、私のおこなった仕事は、なされる必要のあったものであり、各時点で私がおこなうことの出来るかぎりの良いものであったことをよく知りながら。

一九五〇年代にブルバキ・グループの中で、私が見い出したのも、やはりこの精神であり、環境や文化の相違や、しかるべき場所で述べました、時折の困難にもかかわらず、このために、そこで私はくつろいだ、「わが家にいる」ように感じたのでした。少なくとも、その時期、そこに私が見い出したのは、やはり、**奉仕**の精神でした。**仕事**による奉仕、そしてこの仕事を超えて、他の人たち、私たちと同様、大小のことがらを理解すること、それらを徹底的に、完璧に理解したいとうずうずしている他の人たちに対する奉仕です。この「奉仕」は厳しい義務、あるいは苦行の姿をとっていませんでした。それは、心の中の必要性から自然に、陽気に出てきました。それは、きわめて異なったこれらの人びとを結びつけている、ある共通のことがらを表現しているのでした。

またカルタン・セミナーにおいて私が認めたのも、この同じ精神でした。このセミナーにおいて、フランスの多くの数学者が第一歩をふみ出しました。そのあと（一九六〇年代には）、（「マリーの森の代数幾何学セミナー」の略号ＳＧＡに対応した）私自身のセミナーにおいても同様でした。この二つのセミナーの相違点のひとつは、私のセミナーがさきほど言及しました「大きな装備一式」（したがって、「わたしの」装備一式）の発展につよく集中していたこと、そのために必要な、多くの腕がありあまっていたということが一度もなかったのに対して、カルタンによって一年一年と取り上げられたテーマは、かなり幅広いものでした。私にとって、もっと重要なことに思えるのは、この二つのセミナーに共通であったもの、そして、とくにそれらの基本的な機能、それらの**存在理由**であったと思えるものです。実際、私はそれを二つ見ています。これらのセミナーの機能のひとつは、ブルバキのテーマに近いもので、重要だが、接近するのが困難な諸テーマを詳しく展開して、容易に接近できる（基本的に完璧な、という意味です）テキストを準備し、すべての人の手の届くところに置くというものでした(7)[P 251]。これらのセミナーのもうひとつの機能は、研究する気のある若い研究者たちが、べつに天才でなくとも、今日性に満ちた諸問題について、すぐれた、親切な人たちと接触しながら、数学者という仕事を学ぶことを保障する**場**を作るということでした。この仕事を学ぶということは、すなわち自ら仕事を行なうことであり、そしてそれを通して、互いに知り合う機会を見い出すということです。

一九七〇年の私の別れは、少なくともフランスにおいて、「大きなセミナー」の終わりをしるすものだったようです――年ごとに、現代数学の大きなテーマのいくつかが作業場において見い出される、**持続している**場――そして、仕事をするためにやって来るすべての人にとって、**親切であり**、かつ着想を与え得るような場という意味でです。そういったものが、世界のどこかに今も存在しているのかどうか私には分かりません（I・M・ゲルファントの推進力のもとで、モスクワに、おそらくあるのでしょうか？）。たしかなことは、このような場は、時代の精神とははっきりと反対のものであるということです。それは、**すべての人**の手に届くように、はっきりと、入念に書かれた「大きな装備一式」が、時代の精神に反するのと同じです。

ここ二十年以来とは言わないまでも、十年以来、ちょうど熟していて、みるからに決定的なものだが、今のところ、「事情に通じている」ほんの一握りの人たちにしか近づくことが出来ない、さまざまなテーマについて、ほとんどだれも、入念な、そして（その時点では）余すところのない報告を書かないのは、偶然ではありません。この「一握りの人たち」に属していないとしても、数学の「高貴な社会」に属している人は、必要な場合には、これら一握りの人たちの一人から、願ってもないことに、これらを知らせてもらうことには何の困難もないでしょう。その他の人たちにとっては、残念なことですが、それは出来ません！と言えるだけです。一九六〇年代に、私は、本として書かれることを大いに求めているものをかなり数多く見ていました。私自身、これらをたしかに書きましたが、同時にすべてを行なうことは出来ませんでした。私の知るかぎり、これらのどれも、現在のところまだ書かれていません[8]［P251］。しかしながら、必要とされた（そして、あい変わらず必要とされている）このような本を困難なく書くことが出来るために、十分に事情に通じており、感受性と手助けをもっていた人たちを（私の元学生だけに限ったとしても）ひとりならず、私は知っています。そして、いく人かのその後の仕事が私の知るかぎり少ないことからして、例の「数学共同体」に対するこの奉仕を彼らがおこなうことを妨げたのは（「残念ですが、本当に時間がないのです！」と）より個人的な彼らの研究がありあまるほどあり、しかもそれが困難であったことによるものではないという印象を私は持ちます。そしてこれもほぼ間違いないと思いますが、一人ならずの人にとって、これを行なうことによって、（たとえ、報告することのすべてが、かならずしもその著者のものではないとしても――だが「おこなうコメント」は無視できるほどの量では決してないでしょう…）、読まれ、引用される本の著者として、多少とも厚い抜き刷りの束によるよりも、いっそう名の知れた者になったことでしょう。

あきらかに、それぞれの人が、あざやかな一致をみながら、いく人かの人の特権的な所有にとどまっているものをすべての人の手の届くところに置く――あるいは、（例えば、ときどきは、本を書くために時間をとるという）**「奉仕」の態度**をもつということが出来ないのは、単に「時間がない」ことによるものではないと思います。ここであらがい難く、一九六五／六六年度のセミナーSGA5［マリーの森の代数幾何学セミナー5］のことが連想されます。わが友ピエールと私の他のコホモロジー専攻の学生たちを先頭とする、最初の、独占的な受益者であった人たち自身による、彼らだけの個人的な利益のための、十一年間にわたるその隠蔽のことです！たしかに、そこには分配すべき遺体がありました。つまりちょっと特殊な動機がありました。だが、奉仕が履行されれば、明らかな空へきが埋められたのが、地位のある人たちによって逆手で追い払われてしまった、他のケースについても私は考えています[9][P252]。これらのケースもいくらか特殊なもので、これらの研究を示唆したのは、私であることが明らかであるから、狙われたのは、私という人間だと言う人がいるかもしれません。しかしながら、これらすべての中に、あらゆるケースを超えた、ある「時代の精神」を私ははっきりと感じます。

ここでいくらかでも、浮き立たせつつある、「時代の精神」のもつ側面は、**奉仕の態度に対する評価を下げる**というものです——それは、一連の同じ方向にあるしるしを通して私が知覚するもので、私にとっては、明らかな一事実です。おのおのの人は、このことを否定することが出来ます。またそれを自分で検討してみたり、それがあることを確認することも出来ますが。ここでの私のテーマは、ためらいのある読者に奉仕の態度に対する評価を下げるということがあることを「証明してみせる」ことではなく、その意味を把握することを試みることです。

この省察の視角からすると、まず、最初の意味が目にとまります。奉仕の態度は、典型的に、「陰の」、「女性的な」態度だということです。したがって、それが、価値の低いとみなされている多くの態度に属しているとされても驚くことではありません。いく度も私が知覚できたように思えるニュアンスは、このような奉仕の態度は、「主人」の態度という才能をもっていない人びとにとって、まさにふさわしいものであること——この精神のもとでおこなわれる仕事は、**下級な**労役であって、大きなアイデアや「輝かしい発見」でもって贅沢している人びとの中では、下っ端の人たちにふさわしいものであるということです。

しかしながら、こうであるしかないことも、私は知っています——なぜなら、もしそうでなければ、あるやる気のある「下っ端」が（おそらく偶然に）、自分の片隅で、当然彼のものとされる下級な仕事を——それまでは、（なにかを敢えて言うときには）「知られているように…」、あるいは「証明することが出来るように…」、あるいはもっとまれには、そしてもっと正直に「つぎのことを認めよう…」と言うことで満足しなければならなかったところに、ついにしっかりとした参考文献を提供することになる、——こうした仕事を穏やか

におこなうのを、なぜなにがなんでも妨げるのだろうか⁉

私は、八年前、イヴ・ラドガイリーの学位論文を「なんとかしかるべき場所に置く」にあたって生じた、彼のこうむった不運の折に、はじめて、こうしたやっかいな問題に直面することになりました[10][Ｐ252]。白状しますが、それは、数学に対する、また数学者たちの世界に対する私の関心が、かなり副次的なものだった時点でのことでした。私は、このミステリーの意味を読み解く試みもせずに、いくらかびっくり仰天してしまいました。私の態度は、いくらかの変化を除くと、その後の年月において、昨年二月、『収穫と蒔いた種と』の中でおこなわれた省察までは、ほとんど変わりませんでした。しかしながら、さまざまなしるしを捉えることで、またわざわざそうしたわけではありませんが、少しずつ、いくらかは、その意味を、あるいはむしろそのさまざまな意味を捉えることになってゆきました。実際そこに二つの意味が見えます。そのひとつは、私という人間に関するものです――私に関する埋葬シンドロームのことですが、まだこれを一巡し終えたとは全く言えません。もうひとつは、特別なだれかとは全く関係のないものです。つまり、**科学上の「情報」の所有とコントロールにおける排他的な態度**に関するもので、これは、科学の「エスタブリッシュメント」（既成の秩序）の中で支配的なものであり、この「秩序」に属する人びとは、いわゆる科学「共同体」の内部で、神聖な権利をもった一種の支配カーストを形成しています[11][Ｐ252]。

これは、注「職業倫理上のコンセンサス――および情報のコントロール」の中で（ほんのわずかに）、また「若者たちの気どり――あるいは純粋性の擁護者たち」（No.25、27）［『数学者の孤独な冒険』、Ｐ369、370］の中でも少し、すでに触れたテーマです。私の推測では、これは、科学の世界の中の**新しい事柄**であり、ここ二、三十年の過程でひそやかに形成されたもののようです。私が、この書かれていない「新しい倫理」、「二つの重り（おもり）と二つの尺度をもった」（状況しだいで不公平な判定をする）倫理を分かち、歓迎して迎えた人びとに中に入っていたとは思いません[12][Ｐ252]。この倫理の到来に私が共同の責任があるとすれば、むしろ、それがやって来たのを見なかったことにあるでしょう[13][Ｐ253]。このほんの最近の数年より前には、実質上、一九四八年の、科学の世界との私のはじめての接触以来ずっと、自由に得てきたあらゆる種類の情報は、いつからなのか、どのようにしてなのか、私にははっきりとは言えませんが、年月を経る中で、一握りの仲間たちと私が分かちあってきたとてつもない**特権**——いくらか使い古された用語、だがこれはここではじつに明白なある現実をよく表現している用語を用いれば、**階級の特権**となっていることに思い及びませんでした。

しかし私のテーマは、数学の世界の「階級の分析」をしたり、この世界の中の「力関係」や「権力のもつ諸手段」について調べたりすることではありません——また「慣習の描写」をすることでもありません。いま、もっと限られたテーマ——つまり、私の予定より早い埋葬の主な立て役者たちの中の基本的な動機の中の、この埋葬の「具体的な事実」を理解すること——に戻る時でしょう。

注 (1)「コホモロジーの道具」は、私には、出来てくるのを待つ必要はありませんでした。ここでは、ある個人的なアプローチのことであり、それは、とくに、「エタール・コホモロジーの把握」へと導かれました（これは、ドゥリーニュによって完結させられた、ヴェイユ予想の証明における主要な技法上、概念上の要素だと私には思えます）。二十年後に、新たに、「非可換」（あるいは「ホモトピー的な」）「コホモロジー」の方向において、『園（シャン）の探求』でもっておこなっているのも、これです。「可換コホモロジー」の方向については、ノート「私の孤児たち」（No.46）［『数学と裸の王様』、P6］の冒頭において、このアプローチについていくらか具体的に述べました。ここで問題にしている四つの「大きな装備一式」は、基本的には、このノートの中の五つの「鍵となる概念」に対応しています。ただし、「コホモロジーの道具」には、これらのうちの**二つの**概念あるいはアイデア（つまり、導来カテゴリーと、「六つの演算」という定式です）が対応しています。

興味あることなので記しておきますが、私に対する弔辞の中で、名を挙げられている、この四つの「大きな装備一式」（あるいは、主要な研究テーマ）の中の唯一のものは、トポスだということです（ノートNo.104、105をみられたい［P32、38］）。偶然であるかのように、これは、また、私のコホモロジー専攻の学生たちの手で埋葬された三つのもののうちで、弔辞が書かれた時点で、まだ、作者の名前を変えて発掘されていないものでもあります。（弔辞は、一九八三年に書かれ、導来カテゴリーは、一九八一年に、よこしまなシンポジウムで発掘され、モチーフは、一九八二年に、「記念すべき巻」レクチャー・ノート九〇〇において発掘されました。）

(2)　私のこの文通相手は、親切に、私を喜ばせるつもりでしょうが、私の作品は、「大幅にこうした損傷からまぬかれている」（「weitgehend frei von diesen Übeln）ことをよく知っていたと、確言してくれました。彼にとっては、もしなお予想の段階にある基礎についての一理論（私が、モチーフに関して示唆したように）を発展させることをめざすならば、（あらゆる種類のカテゴリーの専門家たちの「Spitzfindigkeiten」のような）どうしても突き当たらざるを得ない「損傷」のことです。ここに、「禁じられた夢」の節、およびそれにつづく三つの節（第五節から第八節まで）［『数学者の孤独な冒険』、P199—208］で取り上げました、「数学上の夢」に対する心の奥での拒否が再び見られます。これも、また、数学における、「陰の」、「女性的な」あらゆるアプローチ、あるいは進め方の自動的な抑圧のさまざまな側面の中のひとつです。

(3)　二つのノート「満ちてくる海」と「矢と波」（No.122、130）をみられたい［P153、208］。

(4)　（一九八六年三月七日）注意深い読者は、ここでは、私の中の「家を建てる」という傾向、つまり「建設者」という傾向を有無を言わせずに「陰」の中に分類している一方、これより一年以上あとに書かれた（『収穫と蒔いた種と』の第〇部の、ひとつの作品を巡る）「プロムナード」では、（さらに確信をもって）これを陽であるとしているのを見て、たぶん、当惑されることでしょう！（これは、プロムナードの最後の二つの行程である、「母の発見へ——二つの側面」と「子どもと母」（No.17とNo.18）においてです［『数学者の孤独な冒険』、P72、77］）。たしかに、「プロムナード」を書きつつあるとき、ここで解説しているくだりをもう覚えていませんでした、たしかにそうでした。私は別の時点でこれらについて確認したり、決めたりしたこととの関連を感じることなしに、これらをながめていました。

　ところが、この矛盾は、実際上のものであるよりも、もっと見かけ上のものであるように思えます。ここで取り上げている文の中では、この傾向は、「現実を把握する…方法、そして現実に入り込み、これからひとつのイメージを引き出すための…すすめ方」、したがって「満ちてくる海」の方法として見られているのです。これに**対置されている**（暗黙のうちにですが）のは、以前に取り上げました「命題—証明」というスタイルの、あるいは「ハンマーとのみ」という「無愛想な方法」です。この文脈の中では、そして、その基礎にある二つの異なったアプローチからなるこの「カップル」の中では、たしかに、曖昧さを生むことなしに、陰の役割を演じているのは、「建設者」の(別の名は、「大きな装備一式」、または「満ちてくる海…」の)アプローチであると言えます。

「プロムナード」の行程においては、文脈がまったく違っていました。そこでは、私は、私の中にある二つの「衝動」の間の関係を、あるいは、むしろ、私の中の知の衝動の二つの側面——二つとも重要な——の間の関係を検討しています。これらの側面は、ひとつは、建設し、作り上げ、表現するという衝動として現われ、もうひとつは、探索し、認識するという衝動として現われます。ここでも、また、いかなる曖昧さもなく、「陽の」斜面を表わしているのは、最初の側面であり、「陰の」斜面を表わしているのは、第二の側面です。この文脈の中では、私という人間の場合、これらの「衝動」の第一の場面が、他のところで描きましたようにかなり特別な形——つまり、「大きな装備一式」という形、「基礎から棟（むね）に至るまで…家を建て」ようという熱中の形をとるのは、結局のところは、付随的なことがらです。

(私のもとでの)(陽の)「表現」をもつ衝動のこの特殊性は、「陽の中の陰」として、私という人間の場合における、原初の知の衝動における陰の「基調」をしめすもの(同じ方向での他のしるしと共に)として見ることができます。この「陽の中の陰の基調」を、把握されたことを最後の「結末にまで至らせる」、最後に「ひとりの**子ども**を、生きた、**五体満足な**——頭だけとか、上半身だけとか、赤子の骨格だけなどではなく——子どもを生み出す」ために、必要ならば、九か月あるいは九年にわたる仕事を覚悟しておこなうという、私の中の傾向として表わすこともできます。(これは、より近い、「建設者」というイメージよりも、さらにはっきりとした陰のイメージでしょう…)。「陽の中の陽」は、入念にひとつのアイデア、あるいはひとつの定理、その証明を説明するのですが、他のことがらに移る前に、提出されたばかりのことについて、深さと広さをもって、その意味するところ、その延長、分岐といったものを「提出する」ことには気を使わないという態度からなるものでしょう…。

(5)

書いている時点で私の中につよくあった、「方向」とテーマの意味について、できるかぎり、読者に伝えようとして、しばしば純粋に発見的な、このような説明を含める必要性を自覚するようになったのは、ようやく、年月を経る中においてでした。今日では、鍵となる証明を詳細に書くことよりも、この方がはるかに基本的なように私には思えます。詳細な証明の方は、読者が、それはどこへ行こうとしているのかを感じ、この「どこ」に読者が引きつけられるときには、その人が、よろこんで、すべての部分にわたって再構成したり、あるいははじめから構成することでしょう…。

(6) このことが明らかなのは、ドゥリーニュにおいてのみです。彼は、最近の訪問の折にも、このことを再び私に繰り返しました。SGA 4（その半分以上は、トポスの言語を極度に詳しく展開しています）について、これは、彼のみごとな「操作SGA $4\frac{1}{2}$」を正当化するものとして、わが友によって、「解読不可能」だと宣告されました。

(7) 「接近するのが困難な」とは、これらのテーマが、きわめてわずかの伝授を受けた者にしか知られておらず、これらを取り扱っている、あちこちに分散している発表されたものが、不適切なイメージしか与えておらず、不完全にしか理解されていないままにとどまっているということです。

(8) （十一月二十八日）ここで、私の推力のもとで書かれた学位論文は例外としなければならないでしょう。私を鼓舞していた、そして少なくとも私と一緒に仕事をしていた間、私の学生たちに伝えた――と思いますが――精神は、私自身の仕事に対しても私を鼓舞していたものと同じでした。つまり、イメージを用いて言えば、たとえ多くの場合あれこれの特別な「家」の必要性を感じたのは私ひとりだったとしても、みるからに必要とされた「家を建てること」でした。私の印象では、一般に（ひとつの例外を除いて）この感情は、学生に伝えることが出来、そして学生はこのようなテーマを「うまくとらえ」、ついで、選択したテーマにつよく一体化するようになったと思います。ヴェルディエを別にすれば――彼は、私たちの間で合意されていた基礎の仕事をすべての人の手に届けることをしませんでした、この仕事はあい変わらず書かれることが待たれています。私と一緒に国家博士論文をつくった、すべての学生のこれらの仕事は、「標準的な参考文献」と呼ぶことの出来るものになりました。これらは、人が住むにふさわしい家であり、そのどれも、他のものと重複していません…。

(9)　ここでは、もちろん、イヴ・ラドガイリーの仕事と、オリヴィエ・ルロワの仕事について考えています。これらについては、以前の四つのノートと節で取り上げました(「進歩は止められない！」、「ひつぎ2――胴切り切断」、「ノート――新しい倫理」、「ひつぎ4――花も花輪もないトポス」(ノートNo.50、94、第33節、ノートNo.96[『数学者の孤独な冒険』、P281、『数学と裸の王様』、P38、284、297]。

(10)　このテーマについては、まえの注(9)で取り上げた二つのノート「進歩は止められない！」、「ひつぎ2――胴切り切断」をみられたい。

(11)　(十二月六日) 記しておきますが、支配の渇望は、スーパー陽の方向での不均衡であり、そしてこうした不均衡の最も普通にみられる形でしょう。この形は、陰―陽のカップル(対)「主人――召し使い」、あるいは「支配するもの――奉仕するもの」――これは、カップル(対)「支配――奉仕」に隣り合ったものでしょう――の中の陰の、「女性的な」項の消失に対応しています。

(12)　(十二月六日) これは、「気力を失わせる力」と「スポーツのような数学」の節(No.31、40)[『数学者の孤独な冒険』、P271、306]の中に現われているように、完全に正しいというわけではありません。むしろこう言った方が正しいようです。私のもとでは、うぬぼれが、しばしばエリート主義的な態度として具体化されたとしても、この態度は、支配したいという願望、さらには打倒したいという願望の形を取りませんでした。そして、私の中の**奉仕する**という自然に生まれる態度：ある仕事に対する奉仕、これを通して、またこれらの傍らで、私と共にある共通の冒険に乗り出したすべての人たちに対する奉仕の態度を消失させることはありませんでした…。一九六〇年代を通して、この奉仕の態度は、ほとんど不変な考えとなりました。そして、とにかく緊急を要する、いつも頭にある私の動機のひとつになりました。つまりきわめてわずかな人たちにしか知られていないアイデア、技法、ビジョンを出来るかぎり広範に普及するために、欠けていた基礎の著作を執筆したり、執筆してもらったりするということです。二十年たって振り返ってみて、私の中のこのつねにあった心づかいは、私の学生たちのだれにも伝達されなかったことが、今日確認されます。彼らは、**主人**であることを好んだのでした。(彼らの死去した師が、そうであったように）同時に**奉仕者**であることなく。

(13) これを見た人が、私の世代の年長者や同僚、あるいはまたより若い同僚や友人の中に大勢いたかどうか、私には分かりません。「その後、私のものともなったこの世界に親愛の情を込めて私を迎えてくれた人びと」、つまり『収穫と蒔いた種と』をささげた人たちの中に、これを見た人がひとりでもいたかどうか私には分かりません——おそらく、シュヴァレーを別にして。このことは、たしかに、私が好んで彼と話したことがらの中にはいっていました——だが、もう彼はここにいなく、このことについて私に話してくれません…。

d 陰—奉仕者(2)——心の広さ 136

（十一月二十八日）前の二つのノートは、基本的には、数学上の仕事と数学のアプローチのレベルでの、ドゥリーニュと私との間の陰—陰の親近性というテーマをめぐる脇道でした。私にとっては、これはどんな疑いもないことがらなのですが、この親近性とその性質について、私が持っている知覚を「伝える」のに、これらが寄与できたものかどうか私には分かりません。

さらに、「私の仕事の中では、」この上なく、「陰」であり、また「海であり、かつ動いているもの」であると、書きました。省察してみた結果、これは、文字通りには正しくない、と言えるでしょう——さらにずっと「この上ない」ことがあり得ます。なぜなら（私の知覚するところによると）ドゥリーニュは、私よりもずっとそうだからです。あるいは、少なくとも、「陰の中の陽」が、彼のもとでよりも、私のもとでの方がより際立っているように思えます。私においては激しい情熱であるものが、彼にあっては、より冷静な振る舞いという形を取っています。私が前へと大胆に身を乗り出しているところで、彼は一度ならず慎重な構えにとどまっており、そしてたしかにこれはしばしば理由のあることでした。少しでも、アイデアの糸口、それを通して入ることが出来る「とっかかり」さえあれば、私は、まずはじめに、出発にあたってのアイデアをより詳しくながめてみる（ドイツ語では「ihr auf den Zahn fühlen」と言われますが…）ことなく、またこの大格闘の結末について予測することもなく、私が基本的なものだと感ずる、数学上の「ぬかるみ」の中にためらわずに身を投ずるのでした。そのアイデアがうまくいかないことがありました。それははじめから明らかな理由によるものでしたが、私が熱中している限りは、目に入らないものでした。そしてついにはそれが分かるようになります——時折は自分がまったくのバカ者だったと感じます。しかしながら身を投じたことを後悔することはまれです。私がある未知の実体との接触を確かなものにするのは——少しさわりながら、それが、「まじめなもの」であるのか否かが分かるのは、このようにしてであって、他の仕方によってではありません。

わが友は、まずは探りを入れ、調べてみます——そして、到着の地点が、ドンピシャリの求めていたものだとは言わないまでも、とにかくそこに着陸するところがあり、手ぶらで帰ってくることはないと、たしかに感じたときに、身を投じます。彼の仕事の中に、私のもとではしばしばあったことですが、あるなんらかの**エネルギーの分散**があるという印象をもったことは一度もありませんでした——むしろ、彼のもとでは、**すべての打撃は的に当たっている**という印象を持ちます。この観点からすると、彼の仕事のスタイルは、ある**成熟**のしるしを持っており、私の仕事のスタイルは、むしろ、時折情熱の力のために混乱している、**若さ**のしるしを持っていました。しかしながら、私たちのはじめての出会いの時、私の方は、もう四十歳に近づいており、彼は二十歳でした。そして、私がいかなる疑念もなしにある（小さな）「装備一式」の中にさらに乗り出すのを彼が見たとき、いくらか、好意をもった大人が、愛情をいだいている子どもに対するように、ある種の微笑をこめた寛大さが私に対して向けられるのを彼のもとで一度ならず感じました…。

ここで取り上げた諸側面は、おそらく、省察の最後の段階、あるいは少なくとも進んだ段階を表わしている、「はっきりと書かれた」、発表された論文の中に見い出すことは難しいでしょう。私の仕事の中での厳格さは、彼のもとでと同じくらい強いものです。私の中での完璧な明確さの要求を満たすという段階に達するまでは、ノートをタイピストあるいは印刷屋に手渡すことはほとんどありませんでした。これに対して、『数学上の省察』の執筆のあり方においては（とくに、『園（シャン）の探求』においては）、仕事の中での当初のすすめ方は、ページごとに見えています。読者は、そこに、数多くの「しくじり」を確認することが出来るでしょう。これらのしくじりは、すべてわずかな振幅のものです——その日に見つけられない場合でも、ほとんどは翌日あるいは翌々日に見い出され、それにつづくページで修正されます。（そして、こんな具合であることに、私自身が驚かされました——これは、他のところで語りました[1][P258]。私の数学上の仕事の中での驚くべき「自在さ」のしるしのひとつです。）これらの「小さなしくじり」がある理由のひとつは、もちろん、ここ七・八年来、一度も触れたことがなかったテーマに対するなじみの欠如です――そして、これらのそそっかしさは、仕事が進み、失われていた接触が徐々に回復してゆくにつれて、だんだんとまれになってゆきます。にもかかわらず、昔は多少ともよく知っていたことについて、かなり混沌とした記憶が私に復元してくれるものを、その度ごとに、「文字通りに」受け取るというこのすすめ方は、時には混乱のある、「突き進む人」という側面をよく表わしています。これは、（とりわけ）数学上の私の仕事における（あるいは他の仕事における）「陰の中の陽」という側面をなしています。私は確信していますが、ドゥリーニュの手になったとすれば、このような全く手を加えない文書は、普通の意味で「発表できるもの」とみなされるものにはるかに近いものになるだろうと思います――彼の持つ厳格な基準にしたがってさえ、発表できるものとみなされると思います。

ここで私が、わが友のもとでの数学の仕事のスタイルとアプローチにおける、「成熟」という性格、「きわめて陰な陰」という性格について強調したのは、これによって、彼の仕事の中になんらかの不均衡がある、したがって、この仕事は、「陽」、「男性的な」性質が欠けている、あるいは不在であることを示唆するためではありません。もしそうであったとしたならば、彼の仕事は、ページごとに、セールの仕事のように、あるいは私の仕事のように、**美しさ**という、間違うことのない、微妙なしるしを持つことはなかったでしょう。しかし、ここでは、私の知っている、発表された彼の作品の中での、また二十年近くのあいだ彼との個人的な接触によって知ることになった彼の仕事の中での、陰と陽の、「女性的なもの」と「男性的なもの」との微妙な調和を丹念に調べてみることはしません――セールのケースにおいても、私の場合にも、こうしたことをおこなったことはありませんが。

もちろん、陰と陽のある均衡について私がおこなったこの確認は、一種の自明の理であって、それは、なんらかの形で「大数学者」という姿をもっているすべての人に造作もなく適用されるものとは考えられません。さきほど挙げた、美しさについてのこの知覚は、その時代の数学の上に永続する刻印を残しているすべての数学者の作品を前にして、等しく存在しているわけでも、同じ程度に存在しているわけでもありません。これらの大数学者たちの中で、ドウリーニュと同じく、その仕事においても、人格においても、陰が支配的なように私には見えていて、その仕事の方は、いかなる時にも、心の中の均衡、食い足りないという感情を一切残さない美しさというこうした印象を私に与えたことがない、そうした人を二人知っています。これらの同僚の一人のもとでは、陰の方向での不均衡が、極端な特徴をもち、(あるアイデアについて語ることについては言うまでもなく…)わずかな定義も、わずかな命題も明確に、しかも正確に定式化することが、完全に不可能なようなのです――多くのことがらについて、彼は深い直観を持っており、数多くの重要で、肥沃なアイデアを導入しました。これらのアイデアは、その度ごとに、彼とは異なる人たちの仕事によって具体的なものになりました。みるからに、彼のもとでは、その仕事においても、その人間としてのあり方においても、「陽の」性質の特徴と力のもつわずかな効率も抑圧されているのです。この抑圧は、彼の仕事におけるものをも含めて、まぎれもない無力さのレベルにまで達していました。仕事においては、自分自身の力でごくわずかのことがらも首尾よく最後までなしとげることが出来なかったようです。彼は、この無力さを、誇大妄想の態度によって埋め合わせました。同時に、自分の中に好んでさまざまな欠陥を内面化させながら、あたかも、(自分の目には)千年来の大学者とさせた、これらのアイデアを着想することが出来たのは、これらの**欠陥のおかげである**かのように…[2][P258]。

私は、わが友ピエールのもとでは、これとは反対の方向の抑圧があるのを感じます。いくらかの「陰の」特徴を追い払い、(多少とも成功しながら)スーパー陽のイメージに合わせる方へ彼を導くものです。この抑圧は、たしかに、いま挙げたばかりの反対の極端なケースからはほど遠いものです。この抑圧は、読者あるいは対話者のもとで、不快な後味を全くともなわない、美しさと満足の感情を消してしまうところまではいっていません。これらの美しさや満足感は、各瞬間に、明瞭さと、影と、不思議さとを、それらを適切に考慮にいれている、真の理解のしるしです。つまり、わが友によって選ばれた、「スーパー陽の」ブランド・イメージは、仕事の時点では、私が思うには、「ボス」の存在が、セールのもとで、あるいは私のもとで、そうである(と思いますが)ように、ほとんどの場合、消えてしまっているにちがいなく、仕事そのものの上にはほとんど侵食していないということです[3][P258]。

これに対して、仕事の**テーマ**の選択のレベルでは、ボスの役割は、重要なもの、さらには大手を広げたものになっている、と思われます。そこには、私という人間と一線を画しようという不変の考えがあります。そしてこのことを通して、彼の中で、否認された師のイメージにあまりにも強く結びついている、自分に固有の性質であるいくらかの性向にしたがうことを拒否しています。したがって、彼が、大きな才能に恵まれた人ひとりひとりにあるように、困難な（さらには、「伝説的な困難さをもった」）定理を証明したり、すばらしいアイデアを導入したり、発展させたりすることもあるでしょうが、素朴に、自分自身の流儀で、ひとつの科学全体を「再検討してみる」（例えばトポロジーについて、これをおこなうことは必要になっているでしょうに…）ことを考えたり、——さらには、新しい科学をすべての部品にわたるまで作り上げたり、（他のところで書きましたように）「新しい世界を明るみに出したり」することは考えないでしょう（136_1［P 259］）。しかしながら、そのようなことをおこなう力を持っていることに、私がなんの疑いも持っていない人がいるとすれば、それは彼なのです。こうしたことを行う上で今日までに彼になにかが欠けているとすれば、それは、**心の広さ**です——真の心の広さであり、それは、同時に、激励や「見返り」について考えることなく、私たち自身の性質の飛翔にしたがって、それが私たちを運んでゆくところへとゆく、穏やかな確信でもあります。

しかし、かならずしも「ひとつの科学全体」あるいは「新しい世界」という規模のものではなくとも、単に、他の人たちが住むことになろう、大小の「家を建てる」という喜びもあります——最初にやってきた石工や大工のように、石や梁（はり）を持って来て、据えつける——こうしながら、だれかと取り違えられたり、だれかに似るようになることを恐れることなく——という喜びであり、あるいはまた、きわめてわずかな人の領地のままである（いくらかの人たちの意向にしたがって）ものを、すべての人の手の届くところに置くという喜びでもあります。これは、奉仕の態度、ある謙虚さであり、さらに、さきほど挙げた心の広さの、彼自身の性質に対する忠実さの表現でもあります。わが友は、「受け入れられる」とみなされる仕事のテーマの選択レベルで、うぬぼれの態度（「ぼくが——そんな仕事をするんだって！」）とカースト的な態度[4]［P 258］と引き換えに、こうした態度を捨ててしまいました。

最後に、第三の態度あるいは力があります。これを通して、「ボス」が、わが友の仕事のテーマの選択に重くのしかかっています。彼が探りを入れようとする内容の選択に関するもので、この力は、この内容に対して絶対的な障壁を定めるのです。これは、「師の埋葬」シンドローム、あるいは**墓掘り人シンドローム**です。

ここでは、単に無視したままにしておかねばならない人の名を挙げるのを控えるということだけではありません。それは、また、師の作品自体を埋葬すること、あるいはもっと正確には、ひとつの力づよい幹から出ている主要な枝のおのおののレベルで、自分自身の作品の中で、また他の人の作品の中で、**金切りのこ**で切ったかのように、師の作品を「**切断する**」というものです[5]［P259］。一昨日にも想起しましたように（前のノート「陰―奉仕者、そして新しい主人たち」の中で［P239］）、一九五五年―一九七〇年の間の、私の「幾何学者」の時期に、私が引き出し、発展させた四つの大きなテーマのうち、ひとつだけが、私の輝かしい学生で、後継者である人によって、白日のもとで「取られ」、用いられましたが、他の三つは、「輪切りに」されました――もちろん、ひそかに。一九八一年に、テーマのひとつのきわめて部分的な発掘があり、その翌年に、もうひとつのものの発掘がありました――切断された主な枝の、傷がなおった残りの部分の上に再び出てきた、ひよわな新芽のように、そして、こうした状況のため、人をごまかすためでしょう、色とりどりの花輪とけばけばしいネオンに取り囲まれて…。

注 (1) ノート「わな――自在さと枯渇」(No.99)をみられたい［P10］。この「自在さ」は、私の別れの前にあったものよりも、いまの方がさらに大きいようです。それは、ここ十五年の間に私の中でなされた成熟と関連しているようです。それは、数学の仕事においても、他の仕事においても、感ぜられます。

(2) ここでは、私の別れの前の時代に、この威信のある同僚と親しく出会う機会のあったときに、確認することが出来た、態度や人間としてのあり方について話しています。その後（このことは、きわめてまれなことだとしても…）、なにか変化が生じたということもあり得ます。

(3) このノートに付した小ノート(No.136_1)（十二月四日付の）［P259］の末で、この性急な印象に再び戻ります。

(4) わが友と「数学の高貴な社会」における、この「階級的な」態度は、私の省察の中では、まず、（3月の）二つの注「職業倫理上のコンセンサス――および情報のコントロール」と「若者たちの気どり――あるいは純粋性の擁護者たち」(No.25、27)［『数学者の孤独な冒険』、P369、370］で現われ、そのあと、先週のノート「陰―奉仕者――新しい主人たち」(No.135)［P239］において再び現われました。

(5) 私は、五月十九日にはじめて、二つのノート「共同相続者たち…」、「…と金切りのこ」（No.91、92）における省察の過程で、「金切りのこ」という現実に立ち会うことになりました。そのあと、これにつづく、五月二十一日、二十二日付の、四つのノート——ひつぎ（No.93—96）において再び立ち会うことになります（これら四つのノートは、「墓掘り人」と合わさって、「霊きゅう車」、あるいは、埋葬の葬列Xをなしています［『数学と裸の王様』、P280—303］）。

(136₁)（十二月四日）[1]［P264］）

私自身のすすめ方は、つねに、私の数学者としての道で見つかったことを、それが見かけ上じつに小さなことであれ、「ひとつの科学全体」という規模のものであれ、すっかりまるごと「考えなおしてみる」ことへと導きました。もちろん、私は、すべての人と同じく、二つの腕しか持っていませんので、代数幾何学の場合に、スキームという概念をめぐる実に単純な、いくつかの基軸をなすアイデアから出発しておこなったようには、「ひとつの科学全体をまるごとすっかり」やり直してみるための仕事のプログラムの実現の中で、その度ごとに、同じほどに遠くまでゆくことは出来ませんでした。代数幾何学の場合でさえも、十二年間ぶっつづけに、私の数学者としてのエネルギーのかなりの部分を投入したのですが、予定されたプログラムを「しめくくる」ところからほど遠いところにいました——「しめくくる」ためには、私には、さらに十二年たっぷり必要だったでしょう！（そして、私の別れのあと、だれもこの仕事をつづけてゆこうと思わなかったようです。（あやまって）これは、やりがいのないものだと思ったにちがいありません…）。

たしかにそれほど遠くまではゆきませんでしたが、ひとつの科学を考え直してみた他のケースとして、**ホモロジー代数**（可換と非可換の——非可換の方は、一九五五年の私の最初の考察の折には、まだ存在していませんでした）、そして**トポス**という概念の導入とともに**トポロジー**があります。トポスという概念は、今日ふつうに操られている、「空間」や「多様体」をめぐるさまざまな概念と同じように、トポロジスト——幾何学者の日常のパンとなる時機をあい変わらず待っています[2]［P264］。おそらく、現在のトポロジーのいくらかの重要な部分は、トポロジーにおけるトポス的観点の系統的な展開によって影響を受けることはほとんどないでしょう。したがって、この観点は、むしろ、「ひとつの新しい科学をすべての部品にわたるまで作り上げる」にあたっての決定的な要素のように思えました——代数幾何学とトポロジーと数論との綜合を実現する科学のことです（この綜合は、一九五〇年代に、私が上陸した時点ではまだ全く考えられもしなかったものです[3]［P264］）。それは、新しい代数幾何学の構築を超えたところにある、また「エタール・コホモロジーの深い把握」（そして、これから出てくる、ℓ－進コホモロジーの深い把握）を通して、なお形成途中のこの新しい科学の基本構想の仕上げであり、しっかりとした基礎の技法を発展させることでした。これは、私の目には、私がいた時代の数学に対する、私の主な貢献であったと思われます。なお予測の段階にある、「**モチーフ**の哲学（ヨガ）」は、あまりにも広大なものなので、今日まで私はそれに名を与えることを考えたことがなかった、この新しい科学の魂のように、あるいは少なくとも、とりわけ急所に位置している部分のように、私には思えます。この科学を、おそらく、**数論的幾何学**と呼ぶことが出来るでしょう。この名によって、「絶対的な基底」Spec(**Z**)の上で展開され、さまざまな標数の伝統的な「代数幾何学」の中にも、また解析的、あるいは剛—解析的「多様体」（あるいは、**多重体**（ミュルティプリシテ）と言った方がよいでしょう）といった概念、そしてその変種を通して、（基礎体**R**、**C**、あるいはQ_ℓの上の…）「超越的な」幾何学的概念の中にも、その「特殊化」を許す、ひとつの「幾何学」というイメージを示唆しうるからです。

私には、さらにもうひとつの「新しい科学」が見えます。これは、一九六〇年代には見えていたもので、一九五五年にはじめた、ホモロジー代数についての私の考察の中にその源泉があります。これは、ホモロジー代数（これは、代数幾何学、あるいはもっと適切には、「数論的幾何学」からの要請と接触することで発展させられたものです）、ホモトピー代数、トポス版の「一般トポロジー」、そして最後に、∞—カテゴリー、あるいは現在では、私は∞—園（シャン）と呼ぶ方を好むのですが、についての理論（これは、一九六〇年代以来、混沌とした状態のままです）に由来するさまざまなアイデアの広大な綜合です。当然のことながら、この綜合は、ヴェルディエをはじめとする、私のコホモロジー専攻の学生たちのいく人かによって取り組まれるものと期待していました。ヴェルディエの例の学位論文[4]［P264］は、まさにこの方向にあるものと思われていました。私には、あらゆる一般性と、望ましい柔軟性をそなえた、満足すべき共通の言語を発展させることは、やる気のある研究者たちからなる小さな核にとって、もちろん情熱をかきたてる、数年間の仕事だと思えました。私のコホモロジー専攻の学生たちのいく人かによる、この方向でのきわめて細分化された部分の仕事がはじめられたあと、一九七〇年の私の別れは、私の心にあった、他の多くの仕事とともに、この仕事のプログラムをも直ちに放棄するシグナルとなりました。このため、私は、一九七五年の、ラリー・ブリーンとの文通の中で、私のアイデアのいくつかに戻ってきました。それらは「道の上に」あるのですが、それらに出会うごとに、「すべての人」が入念に避けて通るように気をくばっているように私が感じた、そうしたことがらについてのビジョンが再び生命を取り戻すのを見るという希望をもってでした。ラリー・ブリーンへの手紙（『園（シャン）の探求』の第一章に再録されています）において、ここ十年あるいは二十年来、私だけがかいま見ていた[5]、なお構想中のこの科学を、「**トポロジー代数**」という名で呼ぶことを私は提案しています[P264]。最終的には、ここ二十年来、企てられることが待ち望まれていた仕事に、私以外の誰かが取り組むことを期待していましたが、しびれを切らして、かつがっかりして、一九八三年二月に、『園(シャン）の探求』でもって、少なくとも大筋において、やるべきだと見ていたことの基本構想を描くために、私は仕事をはじめたのでした。

明らかなことですが、さきほど問題にしました「数論的幾何学」と、私の目では、その主要な役割のひとつが、この新しい幾何学の展開における、「補助手段」という役割である、トポロジー代数との間には、その規模からして測るべき共通の尺度がありません。この新しい幾何学が、（例えば）エタール・コホモロジーについて私たちが持っている深い理解と比較できるほどの、モチーフという概念の深い理解によって確認される、完全な成熟の段階にまで到達するためには、おそらく、多くの世代の幾何学者たちが、仕事をしているのを私が見ることが出来た世代よりも、もっとダイナミックに、もっと大胆に、これに取り組む必要があるでしょう：**アーベル的とは限らない代数幾何学**のレベルでのこれに比較できる深い理解については語らないとしてもですが、またこのアーベル的とは限らない代数幾何学は、（モチーフとあわせて）現在すでに見ることが出来る、数論的幾何学の二つの「急所をなす」部分のひとつであると、私には思えます[6][P264]。最後に、私の数学者としての過去において追求された、現存するひとつの分野を「すっかりまるごと」革新するという方向にある、第四の考察があります。それは、トポロジーにおける「穏和トポロジー」というアプローチのことです。これについては、『あるプログラムの概要』

の中でいくらか述べました（第五・六節）。ここでも、ずっと以前の高校（リセ）のとき以来いく度もあったように、おこなうべき基礎の仕事の豊かさと緊急性とを感じているのは、なお私がただひとりのようです。だがその必要性は私にはかつてないほど明らかに見えます。私はきわめてはっきりとした直観を持っていますが、『あるプログラムの概要』の中で述べた精神において、穏和トポロジーの観点を発展させることは、トポロジーに対して、スキームの観点が代数幾何学に対してもたらしたものに匹敵しうるほどの革新をもたらすものと思っています。しかも、それは、それほどの大きさのエネルギーの投入を必要としないでしょう。さらに、私の考えでは、このような穏和トポロジーは、数論的幾何学の発展の中で貴重な道具であることが明らかになることでしょう。とくに、複素数体上の有限型の階層づけられたスキーム（あるいはもっと一般に、この体上の有限型の階層づけられたスキーム的多重体）に随伴した、「副有限の」ホモトピー構造と、超越的な道によって、いくつかの適切な仮定（とくに等特異性）のもとで定義された、対応する「離散な」ホモトピー構造との間の、さまざまな「比較定理」を定式化したり、証明したりする上で貴重な道具となるでしょう。この問題は、階層づけられた構造に対する、ある具体的な「ねじはずしの理論」の用語を用いてしか意味を持たないでしょう。この「ねじはずしの理論」には、「超越的」トポロジーの枠組みにおいては、「穏和という」枠組みの導入が必要とされると思います。

★　★　★

わが友ピエール・ドゥリーニュのことに戻りますが、彼は、私と数学上の近くでの接触のあった一九六五年―一九七〇年の間に、いま大筋において検討してみました、幾何学上のアイデアとビジョンのこの全体に深く親しむ機会がたっぷりとありました（穏和トポロジーについてのさまざまなアイデアは別にしますが、これは、私の記憶が正しいとして、一九七〇年代のはじめになってやっと芽を出しはじめ、私の興味を引いたものだからです）。この広大なプログラムに対する彼の役割は二重のものでした。しかも二つの正反対の方向のものでした。一方では、ℓ-進コホモロジーというすでにすっかり準備の整っている道具と、モチーフの理論についての（まだ内密のままである）アイデアに依拠して、彼は、数論的幾何学のプログラムの発展に注目すべき貢献をしました。その中の最も重要なものは、おそらく、混合ホッジ係数の理論のスタートであり、そして特に、ヴェイユ予想とそれらのℓ―進的な一般化に関する仕事でしょう。他方では、彼の仕事のために直接に必要であった道具やアイデア（彼は、これらの起源を忘れさせようとする系統的な努力をしました）を別にして、残りすべての自然な発展を失敗に終わらせるために出来る限りのことをしました：これが「金切りのこという効果」です。このことについては、埋葬についての私の省察の過程で大いに語る機会がありましたし、この前のノート（No.136）［P253］においても（暗示的に）触れました。この金切りのこ効果は、突然の直接的な必要性に押されて、「再び動きだした、ひよわな芽のように…」、（一九八一年と一九八二年に）部分的に発掘されたことによりいくらかかく乱されました。（これらのうわべだけの発掘については、前のノートの末で再び取り上げました）。彼が用いていた、そしてその由来については沈黙を守るように心を配っていたアイデア、概念、技法、結果の作者の資格は、私の元学生あるいは協力者のだれかに寛大に分配しない場合には、自分に帰するものであるという印象を絶えず与えるために（それをはっきりと言っているわけではありませんが…）全力をあげました。

わが友によってじつに執拗に金切りのこで切られ、埋葬されたものについてのこの手短かな振り返りのあと、よく考えた上で、前のノートの中で優勢だった印象——そこで、私は、彼の仕事における「ボス」の口だし、自己に集中した渇望の介入は、基本的には、仕事の**テーマ**の選択に限られていたと示唆しています——に戻ることにします。結局のところ、墓掘り人—金切りのこという姿勢は、ほんの少しの例外を除いて、彼の仕事の中で、その機会があるところで、**至るところ**に現われています——そして、これらの「機会」は数えられないほどあるということが分かります！この**墓掘り人シンドローム**（もちろん、スーパー陽の諸価値を前面に出すことと緊密に結びついています）は、彼の仕事と作品の上に、真に「いっぱいに広がる」影響を与えたと思います。それは、陽に傾いた彼の選択の影響とは全く比較できないほどだと思います。そして、この影響は、「ボス」が「労働者—子ども」の手元に置き、そのあとつま先でひそかにひきさがってしまう、テーマの選択のみに全く限られてはいません。その反対に、ボスは、労働者が絶対的な命令を忘れるかもしれないと心配していて、仕事の間じゅう労働者からほとんど離れないように見えます。別の言い方をすれば、仕事そのものが、未知の中への**飛翔**である、発見の仕事に固有の性質とは全く無縁な**心の態度**によってかなりしばしば侵入されているのが見られます。これは、埋葬についての省察の過程でいく度もつよく感じたことですが、陰と陽についての長い省察の過程で見失ってしまう傾向のあったものです。

注 (1) 前のノート（「陰―奉仕者(2)――心の広さ」（No.136））に付したこの小ノートは、このノートの注から出てきたものです。（このノートの末から第三番目の段落の中の送り記号（136₁）をみられたい［P257］）。

(2) 三月末のノート「私の孤児たち」（No.46）の第二部の中の、またその小ノートNo.46₅から46₇までの中のいくらかの解説と比較されたい［『数学と裸の王様』、P6、22―23］。

(3) 前の注(2)をみられたい。

（一九八五年三月十一日）「全く考えられもしなかった」という言葉は、おそらく言い過ぎでしょう。なぜなら、このような綜合についての予感は、すでに、ヴェイユ予想の中にあり、これが、強力な着想の源泉として働いたからです。

(4) このテーマについては、ノート「信用貸しの学位論文となんでも保険」（No.81）をみられたい［『数学と裸の王様』、P180］。

(5) いるとしてもせいぜいドゥリーニュだけを例外としてです。彼に対してはあるビジョンを伝達したと思っていましたが、私の別れの直後から、他のものと共にこのビジョンを急いで埋葬しました。一種の「幾何学全般」のための一連の基礎に関する私のプログラム全体の、すべての中で最も古いものである、この部分については、『収穫と蒔いた種と』の中で、いく度も触れました――とくに、「夢みる人」（第六節）［『数学者の孤独な冒険』、P203］、ノート「私の孤児たち」、「直観と流行――強者の法則」、「あい棒」（No.46、48、63‴）［『数学と裸の王様』、P6、30、85］において。

(6) （アーベル的とは限らない代数幾何学に関するいくつかの主なアイデアについては、『あるプログラムの概要』の第二、三節をみられたい）。

「急所をなす」という言葉で、ここで、私は、一九六〇年代に獲得されたものに比べて、全く新しい直観、導きの糸、そしてさまざまな問題を、この「数論的」幾何学にもたらす、この幾何学の一部分を考えています。（この一九六〇年代に「獲得されたもの」は、基本的には、数論的幾何学の中に包含される三つの部門に共通する、枠組み、言語、それにホモロジー、ホモトピー的定式化から成り立っています）。おそらく、この二つ部分に、モチーフに緊密に関連した、第三の「急所をなす部分」を加える必要があるでしょう。つまり、保型形式に関する「ラングランズ流の」理論のことです。これについて語るのを私が差し控えたのは、保型関数の理論に対してあい変わらずもっている私の残念な無知によるものです。(ついにこの無知をいくらかでも埋めることになる機会が訪れるものかどうか私には分かりません…)。

(9) ビロードをまとった爪

a ビロードをまとった足――微笑 137

(十二月七日) 整理の仕事 (前の二つのノートに付す小ノートを含めて) を除くと、ノートを中断してから一週間以上たちます。歯を三本抜かねばならなかったのです (六十歳に近づいているということでしょう…)、これは当然の割り込みですが、容赦のないものです。このため最近は少し小型のダイエットをすることになりました。この機会を利用して、未処理のままだった手紙の返事を片付けることになりました。いますべては秩序あるものに戻ったようです…。

前の四つのノート (十一月二十四日から二十八日までの) の中で、私はとくにドゥリーニュと私のもとでの、数学上の気質とアプローチの間の親近性あるいは相補性の関係をより詳しく浮き立たせてみようとしました。わが友が、少なくとも双方の「数学上の」人格のレベルで、彼自身と私について与えようとしていた表現の中に、私が知覚できたと思った、陰と陽の役割のこの「逆転」を位置づけてみるためでした。ところがそれを行なう途中で、わが友あるいは私自身に関する、現実の別の諸側面が現われてきました。それは、われわれという人間を超えて、数学者たちの世界に関する、あるいはもっと単純に、人々のつくる世界に関する諸側面でもありました。最後に、省察のこの段階で入ってきた、最も際立った新しいことがらは、この省察に与えた名「主人と奉仕者」によって示唆しようとしたように、奉仕の態度と、科学の世界の中でのこのような態度の消滅のさまざまな兆候であると、私には思えました。

ある逆転を「位置づける」という当初のテーマに戻りますと、これに答えを与えるために、わが友と私に関する現実の状況を十分詳しく浮き彫りにしえたという印象をいま持っています。当然やってくる第一の確認は、五月十二日の省察「弔辞(1)――おせじ」[P32]の直後にやってきた陰と陽の役割のある逆転という、この当初の直観は、たしかに正しかったということです。ノート「陰の葬儀(陽は陰を埋葬する(4))」(No.124)

［Ｐ167］における、十一月十日の省察のときから、わが友は自分自身についてスーパー男性的なイメージを、私についてはスーパー女性的なイメージを与えようとしていることは、すでに明らかでした。十一月二十四日のノート（No.133）［Ｐ224］の中で提起された問題は、「逆転（３）――陰は陽を埋葬する」の表現は、たしかに現実の「逆転」になっているのかどうかということでした。ノート「満ちてくる海…」（No.122）［Ｐ153］において現われた「新しいことがら」、つまり、わが友におけると全く同じく、私の数学上のアプローチにおける基調は、陰、女性的であるということは、一時、この現実の逆転となっているということを疑問に付すかに見えました。

しかしながら、ここ最近の三つのノートの省察は、この疑問を消し去りました。すでにぞうさもなく明らかだったことは、私は、ドゥリーニュによって（私の他の学生たち、および元学生たちによってと全く同様）、少なくとも意識のレベルでは、きわめてつよく男性的なもの（おそらく、あまりにもつよい…）として見られていました[1]［Ｐ271］。しかし、分かってきたことは、さらに、ドゥリーニュと私との、数学のレベルでの関係において、陰―陰のつよい親近性の基礎の上で、陰―陽の**相補性**も作動していたということです（この親近性が「第一の」役割を演じていたのに対して、これを「第二のもの」と呼ぶことが出来るでしょう）。この相補性の中で、「陽の」、男性的な役割を果たしていたのは、たしかに私です。彼におけるよりも、私のもとでの方がさらにはっきりと際立っていた「陰の中の陽」という構成要素によるものです。

ドゥリーニュのもとで私が確認した、そしてかなり多くの方面から熱心な反響を受け取っている[2]［Ｐ271］と思われる、この意図は、したがって、私には、**役割の逆転の意図**、そしてもっと特定して言えば、**陰―陽の役割の逆転の意図**としてはっきりと立ち現われます[3]［Ｐ272］。ここに、いままですでに検討した（十一月十三日と十七日のノート「振り返り（１）、（２）」（No.127、127′）において［Ｐ182、188］）四つの側面にさらに付け加えられる、埋葬のもうひとつの重要な側面があると思います。いま、埋葬の一貫した全体的描写の中に集めねばならないのは、もちろん緊密に関連しあったこれら五つの側面の全体です。

このような描写が、納得できるものであるためには、さらに、共通の見通しの中に、**つぎつぎと現われてきた三つの「光景」**を集めねばならないでしょう。第一の光景には、私の葬儀の大司祭であるドゥリーニュがただひとりいます。故人だと宣告され、存在する理由がないし、以前からなかった師の非―学生であり、非―遺産相続人です…。これが、あきらかに、葬儀の中心人物です、故人自身は別にして（しかしこれは、故人でしかないし、暗黙の端役なのです）。そのすぐあとに、第二の光景として、（「葬儀の体系」の中の、葬列の数え上げを記憶をもとにして引用しますと）「シャベルとロープをむりやり持たされた、私の元学生たちからなる忙しげな集団」がつづきます。最後に、第三の光景には、私の葬儀（そして、「しっかりとネジでとめられた、カシワの木で出来たひつぎの中に、用心しながら入っている、四人の共に埋葬されたものの葬儀）をとり行なうために、そして埋葬を手助けするためにやってきた、会衆の（ほとんど）全員がいます。

これら三つの光景の間に、ある完璧な調和、ある**「全員一致」**が支配しているようです、正規の手続きを踏んでとり行われる他のあらゆる埋葬において、うやうやしくもったいぶった様子の司祭、こうした時にふさわしい表情をしている家族、そして決して間違うことなく、うたわねばならないときにはうたい、沈黙しなければならないときには沈黙する、大勢の列席者たちとの間を支配している調和や一致と同じく。

いま描いたこのイメージをさらに深めるためには、私はいま自分がつぎのような人のもつ状況の中に置かれている（もちろん計画に関与していない、親愛なる故人よりもずっと居心地のよくない…）思いがします。つまり、じつに感動的な全体の光景を前にして、その場にふさわしくなく、こうした時に当然の厳粛さあるいは痛悔の様子の背後で、司祭、家族、一般の列席者たちのそれぞれを活気づけ、つき動かしている、真の考えや動機を推し測ってみようとしているのです。

このことで一時期、省察は、暗黙にある主な導きの糸として、描写のこれら三つの「光景」の中で最も近いもの――つまり、上祭服を着た司祭、いやごめんなさい、私が言いたかったのは、わが友ピエール・ドゥリーニュです――を理解するに必要とされるものを準備するという意図でもって、追求されました。いま私が注意を注ぎたいのは、この光景に対してです。

直ちに言えることは、ノート「墓掘り人――会衆全体」（No.97）〔『数学と裸の王様』、P303〕の中でとくに大きく取り上げられた、描写の側面（あるいは「窓」）、つまり、「ある異端に対する制裁」という窓は、たとえ行間にあるとしても、わが友のもとで、きわめて控え目な役割しか果たしていないと思われるということです。いかなる時点でも、わが友ピエールが、少しでも、私の「異端（秩序からの離脱）」によって「問題をつきつけられた」と感じているという印象を持ったことはありませんでした。まさにその反対に、これは、二十五歳で、数学の世界において最もうらやましがられている地位(あるいは、少なくとも、うらやましい地位)のひとつについたばかりの、この研究所の中で、すこしばかり存在感の大きすぎる師の存在を手際よく片づけるための、おそらく夢でさえ見たこともないような、思わぬ授かりものだったでしょう。この異端が、それにつづく年月の中でつよくなっていったという事実は、あるたいへん大きな「遺産(4)［P272］」を、それがどうしてこうなったのかについての抵抗感なしに(年月を経る中で彼はこれについて考えるようになってゆきましたが)、自分のなすがままに出来るという、さらに大きな授かりものとして、私の思いでは(おそらく意識されたレベルではなく、しかし結局はこのことは大きな意味はもちません)、実感されたことでしょう。彼は、心の中でさえも、あるいは自分の知らない内にも、この思いがけない授かりものについて嘆くことはありませんでした！そして、同じことが、規模の大小はありますが、(私の別れの)「前の」私の学生たちの大多数に対して、とにかく、コホモロジー専攻の私の五人の学生たちのおのおのに対しても、言えると思います。たとえ彼らのうちのひとり、ふたりが、心の中であれ、多少ともはっきりと言葉で表現されたものであれ(5)［P272］、私の離脱ということに対して不満、あるいはフラストレーションの感情を表わしたとしても、それは、思いがけなく消えた師に対する墓掘り人の態度を生み出したひとつの**原因**(他のいくらかの原因とともに)であるよりも、この墓掘り人の態度の**意識的な理由づけ**という性質の中に入ると、私には考えられます。「一般に」私のコホモロジー専攻の学生に対しても、異論の余地のない彼らのリーダーであるドゥリーニュに対しても、私がこの確信をつよめるのは、(格好の機会が現われさえすれば――そして、おお思いがけない奇跡であるかのように、その機会が立ち現われたのでした！)不意に生じていたのは、埋葬の前段的な兆候だったのです――そして、これらの兆候は、すでに一九七〇年の私の別れの前に、そしてとにかく私の知る虐殺の対象とされた、一九六五／六六年度の例のセミナーSGA5の直後からあきらかなものだからです。もちろん、五人すべて(6)［P272］が、これほど完璧に一致して、彼らが自分の仕事を学び、同時に、十二年間にわたって、ほとんど彼らだけが、知り、用いるという特権を持つことになったすばらしい数学を学んだ、このセミナーの運命に無関心になったのは、偶然によるものではありません。このテーマについては、セミナーSGA5のたどった運命についての省察の過程で十分に述べましたので、ここではそれ以上述べることはないでしょう。ただ、ドゥリーニュに関しては、一九七〇年の私の別れ以前に、彼が書いた四つの論文のうちの三つにおいて、私のアイデアからの影響を隠したり、あるいは少なくともごまかしたり、最大限に過小にみせるようにする意図が、私の「離脱」を待つまでもなく、はっきりと現われているということです。

★　★　★

したがって、わが友の中の、私に対する、取って替わり、消してしまおうと渇望している、この対立と競争の態度――私たちの出会いの最初の年月から、愛情にみち、信頼にみちた共感と、また数学のレベルでの交感と共存してきた態度――この態度の根源と特殊な性格とは一体どんなものなのだろうか？これは、私たちの出会いの折には、そして、おそらくその前からも、ひっそりと存在していたにちがいないこと、そしてまた、彼のもとでの私の役割であったにちがいない役割から一挙に出てきたこと、それは、私のもとでのなんらかの特殊性によって呼び起こされたといったものではないこと――彼のもとで私がこの役割をつとめていたということが、これらの「特殊性」の全体によるのでなければ――こうしたことについて、私は確信さえしています。ここ二十年を通して、彼が消そうと努力しているのも、また、この役割です。たしかに、それは、それをどちらから求められたということもなく、ものの力によって、それは、「父としての」一側面を伴っていたのでした。そして、私にはいかなる疑念もありませんが、紛争が結実したのは、この側面をめぐってなのです――彼が私の名が発っせられるのを聞く、そして（おそらく）私たちの共通の恋人の名である数学という名が発っせられるのを聞くずっと前から、すでに彼の中に存在していた紛争です。

この確信は、実際のところ、ある省察の果実ではないし、ましてやこれを私が「証明」しようとしているわけでもありません。むしろ、それは、私の別れのあと、年月を経るにしたがってやってきたもので、私自身も、いつからとも、どのようにしてともあまり言えません。少しずつだと思いますが、小さな、そして大きな兆候、これらのどれにも、ほんの少しの時間でさえも、止まって見たことはないが、にもかかわらず、その全体が、たしかに漠然として、完全なものでない認識、だがあるひとつの認識の跡を残したのでした、それはある日そこにあったのでした…。おそらくは、半ば埋もれている記憶を明るみに出し、それらの記憶のひとつひとつに探りを入れてみるという、手間のかかる仕事によって、ほとんど評価できないままになっているこの認識を深め、実体のあるものにすることが出来るだろうと思います。このような仕事は、多くの驚きを私にもたらすだろうこともあり得ます（そしてそれはほぼ確実でさえあるでしょう）。しかしながら、このことをおこないたいとは感じていません。おそらく、（当否は別にして）それは、本当は、**私の**仕事ではなく、わが友の仕事だと思えるからです――私がそこで探りを入れることがらは、私によりも、ずっとはるかに、彼に関連しているものでしょう。私に関するかぎり、いま表現したばかりのこの直観、あるいは「認識」、あるいは「確信」で、現在ある理解したいという私の願望には十分です、そしていかなる留保もなしに、私はこの直観を信用しています。

私の人生において、きわめてしばしばあったように、ここでも、私は、父との対立という関係に立ち会ったのです、そこでは、私は、代わりの父、「採用された」父（「養」父[7]［P272］よりもはるかにつよいものに、思えます）の姿を取っています、これは、わが友のもとでの陰―陽の逆転という意図に加えて、私の考えの中では、直ちに、ノート「逆転（2）――両義的な反乱」（No.132）［P219］で取り上げた状況とつながります――私にとっては、私の母の、母の父に対する関係が、最も極端な原型をなしている状況です。しかしながら、ここに挙げた状況と、わが友ピエールの私に対する関係との間のさまざまな相違が、ただちに目にとまります。彼の私に対する関係において、私は、いかなる時点でも、「反逆」の調子の影、微笑の中であろうとも、爪や歯を示す、いくらかとげとげしい、攻撃的な形の対立の影を認めたことがないということです。たしかに互いの間の微笑に欠けることはありませんでした。それは彼の方からのものでした、共感の微笑（私がそのように感じたのですが）、また時には無邪気な驚きの微笑、そして時には、知らぬふりをしながら、ビロードをまとった足でおこなわれたいくらかの打撃が、彼が予測していたところにうまく当たったと、彼が認めることが出来たとき（私は、心の中での満足というニュアンスを感ずるようになりましたが）、時にはほとんど心を痛めたような微笑でした。

別の言い方をすれば、私に対して、あるいは第三者に対して（これらの第三者を通して、故人である師に打撃を与えるという場合には、だがこの師は、彼の中につねにはっきりと存在しているのですが…）、彼があらわすこの対立は、つねに、ただひとつの例外もなく、極度に陰の形を取りました：きわめて洗練された繊細さというあらゆる見かけをもって、打撃を与え、傷つけ、さらには排除したり、打倒したりすることを喜ぶ（そして抜きんでる）という形です。数学者としてのブランド・イメージとして彼が選んだのは、スーパー陽なのに（たぶん私の選択もそうであったように、これは、彼におけるほどは成功してはいませんが）、対人関係のレベルでは、基調（少なくとも私に対する、そして私に関係があると、彼がみなしている人たちに対する）は、あきらかに、そしてすべての面にわたって、スーパー陰であると思われます。（しかしながら、このテーマについては、ひとつだけ留保をします。これは重要なもので、あとでこれに戻る必要があると思います）。

私に対するピエールの関係、と「両義的な反乱」という関係との間の「目にとまる」もうひとつの相違は、つぎのものです：彼の家族について私の知るわずかばかりのことから推して、ピエールの父は、穏やかで、つつしみ深い気質の人であり、したがって反乱――そのあと、代替の父に対しても向けられた――という反応を引き起こすような「像」を全くもっていないと私には思えます。

注 ⑴ さらに、現在通用している諸価値が男性的なものなので、科学上の威信が、かならずしも「陽の」、さらにはスーパー陽のイメージではない、（一般に認められ、受け入れられた）あるイメージを持ちうることは難しいと思います。数学における私のアプローチにおける「女性的な」性格が、わが友でかつ元学生によって、そして一般に数学にたずさわる人びと（少なくとも、私が仕事をしていた種類のことがらといくらか接触したことのある人たち）によって知覚されたのは、無意識のレベルにおいてのみだと思われます。

⑵ ここで私は、序文の中で取り上げた「ひそやかな軽蔑とひそやかな嘲弄の風」について考えています（序文、十、「尊重を示す行為」をみられたい［『数学者の孤独な冒険』、P182］）。私の学生であった人たちの中の最も威信のあるもののいく人かが、彼ら自身、こうした調子で話すのを見たとき、私はそれには驚きませんでした。年月を経る中で私に達した、数多くの「風」の中に共通なものに見えるのは、まさに、数学に対する私のアプローチにおける、そして私の作品におけるつよく「陰」が際立っている諸特徴に対する軽蔑の感情です。このテーマについては、さらにノート「ひつぎ4――花も花輪もないトポス」（No.96）の中の、六月二十三日付の注の中の解説をもみられたい［『数学

と裸の王様』、P302]。

(3) 役割の逆転というこの意図が、私の省察の中にはじめて現われるのは、師—学生の関係の中での役割の逆転に関するもので、このとき私は、私の学生の「協力者」として現われ、彼自身は、エタール・コホモロジーおよびℓ—進コホモロジーの**真の**創始者および師として姿をあらわしているのです。(このテーマについては、二つのノート「逆転」、「弔辞(1)——おせじ」(No.68′、104)をみられたい[『数学と裸の王様』、P109および本書32ページ])。「師—学生」という「カップル(対)」において、(与え、あるいは話す人として)陽の、「能動的な」役割を演ずるのは、もちろん師であり、学生は、(受け取り、聞く人として)陰の、「受動的な」役割を演じているのを記しておきます。ここで、また、わが元学生によってあざやかにおこなわれたこの逆転は、陰—陽の役割の逆転として見ることが出来ます。これは、わが弔辞の主なメッセージ、ノート「陰の葬儀(陽は陰を埋葬する(4)」[P167]の中にあらわれたメッセージをなしているものと同じ方向(陰—陽が陽—陰となる)にあります。

(4) この「遺産」というテーマについては、ノート「遺産相続者」(No.90)と、ノート「陰—奉仕者(2)——心の広さ」(No.136)の小ノート(No.136₁)をみられたい[『数学と裸の王様』、P259および本書259ページ]。

(5) こうした調子の感情(さらに、いくらか非難するようなニュアンスをこめて)を私に聞かせてくれた、私の元学生たちで唯一の人は、ヴェルディエです、一年ほど前ですが。「生き残り、生きる」運動の時代には、これとは逆に、彼は私の異端(離脱)に共感を示したようでした。彼の妻イヴォンヌが心をこめて協力してくれるというエピソードさえありました。それは、(私の記憶ちがいでなければ)ロベール・ジョランのイニシアティブによって巡回展示会が組織された時のことでした。私はこれに「生き残り」運動からの参加者ということで加わりました…。

(6) (十二月十二日)しかし、J・P・ジュアノルーは別にしなければならないでしょう。彼は、セミナーの三つのつづいた報告を執筆することになりました。そこでは、彼自身の学位論文のために直接に必要とされた概念や技法が展開されています。

(7) (十二月十二日)私は、これらの行を書きながら、役割が「対称的でない」ものについてのこのような主張の中ではどれほど慎重であらねばならないかということを意識していました。このことは、無意識のレベルで演ぜられている役割に関することだけに、それだけ慎重でなければなりませんでした。私の推測では、このレベルで、狭い意味での数学上の交流の外で、ある時点で、その文脈によってうまく準備された「父としての」役割の中に私はいくらか入っていったにちがいありません。しかしこの役割は、あきらかに、私の人生において、またわが友に対する関係において、数学に対する私の情熱と比較できるほどの重みを持ってはいませんでした。この役割は、一時的なものにとどまっており、一九七〇年の、数学の舞台との私の「別れ」ののちは、もはやその跡はなかったにちがいありません。これに対して、これとは反対に、最良のもののために、そして(とくに)最悪のもののためにも、私の元学生の私に対する愛着は、これにつづく十五年間にわたって、彼の仕事においても、またあらゆる障害にもかかわらず、私との個人的な関係の維持においても、絶えることなく持続されました。

b 逆転(4)——夫婦の曲芸(サーカス) 138

(十二月八日) 昨夜省察を終えつつあるとき、私は、だんだんと理解がむずかしくなっているという少しばかり苦しい印象を持ちました。寝床へゆく前になおしばらくの間、おこなった省察によって呼び起こされたいくらかの連想にしたがっていました。いくつかの明らかな点が現われてきたように思えました。それらは、今日の省察において照明として役立つでしょう。

これらの連想の中で、もちろん最も重要なものは、わが友における「ビロードをまとった足」という側面と関連しているものです。それは、じつに無邪気な様子でもって、また「じつに人あたりの柔らかい繊細さというあらゆる見かけでもって」、ひっかく(ときには、深く、しかも容赦なく)ことを喜びとしているものです。このイメージは、(その前に取り上げた、「反乱」という状況との) あまりうまくゆかなかった比較という曲がり道のところで出てきたものですが、直ちに、豊かな意味をもったもの、私が探りを入れようとしていたこの「対立」の基本的な一側面として現われてきました。そして振り返ってみるとき、二十年近くの体験の精髄を再構成している、この「無邪気な微笑とビロードをまとった足」というイメージの想起は、昨日の省察の中の「敏感な点」、そのとき私が暗闇のなかで模索していた思いがけない「光のある点」のように思えます。この模索と暗闇という印象がさらにもっと勝(まさ)っていたとしても、その前の時点で頭にあり、それを追求したり、位置づけたりしようとしていた考えによってあまりにもつよく捉えられていたために、このイメージが出現した時点で、私の中で形成されたこの微妙な「ひらめき」に注目することが出来なかったのでした。そしてこれにつづく半時間、このイメージと関連した、そしておこなわれた省察の他のひとつ、ふたつの時点とむすびついた、いくらかの連想を追っている間に、これに対する注意は再び分散してしまいました。昨日のノートを読み直しながら、なおさきほどまでは私の目にとまらなかった、中断されていた省察の見通しが修正されたのは、いま、一日たって、この省察の糸を再び取り上げたときです。

他のもっと「構造のある」、もっと「知的な」連想をしばらく放置しておいて、私の体験に最も緊密に結びついている、とりわけ強いこの連想にしたがうことにしたのは、つぎのような理由によるものです。私は、突然、すべての連想を要約していると思われるただひとつの印象の中にいるかのように、**夫婦の曲芸**——妻と夫のカップルのサーカス——という特別なケース(共同の行為者として、また近くの証人として体験された)のもつさまざまな側面に再び戻ってきたのです。カップルの曲芸は、結婚していようと否と、子どもがいようと否と、若くても、年を取っていても、若い—年をとっている、あるいはその逆のカップルでも、貧乏であっても、金持ちであっても、それらは同じようなものであり、カップルの曲芸はとにかく変わらないのです。突然私はここに戻ってきたのでした。このサーカスのとりわけ私の心を引きつけた一側面を通してです(言っておかねばなりませんが、そこに火以外のものを見るずっと前から、私はそこにいたのでしたが…)…それは、きわめて特殊な、きわめて「無邪気な様子をした」、「私はなにも言っていませんし、なにもしていません」という術策、ある種の駆け引きの中で女性によって演じられる「ビロードをまとった足」の術策です。この駆け引きにおいては、なにげない風に、完璧な巧みさで導いているのは、つねに彼女であり、なにも考慮に入れることなくついてゆく(そしてしばしば利益を得ている)のは、つねに彼なのです。こうした様子を基礎にして機能していないカップルを、私はほんの少ししか見たことがありません。もちろん無限の変種をもっており、また双方の即興の才能にまかされており、特別の気質やさまざまな状況にもよります。さらに今日、私は、こうしたことが[1]特にあざやかに演ぜられるのを見る機会をもちました［P277］。しかしながら、ここでは脇道をしてこれを語ることはやめておきます。

これが、これらのサーカスの遊戯の、少なくとも大筋における、あるいはこれが演ぜられているさまざまな調子を取り上げたにすぎないもの（まさに、「彼女の」側のビロードをまとった足）だとしても、多かれ少なかれ色どりを与え、ニュアンスを付した描写です。これは、いま再び目を通してみましたが、ノート「逆転（1）――烈しい妻」（No.126）［P176］の中の十一月十二日の省察では、全く欠けていたものでした。みるからに、私は、ある流れに逆らって、この省察をおこなっていたのでした。そのため、この省察は、「諸力と動機」についてのいかめしい分析という様相をとることになりました――明らかにこの日は、私は調子がよくなかったのでした！『陰と陽の鍵』において、「陰と陽の逆転」が問題にされたのも、これがはじめてでした。この時いくらか私に取りついていた、そして昨日までなお取りついていた極端なケースは、私の母のケースでした（これは、十一月二十二日のノート「逆転（2）――両義的な反乱」（No.132）［P219］の中で再び取り上げられました）。しかしながら、私の「四点についての分析の試み」の中で、これら三「点」の最初のものを引き出すことに気をくばりました。それは、私が多少とも近くで知っており、必ずしもそこで（両義的な）「反乱」という烈しい調子が「隠された形であったとしても）支配的ではないカップルの大多数（すべてとは言わないまでも）に適用されるような仕方でおこないました。それでも、まだ他の共通することがらがあったのですが、その日には気がつきませんでした。それは、昨夜やっと見えだしはじめました。「形の整った」省察の航跡の中で、たっぷり三十分の間、とりとめもなく考えていた時でした。以前には、「烈しい妻」という極端な場合の中にしか見えていなかった、この重要な共通のことがらは、**陰―陽の役割の逆転**という微妙な駆け引きなのです。

この駆け引きは、さきほど言及した力の遊戯の「隠れた力」である、あるいはそれは、この力の遊戯と**同一のもの**であると書くべきなのかどうか、私はためらいを覚えます。たしかに、**彼女**にとって（そして、彼にとっても）男性の役割、男に割り当てられた役割の精髄を構成しているのは、**権力の所有です**――たしかにしばしば架空のものですが、とにかく社会的コンセンサスから現実の一要素を取り出している所有です。おそらく私は、この現実の要素のもつ力を過小に評価する傾向があったでしょう。女性——そして特に、女性の動機の中の原動力としての彼女の力を前にしたときある**権威**を表わしているものとしての、男のもつ**シンボル**という力のことです。私の推測では、彼女にとって、「男性であること」、あるいは「男であること」は、なによりもまず、**力を行使すること**ではないかと思います。自己に集中した動機のレベルでは[2]［P278］、「役割の逆転」は、おそらく、まさに、**男性に対する女性の力の行使**なのでしょう。

現在あるコンセンサスを考えるとき、女性によるこの力の行使は、ほとんどひそやかな仕方でしか行なうことが出来ません。それは、命令することや、(決定がそのあとになされるという期待をもって) 決定するような風を装うことからなるのではなくて、**人を乗せること**——そしてとくに、［からかいや意地悪をしながら］人をいらいらさせること、しかも、このような風をまったく見せずにおこなうことからなります。これが、例の夫婦の回転木馬であり、決して休むことなく回るのです！この動きを維持するための策略は、言葉を用いずに、母から娘に、女性あるいは若い女性から小さな娘に、世代から世代へと伝達されます。それは、昨日脇道の中で取り上げた策略、つまり**「ビロードをまとった足」の策略**です。ほんの少しでもこれに注目しさえすれば、限りなくさまざまな姿をもつものとしてこれを認めることが出来ます。私にとっては、私の母によって体現された、烈しい妻という極端な陽のケースから、もうひとりの近い親戚によって体現されているのを見ることが出来た、哀れっぽい(さらには、悲嘆にくれた)妻という極端に陰のケースまであります。

この昔からの策略を実行していない、これを深く自己のものにしていない女性は、きわめてわずかだと思われます[3]［P278］。この策略は、とくに夫婦の曲芸においては日常的に実行されていますが、にもかかわらずこの枠内にとどまってはいません。それは、女性が女性に対してあまり用いられないように思います（おそらく、男性よりも、女性の方が「かつぐ」（人を乗せる）のが難しいからでしょう）。これに対して、いくらかの女性のもとでは、この策略は、すべての男性、あるいはほとんど**すべての**男性に対する関係の中で、第二の天性のようになっています——少なくとも、彼女によって、かなり際立った男性的な性格を持っていると認められた人に対して、これが実行されるのです。

ここで私は「策略」について語りましたが、それは、より重要なひとつの現実の、付随的な一側面、まさに「戦術的な」側面を表わしているにすぎません。つまり、「男性」一般に対する、あるいは少なくとも、彼女の人生の中で、**権威**をもっている（社会的コンセンサスに基づいて、あるいは彼女自身の選択によって）**男性**として特権をもった役割を演じている人、とくに、父、恋人、夫に対する年来の心の態度という現実です。この態度は、つねに（「烈しい妻」のケースのように）支配の渇望という性質を持っているものでは決してありません——少なくとも、「支配」という言葉によって通常理解されているような意味においてではありません。それは、むしろ、相手に対して**たえずある行為をおこなう**、それを「動きのあるものとして維持する」（言外に：彼女のまわりの動きとして…）という渇望です——時には、あくことなき渇きとなることがあります。このためには、多くの場合、すべての手段が正当化されるのです。行為を実行する、そしてこれを通じて力を行使する、これらの手段のひとつは、**傷つけること**、出来るかぎり深く傷つけること、好機が訪れさえすれば、ノックアウトすること、極限としては、身体的に、あるいは心理的に破壊してしまうことです。そして、これは、つねに、なにくわぬ顔をしながら、「じつに洗練された微妙さというあらゆる見かけ」でもって実行されるのです。一度ならず、私自身、これに「打ちのめされた」ことがあります！またしばしば、私は、不意に、共同の行為者、あるいは目撃者となり、傷つけ、あるいは破壊する行為のもつ見かけ上の動機のなさによってびっくりさせられました。それは、間違うことのない直観によって、最も深く打撃を与えることができるような、相手に当たるための時点と場所をつかみながら、無邪気な微笑でもって、あるいは放心した、つねになにもないような様子でもってなされるのです——この「相手」は、父であったり、恋人であったり、夫であったり、子どもであったり、あるいは単なる知人、さらには外国人であったりします（そこに、たたいたり、打撃を与えたりする機会さえあれば…）。

注 (1) （一九八六年三月七日）これは、「陰と陽の鍵」のノートの最初の包みのタイプ打ちを託した、にわか仕立てのある職員—タイピストとの私の最初の不運な出来事のことです。この方向での一連の不運な出来事については、一九八五年一月十三日のノート「祈りと紛争」（No.161）の冒頭をみられたい［P417］。私はこのノート（一九八四年十二月八日の）を、生じたばかりのこの事故についてまだじつに生々しい印象をもっているときに書きました——もちろん、この印象は心を痛めるものでした。しかしながら、この事故は、遠いところにあると思われていたが、突然、再び、すぐそこにあり、じつに近く、しかもたいへん当惑をおぼえることがらを思い出す上で、めい想のちょうどよい時点で、「ぴったりとやって来た」のだということは、漠然としか考えに浮かびませんでした！

(2) 他の所で、通りすがりに、エロスの衝動のレベルで、また愛の遊戯における、陰―陽の役割の逆転について問題にしました。（なかでも、ノート「受け入れ（陰のめざめ（2））」（No.110）をみられたい［P76］）。エロスの衝動は、本性としては、「わたし」の駆け引き、そしてとくに力の駆け引きとは無縁です。それでも、「わたし」は、この衝動を、自分自身の目的に役立つ道具にしようと熱心であり、巧みにこれを成功させます（少なくとも、ある狭い限界の中において、そして原初の衝動の性質をゆがめ、破損しながらですが）。陰―陽の「逆転」の二つのタイプ、つまり、女と男の恋人のそれぞれの中での、陰と陽の二つの衝動の自由な遊戯と、夫婦の一方が他方におよぼす、絶え間ない、ひそやかな力の誇示という強迫的な遊戯との間に関係がもしあったとしても、私の思いでは、この関係は、この二つのタイプのおのおのは、各時点では、他方を排除しているという関係でしかあり得ないということです。

(3) 同じく、「ひと」が、この策略を適用したとき、簡単に「乗せられ」ないような男はきわめてわずかしかいないのも事実です。私自身、私の人生の大部分の期間、やすやすと乗せられていました。それは、四十八歳のときに、私の人生の中にめい想が現われると共に、やっとはじめて変わりはじめました（こうなるのに遅すぎるということは決してありません）。今日でも、これにかつがれることがあります。（もちろん、しばしばというわけではなく、しかもかなり長くつづくものでもありませんが…）。

c　無邪気な暴力——転移　139

（十二月九日）私は、ここで、**暴力のための暴力**、暴力と悪意の中でこれという**根拠のない**ことについての極端なケース、しかしながらまれなものでは全くないものに触れることにします。この暴力は、知らない人をも、愛されていると思われている最も近い人をも打つものですが、女性に固有のものでも、男性に固有のものでもなく、また「陰」でも「陽」でもありません。だが、ここで私の出会う、ひそやかで、人を狼狽させる**形**、放心し、ぼんやりした様子、さらには無邪気な穏やかさで覆われている形――ついに私に親しみ深いものになったこの形は、とくに女性に特有のものとしてあるように思えます。ここには、「父権的な」社会のコンセンサスにもちろん関連した一状況があります。このコンセンサスは、女性に対するものとして、男性に権威と権力を付与しているのです[1][P281]。暴力のこの形は、ある力の意志を満足させるための、**それ自体の**手段となっていますが、この力の意志は、(ものの力に押されて)男性に開かれている道とは異なった道にしたがうことを余儀なくされています。にもかかわらず、この形の暴力は、尊大さが少ない、飽くことなき渇きが少ないということはなく――その反対なのです！白日のもとで誇示することは出来ない。前もって隠れた存在であることを余儀なくされているということから、彼女の中でこの渇望は激化し、さらに増殖してゆくことになり、多くの場合において、彼女の人生と、近い人たちの人生を本当に「むさぼり食う」ところまでゆくことがあるようです。

ところが(そして非常に幸せなことに！)、この渇望は、つねに、あらゆる方面での根拠の定かでない暴力という広がりに至るというものではありません。この渇望が誇示される音域は、すべてが、暴力という音調の中に位置しているわけではありません。ひそやかな軽蔑の調子が、ほとんどの場合、存在していて、覆われている対立、あるいはひそやかな反目に対して風を送っていますが、にもかかわらず、少しばかりいたずらっぽい調子の、人を大目にみるような愛情という色合いの中での、単なるいたずらという調子もこれから排除することは出来ません。そして確かに、「ビロードをまとった足」という試練ずみの策略は、女性のもつ特権であり、好みの武器ではありますが、しかしながら、この特権は、独占的なものでは全くありません。この武器が、男性たち[2][P282]によって、同じく実に完璧な習熟をもって[3][P282]、使われるのを、私は、いく度も、すぐ近くで見ることが出来ました。これらすべての場合において、注目すべきことは、女性に特有のこの武器をわが物にした男性は、自分の中のいくらかの男性的な側面を抑圧する傾向にあり、(おそらく、これを通して)**母のモデル**を手本とする傾向のある人だったということです。

この同じ策略は、親に対する、あるいは親の代わりとなる他の大人たちに対する、子どもたち――少女、少年を問わず――が演ずる、力の遊戯の中で、頻繁に見られ、ほとんど慣例となっているほどです。これは、ただちに、直接、間接の検閲が猛威をふるっていて、本当の考えや感情を飾らずに、直接におおやけに表現することが不可能であるか、危険を伴う、（過去の、あるいは現在の）国々の作家やジャーナリストがおかれている状況を連想させます。このケースと、その前のものとの主な相違は、いま挙げたケースにおいては、その人の真の感情を表わす上で、間接的な、ヴェールで覆われた、時には象徴的な表現に訴えることは、無意識のものではなく、はっきりと意識的な思考に基づくものだということです。その理由は、もちろん、その時、十分に普及しているコンセンサスがあって、それが、（正統でないという姿をもたなくとも、「流通させる」ということで）正統なものとみられていない考えや感情の味方になっていて、このために、当事者は、自分自身の目からみて、それらがおそろしく不自然なものに見えるのを恐れて、自分に対してそれらを隠してしまうという義務をもはや感じなくていいからです。「正統なものとみられない意思が、（少なくとも、ある人たちのもとで）慣習や警察の機構の中に作られた検閲の目から、また心の中に作られた目から逃れるために、さらに深い刻み目にひそむことを余儀なくされるのは、政治的あるいは宗教的なテロの凶暴という極端なケース（中世に、あるいはスターリンの時代のソ連邦とその衛星諸国にあったような）における場合だけでしょう。

これらすべての実例は、「ビロードをまとった足」というスタイル（あるいは「私はなにも言わなかったし、なにも考えなかったし、なにも欲しなかった」というもの）は、つぎのような多少とも持続する状況において、多かれ少なかれ自動的なあり方で、現われることを示唆しているようです。つまり、私たちに不利な力関係のために、私たちの感情、願望、考え、意図——そして、とくに、私たちに対してある拘束（とくに、まさに私たちの真の感情を表現することを妨げようとしている拘束）を強いているとみられる人たちに対する敵意あるいは反目の感情を率直に、直接に表現することが不可能であるか、あるいは少なくとも私たちにとって危険であるときです[(4)]［P 282］。それでも、これが、このスタイルと、この中に秘められている心の態度が現われる唯一のケースではありません。きわめてしばしば、この「力の関係」は、多かれ少なかれ**仮想のもの**で、それは、「抑圧者」として見られている人あるいは人たちの実際の姿勢（あるいは力を行使する手段）を考えに入れるとき、「客観的な」現実に対応しているというよりも、むしろ、私たちがこれについて持っている**考え**（意識的な、あるいは無意識の）に対応しています。この考えが、与えられた現実の注意深く、知的な検討から生まれた果実であることはまれです。それは、ほとんどつねに、若い時代に私たちが受け取る雑多な条件づけに属しており、さらにこれには、この遠い時代から私たちの中で作動したいくらかの基本的な選択が含まれています。たとえば、少女のもとであろうと、少年のもとであろうと、**母**との一体化という選択（もちろん、無意識な）は、その中に、（とくに、「ビロードをまとった足」というスタイルによって表現されるもののような）一連の態度や振る舞いの受け入れと同時に、これらの態度や振る舞いの基礎になっている考え（ほとんどの場合、無意識の、だがそれは重要なことではありません）（ある力の関係についての考え、これらの考えに伴われた対立を表わす反射作用のような）の受け入れを含んでいます。**父**との一体化という反対のケースにおいて、その父自身が人格の中に典型的に「女性的な」（あるいは、少なくとも、私たちの社会においてそのようにみられている）いくらかの特徴を組み込んでいる時には、その効果は、さきほど母との一体化の場合と全く類似したものでありうると思われます。

ここで指摘したいことは、現在の私たちの社会において、そして少なくとも私が属していた集団においては、ここで検討している、このスタイル（「ビロードをまとった足」）、と、この「女性的な」、心の態度は、きわめて限られた範囲でのみ、社会によって作られた、あるいは私たちの幼少時代（さらには、ある時点での、大人の時代）を取り巻く特殊な状況によって作られた、客観的な力の関係に対する、自然に生まれる、個人的な反応であると言うことができるのです。それは、むしろ、私たちの両親のどちらかから（同時に双方からという場合もあるでしょうか？）受け継いだひとつの**「遺産」**なのです。その親もまた自分の両親のひとりから受け継いだのでしょう。みるからに、この遺産は、なによりも母から娘へと伝達されて、優先的に**母の**系列にしたがいます。だが私は一度ならず、これが、母から息子に伝達されるのを近くで見ることが出来ました。この伝達が、例外的に、父から息子へ、さらには父から娘へとはなされ得ないとは、私には全く考えられません。

注 (1) だがこのコンセンサスと、女性に対する関係の中での男性の権威は、ここ最近のいく世代を通して、大きく腐食されており、今日ではますますそうなっています。私はこれについて苦情を言う最後の人かもしれません！しかしながら、法律と慣習の中でのこの表面的な変化は、深い隠れた力と、両性の間の関係の「スタイル」において、そしてとくに、男性に対する、女性の奥深く、入念に隠された敵対の態度の中で、かなりの変化をもたらせたようには思えません。それは、おそらく、このノートの中の省察の末で強調しましたように、つぎのことに関連しているでしょう。つまり、この敵対の態度と、ある力による駆け引き（あるいは、力の逆転という駆け引き）を通しての、その表現手段は、家庭の内部の「客観的な」諸条件から由来するというよりも、世代から世代へとある**「遺産」**が**伝達される**ことの結果であるということです。

(2) しかしながら、私の知っているケースにおいては、つぎのような相違があります：ある近い人、あるいは女友だちに対する、見たところ「根拠のない」（挑発されたものではない、という意味で）暴力があるとき、当事者が（知らないうちにだとしても）、その相手に対して、ずっと以前から、恨みあるいは敵意を培っており、それが、（ほとんどの場合、言葉で表現されないままだとしても）具体的な不満の種として物質化されるということです。この点について、唯一の例外は、わが友ピエール・ドゥリーニュに関するもので、私に対する彼の関係において、また彼が、私の「影響圏」に属しているものとして、彼が私になぞらえた人たちに対する関係においてです。したがって、これは、「個人的な」理由のない、敵対と暴力の態度（もちろん、ひそやかな！）なのです。つまり、彼が打撃を与えようとしている人びとに対して彼が培った不満の種（現実のもの、または想像上のもの）の中には理由がないということです。反対に、こうした態度は、多くの女性において見られる振舞いです。（ここで述べている）近い友人たちや、単なる知人や、さらには知らない人に対してばかりではなく、恋人や、（もちろん、なによりも）夫や、兄弟、さらには自分自身の子どもに対しても向けられるものです。

(3) さらに、無意識を通して作動する、この策略は、つねに、この無意識から、完全に意識された行為の中ではめったに見られない、この「巧みさ」と、ほとんど間違うことのない確実さとを受け継ぎます。こうした巧みさを持たずに、この策略が用いられるのを見たことがないように思えます。

(4) これらの行を書きながら、つぎのような考えが浮かんできました。つまり、いま描いた状況は、まさに、いわば例外なく、私たちすべてが、幼少時代の最初の数年のあいだに立ち会うことになった状況だということです。私たちの無意識の大部て（無意識のレベルで一種の「ごみ捨て用の溝」として一般に認められる、「完全に忘れさられた」と呼びうる部分）は、社会的な検閲におびやかされた、私たちの中のすべてのものを、否認するしとして、私たち自身の目から遠い所に埋めてしまうことを強いる（これは、実際上、生き延びるかどうかという問題なのです）、周囲からのこの圧力に対する、私たちの中の子どもの心理の反応にほかなりません。この検閲は、やがて、心の中の検閲として内面化されて、その陰鬱な存在は、この時期尚早の埋葬が永続する保障となっているのです。しかしながら、この検閲にもかかわらず、正式に埋葬された、正統とみられていない衝動、認識、感情は、時には鋭く、恐るべき効率をもって、間接的に、しばしば象徴を用いて、にもかかわらず完璧な具体性をもって、自らを表現するに至るのです。「ビロードをまとった足」という策略は、そのとくに「際立った」——そしてしばしば人をとまどわせるような実例を与えています…。

d　**奴隷と操り人形——仕切り弁**

（十二月十日）**根拠のない暴力**というテーマをめぐ

140

ってのいくらかの連想に戻りたいと思います。昨日の省察がはじまったのは、このテーマを通じてでしたが、そのあとこれから離れて、他の人に対する（とくに、つよく男性的であると感ぜられる男性、あるいはなんらかの意味で、権威や威信や権力を持っているとされている男性に対する）対立的な態度の表現手段として、力の遊戯の中での「女性的な」スタイル（あるいは「ビロードをまとった足」）の検討へと戻ってゆきました。

昨日想起しましたように、（見かけ上）根拠のない暴力、「楽しみにおこなう」暴力は、男性よりも、女性に固有なものというわけではありません。すべての人は、なにかの折に、「きわめて洗練された微妙さ」という姿のもとであれ、またお腹を蹴られたり、軽機関銃で連続射撃されたりといった形のもとであれ、突然これと向き会うことになったことがあるでしょう。後者の形の方、これはもちろん「陽の」スタイルですが、現在、つまりいわゆる「平和な」時代には、そして私たちの国のような文明化された諸国においては、いずれにしてもまれになっています。私たちの大多数、豊かな国の中の育ちのよい、多かれ少なかれ良い境遇にある人びとにとっては、たしかに自分の名を名乗っているこうした暴力は、他方のケース、つまりひそやかで、無邪気な様子の暴力のように、日常的な体験の中に入っていません。しかしながら、私たちのもとにおいてさえ、「硬い」方の根拠のない暴力が、つねにありふれたものだということを知るためには、大新聞の「三面記事」[1]の欄に目を通したり、さまざまなニュースを聞いたり［P287］すれば十分でしょう。それは、つねに、盗みに入ることを考えて、知らない老婆を絞め殺すところまでゆくとはかぎりません。しかし冒険を求めている若者たちが、家の前に不用意にもドアをあけたまま放置されている車を「借用した」ときには、10キロか20キロ離れたところの溝に打ち捨てられて、その前に入念に荒されていないことはまれでしょう。また私が幸せにもそれほど不安をいだくことなく暮らしている穏やかな田舎においてさえも、農家や小別荘で、長い間、人が住んでいない時には、すでに徹底的に荒らされて（これは、実利のためでしょう）いないか、またその上たっぷりと破壊されて（これは、楽しみにおこなわれるのでしょう）いないことはまれです。いま挙げたすべてのケースにおいて、暴力をおこなう根拠のなさは、とくにあざやかな仕方で現われています。この暴力が対象としている人は、未知の人、ほとんどの場合一度も会ったことがなく、これからも一度も会わないだれかなのです。

したがって、この場合の暴力を、**「匿名の」**と呼ぶことが出来るでしょう。おそらくずっと以前から、戦争は、このような暴力のある種の集団的なばか騒ぎだったのでしょう――理由もなく人を殺す機会が至る所にあるとき、そして、引き金をひき、自分の前で、漠然とした、名のない影がくずれるのを見て、自分の力をためしてみるという楽しみの前では、とりわけ中途半端な生活が無に等しいものになった時にそうなるのでしょう…。

私の思い出すかぎりはるか以前から、その度ごとに私を声もなく、途方に暮れさせたことがらがあるとすれば、それは、この暴力に新たに向き合ったときでした。こうした暴力は理解を超えており、ただ打撃を与え、打倒するという喜びのために打撃を与え、打倒するのです。私たちの中に、「苦痛」ということの消え去ることのない感情を刻印することがらがあるとすれば、死でも、身体が耐え忍ぶことが出来る苦しみでもなく、まさにこのことがらです。そしてこのような暴力（厳しい、あるいは温和な姿をとって、また「大きな」、あるいは「小さな」姿であらわれる）が、あなたにとって大切な人のひとりから不意にもたらされる時には、確実に、つよく、深く傷つけられるでしょうし、名のない苦悩があなたに現われ（または、再び現われ…）、波立つことでしょう。この苦悩の根が、少年時代の、さらには幼少時代の軟らかく、新鮮な腐植土に根づくときには、きわめて深く根をのばすことでしょう。この苦悩、子どもとしての私の人生における、また大人としての人生における、「一番内密にしておかれた秘密」は、母の手のうちにあった私の中に、六歳のときに現われました。

私の人生の中のこの苦悩の根づきというエピソードを明るみに出したのは、一九八〇年三月、五十一歳のときでした。この苦悩の刻印は、その前に、（一九七六年に）私の人生において、めい想が出現したときに、少なくとも大幅に解体されていましたし、めい想は徐々に大きな位置を占めてゆきました。この苦悩に対する私の関係における第三の決定的な転換点は、一九八二年七月、八月にありました。私の日常の生活の中でのこの苦悩のメカニズムを注意深く検討したときでした。幼少時代から熟年に至るまで、苦悩を生み出す状況は、私という人間の知られていない深みの中で、「この理解を超えたもの」を新たに再び体験するという状況でした。それは、また、見かけ上は説明できない、把握不可能な、手ごわいこの暴力の慣れ親しんだしるしと再び立ち会うという、まさにそうした状況でした…。この暴力の突然の侵入は、激しい苦悩の波を不意に出現させ、波打たせるのですが、ただちにコントロールされ、抑圧されるのでした。こうした心の奥底での反応は、ほんの少しのことを除いて、今日まで同一のままです(2)[P 287]。しかしながら、ここ最近の年月を通して変化したものがあるとすれば、それは、苦悩の航跡の中に**ある省察**があらわれ、それによって、「理解を超えたもの」、狂気にみちたものという脅迫的な姿のもとで現われていたものを理解可能なもの、そしてしばしば明らかなものにするということです。そして、とくに、ここ二年、**私自身に対する視線**、この苦悩そのものに対する関心と心づかいをもった視線の現われによって、断固とした力をもつ反射運動は、私自身から身を隠そうとするようになりました。あるいは、これを別の言い方で言えば、この苦悩に対する私の関係は、とくにこの2年来、もはや心の奥底での拒否という関係、あるいは猛獣を馴らす人、または墓掘り人という関係ではなくて、むしろ次第に、この苦悩が私にもたらす、私自身についての——私の現在についての、私の過去についての、そして私の現在の中でのこの過去の影響についての——メッセージを注意深く、愛情をこめて**迎える**という関係となってきました。ここに、他の人、つまり、とりわけ私に近い人たちや私の友人たちに対して、次第に完全になってゆく、心の**自律性**という方向での、現在までに越えることが出来た最近の敷居があったと思います[3]［P287］。

苦悩を最もよく生じさせるのは、顔面に一発というずっと人目をひく暴力よりも、自らの名を名乗らない暴力よりも、「女性的な」あり方の暴力の方だと思います。ひそやかな暴力を演じる、そしてこれを通して、他の人の中に、名もなく、顔もない苦悩の波をつくり出す、秘密の仕切り弁をあやつる人（女や男）――そうした人は、権威や単なる強制力よりも、はるかに恐るべき武器を手に持っているのです。これら苦悩の仕切り弁を、自分の流儀で、思うままに、無邪気な様子をしながら、操ることは、それが隠されたままであってさえ、社会的コンセンサスによって作られた、事実や原理のどんな力よりも、おそらくはるかに鋭く、はるかに恐るべき**力**でしょう。ここに、男性が女性を支配しようとしている（あるいは支配していた）社会の中での、男性に対する女性の「当然の仕返し」があるのです。これは、また、男性の（現在、あるいは過去の）幻想的な支配的地位に対して、「男性」が支払う代価なのです。女性が**奴隷**だとすれば（私たちの住む国々では、だんだんそうではなくなってきていますが）、男性は彼女の手の中にある**操り人形**であるか、ほとんどそれに近いものです（これは、過去にそうであったのと同じくらい今日もそうです）。

ここ数年、根拠のない暴力という状況（この暴力が私に対して行使されるものであれ、他の人に対して行使されるものであれ、またそれが容赦ない仕方でなされるものであれ、ひそやかになされるものであれ）に立ち会うたびに、あらがいがたい力をもって、**自己に対する軽蔑**との連想が浮かびました。あるいはむしろ、公然と、あるいは心の中で、他の人を軽蔑することを好む人の中に、この自分自身に対する軽蔑を私は**みました**。それは、私の中にある、単なる自動的なメカニズム、「哲学的な」あるいは「心理的な」固定観念によるものでは決してありません。つまり、さきほど話した苦悩を、説得力のある決まり文句によって、追い払う手段として、脅迫的な未知なるものに機敏にどこでも通用するレッテルを貼りながら、機会があれば大いに満足しながら出してくる、そうしたメカニズムや固定観念によるものではありません。それは、基本的で、深い、そして（ひとたび分かれば）明らかな、ある関係についての、単純な**認識**なのです。

この認識はなにも「排除」しません。これは、私に、ただ単に、未知なるものを**位置づける**ことを可能にするのです。それは、この苦悩に通じている道をさえぎるために、あるいは苦悩をその場から排除するために、その場所におかれた見張り番では全くありません。私の理解する、認識の本質はそのようなものではありません。認識は、心の**穏やかさ**に属するものです。それは、この穏やかさにその土台を与えるのに寄与するものです。これに対して、私たちを、「ちん入者」に対して道をふさぐように絶えず押しやるのは、私たちの中にある動揺です。作りものの「穏やかさ」を、ちん入者がめちゃめちゃにしてしまわないかと恐れるからです。私の話す穏やかさは、ちん入者をおそれず、私たちにそれを歓迎させます。そして苦悩との新たな出会いによって作られた、表面上の動揺は、この穏やかさをかき乱さず、それに協力するものです。

注 (1) これらのことがらは、たしかに、ずいぶん前に私は得ることをやめてしまったことがらであり、人を介して時折知ることで満足しているものです。

(2) (十二月十四日) この反応は、一九八二年七月、八月のめい想の**時点までは**、「少しばかりのことを除いて、同じようなもの」にとどまっていたと言った方がより正確でしょう。不意にやってきた「挑発」は、そのときからも数多くありましたが、この「心の奥底での反応」は、一年前に、ただ一度だけ現われただけです。それは、数時間の、「一時的な」短いめい想をおこなう機会となりました。そして、このめい想は、その状況を完全に明らかにしました。混乱した心の中のある状態に、率直に、受けとめる姿勢で立ち向かうときには、私たちに混乱についてのメッセージをもたらすための、これに伴っている苦悩は、たとえそれがひとつの認識、新しくよみがえった穏やかさではなくとも、跡を残さずに消えてしまいます。

(3) この「最近の敷居」については、すでに、ノート「受け入れ」(№110)[P76]の末で触れました。それは、**同意**あるいは**是認**からの要請との関係でのある解放といういくらか異なった照明のもとにおいてです。この要請は、「ひそやかで、試練ずみの強固さをもった『カギ』を実際になしており、これを通して、葛藤が私たちの中で「ひっかかり、これを通して、私たちは…他の人に依存することになり、…結局は、これを通して、葛藤は、私たちを「つなぎとめ」、(なにくわぬ顔で) 私たちを思いどおりに操作するのです…」。(このくだりは、みるからに、その日に書かれたものに見えるかもしれません――しかし、誓って言いますが、書き写したものでは絶対にありません!)。

私の前にまだ乗り越えるべき他のこのような「敷居」があって、これによって、振り返って見て、現在の私の自律性は、まだ相対的なもの、完全なもの（たぶん少しばかり素朴に、私はそう信じる傾向があるのですが…）ではないことがわかるようになるのかどうか、私には分かりません。

苦悩に対して注意を向けた、緊張のほぐれた関係の出現と開花は、たしかに、他の人との関係の中でのひとつの**解放**を表わしています。実際（つぎの段落で述べますように）、他の人の、私たちに対して力を行使する主要な手段となっているのは、他の人が、私たちの中の「苦悩の仕切り弁を自在に操作する」（とくに、巧みに配した、あざやかにコントロールされた、心づけを与えることか拒否することかのどちらかの選択をしながら）可能性だからです。

(10) 暴力——遊びととげ

a 正当な暴力　141

（十二月十三日）前のノートの中の「仕切り弁」でもって、また「奴隷」と「操り人形」でもって、再び、私は、すべての人を不満げにする種を見い出すことになり、（もしこれが読まれるとすれば…）私は罵り雑言を浴びせられることになることは確実でしょう！仮定としているかもしれない（男女の）読者が、このイメージは、じつに的を得たものであり、自分自身を除いて、そしてまた、おそらく、せいぜい皮肉たっぷりのこの著者を除いて、すべての人にあてはまると確信して、大いに満足して賛同すれば別ですが。さらにこの仮定によって、私は、どこからやって来るものでもない信用を得るのです。とにかく、私は、ここ数年（とくに、一九八二年の七月と八月の、苦悩についてのあるめい想以来）、例の「曲芸」——もちろん夫婦の曲芸、だがまた、これにきょうだいのように似ている他の曲芸——から抜け出しはじめた、さらには抜け出したことを思い切って認めることが出来ます。『収穫と蒔いた種と』の第一部の中に、この方向でのひとつの節さえあります。それは、この色調をよく伝えており、「小細工のおわり！」という名が付けられています（今年［一九八四年］三月に書いた第四十一節）［『数学者の孤独な冒険』、P310］。そこでは、夫婦の曲芸ではなく、数学上のある曲芸が問題にされています。この曲芸の中で、すべての人と同じく、私の人生の大きな部分を好んで展開させたのでした。しかし、また、希望をいだかせるこの節が書かれたあと、数週間して、四月二十九日に、ノート「小細工の中に足」（No.72）［『数学と裸の王様』、Ｐ122］が現われたことも事実です。この名は、また別の見方を告げているように思えます！以前との相違は、たぶん、つぎのようなものでしょう。まだここかしこでなんらかの小細工の中で（数学上の小細工が私を引きつけつづけているということは、ほとんどありませんが…）回るということはありますが、私をくるくると回しているこれらの糸を引いているのは、私自身（あるいは、少なくとも、私の中にいるだれか）と他の人であり、これらの糸は、私には見えないということがなくなりました。

これらの留保をした上で、つぎのように言うことが出来ます。大人としての私の人生の圧倒的な部分（そして、もっと正確には、めい想の発見まで）、私は、夫婦という回転木馬においても（それは、二十年以上にわたって元気に回りました！）、他のところにおいても（やはり、すべての人と同じく）単純に「歩んで」いました。そのことを私は悔やんでいません。なぜなら、あらゆる種類の回転木馬について私の知っている知識は、なによりもまず、私自身がその中で回ったもののおかげだからです。私がそんなに長い間そこで回っていたのは、この生徒［私］は学ぶのがゆっくりとしていたからであり――また、もちろん、一度ならず、そこに餌（えさ）を見い出していたからです。ついに最終的に、これらの木馬は、その力と魅力を失うことになりました。そう考えてもよいでしょう…。

これらすべての回転木馬の中で、つねに私は「歩んだ」方で、「歩ませた」方であったことは一度もなかったと思います。あるいは、これを別の言い方で言えば、「ビロードをまとった足」という例のスタイルへ向かう傾向の気配が私にあったことは一度もなかったと思います――私も爪を激しく使ったことがありましたが――ビロードの毛で覆われている爪を用いたことは一度もなかったと思います。これは、わたし、「ボス」、私の中の条件づけられているものの構造というレベルでは、基調をなしているものは、これはいかなる曖昧さもなくつよく「男性的」であることを証拠だてている、数多くの特徴のひとつです。これに対して、陰の、「女性的な」色調は、「子ども」の、私の中の原初のもののレベルでは、つまり知の衝動と創造的能力の中では、支配的なものです。

私の人生の中での「理由のない暴力」というテーマについていくらか言葉を付け加えたいと思います。前のノート（三日前の）［Ｐ283］において、この暴力の標的となった人、あるいは少なくとも他の人の中でのこの暴力に立ち会っている人（単なる目撃者にすぎないとしても）に焦点をあてながら、つぎのように書いて、これを取り上げました：

「私の思い出すかぎりはるか以前から、その度ごとに、私を、声もなく、途方に暮れさせることがらがあるとすれば、それは、この暴力に新たに向き会ったときでした。こうした暴力は理解を超えており、ただ打撃を与え、打倒するという喜びのために、打撃を与え、打倒するのです……」。

これらの行と、それにつづく行は、たしかに、現実に、とにかく私自身の体験という現実に、またもちろん、私と同じく、この暴力に立ち会うことになった、数知れない男や女の体験という現実に対応しているでしょう。これらの行は、それを書いた人自身は、この暴力とはまったく無縁である、その人生全体を通して、このような錯乱がなかったという印象を与えるかもしれません。ところが全くそうではないのです。私の人生におけるいくつかの関係を思い出します。四つあります。そのうちの三つは、少年時代あるいは思春期（八歳と十六歳のあいだ）におけるもので、具体的な個人的不満にまったく基づいていない反目のしるしのある関係であり、系統的で、容赦のないからかいという形で、あるいはこづいたり、他の乱暴をしたりして表現されました。最初の場合、犠牲者は、クラスの仲間で（まだドイツにいたときです）、クラス全体のいじめられっ子でした。私の記憶では、この状態は数年間もつづいたと思います。つぎの二つのケースは、戦争中のことで、一九四二――四四年の間の、私が、シャンボン-シュル-リニョンのスイス救援組織の子供の家、「スズメバチの巣」と呼ばれていたところにいたときのことです。このときには、「嫌なやつ」は、私の仲間のひとり（その両親は、私の両親と同じく、ドイツのユダヤ人として強制収容されていたにちがいありません）と、二人の監視人のうちのひとりでした。二人とも、私と同じく、ドイツ語を話しました。この二人は、いくらか、時折は情け容赦のない、少年と少女からなる一グループの嘲笑の的でした。このグループに私も加わっていました――だが、私は、この一団全体のだれよりも、この二人にきびしくあたったと思います。同じ屋根のもとで一緒に住んでいること、ゲシュタポ［ナチスドイツの秘密国家警察］によるユダヤ人の手入れという絶え間ない脅威のもとでの、不安定な身分の難民という共通の境遇は、私の中に、連帯と尊重の感情を呼び起こしてもおかしくなかったでしょうが、全くそうではありませんでした。

この三つのケースにおいて、私が敵意の標的とした人は、むしろ内気で、戦闘的なところが全くない、穏やかな性格の人でした。私はたちまちその人を「軟弱な」あるいは「意気地なし」ときめつけました。ところが、その穏やかな性格というのは、その人を少しばかり輝いた人間にしていると考えられる特徴の中に入っていたのでした。人びとに対する暴力と軽蔑の風によって荒廃していた時代、私自身は、戦争と強制収容所の暴力と、それらに伴っているすべてのものに対する嫌悪で満たされていたのでしたが、にもかかわらず、私は、「虫が好かない」（そして他の同様な形容詞でもって…）として、他の人をきめつけるのを好んだという単純な「理由」のために、その人になめさせた軽蔑と暴力の中で完全に自分は正当だと感じていたのでした。これによって、すべて(あるいはほとんどすべて)は、高く称賛されるものとは言わないまでも、許されるものとなっていたのでした。自分は、「論理的で」、正しい精神をもっているとうぬぼれていた私は、このとき、私の振る舞いと、虫が好かないという正当づけ(その真の性質に探りを入れてみるということをもちろん考えてもみませんでした)は、「けがらわしいユダヤ人」に対する、一九三〇年代のこちこちのドイツ人の振る舞いと正当づけ（私の幼少時代以来私は近くで見ることが出来たものですが）と全く同じものであること、そしてそれらはまた、この当時、世界を席巻していた、前例のない暴力のこの猛威を可能にしたものであることが、私には見えませんでした。もちろん私は（両親にしたがって）奇妙な非常識として（さらに、ときには、「理解を超えたもの」として）、この暴力から距離をおくふりをしていました。私は、歴史的な変わり目の中で、そしてこれに伴った嫌悪すべきものの中で、なんらかの形で、積極的に、あるいは受動的に歯車となることに同意していた兵士や市民、すべての人びとを大いに見下していました。ところが同時に、目立たないレベルで、私自身の限られた行動半径の中では、すべての人と同じように振る舞っていたのでした…。

軽蔑と暴力という意図に奉仕するじつに奇妙な無分別の原因を見い出そうとするとき、つぎのようなことが考えられます。五歳のときから幼少時代を通じて私自身も被らねばならなかった暴力、子どもとしての私の目には、そうしたものとして一度も見えたことさえなかった暴力が、慢性的な緊張状態をつくることになっていたのでした。それは、無意識のままであり、しかもじつに強固な意志によって入念に抑制されていました。この緊張、あるいは特別な標的のない攻撃性の蓄積は、攻撃性を放出する必要性を作り出していました。この「必要性」は、しかしながら、身体のレベルのものではなく――適切な身体の活動によって抑圧から解放される機会はこれらのケースのいずれの場合にも欠けてはいませんでした――**心的な**レベルのものでした。たしかに、そこには、蓄積された恨みがあったにちがいありません。それは、もちろん主として無意識なもので、恨みの感情を振り向け、それらに、具体的な、おそらく暴力的な表現を与えることが出来るような、特別な人（例えば、私の両親のひとり、あるいはその代わりをしていた人のひとり）に対するはっきりとした不満として具体化されていないものでした。私の中に、その上に重荷をおろすための標的を求めている、「あてのない」暴力、漠然とした、さまよっている暴力があったにちがいありません。多くの場合、犠牲者を求めている、このようなさまよっている暴力の犠牲になるのは、動物（昆虫、ヒキガエル、犬や猫、さらには牛や馬…）のようです。私の場合は、こうではありませんでした。私の人生において、小さな、あるいは大きな動物を虐待したことがあるという記憶はありません。あきらかに、私には、私により近い、身代わりの犠牲者、**ひとりの人間が**必要なのでした！そうしたものを求めるとき、もちろん見い出すのに苦労することはありませんでした。

いま書いたばかりのものは、現実のある側面をよく描いていると思います。しかしながら、この描写は、まだことがらの表面にあり、ある「仕組みという」側面を浮き彫りにしているだけで、無意識の体験の中へとさらに本当に入ってはいない、と私は感じます。当分の間は、この体験の代わりに、一種の大きな「空白」、空虚があります。ここは、この「空白」が覆っているもの、この「空虚」の中で姿をかえているものにさらに進んで探りを入れる時でも場所でもありません。これは、例の「自己に対する軽蔑」、三日前のノートにおいても実に断固として自己主張していたが、突然いまは、**私**に関しては、跡を残さずに消えてしまったようにみえるこの「自己に対する軽蔑」のことだろうか？いまこそ、この点をはっきりさせ、かつて、私の人生の中での苦悩の役割と存在そのものを取り囲んでいた「不鮮明なもの」と同じく、私について私のもっている認識を今も特徴づけている強靭で、漠然としたこの「不鮮明なもの」を解き明かすときなのかもしれません。そこには、私の全人生の中で「一番しっかりと隠されている秘密」と思われていた、苦悩がありました。そこには、また、めい想することになって以来、二三の機会に、あちこちで、わずかに触れた、これもしっかりと隠されている、もうひとつの秘密があるのだろうか？これについての結末の言葉を知るためのすべてのものを手に持っていると私は感じています――これに身を乗り出すための機が熟していることを私に知らせる、じつに親しみ深い、この関心の突然の奔流をも含めて――！しかしながら、ある種の「公開の」、あるいは少なくとも、発表することにしているこのめい想においては、それをおこなわない方がよいと感じます。このめい想は、少なくとも、他の多くのことがらと共に、思いがけなく、ある問題が突然きわめて近いものになり、ついに私自身の理解にとって決定的なものであることが分かるように熟するという効力を持っているかのようです。この問題は、その前には、おそらくは決して結末を見ることはないだろう、長い待ちのリストの中にある、百の中のひとつの問題にすぎないという姿をとっていたのでした…。

かつて、私の中の暴力と攻撃性の無実の標的となった三人（そのうちの二人は、ほぼ私と同じ年齢です）のだれかに出会う機会がまだあるかもしれません。あるいは、そうでなくとも、少なくとも、かれらのだれかに手紙を書く可能性はあるでしょう。それは、私にとっては、よいことで、自らの非を認めて謝罪すること、しかもよく事情をわきまえた上で謝罪することが出来るでしょう。おそらく、それは、また、その人にとってよいことでしょう。しかしながら、奇妙なことに、この三人のだれかが本当に私を恨んでいた、また私の暴力がその人の中にとくに私に対する個人的な反感を呼び起こしたという印象を持っていません。むしろ、彼にふりかかってきた状況全体は、彼によって、一種の災禍として体験され、それからのがれられるということさえ問題にならなかったようであり、また私自身は、冷酷で、憎むべき、苦しめる人（私がそうだったのです）としてよりも、この災禍の中の端役（はやく）のひとりとして見られていたように思えます。もちろん私のこの見方はまちがっており、そしてそのことを永久に知ることが出来ないということもあり得ます――また、無分別に私が蒔いたこの業と、ある日、立ち会う機会があるかもしれませんが。

私の記憶しているかぎりでは、「スズメバチの巣」のエピソードについてなんらかの反省があったということはありませんでしたが、このエピソードにつづく数年の間に私の中にある成熟があったにちがいありません。とにかく、そのあと、私の中に効果的な反射作用があり、メンバーのひとりに対する、グループ全体の集団的な暴力行為に再び私が加わることを禁じたようです。私の大人としての人生において、このことが再び生じたとは思いませんし、このような役割を再び演じようとしたことは一度もなかったと思います。この役割はいかにあやまったものなのか、陽気で、「スポーツ」

ツのような」見かけのもとで、いかに勇気のないものなのかを私は感じたにちがいありません。にもかかわらず、戦後もなお、生活は、覆われた暴力と苦悩をもった状況を私の前に大いに積み重ね、すでに私の幼少時代と思春期を刻印してきた深い緊張を私の中で存続させました。「理由のない」と呼ぶことが出来る、敵意と暴力のときたまの動きによって際立つ、第四の関係があったのは、この状況の中においてです――それは、具体的な不満に基づいていたり、こうした不満によって引き起こされたりしたものではなく、また「挑発的」とみなせる行為によるものでさえありませんでした。これは、私の息子のひとりに対する私の関係のことです。だが、彼に対して、他の子どもたちに対するよりも、愛着が少なかった、また「愛情」が少なかったことはないと思います。しかし、無意識のあるレベルにおいて、私の中に、彼のいくらかの側面の拒否があったにちがいありません。これらの側面は、まさに、その兄弟や姉よりも、彼を、より穏やかな、より繊細な、また理解するのがよりむずかしいものにしているものでした。明らかに、私の子どもたちの中に実現されるのを見たいと私が望んでいた、すばらしいスーパー陽のイメージでもっては、彼は、他の子どもたちよりも、「枠組みに入ら」なかったのでした。――そして、彼の最初の二年間を取り巻いていた、そして彼に大きな刻印を押した、いくらかのきわめて困難な状況が、その両親と信頼のこもった関係を結ぶのを難しくしたこともありました。とにかく、六歳ころまで、私と一緒に同じ屋根のもとで暮らしていた間、私は、雷のような声で、屈辱的な罰を課すことがありました。これらは、家族の空気にしみ込むことになったある雰囲気と同じく、完全に忘却の中に沈んでしまっていたことでした――じつに都合よく、私の記憶の中にいくらかこれらを再びのぼらせたのは、二、三年前、その姉と二人の兄弟と会話をしたときでした。おそらく、彼にも、このことについて私と話すことが出来るような時がくるでしょう――彼が、おそらく、私の子どもたちの中で、押し殺された苦悩と、受けとめて、検討されたことのない緊張をともなった家族の雰囲気の一番の犠牲となったのでしょう。あるいは少なくとも、彼が、その父から一番「罰をくらった」のでした。子どもたちのおのおのは、親からずいぶん叱責を受けてはいたのですが。少なくとも私の知っていることは、――そして、そのことを幸せだと思っていますが――私の子どもたちのおのおのが、その父である、私と飾りのない、信頼のこもった関係を維持し、ある重い過去について一緒に語り、それに探りを入れてみることを妨げているのは、彼らが私に対して抱いていて、それを隠そうとつとめている、ある恐れで**はない**ということです。

だが、これらのノートは、私自身とともに他の六、七人をひき入れる、複雑な状況にさらに深く探りを入れてみる場ではないと思います。なによりも私に重要だったことは、他の人のもとでそれに出会うときには、いく度も、「私を、声もなく、途方に暮れさせた」、みたところ理由のないこの暴力が、私の人生と私自身の行為の中にときおり現われていることを飾らずに認めることでした。この確認は、特別な「意図」をもっておこなわれたのではありません。それは、だれかのもとでの理由のない暴力を「説明」したり、「許し」たりするためでもなく、また同じく、私のもとでの理由のない暴力を説明したり、許したりするものでもありません。この省察を深めると、他の人のもとでの暴力と、私のもとでの暴力という、二つの暴力が相互に明らかにし合うということは、不可能なことではなく、ありそうなことでさえあります。これは、もちろん、求めることなく、自然にやってくるような種類のことがらです。私がこの確認をおこなうことになったのは、単に、それが途中にあったからであり、（真実であろうとすることをやめないかぎり）ここでこれをおこなわないでおくことは出来なかったからです。

b　仕組みと自由　142

（十二月十四日）昨夜の省察は、じつに都合よく、ひとが大いに忘れがちなことがら、そしてとくに（いまの場合）**私**がおおいに忘れがちなことがらを思い出させてくれました。つまり、私は、だれかよりも「すぐれた」ものではないこと、そして、すべての人と同じ布地でもって裁かれていること、まさしく、心づかいの欠けた注意の中心にある尋問台の上に私が置こうとしていた私の友人のひとりと同じなのだということを思い出させてくれました…。

なんらかの理由によって、ぴったりの役柄だとされた、ある身代わりの犠牲者の上に、蓄積された緊張と攻撃性をぶちまけることとして、（みたところ）「理由のない」暴力の出現についてある種の描写を昨日おこないました。この「仕組みを明かす」、表面的な、もちろん「よく知られている」描写は、自己における、あるいは他の人における、この暴力に対する、これもまた「仕組みを明かす」ような**態度**を正当化しうるものです。そのとき、この暴力は、一種の避けられない宿命、残念ながら、心的現象の構造そのものの中に根づいている宿命とみられます――私たちはこれに対して何をおこなうことが出来よう！といった具合に。「合理的な」あるいは「科学的な」みかけをもった、このような態度は、私には、**あきらめ**の合理化にほかならないと思えます：それは、どんな時点でも私たちを引き受ける用意をしている、すべて出来上がっているメカニズムから出てきた傾斜線に受動的にしたがってゆく代わりに、各人に対して、自ら置かれている状況を**受けとめる**という選択を可能にしている、自分の中の、また他の人の中の創造的な**自由**の存在を前にしてのあきらめです。この「自由」という選択が用いられるのはむしろまれであることは事実だとしても、それを用いることにするかどうかはともかくとして、私たちの中にあるこの選択と創造の可能性が**存在している**ということだけで、ことがらの性質はすっかり変わってしまいます。人びとの間の関係、あるいはひとりの人の自分自身に対する関係、あるいはその人を取り巻いている世界に対する関係を含んでいる状況が、人間の代わりに、(例えば)どんなに性能のよいものでも、コンピュータがある時には、存在していない次元をもつのは、まさにこのことによるのであって、他のことによるのではありません。また、私たちのひとりひとりに対して、私たちのおこなう行為と、行為の動機に対する**責任**という特性が現われるのも、このことによります。この責任は、多くの場合、固有の動機を隠すという、私たちに提供される便宜に訴えるという事実によって、取り除かれてしまうものでは決してありません。

実例として挙げたさきほどのケースに戻りますと、私に対してはどんな悪いこともしていなかったこの仲間を苦しめるために私の力を用いながらも、高邁（こうまい）な精神の持ち主であるかのように私が演じることが出来たのは、表面上の「誠実さ」の背後で、とてつもない、粗野な、不誠実な態度を選択していたからでした。この態度は、四十年後に、今、振り返ってみても、またその時においても、同じく、じつに明らかなものでした。そこには、たしかに**選択**があり、それをおこなうことが私に義務づけられているものでは全くないもので、私の中に蓄積されていた緊張と攻撃性に目を閉じ（もちろん、「非暴力」というすばらしい考えを唱えながら）、手の届くところにいる身代わりの犠牲者たちの上にそれらを（文字通り）「穏やかに」はきだすことに等しいものでした。このような暴力――つまり、また、人間のつくる世界の中で猛威をふるっている暴力と嫌悪すべきことのほとんど――は、それらのもつ秘密の機能がまさに厳格に隠されている（それが明らかなときでさえも）**という条件**のもとでのみ、おこり得て、それらの秘密の機能を達成することが出来るのです。したがって、自分自身で「ひどい取り違いをし」、自分の都合のいいように、私たちの最も基礎的な認識能力を覆い隠しながら、粗野な裏表のある演技を確信をもって演ずるという条件のもとでのみ、これらはおこり得て、その機能を達成することが出来るのです。たしかに、私たちは、ずっと以前から私たちを取り巻いている雰囲気によって、このようにすることを奨励されているのです。一方では、また、周囲の人たちが、そのコンセンサスによって、その同意を得ている虚構のために、どんなにそれが粗野なものであっても、言いのがれを承認するようにせかされているのを、私たちは見てきたのです。私が語ったケースにおける、私自身の言い逃れは、たしかに周囲の同意あるいは暗黙の奨励を得ていました。それがなければ、私はこれを維持し、この遊戯をつづけてゆくことは出来なかったでしょう。

　これに対して、ひとつの状況を自ら受けとめるということは、まさに、言葉の真の意味で、**誠実に**この状況と取り組むということにほかなりません。つまり、粗野な言い逃れを用いて、それがもたらす明白な一部始終を隠すということを私たちに提案している安易さを使用しないということです。したがって、これは、また、私たちのもつ健全な知覚と判断の能力をなんらかの必要性のために隠そうと気を配らずに、単にこれらの能力を用いるということです。奇妙に見えるかもしれませんが、にもかかわらず単純で、明らかなことは、――このような姿勢、「無邪気な」姿勢で、ある状況に取り組むときには、この状況がどんなに混沌とし、て、どんなに締めつけられているように見えようとも、それは、直ちに、そして深く変わってゆきます。あるいは、もっと適切な言い方をすれば、その状況が実際に「締めつけられ」、ずいぶん以前からほんのわずかも動かなかったとしても、それは、それがもつ固有の性質に従って進展し、「流れてゆく」のを私たち自身がさまたげていたからです。そして、私たちのはるかな幼年期以来、私たちを取り巻いていたすべてのことに合致した実例にしたがって、それがもつ自然な動きを私たちが阻害していたからです。動かないように見えたことがらが、動きだし、つかえて動かなくなっていたものが、動くようになり、蓄積されていたきつい緊張がついに自ら解き放たれ、ついに再び現われてきた、新しい、ゆったりとした動きの中で解消されてゆくためには、こわばるのを**やめ**、阻害するのを**やめる**だけで十分なのです。

　こうした「安易さ」あるいは「便宜」は、私たちはこれでもって、すべての人の励ましのもとで、「とんでもない取り違いをし」、これを通じて、流れるように作られているものを阻害することになるのですが、実際には、これは「心地よいもの」では決してありません！それが私たちに用意する、心の中のとてつもなく大きな事なかれ主義のために、私たちは、途方もない代償を支払っているのです――心の痙攣と、この痙攣と「とんでもない取り違い」という虚構とを維持するためのとてつもないエネルギーの投入という代償です。こうした状況の中で、おのおのは、すべての時点で、自分の考えにしたがってことを行なうのです――ここに、私たちの特性があります。また、すべての時点で、私たちがおこなうことを通して、私たち自身のために、そして他の人のために、**種子を蒔いている**のです。私たちが蒔くものの収穫は、蒔いたその時点からはじまります。

c　熱望とわりに合わない取り引き　143

さて、埋葬の「第一の場面」、つまり、私の葬儀の大司祭である、わが友ピエールがそこで演じた役割の一部始終に戻るのに、いまはおそらく良い時でしょう。一週間前に、ノート「ビロードをまとった足――微笑」（No.137、十二月七日）[P265]で、すでにそこに戻ってはいたのでしたが、「爪」と「ビロード」についてのこの（連続した五つのノートからなる）脇道でもって新たにそれから離れたのでした。この「脇道」は、それ以前の多くの脇道と同じく、無用なものではなかったと、私は感じます。

私がこの脇道に導かれたのは、まさに、わが友がその役割を受け持ったそのあり方の中で、おそらく最も際立った見かけ上の特徴は、裂け目のない、自分の名を一度も言わないある対立に奉仕する、きわめて純粋な形での「ビロードをまとった足」のスタイルが、いつの時点でもそれから離れるといういかなる意志もなく、存続しているという事実によります(1)[P302]。もうひとつの際立った事実は、わけ知りな微笑と温和な態度という、ふさわしく、穏健な見かけの背後に、わが友の中で、いく度となく、私自身に対して、また（数学上の仕事というレベルで）彼が「私のもの」に入るとみた人たちのひとりに対して、**妨げよう**、あるいは**傷つけよう**という、明瞭で、かつ見たところ理由のない意図が表われたことです。この方向にある具体的な諸事実については、埋葬の第一部『数学と裸の王様』でかなり詳しく述べましたので、ここでこうした具体的な事実に戻る必要はないでしょう。これは、たしかに悪意のある態度（これは、厳密に、科学活動の領域に限られているように思います）、言葉の本来の意味での**「暴力の」**態度です、ところがこの暴力は、厳格に隠されたままなのです――爪はあい変わらず心地よい絹の毛に包まれているのです。そしてこの暴力、この悪意は、**根拠がない**というとてつもない見かけをもっているのです――それらは、単に、妨げたり、傷つけたりするという喜びのためにのみ行使されるように見えることでしょう。

人はこのような状況に立ち会うごとに、それはあまりにも信じがたいものに見えるので、多くの場合、自分の健全な器官の示す証言を信ずるのをためらうほどです(2)［P302］。この証言を拒否すること、これは、通常おこなわれていることですが、状況を受けとめない、これを通して、この状況を存続させる数多くのあり方のひとつなのです。私たちの目にとまらなかったかもしれないが、その状況へのひとつのアプローチを提供する、また自分の体験の中にこれを取り入れることを可能にする諸側面をさがすために、このことがらについて問いを提出し、一巡してみることは、もちろん望ましいことでしょう。自分の人生において、いかなる時点でも、このような根拠のない悪意の態度を経験しなかった人はまれにちがいない、と思われます――これを思い出すことに同意を与えることは、それだけでも、すでに流布されている反射作用によって、どちらかと言うと、私たちは、大急ぎで排除することを奨励されている、実際の状況に**近づく**ための可能な一歩でしょう。また、根拠のないように見えた暴力の原因であり、バネであるかもしれない、なんらかの隠された不満がないのかどうかを見てみるために、もう少し深く探りを入れることも良いでしょう――また、万一の場合には、それらが、空虚な「不満」、（例えば）私自身がおこなったスタイルのもの、つまりあの人物はしようがない奴だから、どんな手心も加える必要がないなどと言ったものであることを認めるのもまたよいことでしょう。

しかしながら、今の場合、私は探りを入れてみましたが、わが友が、私に対して、あるいは彼が悪意の標的として選んだ人びとのだれかに対して、（間違っているか、正しいかは別にして）抱くことになった**不満**に似たものが、最近のものも、以前のものも、全くあらわれてこないのです。彼自身は、いかなる時点でも、この方向にあるものをいくらかでもほのめかしたことは全くありませんでした。また、私が啞然とさせられた、彼の行為のいくつかについて、私は一度ならず探りを入れてみましたが、いかなる時点でも、彼の中に、だれかに対する反感の姿勢の影があったかもしれないことを彼は認めませんでした。ときたまの出会いの折に、少しばかり楽しんでいるような無邪気な驚きの、彼特有の様子をして、じつに客観的な、すぐれた理由を私に対して述べるとき、彼の中にひそかな満足感があるのを感じるようになりました…。結局のところ、彼が自在に、自分の喜びに応じて、またそれを認めるのに私には長い時間がかかった、内密の満足をもっておこなった遊戯の中に、私は入っていったのでした。（しかしながら、もちろん、彼が、私をこのようにいらいらさせた最初の人ではありませんでした！）。とにかく、遅くなってもおこなわないよりは良いでしょう、私は、この小細工から抜け出ることになりました[(3)]［P302］！

他方では、二十年近く前（一九六五年）の私たちの出会い以来、わが友に対する私の関係を再検討しつつ、私自身に探りを入れてみましたが、なんらかの時点で、私に対する不満の原因となり得た、いくらかのことがらの跡を見い出すことも出来ませんでした。ことがらについての通常の、表面的な意味においては、この期間全体を通して、とくに緊密な接触のあった最初の五年間において、私は「彼に良いことしかしなかった」と言うことが出来ます。しかし、この確認は、直ちに、私に、もうひとつの、もっと表面的なものでない確認を想起させます――それは、私の中の彼に対する**へつらい**についての確認ですが、ノート「特別な存在」と「あいまいさ」（No.67′、63″）の中での省察の過程で現われたものです［『数学と裸の王様』、P81、101］。明らかに、このへつらいは、彼にとって「よいもの」では全くありませんでした――そして、また、これも明らかですが、わが若い、すばらしい学生で、友人の、私に対する姿勢は、私自身の姿勢と、とくにこのへつらいと、緊密に共生しながら発展していったのでした。また、このへつらいは、ある無意識のレベルでは、（とにかく明らかなことがらとして知覚されていただけではなく、それ以上のものとして）わが友によって、ある「不満」として、いくらか非凡であった子ども時代において、おそらくあまりにも知られており、うんざりするほど繰り返されたシナリオ、（ひそかにだとしても）新たに彼が役立てることになったシナリオとして感ぜられたということも、あり得ないことではありません。彼は、おそらく、素朴に、数学の「高貴な社会」に足を踏み入れたとき、すべては、自分の知っていたものとは異なっていると――そして、そのあとは、そうではなくて、あい変わらず同じなのだと信じたのでしょう！（そして、彼自身の意識的な選択によって、今日も、あい変わらず同じものであり、さらにはもっとずっと同じなのだと…）。

このテーマについて正確にはどうなのか、おそらく私には永久に分からないでしょう。また、これを明らかなものにするのは私の仕事ではないでしょう。たとえ、私の能力だけでこれをおこなうのに十分なほど精密なアンテナを私が持っていると仮定してさえも。もし「不満」があったとしても、それは、とにかく、せいぜい、「付随的な」不満であり、「あるもの」――まったく別の大きさのある力によって動かされる、ある遊戯を始動させるきっかけとしての役割を果たしたものです。この別の大きさの力については、私は、ずいぶん以前からその存在を感じていましたが、その性質については、私には、なぞのままでありつづけていました。埋葬についての光景のこの「第一の場面」を去る前に、少なくともこの力の性質を見積もってみたいと思います。

そこには、明らかに、取って代わり、追い出し、消してしまおうとする**熱望**があり、また他の人の労働の成果と、数学という奥方との愛の果実を**横領しよう**という熱望があります。しかしながら、私にとって明らかなことは、埋葬における彼の役割の深い動機は、威信と称賛と栄誉に対する単なる「激しい熱望」でも、権力に対する単なる「激しい熱望」でも**ありません**。この役割についての省察の過程において、いく度も、私は、彼の中の埋葬しようとするこの**強迫観念**が、どれほど彼自身を自ら埋葬しているのかを見てびっくりさせられました！彼は、並み外れた才能によって、またこれも例外的な状況によって、その師をはるかに追い越すために、また彼の時代の数学全体に対して深い刻印を残すために必要であったすべてのものを天から受け取っていました。彼としては、彼の中の子どもに、こちらで命令や柵をもうけたり、あちらで進入禁止にしたりしてこの子どもを困らせずに、自由に遊ばせるだけでよかったのでした――単に、どうしても必要なことと、管理上のことに気をつけるだけで、このようにするとき、彼の中の「ボス」――渇望ということでは、おそらく、だれの中のボスとも同程度のものでしょう――は、押すことも、引くことも、肘でかきわけることも必要とせずに、確実に、威信、称賛、栄誉、さらには権力といった想像できるすべてのブランド・マークを得ることが出来たでしょう。喜んでおこなっているのは子どもであり、それが、ボスに対して、ボスを演じるひまを与えないのですから、それらを得るために何をおこなうのかさえ知ることもなく…。

もちろん、単に「実利的な」立場からも、ここ十五年あるいはそれ以上にわたって彼にぴったりとくっつき、（当然のことですが）だれも予想していなかった時点で、やっかいな故人が、自分のひつぎの蓋をあけて、とつぜん葬儀を大混乱させることを考えなかったとしても、生涯にわたって彼にまとわりつくことになる埋葬の中に入ってゆくことは、とてつもなくわりに合わない取り引きでした！（ボスのピエールの将来の賭け金しだいで、このあいにくの小事件の及ぼす影響は変わってくるでしょう…）。あるいは、別の言い方をすれば、わが友は、数学において大ピエール［ピョートル大帝］になるための、素質（少なくとも、彼の知的な才能によって）を持っていたし、気品のある文学的教養も持っていました。ところが、そうなるのではなく、小さなピエールを演じることを選んだのでした。したがって、少なくとも、なされた賭けがうまくいったとしても、とくに、うぬぼれを満足させるということに成功したとしても、実際のところ、わりに合わない取り引きだという感じがします。

注 (1) 他のところですでにそれを強調する機会がありましたように、「一度も自分の名を言わない」対立、あるいは拒絶または嘲弄の意図は、わが友ピエールに特別なものでは全くなく、（私の知り得たかぎりでは）例外なく、埋葬の**すべての**参列者にあてはまります。このように、これらの、嘲弄による「陰の葬儀」において、参列者たちのおのおのの中の基調は、（こうした葬儀の機会にふさわしく）それ自体も陰なのです！

(2) 埋葬のこの「隠された」性格については、ノート「墓掘り人――会衆全体」（No.97）をも見られたい［『数学と裸の王様』、P303］。このテーマについては、ノート「数学と裸の王様」（No.77′）を見られたい［『数学と裸の王様』、P156］。

(3) それは、一九八一年でした――ノート『二つの転換点』（No.66）の中で触れました「第二の転換点」のことです［『数学と裸の王様』、P91］。

d　二つの認識――知ることに対する恐れ　144

（十二月十五日）昨夜の省察の終わりごろ、私の中に、断固とした風情で、非の打ちどころのない論理による推論を使っているが、にもかかわらず何かそれだけではうまくゆかないなにかがあるという漠然とした感情を退けている人のもつ軽い居心地の悪さが少しありました。また、この「なにか」は、書くのをやめるとすぐに現われてきました。漠然とした仕方でそれを表現しますと、つぎのようになります：無意識の「論理」、私たちのおこなう最も決定的な選択の中で取り仕切っている論理は、通常の意識された推論のもつ論理とは全く異なるもので、またもちろん「正統的な」推論の論理とも異なるものだということです。いまの場合、(例えば)一九六〇年代の後半において青年ドゥリーニュが持っていた「切り札」についての私の知覚と、これらの切り札に私が付与している重みです(この重みは、かなりよく事情に通じているすべての数学者がこれらに付与しただろうものと、少なくとも同じ方向にあります)――この知覚とこの重みは(私は、「客観的な」と形容したいのですが)、当事者自身の姿勢や感情と関係のないものです。とくに、彼がもっているすべての切り札の中で、たしかに鍵となる切り札をなす、自分自身の能力とは関係がありません。

しかしながら、私の印象では、少なくとも意識のレベルで、また謙虚さが求めるあらゆる決まりの枠内でですが、わが友は、自分の並みはずれた才能について、たしかにずいぶん以前から彼のもとにやってきたへつらいの言葉を同化し、自分のものとしていたと思います。しかし私にとって全く疑いのないことですが、より深いレベル、人生を支配する大きな選択が言葉を伴わずにおこなわれるレベルでは、こうした事柄についてのこの「客観的な」解釈は、**死語**になっている(今日でもなお死語のままである)と思います。この「客観的な」解釈の代わりに、ひそやかな**疑念**があり、それは、その価値について(あるいは、他人に対する優越性について…)いかなる「証明」も決して根絶することが出来ない疑念です――また、それは、一度も言葉で表現されたことがないだけにそれだけ執拗なものです。私はこれをすばらしい才能に恵まれているとは言えない他の人たちのもとで感知しましたが、これをわが友においても感知しました。そしてそれは同一のものでした。この疑念は、ある**心の中にある確信**についての執拗なメッセージです。この心の中の確信もまた言葉で表現されておらず、この疑念そのものよりもさらに深く埋もれています。つまり、深く、癒しがたい無力さについての心の中の確信です。これは、また、『収穫と蒔いた種と』の冒頭のところで、「一般的な」ものにとどまっていた省察の文脈の中で語った「自己に対する軽蔑」**でもあります**[1][P306]。これは、また、一、二か月前に、やはり個人のかかわらない文脈の中で、異なった姿のもとで、「ひび割れという感情」として再び現われています[2][P306]――この漠然とした感情は、私がめい想を発見した日の翌々日に、はじめて自分自身の中に認めたものです。そして、埋葬についての省察の過程で、いく度となく、わが友の中のこの「無力さについての心の中の確信」に関する突然に生じた、鋭い知覚がありました。この知覚は、常識に挑戦しているように思える、こうした状況に新しい光を投げかけるのでした…[3][P306]。

この確信そのものは、わが友においても他の人においても、ある**認識**――まさにたしかに存在している「ひび割れ」についての認識、被りながら、今日まで、自分自身の同意によって認め、維持してきた「損傷」についての認識――**の影**であることを、私は知っています。しかしながら、この影は、それが由来しているこの認識、それ自体としては、すべての認識と同じく、有益なものであるこの認識を再構成してくれません――この影は、むしろ、形のゆがんだ、巨大がカリカチュア、こけおどしの姿としてあります。ある認識をこのように変形し、見分けられないものにするのは、**恐れ**です――まさに、この認識それ自体と接触し、それがずっと以前から抑圧されていた深みからこの認識を再び浮上させ、それが忠実な反映となっている目立たない現実を受けとめることに対する恐れです。

恐れられているこの認識との接触を取り戻し、深い層においては知られているが、避けられているこの現実を完全に意識した目でもって識るということ――これこそが、私たちの中にあるもの（『力』、あるいは「子ども」と呼びうる）、「長い人生の間に失い、死んでしまったものと信じられているもの」、と完全な接触を取り戻すことを意味しています。なぜなら、たしかにこの力、ほかでもなく、この子どもの力こそが、私たちの中のひび割れ、損傷を受け、麻痺させられているものについての認識を引き受けることが出来るようにしてくれるからです。この認識を引き受けることは、また、私たちの損傷についての認識よりも前の、これよりもさらに基本的な、**もうひとつの認識**との接触を再び取り戻すことでもあります。つまり、私たちの中にある「力」、筋肉の力でもなく頭脳の力でもない、だがこの双方を含んでいるある力の存在についての原初の認識との接触を再び取り戻すことでもあります。

奇妙に思えるかもしれないことですが、この「力」、この**創造的な**力が私たちの中に、私たちの真の本性の明白で、破壊できない部分としてあることについてのこの失われている認識――それは、**無力さの状態**の発見と控え目な受け入れを通じてふたたび見い出されるのです。またこの無力さの状態は、この受け入れそのものによって解消されるのです。無力さの状態の認識は、私たちのもつ創造的な力の、さらにより深く埋もれている認識を秘めており、覆い隠しています。この無力さの認識は、私たちに、創造的な力の認識へと開く鍵のようなもので、この二つの認識は、**同じ**認識の裏表のようなもので[4]［P 306］、実際上切り離しがたく、**同じ**恐れの対象となっているのです。

私たちのおのおのの中に埋もれている「力」について語るとき、抽象的で、漠然としたことがらについて、「達観した」全く言葉だけの微妙なことがら、いくらか哲学的な心理学者の説く微妙なことがらについて言っているのでは全くありません。子どもが呼吸をするように、あなたが「数学をおこなう」（または「恋愛する」）ことが出来るのは、――つまり、あなたの先任者たちが残した航跡を離れないように、そして先任者たちのものであるふるまいや処方箋（あるいは、月並みなこと…）を熱心に繰り返すように慎重につとめることなく、あなたが「数学をおこなう」（または「恋愛する」）ことが出来るのは、この力によります。また、あなたの家においても、他の人の家においても、猫を猫と呼ぶ［ものごとをはっきりと言う］、そしてとんでもない取り違いをしないだけの勇気と謙虚さを与えてくれるもの、たとえこうすることで、あなたが、しっかりと定着しているコンセンサスに、あるいはあなた自身の中のじつに古くからの、よく習熟されたメカニズムに逆らうことになっても、そうした勇気と謙虚さとを与えてくれるのも、この力なのです[5]［P 307］。

今ここで頭に浮かんだつぎの実例は、たしかに人目を引くものでしょう――そこには、たしかに、栄光をもとめているすべての若い（あるいは、若くなくとも）研究者の心を打つものがあるでしょう。まだ形成途中の科学の大胆なパイオニアであることを欲しなかった人びと、そしてこの意味において、あらゆる教科書の中のよい場所に自分が姿をみせることを欲していなかった人びと、そうした人のひとりに、近代天文学の父であるケプラーがいます！しかしそれは、（ケプラーや他の人たちがおこなったように）三十年の間、あるいはただの一年の間だとしても、孤独の中で、すべての人の無関心（軽蔑あるいは敵意ではないとしても）の中で――突然だれもいなくなっても――自分自身の糸を執拗に紡ぐということです！おおぜい一緒に、教科書の中にはっきりと姿をみせることは望まれていますが、一年でさえも、あるいはただの一日でさえも、ひとりになることは**恐れる**のです。しかし、自分の中にこの力があることを「知っている」人（そして、これを知るために、他の人にも、自分自身にもこれについて語る必要はなかったでしょう…）――そうした人は、また、ただひとりであること、そしてただひとりになることは、いかなる不安も呼び起こさないことをよく知っています。そして、教科書の中に自分が載るかどうかを知ることは、気がかりのうちでも一番最後のものなのです——とくに、その人が仕事をしている時点においては、そう言えます。

さらに、この同じケプラーは、彼の仕事そのものの中で、彼の科学において「しっかりと根づいた」、おまけに何千年もの以前から根づいている「コンセンサスに逆らう」ことになりました。彼の時代（まだ宗教裁判所がありました）には、このコンセンサスは、今日よりもはるかに容易なものではありませんでした。職を失うか、職をみつけられない可能性が大いにありましたし、そうでなくとも、火あぶりの刑に処せられる危険がありました。ケプラーに戻りますと、この「しっかりと根づいたコンセンサス」に対して、毎日の彼の生活の中でどうしていたのか、私は知りません。おそらく、すべての人と同じように、用心していたでしょう(6)［P309］。たしかなことは、今日でも、昔、はるかにずっと昔からと同じく、これらのコンセンサスを少しでも遠ざけるような高貴な社会はないということです。これは、おそらく永久に同じでしょう——**ただひとりでいるということに対する恐れ**——それは、他の人による称賛、是認の必要性（称賛し、是認する人が**たったひとり**だったとしても）、人間における深い、ほとんど普遍的な必要性の裏面なのです…(7)［P309］。

注 (1)「（他人の）無謬と（自己に対する）軽蔑」の節（No.4）［『数学者の孤独な冒険』、P196］をみられたい。

(2) 十月十七日のノート「半分と全体——ひび割れ」（No.112）をみられたい［P93］。

(3) このテーマについては、ノート「逆転（3）——陰は陽を埋葬する」をみられたい、そこでは（なかでも）省察の「敏感な時点」のいくつかが取り上げられています［P224］。

(4) このイメージにおいて、もちろん、「**表**」とは、無力さの状態、本物でないこと、「ひび割れ」の状態の認識であり、さらにもっと隠されている「**裏**」とは、私たちの分割できない本性、私たちの創造的な力についての認識です。私は年月を経る中でいく度もいく度も確認することが出来ましたが、最もつよい恐れ、最もはげしい否認の対象となっているのは、まさしく、この「**裏**」、二つの認識のうちでより深く埋もれている認識であるということです。だれかを不安にするのは、訓練された、（多少とも）「かしこい」猿という親しみ深い、かつ月並みな状態ではなく、もちろんことがらをそれがあるままに感じ、それらの名でもって呼び、「ひと」が期待しているのとは違っていることに気おくれすることなく、自分の感じるように行ない、ものを言う子どものもつ無邪気さであるということです。

(5)

（十二月十六日）おのおのの中の創造的な力、革新する力（あるいは、「子どもの力」）の作用は、手や精神の作品によるか、他の人との関係、自分のまわりの人びとやことがらに対する関係の中での、毎日の生活の諸事実による果実の中に認められます。私はいく度もいく度も気づきましたが、日常生活の中での創造性は、「作品」（慣用的な意味での——つまり、手や精神でつくられた、創造性にもとづくしっかりとした「産物」）によるものよりもはるかにまれなものであるということです。

このような人の生活における、連続した創造性の存在は、たとえそれがどんなに細分化されたもの、どんなに不完全なものであっても、その人の中の創造的な力との連続した「接触」のしるしです。それは、多かれ少なかれ重要な、多かれ少なかれ「高く評価されている」ものだが、それ自体としては、創造の力、革新の力をもっていない産物によって表現される、「才能」の単なる存在、この才能を引き出すための連続したエネルギーの投入の単なる存在とは異なった性質のことがらです。

私の知的な探求において、とくに私の数学上の仕事においては、ささやかな「才能」でしたが（だがかなり大きな自己投入です）、私の中のこの力との「接触」、つまり私がこの力についてもっていた暗黙のものだが、深い認識は、ほぼ損傷を受けていないものだったと思います。つまり、ほんの少しのことがらを除いて、私の生活のこの領域（たしかにきわめて部分的な領域ですが）の中では、通常の「摩擦の効果」によってエネルギーを失ったり、ねじ曲げられたり、遮断されたりすることがほとんどなく、私のもつ（創造的な）能力の全体に依拠して「機能する」ことが出来たと思います。これらの「摩擦の効果」の中で最も月並みなもののひとつは、ある種の臆病さで、それは、心の中の声が私たちに教えていることが、まさしく「新しい」もの、つまり私たちだけが踏み込むことになる細い道に連れてゆくものであるとき、きわめてしばしば、私たちにおこなうべきことをささやいている心の中の声が聞こえないようにしてしまうものです。これに対して、この種の抑制は、私の数学に対する関係においてはほとんどないのですが（年月を経る中でますますそうなっていると思います）、私の生活の他の領域の中では、他の人のもとでと同じように存在していました。とくに「毎日の生活」においてはそうでした。私の毎日の生活の中で、この種の惰性、あるいは怠惰を見い出すことは、まれではありません。

数学の活動に戻りますと、私のすばらしい元学生のもとではいくらか逆転した関係がみられます。彼は、ずっと以前から私を感嘆させ、大いに喜ばせてきた、私の才能とは比較することが出来ないほどの「才能」をもっています。（たしかに、多くを見て、よく分かってきましたが、科学においても他のところにおいても、革新的な作品をつくる上で、これは、本当に基本的なことがらではありませんが。このテーマについては、ノート「陰―奉仕者(2)――心の広さ」(No.136)の中の省察をみられたい［P253］)。数学における彼の自己投入は、かつて私がそうであったように、非常に大きなものであり、また若い時期から、彼の才能の開花のための、そしてこの才能にみあった作品の着想と仕上げのための例外的に恵まれた条件の恩恵に浴していました。二十年後に、私はあい変わらずこの作品を待っており、満たされないままなのです！たしかに、彼の中の創造的な力とのある「接触」はあり、それは、彼が作ったことがらのもつ美しさによって証拠立てられています――しかしこの接触は、かき乱され、苦しめられています。わが友の自分の仕事に対する関係は、仕事そのものの中においてまでも、紛争をともなう関係です――この仕事は、年月を経るにつれてますます、子どものもつ知りたい、発見したいという渇望とは無縁な、「ボス」の抑えられない欲望をいやすための、「ボス」の手にある**道具**となっています。

私はこのような紛争の関係は、まずは自分で受けとめることなしには――つまり、なによりも、それがあることを認めることなしには、解消できないのではないかと思います。少なくとも、私の人生において、そのようなことが簡単に起こったのを見たことは、たった一度もありません。私が、私たちの無力さの認識こそが、私たちの創造的な力の完全な認識を再びみいだし、これを通してまた、この創造的な力そのものを完全に見い出すための「鍵」であると書いたのは、このことによります。私の数学上の仕事においては、こうした問題は提出されませんでした。なぜなら、この仕事の中では、私のもつ可能性のわずかな部分のみに依拠して私を「機能させる」ような、部分的な無力さに等しい、深い阻害がなかったからです。これに対して、私の日常的な体験のレベルでは、他の人に対する関係において、私自身に対する関係において、この問題は、他のだれかに対してと同じく、私に対しても提出されました。ある阻害、ある「無力さ」を認識するようになることは、たしかに、囚われの状態にある創造性を解放させる**鍵**であることを、いく度もいく度も私が体験したのは、このレベルにおいてでした。

(6) (一九八六年三月八日) これらの行を書いたあと、ケストラーの本「夢遊症者たち」において熱をこめて描かれているものを通して、ヨハネス・ケプラーの魅力的な人物像をさらに知ることが出来ました(ケストラーのこの本については、『数学者の孤独な冒険』、P34の注で取り挙げました)。ケプラーは、毎日の生活においても、科学上の仕事においても、ここで問題にしている「自分自身の目でもってことがらを見るという傾向」をたしかに持っていたようです。火あぶりの刑に関しては、彼自身にとっては問題になったことは一度もありませんでした。歴史的な正確さにそれほど気を使っていないある種の言い伝えが不寛容であったと主張しているよりも、学者たちにとってはずっと寛容な時代でした。これに対して、ケプラーの母は、(「魔法」を使うということで) ぎりぎりのところで火あぶりの刑をのがれました。これをのがれたのは、とくに、この難局から母を救い出す上でケプラー自身がおこなった努力によるものでした。

(7) これは、もうひとつの脇道を通って、すでに、「禁じられた果実」および「孤独な冒険」の節(№46、47)[『数学者の孤独な冒険』、P328、331]において、そしてまた、通りすがりに、ノート「受け入れ」(№110)[P76]の中で現われている確認につながります。

e 隠された活力

だが再び私のテーマから遠ざかってしまいました！私の埋葬の中で、私の知る役割を演じるにあたってのわが友の動機およびそのすすめ方は、(威信、称賛、栄誉、権力に対する) **激しい渇望ではなかった**という、私の中にある確信を「検討して」みようとしたときの、昨夜の私の「推論」は、的はずれであったという確認をめぐって出発したのでした。たしかに、**ある役割**と子どもの飛翔とを取り替えてしまうということで、彼は、威信その他の面での「見返り」という観点からさえも、「わりに合わない取り引き」をしたのでした。しかしそう言っても、何も証明したことにはなりません。しかも、私たちの主な自己投入や選択を（無意識のレベルで）決める上で、このような「へたな計算」は、ほとんど絶対的な規則のようなものであって、例外では全くないということです。しかし、私がおこなった推論がまったく価値のないものだとしても、にもかかわらず、私の検討しようとしたことは、たしかに、ある現実についての知覚であることには疑いの余地はありません。つまり、私の埋葬が作動する中で、鍵となる人物として、わが友によって演ぜられたこの役割における**活力**をなしているのは、たしかに現実にある、そして、わが友の人生の中で増大しており、真にむさぼるような性質をもつようになったこの渇望**ではない**、たしかに**これ**ではないということです。

非常に鮮明なこの感情を、もっと詳しく浮き立たせてみる（いくらかでもその妥当性を「確証」しようとはせずに）とき、つぎのようになります：いく度も私を唖然とさせた、そして、「渇望」という、どこでも通用する「説明」では、どうしても「枠に入らない」ものは、敵対的な、あるいは悪意の行為の中にあるこの**理由のなさ**です。少なくとも、威信、称賛、栄誉といったものについては、また言葉の通常の意味での「権力」については、わがすばらしい元学生で友人は、彼の師であった人に対して、彼の秘密としていた、この「ひそかな、微妙に調合された軽蔑」を用いても、その時点でも、また長期的にみても、なにも得るものはありませんでした。あるいは、彼よりも地位の高くないある研究者に対して、この同じ軽蔑（おそらく、それほど微妙に調合されてはいない）を用いても、また、その人自身の判断能力において私におけるほど確信がしっかりと根づいていなかった研究者をくじくというやり方での、その研究者の現在または過去の仕事に対して、同じ軽蔑を用いても、あるいは、さらに、わが友が手本を示していた全般的な軽蔑に抗して、万難を排して根気づよくおこなった研究の果実をだまし取られながらも、勇敢にもその根気づよさを維持した別の人に対して、この同じ軽蔑を投げかけても、その時点でも、また長期的に見ても、なにも得るものはありませんでした。そして、この一番あとに述べたケースにおいて、他のケースにおけると同じく、わが友は、孤独の中で（そして、時折は、年長者たちの軽蔑の中で）他の人によって熟された果実を横領するという姿をたしかにとったのでしたが、この「利益」（「タイム」というスタイルでの[1]［P313］）は、このようにして横領されたものは**誰のものであるのか**を人が考えるとき、「説明」をさらにすすめるだけで空しいものになってしまうほど、取るに足りないものなのです！

私にとっては、明白な認識にもとづいて、このような「横領」の「活力」となっているのは、こうした利益ではないことは、私にはよく分かります。それとはちがって、そこに、**ある権力による酔い**を感じます――このような科学上の重要人物が、委員会や評議会や審査委員会などで坐りながら、また研究所や若いすばらしい研究者たちの研究を指導しながら、あるいは大臣の耳もとで話しながら、普通にこの力を行使するのですから、慣用の意味での権力よりも、ずっと微妙で、おそらくずっとうっとりするような力でしょう。私の語った「酔い」は、ノート「よこしまさ」（No.76）［『数学と裸の王様』P150］において突然、**「挑戦的な言動」**という行為、他の人からの「よこしまな」だまし取りというその真の本質を…（象徴的に…）おおっぴらにすることさえ可能とさせたほどの、じつに完璧な権力の中にある一種の酔い」に立ち会うことになったときに、（省察の中ではじめて）現われたのでした。

これは、あざやかで、これ見よがしの挑戦的な言動なのですが、同時に、**隠されており**、言葉で表わされておらず、なにげなくそこに滑り込ませており、さらには、「よこしまな層」というこの奇妙な名についての具体的な説明らしいものさえあり、これでもってあなたに何であるのかがわずかな語で自然に明らかにされるのです。その上、わが控え目で、かつすばらしい論文の中に「その場所を見い出してしかるべきであったもの」についての小さなリストさえあるのです…[2]［P313］。

私は、新たに、ここで、最も純粋な「ビロードをまとった足」というスタイル、別の名は「タイム！」というスタイルを認めることが出来ます――また、ひとりならずの男性のもとで、またひとりならずの女性のもとで、私に親しみ深いものとなった**あるスタイル**の画一性の背後に、私は、また、**共通の活力**をも感じます：それは、権力を行使したいという、絶対的で、むさぼるような**渇望**です。**ある権力**であり、そしてそれはある流行についてのものです――二十日ねずみに対する猫の権力です。彼が、完璧な優美さでもって（二十日ねずみだけは、その優美さの価値を高く評価してはならない）、またもちろん「この上ない微妙さ」をともなって、彼の偉大な遊戯をおこなうときの、この二十日ねずみに対する猫の権力です――あるいは、また、大変とんまな夫に対する抜け目のない妻のもつ権力です…。

わが友によって提出されたケースから出発して、私は、すでに、あらゆる種類のカップルという一般的な枠組みの中での、この「スタイル」と、その意味について語ることへと導かれました。それは、ノート「逆転（4）――夫婦の曲芸」（No.138、十二月八日）［P273］の中の、一週間前の省察においてです。**力をめぐる遊戯**としての、「ビロードをまとった足」（別の名は「タイム！」）という遊戯の「活力」が、それにふさわしい鮮明さでもって、はじめて現われてきたのは、そこにおいてです。しかしながら、きわめて特殊な性質の力の遊戯としてです：つまり、それを行使する人に対するこの遊戯の魅惑、多くの場合飽くことのないその魅力は、まさに、その人によって行使されている**権力のもつ隠された性格**にあるのです。この性格は、「見られもせず、知られもせず」、これが、他の人に対して演技をさせることを可能にし（**その人をめぐってで**あって、決して、**その人と一緒に**ではない）、その他の人を自分の思い通りにぐるぐると回らせ、つねに踊らせることを可能にするのです。そこでは、その他の人は、人の思いつくままに、望みにしたがって操るみえない糸によって伝えられる小さな動きに対する鈍重な応答として、ひとつひとつのろまに従っているのです…。

おそらく長年にわたって漠然とは感じていたが、一度もそれを明確に文章にしてみるという労を取ったことのなかったものを、ついにはっきりと書くだけで十分だったのでしょう――昨日もなお「謎のように」みえていたもの（つまり、この友の中の「ある力」の性質）が、突然、その明らかな意味を私に明かしてくれるためには、長い間ばくぜんとしたままであったものを言葉の中に凝縮させるためのこの短い努力だけで十分だったのでしょう！彼の中のこの「力」あるいは（さきほど書きましたように）「説明できない」（さらには、「理解を超えている」ように見えさえした、こうした行為の「活力」、私はたしかにそれをすでに、十二月八日の省察［No.138、P273］において浮き立たせていました。しかしこのときは、この重要な省察の出発点は、たしかに、わがすばらしい友のある「謎のような」遊戯でしたが、この省察に糧を与えたのは、彼という人物にむすびついた体験よりも、はるかに豊かで、はるかに強い、**もうひとつ**の体験でした。わが友ピエールとの私の散発的な関係というより表層にある体験は、完全に同化されている体験（あるいは、ほとんどこれに近いもの）、すでに形をもっているある認識を私にささやいているこの体験とはちがって、このとき、私にこの認識を伝達することは出来なかったのでしょう。

　結局のところ、理解し、これを通して受けとめる必要があったのは、たしかに、このピエールについての体験だったのです。そして、このとき私が、心の中の留保なしに、「カップルの回転木馬」についての脇道に身を投じたのは、この回転木馬は、わが友に対する関係について私になにがしかのことを語りかけることを、はっきりと感じていたからでした。わが友に対する関係についての考えは、背後に、ひそやかな基調のように、存在しつづけていました。

　これら二つの省察の完全な「連結」は、しかしながら、その日にはなされませんでしたし、それにつづく日々にもなされませんでした。きっと、時機がまだ完全には熟していなかったのでしょう。この連結が、留保なしに、努力せずに、明白さからくる自然さを伴っておこなわれるためには、まずは、私の注意を喚起していた最も必要とされる連想を、ひとつひとつ、執拗に、急ぐことなく、追ってゆきながら、「場所をきれいに」しなければなりませんでした。私はこれらのことがらを手荒に扱うことはしませんでした。そして、そこにはたしかに、私のおこなうべきこと――（省察の）「テーマ」や「糸」によって、さらには結末にまで持ってゆく必要のあるプログラムによって迂回されることなく、執拗に私に呼び掛けていることに取り組めばよいことがあることを、よく知っていました。

　このように私が除草をし、耕している間に、土と太陽のもつ力が働きます。夕方がやってきて、ちょうど熟した果実を摘みにゆけばよいのです。この果実は、それを迎えるために開かれた手に落ちてきます…。

注　(1)　わがすばらしい友でかつ元学生のもとでの横領のこのスタイルについては、ノート「タイム！」（No.77）、『横領と軽蔑』（No.59′）を見られたい［『数学と裸の王様』、P153、60］。

(2)　ノート「手品師」（No.75″）をみられたい［『数学と裸の王様』、P146］。

f　情熱と渇望――エスカレート　146

　（十二月十七日）一昨日の省察でもって、どちらかと言うと生気にとぼしい山積みとして私の前にあった大量の事実や直観を前にして、いくらか茫然として、未決定のままであった理解の突破口が開かれたようです――あちらこちらにあるいくらかの断片をなんとか集めるのに成功していただけのパズルが解けたかのように――。再構成しようとしている未知の光景の急所をなす「断片」にそこで出会ったという印象をもちます。この断片のまわりに、他の断片はついにやすやすと配置されるのです。とにかく私はたしかに、師と、師に（多少とも）誠実な人たちの埋葬において友人ピエールによって演ぜられた役割の背後にある「活力」に触れたことは明らかです。そしてまた同時に、故人となっている師である私に対する彼の関係の「活力」にも触れたのです。

ひそかに、しかも無邪気な様子でもって、みえざる糸を引きながら、ある権力を行使するというこの渇望――これは、きっと私が彼に出会うずっと前から、彼自身にも、すべての人にも知られずに存在していたにちがいありません。（一九七〇年の）私の別れのエピソードの前の、私たちが知り合った最初の数年間に、それが現われるのを私が見なかったとすれば、おそらく、緊張した修業と、微妙で力強い考えの飛翔のあったこれらの年月においては、わが友のエネルギーは、完全に他の所に吸収されていたからでしょう。実際、彼の並みはずれた才能にとってのジャンプ台にする上で、諸条件は、理想的なものでした。私の別れ――まずは、私たち二人が属していた研究所からの、ついで（翌年には）数学の舞台からの――は、私自身の精神の冒険においてだけではなく、きっと彼の精神の冒険においても、決定的な転換点だったでしょう。なおその前日には夢にも見ていなかった権力の手段が突然彼に開かれたのは、このエピソードによります：それは、まずは、かなり大きな場所を占めていた、そして彼はその前にはひそかに距離をおくことにかぎっていた、もと師をその場所から「追い出す」という力の行使であり[1]［P316］、ついで、この師が舞台から消えてしまうことが明らかになったとき、故人である師の名をつけているある学派を跡を残さずに消してしまうというさらにうっとりとさせられる権力であり、そして、これをおこないながら、彼自身が長い間にわたって糧を得ていた、ある広大なビジョンのための広大なプログラムの開花を、（彼自身がとまっていた枝を除いて）主な枝すべてを切ってしまうということで、はっきりと断ってしまうという権力の行使です[2]［P316］。

わが友の人生の中でのこの大きな転換点の意味は、彼という人間の中にある支配的な二つの力の、へゲモニーをめぐる相互関係の中でのある種の逆転として私には見えます。この二つの力とは、他のすべての諸力に勝っていると思いますが、数学に対する情熱と、力の遊戯に対する「渇望」（ビロードをまとった足でもっての）のことです。これらの力の最初のものである、数学に対する情熱は、基本的には、「衝動的な」性質のもの[3]［P316］で、第二のものである「渇望」は、自己に集中した、「あとで獲得された」ものです。この転換点の前には、（私の知るかぎり）わが友の人生を支配していたのは、知に対する衝動でした。権力に対する渇望の方は、いくらかまどろんでおり、休暇中といったところでした。数年間のうちに目もくらむような社会的上昇をしたあと(4)［P317］、また大きな**選択**をせまる、突然あらわれた状況の中で、知に対する情熱を凌駕したのは、権力の誘惑と、ひそかな酔いでした（知に対する情熱を凌駕したのは、やすやすと、だと思います。そして、このために戦うということも全く考える必要なく）。知に対する情熱は、舞台から消えてしまったわけではありませんが、それ以後は、この渇望の臣下、しがない召し使いであり、この渇望の手中にあるひとつの道具となりました。この情熱（別の名は「労働者」）は、この渇望、つまり「ボス」の嫉妬深い眼差しのもとで、仕事に励みます。渇望の方は、情熱のあとを一時も離れずにつきまとってきます。労働者はよい道具を持っており（これらすべての道具は使うのを禁じられてはいません）、よい腕をもっており、しっかりと監視されていながらも、なんとか、生産を維持し、家の名声も保ちつづけます。しかしながら、それは、必ずしも、以前のように、ボスが遠くにいて、季節ごとに一度やってきて、口をもぐもぐさせていただけのとき、労働者（非常にいたずらっぽかった）が、一日のうち長時間にわたってしっかりと足を踏みしめていたときとはちがいます！

その後の進展は、むしろ、質的なというよりも、量的なものと思えます。それは、画一的なものでありつづけたスタイルに従った、ボスのある**戦術**が少しずつ進展していったものです。ボス―労働者の関係はもはや少しも変わっていません。このボスは、慎重な気質の持ち主で、勝利がたしかなときにしか冒険に乗り出すことを望みません。このためには、たしかな活動の場が必要です――あるいは、また、故人の元学生たちというより限られた集団をはじめとして、「会衆全体」の暗黙の同意がたしかである必要があります。万難を排して、故人との間に維持された個人的な関係の進展は、「活動の場についての認識」の進展の忠実な反映となっています。力と軽蔑の遊戯の大胆さの面では、徐々にエスカレートしてゆきます。十二年後（一九八一年）の、よこしまなシンポジウムという壮挙でもって頂点に達しました。このシンポジウムでは、あらゆる控え目さ（そして、あらゆる慎重さも）が、全般的な陶酔の中でやすやすと投げ捨てられてしまいました(5)［P317］。このように、活動の場は、じつに好都合であり、どんな慎重さももはや必要ではない‥つまり、すべてはうまくゆく！と、わが友が確信するのに十二年が必要だったのでしょう。みるからに、時機は、ついに、秘密の武器であるモチーフを白日のもとに出す上で熟しており、翌年には、作者を取り替えてこれが発掘されました[6]［P317］。

十二年にわたるこのエスカレートの相次ぐ段階をここで跡づけてみるつもりはありません。跡づけるために必要なすべてを手中に持ってはいますが。それは、埋葬の第一部（「裸の王様」）［『数学と裸の王様』］における思いがけない「調査」において十分におこなったような、編年史家の仕事となるでしょう。エスカレートのこれらの「段階」は、私には、そのひとつひとつが、わが友によって、沈黙の会衆に向かって投げかけられた**探り入れ**のように思えますが、その度ごとに、そうしてもよいという同じ返答がやってきました！やがて十五年になりますが、この間、この沈黙の会衆は、おそらくそれを知ることもなく、これについて気にすることもなく、彼のおとなしい道具であった[7]間は、彼の沈黙の味方であり、彼の保障だったのです［P317］。

注 (1) この距離をおき、ついで追い出すための配慮というテーマについては、ノート「追い立て」（No.63）［『数学と裸の王様』、P72］、『兄弟と夫たち——二重の署名』（No.134）、さらにこのノート（No.134）の小ノート（No.134₁）［P229、237］、また「未完成の収穫」の節（No.28）［『数学者の孤独な冒険』、P263］をみられたい。

(2) 「学派」の清算と「金切りのこ」による効果というテーマについては、ノート「遺産相続者」、「共同相続者たち…」、「…と金切りのこ」（No.90、91、92）、また葬列「霊きゅう車」の最初の四つのノート（ひつぎ1から4まで）、No.93—96、をみられたい［『数学と裸の王様』、P259、267、277、280、284、287、297］。埋葬されたビジョンについては、二つのノート「私の孤児たち」（No.46）［『数学と裸の王様』、P6］と、ノート「陰—奉仕者(2)——心の広さ」の小ノートNo.136₁［P259］にある二つの概要（二つの異なった視座での）をみられたい。

記しておきますが、本文の中の表現「そして、これをおこないながら、…」（「…広大なプログラムの開花を…はっきりと断ってしまう…」）は、適切ではありません。学派の清算は、主な枝の全体を「はっきりと切る」ための**最初**の基本的な「金切りのこの一撃」だったのであって、（とくに、上に挙げたノート—ひつぎ、No.93—96、が示すように）最後のものではありません。

(3) 数学に対する情熱は、「衝動的な性質のもの」であるということ、それは、「子ども」（またの名を

「労働者」）の表現であるとはいえ、（同じ段落においで力を入れて想起しましたように）それにもまた、「ボス」の「渇望」が多少ともつよく浸透することがあります――また、それは、「労働者」と「ボス」との関係の中の共通の分け前に属していますこのことについては、私は、だれかよりも、これから免れているわけではありませんでした）。

(4)　このテーマについては、ノート「上昇」（No.63′）をみられたい［『数学と裸の王様』、P80］。

(5)　「よこしまなシンポジウム」については、葬列Ⅶ「シンポジウム――メブク層とよこしまさ」、ノートNo.75―80、をみられたい［『数学と裸の王様』、P139―180］。

(6)　モチーフの発掘については、ノート「ある夢の思い出――モチーフの誕生」、「埋葬――新しい父」、No.51、52、をみられたい［『数学と裸の王様』、P41、49］。

(7)　ノート「墓掘り人――会衆全体」（No.97）をみられたい［『数学と裸の王様』、P303］。

g　子どもに甘い父　147

わが友における［力を行使しようという］この渇望が、さらに私以外の他の人たちに対して、また彼が私の「におい」を嗅いだ、より若い数学者たちに対しても向けられたかどうか私は知りません。この方向での伝聞は私には来ていません。これに対して、私に明らかなことは、彼の私に対する関係を通じて、また科学の世界の中のたしかにあまり並みとは言えないある状況のおかげで、影の中で細々と生きていた、彼の中のこの傾向は、その直後から、激しい渇望になったことです。私の別れのエピソードの折、彼が、本当に真面目な様子で、自分の人生のすべてを数学に与えたと、私に言ったとき[1]［P319］、彼はおそらく自分の言ったことを「信じていた」でしょうし、私自身は、いくらか茫然としていましたが、彼のこの言葉を疑ってみることは考えませんでした。しかしながら、私がもう少し繊細な耳を持っていたならば、あるいは、もっと適切な言い方をすれば、このとき、私が、すべての人にあるように、私の中にもたしかにあった、「より繊細な耳」でもって聞き、この耳を信頼するだけの成熟があったならば、彼自身について私に言ったことは、おそらくその前日にはまだ真実だったが、その日には真実ではなくなっていたことを知ったことでしょう。それは、疑わしい行為、彼も私も、このとき、明らかだった意味を正面から見すえるだけの率直さをもっていなかった行為に対して与えられた、高尚な理由づけだったのです。これらの日々に、彼の人生の手綱をつかみ、今日までもはや放すことのなかったものは、こうした情熱とはことなる**なにか別のもの**だったのでした。

したがって、彼の人生を支配する力の中での、また数学における彼の自己投入の意味と方向における、この大きな性質の変化を引き起こす役割をこのとき（好都合な条件も手伝って）果たしたのは、私という人間、あるいはむしろ、私に対するわが友の関係の中のなにかだったのです。ここで、埋葬の例の「面」あるいは「側面」を想起するときでしょう。それは、十一月十三日の省察の中で（ノート「振り返り(1)——ひとつの光景の三つの面」(No.127)[P182]において）、そしてそれにつづくノート（「振り返り(2)——核心」(No.127′)[P188]）において大きな話題にされたものであり、それ以後少しばかり道を失ってしまっていたものです。十日前のノート「ビロードをまとった足——微笑」(No.137、十二月七日)[P265]の中で少しばかりのことを思い出した感じになりました。そこでは、とくに、わが若い友に対して私が演じたにちがいない、そして今日に至るまで、彼の中で保持されていて、活動していると思われる「代わりの父」というこの年来の役割についての直観との接触を再びおこないました。この省察の機会に、私は、新たに、少なくともここ六、七年の間に（おそらく、さらにずっと前からでさえある）形成され、内容のあるものになったにちがいない、留保なしの、ある確信を述べました：それは、「その紛争——私の名が発っせられるのを彼が聞くずっと前から彼の中にすでにあった紛争を結実させたのは、この側面（彼のもつ私という人間の理解の中での父としての側面）をめぐってあった…」ということです。（したがって、ここには、例の「スーパー・ファーザー」という面があります。「スーパー・マザー」の面の方は、少なくともしばらくの間は、なお混沌とした状態のままです）。

さらに、例の「微笑とビロードをまとった足」というスタイルが、注意の的として、はじめて、すばやく現われてくるのは、そのほんの一ページあとです。これに結びついた連想は、まずは、そのあとにつづく日々には、わが友から、また、わが友が彼の人生の中で私に定めていた役割の中の、隠された「父という」側面から、遠ざかっていったようです。今日以前にはこの側面はもはや問題にされませんでした——一度にすべてを考えることは出来ず、まして一度にすべてを話すことは出来ません！しかしながら、考えるということでは、どこかに、ぼんやりとしてはいるが、にもかかわらず存在し、かつ活動的な遠景として、この父という側面についての考えは、存在していたにちがいなく、「ビロードをまとった爪」というスタイルについての長い脇道のひそかで、効果的な刺激として働いていたにちがいありません。結局のところ、(ここで後から私はははっきりとした形で述べていますが、それは、漠然としてはいるが、断固とした動機という形ですでにあったにちがいありませんが…)、「父」という姿は、たしかに、この例のスタイルと無縁では全くなかったのです。少女(あるいは少年、どちらでもよいでしょうが)が、このスタイルで微妙に、敏捷に(しかし必ずしもやさしくとはかぎらない)操った、人生においてこのように操った最初の人は、パパにほかならないとさえ言うことが出来るでしょう！そして、無邪気な少女(あるいは、わんぱく坊主)が、このスタイルとこのかけひきを採用して、自分のものにしさえすれば、それは、ほとんど話すことを学ぶのと同時に第二の天性、あるいはこれに近いものになるにちがいありません――あきらかに、その一番最初の受け取り人で実験台となる人は、このとんまなパパでしょう！

ほとんどの場合、私がこの遊戯が実行されているのを見るとき、それに、うらみ、さらには嘲弄するという意図に由来する隠された攻撃性が付け加えられています。また、たしかに、大多数の家庭において、父に対する恨みの理由は、そのやさしい妻によって巧みに暗示される(さらには、すべての部分にわたって創作された)理由がさらに付け加わらない場合にも、事欠くことはありません。しかしながら、わが友のもとで、このようなうらみ、あるいは攻撃性というニュアンスを感じたことはどの時点にもありませんでした。彼が「楽しむために」傷つけたり、妨げたりするのを私が見たとき、それは、**本当に**(このように私は感じました)**楽しみだけのため**でした。彼が加えた苦痛や屈辱自体からくる喜びではなく(と思います)、むしろ、自分の楽しみにしたがって、彼が熟達しているこの特殊なスタイルの中で、**ある力**を行使するということからくるひそかな酔いによる喜びのようです――おそらく、「**よこしまな**」、「**禁じられた**」(**喜びのために**、妨げたり、苦痛を味わせたりすることは)というニュアンスが込められてさらにうっとりとさせられる、あるいはさらに刺激のあるものなのですが、しかし、**彼は**、微妙に、そしらぬふりをしながら、そうしながらも、心ゆくまでこの力を行使することが出来たのです…(2)

注 (1) このエピソードについては、ノート「兄弟と夫たち――二重の署名」(No.134)をみられたい[P229]。

[P320]。

(2)　とくに、具体的な説明としては、ノート「よこしまさ」（No.76）をみられたい［『数学と裸の王様』、P150］。

h　活力の中の活力――こびとと巨人　148

（十二月十八日）昨夜の省察でもって、わが友ピエールと私との関係を中心とした、埋葬の光景のこの「第一の場面」は、理解されていないことと、感ぜられた混乱とからなるもやから抜け出てきつつあると感じます。しばらく前から、言葉ではっきりとは表わされてはいなかったのですが、「スーパー・ファーザー」という面を（なかでも）この第一の場面の中にはめ込むという仕事の前に立っていたのでした。この面は、本当に喜んでそこにはめ込まれたいという様子をしていなかったのです。私とともにあって全く「くつろいで」おり、ひとつも緊張を示しておらず、私の思い出すかぎりいかなる時点でもそうであった学生がいるとすれば、それは彼でした！たしかに、私たちの最初の出会いについてはほとんど覚えてはいませんが、このとき彼の中にこうした緊張があったと主張することはできません。こうした緊張は、多くの場合ようやく知覚できる程度のものですが、それでもたしかに現実にあるもので、私たちが（なんらかの意味で）権威か威信をもっている人にはじめて近づくとき、そして私たちがその人に対してある特別な期待を持っているとき現われるものです。少なくともあり得ることですが、このような緊張はあったのだが、私の知ることになったすべての若い研究者に対して、こうしたことに私がもはや注目しなくなっていたのかもしれません。たしかなことは、最初の接触の折にこうした緊張があったとしても、それは、まったく跡を残さずにすみやかに消えてしまったということです。昨夜あらわれたイメージを再び取り上げますと、子ども（あるいは、もと子ども）が、一度も怖がったことがなく、めったに、何かを拒否したことがない子どもに甘い父親に対するごとく、彼は私に対してくつろいでいました。

昨夜、書くのをやめたあと、状況について再び考えてみました。今わかりますが、わが友の私に対する関係は、相互に交流のない（と思われます）、二つのはっきりと異なったレベルにおいて機能していたということです。これらのレベルのひとつは、おそらく私たちの出会いのあとの数週間、数か月のうちにつくられたもので、個人的な関係のレベル、つまり、「子どもに甘い父親」をめぐる関係で、じつに優しく、なにも印象的なものはないもので、その父親自身は少しばかりいたずらっぽく、その仕事の中にもそれが見られ、これについては、すでに一・二度取り上げる機会がありましたように、ほとんど、彼の側では、**母性的な**と言えるようなニュアンスさえありました…つまり、そそっかしく、少しばかり騒がしい、そしてとくにこの上なく無邪気な子どもに対してまさしく差し向けられたものです。さらにまた、仕事のレベルで、客観的に言って、彼が衝撃を受けるということは本当にありませんでした。もちろん、私は、彼の知らなかった、数学上の多くのことがらを知っていました（これらを、数年の間に、彼は、遊ぶようにして学びました）、そして、とくに、彼にはなお欠けていた、数学に関する経験を私は持っていました。しかし、彼は、知識を吸収するのが速く、もつれて、混乱している状況の中にすみやかになにかを識別するビジョンの鋭さをもっていました。これだけのビジョンの鋭さを私はもっていず、しばしば私はこれにびっくりさせられました。私自身が、同僚たちに強い印象を与えることがあったとしても、とくに数学の仕事に関して私が持っていた、あるアプローチの仕方によるものと思いますが、私の仕事におけるあまり普通ではない**てきぱきした仕事ぶり**によるものではありませんでした。わが若い、才能ある友が、このことに強い印象をもつという理由はもちろんありませんでした。彼は、書きはじめさえすれば（書くことは、彼は嫌いでは全くありませんでした）、彼自身のてきぱきとした仕事ぶりは、私のものよりも、はるかにずっと効率のよいものでしたから。

私に対するわが友の関係におけるこのレベル、「子どもに甘い父親」というレベルは、彼が私について持っている、意識されたイメージの全体を、そして無意識のイメージのかなりの部分をも含んでいるように思います。このイメージこそが、おそらく幼少時代からつくられていた道にしたがって、ある欲求―反射作用として、例の「ビロードをまとった爪」という遊戯として、反応を呼び起こしたのだと思います――この遊戯は、まさに、そのパートナーに対して完全に「くつろいで」いること、「パートナーについて安心していること」、そしてこれによって自分について安心していることが必要とされるのです(1)[P326]。それは、経験によっていく度もいく度も確証された、状況についての心の奥深くでの認識に基礎をおいた、完璧な安心感のレベルなのです。この状況は、意識的なもの、無意識のものの双方を含む、知覚と評価の能力によって、完璧に整合性のある仕方で解釈されるのです。この遊戯それ自体は、隠されたものであり、当事者自身にとっても無意識なもの（少なくとも、私はそう推測します）ですが、安心感という感情と、その基礎にある現実についての知覚は、意識的な、合理的な、「客観的な」領域に属しているのです。

これに対して、もうひとつのレベルは、完全に無意識なもの(少なくとも、私の印象では)、制御されておらず、また制御不可能なもので、「客観的な」現実(さきほど想起したばかりの)についての、論理の基づいた、熟慮されたあらゆる認識に挑戦し、それを嘲弄しているように見える「非合理な」性質のものです。このレベルにおいては、他者についての多少とも現実的な知覚に結びついた、狭い意味での個人的な関係は消えています。そこでは、私自身は、力づよく、ひそかに羨望されている**巨人**として現われており、また、わが友は、自分自身を**小人**(こびと)だと感じており、自分はどうしようもないほど取るに足りないものだという確信によって打ちひしがれ、同時に、変わらぬ条件によって自分が小人であるからには、自分自身は巨人となるのではなく、なんらかの仕方で、巨人のレベルに**自らを高めること**、少なくとも、自分を巨人として**通用させる**ことという、常規を逸した願望によって捉えられるのです——あるいは、もっとひそかに、さらにひそやかにですが、**この巨人そのものになる**、少なくとも、**この巨人として通用するようになる**という常規を逸した願望に身を任せるのです。私は、この願望の中に、さらにもうひとつのニュアンスを認めることが出来るように思います。それは、表層に近いところにある層の中にある願望の、より深い層における反映としてあり、まさしく、「ビロードをまとった足」という遊戯の中に象徴的な満足を見い出しており、かつ、この遊戯の活力とバネとなっているものです：つまり、それは、**役割を逆転させたい**という願望です。これらの上の層においては、それは、陰—陽、支配されるものと支配するもの、問題とされている対象と主体という役割の逆転というものです。しかしながら、そこでは、この関係は問題に付されません。なぜなら、この巨人は、小人(こびと)を支配しようとは全く考えておらず——巨人であることに満足しており、このことそのものによって、それを知ることも、それについて思いをめぐらすこともなく、小人という癒しがたい条件によって打ちひしがれている人に対する、果てしなく、深刻な挑戦となっているからです…。小人としては、彼が組み入れられていると感じている、巨人の側のこの大変な無知を、暗黙の軽蔑として、侮辱として感ずるのです。彼自身が巨人として現われ、巨人の方を取るに足らないものにするよう、彼が燃えるように逆転させたいと考えたのは、この関係なのです。彼自身が組み込まれていると感じている無知と軽蔑に対するまさに返礼として、**嘲弄**によって取るに足らないものにすることが出来ない場合には、**忘却**によって取るに足らないものにするのです。さきほど、私は、これらの二つのレベル、つまり「子どもに甘い父親」と「巨人」とは、「相互に交流がないと思われる」と言いました。省察の結果、今ではむしろ、逆転させたいというこの願望を通してにしかすぎないとしても、この二つのレベルの間の交流は、たしかに存在しているように思えます：一方のレベルにあるこの願望は、いま、他方ですでに確認されているこれに似た願望の「反映」のように、今では見えます。一見したところ、私には、より深い、「小人—巨人」というレベルでの、役割のこの逆転は、陰—陽というタイプの役割の逆転ではないように思えました。実際のところ、たしかに、「小人—巨人」のレベルでのこの逆転は、被支配—支配というタイプの逆転ではないということです。しかしながら、さらに考えてみると、巨人によって体現されている**諸価値**は、陽、さらにはスーパー陽の諸価値であり、小人は、陰の性質をもつ価値のないものの体現者として現われます——これは、もちろん、わが友のイデオロギー上の選択に従っている言葉ですが、私たちの関係の最初の数年においてなおこなっていた選択とそれほど異なったものではありません[2]［P326］。

この主張は、「小人と巨人」というイメージと現実との間にかけ橋をもうけるとき、あるいは、少なくとも、わが友と私との関係についての歴史と先史の中でこのイメージの起源をはっきりさせるとき、きっと明確なものになるでしょう。「先史」については、ほんの少しでも具体的に言う必要があるでしょうが、意識されたものであれ、無意識のものであれ、こうしたイメージは、深く埋もれている例の「自己に対する軽蔑」があってのみ生まれるということです。この「自己に対する軽蔑」については、すでにいく度も、省察の中で取り上げました。あるいは、もっと適切な言い方をすれば、このようなイメージは、この［自己に対する］軽蔑の多少とも具体的な、しっかりとした**具現**にほかなりません。さらに、この「ひそやかな確信」は、その根拠として役立ち、同時にそれを表現する、とんでもないイメージを呼び起こす、ある状況の土台のところにあるとさえ言えるでしょう。どんなに深く埋もれているものでも、心的現象の中のすべてのことがらの中には、それに対して、多くの場合、象徴的な仕方で、自己を表現するように促す力が生きている、と思います。こうした表現は、多分、それ自体としては、多くの場合、無意識なままでしょうが、にもかかわらず、毎日の生活の中の目に見える事実や振る舞いの中では、なかなか影響力のあるものです。

いま、わが友の私に対する関係についての**歴史**に戻りますが、これもまた、たしかに、私たちの出会いの前からはじまっています。一九六〇年ごろ、ブリュッセルで、数学者たちの世界との彼の最初の接触の時点あたりで、私について語られるのを聞いたにちがいありません――したがって、私たちの出会いの四、五年前であり、彼は十六、七歳だったでしょう(3)[P326]。彼が、数学者という仕事を教わることを求めたのは、あるいは、少なくとも、彼の作品のテーマと道具となったもの（つまり、代数幾何学）を教わることを求めたのは、ほかでもなく、私に対してであったのは、たしかに偶然ではありません。私たちの出会いの前には、（少なくとも数学者として）私が彼に見えていた特徴は、数学者たちの世界の中で流布していた主要な諸価値の一種の英雄的な、威信のある体現者としていた、私のブランド・イメージのもつ特徴以外にあり得なかったでしょう。そして、それは、彼自身は、高校（リセ）を出したばかりの、自立たない一学生だった時期です。彼が私について持っていたこのイメージ、それは、私が自分に対して与えるのを好んでいたイメージでもあったのですが、栄光を得ることに熱中している高校生たちを夢見させるためにつくられた、単なる、少しばかり通俗的な英雄像ではありませんでした。このイメージは、しっかりとした現実から発してつくられたもので、彼は、すでにこれらの年月に、熟した年齢の、よく事情に通じた数学者たちとの接触によって、たしかに、そのにおいを嗅ぐに十分なだけのきゅう覚を持っていました。さらに、一九六五年からは、自分自身で私の能力を推し測る上で、だれよりも、よい場所にいました。私は、このとき、彼の中に、その前の十年の間に私の中で生まれ、熟してきた、そして彼の目の前でさらに開花し、発展しつづけている、彼に対し開かれているあるビジョンに対する魅惑があるのを感じました。「ずっと前から知っていたかのごとく」彼が自分のものとしたこれらのビジョンは、彼の才能に見合った、さらに広大なビジョンと作品を発展させるための着想の源泉として、また道具として、彼に、白日のもとで役立つだろうことは、私にとって何の疑いもないことでした。ところがそのようには全くなりませんでした――私が彼に伝えたにちがいないことがらについての繊細で、情熱をかきたてる知覚が、**同時に**、直接に得た諸要素を用いて、否定できないある現実から、どのようにして、**とんでもない**、常規を逸した**イメージ**を作りだし、強化するのに役立てたのか、私がこれをかいま見たのは、二十年近くたって、埋葬についてのこの長いめい想の光によってがはじめてです。このとんでもない、常規を逸したイメージは、それが表現している「内的な確信」と同じく、活動を**麻痺させる**という性質をもったものです。私が彼に伝えたもの、そして、彼だけがその全体として（努力する必要もなく、やすやすと）自分のものにしたもの、この中にある「大きさ」と深さについての彼の知覚の鋭さそのもの――彼の力をなしていたこの鋭さとこの生気が、この常規を逸したイメージをさらに際立った、さらに断固としたものにすることで、そのとき、彼にはね返ってきたのでした。

　やがて十五年になりますが、それ以来、わが友が演じてきた役割の「活力」に、三日前、私は触れることが出来たと考えました――実際、このとき、ある**遊戯**、力の行使をめぐる微妙な遊戯に対する、飽くことのない**渇望**という急所をなす点に触れたことには間違いありません。この遊戯は、また同時に、ある役割の逆転という願望の象徴的で、つかの間の充足でもありました…。今日の省察で、より深い層に降りていって、いまや、この渇望を絶えず呼びさまし、存続させている、**活力の中の活力**、さらに隠された、**行動にかりたてる刺激**（とげ）に触れたように思います。なぜなら、「子どもに甘い父親」というレベルにおいては、たしかに、この遊戯を完全に演じる機会と完全な自由があり、気にかけていない様子をした微妙さでもって、その動きをリードし、すべての一撃において勝利を確実にすることはできます。しかし、おそらく、行動にかりたてる刺激（とげ）が不在ならば、容易に得られる機会のもつ魅力は減じてしまうことでしょう。そして、昨日にも確認しましたように、子どもに甘い父親に対しては、抑えられた不満、ひそかな恨みのもつとげはありません――たしかにそれ故に「甘い」と呼ばれるのです！連想の糸にしたがって、そしてずいぶん以前からすべて準備がととのっていたある知識の指示に従っていったかのように、私が、小人と巨人とが並んで住んでいる、「制御されておらず、制御不可能な」、この「もうひとつのレベル」を描くことに導かれたとき、さきほど突然、いままで欠けていたこのとげに触れることになったのでした。

　そして、これら二つのレベルの間には、相互の交流はなかったという、なお漠然としていた直観についての当初の印象は、突然、消え、その場は、「活力の中の活力」と「行動にかりたてるもの（とげ）」という二重のイメージによって表現され、かつ呼び起こされたある理解に取って替わられました。今回は、「層」――ひとつは表層の層ともうひとつの深い層――の言葉を用いて、いまや、さらに第三のイメージを取り上げることが出来るでしょう。つまり、これらの深い層は、これらの表層の動きに糧を与え、維持しており、また、これらの深い層は、わたしの構造の中の、表層のための、しっかりと根づいている、深い**土台**をなしていると言えるでしょう。この基礎なしでは、表面の動きは、すみやかに散らされ、消え去り、ついには、他のことがらに場所を譲ることになるでしょう…。

注 (1) (十二月二十九日) この主張は、「遊戯を行なっている人」が、(少なくとも、一見したところ)その人が操作している人によって圧倒されている、あるいは服従させられているというようなケース(この中に、わが友は入りません) と矛盾しているのは、見かけ上だけです。しかしながら、これは、自分の立場のためにする、**ひとつのポーズです**。もちろん、この当事者自身は、このポーズに最初にだまされる人です(意識的なレベルでだと、思います)――それは、このポーズに対して、即興でつくられたものではない、ある「真実性」という姿を与える上で不可欠なものです!私の知っている、こうした遊戯の最も極端なケースは、私の母の、私の父に対するものです。このテーマについては、二つのノート「逆転(1)――烈しい妻」、「逆転(2)――両義的な反乱」(No.126、132)をみられたい[P176、219]。

(2) 「陽」あるいは「スーパー陽」の諸価値の選択におけるこの合致は、一九七〇年の私の別れの時点までつづきました。この別れにつづく年月の間に、意識されたレベルでの、私の価値の体系は、「陰」および「スーパー陰」の選択の方向へと「転換」しました――ノート「陽は陰をもてあそぶ――師の役割」(No.118)をみられたい[P139]。

(3) (十二月二十九日) 私は、この年譜についての情報を、「科学研究に関する国家基金」(ベルギー)エグモント通り 五、一〇五〇、ブリュッセル)の「五年ごとの賞」を授与された機会に、ピエール・ドゥリーニュによって、一九七五年に書かれた、(二ページの)「伝記的なメモ」の中で見い出しました。あとの方のノートで、この伝記的なメモに戻るつもりです。そのノートでは、十月の私の家へのドゥリーニュの訪問について語るつもりです。このメモの存在を彼から知ったのは、この訪問の折です。彼は、(私の求めに応じて)その後これを親切にも送ってくれました。また、私が、わが友の中のあるイメージの具体的な形である

「小人と巨人」を見い出したのも、このメモにおいてです。このイメージについての漠然とした知覚が、埋葬についての省察の過程で徐々に引き出されてきました。それは、ノート「埋葬」（No.61）[『数学と裸の王様』、P66]の中で現われはじめ、なかでも、ノート「追い立て」、「核心」、「逆転」、「虐殺」、「…と金切りのこ」[『数学と裸の王様』、P72、88、109、225、277]、「弔辞(2)――力と後光」[P38]のおのおのの中の省察の過程で具体的なものになってゆきました。この知覚が、埋葬の「第一の場面」の首尾一貫した全体図の中に「位置づけ」られはじめているのは、このノートにおいてがはじめてです。

(一九八五年三月)ドゥリーニュの伝記的なメモについては、ノート「信条表明――偽りの中の真実」(No.166)[第四部『四つの操作』の中の]をみられたい。

(11) もうひとつの自分自身

a 執行猶予中のうらみ――事態の回帰(2) 149

(十二月二十日) 五日前の省察以来、そしてとくに、その日のノートの二番目のものである「隠された活力」(No.145)[P309]において追求された省察以来、埋葬の光景のこの「第一の場面」についての仕事は、突然あらたな展開を示したと感じます。この省察の前には、パズルを前にして、そこで大して理解していないという思いをしている人のもついくらか戸惑いをかんずる位置にいると私は感じていました。すでに四月から、このパズルの断片をひとつひとつ集め、それらを入念に分類整理することに骨を折ってきました。断片が足らないというのではありません、そうではなく、むしろ、多く持ち過ぎているという気がするくらいでした！とにかく、おそらく部分的なものでしょうが、ひとつの光景、しかもしっかりとした光景を描くに十分なものだったにちがいありません。私がテーブルの上に投じた、パズルの最後の断片は、(陰と陽の)「逆転」というものでした、これは、(そこに戻ってくると約束していた「連想」として)「陰と陽の鍵」の冒頭から取って置いたものであり、そして、ついに、ノート「陰の葬儀（陽が陰を埋葬する(4)）」（十一月十日の、No. 124）［P 167］において、思いがけない力をもって侵入してきたものです。いまから五日前までの三十五日間は、基本的には、私の注意を喚起していた、絶対的に必要なものとして生じてきたいくつかの連想にしたがって、すでに現われていた断片をあらゆる方向から検討してみることに割かれていました(1)［P 334］。私の期待としては、このようにすることで、これらの断片は自然に集まってゆき、ついには未知の光景が現われるようになると考えていたのでした。ところが、そのようには全くなりませんでした。ちょうど反対に、これらの断片は、あたかも全くちがった新聞の十個の切れはしが、そこに雑然と投げられており、私にそれらを組合せるようにと言っているかのごとく、互いにバカにしあいつづけていたのでした！結局のところ、これらの断片の最終的な目録を作る必要はないのではないか、これらを集めることに関して別の疑問点があるのではないか、ここでやめることにしてはと自問しはじめていました。

五日前にこの状況は変わりました。これらの断片をなん度も検討し、触ってみたり、においを嗅いだりしていたとき、ついに、なにかが「ひっかかり」ました。これらのうちのひとつ（ある**スタイル**の背後に横たわっているある**渇望**という断片）が突然「急所にあるもの」だということが分かったのでした。実際、**質的な変化**があり、それまでは欠けていた**見通し**が、この断片から発してすでに形成されつつあるという印象を即座に持ちました。その翌々日に、つぎのノート（「情熱と渇望――エスカレート」（No. 146））［P 313］の中で省察を再びつづけながら、私が表現したのは、こうした言葉を用いてでした。そして私のこの予感は、すでにその日に、「**子どもに甘い父親**」という断片の出現でもって確証されはじめました。この断片は、まさしく、その「急所をなす断片」に完璧にあわせるために、その断片によって呼び寄せられたとも言えるでしょう！

「**スーパー・ファーザー**」という断片は、（すでに、『収穫と蒔いた種と』の第一部から引き継がれたもので、「陰と陽の鍵」の冒頭で再び取り上げられました(2)［P 334］）ずっと前からそこでぐずぐずしていましたが、それは、単にうっかりしてそこに紛れ込んできたかのごとく、一挙に、それ自体の重みを失ったかのように思われました。あたらしい断片「甘い父親」のまだ実に新鮮な印象のため(3)［P 334］、私は、このスーパー・ファーザーは、たとえ舞台の前面を占めて（これからはほど遠いものでした…）いなかったとしても、わが友ピエールと私との関係の中でたしかに見るべきものを持っていることを忘れてしまう傾向がありました。とにかく、つぎの回で、これを、当然、思い出すことになりました——それは、パズルのこのずっと前からある断片が、実際のところ、なぜ全く関係がないのかを自分自身に説明しようとしていた、まさにそうした時点でした！このスーパー・ファーザーという断片は、結局のところ、じつに容易に自分自身の場所を見つけたばかりの、甘い父親という断片とは「ちょうど反対のもの」だったのです。ところがつぎにそうではないことが分かりました。詳しくながめてみると、この遊戯にいわば無縁な、そしてその輪郭がずっと不鮮明のままだったこの断片は、突然その形を具体的なものにし、（まさしく、わが友ピエール自身からそっと教えられた[4]［P 334］**小人（こびと）と巨人**という力強いイメージの形をとることになりました。まずはじめ、私は、このように非常に際立った特徴をもって再び現われてきたこの断片をみながら、それは、すでに置かれている急所をなす二重の断片（子どもに甘い父親と、「それを操ろう」——ある時にはちょっと電話をかけたり、またある時にはちょっと攻撃したり……——とする絶対的な渇望とからなっている）とは「交流していない」ものと考えていました。ところが、その反対に、それは、「活力の中の活力」として、また、パズルのすでに置かれている部分と摩擦を起こすこともなく、ひきはがす必要もなくはまり込む、さらにもっと急所をなす断片として現われたのです！

この断片は、「スーパー・ファーザー」という古い名のもとで、たしかにすでにいく度も手に触れ、手に取ってもみ、他のものと同じく何度も検討されさえしていました。また（いま思い出しましたが）主な断片とか「光景の核心」などと言われもしました。しかし、たぶん、（当事者自身によって提供された）際立ったイメージによって体現されていなかったので、そしてとくに、おそらく、流布している、あまねく認められたコンセンサスのもつ大いなる「良識」からみて、非常識な、常規を逸した、まったくとっぴでさえある性質のために、私は、このやっかいな断片に当惑し、恥ずべきものとさえ考えました。この断片は私の手をやけどさせていたのでした…だれも（私の中になお執拗に生きつづけているある「わたし自身」をも含めて）これを真面目に取ろうとしないだろう！いっそのこと、こっそりと再び包んでしまって、もっと人前に出せる断片で「遊んだ」方がよいだろうと！

さきほど、「小人と巨人」となった断片について、「主な断片」、「光景の核心」などと言いましたが、そのとき、私が考えていたのは、「スーパー・ファーザー」という側面よりも、もちろん「自己に対する軽蔑」という側面でした。当面の間は、この、とげ、あるいは「活力の中の活力」という断片に対するこの「スーパー・ファーザー」という名称は、性急で、正当な根拠のあるものではありません。私の言いたいことは、少なくとも一見したところ、この顔がなく、とてつもなく大きな手をもった巨人が、いくらかでも父の姿をしているとは思えないということです。もしこれに名が必要ならば、適切だと思われるのは、「スーパー・ファーザー」よりも、むしろ「スーパー・マン」あるいは「スーパー・男性」です。したがって、すべてを考えた結果、この「スーパー・ファーザー」は、少なくともしばらくの間は、まだたしかに考えられずに残されているということです。そのことは、「スーパー・マザー」という断片（あるいは「面」）についても同じです。この「スーパー・マザー」という断片にも、また立ち戻る必要があるでしょう。

当面の間、最も緊急なことは、「隠された活力」でもって、またもっと隠されている「活力の中の活力」でもって、すでに位置づけられている光景の部分を、わが友という人物の中の陰—陽のダイナミズムの用語で位置づけてみることです。このテーマについては、三つの素材を持っています。そのうちの二つは、陰—陽の「二重の署名」として表現されています(5)［P334］：つまり、友人ピエールは、とくに、彼の他の人との関係の色調の中で表現されている、「獲得された人格」と呼び得るものの中では、また、とくに、（少なくとも、私のような外からの観察者にとっては）、「ボス」の介入しない、自然な仕事のスタイルによって表現されている、「生まれつきの」、あるいは衝動に由来する「人格」の中では、彼は「陰の」基調を持っていることです。獲得された人格、あるいは「わたしの構造」（あるいは、もっとイメージ豊かな言葉で、「ボスの頭脳」）に関して、第一に重要なことがらは、この構造化は、幼少時代において、人生の最初の数年に、「陰の」性質をもつあるモデルとの一体化によってなされたことが示されているようだということです。このことは、もし父親自身が陰を基調とした「獲得された人格」を持っていたとすれば（実際、私にはそのように思えます）、このモデルは、父であったということを、前もって排除してしまうことは出来ません。しかし、他方では、わが友における、ある種の力の遊戯に対する渇望という傾向——その遊戯は、いつ、どこでもとは言わないまでも、［地球上の］わが地方においては、典型的に「女性的な」もの（もっぱらそうだと言うわけではありませんが）であり、また、もっと具体的に言えば、通常は妻が夫とおこなうのが、とりわけ、**そうした**遊戯なのです――この傾向からして、私には、その一体化は、**母**との一体化であったこと、この渇望（あるいは、こうした渇望への傾向）を「引き継いだ」のは、母からではないか、また、もってこいの「スタイル」（あるいは、「戦術」）、「ビロードの足の中の爪」というスタイルを自分のためにに再び取り上げてきたのも、母からではなかったかと推測されます。

その父は、甘い夫であり、同時に甘い父であったこと、そして、わが友は、ずいぶん以前から、父を、最初の「実験台」にし、父に対して、爪を（そしてビロードを！）を差し向ける多くの機会を得ていたということは、あり得るでしょう。しかしまた、わが友におけるこの傾向あるいは性向は、うってつけの最初の標的、つまり彼の父が、この渇望を「**呼びさまし**」、同時に、人を「操作する」ための試練ずみの戦術を用いる**きっかけを与える**ような、十分に際立った陽の側面を持ち合わせていなかったので、私との出会いのあとまでは、この傾向または性向は用いられないままだったということもあり得ます。たしかに、私がわが友を知ってから最初の数年間に位置づけられる、記憶にあるどんな印象も、彼がこの遊戯にすでに親しんでいたこと、すでに用いていたことをも示唆するようなものはありません。とにかく、あとから振り返ってみても、彼の私に対する関係の中にも、他の人たちに対する関係の中にも、いわゆる多少とも「甘やかされた子ども」といった種類の振る舞い方を通して、その跡が見い出せるということもありません。したがって、むしろ、彼の中のこの傾向は、まだ潜伏したままであったこと、一九七〇年の私の「死去」（このとき、彼は二十四・五歳でした）のあと、とくに気をそそる状況があって、はじめて発展し、彼の人生と仕事の上に影響を与えた、という考えに私は傾いています。

ここで想起しなければならない「第三の事実」は、わが友による、一般に受け入れられている諸価値に合致した、価値の体系の選択、つまり「男性的な」（あるいは、陽の）諸価値の選択というものです。さらに、これらの諸価値は、彼のもとで、この十五年間を通して、次第に「スーパー陽」の方向へ向かっていったように思えます。彼の場合、この選択の中に、一目瞭然の矛盾があります：つまり、彼は、「公認の」、**陽の**諸価値を採用しながらも、にもかかわらず、基本的な特徴の大部分においては、**陰の**モデルにしたがって形づくられているのです[(6)][P334]。だが、この諸価値の選択は、まったく「無内容なもの」であり、状況におされて、これみよがしに掲げられたいつわりの旗にすぎなく、心的現象の周辺の層においてしか通用しないというものではないでしょう。深い層から発して作用している、小人と巨人という力強いイメージは、もし陽の優位性が、これらの深い層においても内面化されていなければ、その意味を失い、また、このイメージが呼びさます、逆転させたいというこの絶対的な渇望も意味を失うことでしょう。あきらかに、この矛盾は、ひび割れについての、ひそかな無力さについてのこの「内的な確信」に対して、補足的な生きた力をもたらしているにちがいありません——一方では、（おそらく、ただ、彼の幼少時代に、模範として取るべき、適切な「モデル」がなかったがために）彼は（心の奥底では）自分が「**そうなるべきであった**」ものからは大いに**異なっている**ことを自ら知っているのでしょう！

もし、わが友が——私にはこれはかなりありそうに思えるのですが——、彼の父のもとで、彼のまわりで通用しているコンセンサスに従えば、当然見い出してしかるべき、そのときにはそれを自分のものに出来たろう諸特徴を見い出すことが出来なかったとすれば、そのことは、唯一の欠点が、**あまりにも**「子どもに甘い」ということであるパパに対して、漠然とした**うらみ**、いかなる具体的な不満となることもないうらみを彼の中で呼び起こしたにちがいありません！このうらみは、つかまえる「鉤（かぎ）」がなかったので、そのとき、「**空いている**」、格好の標的を**待っている**状態としてあったのでしょう——この標的は、まさしくまずは（文脈からして）父の姿をとっており、さらに、この役割に対する**適性**が、「本来の」彼の父には欠けていたこれらの特徴がおそらく否定しがたく、あざやかに、さらには、極端な形で存在していることによって、明らかなものでしょう。開始する準備がここですでに完全に出来ていたこの種の「遊戯」、格好のパートナー、つまり、「代わりの父」、また名を（ついに到達しましたが！）「スーパー・ファーザー」を待つだけになっていた遊戯の中で、新しくやってきたこの「父」を、理想の**標的**にしたのも、たしかにこれらの特徴でした！

ほんの少し前に気づきましたが、突然、非常に慣れ親しんだ状況に再び戻ってきたように思います。それは、私の人生においてただ一度だけの結婚生活（私の五人の子どものうち三人は、この結婚から生まれました）の過程で、二十年にわたって、私が囚われの身であった状況です。前の段落の行において、どんな意図もなく（だが、むしろ、自分を取り巻いていることがらを知るために、闇の中を慎重に手探りしている人のように）、私は、**私の妻であった人の**、その父に対する、ついで私に対する関係の中の急所をなしている諸力をつぎつぎに描くことにもなりました。彼女の中のこれら二つの静かな、だが執拗な存在と、それらの相互の関係についての知識（あるいは、むしろ、拒否できない直観）がいつ、どのようにして、私にやって来たのか、私には分かりません。ある日、私は、いくらかでもこのことについて考えてみようとしたことは一度もなかったのですが、私の妻の私に対する関係を支配していた容赦のない力は、すでに私たちの結婚の最初の日々から、途方に暮れていた幼少時代の日々に、**もうひとりの、真の**父として、そのとき彼女のそばにいなかったということで、私に対するうらみによってつき動かされていることを知ったのでした…。

もちろん、わが友の幼少時代は、「途方に暮れたもの」では全くなく、また、彼が発展させ、一九六〇年代から現在まで、私の知っている人格は、私の妻であった人の人格とほとんど似ていないことはたしかですし、そのことを私は知っています。にもかかわらず、さまざまな明らかな相違にもかかわらず、闇から浮かび上がってきつつある光景の一部分の中に、私にはよく知られている、もうひとつの「光景」とのあざやかな類似性が現われているのが見られます。この類似性は、父に対する関係のもつ性質の中に（陽の諸性質が不足している父の気質に関連した）、また、それぞれの中の紛争の諸力の標的としてあった、それぞれの人生を支配した、大人になってからのある関係の上への、この父に対する関係が及ぼした影響の中に現われています(7)［P334］。

もう少しのところで、第三の「類似点」に触れずにいってしまうところでした、しかし、これは、私自身の人生において重要なものです：つまり、ここで問題にしている二つの関係の中で、双方とも、**登場人物**は、**ほかでもない私だった**ということです。そして、それぞれの場合に、私が演じるようにいざなわれた「スーパー・ファーザー」ということの役割を私に指名したのは、（未成熟さも手伝って）、私の幼少時代からすでに、世界の他のどんなものよりもおそらく私に大切であったもの——それに対して私が最大限に自己投入してきたもの：つまり、本来のものよりももっと男性的な「肩幅」だったのです…。

このようにして、私は、あらたに、八か月前よりも、ずっと深く入っている、異なった照明のもとで、「事態の回帰」という例の感情を再び見い出しました(8)［P334］——以前のときと同じく今回も、信じられないほどの驚きというニュアンスを伴って（たしかに本当だけれど、それにしてはあまりにも「うまく」出会ったように思えるのです！）。また、今回も、だが、前回の笑いの突然の爆発よりも控え目な調子ですが、頑としたこれらの「回帰」に、ユーモアのより穏やかな調子を付け加える、コミックな知覚がその中にあります。

注

(1) 十月はじめ以来の、陰と陽についてのすべての省察の出発点であったこの「断片」は、十四日後の、十一月二十四日の、ノート「逆転(3)——陰は陽を埋葬する」（No.133）［P224］の中で、ようやく取り上げられ、はっきりと述べられました。

(2) 「敵としての父(1)、(2)」の節（No.29、30）『数学者の孤独な冒険』、P265、269］、ノート「スーパー・ファーザー（陽は陰を埋葬する(2)）」（No.108）［P62］を見られたい。

(3) 「新しい」断片という言葉は、おそらく、完全に根拠のあるものではないでしょう。しかし、これは、少なくとも、あまりに明らかであったので、それ以前は目録から漏れていたものです。

(4) このテーマの詳細については、前のノート「活力の中の活力——こびとと巨人」（No.148）の最後の注をみられたい［P326］。

(5) 「二重の署名」という考えは、ノート「兄弟と夫たち——二重の署名」（No.134）における省察の中で導入されました［P229］。

(6) この種の矛盾は、とくに女性において頻繁にみられるものです。私自身の場合はこれから免れています。

(7) （一九八五年二月十九月）たしかに、わが友ピエールの私に対する関係と、（結婚の最初の日々以来の）私の妻であった人の私に対する関係との間に、際立ったひとつの類似性があります。この類似性は、さらに、私だけに対する関係を越えています、双方とも、私と愛情によって結ばれていたいくらかの人たち（一方の場合には、とくに私の子どもたち、他方の場合には、学生たち）を、彼らを通して私に打撃を与えるための道具にする傾向を発展させることになったという意味においてです。

(8) ノート「事態の回帰——無礼な言動」（No.73）をみられたい［『数学と裸の王様』、P126］。

b 無邪気さと紛争——つまずきの石 150

（十二月二十二日）昨日もまた、前日のノートの注意深い再読といくらかの訂正をした以外は、ノートの仕事をする時間を見い出すことが出来ませんでした。ここ数日、私のエネルギーは、文通やその他のことがらにそらされていたのでした。企てた省察を前に進ませるために、自分自身と向き合おうという思いを抑えきれないでいました（これは、はじめてのことではありません！）。「陰と陽の鍵」という現在の省察を中心とした、『収穫と蒔いた種と』のこの第三部においては、書き方はもちろんゆっくりです。ここでは、埋葬の意味の中にさらに深く入ってゆこうとするための絶えざる導きの糸は、陰と陽のダイナミズムです。もし、三時間ほど経つと、仕事に中断を入れるために、目ざまし時計を置いておく（身体をほぐしたり、時が経ったので、もうやめる時だということを私に告げるためです）という用心をしなかったならば、一夜全体が一瞬のように過ぎてしまうことでしょう！毎回、三時間が過ぎ去りましたが、タイプで打った、まだ大したことのない二、三ページでもって、やっとはじめたばかりだという印象を持ちました。あるいは、流れの中で見過ごしていたと思われる、見かけ上はなんでもない、ある連想を一巡するだけの一、二ページを打つのみでした…。

一時間あたりの、あるいは一日あたりのページ数を考えると、進み方が極端にゆっくりしているという印象がありました——この印象に対する自然な反応は、目の前に、私を前へと引っぱる、まだほやほやの内容でもって、仕事を大いに急ぐということだったでしょう、なおここ最近の年月まではそうする習慣があったように。しかし、ここには避けねばならないわながあることを私は知っています——実際、おそらくゆっくりだが、着実に前へと進むことを確保するためには、まさに前へと「押す」だけで十分なときには、仕事を急ぐということは、避けねばならないわな——発見という仕事における、この驚くべき「自在さ」というわな(1)［P340］——であることを、私は知っています。あたかも、二頭の力づよく、勇猛な牛に引かれ、密度の高い、時にはやっかいな土地の中を畝（うね）から畝へと、ゆっくりと、だが確実に自分の道を切り開いてゆく、焼きを入れられた鋼鉄で出来たすぐれたすきの柄をしっかりと手にもっている人のようにおこなうのです。そしてその土地は、同時にしなやかであり、すぐれたすきの刃に従順なのです。すきの刃の方は、微妙に、急ぐことなく、土地を開き、中に入ってゆき、褐色の、ゆげを立てている、幅の広い筋をつけながらひっくり返し、うごめく、激しい地下の生活を白日の下に引き出すのです。リズムはたぶんゆっくりでしょう。そして、畑は広大であり、掘られたひとつひとつの畝は、いまから開墾しなければならない面積をほんの少し切り取っただけのように思われます。しかしながら、一日の終わりには、畝から畝へと、畑は耕され、耕した人は満足して帰ってゆきます：この人にとっては、この日は無駄に過ぎたわけではありません。その人の苦労と愛情は、種子であり、仕事での喜び、おのおのの畝の終わりごとの、そして長い一日の終わりの満足感は、収穫であり、報償なのです。

★　★　★

一昨日の省察の折に、『収穫と蒔いた種と』の執筆においておそらくはじめて、まだ直接には見たことがない、あるいは感じたことがない、そして**仮説の**ままである（おそらく、これからも仮説のままでしょう）ことがらから成る不確かな領域に進んだという印象を持ちました。私は、薄明かりと夜にみえるものの中になにかを見ることが出来る目を持っていないので、それは「良いもの」かどうか確信を全くもたずに、手さぐりで、ためらいがちに、道を切り開いてきました。道が分かれているときには、もちろん、どっちに進むべきか、コインを投げて裏が出るか表が出るかで決めるということはしませんでした。つづけていったらよい、最もありそうな方向を私に指し示すことでは、私のきゅう覚と良識とを信頼しました。けれども、その方向が私をどこに連れてゆくのかについてどんな考えもありませんでした。このように進むべき方向を示していて、私の従った道は、私の知っていた諸事実に「ぴったりと合う」ような様子をしていました。これは、よい兆候でした。しかしながら、とくにこれらの事実がごくわずかであったところでは、なおいくらか素材のままであったあれこれの事実を掘り出すということにすれば、別の全くことなった道が「ぴったりしている」ということもあり得ました…。そのあと、道の曲り角で、私自身も驚いたのですが、突然、「非常に親しみのある場」に立ったのでした、その場は、かつて、長い間、苦労しながら通ったところであり、ついにそこを知って、立ち去ったところでした。ある状況、それは、なおしばらく前には、漠然として、「おそらく」とか「たぶん」とかの不確かなもやに包まれていたように見えていたのですが、突然、それを含んでいた**もう一つの**状況の光によって照らし出されたのでした。この友人と私との関係の中の紛争の、私の中の、そしてその人の中の遠くにさかのぼる起源について考えた結果、これらの起源は、この関係と、二十年の長きにわたった、また別の重みをもって、私の人生にのしかかっていた、もうひとつの関係との間にある、突然かいま見られた深い類似性によって、明らかになってきたように思われました。

この類似性の出現は、かなりの力をもったものだったので、実を言うと、ためらい、不確実さ、手探りという感情は、たちまち消えて、確信と自信という感情に取って替わられました。省察の終わりに、それは、「あまりにもちょうどぴったりのときに出会ったので、本当とは思えない」という感情（「信じられないという驚きの」）を語ったとき、この感情は、基調としてあった、「それは、あまりにもぴったりと出会ったのだから、本当であるに**ちがいない**」というまた別の感情に対する答えだったのです！私の手元にある諸事実の現在の状態からみると、たしかに急ぎすぎで、根拠に乏しい、この基調にあった感情は、これまでに修正を加えられておらず、私が欲すると否とにかかわらず、あい変わらず基調としてあります。もちろん、私が理解し、受けとめることになった、いくらかの経験の助けなしでは、とくに、結婚生活という長い経験の助けなしでは、この「空席の状態のうらみ」（要するに、「執行猶予中」のうらみ）という考えは、多分やって来ることはなかったでしょう。そして、まさしく、この考えこそが、しばらくの間に、私の結婚生活というこの「非常に親しみ深い場」に新たに出てくるようにさせた、「道の曲り角」だったのです。

たしかに、ある無意識の意図が、すでにあらかじめ指定されていた場所に私を連れていったのだろうと言うことが出来ます。この場所は、おそらく、私について、そしてこの意図について、なにかを教えるものですが、他の人の中の動機についてなにかを教えてくれるものでは全くありません。これもまたありそうなことですが、自ら受けとめたひとつの経験が、私に、他の人におけるある現実を把握することを可能にしたかのようです。そうでなければ、この現実は、私は十分に鋭敏な「アンテナ」を持ち合わせていないので（そして、また、わが友の幼少時代に関する、また彼の両親のおのおのの人格に関するしっかりとした事実をもっていないので）完全になぞのままであったでしょう。

（埋葬の）「光景の第一の場面」についての（脈絡を気にせずにおこなった！）素描の完成のまじかにいるように思います。私の手の中にまだある、パズルの残りの断片を集めるために、必要ならば、前のノートの省察の中で現われた理解のための諸要素（仮定としてのものであっても）を用いることが出来るでしょう。それは、また、他の所で知られた諸事実の全体とそれらとの整合性を調べてみるひとつの方法でもあるでしょう。

一昨日の省察において、この省察の形と輪郭とをはっきりとさせたのは、パズルの「スーパー・ファーザー」の断片でした。私は、まずはじめは、この断片を、「こびとと巨人」の断片と、少しばかり性急に同一視しました。しかし、そこでは、巨人は、「父」あるいは

「スーパー・ファーザー」としてではなくて、むしろある種のうんざりするほどの大きさの「スーパーマン」として現われています。しかし、この「こびとと巨人」という断片は、同じ省察において再び現われることになりました。今回は、「執行猶予中のうらみ」、まさしく標的を求めているうらみの標的として現われたのです。あたかも、この「スーパー・ファーザー」は、このうらみそのものによって**呼び寄せられた**かのごとく、ある漠然とした期待をかなえるために、この呼び掛けに応えて現われたかのごとく。たしかにそうであるならば、もしスーパー・ファーザー（こうした状況のために、私の肩幅と私の諸特徴を借りた――みるからに、注文に応じて作られた――）が、わが友の人生の中に現われなかったとしたならば、こうしたものを発明しなければならなかったろうと言えるでしょう！とにかく、私にとっては、いかなる仮定もなしに言えるのですが、私が夫であった人のケースにおいては、たしかにこのようでした、そして、私が、彼女の若い時代を通じて待たれていた「標的」だったのです。

こうして、スーパー・ファーザーは、「こびとと巨人」という断片の「顔のない、極端に大きな手をもった巨人」の「顔の部分」として現われてきます。「こびと」は、きっと例の「力づくの証明」をしている（これについては、十月五日のノート「スーパー・ファーザー」（No. 108）で問題にしています［P 62］）、巨人をとくに背中から見ているにちがいありません。こうして、ようやく、「スーパー・ファーザー」の断片は位置づけられ、「こびとと巨人」という断片の「巨人」の側にぴったりと合わされました。「こびと」の側に関しても、この「こびとと巨人」という断片、その輪郭は、一昨日の省察を通してさらに明確に現われています、これは、ここで、十月十七日のノート「半分と全体――ひび割れ」（No. 112）［P 93］の省察とつながっています。わが友自身は、「陰」が支配的なモデルに合致するように形づくられているので、「「**あるはずだったもの**」から非常に異なっている」のは、ここでも、きわめてしばしばあるように、「陽の」諸特徴のために、「陰の」諸特徴を果てしなく拒絶していることによるのです。

ここで強調しておくことは重要だと思いますが、これまでの省察のいかなる時点でも、わが友は、陰が支配的な方向での人格の中での、陽の、男性的な諸特徴の側の欠落、ある「空虚」が際立っていると、**不均衡**、したがって、彼の獲得されたようとしたりしたことはなかったということです。このテーマについて想起すれば、少なくとも、私が彼を知った最初の数年間に、とくに彼という人間から受けた印象は、逆に、ある調和をもった**均衡**というものでした。これが、私にとっても、この当時彼を知っていたすべての人――と思いましたが――にとっても、彼を非常に魅力的にしていました。この印象は、他のところで語った[2]［P340］もうひとつの印象と密接に関連しています――それは、ことがら（とくに数学上の）に対する彼のアプローチにおいて、そしてまた、人びとへのアプローチにおいても――と私には見えましたが――子どものもつ新鮮さ、無邪気さのようなものを保持していたという印象です。この均衡、そしてこの「新鮮さ」、あるいは「無邪気さ」は、私には、なんの疑いもないものであり――**事実**であって、隠そうとしても出来ないものでした。それらは、わが友において、微妙な感受性として表現され、機会が生じたときには、知覚され、見たものについてのニュアンスのある、しかも単刀直入な表現によって表わされました。そこには、確固たるものがあり、かつ穏やかさがありました。この穏やかさは、年月を経るうちに消えてゆき、この消えた穏やかさの弱められた、空虚な殻だけが残されました――確固たるものは、借りものの、凝った、ぼんやりとした色彩をもった外見の背後で、閉鎖と硬さになりました。陰―陽の微妙な均衡は、年月を経るなかで、（おそらく、だれもそのことに気づくことなく）通例の陽の方向での不均衡に変わりました――この不均衡は、ちがった形ではありますが――幼少時代以来、私自身の人生を支配してきたものでもあります。それは、彼の選択でした。またこれらの選択は変えることが出来ます――こうした選択は決して完結してしまうものではありません！とにかく、わが友の人生の中で、**陰の**方向での不均衡、つまり、無気力、放任、あるいは無定見が際立っている移行を見たことがありません、またそうした移行があったとは思いません。

これらすべてから、少なくとも、ありそうに思えることは、幼少時代に彼に「モデル」として役立ち、確実に、かなり際立った陰の諸性質を持っていた人は、また、これらと均衡をなすくらいの陽の諸性質にも欠けることはなかったということです。もしこの人が、彼の母だとすれば（私はそう考える方に傾いていますが）、その人は、少年に対する「男性的な」モデルとして、「最良の選択」になるために、そして同時に、この選択によって、調和のとれた気質が開花するのに有利に働くために十分なほど強い陽の諸特徴を持っていた（とくに、父のもとで、こうした特徴の際立ちがおそらく少なかったのに対比して）と推測されます。

したがって、この点においては、（おそらく）どんな不和の種もない、仲の良い家庭の中で、すべてが、最良の条件のもとで最もうまくいっていたように思えます。しかしながら、少年は、母に似ているのではなく、父に似ているものとみなされるという、言葉で表わされていない、しかも実に月並みな見かけをもったコンセンサスという形のもとでの、じつに小さなつまずきの石がそこになかったとすれば、すべては最良のものとなったことでしょう…。

注 (1) ノート「わな——自在さと枯渇」(№99)をみられたい［P10］。

(2) このことについては、葬列V「わが友ピエール」の中のノート「子供」(№60)をみられたい［『数学と裸の王様』、P61］。

c またとない状況——大詰め 151

(十二月二十三日) 埋葬の光景の第一の場面の「パズル」を集めおえるには、あと最後の断片を置くことだけが残っていると思われます。それは、十一月十一日のノート「スーパー・ママそれともスーパー・パパ？」(№125)［P174］において、私が「スーパー・ママ」と呼んでいたものです。この「スーパー」という呼称は、なによりも、私の弔辞の中の、最上級の形容詞をふんだんに用いた、私についてなされた「肖像」から示唆されたものです(1)［P347］。もちろん、対称的な反射思考も働いたにちがいありません、なぜなら、ひとつならずの理由によって、すでに、「スーパー・ファーザー」が空気の中にあったからです！しかしながら、考えてみると、現われたばかりのイメージに私が与えたこの名は、じつにぴったりと的を得ているとは言えませんでした。このスーパー陰のイメージによって取り上げられていることは、「母性的な」ニュアンスは全くありませんでした。これが、他のイメージと対称的な関係にあるとすれば、それは、「スーパー・ファーザー」というイメージよりも、鋼鉄の筋肉をもち、IBMのソフトウェアを内蔵した頭脳をもった「スーパー・マン」というイメージです。したがって、今の場合は、どちらかと言うと、(膝までとは言わないまでも…)へそまで、あるいはそれ以上にたれている重い乳房をもち、それ相応のおしりをもち、ヘラクレスを思わせるほどの力をもった——頭脳については、言うまでもありませんが——「スーパー・ウーマン」あるいは「スーパーおんな」と言ったところ…いくらかこうした調子で描けるものでしょう。言葉のもつ不十分さも、私の手にかせをはめたにちがいありません。名高い「スーパー・マン」にちょうどぴったりとした「女性の」対(つい)がないからです(また、「スーパー・マン」自体も、事態によってもうすでに乗り超えられているヘラクレスの現代版、最近の発明でもあります）。とにかく、もっとも良いものがないので、「スーパーおんな」でゆくことにします…。

言わねばなりませんが、私は、これに取り組むつもり、だがあとで、という約束のもとで、あちこちで、記憶にとどめるためにこれを想起しながらも、実際にはなにもしないで、ほぼひと月半のあいだ、まずい名をつけたこの断片をひきずっていました。結局のところ、これは、私にそれほどの示唆を与えなかったにちがいありません。その理由は、それほどしっくりとしないこの名によるものだったでしょう。とにかく、今日に至るまで数学の世界で私の得たすべての友人、（元）学生、また他の同僚たちの中で、私がいくらかでもその人に対して「母性的な」役割を演じた、あるいは、その人が私にそのような役割を付与しようとしたという印象を私が持った、そうした人をひとりでも見い出すことは難しいでしょう。また、私の方が、教え、伝え、伝達する人という、とくに「陽の」役割よりも、むしろ受容的な、「陰の」役割を演じたかもしれない人たちでさえも、きわめて稀であるにちがいありません——ざっと見たところ、（私が学位論文を出した、一九五二、五三年よりもあとでは）ほとんどセールしか見当りませんが、それもあやしいものです…。他の数学者たちとの関係における、不変とは言わないまでも、通常の私の姿勢であったものを思い出してみるとき、とくに、私は、（その当時用いられていたイメージを再び取り上げますと）いつも、「敷く」用意が出来ている真新しい「じゅうたん」、それに、（これも私の作ったものですが）それほど新しくはない、（私の言う意味では）いわば本当には役立てられなかった「じゅうたん」でもありました。これらは、私が慣れ親しんでいた数学の界隈の、数学の家の維持をうまくやってゆくのに不可欠のように私には思えたものでした。別の言い方をすれば、数学者の「仲間たち」に対する私の関係の中で、たとえ数学についてしか一緒に話さなかったとしても（この点については、私の同僚や友人のだれよりも、私は最悪でさえあったにちがいありません！）、私の後天的に得た気質の中での陽の優位（あるいは、むしろ、スーパー陽の方向での不均衡）は、他のすべての関係におけると同じく、おおいに幅をきかしていたということです。まさに私のずっと以前からのスーパー陽の方向での選択によって正当化された、数学への私の極端な自己投入、（これは言っておく必要があるでしょうが）自己に集中した性質のこの自己投入を考えるとき、陽の支配は、さらにもっと強かったかもしれません！

他の数学者たちとの関係の中で一歩ごとに現われていた、これらのあきらかなスーパー陽の諸側面こそが、私自身に対しても、私の同僚に対しても、反対方向の**もうひとつの**事実、つまり、数学の仕事における私のスタイル、および数学に対する私のアプローチは、**陰**、「女性的なもの」が強く支配的であるということを見えなくしたにちがいありません。このスタイルをとりわけ**識別できる**ものにし、他のすべての数学者のスタイルとは大いに**異なった**ものにしたのも、この陰、「女性的」という特殊性であり、それは、科学の世界の中では、むしろみるからに例外的なものに思えます。このスタイルが、たしかに「他のものとは違う」ということは、私が数学を発表することになって以来、少なくとも、(一九五三年の)学位論文の仕事以来、限りない反響として私に伝えられました。さらに、このスタイルは、私が「心の底での」と呼びたいような、さまざまの抵抗を呼び起こしました――言い換えれば、この抵抗は、「客観的な」、あるいは「合理的な」と呼べるような「理由」によって正当化されるようには私には思えなかった（今日でもそう思えない）ものです。このことで思い出しますが、私の学位論文（ここで、私はとくに核型空間を導入しています）は、アメリカ数学会の「メモワール」に提出されましたが、このテーマで仕事をしていた、かなりよく知られている数学者である、最初のレフェリーによって拒否されました。彼は、私の仕事をいくらかわけのわからないものと考えたのでした。私の学位論文が、このレフェリーの好意的でない意見にもかかわらず、発表されたのは、デュドネのエネルギッシュな介入のおかげでした。数年前に知りましたが、この学位論文は、数学の文献の中で、ここ二・三十年で最も引用されている百の論文の中に入っているということです[2]［P347］。私の予測ですが、もし私たちの前になお二十年あるいは三十年のあいだ数学があるとすれば、SGA 4［マリーの森の代数幾何学セミナー4］に対しても、（なかでも）幾何学的トポロジーにおけるトポス的観点のための基礎文献として、同じことが生ずるでしょう。このSGA 4は、わがすばらしい友でもと学生のピエール・ドゥリーニュによって（他の同様な形容詞と共に[3]［P347］）「解読不可能」なものと格付けされたのでした。（ドゥリーニュ自身も知るように）私も知っていますが、このSGA 4は、とくに、景（シット）、トポス、およびカテゴリー的な「準備」に関して、徹底的に書き直し、また書き直してもらい、私が最も多くの時間をさき、最も入念に仕上げた数学文献のひとつなのです。これほど特別に手を入れた理由は、その十年ほど前から基礎を作りつつあった「数論的幾何学」の発展のための真のかなめ石がそこにあることをはっきりと感じていたからでした[4][P347]。これも私は知っていますが、この仕事を私がおこなったときには、そのずっと前から（自慢しようとしているわけではありませんが）、主要な考えが、遍在する導きの糸としていつも前面に出ているように**明確な**仕方で、また同時に参考文献として用いられるように**便利なもの**として数学を書く上で、私は大家の腕をもっていました[5][P347]。もし私が、私のいた時代に四十年あるいは五十年先んじて、詳しい参考文献を書く（そして、書いてもらう）という誤りをおそらく犯してしまったとしても、（一九六〇年代に）熟していた時が、突然熟しているのをやめてしまったことは、私のせいではないと思うのですが！

ドゥリーニュに関するこれらの連想によって、私の別れ以後の時期へと立ち戻ることになりました。その時期には、同じ方向にあるさまざまな反響が、一度ならず、「ひそやかな軽蔑とひそやかな嘲弄の風のように」、私にやって来たのでした。こうした**嘲弄**のニュアンスは、さきほど取り上げた、私の別れの前にあった、私の仕事のスタイルに対する「心の底での抵抗」という兆候の中にはありませんでした。そこには、私という人間に対する敵対の意図あるいは少なくとも悪意の意図を見い出すことは全くありませんでした。ブルバキの中での抵抗のこのような兆候について、少なくとも一九五七年ごろまで（私の記憶が正しければ）あったことを想起する機会がありました[6][P347]、この年に、リーマン＝ロッホ－ヒルツェブルフ＝グロタンディークの公式に関する私の仕事が出て、私の数学者としての「確かさ」についてまだあったかもしれない疑念を一掃したのでした。一九五七年と一九七〇年（私の「別れ」の年）との間に、時折セールのもとであったのを別にすると、私の仕事のスタイルに対する抵抗を見たという記憶はありません[7][P347]。セールにあっても、決して反感というニュアンスのものではなく——むしろ、いら立ちという表層の反応でした。これに対して、私は、友人たちが時折困惑しているという印象を持ちました。なぜなら、私があまりにも速く進んでおり、私が友人たちに分厚い作品を送ったり、私が（じかに、あるいは手紙で）苦心して作り上げつつあるものについて語るにしたがって、私の作品全体に通じるだけで彼らの時間を費やしてしまうのを好まなかったからでした。

さきほど取り上げた、私のスタイルに対する「心の底での抵抗」の性質については理解できたと思います。

その理由は、その後に生じた埋葬とは独立したものだと思います（しかしながら、埋葬においては、この抵抗は重要な役割を果たすことになったのでしたが）。この抵抗は、ひとつの科学（今の場合、数学）に対する**「女性的な」アプローチのあるスタイルに対する**（「心の底での」）**反応**にほかなりません。このような反応は、私たちの現在の社会の中の他のすべての部分的小集団の中でと同じか、それ以上に、**男性的な諸価値**、そしてこれらの価値に合致している感情、態度、反応（とくに、理解や拒否の反応）が浸透している科学の一世界の中では、日常的なものであり、「当然のことがら」です。基調が「女性的」である創造のひとつのアプローチの体現である、私の特殊な仕事のスタイルに対するこの抵抗の反応は、単に、今日およびこれまでの数十年間にあった世界――とにかく、私がつねに見てきた科学の世界――の中での科学者の日常の条件づけから出てくるものです。

ある条件づけから出てくる他のすべての反応と同じく、この反応は、実際に、「合理的なもの」では全くありません。これが現われる人のもとでは、その意味を検討してみようと考えるだけでも、大変な抵抗に出会います。この反応は、つよく、**自分自身の正当化**であるかのように感ぜられます――いくらか、保守的な人びとの大多数のもとでの「男性同性愛者」に対する嫌悪のように、あるいは、私たちの多くの人たちのもとでもみられる、「在住の外国人」に対する嫌悪のようなものです。しかしながら、いま取り扱っているケースにおいて、この反応そのものの中に、私という人間に対する（意識的な、あるいは無意識の）反感のニュアンスを感じたことはなく、むしろ、**私の仕事だけに対する**、好意的でない偏見をもった、**留保**の態度を感じました。私のスタイルによって（あるいは、どちらでもいいことですが、私のスタイルにもかかわらず！）それ以前には人が出来なかったことを私がおこなった（そして、結局のところ、別のやり方では本当には出来なかった）ことが明らかになった時点ではじめて、これらの留保は、多分しぶしぶでしょうが姿を消すことになりました…。とにかく、いくらかの人のもとで、これらの留保が、暗黙の、無意識の形で存続していたとしても、私はあまりに自分の研究と自分の仕事の中に閉じこもっていたので、それらを認めることは出来ませんでした。

たしかに、少なくとも、このような「反応」は、だれそれ氏が、その前にだれも証明することが出来なかった定理を証明したという事実だけで、魔法によるかのように消えてしまうということはあり得ないように思います。受け入れや拒否の意図が作られたり、解体されたりするレベルにおいては、この二つ（「仕事のこのようなやり方は許されるべきではない」ということと、「だれそれ氏がこれこれの定理を証明した」ということ）は、本当に、相互関係はないのです！そうすると、私が数学の舞台から退いたあと、事態が変わったとしても、それは正常なことだ――つまり、結局は、私のスタイルを前にして小食である様子をしている人びとを「びっくりさせ」ていた私はもうそこにはいなく、これらの人たち固有のスタイルでもっては同じようなことは生じないのだからというわけです。しかしながら、この「説明」は筋が通っていません、これは、その前にはなかった、嘲弄の、ひそやかな敵意のニュアンスを考慮に入れていないからです。私の知るかぎり、一九五七年と一九七〇年との間に、私の同僚たちの全体（会衆）に対して、私の別れのあと、このことでうらみや報復をおこなう原因となったほどの不快なことをおこなう時があったと考えることも全く出来ません。私が立ち去った世界の多くの友と、熱い、ときには愛情のこもった関係が維持されました。また（他の所で言いましたように）一九七〇年以前には、数学者の同僚との関係で、反目の関係をただのひとつも思い出せません。

　しかしながら、たしかに、この同僚の集団（会衆）の、私に対する**あとで生じた**不満がありました。それは、ある種の集団的な「うらみ」の原因であり、また、とにかく、「報復」という集団的な行為の原因でした。これは、暗黙のものにとどまっていましたが、それだけに「裂け目のない効率をもった」ものでした。「離脱に対する報復」というこの側面を、五月二十四日のノート「墓掘り人――会衆全体」（№97）［『数学と裸の王様』、P303］において探りました。このノートにおいては、これらの報復の中での、私に対する、また不用意にも私を援用した人たちに対する、ある**色調**を傍らに放置しておきました。それは、まさに、単なる「拒絶」を超えた、**軽蔑**の色調です。そして、私がこの「息吹き」を感ずるたびに、**その標的とされていたのは、あるスタイル**であることが分かりました。別の言い方をすれば、**排除**による報復に、**軽蔑**という補足的な側面を加えて、離脱からくる恥辱をそそぐために、集団無意識によって熱心につかまえられたのは、このスタイルを他のすべてのものから区別しているこの特殊性、このスタイルの「陰」あるいは「女性的」という性質でした。これは、思いがけない格好の状況なのでした――また、この軽蔑は、あるスタイルを通してみえる、**不能性**（無力さ）のもつ否定できないしるしを指し示していると考えられるものです。

いまや、この「不能性（無力さ）」という言葉でもって、言葉で言われていないあることが、ついに名づけられました。私の「死去」という状況に重ねられた、この「思いがけない格好の状況」**そのもの**が、いかに、わが友でもと学生でもと遺産相続人であるピエール・ドゥリーニュにとって、この役割の**逆転**、「**巨人**」を前にして「**小人**（こびと）」だと自らを感じている人のもつ常規を逸した、みるからに希望のないこの逆転の願望を、しっかりとした、信頼されうる、そして信用をかち得るものにするための前代未聞の機会となったかが明らかになります！そのあとは、「巨人の肩の上に乗って」（これは、彼の履歴書［伝記的なメモ］の中の最後の言葉として現われている言葉そのものを再び取り上げたのですが[8]［P347］）、**彼が**、すべての人の目の前で「巨人」となり、この全く価値のない（ええそうですよ！）巨人を、大変なほら吹きの、内容のないことをたくさん手がける「小人（こびと）」として、会衆全体の軽蔑の対象として指名するのです――しかしながら、この巨人は、「小人であるという癒しがたい条件によって打ちひしがれている人にとって、永続する、しかも熱をもった挑戦として…」あったし（いまもなおそうありつづけているのです…）。

彼自身と他の人（**挑戦**として感ぜられており、なにがなんでも取って替わらなければならない人！）の間の、「小人」と「巨人」という役割の配分におけるこの目をみはるような逆転――この逆転は、また、**「女性的なもの」と「男性的なもの」という役割の逆転**でもあります。巨人であった（とにかくいまもそうありつづけている…）人を、群衆に対して（そして何よりも、手品師自身に対して…）、あわれむべき小人として、軽蔑の対象として指名したのは、たしかに**女性的なもの**（一度もはっきりとは名ざされていないが、にもかかわらず熱心に拒絶されている）の（過剰で、ぶよぶよした、輪郭のない）体現としてなのです。そして、小人であった人（そして、彼自身の深い所では、変わらぬ条件によって、小人であるし、そうありつづけていることを良く「知っている」のです…）が、他の人に罵声をあびせるためにはせ参じたこの同じ群衆によって喝采をあびている、鋼鉄の手をもった巨人として立ち現れるのは、たしかに、**男性性**の英雄的な、模範的な体現としてなのです。

この逆転は、たとえ象徴的なものだとしても、限られた範囲の枠組みで、「差し向かいで」、大きな結果を伴わずに、試練ずみの策略（いわゆる「ビロードをまとった足による」）を用いておこなわれる、いわば「私的な」「逆転」とは、もちろんその規模からしても共通するところがありません。この逆転は、彼が、他の人を「歩ませ」、あやつる手練手管を手にしていると感じている、かわいらしい小細工なのです…。小人が巨人を歩ませていることについては、同意しよう。だが、なお、あい変わらず、癒しがたく、小人でありつづけているのです！ところが、巨人のつもりとなり、しかもなお高く肩にとまっている小人、彼がその肩にとまっている人そのものを、すべての人の軽蔑の対象に指名しているこの小人のおこなう大詰めは、すばらしい、味わい深い葬儀のきわめつきの「呼び物」として、死去し、埋葬された「小人」に対する弔辞を歓呼の声で迎えるためにやって来た、数多くの、歓喜にみちた群衆の前で、公共の場の真っただ中で繰り広げられているのです。

注 (1) ノート「弔辞(1)、(2)」（No.104、105）および「陰の葬儀（陽は陰を埋葬する(4)」（No.124）をみられたい［P32、38、167］。

(2) おそらく、ここでは、私の記憶が間違っているのでしょう。それは、関数解析において最も引用されている100の（20の？）論文に入っているということでしょう。

(3) ノート「一掃」（No.67）をみられたい［『数学と裸の王様』、P93］。

(4) ドゥリーニュが、この文献の信用を失わせるためにこれほど執着し、彼の好んだばくぜんとした色調のスタイルを時折は忘れさえし、これをけなすためには遠慮をしなかった理由もまた、たしかにこのかなめ石がそこにあったがためでしょう。このテーマについては、すでに注(3)で挙げたノート「一掃」をみられたい。

(5) さらに、このドゥリーニュ自身が、私と接触しながら、数学の文書を執筆する手法をまなび、またとくに、ぎっしりと詰まった、複雑な内容を明確に表現する手法を学んだのは、（一九六五年に、私のセミナーSGA5に彼が降り立ったときに）SGA4のすでにていねいに執筆された部分に親しみながら、また、彼自身が（私の草稿ノートから示唆を得つつ）報告のいくつかを執筆しながらでした。

(6) とくに、『収穫と蒔いた種と』の第一部の注No.5（題名のない）［『数学者の孤独な冒険』、P349］をみられたい。

(7) このテーマについては、ノート「兄弟と夫たち——二重の署名」（No.134）をみられたい［P229］。

(8) このテーマについては、ノート「活力の中の活力——こびとと巨人」（No.148）の注（3）をみられたい［P326］。

d　否認(1)——想起　152

（十二月二十四日）昨日の省察でもって、ほぼ、埋葬の光景のこの第一の場面を「集める」ことは終えたという印象を持ちます。少なくとも、現在私が手にしているパズルの「断片」でもって、これをおこなうことが出来たと感じています。もちろん、埋葬に関する省察のこの第二部（つまり、私のテーマは、『収穫と蒔いた種と』の第三部）においては、さまざまな素材を集めることではもはやなく（これは、「調査」の部分の葬列IからXまでで、十分に集めました）、数多くの立て役者たちのおのおのの中の隠された**動機**（ほとんどの場合は、おそらく無意識の）を通して、埋葬の**隠れた力**を理解するに至ることでした(1)［P357］。これらの動機は、なによりもまず、当事者の（「故人」としての）私という人間との関係の性質から生まれ出たもの、あるいは、もっと具体的には、当事者にとって、数学の舞台からの私の別れに、そしてそれを取り囲んでいた状況に関連した、または関連していない、なんらかの理由を私が表現していることとの関係の性質から生まれ出たものでした。

この「第一の場面」は、私自身を別にすると、なかでも、私の埋葬において、「上祭服を着た司祭」、あるいは「葬儀における大司祭」という役割を演じた人からなっています。この人は、また、私の別れの前に数学の世界の中で友人あるいは学生であった人たちの中で、並み外れた強さの数学上の親近性によって、私と最も近くで結ばれていた人であり、また、私の別れのあと、私との個人的な関係をつづけた唯一の人でもあります——この関係は、今日に至るまでなおつづいています。こうした理由のために、彼については、葬儀の参列者たちの他のだれよりも、比較にならないほど豊かな「資料」を持っています。そして、最後に、私が知っていたすべての数学者の中で(2)［P357］、おそらくまた、彼の人生の中で私に割り当てた役割が最も重い影響を与えている人でもあるでしょう——その影響は、（私自身がそうしたように）全身全霊をこめてひとつの芸術（学問）に打ち込んだときに、その師であった人に対して通常割り当てられる役割によるよりも、あきらかにはるかに重いものです。このことについては、私は多分十年ほど前から気づくことになったのですが、彼が私に割り当てた役割は、彼の数学に対する情熱の枠を超えていること（また、この情熱に取って替わったものの枠をも超えていること）にも気づくようになりました。私の中のこの知覚は、ここ最近の年月の間、漠然としたままだったのですが、昨日までの、埋葬に関する省察の過程で、著しく具体的なものになり、豊かになりました。

昨日の省察でもって、わが友ピエールと私との関係が中心となっている、光景のこの第一の場面と同時に、熱心な同意をして、葬儀と埋葬に参列するために喜んではせ参じた「会衆全体」からなる、「第三の場面」も位置につき、集められることになったと思います。昨日書きましたように、（五月二十四日の）ノート「墓掘り人――会衆全体」［『数学と裸の王様』、P303］の省察の過程で引き出されたイメージになお欠けていたものは、故人、「よそ者」、「アウトサイダー」として扱われた人の排除において作動した**嘲弄**というニュアンスでした。（十一月十日の）ノート「陰の葬儀（陽は陰を埋葬する(4)」（No.124）［P167］から明確に現われていた、この嘲弄のもつ意味は、昨日、想起され、ある見通しの中に置かれました：つまり、これは、「女性的なもの」として（言葉で表現されないレベルで）感ぜられるものに対する嘲弄であり、このとき、この「女性的なもの」として感ぜられるものは、「女性的なもの」を「不能なもの（生み出す能力のないもの）」と同一視すること（これもまた言葉で表現されていない）によって、「心の底での」拒絶の反応の対象となるのです――そこでは、勝ち誇った男性らしさをもった男性のみが、「生み出す能力」、創造的な力の担い手とみなされているのです。私は、また、ある条件づけから呼び起こされる考えやイメージが、つよい明確さと確信をもって感ぜられ、また、これらの考えやイメージが、おおむねそれら自身を正当化するものとして受け取られるときの、この条件づけから出た、心の底でのこうした「女性的なもの」と「不能なもの」との同一視のもつ、良識および理性と全くあい入れない性格について強調しました。

しかしながら、このノート「陰の葬儀」（No.124）の中の最後の言葉と共に突然せん光のごとくあらわれた、しかしまだ再び取り上げられていない一側面があります。このノートの省察をしめくくる行はつぎのようなものです：

「これは、もはや、ひとりの人間の葬儀でも、ひとつの作品の葬儀でも、許しがたい異端の葬儀でさえもなく、「数学上の女性的なもの」の葬儀なのです――そして、さらにもっと深いところでは、おそらく、弔辞に拍手を送っている数多くの参列者たちのおのおのの中の、**自分自身の中に生きている、否認された女性の**

葬儀なのです。」

いま考えてみて、この側面は、わが友ピエール自身の場合においても、多少とも沈黙に付されていたと思えます。しかしながら、ピエールの場合については、直接に知っている諸事実に事欠くことはなかったのでしたが！この側面は、しかし、いくらかは現われていて、注意深い読者にはおそらく感ぜられたとしても、それは、どちらかと言うと、行間にあったにちがいありません。注意は、とくに、「陰と陽の逆転」という側面のもつさまざまな角度に集中されていました（この「陰と陽の逆転」という側面は、少なくとも一見したところ、埋葬の中でのわが友という人間と特殊な役割に固有のものに思えたのでした）。この言い落としから、思い出しましたが、［一九八四年］十月二十日から二十二日までの、わが友の最近の訪問ついてなお（数日のうちに？）語らねばならないでしょう（十月二十一日のノートに記された訪問ですが、そこで、「数日のうちに」このことに戻ると約束しています…［P102、123］）。それは、この「逆転」のもつ最後の（？）角度を――わが友という**人間そのものの中での**陰―陽の原初の均衡の逆転と共に――検討するための最も好都合な機会となるでしょう。これは、また、のちになって現われ、多くの場所をしめることになった陽の諸特徴の監督のもとでの、彼の中のいくつかの原初の陰の諸特徴の**埋葬**でもあります。ここに、新しい、より深い見通しの中で、一度ならず私につよい印象をすでに与えた、つぎのような際立った確認の前に立つことになりました(3)［P357］。つまり、その師であった（そして、あい変わらず友でありつづけていた）人を埋葬しているると信じながら、実際に、自らの手で埋葬したのは、**自分自身**にほかならなかったのです！

したがって、新たに、「第三の場面」あるいは「後景」、つまり「会衆」、別の名は「数学共同体」に戻るとすれば、さきほど引用した数行は、わが友ピエールの場合において私がつよく感じたことは、また、「弔辞に拍手を送るためにやってきた数多くの参列者たちのおのおの」にとっても確かに言えるだろうことを示唆しています。私が完璧に満足を感じ、私の埋葬の光景の「後景」（光景の第一の場面とともに）を仕上げた（暫定的に？）と考えることが出来る前に、なおいくらか検討しなければならないのは、この側面だと思われます。

（十二月二十五日）昨日は、クリスマスの前夜であることを口実に、本当に「陶酔感」にひたって、夜中の三時までノートと付き合っていました（これは、一度だけで習慣にはならないでしょう！）。たしかに、日中はすべて、他の仕事に分散されて、（前夜のノートは再読しましたが）さらにその日のうちに仕事をつづけようとすれば、もはや夜の数時間しか残っていませんでした。しばしばあるように、結局は、白紙の前に坐りながらも、私の頭の中にあったことに取り組むことには全くなりませんでした。その代わり、埋葬の「光景」の中で私がいる地点をいくらか明らかにし、「第一の場面」の中の、そして「後景（第三の場面）」の中の、なお漠然としていた一側面、つまり、私の葬儀に参列した人たちのおのおのの中に生きていた、「**否認された女性の埋葬**」という側面を際立たせました。

さきほどの引用の中で、「埋葬」という表現は、**否認**および**抑圧**（あるいは、一般に受け入れられている用語にしたがえば、「抑制」）という行為を指すためのイメージとして役立っていることは、実に明らかです。なんらかのもの（いまの場合、自分自身の中で「生きている」なにか）を否認したり、抑圧したりすることが問題にされ得るためには、まずはじめに、この「なにか」が、（たとえ哀れな状態であったとしても）たしかに存在し、「生きている」ことが確かめられねばなりません。ここでは、女であれ、男であれ、各人の中の「女性」、つまり、その人の中の、「女性的な」、「陰の」性質をもった特徴、性質、衝動、あるいは力からなる「側面」に関することです。驚くべきことに、この単純で、基本的な事実——つまり、女であれ、男であれ、各人の中に、「女性」**と**「男性」とが同時に生きていること——この事実が、今日なお一般に無視されたままだということです。私自身このことをやっと八年前に学びました。そのとき私は四十八歳でした[(4)][P357]。

たしかに、「精神分析学者たち」がこのことを「知り」、このことについて語りはじめてから、もちろんずいぶん時がたちます。たしかに、このことが問題とされている本はたくさんあり、すべての人はこのことが語られるのを聞いたことがあるでしょう、私自身も聞いたことがあるように。そしてまた、このことについて語っている人たちは、それに通じていることで名高い人たちであり、これらについて書かれた本もあるのですから、「すべての人」は、その中には真実が含まれているにちがいないことを認めるでしょう。しかしながら、これが語られるのを聞いたとしても、「…を認めることが出来る」としても、また、このテーマについて一冊あるいは十冊の本を読んだとしても、さらには（思い切って言って）自分自身で一冊あるいは多くの本を書いたとしても、それによって、このことを「知っている」ということにはなりません。少なくとも、もっと強い意味においては、そうは言えません。「フロイト（あるいは、ユング、あるいは、老子…）は…と言った」

という類（たぐい）の、出来合いの公式の単なる記憶よりもずっと有用なものであるとは言えません。このような公式は、ある文化上の知識、「教養ある」人のある種の名刺、あれこれに「通じていること」、さらに時には（重要な資格をもつことで）あれこれの専門家をつくるもので、この意味では、それらは、ある「有用性」を持っていることは認められるでしょう。たしかなことは、学校で、書物で、「興味深い会話」など、あちこちで、このようにして蓄えてきた知識に、各人はおおいに執着しており、金ぴかの、かさばるトロフィーのように、なにがなんでも、生涯の最後の日まで、これを引きずってゆくということです。さきほど私は無礼にも、この貴重な知識は「有用なものとは言えない」と言ったのは、つぎのようなことを言いたかったのです：とにかく、だれも気にかけていないもの、さらには、各人によってペストのごとく避けられてさえいるもの、つまり、自己について学ぶということのためには、有用なものとは言えないということです。またこれを別の言い方で言えば、この知識は、**自分の人生を受けとめる**ためには、つまり、また、自分自身の体験の内容を消化し、吸収し、これを通して、成熟し、再生してゆくためには、有用とは言えないということです…。

もし、いくらかの言葉で、陰と陽についての私の長い省察の基本的な内容を要約しなければならないとすれば、まさに今しがた想起したばかりの、各人の中に「女性」と「男性」とが同時に生きているという、この「単純で、基本的な事実」の「想起」だと言えるでしょう。もしここまで私についてきてくれた読者がいるとすれば、そして、もしまだ、自分自身の体験の言葉で、つぎの事実、つまり、その人が男だとしても、その人の中に「女性」がいること、また、その人が女だとしても、その人の中に「男性」がいること、このことを感じていないとすれば、私に「ついてくる」という空しい努力をしながら、『収穫と蒔いた種と』という名札を付けた、重いもうひとつの荷物を、おそらくすでに重い知識にさらに付け加えるために、自分の時間を失ったのだと言えるでしょう。また、その人が男で、私のこの文を読むまでは、これらの葬儀について知らず、その存在について推測さえしていなく、これらの葬儀の参列者でなかったとしても、にもかかわらず、その人も、日毎に、自分の知らないうちに、「自分自身の中に生きている、否認された女性を埋葬している」ことは十分にあり得るでしょう（私自身が、かつて、私の人生の大部分にわたってそうしてきたのと全く同じように）。

男が、自分の中に生きている女性を「埋葬する」、あるいは、女が、自分の中に生きている男性を「埋葬する」[(5)][P357]、つまり、それを否認し、抑圧する仕方は、限りなくあります。自己の中に生きているあるものを「埋葬する」最も普通の仕方のひとつは、そのあるものが他の人の中に見えるときに、このものを拒絶する態度あるいは行為を通じてのものです。この拒絶は、まさに、昨日、あるひとつのケースにおいて語った、「心の底での反応」にほかなりません。この拒絶の反応に、力(「心の底での」)を与えているものは、(昨日、そのような言い方をしたかもしれませんが)、他の人の中の拒絶されるこのものが、私たちが完璧で、分裂のない同意を与えている、「諸価値」の全体に単純に逆らっているからだというわけでは**ありません**。自らが「強い」ことを知っている人は、「弱さ」をみて不快になるものではありません。この反応の生きた力は、これとは反対に、他の人の中にあることが確認される、そして「あってはならない」このものが、**私たち自身を問題に付す**という事実からやって来るのです。この反応の力は、私たちに関わるなにか、私たち自身に対しても、他の人たちに対してと同じく、それを隠そうとしながらも、心の底では、**私たちの知っている**なにかについての、ひそやかな、そして直ちに否認されている**ある想起**としてあるのです。その時から、無言だが、恐るべき、検討を要求するものとしての調子を取っている想起です。このような文脈の中では、他の人の中に現われている、この「おかしなもの」に対する、思いやりのある、寛容の態度は、私たちには、黙許をしめす危険な同意として、なにがなんでも避けねばならないものとして立ち現われます。これに対して、拒否の態度によって、私たちは、はっきりと、他の人とはたもとを分かち、結局は、私たち自身は、あらゆる非難から完全にまぬがれており、大勢に順応していて、「伝統に従っている」ことの(まずなによりも、私たち自身の心の中の検閲官に対する)説得力のある保障を与えることになります。尊敬すべきものと許容できないものとを区別する、ある価値**基準**に無条件に**従うという行為**と同じく、この拒否の反応は、これを通して、私たちの中の「あってはならない」ことがらを、熱心に、「**ない**」ものとして「より分け」てしまう、**埋葬の象徴的な行為**なのです。とにかく、**私たちの中にはない**のですと!

この光景の中で、限りなく変わる、拒絶がとる形は、それほど重要とは思われません。それは、憤慨や嫌悪のあらゆるしるしを伴った、カッとなっておこなう拒絶もあるでしょうし、皮肉あるいは「微妙に調合された」軽蔑による拒絶もあるでしょう。それは、はっきりとした、曖昧さのない言葉で表現されることもあるでしょうし、また、単に、ほのめかし、あるいは二重の意味にとれる言葉によって、さらには、適切な場所に置かれた格好の微笑（あるいは、微笑の不在…）によって示唆されることもあります。拒絶は、完全に意識されたものでもあり得るし、視覚にほんのりと触れる薄暗がりの中にとどまっていることもあり、また、視覚が決して届くことのない完全な闇の中に逃げ込んでいることもあります。

拒絶の反応の強度も、また、「問題に付されている」ことが、比較的月並みなものとして感ぜられるか、実際に恐るべきものとして感ぜられるかにしたがって、限りなく変わります。おそらく最もつよい反応を呼び起こすものは、**性**に直接的に関連していることが「問題に付される」場合です。この場合における極端な過敏さは、最近の数世代を経る中でいくらか和らげられました。しかしながら、愛の衝動のいわゆる「同性愛の」、また「オナニー的な」（あるいは、もう少しおとなしく言って、「ナルシシズム的な」）側面のような、普遍的にある性質を持ったことがらは、以前と同じく、今日も、かなりの強さの拒絶の反応を呼び起こします。古代ローマ人の時代の風習についての、あるいは、深層心理学についての「興味深い会話」においてではなく、毎日の自分の生活の中で、少しでも、こうしたことに立ち会いさえすれば、これらの反応が呼び起こされるでしょう。差し向かいでも、自分自身の中の、性の衝動のこれらの側面（少なくとも、一般には、少しやっかいな「しみ」として感ぜられている）の現われについて話し合うことはまれでしょう。

私がここで関心を持っているケースにおいては、数学の舞台との私の別れの前に、私が立ち会った拒絶の反応は、たしかに、いましがた挙げたばかりの反応と大いに比較され得るものではありませんでした。たしかに、この拒絶の対象、つまり、「男たちのあいだ」にあるとみなされているときに、「女性的な」存在のあり方、おこないのあり方は、「性的な」ニュアンスを持っています。それは、「お尻」などをめぐってことがらや振る舞いが挙げられるだけの意味よりも、この「性的な」という言葉にもっと広い意味をもたせています。このニュアンスは、一般に、無意識のレベルで感ぜられたことは確かです(6)[P357]。しかしながら、このニュアンスは、かなり控え目で、間接的であって、数学者としての私の「真面目さ」、「堅固さ」に対する単なる留保を超えて、いくらか手荒な反応にまでは至りませんでした。それに、私の「おかしなもの」が位置している領域、つまり、純粋に知的な活動という領域は、（あなたの推測するように…）スカートをたくし上げて、お腹のダンスをおこなう、男女に関する、あらゆる不安を呼び起こす、きわどい連想からはかなり遠い、比較的月並みな見かけを与えていることも付け加えられます。それでも、私が（一九四八年に）数学の世界と最初に接触したあと、私のスタイルが呼び起こした留保が、好意的な小宇宙の内部においてさえ、最終的に消えることになる――少なくとも、私の視界から消えることになるには、さらに十年近く必要でした。しかしながら、状況は、私の別れののち、新たに変わりました。私に対する、親切、友情、尊重という雰囲気が、この同じ小宇宙によって、「異端」、そして裏切りと感ぜられるものに、突然に変わりました（私の別れにつづく六年の間、なお、私はこれについて気づくことなく）。

★　★　★

実際のところ、この雰囲気の変化は、いま言ったほど本当に「突然」であったかどうか、私には確信がありません。あるいは、もっと適切な言い方をすれば、この変化に一九七六年に、突然[7]（本当にそうでした）立ち会うことになりましたが[P358]、一九七〇年の私の別れのあと、この変化が**どのように**生じたのかを把握できるような事実を手元にほとんど持っていないのです。たしかに、私は、この期間全体にわたって、いくらかの「動向」とその進展を感ずることが出来るほど、私が別れた世界との接触がありませんでした。私にとって明らかなことは、この進展の中で、私の学生であった人たちすべてからなるグループとその異論の余地のないリーダーであるピエール・ドゥリーニュの態度が決定的な役割を演じたということです。「全員一致」[8] [P358] と裂け目のないことによってしか、この埋葬はあり得なかったし、埋葬を呼び起こした雰囲気も作ることは出来なかったということです。この埋葬の「三つの場面」、つまり、「遺産相続人」（別の名は、葬儀の大司祭）、他の十一人の「もと学生たち」によって形成された「共同相続人」あるいは「近い人たち」からなるグループ、そして最後に、「会衆」（おそらく、ともかく、「全体」ではない――これについては再び触れる必要があるでしょう…）を同時に含む、この埋葬は、裂け目のない「全員一致」によってしかあり得なかったろうということです。どのようにして、この完璧な一致が生まれ、作られていったのか、私には分からないままであり、おそらくこれからも分からないままでしょう。現在のところ、これに探りを入れてみようという気になってはいません。（もちろん！）他のだれかが、私に代わってこれをおこなうだろうとも思いません。

これで思い出しましたが、前のノート「またとない状況——大詰め」において、「会衆」と「上祭服を着た司祭」の二つのうち**どちらが**、結局のところ、埋葬において作動した主要な力であり、他方は、いわば「道具」であったのかという問題に触れました[9][P358]。このときには、この問題のところで止まりませんでした。この問題がひとつの意味を持っているのかどうか確信がなかったからです——それは、鶏が先か卵が先かという有名な問題によく似ているように見えたからです！たしかなことは、二つ（「司祭」と「会衆」）のどちらも、埋葬をおこなう上で、他方の協力なしでは出来なかったということです。

これとはちがった、もうひとつの問題があります。これの方がより明確な意味を持っているように思えますが、それは、この二つのうちのどちらが、この埋葬の作動の中でより強く自己を投入していたかというものです。たしかに、「会衆」は、ひとりの人ではなく、ある仕事の中への「その」自己投入について語るのは適切でないでしょう。しかし、私にとっては、この会衆の人格化された実体は、十人あるいは二十人の私のよく知っていた**人たち**によって、具体的な姿をもっているのです。この人たちのおのおのとは、十年あるいは二十年の間、あるいはそれ以上、ひきつづいて友好的な関係をもっていたのでした。したがって、会衆の「自己投入」について語るとき、私が具体的に考えているのは、これらの昔の友人たちの中で、私の埋葬に加わった人たちすべての自己投入の「総和」なのです。このようにはっきりさせると、この二つのうちでどちらがより強く自己を投入していたかという問題は、もはや言葉だけのものでは全くないと思います。

この問題に対して、ためらいや疑いのニュアンスをもたずに、つぎのように答えることが出来ます、つまり、「遺産相続人」の投入と会衆の投入とでは**比較にならない**ということであり——それは、もちろん、通常の埋葬におけるのと同じです。それは、さらに、遺産は、遺産相続人の目には重要なものであり（ところが、会衆の中のだれも、自分自身のために、この遺産から得るものはなにもありません）、また、この遺産相続人と故人とを結びつけている絆（きずな）（魅力をもった、あるいは紛争を伴った）は、つよいものであり、かつ彼の人生の中で急所をなす役割を演じているが故になおさらそう言えます。もしもこのような状況の中で、疑念があるとすれば、それは、死者に近い人たちの中に「共同遺産相続人」があることからしか生じ得ません。（したがって、ここでは、会衆の多数によって形成された「後景（第三の場面）」よりも、むしろ、「第二の場面」が問題になります）。私が関心をもっているケースにおいては、その人が私の埋葬において果たした役割が、主な遺産相続人であるピエール・ドゥリーニュの役割に比較できるほどの重みをもっているように思える、これら「近い人たち」かつ共同遺産相続人の中の唯一の人は、この葬儀において第二の司祭の役を演じている、ジャン＝ルイ・ヴェルディエだと思われます。この第二の司祭という呼び名は、根拠のないものではありません。なぜなら、埋葬の過程の中で一度ならず、私は、完璧な一致でもってこの双方が式を司（つかさど）っているのを見たからです！しかし、すでに別の所で書きましたように、ジャン＝ルイ・ヴェルディエのいくらかの公的な行為を別にすれば、私たちが出会わなくなって以来の彼のことについては、私は少ししか知りません。おそらく、私に対する彼の関係の一部始終、あるいは、彼の威信のある「庇護者」であり友人である人に対する彼の関係の一部始終についていくらかのイメージをもつには、私はあまりにも知らなすぎると言えるでしょう。

注 (1)　（十二月三十一日）この「テーマ」は、文字通りにとると、また、その「数多くの立て役者」の数（10人しかいませんが！）を考えるとき、もちろん完全に到達不可能なものでしょう。わが友ピエールを別にすれば、良くても、「集団無意識」の中の「動機」と「意図」をどうにかこうにか浮き彫りにする、全体的なイメージをせいぜいつくることが出来るもので、これは、よくても、そのひとりひとりの「立て役者」の動機や意図をおおまかにしか覆っていません。

(2)　また、ただ二人を除いて、私の知っているすべての人の中で、とさえ言えます。

(3)　この「確認」は、ノート「埋葬」（No.61）［『数学と裸の王様』、P66］における省察の中ではじめて現われました。

(4)　このテーマについては、ノート「受け入れ（陰のめざめ(2)）」（No.110）を見られたい［P76］。

(5)　さらに、同じことが、「自分の中に生きている男性を埋葬する」男に対しても、あるいは、「自分の中に生きている女性を埋葬する」女に対しても言えます。こうした態度は、普通考えられるよりもはるかに稀ではないものです。

(6)　とくに、このテーマについては、ノート「陰の葬儀（陽は陰を埋葬する(4)）」（No.124）を見られたい［P167］。

(7) 記しておきますが、これは、イヴ・ラドガイリーの学位論文を発表させるためにおこなった実りのない私の努力のときでした。このエピソードについては、二つのノート「進歩は止められない！」(No.50)と「ひつぎ2——胴切り切断」(No.94)で述べました［『数学と裸の王様』、P38、284］。

(8) 省察の中で、「全員一致」というこの確認がはじめて現われたことについては、この名（大文字で！）のノート（No.74）を見られたい［『数学と裸の王様』、P132］。

(9) 想起しますが、ノート「墓掘り人——会衆全体」［『数学と裸の王様』、P303］の中の、五月の省察において、わが友は、「裂け目のない一貫性をもった**集団意志の『道具』**であったと考えました。このあとにつづく行は、この考えと矛盾しているものではなく、むしろ、「会衆」と「上祭服を着た司祭」との間の関係において、ある種の対称性があるという可能性を空けておきながら、この考えを補足するものです。

e **否認(2)——変身** 153

（十二月二十六日）昨日の省察の中で、十一月十日に「せん光」のように現われた直感、つまり、私の葬儀の「数多くの参列者たちのおのおの」において、私の葬儀は、「自分自身の中に生きている、否認された女性」の象徴的な埋葬を表わしているということを具体的に述べてみようとしました。ここで私が参列者たちの「おのおの」について いく度も語るとき、これは、少し辛辣（しんらつ）な表現であって、完全に文字通りに取らない方が多分よいでしょう。少なくとも、私は、数学上の私の特殊なスタイルに対する「拒絶という心の底での反応」、ここ三日間のあいだ私の注意の中心にあったこの反応がいくらかその人の中に生じた人たち（たしかに大勢います）のおのおのに対して、この直感は、たしかに当たっていると考えています。

他方では、わが友ピエールにおいて、このような反応は**ありません**。あるいは、少なくとも、私の別れに先立つ五年間には、その痕跡もありませんでした。これらの年月の間、これほど完璧な交流を生み出したのは、数学上の私のアプローチのスタイルと彼に固有のスタイルとの深い**親近性**でした。これは、また、数学の平面における、私たちのあまり見られないほどの親近性の原因でした。この親近性は、私自身がそれを感じていたように、彼も他の多くの人も感じていたにちがいありません。数学者としての私と私の作品が、これらの年月において、彼を魅惑した(それは、「ポジティブに」表われました) ばかりではなく、それにつづく年月においても、今日に至るまでも (それは、とくに「ネガティブに」、しかしこれもまたあざやかな仕方で[1][P363]) **魅惑**しつづけている原因も、また、この親近性によるものです。これらの最初の年月において、数学上の私の仕事のスタイルとアプローチのスタイルに対して、彼のもとで、少しでも留保があり、少しでも居心地の悪さがあれば、私はそれを確実に感じたことでしょう。

たしかに、これらの年月にも、わが友は、出来る限り、外部に対しては、彼のもとで私が果たしていた役割を、彼になんらかの重みのあるものを教え、伝達した人、彼の仕事に対するいくらかの重要なアイデアを受け取った人という面だけだとしても、私の役割を消し去ろうとしていました――したがって、また、この親近性という関係、さらには魅惑されたということを消し去ろうとしていました。私の別れのあと、沈黙によってだけではなく、私の仕事のスタイルに対する、また、私が導入したアイデアや概念の大多数に対する軽蔑の装いによっても、私という人間の否認が徐々にエスカレートしてゆきました。私の知った、このような姿勢の最初のしるしは、一九七七年にあります。「操作SGA $4\frac{1}{2}$」の折です[2][P363]。このエスカレートの進展を一歩一歩追ってみることはしませんでしたし、そうしてみようと思ったこともほとんどありません(これに実に近い問題に対して、すでに昨日そう言いましたように)。

彼のアプローチに近い関係にあるアプローチのスタイルの否認、そして、彼の作品がそこから出てきた作品の否認は、たしかに、**自分自身の否認**に近いところにあります。さきほど、私のスタイルと私の作品のこの否認について考えたとき (とくに、一九七〇年の私の別れの前の数学上の緊密な接触の五年間についての印象のもとにあったままでしたので)、この否認を過小に評価したり、取って替わるための、そして、対立の衝動を満たすための、ある「またとない状況」からの授かり物をつかみながら、とくに気をそそる**一手段**として、ある種の**戦術**としての意味しか、この否認に与えていない傾向がありました。実際、たしかに、3日前のノート「またとない状況――大詰め」(No.151)[P340]の見方は、そうしたものでした。そして、さきほど想起したこと、つまり、私の別れの前の年月においては、彼自身のスタイルあるいは私のスタイルに対する拒絶の姿勢の形跡は**なかった**ということは、この方向にあるものであって、昨日検討した状況、つまり、

「自分自身の中に生きている女性」の否認（それが、なかでも、数学上のあるアプローチという道を通してだとしても）、埋葬の作動に**先立って存在したであろう**否認の意味においてではありません。

にもかかわらず、これらの手段を選んだのは、彼であり、欲すると否とを問わず、**これらに対して代償を支払う**のも、彼です。戦術のための、あるスタイルに対するこの「軽蔑の姿勢」は、他の人に対してだけではなく、さらに、とくに、**自分自身に対しても**行使されたにちがいありません。しかしながら、深く自分のものでもある、ひとつの「スタイル」を、なにごともなかったかのごとく、**それを用いながら**、他の人の前でも、自分自身の前でも、それを否認することは出来ません。この他の人の「戦術的な否認」は、ものの論理によって、自分自身の一部分の**抑圧**を通じて――いまの場合、自分のものである、数学上のアプローチのスタイルの抑圧を通じて、彼の中の創造的な力の原初の性質の否認に至ります。

この確認は、ここでは、ある事実の直接的な知覚の結果として出てきたものではありません。それは、知られている諸事実から良識的な「結論」を引き出しながら、これらの諸事実を用いておこなった、短い省察の帰結でした。私は、この種の結論（とくに、数学以外の！）については慎重であること、これらの結論は、のちに、他の諸事実によって確認されるときにのみ信頼できるものだということを学びました。しかし、実にいい機会なので、ここで想起しますが、ドゥリーニュの作品について私が知っていることから、私の別れの前の年月には実に明らかにあった、わが友における（「陰の」性質の）いくらかの傾向、同じく私自身の中にも認められたもの、これらの傾向が、彼の作品の中に痕跡をとどめていないことを確認することになったのです。このテーマについては、ひと月前の（十一月二十六、二十八日付の）ノート「陰―奉仕者――そして新しい主人たち」、「陰―奉仕者(2)――心の広さ」の中でかなり詳しく述べました[3][P363]。これらのことがらの中でおそらく最も重要なことは、ある謙虚さです。この謙虚さの故に、いままでだれも注目しようとしなかった、実に単純な、実にバカ気たものにみえることがらを見ること（また、ばか者だと思われるのではないかという恐れをもたずに、描くこと）が出来るのです[4]。数学において私自身がもたらした最良のことがら[P363]は、まさに、こうした性質のものでした。もし、すべての人に喜ばれるものではなかった、私の性質のこの傾向を、私が否認していたとすれば、私の作品の基本も、私の最もすぐれた学生であった人の作品の基本も、書かれていなかったことでしょう…。この性向（あるいは、この「傾向」）は、もうひとつの性向と緊密に結びついています。このもうひとつのものなしでは、その効果はかなり限られたものにとどまったろうと思えるのです。それは、これも謙虚さに属するもので、「奉仕の」態度です。つまり、すべての人に軽蔑されており、すべての人が自分のあまりに貴重な時間をこれに割くことが出来ない、新しいことがらについて、繊細に、あらゆる側面にわたって、知らせ、叙述することが問題であるとき、必要なら（ほらここにあるよ――これであなたは好きなようにすればよいでしょう！――と、二行だけ書く代わりに）十ページを費やす、あるいは一万ページさえ費やす、また（もっと大切な仕事にこと欠かない人が）まる一日費やす、あるいは、必要なら生涯全体を費やすということです。

　たぶん少しぞんざいな調子で、発見すべき「新しい世界」について語りましたが、それは、**つぎのことについて**にほかなりません。つまり、取るに足りないと思われることを見つめ、受け入れ、九か月、あるいは九年、必要な時間だけ、また必要なら孤独の中で、それを抱き、糧を与え、それ自体で生み出し、作り出すように出来ている、生きた、力づよいことがらが発展し、開花してゆくのを見るということです。

「母性的な」と呼ぶことが出来る、この性向が、今日、軽蔑の対象となっているのは、数学の**ある**タイプのアプローチしか許容しない、「男性的」と感ぜられる態度、つまり、「心の奥」を排除した、「筋肉の」態度の「利益」のためにです。（あまり気乗りのするものではない）「ソフトな数学」（あるいは、ぼけた、はき気がする！、とは言わないまでも、「**やわらかい**数学」）と対置された、「ハードな数学」（あるいは、「**かたい**数学」）とも呼ぶことが出来る、「真の数学」、それは、あらゆる「よく知られた」理論や概念、あちこちで手に入れることが出来るすべてのことがら（材料としての木々）を用いて、（伝説的に困難な、あるいは、手が出ないと思われていた！）競って取り組まれている定理の十ページあるいは五十ページの緻密な証明なのです。「そこで用いられるもの（木々）」について言えば、それらは、これらの証明のためにそこにあるにすぎないのです！いくつもの季節を通じて、いく年もの間、忍耐づよく開墾し、種子をまき、植えつけ、肥料をほどこし、枝打ちをして、すらりとした幹をもったこれらの広大な樹林を押し広げ、繁茂させる人たちについて言えば、彼らにはまさに（そこは、生い茂った、人の入れない、やぶに覆われた土地だったのですが）その場所が適しているというのです。これらの樹林は、世界の創造以来ずっとそこにあったと思われているのでしょう(もちろん背景の装飾として、また、「あらゆる材料としての木々」が貯蔵されている場所として…)――これらの人たちは、(それを印刷してくれるような軽はずみな出版社がみつかって、長大な本、あるいは長大な本からなる長大なシリーズを作れない場合には)長大で、しかも解読不可能な論文を生み出すしか能のない人たちであり、「軟弱な」とは言わないまでも、「やわらかい数学」をおこなっている立ち遅れだと言うのです――たとえ男性的だとされても、そう言うのは礼儀を失しないためにすぎないのです…。

　このすばらしい飛翔でもって、私は、陰と陽についてのこの長いめい想の出発点――つまり、十月はじめの最初のノート「筋肉と心の奥(陽は陰を埋葬する(1))」(No.106)[P50]――に突然戻ってきたように思えます。これは、まさに、鉄の腕、別の名は鋼鉄の頭脳、さらに別の名はスーパーマンの男性的な軽蔑によって埋められた、「女性的な」ものの――パレードとらっぱの音つきの――埋葬そのものです。この埋葬は、数学の小さな小宇宙の中で生じたにすぎません、それは確かですが、その及ぶ範囲は、あらゆる個別ケースを超えています。これらの個別ケースは、少し近くでその独特のにおいを嗅ぐのに役立つでしょう。そして、このにおいこそ、私が時期より早く故人となった埋葬が私にもたらせてくれた、主要な教訓のひとつなのです。

　私の注意の範囲をさらに狭めて、わが友ピエールによって演ぜられた特別な役割に目を注ぐとき、この埋葬において、さらにもうひとつの意味が見えます。そこで認めるのは、また再びひとつの**逆転**です。昨日すでにこれに触れましたが、こんなに早くこのことに立ち戻るとは考えていませんでした。それは、他の人と結びつけるある**関係**(現実の、あるいは虚構の)における逆転ではなく、**彼という人間そのものの中で**生じた逆転です。それは、彼自身の利益のために(たぶん、「常規を逸した願望」の対象として…)追求されたものでもなく、純粋に象徴的なものに留まってもいません(すばらしい手品の業の用語を使えば、「小人(こびと)」であると自らを感じていた人が、「巨人」になったと確信するに至っていないかのごとく、やはりまだ小人だと感じつづけているのですが…)。これは、元へ戻らないとは言いませんが、少なくとも、完全に**現実のもの**である逆転です。それは、「女性的」および「男性的」な、創造的衝動の調和のとれた、支配的な色調が女性的な均衡の状態から出発しています。そして、それは、「男性的」という旗を立てている、**態度や姿勢**(すべての態度や姿勢と同じく、自己に集中した)が、軽蔑され、象徴的に「埋葬され」ている、「スーパーめす」の特徴をもった、グロテスクで、ぶよぶよした肖像の形をした、**創造的な力**を執拗に抑圧している、戦争と抑圧の状態へと行き着くのです。

もっとニュアンスを取り除いた、だがおそらくよりイメージ豊かな、より際立った言葉を用いれば、つぎのようになります：繊細で、力づよく、しなやかで、**生き生きした**、「**女性的な**」存在が、絶え間ない手品の芸当によって、「**男性的な**」、解体され得ない、こわばった、**死んだ**存在に変身していったのです。

注

(1) あるいは、少なくとも、この魅惑は、当初においては、私という人間に対する両義的で、葛藤を伴った、この一体化の関係の形成の中で役割を演じた二つの力の中の「ポジティブな方向の」力（**似たもの**として感ぜられた人に対する**一体化**の力）であったにちがいありません。

(2) このテーマについては、とくに、ノート「二つの転換点」、「一掃」（No.66、67）を見られたい［『数学と裸の王様』、P91、93］。

(3) これらは、ノートNo.135、136です。これに、いま挙げた第二のノートへの小ノート（No.136_1）を付け加えた方がよいでしょう［P239、253、259］。

(4) このテーマについては、前の注の中の小ノート（No.136_1）を見られたい。

f　舞台化――「第二の天性」　154

（一九八五年一月一日）さまざまな仕事に追われて、五日経ちました。年末は、何週間も何か月もそのままになっていた手紙を書くまたとない機会でした。クリスマスあたりに受け取っていたカードに対する返事のカードを書くこともありました。また、すでに二、三か月前から出来ている堆肥、それに畑から、また開墾したところから出た、あるいは村のごみ捨て場から持って来た、植物のくずでもって、堆肥にするための山をつくらねばなりませんでした。これは、春のはじめに畑のための良い腐植土が出来あがっているようにするためです。土地が傾斜しているので、このためには、家から出るごみで作る「日々の」堆肥のためにすでに予定されている区画の傍らに、補助の区画を新たに作る必要がありました。

こうしたことで、整理の仕事を除くと、ノートのための仕事をする時間はほとんどありませんでした。「主人たちと奉仕者」という部分（つまり、十一月二十四日付のノート「逆転(3)――陰は陽を埋葬する」（No.133）［P224］以後）の省察全体をたいへん入念に読みなおし、さらにあちらこちらで手直しをしました。また、ここ十五日間に書かれたノートに対する、すでに予定されていた注を付け加えました。これは、とくに、タイプで打てる用意のできた原稿にすることでしたが、こうした実務的な問題とは別に、この再読は、ここ四、五週間の省察を全体として概観する上で有益でした。息の長い数学上の考察の場合と同様ですが、日々におこなっている省察の個々の「時点」は、つよい注目を中心とした視線の束のもとに置かれていますが、数週間、さらには数か月つづいた省察や入り組んだ行の「筋道」は、道を迷ってしまったり、薄明かりの中で途方に暮れてしまったり、解けてしまったりする傾向があります。これは、すべての息の長い研究という仕事に対して一般に言えることなのか、それとも、すでに言及する機会のあった[1]［P369］、私の人生における「過去の埋葬」という系統的なメカニズムに関係しているものなのか、私にはどちらとも言えません。とにかく、私にあっては、数日、数週間、さらには数か月にわたる長い省察の間に、この省察の前の部分との接触が失われることがあり、それは、仕事において居心地の悪さが増してくるという形で現われます。この居心地の悪さは、おこなったばかりの仕事の全体の多少とも深い振り返りによって、解消されます。この振り返りを通して、徐々にゆるんでいた接触があらたに回復されるのです。私の観察では、振り返りをおこなう、これらの「休止」は、私の仕事の中で重要な役割を演じています。その度ごとに、この「居心地の悪さ」が取り除かれて、帆の中に新しい風を入れて再出発するのです。この「居心地の悪さ」は、追求している仕事の、**時間の中での連続性**についての全体的な知覚が徐々に失われていることを告げていたのでした。私の数学の仕事において、習慣になっていたとは言えませんが、このようなあと戻りが、すでにおこなわれた仕事について徹底的に考えなおしてみること、おこなった仕事とこれからおこなう仕事を、新しい見通しの中でながめて見るということに導かれることは、稀ではありませんでした[2]［P369］。

だが、数学上の仕事であれ、私の人生についてのめい想であれ、いま語っている「居心地の悪さ」は、つねに、不完全な状態にある理解のしるしです。それは、（当然のことながら）なおおこなわねばならない仕事の理解についてのみではなく、それまでの仕事でおこなわれたことの理解についても言えます。実際、この不完全さは、省察のさまざまな段階のひとつひとつについての記憶の欠陥やそれらの時間的順序の記憶違いに還元されるものでは決してありません（もちろん、数学上の省察のときには、これらの側面は、どちらかと言えば付随的なものです。数学上の省察では、注意を向ける対象は、数学的な状況であって、それ自体として、これを検討している人の精神の特殊性やこの検討の有為転変とは独立しているからです）。この不完全さは、むしろ、省察のそれぞれの段階の果実として現われてきた、部分的な理解の全体の不十分な**統一性**、**統合**のもつ欠陥のしるしだと思われます。これらの部分的な理解は、それらがひとつの全体的なビジョンの中に統合され、相互に照明し合わないかぎりは、不完全なままに、さらには仮定的なものにとどまっています。**パズル**のイメージをもう一度用いると、未知のものの研究は、その断片があらかじめ与えられておらず、仕事の過程でそれらを見つけ出さねばならない、パズルを組み合せる仕事に類似しています。さらにまた、現われてくるおのおのの断片は、まずは、「正しい」、まだ知られていない形と比べるとき、漠然とした、おおよその、さらには大いにゆがんだ形のもとでしか現われてきません。省察の「局所的な」仕事は、これらの断片をひとつひとつ検知し、おのおのの輪郭をなんとか推察し、とくに、検討している断片のもつ整合性、あるいはこの断片や隣のものだと感ぜられる他の断片との整合性を予測することへと導かれるものです。しかしながら、これらの断片のひとつひとつの真の性質、具体的な最終的な形は、それらが由来している、まだ未知の全体の光景の中にこれらが集められたときにはじめて現われるものです。さきほどから話している「居心地の悪さ」は、多かれ少なかれ形の定まらない山積みのようになっている、完全に突きとめられた、多様な断片を前にして、いまやついにそれらを組み合わせるときであること——あるいは、また、もし（いくらか部分的な）組み合わせがすでになされている時には、この組み合わせは、なおあまりにも部分的なものであるか、あるいは、いびつであって、もう一度まったくやり直さねばならないことを私に知らせているものなのです。**良い**組み合わせを見い出すにあたって、私がパズルのそれぞれの断片に出会った時間の順序は、おそらくほとんどは、付随的なことがらでしょう。しかし、これらの断片で組み合わせねばならず、おのおのの断片は、それにふさわしい場所に置かれることを期待する人のもつ気持ちの中で、断片をひとつひとつ手に再び取ってみること（どうしてもと言うのなら、時間の順序でよいでしょう）、それは、おそらく、実際に、最終的にはこれらを組み合わせるための、仕事の不可欠な一段階でしょう。

前のノート（六日まえの）の中の「最後の言葉」［P

363］は、私の中のある強い印象――つまり、数学の舞台からの私の別れ以来の十五年のあいだに、年月を経る中でわが友ピエールにおいて生じたある**変身**に関する印象を言葉を用いて浮き彫りにしようと試みたものでした。私は年月を経る中でときおりこの変身の散発的なしるしを見ていましたし、時折は、これを見て唖然とすることがありましたが、（私の思い出すかぎりでは）生じたことについての**全体的な**イメージをつくるために、そこに立ち止まったことは一度もありませんでした。言わなければなりませんが、ある「風」と、わが友がそこで演じていた特別な役割を（とくに、かなり漠然とは感じていた(3)［P370］、モチーフの埋葬と共に）嗅ぎつけてはいましたが、わが友があざやかな手さばきで指揮しつつあった、私という人間と私の作品の全体の大規模な埋葬というものをまったく見抜いてはいませんでした。ここ一年を通じての、この埋葬の徐々の発見こそが、ついにかなり強い**ショック**を与えて、私の中にある惰性をゆさぶり、遠い過去のもやの中に沈んでいたように思われていたある状況と、ついに「立ち会う」ようにさせたのでした。したがって、十月の最近の訪問の折に、私がわが友を迎え入れた姿勢は、過去の私たちの出会いの折のいくらか「型どおりの」ものとはかなり異なっており、あっけにとられながら注目するといった姿勢でした。たしかにずっと以前からあった、そしてこの時までは私は無視することを好んでいたあることがらについてのこの印象、あるいはむしろ突然に生じたこの知覚が現われたのは、この訪問の折でした。それは、この「変身」についての知覚ですが――この変身には、前のノートの中の省察において、異なった道を通って再び出会ったのです。今回は、わが友の数学上の作品について私の知ったことを通して、この印象に新たに出会ったのですが、これは、もちろん、全くの偶然によるものではなく、すでに二か月前から、彼という人間そのものとの直後の接触が私に教えていたものによって導かれたものでした。「「男性的な」、解体され得ない、こわばった、**死んだ存在**」にゆきついた変身というこの印象のもつ明らかな力は、もちろん、さまざまな事実（あるいは、他の性質のさまざまな部分的な印象）を比較したり、集めたりしながらの省察の結果として出て来るものではなく、ただ、言葉では表現されないままになっている、直接の体験によって生まれるものです。そして、この体験は、今の時点でも、あい変わらず言葉では表現されていません(4)［P370］。

前のノートで、（わが友という人間そのものの中での）この「逆転」、あるいは（「最後の言葉」の中で現われた表現を再び取り上げれば）この「変身」は、「彼自身の利益のために追求されたもの」ではありませんでした、と書きました、そして、さらに、カッコを付けて、（ノート「活力の中の活力――こびとと巨人」［P320］において問題にした、この逆転の願望という）「たぶん「常規を逸した願望」の対象として…」と付け加えました。しかしながら、省察のこれらのノートを直後に読み直してみると、このことにも、埋葬において突きとめることになった、これら二つの「逆転」を**対置させよう**という私の意図も、真に根拠のあるものなのかどうか、もはや私には確信が持てませんでした。結局のところ、小人と巨人というこのイメージにおいては、「巨人」は、（一度ならず強調しましたように）「男性的な」諸価値を体現しており、「小人」は、「女性的な」反対価値によって打ちひしがれているものです。そして、このイメージは、わが友という人間のそとに**位置して**おり、もうひとりの人（いまの場合、私）に対する彼の関係に関するものというメッキも張られていますが、にもかかわらず、このイメージは、彼という人間のそとでは、いかなる「客観的な」存在でもなく、その反対に、ほかでもなく**彼自身**の中で作動している、葛藤を伴ったある現実の、（ある人に対する彼の関係への）外部への**投影**なのです。別の言い方をすれば、この小人と巨人というイメージは、このイメージが生きている層よりももっと深い層の中で作動している**現実にある葛藤**の象徴的な舞台化として立ち現われているのです。この葛藤は、**彼という人間の陰の「斜面」と陽の「斜面」との間の**果てしない**葛藤**にほかなりません。

厳格に隠されたままであるにちがいない、心の中の葛藤のこのような**外面化**は、また、現実にあるこの原初の葛藤を最大限に「立ち退かせ」、その替わりとして、より「受け入れられる」、あるいは、少なくともそれほど不安の念をおこさせないように思える、もうひとつの葛藤に取り換えるために、無意識によって用いられる、いくつかの広範な手法に属しています。この場合、選択されたこの危険を引き受けて他のイメージを守ることそのものも無意識のままになっています（少なくとも、私はそう推測しています）。また、さらに、私は、選択されたこのイメージは、無意識の比較的深い層に宿ったままであるが、にもかかわらず、この層は、現実の葛藤の認識よりもずっと表層に近いところにあると、考える方に傾いています。（ところが、この現実の葛藤の認識は、ノート「二つの認識――知ることに対する恐れ」（No.144）［P302］において扱った、「二つの顔をもった認識」のある「場所」のものにほかなりません。）

これは、つぎのことを示唆しています。つまり、前のノートのカッコの中で想起された、この「常規を逸した願望」、**この巨人そのものであろう**とする、あるいは、少なくとも**巨人として通用する**ものになるという願望は、小人と巨人という危険を引き受けて他のイメージを守るイメージを用いて、自分自身の中のある「変身」——現実のものでなくとも、少なくとも見かけ上の変身——の願望を、「外的な」ものに**転移**させたにすぎないと言うことです——この変身において、自分の中で受け入れられないものと感ぜられているある優位、(「軟弱な」、軽蔑すべきものと感ぜられている)「陰の」色調の優位が、(「英雄的な」、唯一せん望に値するものと感ぜられる)「陽の」、あるいは「男性的な」色調の優位に「逆転させられ」、変形されるのでしょう。これらの二つの願望は、それらの内的な性質によっていくらかでも対置されるものではなく、ひとつは、他方の影として、他方のしっかりとした、**象徴的な表現**として、不可分なものとしてある、と、現在では思えます。わが友の訪問の折についに知覚することになった(遅くなっても、気づかないよりはいいでしょう!)、この「変身」については、これは、今では、この「常規を逸した」、絶対的な願望の**現実化**あるいは成就として立ち現われます。この成就は、ある天の恵みのとりなしによっておこなわれたのではなく、借りものの諸特徴にしたがって**形成しなおし**、これらの特徴を労働者—子どもに押しつける(もちろん、労働者—子どもは、この種の、典型的に「ボス的な」操作については一度も相談を受けたことはないでしょう)ための、「軌道修正をする」という、「ボス」の長期にわたる執拗な意志の結果として実現されるのです。

前のノートにおいて、この「逆転」(あるいは、この「変身」)の中にある**現実**という性格を強調しました。今では、この「現実」の性質とさまざまな限界をよりはっきりと見定めることが出来ます。これは、到達すべき理想と感じられている、あるモデルにしたがって、自分を鋳型にはめようとする、ある**姿勢**という現実です。モデルの選択、つまり、採るべき姿勢の種類の選択は、おそらく、私たちの出会いよりもずっと前にあったのでしょう。しかし、この姿勢に投入され、分散されるエネルギーは、この出会いの時点およびそれにつづく年月においては、ごくわずかなものにとどまっていたと思われます。私の別れによって作られた、並みはずれた「機会」によって、この投入の規模に突然の、巨大な変化があったようです。まずは、研究所からの私の別れ(そこでは、その直後に、わが友は、自分自身が、こっそりと**その「ライバル」に取って替わるもの**として立ち現れたにちがいありません）、そして、その少しあとに、数学の舞台との私の別れによるものです。この現実のもつ第二の側面は、さらに重要なものですが、この姿勢が、極端なエネルギーの投入によって、しっかりと「**第二の天性**」となったことです。私たちの最近の出会いの折に、私が知覚したのは、たしかに、この「第二の天性」だったのです。それは、巨大な惰性という重りをつけています——私自身がそうであったのと全く同じように。それでも、私の場合には、ある再生が生じました。わが友にある、彼自身の中の再生に反対している、この惰性も、私においては生じた、この再生を完全に妨げてしまうことは出来ないでしょう。

彼の中に少しずつ作られていった、この「新しい」現実は、隣国による一国の占領が紛争を「解決」しないのと同じく、彼の中の葛藤を「解決」しませんでした。むしろ、わが友の中のこの葛藤は、ある「力関係」の中で「凍結」しているようです。そして、生涯の最後の日までこのままでいつづける可能性もあります。おそらく、「わたし」の構造、つまり、振る舞いのメカニズムは、時には目をみはるような仕方で変わったと言えるでしょう。しかしながら、「ボス」の意志によって押しつけられた、このような変化は、労働者—子どもの創造的な力のもつ原初の性質はまったく変えられないものです。これらの変化は、たんに、労働者に押しつけられた**首かせ**のようなもので、労働者としては、「ボス」が、おこなうべきことを、労働者に、手に道具をもって示さないときには、「ボス」の疑い深い目のもとで、とにかく自分でなんとか考えながら働かねばならないのです！

それでも、この企業は動き、収益をもたらせます。そして、ボスは、およそのところ、満足しています。たしかに、いやな雰囲気はあります、しかし、大多数のボスがそうであるように、厚い皮膚をしており、収益が良いあいだは、攻撃をしかけることはしません。

注 (1) この「過去の埋葬」というメカニズムは、幼少時代に生じた「逆転」の時点で始動しました。その時点を、私は、一九三六年の夏だと考えています（このとき、私は九歳でした）。「わたし」の構造づけにおける、この決定的なエピソードについては、ノート「スーパー・ファーザー」（陽は陰を埋葬する(2)」（No.108）および小ノートNo.108$_1$で言及しました［P62、67］。

(2) 息の長い仕事の中での時折の「振り返り」がもつ役割に関する、他の類似の省察については、ノート「振り返り(1)——光景の三つの面」（No.127）の後半部分、そしてとくに、これに付されている注をも見られたい［P185、187］。

(3)　（昨年［一九八四年］四月十九日からの「明明白白な埋葬」の発見の時点までの）言葉で表現されない、漠然とした状態のままだった、この感情の反映については、とくに、（昨年二月と三月に書かれた）『収穫と蒔いた種と』の第一部において、モチーフという概念の運命に時折触れられているもの、またとくに、序文の4（「明白な事柄を探求する旅」）および「夢みる人（夢をつくる人）」の節（No.6）を見られたい［『数学者の孤独な冒険』、P171、203］。この感情についての表現は、この第一部の最後の節である、「ある過去の重荷」（No.50）の、「「…（ダニエル・クィレンと読まれたい）への手紙」は、…とみることが出来るでしょう」［『数学者の孤独な冒険』、P344］というくだりからの最後の数ページで著しく具体化されました。このくだりは、省察の突然の転換をしるすものでした。この日の省察のこの最後の段階によって呼び起こされた最初のいくつかの「ノート」、なかでも、三月末に書かれた、二つのノート「私の孤児たち」と「遺産の拒否——矛盾の代価」（No.46、47）［『数学と裸の王様』、P6、25］は、私の数学上の作品がこうむった運命と、この作品と私という人間に対するある流行の「風」に関して、それまでは漠然と感じていたものについて、いくらか「現状を明らかにする」ものでした。

モチーフに関して、この「漠然とした感情」がとった、特殊な形についての叙述については、ノート「墓」（No.71）、そして、これにつづくノート「小細工の中に足」（No.72）［『数学と裸の王様』、P119、122］を見られたい。

(4)　（一九八五年二月二十日）私は、ノート「履行された義務——真実の瞬間」（No.163）（『収穫と蒔いた種と』の第4部の中の）において、ようやく、わが友の訪問についての叙述をおこなったのですが、この時点でも、この体験は、あい変わらず言葉で表現されないままです。

g　もうひとつの自分自身——一体化と紛争　155

（一月二日）埋葬の光景の第一の場面については、ほぼ終えたという印象を持ってから、一週間以上になります、十二月二十四日のノート「否認(1)——想起」（No.152）［P348］以来です。そのあと、これは否となりました——すでにひき続いて三度、完全に明確だとは思えなかったあれこれの点について、おそらく、実に細かい点まで明確にするために、ほんの少しの言葉を付け加えねばなりませんでした。また、「完全に明確だと思えなかった」ことは、まだどちらかと言うと漠然としたままだということが明らかになり、そこに戻ってきて、それにふさわしい照明を見つけようとすることは無駄では決してないということも明らかであったときには、その度ごとに、この「細かい点」に、ひと晩全体を費やしました。ノート「否認(2)――変身」（No.153）［Ｐ358］において通りすがりに触れた、一点（最後の？）に立ち戻ることを考えていますが、今日もまた同じようになるのではないかと予感しています。それは、私が「父代わりの人」という役割を演じている関係に固有な諸側面のひとつ――わが友の、私という人間への**一体化**（「両義的な」）という側面についてです。この側面は、このノートの注の中［Ｐ363］で、三、四行で取り上げました。その夜には、そこになにも問題を感じませんでした。しかし、翌日、前夜のノートを読み直しながら、ここに立ち戻ってみる必要があると感じました。昨夜、省察をつづけながら、これをつづけてゆくのだと考えていました。しかし、結局は、夜遅くまでたずさわったのは、前の省察以来、宙ぶらりんのままであった「最後の点」の中のもうひとつでした。

『収穫と蒔いた種と』の過程で、いく度も、ある友人あるいは学生との関係の中で、養父あるいは代わりの父という側面に注目することになりましたが、それは、その度ごとに、この関係の中の紛争を伴う諸特徴が立ち現れてくる機会でもありました。したがって、意図することなく、私の注意の中心にあり、際立つようになったのは、「父親的な」というニュアンスを含んだ、このような関係のもつ**紛争的な**諸側面でした。このような関係において、つねに、多少とも強い、**父との一体化**という要素があるのを、私はたしかに感じていました。ただし、この一体化、時折は〝拒絶された父のイメージの「否定」（あるいは反対）との一体化という、「ネガティブな」形をとることがあり得る[1]［Ｐ375］という、ただひとつの留保をした上でですが。この認識は、あれこれの関係の漠然とした理解のために、そして、こうした関係についてのまだ不鮮明で、形のないイメージの形成のために、ある役割を果たしながらも、省察においては、見えるような仕方で入ってくることなしに、背景の中にとどまっていました。ただ一度だけ、一体化ということで、一般的な言葉を用いて、「敵としての父(1)」（No.29）という節の終わりのところで、つぎのように説明している、と思います［『数学者の孤独な冒険』、Ｐ268］：「…それは、父との紛争という同一の原型の再生でした：つまり、同時に、感嘆され、恐れられ、愛され、憎まれている父——おそらく、対立し、勝利し、取って替わり、面目を失わせるべき人——だが、また、ひそかにそうなりたく、自分のものにするために彼から力を奪いとる——恐れられ、憎まれ、そしてひとに避けられるもうひとつの自分自身に…」。

ほんの少しは言っておく必要があるでしょうが、「私の数学者としての過去についての振り返り」の折に書かれた、これらの行において、書きながら私のペンを導いた具体的なケースがあったとすれば、それは、私の隠れた「遺産相続人」で、自らの名を名乗らないもと学生であるピエール・ドゥリーニュに対する関係というケースでした——ところが、それは、少なくとも意識された次元では、彼によって指揮された、大仕掛けな埋葬について私がいかなる推測もしていなかった時点でのことでした！九か月以上も前に書かれた、これらの行をいま写してみて、それらが、小人(こびと)と巨人というイメージを先取りし、(いわば)呼び寄せているように見えるのにたいへん驚きました。この小人と巨人というイメージは、言葉で表わされたばかりの直感に対して、まさに、しっかりとした形を付与するという唯一の目的のためにのみ形成され、具象化されたように思えたものですが。しかしながら、私にとっては、ほとんど疑問の余地のないことですが、このイメージが形成されたのは、記録者―探求者である私においてでは全くなく、わが友自身においてであり、また、私がこのイメージを借りてきたのは、ほかならぬ彼からであったということです[2]［P 375］！

紛争を伴う一体化は、「また、ひそかに、そうなりたい…人」という言葉の中に、さらに、もっと強く、いかなる曖昧さもなく、「もうひとつの自分自身」という言葉の中に、はっきりと現われています。十二月十八日に（ノート「活力の中の活力——こびとと巨人」(No. 148)［P 320］の中で)、私の手によって書かれた、小人と巨人というイメージにおいては、「**この巨人そのものになる、あるいは、この巨人として通用するようになる**という常規を逸した願望」が問題にされていました。このイメージのある行は、さきほど挙げた「ひそかにそうなりたい人」に対する応答としてやって来たようです。しかし、そのときは、九か月はやく自然にやって来た、「もうひとつの自分自身」よりもまだ一歩手前のところで止まっていました（一日一日は、その日の苦労で十分なものです！）！たしかに、そのときは、じつに具体的なケースにおける、「部分部分にわたる仕事」であり、とくにだれにも関わらない、一般的な性質の主張を（なにくわぬ顔で！）引き出すというよりも、はるかに、より入様子の文脈においてというよりも、はるかに、より入念で、慎重なものでした…。

しかし、これらのことを考えるとき、あれこれでありたいという、（みるからに大きな力をもった）「常規を逸した願望」と、なりたい人そのものとの**一体化という行為**との間で、実際、自分自身で作った心的イメージの助けによって彼が得ることが出来るものは、**象徴的な**満足をもとめる無意識の渇望にとっては、ほんの小さな一歩にしかすぎません。この一体化が、無意識なものであっても、いくらかは信頼性のあるものであるためには、また、これがもたらす満足が最小限の安心感をもってゆっくりと味わわれるためには、たぶん、さらに、それが、（今の場合）一体化する人と似ているということに関して、いくらかの「客観的な」特徴を持っているという保障が必要でしょう。私の考えでは、わが友の私に対する関係という、いま取り組んでいるケースにおいては、似ているという感情、そして一体化という行為を促進する性質をもつ、第一の「客観的な特徴」は、私たちの共通の恋人である数学の上での彼のアプローチと私のアプローチとの間にある強い親近性でした。そこには、「**似ている**と感ぜられる人との一体化の力」という、「ポジティブな方向の」力があるでしょう、このことについては、今日の省察の冒頭で挙げた注（ノート「否認(2)―変身」の注(1)［P363］）の中で通りすがりに触れました。

しかしながら、わが友と私との関係についての省察の過程においてすでにいく度も指摘する機会がありましたように、彼は、この関係の初めの年月から、幼少時代から私がすまっていた人格の中での「スーパー陽」の方向での不均衡の諸側面を見る機会にこと欠きませんでした。この人格は、ずっと以前から、私の「第二の天性」となっていました。意識された知覚のレベルで、わが友が、私という人間の中の完全に区別される、これら二つの側面をはっきりと見分けることが出来たかどうか私には分かりません。（私はこれについては疑問をもつ方向に傾いています）。とにかく、私という企業の中の「ボス」というスーパー陽の側面は、彼の中で、二つのタイプのはっきりと異なった反応を呼び起こしたにちがいありません。ひとつの反応は、数か月前までに私が認めることが出来た唯一のもので、（私の考えでは）彼の中で唯一の意識されたものでしょうが、機会があれば、いくらか悲しみを帯びた遺憾さという態度によって表現されていました。この態度については、取り上げる機会がありましたが、友情あるいは愛情をもった調子から離れたことが一度もない態度です。もうひとつの反応は、さらに近くでながめて見るとき、それ自体、みたところ反対方向にある二つの要素からなっている、「両義的なもの」として現われています。そのひとつは、「ポジティブなもの」で、英雄的な、「本来あるよりもさらに偉大な」「諸価値」の体現者として、私という人間に留保なしに**高い価値を付与する**という方向にあります。それは、彼の若い時代に、呼吸する空気のように、人が同化している、たしかに一般に認められた諸価値ですが、彼の幼少時代のすぐ近くの周囲には、おそらく、いくらかでも示唆を与えてくれるような「モデル」がなかったろうと思われるものです。この要素は、前に問題にした（全く別の性質の）**親近性がある**という感情と同じく、対立の要素なしに、私という人間と**一体化する**という方向にあるものでした。これに対して、この対立の要素は、別の要素の中に入ります、あるいは、もっと適切な言い方では、いまその「あり**場所**」を描いた、この一体化のもうひとつの面（あるいは「**裏側**」）に入るものです、これは、私にはなお謎のままです。このような諸価値を体現しているとみなされているある理想的な「肖像」に私が合致していることによって、わが友が私に指定した「父としての」役割が、ある決定的な役割を演じたのは、たしかにここにおいてです。私の持っている、きわめてわずかな、いくつかの要素の助けをかりて、手探りで、「父代わりの人」（「スーパー・ファーザー」の特徴を多くもった！）へのこの一体化のもつ、つよく対立を伴う内容の深い原因を探ろうと試みて、私は、（二週間前に）十二月二十日のノート「執行猶予中のうらみ――事態の回帰(2)」［P 327］の中で、なお仮定としてあるのですが、ありそうな「シナリオ」に行き着いたのでした。

このシナリオに戻ることはここではしません。それよりも、わが友の、私という人間とのこの紛争を伴った一体化という視角の中で、（一昨日のノートに現われたばかりの）「小人と巨人」というイメージを見直してみることの方が興味深いでしょう。このときには、このイメージの中のそれぞれの立て役者――小人と巨人――は、**彼自身にほかならない**こと、あるいは、むしろ、**彼自身の二つの異なった側面**であることが分かります。「小人」は、わが友によって、彼の存在の**原初の**、「不動の」**側面**として、彼の記憶がさかのぼれるかぎりの、おそらくそれよりもなお遠くの幼少時代の中に根をもっているものとして感ぜられているものを表わしています…。これは、また、彼という人間のもつ取るに足りないとまでは言わないまでも、月並みで、重要でない側面として感ぜられているものです。これは、彼という存在の**否認されている側面**、これを通して、また、「直しようのない」もの、「耐えがたい」もの、

恥ずべき、軽蔑すべき**極**として感ぜられている側面でもあります。これに対して、「巨人」は、自分の手に入るあらゆる手段を用いて、自分自身と他の人たちとをごまかすことをも覚悟で、必死に到達しようとしている、せいぜい、いくらかでもそれに似せようとしている、目もくらむような**理想**を表わしています。これらの手段のひとつは、この理想を威信のある、羨ましがられる体現者として見える人に取って替わること、想像できるかぎりのあらゆる手段を用いて、このライバルに対する自分の優越性を「証明する」ことでした。巨人自身に関しては、いまや、ライバルや父とは異なったものとして現われており、**自己の極端に誇張された側面**、**理想の**、**英雄的な極**なのです。「ボス」のもつ至高の満足感は、人は、たしかに、この理想の極に**あるという幻想**、偉大になるという渇望のこうした投影に糧を与えることが出来るすべてのものの中にあります。しかし、この満足感のもつ渇望そのものが、ある不安、「深く隠されている疑念」をあらわにします――この不安や疑念は、私たちに、当事者は、「彼自身の心の底では、重要な、「価値のある」、こうした作りもののしるしにだまされてはいない…」[3]ことを告げているのです。

心的現象のもっと表面のレベルでは、これらの「作りもののしるし」[4]は、にもかかわらず、さきほど取り上げました、理想のモデルとの一体化の行為を「信頼性のあるもの」にしているとみなされる、これらの「（多かれ少なかれ）客観的な特徴」に属しているのです（この理想のモデルは、自分自身の中に生きている、顔のない「巨人」という人格のない形のもとにありつづけるか、敵としての父、ライバルという親しみのある姿を取るかです）。

注

(1) このことは、とくに、私の息子のうちの三人の、私に対する関係について言えます。この場合、もちろん私は「養父にされた」わけでもなく、なおのこと、「父代わりとなった」わけでもありませんが。

(2) このテーマについては、ノート「活力の中の活力――こびとと巨人」（No.148）の最後の注をみられたい［P326］。

(3) カッコの中の引用は、「（他人の）無謬と（自己に対する）軽蔑」（No.4）の節［『数学者の孤独な冒険』、P197］からとられました。

(4) これらのしるしは、「作りもの」だとしても、多くの場合、試練ずみの、「解体され得ない」強固さをもった、「第二の天性」を形成することになります（この「解体され得ない」という言葉は、ノート「否認(2)――変身」（No.153）の結末の言葉の表現をとったものです［P363］）！

h　対立的な兄弟――転移(2)　156

（一月三日）昨日の午後、友人たちが訪れるのを待つ間の小さなあき時間を利用して、ある女性の友が、全く偶然に持って来てくれた、C・G・ユングの自伝をひもといてみました。その本の読んだわずかなところに強く引きつけられました。ユングの本を手にしたのは、これがはじめてです、いままでは、彼についてのじつに漠然としたイメージしか持っていませんでした――（私にやって来た、ばらばらの伝聞から）フロイトの異論を唱える弟子で、この師のまっすぐな小道に、なぞについての明暗のある動きを再び導入することが出来た人といったものでした。ほんの少しのことを別にすると、私の知識は、ここで止まっていました。そこでは、私は、あなたや私のように、生き生きとした人物、さらに自分の時間を失わずにこれらのことを再導入した人、そして、とくに、真の諸問題、自分自身の知性によって基本的なものだと感じる問題へと真っすぐに進み、しかも、学者たちの出来合いの回答に満足しない（冒険というものは、世界と同じく古くからあるものなので）人という印象を持っていました。

（発表を目的とした）「自伝的な」側面は、もちろんとくに私の興味をそそりました。私の書きつつあるこのノートは、少しばかり自伝に似ており、そして、外部の出来事は、つねに、心の中の冒険に従属させられており、それは、この心の中の冒険を明かすものであり、時折、刺激を与えるものでもある、というユングの精神に非常に近いところにあるからです。ユングが、八十三歳まで自伝を書かなかったこと（あるいは、もっと正確には、伝記をつくる上で寄与をしなかったこと）、そして、とくに、彼の人生におけるそれ以前のいかなる時点でも、自分自身の幼少時代をより深く検討してみる労を払ったことがなかったことには、驚かされました。フロイトの弟子たちとしては、当然のことながら、無意識という方法に親しむための、まずはじめのとは言わないまでも、最初のことがらのひとつは、この方法を、自分自身の中で探求するということだろうと、私には思えたのでした！（たとえ、フロイト自身のような威信のある師から教えられたものでも）大学のカリキュラムの中で学んだことに限られる、無意識についてのいわゆる「知識」、そして、いくらかの「臨床例」の分析にかぎられる知識は、統合されていない知識、部分的で、「死んだ」知識――それ自体としては、自己や他の人や世界を理解したり、理解を促進したりもしない知識だということは、もちろん私には明らかなことでした。

しかし、もちろん、自分自身という人間の探求というものは、その本質からして、制度となっている、ある「プログラム」の対象となることの出来ない企てであり、——おなじく、（たとえば、ある「患者」のもとでの）変調をきたした心の均衡を、その根源そのものの中で、回復することは、どこでも通用するテクニックを使用することに限られている、なんらかの「専門家」の介入によってもたらされるものではありません。「変調をきたした均衡」は、鬱（うつ）病やノイローゼの出現の社会的に受け入れがたい段階に限られるものでは決してなく、実質上すべての人に（むしろ、**より深い**レベルで）確認することが出来るものです。心理学者自身（あるいは、民族学者、社会学者、および他の「専門家たち」）、それに、彼らを信奉している人たちは、他の人たちよりも、これから免れているわけではありません！そして、変調をきたした均衡の真の回復は、第三者の介入する、単なる「医療行為」という性質の中にあるのでは決してありません。それは、**当事者自身の行為**であり、それ以外の人の行為ではありません——その人がしても、しないのも自由な、**愛の行為**なのです。それは、心的メカニズムの冷厳な進展の結果（心的メカニズムの専門家の介入があったり、なかったりしますが）ではなく、その言葉のまったき意味での**行為**、**創造**、**再生**なのです。

「無意識についてのいわゆる「知識」」に関する、いま述べた有無をいわせぬ口調の文を終える前に、文脈からして、この文がどれほど自信過剰にみえるかに気づいていました。（いま問題にしている）ユングの作品については全く知らずに、彼と、無意識についての彼の「いわゆる」知識をはねつけるような様子をしました——（八十三歳よりも前に）自分自身の無意識が芽ばえた腐植土を探求する労を明らかに払わなかったと言うことの故に。しかしながら、彼の伝記を読むと、ユングは、このような「探求」に身をささげることはなくとも、自分自身の無意識と接触するいくつかの**別の**道をたしかに持っていたにちがいないことが分かるだろうと推測されます（この別の道自体も、おそらく、長い間、無意識のままであったでしょう）。もちろん、いま批判した主張の諸前提が、彼にはあてはまらなくなるでしょう。

巻末の用語集をひもときながら、私は、全く別の次元の別のことがらに、はっとさせられました。（フランス語版をみながらですが）「四という数」という用語のもとで、ユングは、四という数のもつ「総合する」という性質について強調しています。十年ほど前にはまだ、私は、数の哲学的あるいは「神秘的な」使用に非常に反発していました——この方向でのあらゆる思弁や議論では、意味のないもの、子どもじみたもの、「ホークスポークス」（ドイツ語で、値打ちのない手品に対してこう言います）だと思っていました。『易経』（あるいは『変化についての書』）について少しばかり学んだことで、これほど断定的ではなくなりました。昨日、四という数に付与されている「宇宙的な」性質と、「陰と陽の鍵」を書きながら、通常は四つか八つのノートからなる、共通のタイトルのもとに集められた「包み」が自然につくられていった組み分けとを近づけてみました。たしかに、第一のグループには、ただひとつのノートしかありません。しかし（八つではなく、七つのノートを含んでいる、第六のグループ「陰と陽の数学」を終えながら、このことに気がついて満足していたのでしたが）この孤立しているノートが最も自然にくみ込まれるような、そのあとのグループと合わせると、ここでも八つ（7＋1＝8）の、つまり四の倍数のノートからなる包みが得られます。この「パターン」は、現在までつづいており、仕上げられた最後のグループは、グループ⑽の「暴力——遊びととげ」（156₁）［P384］です。言っておく必要があるでしょうが、グループ(7)（「陰と陽の逆転」）からは、求めることなく、引き出されてきたばかりの、この「パターン」に導かれるにまかせました。調和のあるものと感ぜられる、この形の中に、ある数学的な「規則性」以外の「意味」を求めたり、仮定したりせずに。

このことから、これも、人間の生活と創造的行為における陰と陽のダイナミズムを中心にすえた、「宇宙的」と形容することの出来るテーマについて私が書いた、唯一の、もうひとつの本のことを思い出しました(1)［P383］。この本は、あきらかに当初からの意図はなく、もちろんいかなる時点でもそのための努力をせずに、数字上の厳密な体系にしたがって、グループ分けされていました。私はそれがどのようだったか忘れていました、しかし、さきほどながめて見ましたが（いくらか好奇心も手伝って！）、それで分かったことは、おのおのは、四つの「詩節」からなる七つの「詩章」でできているのです。したがって、また、これも、四によるグループ分けがなされています。たしかに、詩章の数は、七つであり、四の倍数ではありません——したがって、ユングの基準によると、総合性という性質は、作品の全体に対しては満たされておらず(2)［P384］、ただ、この作品を構成している七つの「詩章」のひとつひとつに対してのみ満たされているということです。しかし、ここでも、うまく切り抜けることが出来ます、この「詩」も、また、思いがけない「エピローグ」を持っており（良識を持って、ながながと続くプロローグについては考えに入れないことにして）、ふたたび、7＋1＝8となり、救われるのです！

昨日の省察の放置しておいた地点にもどる時でしょう。わが友における小人と巨人というイメージを、私という人間に対する彼の一体化という言葉でもって、理解しようと試みました。すると、「小人」と「巨人」は、わが友という人間の中の二つの最も端にある**「極」**（ここでは、「ボス」が、「最も端にある極」として**つくった**もの、と私は理解しています）である、「恥ずべき、軽蔑すべき極」と、もうひとつの「理想の、英雄的な極」とを表わしている（あるいは、昨日のノートに先んずるノートの表現を取り上げれば、「**舞台化**している」）ことが分かりました。実際、強調あるいは照明の相違はありますが、一昨日のノート「舞台化――「第二の天性」」（No.154）［P363］において、小人と巨人という基軸をなすイメージに対する、前日に見い出された解釈とここで合流することになります。このときは、ボス、「わたし」によって作られた、人間の陰と陽の二つの「斜面」の間の紛争の「舞台化」のことでした。原初の紛争の、二つの「斜面」という言葉を用いてのこの表現は、この紛争についての歪められていない認識に対応していると言えるでしょう――この認識は、心的現象の深い層の中に（だが、近寄れないものでは決してない）、たしかに存在しているにちがいないと、私は確信しています。昨日やって来た、二つの「極」という言葉での表現は、紛争の**歪められたビジョン**を表わしています――「斜面」のひとつを、理想の、英雄的な「極」にするために優位なものにし、もうひとつの「斜面」を、前の極に対置された、もうひとつの極、恥ずべき、軽蔑すべき極として劣位におくことをめざす、ボスの意図によって歪められたものです。私の推測では、この中間的なイメージは、それほど深くない、中間的な層の中にあり、外化されたイメージである、小人と巨人という「舞台化」とおそらく部分的には同居しているのでしょう。そして、小人と巨人という「イメージ」の方は、意識のある表層により近いところにあり、表面にある層とは部分的に重なり合っているのでしょう[3]［P384］。想起しておきますが、最後に、この表面にある層においては、いくらかぼけた「子どもに甘い父親」と、丁重で、思いやりにみちた、みるからに目立つビロードをまとっており、また、ビロードの花のついた目に見えない爪をもった息子とからなる牧歌的なイメージが支配しているのです…。

昨日の省察は、一昨日のものに比して、とくに、この一昨日の省察にニュアンスを付与し、これによって、いくらかその輪郭を鮮明にしはしましたが、にもかかわらず、なお、新しい基本的なものはなにももたらしていないと思います。たしかに、あまりにも夜おそくなったので、この省察をやめることにしたとき、私が進んでいる方向、つまり、「両義的な一体化」という方向の末端にまで至ったという印象を持つことは全くありませんでした。あとで、これについて考えなおしてみると、おそらく「自分を陽として見る」という私の年来の習慣にしたがって、私という人間との一体化があれば、それは、私の陽の諸特徴にしか関わらないことは、私にとって当然のように思えたということに気づきました。今の場合、小人と巨人という舞台化されたイメージにおいて、たしかに歪んだ形のもとにではあるが、それでもはっきりと認められるものとして、自分を認めたのは、現在までのところ、**巨人**の中におけるてでした。しかしながら、もし、私が、わが友における「逆転」のシンドロームの効果にもとづいて、執拗に「**小人**」として表現されたとしたならば(4)［P384］、(みるからに敵意をもった)この同化は、ただちに、普遍的な性質の、力強い反射作用でもって、私により拒絶されていたでしょう：私の中にたしかに現実にある諸特徴(今の場合、陰の)を標的にして、これも現実にある相補的な諸特徴（これらの方は、評価の高いコンセンサスから優遇されている）を沈黙に付しながらおこなわれる、嘲弄の意図に直面させられるということです――このような状況は、私の中に、やり玉にあげられている諸特徴を、完全に否定するとは言わないまでも、少なくとも内密に小さく見せながら、これらに**対置させる**ためとして、不正にも隠されている諸特徴を前に押し出すという年来の反応を呼び起こします。

この「心の底で生ずる」反応によって、私はたしかに紛争の遊戯の中に入っています、まさしく私の方がこの遊戯をおこなっているとみなされているごとく！この反応は、私をこの遊戯の中に引き込むために、人が私をつかむ、ずっと以前からあるこの「鉤（かぎ）」を、私に示しています。現実についての私自身のビジョンも、挑発的な歪みに反応して、歪んでいます。したがって、昨日、口先だけで(あるいは、タイプライターに触れるだけで)、つぎのように書いたことは、全くの無駄だったわけです：

「似ているという感情、そして一体化という行為を促進する性質をもつ、第一の「客観的な特徴」は、私たちの共通の恋人である数学の上での彼のアプローチと私のアプローチとの間にある強い親近性でした」。

このとき、私は、これを書きながら、この「強い親近性」は、ことがらの発見と認識における、**陰の、女性的な**アプローチから成っていることを忘れたかったのでした——この側面こそ、まさに、これによって、彼に「似ている」ということで、彼と同じく、私も「**小人**」として立ち現われていたのでした：これは、格好の時機が到来したときには、取って替わり、「逆転させる」ために、折をみて投入しようとしていた、隠された、傷つきやすい、恥ずかしい側面だったのです。この「またとない状況」[5]［P384］、私の知の衝動における陰の優位性、これは、あやしげな一友人の手にある**武器**であっただけでは**ありません**でした——それは、また、なによりもまず、私との彼の一体化のある種の「客観的な基礎」でもありました、このときには、**父**との一体化ではなく、「姉」とは言わないまでも、**兄**との一体化としてあったのです。

ここで私が「客観的な」という言葉を用いるのは、「一体化」は、今回、なにかであることを欲している（あるいは、…であることを嫌がっている）「ボス」のもつ作り話のひとつの中に根を持っているのではなくて、深い、はっきりとした、疑いの余地のないある**現実**——つまり、双方のもつ原初の性質の間の**親近性**という現実——の中に根をもっているということを表現するためです。とにかく、たしかに、この親近性は、彼によっても、私によっても、知覚されないということはあり得ませんでした。そして、ある深いレベルで、この親近性の**意味**もまた知覚されていたことに私は疑いを持つことは出来ません。また、これに完全な確信をいだいているわけではありませんが、少なくとも、この知覚は、たしかに、彼の私という人間との一体化において、素材として役立っていたにちがいないと推測します。したがって、この一体化は、異なった**二つのレベルで**なされたのでしょう：つまり、一方では、彼自身が模範的な体現者になろうとしていた（このモデルは到達できないものに見えており、しかも、これは、理想をたしかに実現していたとみなされているので、単にみかけだけだとしても）**諸価値**の体現者として私が姿をあらわしている、「理想の」レベルにおいてであり、他方では、「現実の」レベルにおいてです。ここでは、一体化は、正しく知覚されている事実の**親近性**にもとづいてなされているのです、しかし、この親近性は、大きな欠陥のある、哀れむべきものという評判の共通の諸特徴におけるものなのです[6]［P384］。

想起しておくときでしょうが、私たちの出会いの時点、そしてこの時点のあとさらに十年以上の間、私の中で、私の「女性的な」諸特徴の抑圧は猛威をふるっていました、この同じ抑圧を、私は、最近わが友のもとで確認することになったのです。振り返ってみるとき、私たちの出会いの時点で、わが友におけるこの抑圧は、すでにあるレベルで存在していましたが、しかし、とくに、潜伏の状態のままであり、とにかく、私のもとであったものよりも、はるかに弱いものだったように思えます。一度ならず強調しましたように、彼という人間からは、調和のとれた均衡という印象が生じていましたが、私という人間は、ずいぶん以前から、スーパー陽の方向での不均衡が際立っていました。そのとき以来、彼のもとで、私のもとで、**反対方向の進展**がありました：わが友のもとでは、陰—陽の均衡の状態から、陽の方向でのつよい不均衡へ向かっての進展があり、私のもとでは、陽の方向でのつよい不均衡から、陰—陽の（相対的な）均衡の状態へ向かっての進展です。

ただちに現われてくる考えは、八歳のとき以来、私自身が従ってきた、原初の均衡の崩壊の方向での進展を、（三十年ほどのずれを伴って！）、わが友は、おそらく私に対するこの二重の一体化によって、従ったということです。「女性的な」諸価値を犠牲にして、「男性的な」諸価値を適度に優位づけていたものが、私との接触によって、あるいは、私が加わっていた環境との接触によって、なにがなんでも[男性的な諸価値を]優位づけるものに変化したということもあり得ます。しかし、他の所で強調しましたように、彼によって指揮された埋葬における「活力」(あるいは、「生きた力」)、および、彼自身の変身（これは、また、ボスの手による、彼の中の子どもの埋葬でもあります…）の中での活力——この活力は、多かれ少なかれ極端な（さらには、狂気にみちたものでさえある！）、諸価値のあれこれの体系の採用のみの中にあるということはほとんどあり得ません。また、私という人間に対する一体化の中の、また、わが友の人生において、この一体化が演じた極端な役割の中の「活力」についても、同じことが言えます。あきらかに、作動しているのは、ただひとつの、同じ「力」であり、その根は、遠く、彼の幼少時代の中にまでおりているのです(7)[P384]。

もうひとつの奇妙な考えがここでやってきました。私の人生の四十年のあいだ引きずってきた最も重い荷物である、「男性的なもの」による、私の中の「女性的なもの」のこうした抑圧、これは、また、「大ボス」による、私の中の子どもの抑圧とも近い関係にありましたが——この荷物が、まさに、彼自身は同様な荷物から免れていると思えた時点で、わが友によって「**再び**」

取り上げられた」と言えるでしょう。それは、私の価値の体系が、陰の方向へ移行した時点のころでした、この進展は、その十五年ほどのちに、突然、巨大な重荷が軽減されるのを感じたとき、子どもとの再会の時点を予示するものでした[8][P384]。ここでただちにやって来る連想は、ヒンズー教の**業**（ごう）［カルマ］という考えです。私にとって明らかなことは、ここ八年のあいだに、幼少時代いらい引きずってきた、この業の重要な部分を軽減したということです。この軽減は、だれかの「犠牲において」なされたのではないこと、それは、私にとってばかりではなく、「すべての人にとっても」有益なものである、と私は考えたし（そして、いまもそう考える方に傾いています）、さらに、他の人が自分の利益のためにこの軽減をおこなうことを選んだ（さらには、選ば**なければならなかった**）ことが明らかだとしても、同じようになることを、私ははっきりと**分かっている**と言うことさえ出来ます。さらに、また、私が軽減したこの業を、ひとつの「悪」とは見ていません。それは、私にとっては、私の前にあった、**成熟**のための滋養分でした。私がそれを食べ、養分をとり、ある認識が、無知という養分を与える母胎の中で形成されたということは、私にとっても、すべての人にとっても、良いことであると、私は思っています[9][P384]。この滋養分あるいはこの業は、ひとたび認識に変わってしまうと、いかなる残留物も残さずに、消えてしまったと思えました。実際のところ、私は、このテーマについて、ヒンズー教あるいは仏教の伝承が教えていることについて知りませんし――これに対して、（物質の保存の法則に似た）、摂取、消化、吸収という生きた、創造的なプロセスからは全く影響を受けないような、「業の保存」の法則があるのかどうかも、私は知りません。

礼儀を重んじて、これらの「生きたプロセス」の中に、**排泄作用**を入れませんでした。しかしながら、排泄は、（身体全体の死と同じく）吸収されたものの循環の鍵となるプロセスであり、「死んだ」有機物の生きた有機物への変換の無限のサイクルの中に戻ってゆき、この循環によって、生が永遠に死から生まれるのです[10][P384]。

注 (1)　『近親姦の称賛』のことです、これについては、注No.43［『数学者の孤独な冒険』、P381］において（「導師でない導師――三本脚の馬」（No.45）を参照しながら）、また、とくに、ノート「行為」（No.113）において取り上げました[P102]。さらに、ノート「ものごとのダイナミズム（陰と陽の調和）」（No.111）の冒頭をも見られたい［P83］。

(2)　（『近親姦の称賛』という挑発的な名のもとで）企てられたこの作品は、実際には、三つの部分（無邪気、葛藤（あるいは、転落）、解放（あるいは、再び見い出された幼少時代））からなるはずでした、そのうちの第一部だけが仕上げられました。ここで問題にしているのは、この第一部のことです。

(3)　小人と巨人というイメージに関するこの推測は、もちろん、ピエール・ドゥリーニュの、彼自身によって書かれた、略伝メモの結末の言葉の中にある、このイメージについてのじつにはっきりとした表現に由来するものです（この略伝については、ノート「活力の中の活力――こびとと巨人」（No. 148）の注(3)［P 326］において言及しました）。

(4)　この「小人」自身は、「にせの」巨人の諸特徴をもち、しまりのない、とてつもなくぼやけた形の「大おんな」の変身にほかなりません…（一九八五年二月）。

(5)　この名のノートNo. 151を見られたい［P 340］。

(6)　したがって、これら二つの「レベル」は、ここでは、私という人間との一体化の中での、相互に対立する、二つの異なった「原型」に対応しています、つまり、父（別の名は、「巨人」）という原型と、兄弟という原型、さらには、姉妹（別の名は、「こびと」）という原型です。この後者の原型は、また、「あるべきもの」としてではなく、残念ながら！、「あるがままの」血肉をもった父によって示唆される――「子どもに甘い父親」というイメージの中にも見い出されます…。

(7)　この方向でのより具体的な直観については、とくに、ノート「執行猶予中のうらみ――事態の回帰(2)」（No. 149）を見られたい［P 327］。

(8)　価値の体系のこの「移行」については、ノート「陽は陰をもてあそぶ――師の役割」（No. 118）において、また、子どもとの「再会」については、この名のノート（No. 109）において述べられています［P 139、69］。

(9)　これと同じ方向での省察については、ノート「円環」（No. 116′）の末を、とくに、このノートの最後の段落を見られたい［P 130］。

(10)　生と死の循環というテーマについては、ノート「行為」（No. 113）をも見られたい［P 102］。

(156₁)　（二月二十日）この「パターン」は、ついに、最後のグループ(12)で壊れることになりました。このグループは、残念ながら！**六つ**のノートしか含んでおらず、これにより、「陰と陽の鍵」は全部で六十二のノートからなることになります。私は、このグループ「紛争と発見」の中に、八つのノートが入るだろうと考えていました。これだと、総合性の基準と合致し、ノートの総数は、64＝4×4×4となって、これもまた、『易経』の六角形の数になっています！残念ながら、私の期待は実現しませんでした。しかし、それでも、「ごまかして」、ピエール・ドゥリーニュのわが家への訪問にさかれている二つのノートを「陰と陽の鍵」の中に含めるようなことはしませんでした。この二つのノートの自然な場所は、むしろ、「…鍵」の**あとの**、「葬儀」のつづきの中にあるように思えました。

しかしながら、このグループ(12)については、ある不満足の感情が残りました。「…の鍵」をなす十二の部分の中で唯一、着想とテーマの**統一性**という印象が得られないものなのです。この統一性の欠如は、「紛争と発見」というテーマ自体によるものではなく、省察の過程で外的な出来事（時折は、かき乱す）の侵入によるものにちがいないと思われます。

（三月七日）昨夜、「確信と認識——転移」と名づけたノート（No.162）(1)［P386］に集められた、一月十四日の省察を読み直してみて、この名に対して不満を感じました。一方では、「主要な」タイトルと小タイトルとは、「ひと目みたところ」一緒にならないように見えます——実際、これらは、ひとつは、この省察の中の第一の「運動」に対応しており、もうひとつの方は、第三の「運動」に対応していますが、これら二つの運動は、それ自体としては、はっきりとした関係がありません：ひとつは、（突然に生じた**確信**という形での）認識の開花のプロセスの叙述であり、もうひとつは、ひとつの世代から別の世代へ、ひとりの人間から別の人間への、業（ごう）の終わりのないつながりと「転移」についての想起を表わしています。さらに、最も私的な内容、私自身についての「急所をなす」内容、これは、この省察の「第二の運動」の実質をなしており、（さらに、第一の運動から第三の運動へ渡るための「かけ橋」ともなっていました）——この決定的な内容が、この選ばれた名には現われていないのです。（さらに、このひそかな回避は、偶然から生じたものでは決してないことは、私にとって明らかです…）。これら三つのテーマのおのおのは、それ自体として、重要なものに見えるし、これら三つを想起させるようなひとつの名も、「ぴったりの」二重の名も思いあたらないので、最もいいやり方は、ノートを三つに分割して、それぞれに示唆に富む名：「確信と認識」、「最も熱い鉄棒——

転換点」、「終わりのない鎖——転移(3)」(No.162、162′、162″)を付すことだということが分かりました。

省察の内容そのものによって（いわば）指図（さしず）されておこなわれた、この三つに分割するという操作によって、二か月近く前から、私が抱きつづけていた、「美的な面からの」不満が一挙に解消されたことが、突然わかったのは、結局のところあとになってからでした。「陰と陽の鍵」のこの十二番目の、最後の部分（これを、私は、「紛争と発見」と呼んでいました）は、ひきつづく**八つの**ノートから（もちろん、自然に仕方で）なるものとして完成されるのではなく、すでに書かれていた六つのものしか含まないままでいたいような様子をしていたのでした。こうして、私は、「陰と陽の鍵」の末に、その場所は他のところがふさわしい、二つのノートを、「深く考えずに」「ごまかして」、「くっつける」という安易な誘惑に身をゆだねなかったことから、利益を得たのでした！「鍵」のこの最後の部分は、（ついには、「悪のなぞ——紛争と発見」と名づけられることになりましたが）また同時に、藤井師と私の友人のお坊さんたちについての二つの「脇道のノート」を真ん中に置いて、集められた、中心的なテーマをめぐる二つの包み（おのおのは、三つのノートからなる）をもつ、すばらしい対称的な構造をもつことになりました。

注(1) このノートは、また、「陰と陽の鍵」の最後のノートでもありました。

(12) 紛争と発見——悪のなぞ

a 憎しみもなく、容赦もなく

157

（一月四日）昨日と一昨日の省察において、私は、とくに、わが友の私という人間に対する一体化という現実との接触を見い出そうとし、これをおこないながら、この現実の影響の及ぶ範囲とその意味内容とを明らかにしようと試みました。それは、暗い夜にとは言わないまでも、薄暗がりの中で手さぐりしている仕事のように、再びおこなった仕事です。あるいは、おそらく、こう言うべきなのかもしれませんが、私の目は、閉じたままであり、私のまぶたは、私が知覚することが出来ない状態にある光を前にして、不透明になっているのでした。とにかく、わが友との関係のいかなる時点においても、この一体化を「感じた」あるいは「見た」という記憶はありませんし、また、私に対する彼の対立的な姿勢を「感じた」あるいは「見た」という記憶もありません。それでも、疑いの余地なく、符合する諸事実からなる豊かな束を通して、私という人間に対するこの一体化と、その影としてあるこの対立は、**現実**であることを私は**知って**います――あたかも、生まれつき目の見えない人が、一度も見たことがないのに、太陽、日の光、さまざまな色、明るさと暗さがあることを「知ることになる」ように。その人は、これらのことがらについての**じかの認識**なしに、これらを知っているのです。あるいは、たとえ、その人が、おそらくより繊細な、触知する感覚を通して（あるいは、その人ひとりの人生のみでなく、この人の前にいた、目の見える人たちからなる、数限りない世代の人生を通して）これらのことがらについてのかなり漠然とした認識を持っていたとしても、この認識は、間接的なものであり、輪郭が鮮明とは言えないものにとどまっているでしょう。不確かで、遠くからのこだまによって私たちにやって来る、熱のある、響きのよい声についての認識のように。

ここ二日間おこなった仕事は、まだ、やむを得ない手段、欠陥をもった直接的な知覚の代替物のようなものでした。私が理解している意味での、「めい想」に関するすべての仕事においては、多かれ少なかれこのようなものです。仕事は、つねに、ある**惰性**――鉛のまぶたのもつ惰性に抵抗しながら**押し進められる**のです！もちろん、目が完全に開いていて、めざめている時点では、めい想や仕事はまったく必要ではなく、ただ、ながめ、見るだけで十分です。こうした時点はまれですので、腕を組んでこうした時点が来るのを待っているよりも、私は、仕事が、鈍重で、「ゆっくりと」していることを気にかけずに、機先を制する方を好むのです。仕事がゆっくりだとしても、時折は、普通よりもはるかにゆっくりだとしても――それでも、一度も、足踏みの状態になったり、どうどう巡りになったりしたことはありませんでした。真の願望によってつき動かされた仕事、私の言う真の仕事があるときには、前進があります：なにかがなされ、形をとり、変化しますが、それらは、ある時点では感じ取れないほどですが、別の時点では、急速になされます…。そして、時折、形も輪郭もない薄明かりの中で、なん時間もなん日も、さらにはいく月も、あるいはいく年も追求される、鈍重で、執拗な前進の末に、奇跡が生まれるのです：目の見えない人が**見える**ようになるのです！そして、見えたものは、ある記憶の漠然とした跡しか残さない、一度もあったことがないかのごとく、消えてしまう、つかの間のビジョンではありません。それは、これらの目立たない骨折りから生まれたひとつの**認識**、新しい認識、私たちの好きなものの味とおなじく、深く私たちの内面にかかわる認識なのです。

一昨日の省察において、九か月前、ノート「敵としての父(1)」の最後の数行（さきほど引用しましたが［P371］）を書きつつあるとき、それについて考えることが、「私のペンを導いた」ひとつのケースがあったとすれば、それは、私に対するわが友ピエールの関係の中での彼のケースでした、と書きました。しかしながら、このとき、私にさらにもっと近い他の「ケース」も、省察の背景として、私の心の中にあったにちがいありません。そこで、私が、「同時に、感嘆され、恐れられ、愛され、嫌われている父」について語り、ついで、「恐れられ、憎まれ、ひとに避けられるもうひとつの自分自身」について語ったとき、「恐れられ」、「嫌われ」、「憎まれ」という言葉、そしておそらく、「避けられ」という言葉も、友人ピエールの私という人間に対する関係には**あてはまらない**でしょう。直接的な知覚——たとえ、それが、つかの間の、軽いものであっても——によっても、また、私の知る明らかな諸事実の突き合わせによっても、わが友が私について持ったかもしれない**恐れ**、あるいは、私に対して抱いたかもしれない**憎しみ**、あるいは、単に**敵意**の方向にあるしるしをほんの少しでも持ったことは一度もありませんでした。一度ならず強調する機会がありましたように、実際はその反対です。この十五年間を通して、「タイム！」、またの名は「ビロードをまとった足[1]」［P390］というスタイルのもとで、そして、ついには、（いくらかの礼儀は守るという条件のもとで）全く罰せられないことが確実な、穏やかな破廉恥さの域にまで達した、次第につよく現われていった、裂け目のない、見たところ根拠のない、この対立をみて、じつに面食らわせられたのは、まさにこうした状況があったからです…。

この面食らわせられる、謎のような進展は、ただちに、これも十五年間にわたる、私の妻であった人とのカップルの関係の中で、また、その余波として、私たちがつくった家庭の中で、生じていった事態の悪化の、これも「面食らわせられる」、「謎のような」（これらは、ここでは、遠回しの表現です！）進展を連想させます。私の妻のもとでの、私に対する憎しみ、あるいは慢性の敵意という姿勢を私に告げるようななんらかのしるしがなかったので、私が愛しつづけていた人の中に、私にとって大切であった人びとを通して、私に行使される、執拗な、不思議な、仮借ない、破壊の意志をついに確認するまでには、この関係の中での容赦のない事態の悪化を十年も放置せねばなりませんでした（このとき、私のエネルギーの大部分は、数学にとられており、これが、例の［危機を前にして、その危機をみないために、砂に頭を突込んでしまう」ダチョウのための砂の山の役割を果たしていました…)。それは、一九六七年のことであり、私が家庭から出てゆくことになる時より五年前、私の人生において背負ってゆかねばならなかった最も重い重荷として感ぜられていたことの紛争をやっと解消することになる時点より十年前のことでした。長い間保ってきたひとつの関係が与えてくれる、適切な時間上の距離を置いても、私にとっては、ひとつのなぞのままでありつづけていることを確認するしかないのは：機会が与えられさえすれば、情け容赦なく打撃を与える人びと——大人や子ども——に対して、飽くことを知らない破壊の意志があって、かつ、同時に、**憎しみ**、あるいは単なる敵意も**存在していない**という状況です。

あらゆる差異を考慮に入れた上でのことですが、わが友の私に対する関係において、いま私が立ち会っているのも、同じなぞです。そこでは、この「私にとって大切であった人びとを通して、私に対して行使される…執拗な破壊の意志」は、厳格に、数学者たちの世界という平面の中にあり、彼の道具と人質は、「血肉を分けた」私の子どもたちではなくて、象徴的にその代わりをしている人びと、つまり、いくらかでも「私の名をもっていた」学生たちとそれに類する人たちです。

双方の場合において、私は、憎しみや敵意を認めることがないだけではなく、さらには、私に対する、共感の感情、またしばしば、愛情さえあり、それについては、全く疑い得ないということです。

私が、他の人の中で、憎しみや敵意の跡を認めることなく、傷つけようという意志、さらには、破壊しようという(この言葉の最もつよい意味で[2][P 390])意志に立ち会ったのは、これらが、唯一の状況ではありません。私の人生に最もつよい刻印をしるしたケースは、一九三三年、私が六歳のとき、立て役者として私の母をもつものとしてありました——それは、私の両親、姉、それに私からなっていた**家庭**が永久に壊された年でした[3][P 391]。

私が近くで知ることが出来た、破壊しようという意志、あるいは考え得るかぎりの深さをもって傷つけようという意志をともなった、しかも、敵意のいかなる跡も私には認めることが出来ない、この種のさまざまな状況は、それぞれがきわめて異なっているように見えます。私としては、これらに、ある深い原因の関連性を示唆するような、共通の「説明」、あるいは、少なくとも、立て役者たちの遠い昔の経歴の中に共通の特徴を見い出すことが出来るとは思いません[4][P 391]。説明よりもおそらくもっと重要なこと、とにかく、第一義的なことは、**憎悪が不在なままで、破壊の意志がある**

というものがあることをまず**確認する**ことでしょう。ここで、以前に異なった道を通じて取り組んだ、「理由のない暴力」というテーマにつながります[5][P391]。これは、**近い人**、あるいは、「友」だとみなされている人**に対する**理由のない（そして、時折は、破壊的な）暴力のことです。毎日の生活の中で、このような暴力（めったに、その名は名乗られません）が**存在する**ことそのものが、おのおのの人生において重要な**一事実**であり――人間の生活の中の重要な事実のひとつです。絶えずこの事実を隠すように私たちを押しやる、年来のメカニズムに抗して、この事実を確認すること、それは、この事実を受けとめるための第一歩です。この一歩は、どんな理論も、どんな推論も、どんな「すすめ方」も、それなしですますことの出来ないものです。

いつか私がこの事実を**理解するようになる**かどうか私には分かりません。これを理解することは、また、「紛争を理解する」ことでもあると思います。私にとって明らかなことは、このような理解は、ある「理論」からも、ある「経験」からも（この経験の力のみによっては）、生じてくるものではないということです。それは、知性のみの次元のものでも、「頭のよさ」のみの次元のものでもないのと同じく、（「知識」、あるいは「経験」の）積み重ねのなんらかの「総和」でもありません[6][P391]。このような理解を体験した人について、例え名前だけだとしても、知っていると、私は確実には言えません。しかしながら、疑い得ない、無数の顔をもった、ある現実を前にして、限りなく身をかわしたあとに、ついに、苦しみも激高もなく、あきらめも憤激もなく、つつましく、この事実をただ**確認する**に至った人はいるようです――おそらくその意味は分からないが、その広がりと深みは予感できる、ある恐るべき**なぞ**――その人をおびえさせることも、不安にすることもなく、その人の好奇心をそそるか、その人に問いを発するこのなぞの確認として――そうした人は、無駄に生きたのではないのです。

注

(1) 二つのノート「タイム！」（No.77）［『数学と裸の王様』、P153］、「ビロードをまとった足――微笑」（No.137）［P265］、そして、この後者のノートにつづくノートで、「陰と陽の鍵」の「ビロードをまとった爪」の部分をなしているものを見られたい［P273］。

(2) ここで、「最もつよい意味」ということで、私が理解しているのは、苦しませる喜びのために苦しませる意志、あるいは、他の人にとって大切であるような、ある限定されたことがらを破壊するという意志ではなくて、他の人の（身体の、とは言わないまでも）心の破壊の意志、（それが出来るときには）この「理解を超えていること」を前にして、消し去れない、大きな被害をもたらす絶望を植えつけるという意志のことです。「よこしまなシンポジウム」のもつ輝かしい、愛想のよい外面のうしろに、その立て役者の中のもっとも輝かしい人たちのうちの二人において、その極端なレベルのものを見い出したように思いました…。

(3) このエピソードについては、ノート「スーパー・ファーザー」（No.108）を見られたい［P62］。

(4) しかしながら、激しいものだが、深く埋もれている、自己に対する軽蔑は、たしかに、これらの状況に共通しています。おそらく、このような激しさは、（それが、ある赦しの行為によって、深い心の中の変化によって、解消されていないとき、つまり、それが、「受けとめられ」ていないかぎりは）はけ口を見い出し、破壊行為によって、破壊の意志によって表現されます。そして、他の人の中に自分の標的を探したり、見い出したりすることが出来ないときには、自分自身に対するものに返ってきます。ひとりならずの男や女のもとで、また、近い人たちのもとでも、私は、いく度も、自分自身に向けた、また、近くの人たち（母、父、配偶者、または子ども…）の中から選ばれた、外的な標的に向けた、破壊の意志をもつ時を同じくした行為を認めることが出来ました。

（一九八五年二月）ノート「理由のない暴力の原因」（No.159）［P398］における省察をも見られたい。これは、このノートの三日後に書かれたもので、このノートは、みるからに、この省察を準備したことになっています。

(5) ノート「無邪気な暴力——転移」（No.139）をみられたい［P278］。

(6)（三月五日）とにかく、このような理解は、**私自身の中にある**この暴力の理解を通してしか生み出されないことを、私は知っています。

b 理解と再生　158

（一月五日）あらかじめ考えていたわけではありませんが、昨日の省察の最後の調子は、再び、まったく弔辞の色合いでした——だが、今回は、故人自身によって発っせられ（あるいは、歌われ）たものです。結局、人は、自分自身のことにはよく関わるものです！

昨日、「紛争のなぞ」のもつ当惑させられる側面のひとつに改めて立ち会うことになりました：つまり、ひとりの近い人、あるいはいく人かの近い人や友人に対して、影の中で、執拗に、休むことなく行使される、憎しみもなく、明らかな動機もない、破壊の意志という側面です。このような意志は、熱狂的なものになり、傷つきやすいものに見えるすべてのものが、格好の標的になる、あらゆる方向にわたる破壊の渇望にゆきつくことがあります。観察する人（あるいは、その犠牲となった人も）が、ユーモアの感覚を持っていて、その行為者―人形使いが、他の人に対して、わずかな力しか行使できないときには、これは、（道化師の演技のように）反復的な性格をもち、裏で操る術においては、試練づみの手腕をもった、ひねくれた「行為」の抑えがたい激しい渇望のようなものになります。その結果、このサーカスの遊戯の犠牲となる人びとの中に子どもがいるときには、たとえ、その犠牲が、比喩的な意味でのみ「血まみれのもの」であったとしても、状況は、さらに深刻なものになります。また、破壊の渇望を持っている男あるいは女が、その人と同類のいく人かに対して、大きな、さらには絶対的な力を行使できるときにも、同じものになります。歴史は、私たちに、自分の勢力範囲を広大な死体の山に変えた、このような無差別の破壊の狂気をもった、いく人かの独裁者の名を伝えています。イワン雷帝やスターリン、あるいは、（私は、その名と何世紀のことだったのか忘れてしまいましたが）棒と杭で武装した、自分の追い詰められた臣下たちに打倒されることになった、中国のある皇帝のことが想起されます(1)[P396]。もちろん、私たち自身の国々にも類似のケースがあったでしょう。多分もう少し規模が小さいでしょうし、「歴史」は、これらについてより控え目に扱っているでしょうが…。

昨日、うわべだけの控え目さでは全くなく、確認したばかりの「ことがら」、つまり、憎しみなしの破壊の渇望という「ことがら」を、私は理解できていないと書きましたが、このテーマについて私が全く何の考えも持っていないことを意味するものではもちろんなく、その逆です。単なる「考え」よりももっとましなもの、いくらかの強い直観を持っているとさえ、はっきり言えます。これらの直観は、時折は、私の人生を荒廃させるように見えた、さまざまな紛争にみちた、私の人生という腐植土の上で生まれ、芽を出しました。これらの紛争は、根こそぎにされるべきものは、容赦なく根こそぎにしながら、冬の変わらない風景の中で荒れ狂う、絶えることのない嵐のようでした(2)[P397]。しかし、沈黙の中で時機を待っている、眠れる土地にとっては、すべてのもので腹がみたされるのです。春がやって来ると、じっとしたままの、死んだ大きな幹のくぼみに、激しい生がうごめきはじめます。そして、つぎの春には（それが同じ年でなくとも）そこで、すでに、草や花が咲くのが見られるのです。

　これらの「強い直観」は、すべて、紛争の「**さまざまな要素**」に関するものであると思います。これらの要素のいくつかについて、とくに、「**自己の軽蔑**」と、しばしば一方が否認されている、陰あるいは陽の「斜面」のような、私たちの原初の存在のいくつかの基本的な側面と力の抑圧とこの「自己の軽蔑」との関連について、いくらか語り、一度ならず語りもしました。また、しばしば、**うぬぼれ**について語る機会がありました。このうぬぼれは、名刺のようなもので、私たちの中の紛争の存在を示す、最もよく見える、とりわけ普遍的なしるしであり、その裏側は、自己の軽蔑である、同じメダルの「**表側**」であるように私には見えます。自己の軽蔑の外部への投影としての、**他の人に対する軽蔑**があります。それは、同時に、この自己の軽蔑を覆い隠すものですが、もっと適切な言い方では、気晴らし、そして、悪魔を追い出す行為でもあります。他の人に対する軽蔑は、結局は、私たちとおなじ資格で、この世界に属しているものと感ぜられるものとしての、その人の存在を意図的に無視することにほかなりません。理由のない暴力は、このような軽蔑の土壌の上にしか、発芽し、繁殖してゆきません。そこには、**知ることに対する恐れ**、現実に対する恐れがあります。こうした恐れの急所をなす中心、この「危険な場所」、ほんの少しの警報でも始動する用意のある、苦悩の渦巻きの中心地点には、**自己を知る**ことに対する恐れがあります。つまり、自分自身の姿勢と、たとえかなり粗っぽいものでも、自分の逃げ口上とを知ることに対する恐れであり、また、これらの姿勢や逃げ口上によって、日々、私たちが否認し、埋葬している、私たちの中の創造的な力を知ることに対する恐れでもあります。

　私の人生において、こうした恐れは、六歳のときに現われました。このときには、まだ、いかなるうぬぼれもありませんでした（と思います）。うぬぼれは、あとになって、八歳ごろに生じた「移行」の時点で（と推測されます）、現われたにちがいありません[3]［P397］。この恐れも、ある好奇心が現われるやいなや、最初に、跡を残さずに消えてしまいました。この好奇心の方は、思いやりがあると同時に非礼なもので、たしかに興味はそそられましたが、「危険な場所」一座ともいえる、チンプンカンプンで不気味な、大スペクタクルの上演には強い印象を受けるということは全くありませんでした。これに対して、うぬぼれのメカニズムの方は、見かけの知ることに対する恐れが消えてから八年も、見かけの変化なく、そこにいつづけています。好奇心は、だまされておらず、このめざめた好奇心の存在の時点で、これらのうぬぼれのメカニズムは骨抜きにされて、私の人生に対するこれらの影響力のみは変化しました！

ここで、私は、紛争についてのあらゆる範囲の要素を持つことになります――それについては、私が直接に知っているもので、疑問のニュアンスは全くありません。それらは、たしかに、要素であり、基本的なものです。また、何年も前から、好きなときに、私の中に、そして他の人の中に私が観察することが出来たことに照らし合わせて、入念にそれらの要素の近接関係や依存関係をはっきりと指摘しながら、これらを「あつめる」ための、すべてを手に持っています。これは、数日あるいは数週間の仕事であって、ひと月はかからないと思います。また、確実に、きわめて教訓に富んだもの、非常に有用なものになるでしょう。私が、より直接に私に関わる、他の方向を優先させて、まだこれをおこなう労を取らないのは、もちろん、ある「紛争の理解」を私にもたらしてくれるのは、私という人間（それが、他の多くの人のなかの「実例」としてではなく）が不在な、一般的な言葉を用いての、要素のこのような「あつめ」ではないことを私はよく分かっていたからです。それは、ある化合物を構成している「要素」、単体のいくつかを並列したり、「あつめ」たり、あるいは混ぜたりすることだけで、この化合物を再構成することが出来ないのと同じです。この「再構成」がなされるためには、まずは、「化学反応」が生じなければなりません――単なる「あつめ」や混ぜ合わせではなし得ない、別のレベルの力による、とりわけ緊密な仕方での要素の接触と働きをなにものかにさせながら。

人生のさまざまなことがらの理解にとっても、同じことが言えます。知性だけでも、なんとか、「紛争」のようなことがらの諸要素をつきとめることが出来ます。また、すでに知られている諸要素があるとき、（直接あるいは間接に知られている）これらに関係することがらの助けによって、納得できるような、さらには「正しい」仕方でもって、ともかく、それらを集めることが出来るでしょう。このような仕事は、時折、あれこれの紛争をともなう状況において、その多かれ少なかれ正確な「原因」を引き出す上で、有用なものです――しかし、それは、まだ、「紛争の理解」とは言えません。これに対して、**紛争に対する私の関係**が変化する日に、私はこのような理解に向かって一歩前進したと言えるでしょう。ここで「紛争に対する私の関係」と言うとき、もちろん、まずなによりも、私自身の中の紛争に関することであり、（ここから発して）時折私をある人あるいはまた別の人と対立させる紛争に関することであり、そして、最後に、日々の私の人生において、近い人びと、それほど近くない人びととの中で作動しているのを見る紛争に関することです、それは、しばしば、これらの人びとの中のある人を他の人に対立させる紛争によって表現されます。

ここ八年のあいだに、紛争の理解へ向かってのこのような進歩がたしかにありました。つまり、紛争に対する私の関係の中での変化、あるいは、**いくつかの**ひきつづく変化がありました。このことについて二、三のエピソードを挙げる機会がありました[4][P397]。おそらく、紛争の完全な理解とは、それが見られるところで、それが現われるそのあり方において、紛争の存在を完全に受け入れることに等しいのでしょう[5][P397]。もちろんのことですが、私はこれからほど遠いところにいます！おそらく、また、紛争の完全な理解とは、その人自身の中の紛争の完全な解消を意味するものでしょう。私は、これからもさらに遠いところにいます！

しかしながら、要素のあつまりから、その人を再生する、**ある理解**を突然立ち現われてこさせる力の性質については、さらになにがしかのことを知っているつもりです。まさに、この力こそ、「知性のレベルのもの」ではありません。なんらかの知的な仕事、例えば読書、それが、たとえどんなに学問的な、深い、あるいは高尚なものであっても、こうした力の出現を促進するものだというのは疑問です。この力がほとばしることになるのは、ただ沈黙の中で、私たちの中の、私たちの体験の中の最も個人的なものとの接触においてです。したがって、どんな本も、どんな人も、たとえキリスト、あるいはブッダでも、私たちに決して明らかにしない、なにものかなのです。

「最も個人的なもの」と言ったとき、それは、私たち自身に対して、あるいは他の人に対して、そのことについて話すことが出来ないことがらを意味しているのではありません——ときには、話した方がいいものです。しかし、天使の声や予言者の声によって話されようとしても、**話される**ことは、そのことがらそのものではありません。すでに知られている、だがおそらく埋もれている、このことがら、それとの接触によって、突然、あたらしい認識をほとばしらせ得るもの、こうしたことがらは、天使にも、予言者にも、最も近い人、最も愛している人にも、**分からない**もので、**あなた**だけが知っているものなのです。

紛争、そして「憎しみのない破壊」にもどりますが、これは、私には、紛争の最も堅い「核」、そして理解、つまり、**受け入れ**に最も抵抗を示すものに思えるものです。さらにすすんで入ってゆくための、私の前にあるつぎの一歩において、まず接触を見い出すべき、この「最も個人的な」ことがらとは何であるのか、私は知っているつもりです。それは、今の場合、じつに執拗に回避されている、例の「危険な場所」という役割を演じていると思われるものです！それは、**私**が、行為者―暴力を働いた人、軽蔑することに自己の利益を見い出していた人としてあった、「理由のない暴力」という状況、他の人を軽蔑する（そして、おそらく、また、「憎しみのない破壊」）という状況についての体験です。まさしく、この現実との接触においてこそ、私は、例の「自己に対する軽蔑」というテーマをはっきりと把握し、そして、ついに、あらゆる「おそらく」やあらゆる「たぶん」などを除いて、「私以外のすべての人」においてと言うのではなく、ここにこそ、悪の深い根源があるのかどうかを**見る**可能性をもつことになるでしょう！

注 (1) この中国の皇帝は、人民の蜂起を恐れて、人民に対して、公共の場にある、しっかりした鎖でつながれた、村用の包丁を除いて、武器として用いられるおそれのある、あらゆる金属製品（包丁、熊手などの）の使用を禁じました。

上に挙げた三人に共通する一特徴は、この破壊するという渇望に加えて、**恐れ**に取りつかれてもいたということです：彼らは、自分のまわりには死をまき散らしていたのですが、殺されるという恐れと、そして、たぶんこの恐れを超えて、避けられない**死**そのものに対する恐れに取りつかれていたのです。この共通点は、もちろん、偶然ではありません。さらに記しておきますが、スターリン（この三人のうちで、私がいくらかでも具体的な情報を持っている唯一の人です）は、政治上の経歴において、まさに、裏で糸を引き、人びとを、そのうぬぼれや貪欲さにつけこんで操る技術においては大ベテランとして登場したのでした。彼の最初に獲得したスタイルは、「ビロードをまとった足」というスタイルだったと思われます。彼にとって、爪を隠す労を払う必要がなくなった時点まででそうでした。

私が、上に挙げた実例の中に、わが（もと）同国人であるヒトラーを含めなかったのは、私が彼に対して特別な共感を持っているからというのではなくて、彼の中に、ここで問題にされている、「**あらゆる方向に向けられた**」破壊というこの狂気を見い出すことが出来ないからです。軽蔑、いで破壊の標的は、「他の人たち」、「外国人たち」として指名された人びとでした：まずは、「ユダヤ人」（そして、共産主義者と、ナチの言葉でいう「ユダヤーボルシェビスト」）、そのあと、「アジア人」と、他の非アーリアのよそ者たちでした。ユダヤ人でない良きドイツ人とは、少なくとも、戦争が本当にかれらにとって風向きが悪くなり、連合国側の最初の大空襲がおこなわれるまでは、ヒトラーのもとでのんきにしていたすべての人たちでした。

(2) ペンの勢いで、このイメージを記したあとすぐに、このイメージは、部分的にしか当たっておらず――ほぼ「月並みなもの」だというあと味を与えるものだということが分かりました！少しこのあと味について考えてみて、運動、矢、そして嵐…といったように、「私の人生を陽の側面において見る」という、私の中にある昔からの意図を再び見い出しました。

考えてみる時間を取ることさえしませんでしたが、しかし、このイメージがとらえていることをたしかに感じ取りながら（だが、私にやって来たのは、まさにこのイメージだったのですから、どうにも仕方がありません！）、文において「照準を修正して」、「沈黙の中で時機を待っている、眠れる土地」とつなぎました――これは、陰です！これは、「誤った調和」（あるいは、「調和のないもの」）を「解消する」調和でした。これは、「根こそぎにされるべきものを根こそぎにする」嵐というイメージよりも、さまざまな側面において、ずっと正しいイメージです。これは、「侵食されるべきもの」を侵食する虫というイメージのような、まさにより陰の調子を持っています――これで、ついに、流れがよくなり――沈黙のうちに待っている土地にとっては、すべてが腹をみたすものであり、そして、春が再びやって来たとき…（そのあとは、変化なしにつづきます！）。

(3) この「移行」については、ノート「スーパー・ファーザー」（No.108）を見られたい［P62］。

(4) このテーマについては、とくに、二つのノート「受け入れ（陰のめざめ(2)）」（No.110）、「奴隷と操り人形――仕切り弁」（No.140）を見られたい［P76、283］。

(5) このような「完全な受け入れ」の意味については、限りない誤解を生むかもしれません。これは、黙許とは全くちがった性質のものです。それは、はっきりとした、あいまいさのない**拒否**とあい入れないものではなく――こうした拒否を**含む**ものです。このテーマについては、ノート「一緒にあるもの――「悪」のなぞ」（No. 117）の中の省察を見られたい［P 136］。

c　理由のない暴力の原因　159

（一月七日）前の二つのノートにおける省察は、あらゆる憎しみや敵意が不在な破壊の意志（あるいは、傷つけたり、侮辱したり、害したりしようとする意志）という、この奇妙なことがらの存在のなぞをめぐってなされました。この省察を促されたのは、わが友ピエールの私に対する関係によるものであり、その後ただちに、私のもと妻の私に対する関係との連想が呼び起こされました。埋葬についての省察の過程で、一度ならず、これら二つのケースにおいて、また、他のケースにおいても、このような対立的な衝動のための刺激、「引きつけるもの」という役割を果たしたのは、私という人間の中のいくつかの特徴、八歳のとき以来、私の中で育んできた「スーパー男性的な」特徴であることに気づくように、あるいは思い出すことになりました。私の誤りでなければ、そのことは、十月五日のノート「スーパー・ファーザー（陽は陰を埋葬する(2)）」（No. 108）［P 62］で、はじめて、取り上げられました。この関連は、つぎの十月九日のノート「再会（陰のめざめ(1)）」（No. 109）［P 69］で再び取り上げられました。

このノートでは、知覚した時点にもどることにします。それは、はじめて、この関連を、私の人生においてはじめて、知覚した時点にもどることにします。それは、一九七六年十月十八日で、その日は、また、私の中の子どもとの再会の日でもありました。それは、大人になってからの私の人生においてとりわけ重要なこの日を証言しているノートの最後の数行においてでした。（上に挙げたノートの中で再録されている）これらの行において、私が愛したことのある三人の女性たちの「ひそかな憎しみとうらみ」について語っています。この三人の女性のひとりは、この時点で、なお私の妻でした（その五年前から、もはや、彼女と一緒に住んではいませんでしたが）。振り返ってみて、私の考えている三つのケースのおのおのにおいて、「ひそかな憎しみ」というこの印象は、厳密に言って、現実に対応していない、つまり、ある時点で[1]［P 402］このような憎しみについて私が持ったと思われる直接的な知覚に対応していないと思います。私が知覚していたもの、そして、その影響を受ける機会をいく度ももつことになったものは、破壊の意志、あるいは、苦しめ、あるいは傷つけようとする意志でした。それは、持続的なものであると同時に、みるからに説明不可能な、根拠のないものでした――私はそれを「ひそかな」憎しみのしるしとして**解釈して**いました。なぜなら、一度もそれは言葉で表現されたことがなかったからでした。さらに、それらの女性たちの二人に対しては、「ひそかな憎しみ」と思えるものを確認したのは、これらの行においてが、私が彼女たちを知って以来はじめてであったと思います。その時点では、いま指摘したばかりの取り違いを私がおこなわないということは、不可能なことでした。この取り違いがあったからといって、この確認をおこなったことの重要性は減じるものでは決してありません。そこでは、私が緊密に結ばれていたこれらの女性たちとおなじく、じつに決定的な仕方で、私自身が組み込まれていたからです。

「ひそかな憎しみ」と一緒に取り上げた、「うらみ」について言えば、私は、その時点ですでに、私の中のスーパー陽の「ある力」が、これら三人のおのおののもつうらみを私の上に引きつけたとすれば、それは、私には全く責任のない不満によるものであった——つまり、「彼女たちが私の存在を知るずっと以前に、愛のない幼少時代の途方に暮れた日々に」こうむった傷と損傷によるものではないかと、感じていました。この知覚は、年月を経る中で、緊張を伴った体験の果実としてはっきりしてきたものですが、それは、たしかに、昨年［一九八四年］の十二月二十日のノート「執行猶予中のうらみ——事態の回帰(2)」（No.149）［P327］における省察のための目に見えない指針としての役目を果たしました。この省察においては、わが友ピエールにおいて、当初のうらみ、あるいは「休暇中のうらみ」が**場所を変える**というこの同じプロセスが、私たちの出会いの時点ごろ、あるいは、おそらくそれ以前に、生じていたのではないかという直観が現われたのでした。私の知っているさまざまな事実からして、少なくとも、この直観は納得のできるものに思えました。

しかしながら、わが友の場合は、私のもと妻であった人のケースや、私の中の子どもとの再会にもとづいてなされためい想の中で問題にされた、他の二人の女性のケースとでは、ある重要な相違があります。実際、わが友の幼少時代は、いくらかでも、「途方に暮れていた」、あるいは「愛のないもの」だったという印象を私は全く持っていません。この相違は、わが友の私に対する対立のもつ色調の中に現われているように思います。それは、いかなる時点にも、他の三つの関係の中で私にはじつになじみの深かった、**激しさ**の域に達したことはありませんでした。さらに、わが友の私に対する関係においては、対立のしるしの現われは、まずは、極端にひそやかであり、散発的なものでした。一九七〇年の私の別れのあとでさえも、この対立が、私という人間そのものに対する直接的で、明確な仕方で表現されるには、八年の歳月を必要としました[2][P403]。それは、たしかに、ある当初からの「うらみ」の存在に対応しているようです。この「うらみ」は、漠然としたままであって、おそらく癒しがたいと感ぜられた、ある侮辱あるいはこうむった損害という感情（意識された目には隠されているとしても）に対応した、それにふさわしい固い「核」の存在なしでは、その重みを量れないものでした…。

二つ前のノートにおいて、**憎しみも敵意もない**、破壊の意志、あるいは、傷つける、あるいは害を与えるという意志を取り上げたとき、見かけ上の矛盾があるという思いが（ある執拗さをもって）生じました。この矛盾には、すぐに立ち戻るつもりでいました。それはつぎのようなものです。私の学生（そして、数学上の推定「相続人」）であった人と、私の妻であった人とを組み入れている、私の注意の中心にあった二つのケースにおいて、彼らが私に差し向けた、無意識の「うらみ」をたしかに問題にしました。「うらみ」あるいは「怨恨（えんこん）」という考えそのものは、「敵意」あるいは「反目」というものと結びついているように思えます：うらみ（あるいは、怨恨）は、敵意をはぐくむ可能なあり方のひとつ（しかも、最も月並みなもののひとつ）とさえ言いたいほどでしょう。この主張は、ある人が私たちに加えた**損害**や**損傷**について、その人に対してもつ**不満**（現実のものであれ、架空のものであれ）を動機とした、直接のと呼び得るうらみ、「真の」うらみの場合には、たしかに根拠のあるものです。しかし、私が取り組んでいるケースにおいては、このようなうらみではなくて、間接的なうらみ、当初の、潜在的な、不適切な標的から、なんらかの理由によって[3][P403]、その必要性に合致していると思われる、「**採用された**」、あるいは代わりの「**標的**」へと移っていった、いわば「**代理人を立てての**」うらみなのです。注目すべきことは、「理由のない」憎しみや敵意によって動かされているような性質をもった、態度、振る舞い、行為の背後で執拗に作動している力としてあるのは、このような「位置を変えたうらみ」（この言葉は、的を得ています！）なのです――しかしながら、このような「うらみ」には、**憎しみや敵意といった感情はまったくありません！**さらに、言葉のつよい意味での「理由のない暴力」（ここで私が検討しつつあるもの）のこれら**二つの**側面が合わさって、この暴力を真に「理解を超えたもの」という面食らわせられるものとしてしまうのです[4][P404]：つまり、（相手に対して、傷つけたり、害をもたらせるような態度、振る舞い、行為によって、この暴力を引きつけることなく）その暴力の犠牲となる人のもとにおいても、この暴力を行使する（その標的に対して、「理由の当否はともかくとして」、抱いた、憎しみあるいは敵意の感情によって動かされることなく）人のもとにおいても、この暴力のしっかりとした、合理的なあらゆる「理由」が完全に不在だということです。

おそらくは、私が取り組んでいるケース（そこでは、「根拠のない」、挑発されたものではないと思える暴力に立ち会うことになります）における、憎しみあるいは敵意の存在または不在の問題は、ここでは、相対的に付随的なものでしょう。たしかに、私にとっては、こうした暴力をこうむった者としての体験の中では、これは付随的なものでした。そして、こうむった暴力が意識されたものになる時点から、この暴力を加える人の側の「ひそかな憎しみ」あるいは「敵意」についての印象があらわれてくるのです。しかしながら、この印象は、（魔法の杖のひと振りによって、突然現われてくる）ある知覚によるものでは全くなく、暴力＝憎しみ（あるいは、敵意）という、一刀両断の**同一視**によるものなのです(5)［P404］。

これに対して、もっとはるかに重要だと思われることがらは、その「当初の標的」（あるいは、**そのいくつかの**当初の標的）から「代理の標的」（ほとんど、単なる便宜のための標的！）へと移行した、「代理人を立てたうらみ」のような、みかけ上は常軌を逸した、とんでもない、最も根づいた「良識」の反射作用に反するようなことがらの**存在**を確認するだけではなくて、**さらに**、そこには、その人自身においても（人がこうしたうらみをつきとめようと思っても最後になってしまう人でしょう…）、あるいは、その人に近い人たちや友人たちにおいても、道のおのおの曲り角で出会う、**じつにありふれたメカニズム**だということを確認することです。私の印象では、このメカニズムは、**普遍的な性質をもつ**ものであり、人間の心的現象の基礎のメカニズムに属していて、現実を認識することの拒否、現実を受けとめることに対する恐れ、といった、現実を前にしての**逃避シンドローム**をなしている、いくつかのどこにでもあるメカニズムのひとつであるとさえ思えます。

もっと適切な言い方をすれば、きょう、私は、例外なく、**「理由のない暴力」をめぐるすべての状況に共通してある隠れた力**に触れたという印象を持ちます。この印象は、（三段落前に）「見かけ上の矛盾」を検討しはじめたときに、突然の確信という力をもって現われてきたものです。このとき、私は、「理解を超えている」

この暴力のなかでも「鋭敏な点」のまわりをめぐってあった、私の人生の流れ全体の中で蓄えられていた、大量の部分的で、雑多な印象が、突然に順序づけられ、それらにはなお欠けていた、ある見通しを不意に獲得したという感じを持ちました――私はただ細かい点に至るまで明確にすることだけを考えていたときに、省察の終わりの曲り角のところで、思いがけず現われてきた見通しなのでした…。

注 (1) (三月六日) これらの行を書いたあと、そのとき私の妻であった人の目から発っせられた、ふた束の憎しみによるかのように降りかかってくるのを感じた、私の結婚生活の中での二つのエピソードがあったのを思い出しました。最初のものは、数日間であり、第二のものは、数分間でした。

私の妻は、はじめて、私たちが結婚してから五年目(一九六二年)に「うつ状態」と呼ばれるもの(遠回しの表現ですが)を経験しました。このエピソードは、夫婦の生活と家族の雰囲気に深い刻印を押しました。これは、また、私の人生において、私が意識の上で記憶にとどめているすべての時点の中で、最も恐ろしいものとして体験した、そして、(当然そう思われたように)最も深く私に刻印を押した時点でした。

並み外れた安定性をもった心の揺るぎなさに欠けていたので(このとき、私は、成熟しておらず、これからはほど遠いところにいました)、私たちが標的である憎しみ、しかも、それは、愛されており、そして、近い人びと[のひとり]からやって来るのですから、なおさら、私たちの心に大きな荒廃をもたらせました。それは、私たちの中に、私たち自身に対する同類の、破壊的な憎しみをかき立てるのです。私たちの中のなにかは、なにがなんでも、「この理解を超えているもの」に対して、ある「意味」を見い出すことを必要としているように思えました。たとえ、この「意味」が、私たち自身による、私たちの決定的な断罪と拒絶だとしても：私たちは憎まれているのだから(そして、この憎しみの「理由」は、私たちには全く分からないとしても…)、私たちは憎むべき人間なのだと…。

それにつづく六、七年のあいだ、私の人生にダモクレスの剣のようにつるされたままであった、このエピソードによって、私がこれほどまでに打撃を受けたのは、それが、私の幼少時代の心的外傷をともなった体験と激しい共鳴をしたからにちがいありません。幼少時代のこの体験は、意識された記憶からは消えていましたが、それだけに、突然、ある悪意や説明できない憎しみに立ち会うごとに、活発な動きをするのでした——こうした悪意や憎しみは、五歳のときに私に降りかかってきた、破壊の意志と同じく、突然で説明不可能なものでした。この五歳のときのものは、私の記憶がさかのぼれるかぎり以前から、とりわけ、宇宙の穏やかで、信頼できる中心であった人からやって来たものでした。

私の人生において、私が標的となった悪意や憎しみについて、（私という人間のいくつかの側面が、これらを私の上に引きつけるのに寄与したことは、私としては、否認も忌避もしませんが）私はそれの真の、直接的な**原因**では全くないことを学ぶことになったのは、重要なことがらのひとつでした。しかしながら、なお長年の間、この認識は、あまりにも表面的なものだったので、みるからに「理由のない」悪意や暴力に立ち会うごとに、作動することになる、私の中の深く根づいていたこうしたメカニズムを解体させることは出来ませんでした。このメカニズムを解体するためには、まずは、その根源にまでさかのぼり、私の母が、突然に、不思議にも、説明できないままに、敵対する、恐ろしい無縁なひとになった時の、苦悩にみちた、忘れられた日々と夜々の跡をたどる必要があったのでしょう…。

(2) このテーマについては、ノート「二つの転換点」(No.66)を見られたい［『数学と裸の王様』、P91］。

(3) （自らすすんであろうと否と）損害を与えたり、加えたりした人が、たしかに自分によって呼び起こされた、うらみ、あるいは、敵意、さらには、憎しみ、あるいは破壊の意志の標的としては、しばしば、「不適切」となる、数多くの「理由」があります。その中で、おそらく最も普通にあるものは、その人が、母や父であったり、そのランクや社会的な地位からして手が届かないとみられている人であるときには、ずいぶん前から自分の内面に定着している、威信についてのタブーを破ることを恐れるという柵（さく）です。それらは、じつに強力な柵です。（私に対するものとしては、これらの柵は、15年ほど前から、次第に、消えてゆく傾向にあります…）。反対の方向としては、問題の相手が、こうむった損害の大きさにみあったうらみをはらすには、「重みがたりない」という場合もありえます——その人は、あまりにも取るに足りなく、おそらく、あまりにも捉えどころがなく、あるいは小心で、とりわけこの人のものとしてもよいと思われる役割の高みにないようにみえるということです。

最後に、心に描くことが出来るのですが、いくらかのケースにおいては、こうむる損害が、あまりにも重みの量れない、あまりにも微妙な（そして、当事者によってずっと以前から内面化されている、生きているコンセンサスによると、結局のところは、「存在さえしていない」）ものなので、漠然としたうらみ以外のものは生み出すことが出来ず、目につくような角のない、穏やかな調子で、ある関係そのものの中では、「凝縮して」、形と力をえることが出来ないものもあります。だが、これは、おそらく、ノート「執行猶予中のうらみ――事態の回帰(2)」（No.149）［P327］における省察の中で現われてきた、以前のケースの単なる変種なのでしょう。

(4)　この「理解を超えた」（ドイツ語で「unfassbar」です）暴力というテーマについては、ノート「奴隷と操り人形――仕切り弁」（No.140）を見られたい［P283］。ここで、さしあたりは、「理解を超えた」以外の形容をしないで、「言葉のつよい意味での」理由のない暴力について語るとき、そこで私が見ていた具体的な意味は、つぎにくる説明、この暴力の中で結び合わさっている「二つの側面」の説明の中でとらえられています。

(5)　（三月六日）しかしながら、いくらかの場合においては、その憎しみが挑発されたわけでは全くないにもかかわらず、たしかに存在するこの憎しみを知覚することがあり得ます。（このテーマについては、このノートの前の方の、今日の日付の注(1)を見られたい）。これは、特別な状況におけるときを除いて、無意識の深い層の中にとどまっており、さらに、それは、そこで、指名された標的もなく、「休暇」の状態にあるのです、一方では、これは、暴力の行為（ほとんどの場合、ひそやかな形での）を活気づける隠れた力なのです。そして、これらの暴力の行為の方は、たしかに裂け目のない、ある執拗さでもって、選ばれたひとつの標的をねらうのです…。

d　藤井日達師――太陽とその惑星　160

（一月八日）ここ一週間、並みではない寒波です――気温はマイナス十五度かそれ以下です。「風の山（ヴァントゥー山）」（この名は人の言いたいことを良く表わしています！）から風が吹いてくるときには、さらにもっと寒いにちがいありません。(ニュースを聞いている人の話によると）この寒波は世界中いたるところを襲っており、南フランスでは、一九五六年の有名な冬と春以来、こんなことはなかったそうです。ドイツでの私の幼少時代に、このような寒さを経験したことがあります。しかし、土地を守る雪がありましたし、それが、空気やいろいろなものに穏やかな色調を与えていました。雪のないこの寒さによって、土地の表面は、氷の塊のように凍っています。ここ数日の間に、畑はさんざんな目に会いました――種を蒔いたり、植えたりしたものが、春までいくらかでも残っているかどうか分かりません。残っている、ねぎやセロリやフダンソウやノヂシャやビートやカルドンの葉っぱは、氷でできた葉、冷凍の野菜のようです。人びとは、毎日、急いで最大限の収穫をしています。氷結が溶けて、すべてが堆肥になってしまう前に、順々に食べてゆくためです。昨日、水道の蛇口が、台所で凍ってしまいました。幸いに、寒さにそれほどさらされていなかった、古いガレージの中の、下の方の水道は大丈夫でした。きょう、友人が携帯用のガスバーナーをもってやって来て、水が出るようにしてくれました。再びまたこのようにガッチリと凍ってしまわないためには、水を細く流しておく必要があるでしょう。さいわいに、台所に薪用の良いストーブがあり、そこへ仕事を移すことにしました。ストーブの傍らに坐ると、なかなか快適です。ブドウの木の切り株で暖房しています。毎日、切り株を斧で割って、この寒さのために、ブドウ用の立派な箱をこれで山盛りいっぱいにするのです。午後中、風が止まらないときには、木を割るために、風のただ中で十五分か二十分いるだけで、指がかじかんでしまう恐れがあります。もはやエンジンが始動しない、外にある車については言うまでもありませんが――どんな車も、凍結を防ぐ装置が付いていてもいなくても、これほどの寒さには耐えられないでしょう。さっきの親切な友人は、私の車を動くようにしてくれました、だが、あす、仕事を頼んだ職員の打ったタイプを読み直しにゆくのに、これは、なお動いてくれるだろうか？結局、すべてが望み通りにすすんでいるときには、忘れがちな、生活についてのいくらかの現実を私たちに思いださせるには、夏の猛暑や、これはいつでも良いのですが、ちょっとした病気や、冬の寒波があればよいわけです……。

ここ三か月のうちに、少しずつ、私の仕事のリズムは、再び、夜の時間の方へ移動してゆきました。夜中の二、三時ごろまで仕事をしています。そして、十一時か、正午ごろまで眠ります。時間がきて、ひとたび眠る気になってベッドに入ったならば、私は容易に十二時間眠りつづけることが出来ます――その逆に、ひとたび仕事をはじめると、もう寝ないのです！だから、適度な均衡を保つように心掛けています。睡眠が良好のときには、時間がずれてもそれほど心配しません。また、働きつづける思考にしたがって、眠らずに何時間もベッドにいることはありません。畑の仕事がほとんどない今でさえも、あい変わらず、薪づくり、時折おこなう少しばかりの体操を含めて、毎日、かなりのいろいろな仕事があります。生活は満足すべき均衡を保っていると思います。そこでは、発見の仕事は、それ以外の時間のすべてをのみ尽くしているようではありませんが、それでも、わずかなものと言うわけでもありません。九月二十二日にこの仕事を再開して以来、平均して、一日に五、六時間これにあてていると思います。これは、多くはありませんが、その「成果」は、以前よりもほんの少しすくないだけのようです。

「仕事ぶり」（月にやく百ページの）は、いくらかのことを除くと、『収穫と蒔いた種と』のはじめの二つの部の執筆とほとんど同じです。しかし、質の観点からすると、私にとっては、この第三部は、最も深いものであり、私自身について、また他の人について、最も学ぶことが出来た部分であることは、疑う余地がありません。

★　★　★

なむ　みょう　ほう　れん　げ　きょう！
（南無妙法蓮華経）

冬の厳しさと、私の生活の均衡の進展についての、この短い振り返りを終えようとしていたとき、私の友人である、日本山妙法寺というグループのお坊さんのひとりから電話を受け取りました。彼らのあがめられている「師」(1)［P413］である藤井日達氏の死去を私に知らせるものでした。藤井日達氏は、藤井師、あるいは彼に近い人たちにとっては「和尚さま」という名でよく知られていました。パリのこの友人は、東京からの電話でこのニュースを知ったばかりでした。藤井師は、きょう亡くなったのではないかと思います(2)［P414］。彼は、昨年の八月六日に、百歳になったばかりでした。身体は弱っていましたが、精神の状態はすばらしいものでした。

不思議な一致ですが、この八月六日という日は、他の二つの重要な出来事の記念日です。ひとつは、歴史的なものであり、もうひとつは、私の個人的なものです。それは、ヒロシマに原爆が落とされた日です（一九四五年八月六日）――日本人は、これを、「ヒロシマ・デー」という名で記念しています。（このため、八月六日前後の日々を、平和と反原爆の集会やデモのために空けておいて、藤井師の誕生祝いは、むしろ、七月の末ごろにおこなわれていました)。他方では、私の父は、一八九〇年八月六日に生まれました、藤井師の誕生のちょうど六年あとです。

クロード・シュヴァレーの死のあと、藤井日達氏の死は、私の人生において無視できない役割を演じた人物の、『収穫と蒔いた種と』の執筆の過程で不意に生じた、第二のものです。この死去を考えるとき(これは、真の驚きとしてやって来たわけではありませんが)、なお昨年にも、彼と熱のこもった手紙の交換をおこなうことが出来たことは、じつに幸せだったと言わねばなりません。私は、この老いた師の百回目の誕生日の祝いの会に出席するよう招待されたのでした。この会は、東京でとくべつ盛大におこなわれることになっていたのです。(この機会に彼に手渡せるようにと、彼についての証言をあつめた小さな本が、大急ぎで編集されさえしました)。それは、私にとって、少し早めにいくらかのお祝いの言葉を書く機会(ほとんど毎年そうしていたように)となりました。私自身これを書いていた時点でまだいくらか床にふしていましたので、七月三十日の祝いの会には出席することが出来ないことをわびながら。(私は、大きな式典がそれほど好きではないことも事実ですが、この私の手紙の中でこのことについて触れる必要はないと思えました。とにかく、私の友人のお坊さんの一人ならずの人をがっかりさせ、悲しませたにちがいありません。彼らが疲れを知らずに私を招いた、「重要な祭典」[3]［P414］のいずれにも、私は頑固に出席しなかったのですから)。病気のもつ肯定的な面についていくらか書き加えたいと思います。病気は、私たちの意志にかかわらず、仕事から「切り離し」、身体が求めるものに、身体を合わせることを余儀なくさせるものです。藤井師自身、この一年の間、かなり床にふしていました。彼の気質は、行動に向いており、そのエネルギーは並み外れたものだったので、それは、彼に重くのしかかっていたにちがいありません。藤井師からの私的な知らせを受け取らなくなってから、七年以上もたっていましたので、まだ床にふしているときに、彼によって口述された、手紙を受け取って私は驚きました。この手紙(いましがた読み直してみましたが)は、一九八四年七月十三日付です。これは、思いやりに満ちた手紙で、私の健康について心配し、私の世話をするためにだれかをおくることが出来ないことを自ら嘆いていました。彼は、また、自分の健康と、やむなく活動できない状態になっていることについても語っています。そして、つぎのような言葉で結んでいます。それは、非常に「日本的な」文体で、少し（いや大いに！）ニュアンスを付して味わわねばなりません。また、おそらく、手紙の他の部分全体よりもはるかに、その活力はなかなかのものであることを私に示してくれています(4)［P414］：

「実際、たとえ正常な生活に復帰することが出来たとしても、私はなんの役にも立たない、非常に老いた、衰えた人間です。それでもなお、私は生きて、世界がどのように動いてゆくのか見たいと思っております。」したがって、彼は六か月近くの間、なお世界が動くのを見ることが出来たわけです…。

日本山妙法寺グループと私との関係は、一九七四年にさかのぼります。ここではいたしませんが、この関係についての素描を、ほぼすべての面にわたる、さまざまなエピソードを含めて描こうとするだけで――一冊の本になるでしょう。それは、私の別れにつづく「生き残り、生きる」のエピソード(5)［P414］の時期（一九七〇年から一九七二年の末まで）の最も豊かな「副産物」の中に入ります。一九七二年か七三年に、日本のある新聞に（あるいは、いくつかの新聞に？）、この「生き残り、生きる」というグループと、これとおなじ名の会報（それほど定期的ではなかった！）、それに、私の「数学との別れ」と私の「軌道」について報じられました。「科学批判」と軍事機構の告発という面、また、おそらく、「文明批判」という側面が、ある記事の中でいくらか「伝えられた」にちがいありません、これが、日本山妙法寺のお坊さんのひとりの目にとまりました。このお坊さんは、このことについて他のお坊さんに話しました。とくに同じ市（鹿児島）のずっと若いお坊さんに話しました。この若いお坊さんは、彼の影響のもとで僧になり、いくらか「弟子」のようなものでした。この若いお坊さんは、一九七四年の春に、「西欧」に、もっと具体的にはパリに降り立った、このグループの最初の布教を目的とした僧だったのです(6)［P415］。彼は、数週間後に、当時私が住んでいた、モンペリエから五十キロほど離れた、まずしい村に、予告もなく、私に会いにやってきました。お昼の太陽のもと、奇妙な身なりをした、ひとりの人が、太鼓をたたきつつ、道すがら歌い、私がひとりで仕事をしていた畑へ向かってやってくる（間違わずにでした…）のを見た、五月のこの忘れがたい日以来――この日以来、私は、［藤井］師と活動を共にしている数多くの信徒たちや共鳴者たち(7)［P415］が私の家に出入りするという、恵みと喜びを得ることになったのでした。彼らとの接触は、私に多くのものをもたらしました。一九七六年十一月のはじめには、当時九十二歳の藤井師を、七、八人のお坊さん、尼さん、それにお弟子さんと共に、私の粗末な家に迎えるという大変な栄誉と喜びをさえ持つことが出来ました。私は、すでに、その前年、パリの十八区の、このグループのお寺の盛大な建立の式で、師と出会っていました。このとき、文字通りの儀礼の言葉を超えて、つよい触れ合いがあり、たちまちのうちに共感が生まれました。私のもとでの何日もの滞在による、より親密な、より個人的な交わりは、もちろん、藤井師という人について、彼がその頭であり、魂でもある、このグループについて、さらにより豊かな理解を私にもたらせました。

興味深いことですが、藤井師のこの訪問は、同じ年の十月十五日と十八日の間におこなわれた、私の人生における決定的な転換に、非常に近いとき、ほんの二週間後にあったということです、この転換については、他のところで語りました[8][P416]。危機と再生のこれらの日々につづく数週間は、私の人生において最も緊張の伴ったものの中に入ります。毎日が、さまざまな心の中の出来事と発見からなる思いがけない収穫をもたらせました。実際のところ、尊ばれている師とお坊さん、尼さんからなる一団の、予定され、数週間前から準備されていた、この訪問は、そのとき、私という存在のすべてを吸収していた冒険の中の、ある種の不思議な合間の出来事、ある気晴らしのようにやって来たという雰囲気をもっていました。これらの日々に、その機会が求めていた、心と時間の余裕を私が持つことが出来たのは、私の住居に栄誉を与えるためにやってくる、私の客人たち、とくに藤井師に対する敬意にもとづくものでした。私にはかなりしばしばあったことですが、この出来事が、たんに、「合間の出来事」や「気晴らし」ではなくて、私が体験しつつある冒険の一部分をなすものであることを理解したのは、やっとこの出来事のさ中においてでした。完璧な優美さをもち、新奇な魅力をただよわせた、じつに「東洋のおとぎ話」のごとき外見のもとで、このいわゆる「合間の出来事」は、それほどエキゾティックでない、それほど例外的でない見かけを持った状況の中で、ずっと以前から私の知っていた男や女に似た、それに私に似た、男と女が眼前にいることを私に分からせてくれたのでした。びっくりしていた村人のひとりならずの人にとってそうであったように、千一夜物語からぬっと出てきた人物たちとしてではなく、私の客人たちの中に、友人、きょうだいを感じることが出来たのも、こうした親近性を感じたからでした。また、藤井師自身は——彼に

「近い人たち」は、この尊敬すべき師に対する尊重から適度な距離を保っていましたが――私に非常に親しげに話してくれましたが、私は彼を（彼の近い人たちからと同じく、私からも）非常に、非常に遠い人と感じていました。しかし、あたかも彼が私の父、あるいは好意的な兄であるかのように、同時に近い人に感じました。

また、非常に好意的であっても、父あるいは兄のもとで稀ではないように、彼は、私に対して、ある期待をもっていました。しかも彼はこれを隠してはいず、彼に伴ってやって来た、すべてが私の客人であった人びとによって分かち合われていた期待でした。私は、この期待に応えることが出来ないことも、知っていました。私の冒険は、私にはよく分からないつながり、おそらく私が見ることが出来るものよりもずっと深いつながりによって、藤井師の冒険と結ばれており、また、信頼しきって彼にしたがっているお弟子さんたちの冒険とも結ばれていました。しかし、私の冒険は、私の威信のある、好意的な客人の冒険でもなく、私の父の冒険でもありませんでした。父も、また、私にとっては、威信があり、好意的で、きわめて近いが、にもかかわらず異なった存在なのです…もうひとりの人であり、もうひとつの運命なのです。

彼らのものであるが、私のものとは感じていない、ひとつの企ての中で、私は彼らの中のひとりではないということを「知らせる」ことは、容易なことではありませんでした。藤井師やその信奉者たちに、人が与えたにちがいない、私についての描写にしたがうと、これは、彼らが最も期待しがたいことがらであったでしょうから――このグループ、あるいはこのグループのさまざまなメンバーと私との、個人レベルでの関係は、本当に、蜜月のようなものでしたので、なおさらそうでした。私が受けた教育による、ずいぶん以前からあった、いくらかの抵抗が消えてなくなり、客人たちが、太鼓を打ちながら、彼らの真言…

「なむ　みょう　ほう　れん　げ　きょう！」

を唱えるのに、私が合流したのも、この訪問の折でした。

この真言は、彼らの宗教上の実践の基礎、すべてでした。彼らは、非常にしばしば、朝一時間、夕方一時間、祈りの太鼓を打ちながら、これを唱えるのです。太鼓を打ちながら唱えることは、日本の予言者日蓮の教えによると、それ自体で、至高の善であり、それを唱える人、そのまわりの人の中に安らぎをもたらすものです。したがって、これを唱えることは、私の日本の友人たちにとっては、一般に「お祈り」と呼ばれているものに相当します。日蓮にしたがって、また、彼らの直接の「師」である藤井師にしたがって、彼らがこれに与えている意味は、差し向ける人に対する、そして、それを通して、宇宙のすべての生き物に対する**尊重の行為**というものです――完璧な知恵の体現者としてのブッダになることが（蓮の花のスートラ［法華経］にしたがって）約束されているものとしてです。この七つの音節は、また、他のすべての人に対する、さらには、あいさつしたいすべての他の生き物に対するあいさつとしても使われます。他のものの中にある崇高な本質をもったものに対する尊敬というニュアンスを含んでいます。それは、また、食事の前の感謝の祈りの役も果たします。実際のところ、驚きや感動や歓迎のときに、これらの聖なる言葉を発する上で、日蓮の信奉者であることが好都合だという折はほとんどないように思えます。私について言えば、私の友人のお坊さんたちと宗教上の信条は分かち合っていませんが[9][P416]、機会が訪れた時には、私は、喜んで、彼らに合流して、お題目――彼らが「お祈り」と呼んでいるもの――を太鼓にあわせて唱えるのです。また、私の日常生活の中にこの「お祈り」をとりいれ、家にいるときや、友人のもとにいるときや、それをいやがらないことが分かっている人たちと一緒のときには、日に二度の主要な食事のおのおの前にこれを唱えることにしたのは、この人たちの思い出のためであり、また、彼らの師である藤井日達師に対する心からの尊敬の行為としてです[10][P416]。これは、藤井師と、彼の弟子の中の私の知っている人たちに、私が負っている大きな価値のあることがらのひとつです。彼らは、彼らの布教の活動に、近くで、あるいは遠くから加わることに対する私のためらいに疲れることなく、私に好意をよせてくれたのでした。

日本には、数百万の日蓮宗の仏教徒がおり、非常に異なった特徴をもつ数多くの宗派に分かれています。日本山妙法寺というグループは、数の上では最も小さなもののひとつで、お坊さん、尼さん、積極的な共鳴者たち数百人からなっています。しかしながら、このグループは、日本でもその他でも、はっきりとした政治参加ということで、すべての伝統的な宗教集団とは異なっていることで良く知られています。その政治参加の主な強調点は、平和のためのたたかい、反軍国主義の行動、とりわけ、反核兵器の行動です。ベトナム戦争のとき、アメリカに対してはっきりと反対の立場をとり、日本のアメリカ基地の存在（これは、ベトナム戦争を遂行するための兵たんの仕事をおこなっていました）に反対してたたかった、唯一の仏教グループでした（間違いがあるかもしれませんが）。ここ最近、藤井師は、アメリカ合州国のインディアンの解放運動、AIM (American Indian Movement) の指導者たちと緊密な接触をもってもいました。日本山妙法寺のお坊さんたちは、アメリカ・インディアンたちによって組織された大行進に参加しました、世界のさまざまな場所での他の平和の大行進にも参加したのはもちろんですが。みるからに、インディアンの指導者たちは、藤井師の並はずれた個性に引きつけられ、強い印象をもったようです。百歳に近づいている、不屈のエネルギーをもったこの人物が、彼らのものとは違った宗教的信条の大布教者という姿をしているという事実が、彼らを困惑させることは全くなかったようです。それとは反対に、この尊敬すべき師の一途な「反アメリカの」方向づけのある、宗教の側面は、たしかに、彼の年齢に加えて、彼らのひとりとして、きわめて尊敬すべき父、あるいは祖父として、そして彼の中に自分たちを認めるものとして、この師を迎える理由のひとつになったようでした[11]［P416］。

たしかに、この宗教の側面は、私にも、同じ方向で影響を及ぼしました――それは、私としては、はっきりときまった宗教的信条を全くもっていないにもかかわらず、藤井師を、私にとって、より近いものにしました。もし彼の中の最も引きつけられ、つよい印象を与えられたものは何かと自問するとすれば、多くのことがらが浮かびます。最もはっきりとしているのは、ある心の中の**喜び**です。この喜びは、彼という人間の**統一性**から、あるいはむしろ、自分自身に対する**忠実さ**から、自然に出てくるように思われます。彼の生涯を通して、やらねばならないと感じたことを躊躇せずにおこなったが故に、この人は幸せである、と感ぜられます。彼も、さまざまな矛盾をまぬがれてはいないが、あいまいさがない、と私には見えます。彼の行為あるいは彼の言い落としのいくらかの意味は、私には分かりませんが、いかなる時にも、この人のもつ全的な統一性について、疑問が私をかすめたことはありません。このように考えたのは、あいだに介在した人びとを通して知ることになったことを分析した結果そうなったというものではありません。あいまいさを知らない人間である、自分自身と深く一致している人間であることを知るためには、ひとたび彼に会うだけで十分なのです。AIM のインディアンの指導者たちが、彼らのあいだに彼の場所をつくることにしたのは、このように感じたからにちがいありません。また、イデオロギー的、哲学的な立場が、純粋で、厳格なマルクス＝レーニン主義から、チェーン・デパートの社長のもつ保守的な順応主義にいたるまでの幅をもった、男や女たち、彼を支持している人たちに対する、おどろくべき影響力があるのも、もちろんこの故でしょう。こうした人びとを結集させているのは、おそらく彼らのだれもが敢えて読もうというう ぬぼれ(12) [P416] を持っていない、あるお経に対する崇拝によるものでも、漢訳を媒介にして日本語になおされた、このお経に対する崇拝を説いている、パーリ語起源のある祈りによるものでもありません。彼らを結集させているのは（あるいは、結集させたのは、と言わねばならないでしょうか？）、太陽がその惑星たちに対して影響を及ぼそうと考えていないごとく、彼もそうとは考えていない影響力を彼らに行使している**ひとりの人間**なのです。

私は、また、この人物は**ただひとり**であり、その孤独は、彼に重くのしかかってはいないことが、分かりました。この孤独は、おそらくずっと以前から、彼の自然な条件だったのでしょう。この孤独、そしてこの全的な統一性、あるいはこの自分自身との一致は、私には、ただ一つのことがらのさまざまな側面と思えます。このことがらの持つもう一つの側面は、**力**という側面――暴力を伴わない、「つよく」あったり、「つよく」見せたりしようとは思っていない力という側面です。これは、やはり、太陽のもつ力のようであり、太陽のまわりに力の場がつくられ、惑星がめぐる軌道がつくられるためには、自分自身であることで十分なのです。

たしかに、『収穫と蒔いた種と』の中で、私たちの中の「**力**」として、私が一度ならず語ったものと同じ力が、ここにあります――ただ違いを言えば、ある人のもとでは、この力は、この人に近づくすべての人たちに全く明らかであり、十分に感じられるものですが、別の人のもとでは、ときにはそれがないのではないかと思われるほど、多かれ少なかれ深く埋もれているのです。しかし、私の友人のお坊さんたちのいく人かは、自分自身の中にこの力があることを否定しているように思えるとしても、彼らが敬うことを説いているこのお経、日々彼らが唱えている祈りは、はっきりと、宇宙のすべての生き物の中に、このような力が生きており、これらすべての生き物は、彼らと同じく、また彼らの敬愛する師、和尚さま自身と全くおなじく、ブッダの運命を約束されていると、主張しているのです。

注 (1) ここでは英語の「プリセプター（指導者）」を用いましたが、これはほぼ「ティーチャー」に等しい語で、「先生」、教える者を指します。ニホンザンミョウホウジは、このグループの日本名を発音どおりに書いたもので、「日本の布教（ミッション・ジャポネーズ)」と訳すことも出来るでしょう。主に平和主義を使命とした、「布教をめざす」仏教徒の一グループです。さらに詳しくは、以下の文を読まれたい。

(2) ほんの数時間前に亡くなったことが分かりました。このニュースは、早く伝播しました!

(3) これらの「重要な祭典」のうち主なものは、「シャンティ・ストゥーパ」、あるいは「平和の仏塔」の落成式(落慶法要)でした。これらの仏塔、あるいは平和のための集いの場を世界中に建設することは、仏教世界におけるきわめて古い伝統(インドのアショーカ王によって始められた)にさかのぼり、藤井師の主な関心事のひとつでした。彼は、世界のあちらこちらに、かなりの数の平和の仏塔を建設することを考えました、ヨーロッパには三つ、アメリカ合衆国には一つです。

(4) この手紙は、日本語(師が話す唯一の言葉です)で口述され、直接に英語に訳されました。

(5) このエピソードについては、「うぬぼれと再生」(『収穫と蒔いた種と』の第一部)[『数学者の孤独な冒険』、P190~382]において、いく度も触れました。「生き残り、生きる」(当初は、ただ「生き残る」と言われました)とは、一九七〇年七月(モントリオール大学での「サマー・スクール」の折)に生まれた、はじめは平和主義を目的とした、ついでエコロジーの課題をも含めた、科学者たちの中の(主として、数学者たちの)一グループの名です。それは、科学者たちの集団以外のところに支持者を広げながら、「文化革命」という方向に向かって急速に進展してゆきました。その主な行動の手段は、これと同じ名の会報(多かれ少なかれ定期的な)でした。その編集長には、クロード・シュヴァレー、私、ピエール・サミュエル、ドゥニ・グエジがこの順序でなりました(四人とも数学者です)——さらに、英語版があり、それは、ゴードン・エドワーズによって懸命に維持されていました(エドワーズは、カナダの若い数学者で、私は、モントリオールで知り合いになりました。彼は、このグループと会報のいく人かの発起人の中に入っていました)。

最初の会報は、すべて私の手で書かれ(素朴ですが、確信に満ちていました!)、一千部ほど刷られました。これは、(一九七〇年の)ニースでの国際数学者会議で配布されました。この会議は、(四年に一度のもので)数千人の数学者を集めていました。私は大量に入会するものと期待していました——ところが（私の記憶では）二人か三人しか入会しませんでした。とくに私の同僚たちの中で大きな困惑があるのを感じました！科学者の生活のいたるところに浸透してきていた、科学者の軍事機構との協力について語るとき、私は、とくに、刺激的な言動をしたことになったようです…。私が最も大きな困惑を感じたのは、科学者の「高貴な世界」においてでした——この「高貴な世界」から私にやって来た共感をもった反応は、シュヴァレーとサミュエルのものだけでした。私たちの行動が、ある反響を見い出したのは、他の所で、私が、科学者の世界の中の「沼」と呼んだものからでした。会報は、一万五千部を刷るまでになりました——気違いじみたほどの雑務—整理の仕事がありました。配布の方は、手仕事でおこなわれました。ディディエ・サヴァールの描くなかなかのイラストは、私たちの会報のかなりの成功に大いに寄与したにちがいありません。

この会からの私の別れ以後、そしてサミュエルの別れ以後、この会は、断定的な専門家言葉と有無を言わせぬ分析をもった、新左翼の小さなグループになってゆきました、そして、会報も天寿をまっとうして亡くなりました。一九六八年のわき立ちになお近いある時期に、理解され、言われるべきだったことは、理解され、言われました。そのあとでは、いつまでもディスクを回しても、ほとんど益するものはありませんでした…。

(6) 彼は、はっきりと私に確言しましたが、仏教の歴史において、自分は西欧で布教をする最初の僧であるということでした——しかし、この情報は、信頼できるものなのかどうか、私は保障できません！もっとも彼は、布教をすることは、仏教にとって大きな「進歩」であるとは、言いませんでしたが。初めから、日本山妙法寺というグループのこの側面は、私の中に、ある留保を呼び起こしました。年月を経る中で、この留保は固まってゆきました。

(7) 「不法な状態の外国人」として、「一九四九年の法令」というかなり信じられないような、ある条項の、フランスの法解釈においては、はじめての文字通りの適用という機会を与えられるという栄誉をもったのは、まさしくこれらの人びとの中のひとりです。私も、このような法の保護の外におかれた者を「無料で住まわせ、滞在させた」ために、軽罪裁判所に出頭するという栄誉を受けました。このエピソードについては、「別れ——外国人」

の節(No.24)をみられたい[『数学者の孤独な冒険』、P249]。

(8) 「願望とめい想」の節(No.36)[『数学者の孤独な冒険』、P293]およびノート「再会(陰のめざめ(1)」(No.109)[P69]を見られたい。

(9) 私は、いかなる特別な宗教信仰の一員だとも感じていません。私の両親から受けた教育によって、私は、十四歳まで、(反宗教のニュアンスをもった)無神論者でした。地上の生命の進化の歴史についての、理科の先生のすばらしい説明によって、私は、このとき、いかなる疑いの余地もなく、宇宙の中で活動している創造的な知性の存在を理解するようになりました。この理解は、このときには、単に知性のレベルにとどまっていましたが、一九七〇年の数学の舞台からの私の別れ以後になされた、その後の私の成熟の過程で、広がりをもち、洗練されてゆきました。

(10) とくに、大学で、いく人かの学生や同僚と共に、週に一度とる食事ではお祈りを唱えるのを控えました。これらの人たちのだれかが、これにある種の拘束を感じるかもしれないこと、年長者あるいは「ボス」としての私の立場のゆえに押しつけになるかもしれないと考えてのことです。

(11) インディアンの指導者たちと師とを結びつけている、信頼と尊敬による結びつきについてのイメージを与えるために、ここで記しておきますが、「太陽の踊り」をめぐっておこなわれる、入門(得度)に関する毎年の法要の折に、師の弟子であるお坊さんたちが、なむ　みょう　ほう　れんげ　きょう　の胸がうずくようなリズムで、日の出から日没まで祈りの大太鼓を打っていました！一本の木の幹を彫って、牛皮を張った、これらの大太鼓は、並はずれたつよい響きのものです。そして、十二時間ぶっつづけに持つのは大変だと(思います)。(パリのお寺の落成式の折に、私は、二時間の間、経験しました、この経験で大変さがよく分かりました…)。とにかく、ロベール・ジョランが私に語ったところによると(彼は、お坊さんたちに混じって、お祭り(法要)に参加するように招待された、インディアンではない、いく人かの中に入っていたのでした)、インディアンたちは、この祖父のような師の聖なる太鼓を、入門の儀式のはじめから終わりまで、毅然として持っていたということです。師の太鼓を打つことは、多くの修行のうちのひとつなのでしょう….

(12) 師の弟子のひとりならずの人が、私に言ったところによると、法華経は、日本語訳があるにもかかわらず、これを読もうとすることは、うぬぼれだとみなされるということです。その師である藤井師自身のような、大きな深みの精神の持ち主のみが、この聖なる文献を読むことが出来るし、それにふさわしく、また、これは、俗人の知性をはるかに超えているとされています。あきらかに、これらの男女の人びとの信仰は、ブッダのような、多かれ少なかれ神格化されている歴史上の人物や、完璧な菩薩であり預言者である日蓮に向かっているのではなく、直接に藤井師その人に向かっています。

e　祈りと紛争

161

（一月十三日）(1)［P421］仕事――つまり、ノートをつづける、時間の余裕と平穏さがなくなってから、もう4日たちます。その主な理由は、『収穫と蒔いた種と』のこの第三部をタイプで清書してもらうにあたっての、かなり信じられないほどの困難さによります。30年以上も前から、タイプ打ちをしてもらう習慣がありますが、このような困難を一度も味わったことがありませんでした。内密なとは言わないまでも、たいへん個人的な性質のこの文章を手にすることで、このタイプ打ちの仕事を受け持った人たちのもとで、あきらかに、かなり強い反応（もちろん、無意識の）を呼び起こし、その度ごとに、託された仕事を本当に放棄する方向へゆくのでした。数か月の間に、三度つづけて、ほぼ同じシナリオがくり返されました。ひきつづく三人の職員によるものですが、示し合わせはしていないのです！(2)［P422］。三度目の今回は、さらに、さもしさという色調が付け加わりました。職員のJさんは、一種の身の代金をおどし取るためのゆすりの手段として、彼女に託されている、かなり異例の原稿を用いるような様子なのです。彼女は、もと事務長つきの職員で、この仕事に大変慣れています。打たれた最初の十一ページは、非の打ちどころがなく、ほとんど一つの誤りもありませんでした。彼女がこの仕事に熟達していることをあざやかに物語っています。ところが、つぎの十五ページの中では、十五行も抜けがあるのです――私が、これほど台なしにされた文を見るのは、めずらしいことです！私の原稿と打たれたものを取り戻すのに（すでに打たれた文のための合意されていた代価をこえて）あといくら身の代金を要求しているのかと問うことはしませんでした、この種のやり方を助長することを全く望んでいませんから。こんなことをすると、私は、たぶん、裁判に訴えることを余儀なくされるでしょうから。

運よく、必要な場合に用いることが出来る、草稿の下書きが残っていました。それでも、この種のサーカスは、とくに繰り返されるときには、あなたも文字通り「うんざりする」ことでしょう。私のめい想と自伝についてのこのぶ厚い本がおそらく引き起こすであろう困難と敵対を考えてみたとき、最初のやっかい事が、一種の消耗戦という形でやって来るのは、(わが敬愛すべき数学者の同僚たちの側からではなくて）職員―タイピストの仲間たちの側からだとは、もちろん想像していませんでした！したがって、つぎの第四番目の職員は、それまでの人たちよりも、この原稿により同情の念をいだいてくれるということは、全く予測できないので、(ひとたび取り戻したあと）第四の人の手に託すことに、もう私はそれほど熱心ではないのです。私自身がこの事務仕事をおこなうとすると、ひと月以上の時間の投入を必要とします、これは、私にはとうてい出来ないことです。

おそらく、『収穫と蒔いた種と』のこの第三部は、タイプを打って清書することをあきらめざるを得ないかもしれません。草稿―下書きの形で出版社に直接に手渡すことになるでしょう。(とにかく、印刷の組み版を受け持つ責任者との間でこれと同じようなやっかい事が生ずるとは考えていません！)。とくに、このために、私の大学――ラングドック科学技術大学――の手でなされることになっている、『収穫と蒔いた種と』の数の限られた前段階の発行の中に、この第三部を含めることをあきらめることになるでしょう。この前段階の発行は、個人の資格で、同僚や友人たちに配布される予定です。あるいは、私が、仕事をきちんとやってくれる職員をついに見つけることになれば、たぶん、遅れて、この第三部を印刷に付してもらうでしょう。はじめの二部を受け取ることになる人たちの中で、この第三部を受け取ることに本当に熱心な人のたっての要請がある場合にのみ、この部（三つの部の中で、たしかに一番「むずかしい」）を送ることにします。最初の二部については、急いで印刷してもらって、送りたいと思っています(第三部については、それほど急いではいません)。最初の二部のタイプ打ちは、もう数か月前に終わっています。これは、大学の職員の手で（問題が生ずることなく）なされました。もしも私が『収穫と蒔いた種と』の三つの部の全体の目次をこれに含めようと思っていなかったならば、この二つは、ずいぶん前に印刷されていたことでしょう。もう三か月も前から、私は、この果てしない第三部は終わりつつあるのだと思っていたのでした。今月の末には終わるつもりになっています。あるいは、もしそうならなければ、第三部（「埋葬II——陰と陽の鍵」）の最終的で、完全な目次を含めずに、最初の二部（「うぬぼれと再生」それに、「埋葬I——中国皇帝の服「裸の王様」」）の印刷をしてもらうことにします。

さて、これらの不快な事故のあと、いま、中断されていた省察の糸をなんとか見い出さねばなりません。

この一月九日の、藤井師の101歳での死去は、彼とともに、以前には触れたことのなかった、私の人生の一側面を想起する機会を与えてくれました。死の床にいる師を再び見る可能性はもはやなく、彼に近い人たちによるお通夜に加わることも出来ませんので、私は、彼が亡くなった日の夜を、ひとりでお通夜をして過ごし、この出来事によって呼び起こされた回想や思いのいくつかを朝まで記しました。とにかく、この機会に、藤井師との出会い、また親しく交流した彼の弟子であった人たちとの出会いが私にもたらしてくれたことを語ることは良いことだろうと考えたのでした。

五日前のノートにおいて、すでに、「南無妙法蓮華経」《なむみょうほうれんげきょう》という歌について話しました。これは、もう何年も前から私の生活の中に入っており、ありがたいものです。そこには、また、藤井師自身および若い人、若くない人を含む、彼のお弟子さんたちの多くの人たちから受け取った愛情があります。私が彼らから受け取ったこの歌に、その価値と美しさを与えているのは、もちろん、この愛情です。この歌は、それをうたうこと自体、彼らという人間や私という人間を含む、創造から生まれたあらゆる生き物に対する、尊重と愛情の行為です。

また、日本山妙法寺のお坊さんや尼さんたちとの私の交流は、その主な、さらにはすべての自己投入が、宗教的な動機をもった仕事へと向かっている（長い間、私自身の自己投入が、数学上の発見の仕事へと向かっていたのと全く同じく）男女の人びとと緊密に交流した、最初で、唯一のものでした。それは、私にとって、つぎのようなことを考えるひとつの機会でした、つまり、ここでも、他の所と同じく、ある共通の使命（いわゆる宗教的な）によるある親近性と、ひとりのつよく、魅力ある人物への忠誠を超えたところでは、気質、条件づけ、さらには深いところでの**選択**についてさえ、その相違は、かなり際立ったものであり、人と人との関係の中では、やはり重要なものだということです。このことを別の言い方をすれば、ある宗教的な理想（ここでは、「菩薩（ぼさつ）」、つまりブッダの教えの疲れを知らぬ伝導者の理想）にしたがって**自らを形成しよう**とするいくらかの人たちの努力は、心の中の**変化**の過程、成熟へとゆきつくというよりも、多かれ少なかれ表面上の**態度**に通じているということです。さらには、ある「信条」（それが、たとえ、どんなに崇高なものであっても）の採用と、いわゆる「宗教的」活動への徹底的な自己投入は、本質的な影響を伴わずに、通常の自己に集中したメカニズムの動きの上に姿をみせているということです。僧院や修道院、寺院、そして他のあらゆる信条の宗教的共同体においては、社会の他のいたる所よりも、紛争は、表面に現われていません。そして、しばしば、宗教的な使命は、紛争を立ち退かせるための、多くの手段の中のひとつとして、用いられています、信条のおかげで紛争は消えてしまったと確信しながら。

また、さまざまな機会に、私の客人のお坊さんたちの中に、その人から放射して輝く、心の中の平穏さと喜びがありました。これは、私にも、彼らに近づくすべての人たちにも、感ぜられるものであり、彼ら自身にも、すべての人にも、恵みをもたらすものでした。みるからに、このような調和と平穏さと深い一致をもつ状態は、あれこれであろうとする、あらゆる努力とは無縁のものです――それは、「努力の伴わない」状態、完全に自然な状態です。

このような輝きを感じた、お坊さんのうちの四人に対して、私は、それは、長い年月を経た、さらには何十年も前からの、習慣となっている状態であるという印象を持ちました。藤井師に対しては、とくにそう感じました。わが友人たちの他の二人については、別の機会に、ほかの誰よりも、締めつけられており、分裂しているのが見られました。そのときには、私が彼らのもとで知っていた、こうした調和の状態、それにこの状態のしるしのひとつであった、ことがらのある自然な理解というものが、あたかも存在しなくなってしまったかのようでした――こうした状態や理解は、彼らの中にどんな跡も残さなかったかのようでした。しかしながら、私としては、そこには、記憶の中に記録される単なるしるしよりも深い、破壊することが出来ない「跡」――**認識**のもつ本性の中にある跡というものがたしかにあると、確信しています。これらの友人たちは、すべての人と同じく、彼らの存在の創造的な時点で彼らの中に置かれた、この認識を考慮に入れ、それが活動し、実るにまかせるようにするかどうかは、いつの時点においても、彼らの自由です。同じく、また、彼らが、それを無視し、埋葬し、結局は「バカなことをする」のも自由なのですが。とにかく、これも、世間でありふれたことなのですが…。

これに対して、自分自身との深い一致を伴った、この完全に自然な状態、そして、これと共にあるこの輝きは、それほど月並みなことがらでは**ない**、と思います。わが家に迎えることが出来た、かなり数の限られたお坊さんのグループの中で、それが、数日であろうと、あるいは数週間であろうと、これだけの人たちの中に、心の中に調和をもった、言葉のまったき意味での力のある、つまり、謙虚さと精神力、穏やかさと鋭さとを統一している力をもった、この状態を見い出したということは、かなり注目すべきことです。それは、やはり、信条の働き、あるいはこの信条を表現しているお祈りの働きではないだろうか？お祈りは、もちろん当然ながら、それだけでは、ある恵みの状態をつくりだすことは出来ないでしょうが、このような状態の出現と、この状態の日毎の刷新を**促す**傾向があるのでしょうか？とにかく、すべてを投入しながら、美しい歌をうたうという事実だけで、すでに、いくらかは、「恵みの状態」なのです——そして、ある歌（あるいは、あるお祈り）のもつ美しさのみで、すでに、私たちに、「すべてを投入する」ように仕向けるのです。

また、歌の中で一番美しいものでも、心は別のところにあって、歌いながすときには、この歌に心を開くことがないので、効果のないままであることも事実です。あるいは、もっと適切な言い方をすれば、私たちがこのように歌いながすものは、私たちがうたうと考えている歌では**なく**、私たちの魂はこれから糧を受けることは決してありません。それは、紙あるいはプラスティック製のばらは、ばらではなく、蜂が蜜を取りにこないのと同じです。

注

(1)　このノートのはじめの部分は、私の仕事に入ってきた支障について述べることに対するつよい抵抗に抗して書かれました。これらの支障は、漠然とコッケイな姿をしていました。そして、単にこれらを述べるだけでは、私をやっつけるための武器を相手にただで与えるに等しいものでした。他方では、「あなたを文字通りうんざりさせる」これらの支障は、とくに一、二週間、私の仕事において、非常に不愉快で、やっかいなものになりましたので、これらがあたかも何もなかったかのように沈黙して過ごすことは、証言においては、一種のごまかし、本物でないことになるほどになりました。さらに、十日後に、ノート「ユング——「悪」と「善」のサイクル」において、この私の不運に立ち戻っています。

（三月七日）C・G・ユングの自伝についての

一連の「読書ノート」のはじめのものである、この最近のノートは、最終的には、この自伝によって呼び起こされた省察の部分からなる、『収穫と蒔いた種と』の最後の部に入れることにしました。

(2) 私に好意をもつ人たちも、ここで、私を、被害妄想だとして非難するかもしれません——私を苦しめるために動いているのは、引っ越し業者たちのあと、職員—タイピストたちだと！引っ越し業者については、ノート「虐殺」（このノートの題名は、すでに、いまのテーマについて雄弁に語っています…）のわが友イオネル・ビュキュルの引っ越しのところを見られたい［『数学と裸の王様』、P225］。

f 確信と認識 162

（一月十四日）一週間前の省察を終えるとき、ある重要なことがらに「触れた」という感情を持ちました。その夜、このノート（No.159）［P398］に付した名「理由のない暴力の原因」において、この「あることがら」を簡潔に表現しようとしました。この突然の理解のひらめきは、ひと月以上前から、まさに「理由のない暴力」あるいは「根拠のない暴力」のなぞをめぐってなされてきた省察[1]［P424］の、帰結でもなければ、終止符でもないことも、私には分かっていました。その反対に、突然現われてきた、この新しい「見通し」は、むしろ、新しい出発点に似ていました。遠い昔にこうむった損害や損傷によるうらみ、あるいは怨恨を、手が届かない、あるいは「タブー」として感ぜられる、現実のひとり、あるいはいく人かの責任ある者の代わりに、**受け入れ可能**な「標的」へと「移行させる」というメカニズム——はじめは、私の人生において現われた、孤立したあれこれのケースの中で、散発的に認めていたこのメカニズム、そして、無意識のある種の奇妙で、不安定な錯乱として暗黙のうちにとらえがちだった、このメカニズムは、ついに、「人間の心的現象の基礎のメカニズム」のひとつとして認められるようになりました。同時に、このメカニズムは、「理由のない暴力」の数限りない、当惑させられるあらわれの原因としても見えてきました、妻と夫の間、愛人たちの間、両親と子どもの間に荒れ狂う暴力についても、戦争あるいは大きな社会的変動の時代に頂点に達する、「匿名の」暴力についても、このことが言えます。

これらの関連は、ずいぶん以前から、心理学あるいは精神医学（このような「科学」が存在すると仮定して）のイロハに入っているのか、あるいは、ここで私が言っていることは、「精神分析のディレッタント」のもつ幻影というものなのか、私には分かりません。私のテーマは、心理学の学位論文を提出することでも、なんらかの新理論あるいは旧理論を弁護することでもなく、私という人間が組み込まれている状況を通して、私の人生を理解することであって、私が手で触れることになったもの、あるいはあちこちで突然開かれるのを見た「見通し」のもつ「地位」についてはどうでもよいと思っています。いずれにしても、私がわずかなことがらを理解したいならば、数学においてのものであろうと、私の人生およびなんらかの仕方で私の人生と結ばれていることがらにおけるものであろうと、個人的な省察なしですますことは出来ないことを、私はよく知っています。そして、理解しようとしているものが、無造作に、理性に挑戦しているように見え、私のまわりやその他のところで、各人が、安心できる決まり文句を用いて、それをペストのように避けているのが見られるときも、同じようにします。(また、心理学の専門家たちも、少なくとも自分自身が直接に問題に付されているときには、他のすべての人びとと同じく、例外とはならないと思います)。

私にはよく分かっていますが、「細部にわたるまで明確にしようとしたとき」の曲り角で、現われてきた「突然の確信」、つまり「「根拠のない暴力」に触れたという確信」は、をもつすべての状況に共通にある隠れた力に触れたという確信」は、意識された視野に入ってきたが、もやから立ち現われてきたばかりの漠然とした影からはまだまったく抜け出ていない、この新しい直観を細部にわたって、あらゆる角度から念入りに調べてみるという仕事を免除するものでは全くありませんでした。ちょうどその反対に、それは、まさに、なされるべき仕事の最初のものだったのです。そこでは、すでに、いろいろなケースに特有のものから、一般的なものまで、一連の新しい問いが立ち現われてくるのが見られました。きっぱりとしたこの「確信」の中に、なんらかの確かさ、あるいはもっと適切な言い方をすれば、ある確かな**認識**の核があるとしても、その認識は、この確信に私が与えたばかりの表現が、留保なしに、多分重要な手直しなしに、「本当で」、「正確で」あると、私に告げているのでは、全くなく、むしろ、ある**新しい**(私にとって)、**そして基本的な事実**に確かに手を触れたこと、この暴力について、ある**新しい**見通しが確実に形成されたことを告げているということなのです[2][P425]。この新しい事実とこの**新しい見通し**の具体的で、ニュアンスに富んだ意味、そして、それがもつ正確な及ぶ範囲、それにおそらく、それがもつ思いがけない結果や影響について言えば、必要な仕事に私が身を投ずるやいなや、それらは、必ずや引き出されてくるにちがいありません。現われたばかりのこの「認識」は、とくに、私につぎのようなことを告げていました：このような仕事のための時機、暴力の理解、ともかく、「根拠のない暴力」の理解の中にさらに入ってゆくための時機は熟していること、また、現われたばかりのことがらの結末にまでゆくための、この仕事にあてる、各時間、おのおの日々は、この理解の中にさらに前へと入ってゆくことを私に可能にしてくれるだろう、ということです。ある新しい、基本的なことがらが現われた（たとえ、それが、なお、漠然として、近似的なものにとどまっているとしても）というこのような感情、そして、このことがらの理解の中にさらに入ってゆくことが出来るという内的な確信が私を裏切ったという記憶はいままでありません。私の研究において、私の自己投入をあれこれの方向に「位置づける」ための確かな道案内があったとすれば、それは、**新しいことがら**が出現したというこの感情と、かいま見られたこの「新しいことがら」の中にさらに入ってゆき、それを理解する上で時機は熟していることを私に告げている、この内的な確信です(3)［P 426］。

このことは、ある方向に身を投じ、あることがらを知るための時機が熟している毎に、たしかに私はそれに身を投じたということを意味しているわけではありません！すでに、私の全エネルギーを数学に投じていた時期に、次第に、火の中に同時に十の鉄棒を、ついで百の鉄棒を見い出すことになったとき、それは不可能なことでした！(4)［P 426］。また、めい想、つまり、自分自身の発見においても、それは同じでした。意識された仕事のレベルでは、残念ながら、一度にひとつのことしか出来ません（しかしながら、このひとつをしっかりと行なうという労を取りさえすれば、すでにかなり良いものですが…）。「火の中の百の鉄棒」のうちの**ひとつ**についてのこの仕事は、たしかに、無意識の不思議な道を通って、他のすべての鉄棒にも、あるいは少なくとも、それらのうちの多くのものにも利益をもたらすことがあり得ます――この仕事は、これらの鉄棒を「あたため」、私たちがそれらに向かう時点では、意識的な注意という鉄床の上のハンマーを快く迎えるようにするのです。さらに、百の鉄棒の中から「良い」ものを選ぶことを知らねばなりません――その加工が、同じく熱せられつつある、他の鉄棒についての仕事をも前進させるようなものを。

注 (1) 具体的には、十二月七日のノート「ビロードをまとった足――微笑」（No. 137）［P 265］以来です。

(2) これらの行を書きながら、一九六八年にボンベイのシンポジウムで発表した、代数的サイクルについての「スタンダード予想」との比較が浮かび上がってきました。これらの予想は、そのとき(今もなおそうですが)、特異点の解消と共に、代数幾何学において提出されている最も重要な問題のひとつだと思えました。これらの予想を引き出したとき、代数的サイクルについて、それとホッジの理論およびヴェイユ予想との関係について、ある「新しい見通しが…いま形成された」と、はっきりと感じました。とくにここで私の注意を引いたことは、「純粋に幾何学的な」、つまり、(少なくとも見かけ上は)あるコモホロジー理論という抜け道を通ることのない、ヴェイユ予想へのひとつのアプローチが現われてくるのを見たということでした。

他のところですでに指摘しましたように(ノート「筋肉と心の奥」の小ノートNo.106₁において[P56])、この「新しい見通し」という現実、そして、その及ぶ範囲は、この予想が正しいか誤りかという問題(これは、まだ未来の光の輪の中にあります)とは完全に独立したものだということです。ある予想は、私にとっては、(勝つか負けるかという)**賭け**ではなく、**探り入れ**なのです。――その回答がいかなるものであれ、私たちは「勝ち」になるしかないのです、つまり、革新された認識を得るしかないのです(「誤りと発見」の節(No.2)[『数学者の孤独な冒険』、P192]の省察と比較されたい)。この予想が誤りだということが分かったとしても、すでにざっと見たところ、「それほど楽観的ではない」二、三の変種が考えられます。この時には、これらは元の予想を精緻なものにします。またこれらの変種の中の一番弱いものは、実際上、体上の半単純なモチーフについての「適切な」理論の存在と同値なものです。

これらの変種を引き出すことは、いくらかでも事情に通じている人にとっては、ひと午後あるいはふた午後かかる練習問題であり(また、これは、おそらく、未知の中への長い旅の出発点ともなるでしょう…)。最初の命題を引き出すこと(例によって、セールの論文「ヴェイユ予想のケーラー的アナロジー」に述べられている、彼のアイデアから、私は着想を得たのですが)は、練習問題ではなく、たしかに**ひとつの発見**であり、あるいは、また、(ノート「数育の失敗(2)――創造とうぬぼれ」(No.44′)[『数学と裸の王様』、P2]の中で引用した、ゾグマン・メブクの手紙の表現を再び取り上げれば）**ひとつの創造**でした。ゾグマンが「私の学生たちは、創造とは何であるかあまり知らないようだ」と、おずおずとだが思い切って言うとき、それは控え目な表現でした――むしろ、私ならこう言います：彼らは創造というものを知っていた、しかし、霊きゅう車を押すことに忙殺されて、ずいぶん以前にそれを忘れてしまった…と。

(3)　ノート「子どもと海――信念と懐疑」（No.103）［P 28］と比較されたい。

(4)　注「火の中の百本の鉄棒――ひからびてしまうと何もできない！」（No.32）［『数学者の孤独な冒険』、P 373］を見られたい。

g　最も熱い鉄棒――転換点　162′

埋葬についての省察の過程で、多くの「鉄棒」に出会いました。場合に応じて熱かったり、それほど熱くはなかったりしますが、私が仕事することを求めているものでした。それらは、すべて、仕事の過程で再び熱せられたと思います、あるものは強く、あるものは弱く。これらの「鉄棒」のまず最初のものは、私自身のケースにおける**自己に対する軽蔑**の問題でした。これは、はじめは、『収穫と蒔いた種と』の最初の萌芽のうち外で、気掛かりをなくすかのように提出されたものでした[1]［P 428］。それは、ノート「正当な暴力――うっぷん晴らし」（No.141）［P 288］の中の、十二月十三日（ちょうど、ひと月と一日まえ）の省察までは、どちらかと言えばなまぬるいままでした。私の人生において、私自身が「理由のない暴力」、「理解を超えている」暴力を行使したり、人にこうむらせたりしたいくつかのケースについて、たとえ簡潔であったとしても、省察をおこなったのは、私の人生において、これがはじめてだった、と思います。ここ最近の年月において、このことを考えることがありました。しかし、つねに通りすがりであり、そこに止まってみたことはなく、そのことについて文を書きながらの省察はしませんでした。

しかしながら、名を名乗らない暴力は、私の人生に深く刻印していました――それは、決定的なことがらのひとつ、さらにはなかでもとくに決定的なことがらでさえあり、私の人生、そして、一般に「生」、人間の生を理解するために、出来るかぎり深く理解しなければならないものでした。しかし、これについて考えてさえみれば、明らかなことなのですが、こうしたことは隠されたままでした。それは、十二月十三日の省察に先立つ日々に、「ビロードをまとった爪」という名のもとに集められた全部で四つのノート（No.137―140）［P265―288］の中で追求された省察の傍らで、偶然のごとく、立ち現われてきたのでした。『収穫と蒔いた種と』の中で、はじめて、**「暴力」**という名があげられ、注意の対象となったのは、これらのノートにおいてです。これは、現在まで、あるいは少なくとも、一月七日（一週間前）のノート「理由のない暴力の原因」まで、注意の中心にありつづけています。

この「理由のない暴力の原因」という期待をもたせる名は、このノートは、ひと月の間ずっと追求してきた、暴力についての省察の一種の最高の到達点であるという印象を与えることでしょう。たしかに、それは、この省察の主要な果実のひとつです。しかしながら、私にはよく分かっているのですが、この新しい見通しが突然現われ、また、突然かいま見られたある結びつきに関する内的な確信というこの感情が生まれたのは、**私という人間自身**も、また、現われてきたばかりのものの中に、この「私の人生の流れ全体の中で蓄えられていた、大量の部分的で、雑多な印象」の中で、直接に組み込まれていたからでした。これらすべての印象の中で、そのときには、いくら「部分的なもの」、たしかに不十分なものに感ぜられたとしても、最も最近の、最も新しいものは、まさしく、**私自身の中の暴力**についての、十二月十三日のこの省察にまでさかのぼります。表面的に読んだ読者には、埋葬についての調査の中で他の多くの脇道のひとつのように見えるかもしれませんが、この省察は、それとは違って、いま、振り返ってみて、私自身についての省察の中の急所をなす時点、そして（少なくとも潜在的には）決定的な転換点のように見えます。さらに、その日に、そのときまでは回避してきた、私という人間の中の葛藤の核心に真っすぐに私をいざなう、ひとつの方向の中で、ついに、第一歩を踏み出したと感じたのでした。すでに10か月前から記憶にとどめるためとしてそこに提出されていた、この「なまぬるい鉄棒」は、突然、赤く熱せられました――それが白赤色となり、私に、ある形とあるメッセージとを明かすためには、そこに止まって、息を吹き、たたくだけで十分なのでした。そして、今日もなお、そうした状態にあります。

しかし、ここは、この鉄棒について仕事をする場所ではないことは明らかです。『収穫と蒔いた種と』の過程で現われてきたすべての鉄棒の中で、もちろん、これが、私にとって、一番重要なものです。その次は、「理由のない暴力の原因」と共に現われた、これと緊密に関連しているものです。もし子どもが、背中に、大変な大人であり、息の長い仕事と、それが要請する「優先性」に執拗にしがみつくボスを背負っていなければ、私が、現在、探りを入れてみることもなく、飛び込んでゆくのは、もちろん、私自身と他の人の中の葛藤の核心へと連れて行く、この方向でしょう！しかし、その名の示すように、命令を下し、自己投入を決定するのは、ほとんどは、ボスであって、子どもではありません。したがって、この「悪のなぞ」は、もっと好都合な時期を待つことになります、ボスが休暇中であるか（きわめてまれなことですが）、あるいは、『収穫と蒔いた種と』の執筆がついに終わるといった、最先端の「優先性」をもったものであまりに混雑してはいない時です！

注　(1)　「（他人の）無謬と（自己に対する）軽蔑」の節（一九八三年六月の）（No.4）を参照している注（No.2）をみられたい［『数学者の孤独な冒険』、P196、348］。

h　終わりのない鎖――転移(3)　162″

だが、埋葬に戻る前に、少なくとも、一週間前の省察によって呼び起こされた連想のひとつを記しておきたいと思います――これは、他の連想よりも、おそらくそれほど明らかでないもので、そのために、いま記しておかなければ、跡を残さずに消えてしまうおそれがあるからです。それは、業（ごう）についてのヒンドゥー教の考えに関連しており、ノート「対立的な兄弟――転移（2）」（No.156）［P376］において現われた連想、つまり、一種の**「業の保存の法則」**というごく小さな直観と同じ方向にあるものです。

ひとりの人間の中のこのはじめの漠然としたうらみ、それは、そのあとで、みかけ上「根拠のない」攻撃性や暴力の衝動という形に翻訳されますが、このうらみは、無から生まれたものではありません。それは、たしかにこうむった深い攻撃、とくに幼少時代にこうむったものに対する回答です。もちろん、抑圧するという性質をもつ、これらの攻撃の多くは、言葉の狭い意味での「暴力の行為」ではない、つまりとくに自分たちの子どもに対する、両親のもとでの、傷つけたり、損なったりしようとする意図から出たものでないと考えられます。しかしながら、（ほとんどつねに無意識の）このような（傷つけたり、損なったりしようとする）意図は、一般のコンセンサスによって認められているよりもはるかに多くの場合に存在していることもたしかです。だが、おそらく、業の発生や伝播という視角においては、「苦痛」を与え、「損害」の引き起こす「暴力」がたしかに存在するときには、（はっきりとしたものであれ、隠されたものであれ）**その意図や動機**といった問題は、付随的なものでしょう。

とにかく、大多数の場合、表面的な見方をすれば、このようにこうむった「苦痛」は、ひとたびこうむったあとは、存在しなかったもの、跡をのこさずに「消えて」しまうという幻想を生むかもしれません。また、自分たち自身の苦悩や無力さを、彼らの子どもたちに蒔いた人々が、この子どもたちの手にある、かつて自分たちが蒔いたものを、直接に収穫することは、ひんぱんに生ずるものではありません、あるいは、少なくとも、彼らはそのうちのごく僅かな部分を収穫しているにすぎないという印象を持ちます！あるいは、別の言い方をすれば、彼らが自分の子どもたちの中に呼び起こした漠然としたうらみのうち、彼らに向けられた、「かたい」うらみとして濃縮するのは、ごく僅かな部分にしかすぎないと言うことです——当然のことながら、彼らはこのことを大いに嘆きます、恩知らずの中でも最悪のものであるとして！だが、だからと言って、このうらみ、あるいは、この蓄えられた「業」の残りは、なくなってしまうわけではありません。それは、仮の標的へ向かっての、うらみの「移動」というこのメカニズムによって、じつに効率よく、説明不可能と思えるような仕方で、用いられるのです。この仮の標的は、ときには定まらない標的であったり、ときにはまた、とくにぴったりとした、ひいきの、大事にされている、いわば、長い期間にわたって、じっと抱かれてきた標的であったりします！

通常の時期には、業のこの激しい仕事、人間の生活の中に深く根づいているこのできものは、薄闇の中にあって、各人は、それを無視し、また、それを見ても、正常で、あっておかしくないものと考えられるものに比較して、ときにはこちら、また別のときにはあちらにある「しみ」としてしか見ないことを自分の義務と考えています。

戦争や困窮が猛威をふるっているときといった、例外的な時期には（あるいは、刑務所や保護施設といった、例外的な場所においては）、このひそかに行われている仕事は、大胆な死体置場やむき出しの寒々とした町の上の大げさな旗によって称揚された、軽蔑と死を呼ぶ狂気の激しい燃え上がりの中で、突然に立ち現われ、白日のもとで思いのままに広がってゆくのです…。

宇宙への扉（「陰と陽の鍵」の付録）

1 岩と砂

（一九八六年三月十七日）ここ二日間、最後の段階でさらにいくらかの手直しをしながら、陰—陽のカップル（対）に関する私の一覧表を清書することに主として時を過ごしています。七年前の、このテーマについての最初の考察以来、注目し、記してきた、すべてのカップル（対）を含む、可能なかぎり網羅的な一覧表にすることに努めました。現在の私のリストのうちの最も大きな部分（多分その五分の四）は、一九七九年春のこの時点で、すでに、書き留められていました。「男性的なもの」と「女性的なもの」についての私の考察のこれらの最初のスタート以来（このときには、私は、まだ、これに対する中国語の名詞の「陰」と「陽」を知りませんでした）、量的というよりも、質的にじつに大きな前進がありました。陰—陽のダイナミズムについての私の理解は、めざめた注意によって精緻になり、いくつかの特に興味深い陰—陽のカップル（対）が現われてきました。これらは、「生——死」や「善——悪」のように、はじめは、私の注意から逃れていたものでした[(1)][P434]。しかし、とくに、他の所で説明しましたように（ノート「ものごとのダイナミズム」（No.111）において［P83］）、陰—陽のカップル（対）を、それらを結ぶ親近性にしたがって、より厳密に、より自然に、「カップル（対）のグループ」に分けることに進みました。このようにして形成されたグループのおのおのは、私には、一種の「宇宙への扉」のように見えました。そのグループを形成している、陰—陽のカップル（対）は、ひとつひとつが、それを通して眺めることが出来る、さまざまな「鍵穴」と言えるでしょう[(2)][P434]。これらのグループ（あるいは「扉」は、「線形に」（つまり、縦一列に）自然な仕方で並んでいるのではなく、（すでに上に挙げたノート（No.111）において説明しましたように）それらは、ある「グラフ」の頂点によって表現され、その「辺」は、あるグループの、その「近隣」と感ぜられるグループとの最も際立った親近性の関係を表わしています。読者は、ずっとあとの方で[3]［P435］、「クリスマス・ツリーのような形をした」このグラフ、そして、このグラフの21[4]［P435］の「頂点」の描写を見い出すことが出来ます。この頂点の描写は、頂点のおのおのに対応しているグループを形成している陰―陽のカップル（対）を数え挙げることによってなされています。

陰と陽に関する私の考察のこの側面（「組み合わせ論的な」あるいは「トポロジー的な」）についてのごく暫定的なこの結果を読者の手元に置くことで、私は、陰と陽の哲学の中になんらかの新しい「規範」を定めようとしているのでは全くありません、ちょうどその反対なのです！　ただ、この魅惑的なテーマについての読者自身の考察に糧を与えるために、まだいくらか加工されないままの状態の、豊かで、示唆に富んだ素材を読者に提供しようとしているだけなのです。しかしながら、戸籍のファイルに並べられた簡潔な名のごとく、他の解説もなく、そこに並べられている、これら二百ほどの陰―陽のカップル（対）のおのおのは、いくらかでもそれに視線を注ぐ労を払いさえすれば、それ自体で、あらゆる種類の豊かな響きをもつものに見えます。これらの響きを聞き、探りを入れ、書きしるすことは、ひとつひとつが、情熱をかきたてる仕事となるでしょう。これらのカップル（対）の二つについては、数ページできわめて簡潔にですが、『収穫と蒔いた種と』の中で[5]［P435］それを行ないました。すべてのカップル（対）に対して、これを行なうとすれば、一冊の本になるでしょう――それを書く人は（このような本がいつかきっと書かれるでしょうが）、それを書きながら、世界と自分自身について多くのことがらを学ぶことでしょう！　また、それを書く人は、（例えば「善――悪」あるいは「創造――破壊」といった、見かけは月並みなカップル（対）によって提起されるテーマや問題だけでも、ひとつの図書館を満たしてしまうかもしれません。

これからおこなう展開の中には、主観性さらには任意性という避け難い部分があります。この主観性あるいは任意性と言うことで、一覧表に記載されたカップル（対）のおのおの（たしかな「陰―陽のカップル（対）」として）の**存在**のこと、おのおののカップル（対）の内部での陰―陽の**役割の配分**のことについて考えているわけではありません。その反対に、私にとってじつに明らかなことは、この双方、つまり、その存在と役割の配分は、きわめて明確な意味を持っており、**かつ「普遍的だ」**ということです。この普遍的だということは、男性のものであれ女性のものであれ、それに固有のものだとみなされている特徴、態度、機能を決め、定めているあらゆる文化上の枠組みとは独立しているということです[6][P435]。この意味は、数学におけるひとつの命題と同じほど明確で普遍的なものです。つまり、その命題がはっきりと提出されるならば、この命題が正しいか誤りかという問題は、基本的には、あらゆる文化上の枠組みから独立しているということです[7][P437]。

それでも、もちろん、陰と陽についてのこの問題において、間違うことがあり得ます。それは、数学において、意味のない命題や、その意味が、頭の中にあった意味と違う命題をせっかちに書いたり、誤りなのに正しいことが証明できたと信じたり、その逆のことを信じたりして、誤りを犯すことがあるのと同じです。しかし、この双方の場合、つまり、陰―陽の弁証法、数学における弁証法において、さらに前へとひきつづいてゆきさえすれば、遅かれ早かれ、なんらかの明らかな矛盾によって、あるいは、あるつじつまの合わなさによって、この誤りは明らかになります。その誤りは、突きとめられ、修正され、より深い、より基礎のしっかりとした理解へと席を譲るのです。

したがって、これは、(オリエンタル・スタイルの)あたらしい「天使の性を論ずること(無駄な議論をすること)」なのでは全くなくて、じつにしっかりとした現実に関することなのです。ただ私たちがこれに十分に関心を持って、これに応えるような注意、直観、能力が私たちの中でめざめ、発展するようにしさえすれば、この現実は、数学上のことがらの現実とおなじく、しかも同様に「たしかな」仕方で、把握することが出来るのです。たしかに、陰と陽についての微妙なこの遊戯は、数学における、形、数、大きさについての遊戯のように、「定義」、「命題」、「証明」という手段でもって、とらえることは出来ません。それでも、これは、より「認識しにくい」とか、より「現実のものではない」というものではなく――ちょうど、その反対なのです!

さらに、私の一覧表の中の陰―陽のカップル(対)のおのおのは、十分に「正しい」という、しっかりとした推定をしています。しかし、完全な確実さをもって、このことを保障することは出来ません。それは、少しこみ入った、数学上の仕事において、じつに細かいところまで、最後まで証明するように最大限の入念さをもっておこなって(もちろん、ほんの僅かの数学者しかこうしたことは行ないませんが)はいない場合と同じです。これに対して、全く疑念のニュアンスをもたずに私に分かっていることは、ここで私が提出しているものは、**内容のある**ものであり、基本的には、この内容は、たまたま、あちこちで、小さな誤りがすべり込んでいるとしても、こうした誤りによっては、実害を受けることはないだろうということです。

さきほど私の提出したものの中にある「主観性」と「任意性」について語ろうとしましたが、それは、全く別のことだったのです。一方では、私の一覧表の中に含める陰—陽のカップル（対）の**選択**について考えていたのです。もちろん、興味深いカップル（対）で、私の注意を逃れていたものがあるでしょう(8)[P438]。しかし、とくに、「意味深い」、（カップル（対）の）「グループ」の構成の中に、つまり、私たちに宇宙をかいま見せてくれる、豊富な、これらすべての「鍵穴」の中から、「宇宙への扉」を「切り抜く」ことの中に、避け難い任意性があります。これらのグループは、（多かれ少なかれ…）「隣接している」と感ぜられるカップル（対）の間の親近性という関係によって、かなり自然な仕方で形成されているように思えました。ひとつのグループの中でのこれらの親近性は、「一瞥（べつ）して」、そのメンバーのカップル（対）のリストを単にざっと目を通すだけで、すべての読者には、おそらく明らかでしょう。しかし、このような親近性は、考察中のグループを超えて、「隣接した」あるいは「すぐ隣の」グループのカップル（対）へとつづいています（そして、「宇宙への扉」、あるいは「クリスマス・ツリー」という例のダイアグラムが生まれたのは、まさにこのことによります）。他方では、いくらか反対の方向ですが、グループのおのおのを描くための印刷上の配置から、大多数のグループの内部で、ある共通の連想をめぐって、ある共通の「意味」によって結ばれたカップル（対）からなる、さまざまな「包み」あるいは「小グループ」が立ち現われます。このことから分かることですが、私が引き出し、そこで止まったグループの上にはっきりとまたがるような、より大きなグループ、あるいは、逆に、（こちらの方が、なお理にかなっているでしょうが）より小さなグループ——さらには、へんぱなグループが、おそらくこれも同じくらい「自然な」仕方で生まれるように「切り抜く」ことが出来るかもしれないということです。

例えば、二つのカップル（対）「南——北」と「夏——冬」を、グループ「光——影」の中に、また、（みるからに、この二つのカップル（対）に類似している）カップル（対）「東——西」と「春——秋」を、グループ「高い——低い」の中に含めました(9)[P438]。これも同じく自然な、別のグループ分けをすれば、これら四つのカップル（対）でもって、一方では、東西南北からなる、他方では、四季からなる、別個のグループを作ることが出来たでしょう[9]［P438］。

ひとつの陰―陽のカップル（対）が、異なった二つのグループの中に入るのを避けるような努力をしたわけでは全くありません――その反対でした。だが、私がそこまでで止まったグループ分けの中に、このような、一つのグループが他のグループを侵食しているのは、むしろ例外的です[10]［P438］。「高音――低音」というカップル（対）は、グループ「高い――低い」の中に含められていますが、これを、グループ「運動――休息」の中にも含めるのは控えました。なぜなら、「高い」音と速い運動（いまの場合、振動）との関連、「低い」音とゆっくりした運動との関連は、おそらく、すでに、（振動現象としての）音のかなり複雑な「科学的」理解に由来するものであって、心的現象の無意識の層にはない（と推測される）からです。「学ぶ――忘れる」というカップル（対）は、「認識――無知」というグループと、「高い――低い」というグループの二つの中に含められました[11]［P438］。しかし、私は、これを、「活動――不活動」というグループの中に入れるのは控えました。このグループの中にも入れることを考える人はいるでしょう[12]［P438］。

私がそこまでで止まったこのグループ分けよりも、もっと味わい深く、もっと微妙で、宇宙へのこれらすべての豊富にある「鍵穴」によって形成される全体構造（あるいは、「パターン」）についてのより明確で、より精緻な理解に到達できるようなグループ分けを、誰かが見い出したとしても、私は全く驚かないでしょう。このときには、この全体構造は、おそらく、私の、すこしばかりいびつな、物思いにふけった様子の「クリスマス・ツリー」とは異なった、たぶんより際立った、より説得力のある様子をしたグラフでもって表現されることでしょう…。

注

(1) 慣例にしたがって、ほとんどの場合、私は、「陽―陰」ではなく、「陰―陽」のカップル（対）について語ります。それでも、（その逆のことをはっきりと述べないかぎりは）前の二つのカップル（対）「生―死」、「善―悪」についてと同じく、カップル（対）には、陽―陰の順序で名をつけることにします。

(2) 「宇宙への扉」と「鍵穴」というこのイメージは、（一九八四年十月二十一日の）ノート「行為」（No.113）［P102］のはじめのところに現われています。それは、すでに挙げたノート「ものごとのダイナミズム」（No.111）［P83］でもって、陰―陽のカップル（対）に関する、以前の考察を再び取り上げてから、八日たったときのことでした。

(3) （三月三十一日）本書569ページを見られたい。読者は、いまからの解説を読みはじめる前に、このダイアグラムを知り、さまざまなグループを描写した一覧表にざっと目を通した方がよいでしょう。これからの解説の方は、「探求する思考」という運動の中で、つぎつぎに、陰と陽の遊戯についての思いがけない考察とつながってゆくことになります。一方には、解説と考察、他方には、ダイアグラムと一覧表、それらは、互いに明らかにし合っています。

(4) ノート「行為」（前の注(2)で挙げたもの）においては、**21**の頂点（あるいは、カップル（対）のグループ）が取り上げられています。内的一貫性という要請に押されて、これに、22番目のもの、「空間——時間」というグループ（このカップル（対）と、これとほとんど同一のカップル（対）である「広がり——持続」とだけから成っています）を付け加えることにしました。それは、私のグラフの対称性を少しばかりかき乱す、小さな不都合な点だったのです。

（三月三十一日）そのあと、さらに、はじめのダイアグラムのグループのうちの六つを二つに割ることにしました。したがって、私のダイアグラムの頂点によって表わされている「グループ」あるいは「扉」の総数は、28になります。

(5) それは、「活動——不活動」、「拒否——受け入れ」というカップル（対）についてのことです。「活動——不活動」というカップル（対）については、ノート「敵対する夫婦」（No.111′）［P87］において、「拒否——受け入れ」については、ひとつづきのノート「拒否と受け入れ」（No.116—118）［P123—145］において、少しばかり考えてみました。

(6) これらの行を書きながらも、これらの行は、必ずや、大量の反対意見や誤解を呼び起こすにちがいないことは、私はよく分かっていました。それらの反対意見や誤解を消そうとすることは、希望のもてない仕事でしょう。ここでは、例えば、「美——醜」や「聡明——愚かさ」といった、漠然と対立している二つの項からなる集まりが、たしかに陰—陽のカップル（対）をなすということでは全くないということです、それは、「陰」と「陽」という語を聞いたことがあるほとんどすべての人が当然のこととして受け入れる傾向があるものですが！　それは、（女性に対しては）女性的な**役割**——（男性に対しては）男性的な**役割**という、**役**

割のつよい指定として解釈された、陰―陽の**役割の配分**のことなのです、これには、非常に激しい異議が出されるでしょうが。最も普通に使われている、そして、反論できない「証拠」でもって、例外なく、すべての（正しい、あるいは、間違いの）カップル（対）に適用される「議論」は、私の話し相手は、間違って「陽」と形容されている項が支配的な女性を多数知っている、といったものです。また（例えば）陰は活動を表わし、陽は不活動を表わすことに決めて、陰―陽の役割の配分を逆転させれば、たしかに、同じような議論ができます！このような「議論」は、単に、陰と陽の性質の絶え間ない結び合いという現実との接触をおこなおうとするのを拒否している（例によって、無意識でしょうが）ことを示しているのです。（なぜ、どの点で、これらの議論は、「的はずれ」なのかを説明するために）このような議論の中に入ってゆくことは、つねに、無駄な骨折りです。

こうした閉塞は、たえず、陰の性質を犠牲にして陽の性質を優位づけようとすること（しばしば暗黙の、だがつねに命令的な！）からやってきます。この優位づけは、すべての人によって深く内面化されています。このすべての人の中に、（とくに、記すことにすれば）女性も含まれています。女性たちは、とくに、これから被害をこうむっているのですが（実際には、女性も男性も、これによる重い重荷を引きずっているのです）。したがって、「速い――遅い」、「熱心さ――慎重さ」あるいは「確信――謙虚」といった、月並みな陽―陰のカップル（対）も、ほとんどは、女性たちによって（あるいは、女性たちの正当な立場をみとめて、彼女たちを支持しなければならないと考えている好意的な男性たちによって）ひどく**不公正**なものだと感ぜられるでしょう：いつでも、例によって、間違いなく、「男性に」配分されるのは、威信という後光をもった項だという不公正さ。「活動――不活動」、「生――死」、「創造――破壊」、さらには「善――悪」（よくながめてほしい！）といった、「PR効果」という観点からみて破壊的なとは言わないまでも、とりわけ重要な影響を及ぼすカップル（対）に言及するまでもありません！これらすべての性質（！）と不快な、さらにはおぞましい形容詞でもって、このように、人類の半分を苦しめるとは、なんたる人種差別主義者、とんでもない男根主義者［男権主義者の別名］であろうか。あなたのこの陰―陽の弁証法、どうも大変ありがとう、雰囲気は分かったよ、これだけで十分だよ。もう包みをしまっていいよ！、といった具合でしょう。

(7)

この行を書きながら、頭に浮かんでいたことですが、(少なくとも、原理の上では)すべての数学者が、同じ「遊戯の規則」を受け入れている、数学においてさえも、(例えば）数学のある命題が、ひとつの意味（この語の純粋に技法的な意味で、つまり、その興味深さや、正しいか間違っているかについては考えずに、たしかに「数学上の命題」なのかという）を持っているのかどうか、あるいは、この命題を確証するためにはっきりと書かれている推論は、ほんとうに証明を構成しているのかどうかという問題は、今日でさえも、意見の一致をみているものでは決してないということです。私は、数多くのすぐれた数学者で、彼らと向きあって、同じ「論理」に基づいて仕事をしているのではたしかにないと思えたとき、こうした奇妙に不安定な状況の中にいることを一度ならず感じたことがあります。彼らが「定義」あるいは「命題」と呼んでいるものには、しばしば、暗黙のうちに、この検討中の状況に関連している前提と直観からなるかなりばくぜんとした雲が含まれています。これらの前提や直観は、それらが述べていることに明確な意味を与えるような仕方で、はっきりと述べようとするとしばしば困難を味わうことでしょう。ここで、やっかいなことは、彼らに正確にすることが求められている、問題の意味そのものを、彼らは理解していないのに、彼らの心の中では、すべてが完全に明白に見えていることです！それは、いくらか、ブルバキによって広められた正確さについての規範に慣れている、現在の数学者と、前世紀の数学者との間でなされる、相手の言うことを聞こうとしないでなされる会話のようなものです――実際、私は、リーマンのいくつかの作品にざっと目を通しながら、この不安定の感情を再び味わいました。ところが、これらのリーマンの作品の内容は、私にはなじみ深いものと思われたのですが！また、大学での私の学生の大多数に対する関係において、ある意味では逆の状況の中で、この感情に再び出会いました。学生たちは、みるからに、私がなぜこのような説明に入っていって苦労しているのか、理解できないのです。ところが、私にとっては、このような説明の必要なことは、単に数学上の「良識」として明らかなのです。当然のことながら、このような状況の中では、私の「説明」は、完全に彼らの頭の上を通り過ぎてゆきます——あるいは、むしろ、当の学生たちは、「見切りをつけて」しまって、それらが通り過ぎるのを待ち、ついに、計算のしっかりとした処方の方に落ち着くのです！

(8)　（三月三十一日）これは、このあと二週間の考察が確証したことです。この考察によって、多数の新しいカップル（対）が立ち現われてきました。

(9)　（三月三十一日）いくつかの他の理由と共に、この節についての批判的な考察によって、そのあとの日々に、私の作ったグループにいくらかの修正を加えることになりました。たとえば、元のグループ「高い——低い」（あまりにも大きな）から、グループ「飛翔——衰退」を切り離しました。すると、この「飛翔——衰退」のグループは、今では、前の二つのカップル（対）「東——西」、「春——秋」を含むことになります。他方では、「きれいにするために」、クリスマス・ツリーに、東西南北がしるされた（十字の形の）一種の方位盤をつけました。これは、いま解説している段落で挙げられている、仮定としてあるグループ「東西南北と季節」を表わしています。

(10)　あるグループの中に入っている、あるカップル（対）が、別のグループにも入っているときには、そのあとのカッコの中にローマ数字を入れました（必要に応じて、ダッシュや添え数字、あるいはこの双方をつけて）。それは、このカップル（対）が含まれている別のグループを指しています。

(11)　（三月三十一日）ここは、「グループ「高い——低い」」ではなく、「グループ「飛翔——衰退」」としなければなりません、まえの注(9)をみられたい。

(12)　私は、カップル（対）「学ぶ——忘れる」を、グループ「活動——不活動」の中に入れたくありませんでした。なぜなら、「（学んだものを）忘れる」は、それ自体、ひとつの**活動**であって、不活動の状態では決してないと感じるからです。実際、純粋に機械的な、あるいは型にはまった学習（とくに、やり方を覚える学習）を別にすると、本当に、新しいことを学ぶのは、ただ、私たちを囚われの人にしていた古いものを「忘れながら」です。学び、自己を再生するという行為の中で困難に出会うのは、じつに多くの場合、この（学んだものを）**忘れる**、獲得されたものとして、私たちにとって大切な「よいもの」として感ぜられていたあるものを**切り離す**という、この行為の中においてです。

2　一妻多夫のことがらと一夫多妻のことがら

これまでに取り扱ってきた陰―陽のカップル（対）は、主として、性質に関するものであり、「暑い――寒い」、あるいは「速い――遅い」のように形容詞によって表わされたり（大多数は、名詞化した形で）、「知る――認識する」のように動詞によって表わされたり、また「情熱――平静」のように名詞によって表わされたりしています。しかしながら、数は少ないですが、陰―陽のカップル（対）に、二つの「ことがら」を記したところがあります。ひとつは、陰の役割を演じ、もうひとつは、陽の役割を演じており、双方とも、**原型的な象徴**の価値を有している、つまり、精神（プシュケ）の深い無意識の層から来ていて、さまざまな人や文化に（多様な形のもとで）見い出されて、「普遍的な」価値を持っている、象徴的なイメージをなしているということです。カップル（対）「主人――召し使い」は除きました（たぶん、これは、本物の原型的な象徴というよりも、カップル（対）「権威――服従」の人格化にすぎないでしょう）が、八つのこのようなカップル（対）を取り上げました（これには、十二の原型が含まれています[1]［P 441］）。その八つのカップル（対）とは、二つのカップル（対）

男 → 女
火 → 水

と、おのおのが三つのカップル（対）からなる二つのグループで、つぎの二つのダイアグラムで表わされます：

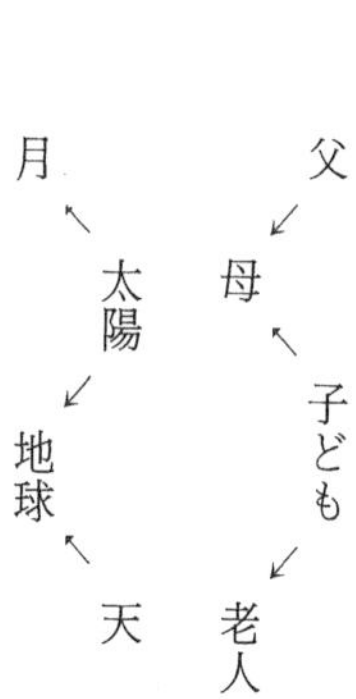

もちろん、これらのダイアグラムにおいて、このあとに出てくるものも同じですが、二つの項を結ぶ矢印は、これら二つがカップル（対）をなしており、矢印は、陽の項から陰の項へ向いています。

これらのダイアグラムは、興味深い一事実を明らかにしています、このことについては、すでに前に、通りすがりに触れましたが。それは、これらの原型のいくつかのもつ「**一夫多妻**」と「**一妻多夫**」という現象です。つまり、子どもと太陽は、一夫多妻的であり（一方の子どもは、母と、老人とで対になっており、他方の太陽は、地球と、月とで対になっています）、ところが、母と地球は一妻多夫的です（母は、父と、子どもとで対をなしており、地球は、天と、太陽とで対をなしています）。このような現象は、私たちの多くのところでの良き慣習に反して、原型の集まりだけに限られているわけでは決してありません、原型は、神話が神にあてがっているような特権に浴しているのでしょうが（この中に、近親姦という原型も含まれています）。私の一覧表の中に、「活動」という項と「エネルギー」という項に対する、他の二つの明らかな一夫多妻のケースを入れました。これらは、三項からなる、つぎの二つのダイアグラムの中に含まれています：

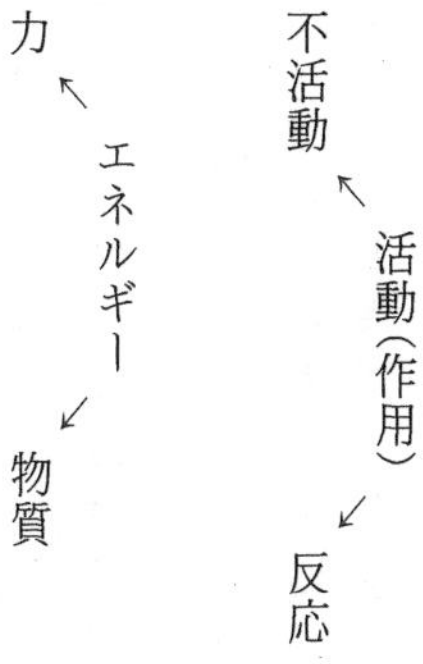

および

これらのダイアグラムは、四つの陰―陽のカップル（対）を生みます。それらを、私は、三つの異なったグループ（つまり、「活動――不活動」、「前――後」、「運動――休息」というグループです）の中に入れました。すると、この二番目のダイアグラムは、「精神――身体」というカップル（対）とつなげると、私のリストでは忘れられていた（だが、よくなじまれた）陰―陽のカップル（対）、つまり「精神――物質」を示唆してくれます（そこで、直ちにこれを付け加えることにします）(2)［P441］。したがって、ダイアグラムは、五つの項をもつジグザグの美しいダイアグラムとして完成します：

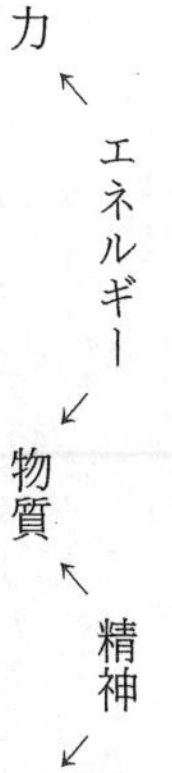

これは、もうひとつの二重結婚を提供しています、つまり、精神（精神としては、自分についてはそう信じていたことでしょう！）は、身体と対をなす（身体としては、もちろん、これしか期待していなかったでしょう）と同時に、物質とも対をなしています。それから同じく、一妻多夫もひとつ、つまり、物質という

女性で、エネルギーとで対をなし（エネルギーも、これとおなじ世界、つまり、物理的な実体の世界に属しています）、精神とも対をなしています（精神は、より高い世界に属しているとみなされています）。さらに、この新来のカップル（対）「精神——物質」（ある人たちは、不釣り合いの結びつきと言うでしょう）をどこに挿入しようかと探していましたが、それは、すでに、私のリストの中の、「文字——精神」という名のもとに、実質上、姿を見せていることが分かりました（ここで「文字」は、明らかに、グループ「形——実質」の中で、「物質」のための象徴です[3]）。こうして、二重結婚であるものも、ないものも、すべては、秩序あるものに戻ったわけです！

注 (1)（三月三十一日）それから、さらに、原型の二つのカップル（対）「神——悪魔」、「巨人——小人（こびと）」を付け加えました。

(2)（三月十八日）ひとつの文章の曲り角で、このように、カップル（対）「精神——物質」を「認める」というこのやり方は、もちろん、少しばかりぞんざいな感じです！しかしながら、これを、ほんの少しの時間でも、ながめる労を払いさえすれば、このカップル（対）は、「なかなかの重みをもった」ものであることが分かるでしょう。実際、これは、陰—陽のカップル（対）として、たしかに「存在している」ことに、ほとんど疑いをいだいていなかったのですが、それでも、私はそのことをしっかりと「感じて」はいませんでした。これが「存在している」というこの確信は、認識の質を有しておらず、まだある理解の果実でもなかったのです。

(3)（三月十八日）ぞんざいさはなお存続しています！（前の注(2)を見られたい）。けりをつけるのに急ぐあまり、大変な間違いでもって「けりをつけ」てしまいました、これは、今日［三月十八日］のノートにおいて修正します。

3 創造的な両義性(1)：対、長い行列、輪舞

（三月十八日）昨夜は、あってはならぬほど夜ふかしをしました。終えてしまおうと急ぐあまり、最後の時点でとてつもない間違いを犯してしまいました。カップル（対）「文字——精神」（これは、私のリストでは、そのグループに名を与えている、カップル（対）「形——内容」のすぐあとにつづくものです）と、いわゆる対「物質——精神」とを「うっかりして」同一視してしまったのです（「文字」を「物質」に代えれば

十分であり、これで、うまくひっかかってしまったのでした！）。したがって、「物質」が、陽の役割を演じ、「精神」が、陰の役割を演じることになるでしょう(1)［P445］。このようにしながら、私には、陰と陽の役割の混乱という「致命的な過ち」が見えなかったのでした。ところが、私の心の中では、身を落ち着かせようと考えていたのは、カップル（対）「精神——物質」であって、その逆ではありませんでした。しかも、（［フランス語の］文法上の性からの要請に合致して）当然、精神は男性であり、物質は女性としてです。考えてみた結果、このカップル（対）「精神——物質」の真の場所は、グループ「活動——不活動」の中であるように思えます。なぜなら、「精神」は、物質を活気づける活動の原理をたしかに体現しており、物質の方は、それ自体としては、生気のないものだからです。

この混乱は、まさに、陰と陽の弁証法のある重要な特殊性を明らかにしています。きょうは、この特殊性に立ち戻ってみようと考えました。それは、あらゆることがらの陰あるいは陽の性質の中のある基本的な**両義性**に関するものです。それには、ここで問題にする陰—陽の「宇宙レベルのカップル（対）」のひとつ、あるいは多数の中に入ってくる可能性のある性質や他の実体も含まれています。ここでは、この両義性は、つぎの線形のダイアグラム：

文字 → 精神 → 物質

でもって例示することが出来ます。これには、実体「精神」が両方に含まれている二つの陰—陽のカップル（対）を含んでいます。この「精神」は、最初のカップル（対）「文字——精神」においては、**陰の項**として、第二のカップル（対）「精神——物質」においては、**陽の項**として。

ギリシア語の学問的な名詞を用いると、精神は、**両性具有**（アンドロジン）という性質をもっている、つまり、同時に、「男性」、「女性」であり、「男性的」、「女性的」であるということです。さらに、ここに、（精神にとって！）深く満足すべきことがらがあると思います。これには、今日までは、一度も立ち止まってみたことがありませんでした。おそらく、私は、精神は（文法上の性が示すように）**男性的**でしかあり得ないという、言葉では表現されていない確信をもって生きてきたのでしょう。しかしながら、（私がこれらのことがらに注目しはじめて以後）ある時点で、**愛**もまた両性具有であり、（行為およびプロセスとしての）**創造**もそうであり、さらに**神**もそうであることに気づいたのでした[2]［P445］。

あらゆることがらの陰―陽の性質の中のこの基本的な両義性は、（矛盾することなく）陰―陽の「宇宙レベルのカップル（対）」の二つの項のおのおのの中での、陰あるいは陽の性質の基本的な**一義性**と重なり合います。例えば、カップル（対）「文字――精神」においては、「精神」は、（文法上の性とはちがって）陰の役割を付与されていることには、どんな曖昧さもありません。また、カップル（対）「精神――物質」においては、同じ抽象的実体「精神」が、今度は、陽の役割を果たしていることには、いかなる曖昧さもありません。この「精神」という実体の中で、陽の性質が陰の性質よりも優勢なのか、それとも、この逆なのかを知ることに関しては、哲学の問題というよりも、天使の性を論ずる（無駄な議論をする）に似た問題のように感じます。同様な三つの場合（愛、創造、神）についても、このことでは同じだと思います。

相互に関係のある二つのことがら、概念、あるいは抽象的実体の間で、この関係は、一方が陰の役割、他方が陽の役割を演じて、ひとつの「カップル（対）[3]」［P446］をなしていることが認められ、しかも、この役割の配分において「基本的な両義性」が全くないということは、非常にしばしばあります。例えば、**土地**――水平で、養分を与える――と、土地に根づいており、天に向かってのびている**樹**は、陰―陽のカップル（対）をなしています。これは、その知覚が無意識のレベルにあったとしても、すべての人によって認められるものだと（思います）。他方では、なによりもその幹によって体現されている樹、ついで、一つのまとまりとして樹の一部となっており、（樹が、土地から立ち現われ、土地によって糧を与えられているように）幹から立ち現われ、幹によって糧を与えられている**枝**に注意を向けるならば、樹と枝もまた、カップル（対）をなしており、この対の中で、今度は、この関係の中では、枝が陽なので、樹は、陰の役割を果たしています。最後に、この枝をひとつの全体として、枝によって支えられ、糧を与えられている**果実**との関係でながめるならば、また別のカップル（対）が見い出され、そこでは、今度は、枝は、陰、母性の役割を演じ、それら出て来た果実は、陽の役割を演じます。

これらの多様な関係を、一つのダイアグラムによって表わすことが出来ます、今回は、「ジグザグ」ではなく、「長い行列の」形です。

土地 ↑ 樹 ↑ 枝 ↑ 果実。

この長い行列の形のダイアグラムは、樹と枝の陰—陽の両義性（あるいは、「両性具有」の性格）を明らかにしています（樹は、土地との関係では、陽であり、枝との関係では、陰です——枝の方は、樹との関係では、陽であり、果実との関係では陰です）。グラフをこのように描くことにより、さらに予測されることですが、あらゆることがらのこの陰—陽の両義性は、**創造的な両義性**であること、そして、この両義性は、宇宙のすべてのことがらに内在する固有の創造性の基本的な一側面であろうということです。それによって、とくに、そのことがらが、非常に異なった多様な状況の中に、あるいは「夫」として、あるいは「花嫁」として、カップル（対）の関係の中に入ってゆくことを可能にしています。

もうひとつの有益な実例として、読者に、つぎの三つの対（つい）からなる長い行列に注目するよう勧めます。

調和 ← 静けさ ← 騒音 ← 歌

そして、もし興味を持たれれば、これら三つの対（つい）のおのおのが、たしかに、どのように、「カップル（対）」を形づくっているのか、自分の言葉で表現してみる喜びを味わってください。

すべてのことがらの中の陰と陽の両義性についての、グラフを用いての、この脇道を終える前に、閉じている長い行列、言い換えれば、陰と陽の輪舞を挙げておきます。この輪舞は、（前の二つの長い行列もそうですが）詩集「近親姦の称賛」[4]［P446］から抜粋したものです。ここでは、その描写を転載するだけにとどめておきます。

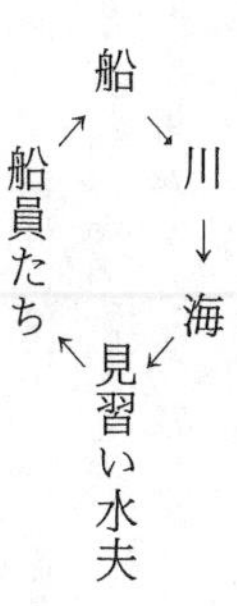

「川は海に流れ込む、海は川を迎える。船が川に浮かべられる、川は船を取り囲み、つつむ。船員たちは船で運ばれてゆく、船は船員たちをまとめ、保護する。若い見習い水夫は、船員たちの一員であり、船員たちはこの水夫を自分たちの中に入れている。この水夫の目の中に、海が映っている、その目を通して、海は、彼の魂の中に入ってゆく、魂は、自分の中に海を迎える。このようにして、男と女——エロスと母——は、たえず、終わりのない輪舞の中でからみ合う、そこでは、すべてのことがらが、同時に、また、次々に、そ

の男性的な飛翔と、母性の衝動とを生きている。」

注　(1)　気づかれるでしょうが、これに近い二つのカップル（対）

形——内容、文字——精神

のおのおのにおいて、故意になされたかのように、陰—陽の配分が、二つの項の［フランス語の］文法上の性によって示唆されるものとは**逆**になっています。これらの見かけ上の変則におどろくことはありません。他の実例に関して、以下で説明するように、実体「形」は、実体「実質」とでカップル（対）をなし、そこで陽の役割を担っていますが、この実体「形」それ自体として、基本的に、さらにはもっぱら、陽の性質のものとして見なければならないというものではありません。「形」は、限りない、可能な、実質の「実現」の潜在的な「包みこむ母胎」として、陰、「母性的な」性質をもつものとして見ることも出来るのです。これに対して、内容を秩序づけている構造の要素として、あるいは（顔や花瓶などの形について語るとき）具体的な現実から引き出された「抽象的な」真髄としては、この同じ実体「形」が、陽の特徴を表わすのです、「形——内容」、「形——実体」のようなカップル（対）においては、まさしくこれが現われています。

(2)　記しておきますが、「愛」という語は、フランス語では男性で、ドイツ語では女性です（「die Liebe」）。これは、その「両性具有」の性質とうまく合致しています。これに対して、「神」（ドイツ語で「Gott」）は、この二つの言語の中で男性です。私としては、性の区別をもち、（「男神」あるいは「女神」に対して、単なる）「神」という概念が存在する、あらゆる言語の中で、これが男性なのかどうか、あやしいと思います。神が男性だということは、陽に優位性を与えている文化上の先入観を反映しているように思えます。「創造」（「die Schöpfung」）に関しては、この概念は、この二つの言語において**女性**として表わされています。その理由は、この二つの言語においては、「創造」という語の第一の意味は、創造的な行為またはプロセスに関するものではなく、創られたすべてのことがらによって形成されている、そして、これらすべてのことがらと私たち自身が含まれている宇宙のことだからだと思われます。したがって、この意味は、「すべて」あるいは「母」がもつ意味に近く、また、これら「すべて」と「母」は（「すべて」は、部分に対する関係において、「母」は、つくられたもの、あるいは「生みだされたもの」に対する関係において）たしかに、**陰**の性質を持っています。これに対して、創るひと（それが、神であれ、ひとであれ）については、自然に、「創造主（男）」あるいは「創造者（男）」として考え、決して、「創造者（女）」としては考えません。これには、この双方の言語における、「神」という概念に対してと同じ、文化上の先入観が反映されていると思います。

カップル（対）

創造――破壊

は、「生まれる――死ぬ」に近く、その理解は、私たち自身の理解、そして、私たちの中の、宇宙（コスモス）の中の創造的なプロセスのもつ性質の理解にとって、基本的なものに見えますが、このカップル（対）の中では、創造は、陽の原理を表わしており、破壊は、陰の原理を表わしています。この二つの原理は、あらゆる創造的なプロセス――この言葉の真の意味での――の中に存在しています。前の注(1)において検討した実例におけるように、この陽の役割ということで、「創造」は、それ自体として、陽、あるいは「陰よりも陽」の性質をもったことがらであることを意味しているわけでは決してありません。そのことは、雄と雌のつがい、その抱擁によって、生が伝達され、再生される…という、この行為はいかなるものであるかを想起するとき、白日のもとに明らかになるでしょう。

(3) 以下で、いわゆる「宇宙レベルの」カップル（対）とのあらゆる混同を避けるために、ここでは、「カップル（対）」と言うよりも、「対（つい）」と言った方がよいでしょう。

(4) 詩集「近親姦の称賛」については、ノート「行為」（No.113）、とくにp103、104をみられたい［P102］。もちろん、文学の格調の高い、この文の中に、それほど詩的ではないダイアグラムを含めるとは考えてもみませんでした。私はここで何と言う拘束を破っているのだろう！

4　創造的な両義性(2)：役割の逆転

　前に挙げた輪舞や二つの長い行列の中に現われているカップル（対）は、陰―陽の「宇宙レベルのカップル（対）」を表わしているものでは、もちろん、ありません。このようなカップル（対）は、同じタイプの質の――ひとつは陰、もうひとつは陽の――存在の二つの様相を表わしています。それらは、広大な宇宙のあらゆる場所で、無限に多様な状況の中で見い出されます。あらゆる混同を避けるために、「宇宙レベルのカップル（対）」だけに、「陰―陽のカップル（対）」の名を限り、「宇宙的」あるいは「普遍的」な資質のない、もっと偶然的な結び合いの場合には、(陰―陽の)「対(つい)」という呼称を用いることにした方がたぶん慎重だったでしょう。ここで、とくに、これらのカップル(対)のつくる多様性――まずはじめに、私たちをとまどわせる、きわめて豊かな多様性――の一種の「地図」を作るという観点から、私の注意の中心にあるのは、もちろん、最初のもの、つまり、本物の「カップル(対)」、あるいは「宇宙をみる鍵穴」の方です！

　系統的に地図をつくるという私の努力の中で、それほど皮相なものではない理解に達する前に、ときには執拗に、私をあざ笑っているように見える、思いがけない矛盾に出会うことが、いく度もありました。もちろん、「リスト」あるいは反論を許さない「地図」を作ろうとして、以前からの私のとまどいを隠そうとしたのではありません。ここで生じた、このような困難は、（例えば）「科学」（さらには、数学）、あるいは「哲学」といった、慣れ親しもうとしている、いくらか微妙な他のすべてのことがらに対しても生じ得るものです。まだ字面だけの、あるいは表面的なままの理解が熟し、直観や「フィーリング」が発展してゆくことが出来るのは、ただ、じつに素朴にこうした矛盾と向き合うことにおいてです…。

　さきほど、私は、宇宙的なカップル（対）のおのおのの内部での陰―陽の役割の配分における非―両義性、一義性（「基本的な」と言えるでしょう）という性格について強調しました――それが、「個人」のことであれ、「文化上」のことであれ、あらゆる種類の選択から、この役割の配分は、独立しているということです。つぎに、今や、ひとたび、リストの中の200ほどのカップル（対）を記憶してしまうと、他の残りのカップル（対）は、すべて、出来あいの「あれ――これ」に還元されるだろうと信じている読者の誤りに気づいてもらう時期だと思います！私が力づよく強調した、この

「基本的な一義性」の傍らに、「**基本的でない**」**両義性**、あるいは「**二次的な**」**両義性**と呼びうるものも存続しています、(繰り返しますが、あるいは、ほとんど繰り返しと同じことですが[1][P449])これら「基本的でない」両義性は、カップル（対）のもつこの基本的な一義性と「矛盾することなく重なり合っています」。

その一例として、すでに、カップル（対）

拒否——受け入れ

に出会っています。ここでは、「拒否」は、陽の項を表わしています。ところが、いくらかの状況においては、受け入れは、拒否から「生まれ」、拒否の方は、受け入れに対して、一種の「糧を与える層」として役立っていることを観察しました——つまり、このときには、このカップル（対）の内部において、陰と陽の役割の真の「**逆転**」があるわけです[2][P449]。たしかに、これは、**創造的な**逆転と呼びうるものでしょう。私は、これを、愛情関係のカップル(対)、あるいは夫婦のカップル（対）の働きの中でときおり生じている逆転になぞらえました。しかしながら、このような逆転は、二人の参加者の双方の生物的な性という「基本的な一義性」を問題に付すものではありません。しかし、双方の中の衝動は、それに固有の性質にしたがって、女性的なものであれ、母性的なものであれ、子どものものであれ、父性的なものであれ、こうした響きのあらゆる豊かさをもって、表現することが出来ます。

さらに、また、通りすがりにですが[3][P450]、カップル(対)

子ども——母

というケースにおける、部分的な、さらに控え目な逆転という別の場合を記しました。

母が、子どもの**保護**という役割を有しているものと見られるとき、子どもは、「保護されているもの」という姿をとり、この知覚では、母に、**陽**の性質をもつ役割（保護者）が指定され、子どもは（この「二次的な」役割の配分においては）**陰**の役割を担うことになります。「母」の側での、子どもに対する関係の中でのこの陽の色調は、「**陰の中の陽**」(陰が支配的でありつづけている）の色調として見ることが出来るでしょう。これと対称的に、子どもの側では、母によって「保護されているもの」としての役割は、(支配的なのは、陽であるままで)「**陽の中の陰**」という色調として見られるでしょう[4][P450]。

「母」あるいは「母性」という原型についても同じこ

とが言えます。「母」は、普遍的に、**熱**を分配する人として感ぜられます。その恵みを与える身体の熱は、私たちの身体をつつむ、その身体の緊密な接触によって伝達されるのです。この熱は、もちろん、他方の、「寒さ」として、また（おそらく）漠然と敵対的な、あるいは少なくとも無縁なものとして認められる、「外部」、「他のもの」と対比されるものとして、受ける者によって感ぜられます。さて、このカップル（対）

暑さ——寒さ

もまた、たしかに宇宙的なカップル（対）であり、この中で、「暑さ」は、（少なくとも、「基本的な」レベルでは！）いかなる曖昧さも伴わずに、やはりここで、**陽の**役割を果たしています。つまり、母性という原型イメージ（おのおの生きた存在の中にあるイメージ）に結びついた、熱のもつ意味あいは、やはり、「陰の中の陽」という色調のもうひとつの実例です。

しかしながら、母というイメージは、同時に、もっとも完全な、もっとも深い、**陰**の体現、各個人の中にある体現であって、土地、海、水のような、陰の他のすべての原型的な象徴を含んでいる体現を表わしています。この母のイメージは、**近い**もの、**親しい**もの、**知られている**もの、私たちを**抱く**もの、私たちに**糧を与える**もの、私たちを懐胎し、生んだもの、私たちを新たに生み出すものです。また、それは、私たちが帰り、休息したいと思うとき、私たちを**迎え**、**もてなす**用意のあるものでもあります。母についての認識が、私たちの中に生きており、それが、私たちの中で、その際立った、固有の特徴を担っているのは、とくにこうしたことによります。これら際立った、固有の特徴は、たしかに陰です。そして、この母のイメージに対する私たちの関係の中では、私たちは、永遠に、「子ども」、あるいは「生まれ出たもの」、矢をもったエロスとしての子どものままです——他のものとの出会いのためにそれから立ち去るためであろうと、あるいは、私たちの生涯の終わりに、それへ回帰するためであろうと。私たちが、子どもであろうが、老人であろうが、男あるいは女であろうが、山であろうと、川であろうと、海であろうと、また、生まれたばかりであろうと、死ぬまじかであろうと、このことは同じです…。

注 (1) 第3節の第4段落を見られたい［P443］。
(2) ノート「円環」(No.116)、「一緒にあるもの——「悪」のなぞ」(No.117)、そして、とくにNo.117の注(1)を見られたい［P130、136、138］。つぎの文は、この注(1)を暗黙のうちに示唆することになるでしょう。

(3)　ノート「原型的な認識と条件づけ」（No.112'）、（2週間前の）注(2)において［P101］。

(4)　もちろん、これらの解説は、原型的な状況としての「母――子ども」に関するものであり、母――子どもという関係の大多数の**現実にある**状況においては、まったく「的はずれ」となるでしょう。「陰の中の陽」というこの色調が、陰の基調が消えてしまうほど、とてつもない場所を占めるようなケースも、まれなことではもちろんありません。それは、母のもとでの不安を生むほどの不均衡のしるしである、母性による**過剰保護**の場合です、この不均衡は、過剰に保護された子どもに伝達されます。

5　創造的な両義性(3)：部分は全体を含む

私たちの中の母性という原型のもつ陽の諸側面、もっと強く言って「男根的な」諸側面を探ってみるということは、さきほど、徹底していませんでした、その反対だったとさえ言えます。すべてのことがらは、母によって生みだされます。宇宙にあることがらの中で、母の中にすでにないようなものはありません。しかし、このテーマを追求することは、ここでは行いません。ここでのページは、地図を作るという仕事を明らかにすることのみを考え、関心のある読者の好奇心にそれをゆだねるつもりなのですから。

強調したいのですが、母という原型、そして創られたものがもつ「母性」との深い関係は、他のあらゆるカップル（対）とは完全に別個の陰―陽のカップル（対）をなしており、それが及ぼす影響は、他のあらゆるカップル（対）の影響を超えています。（少なくとも、これが、私の深い確信です）。この意味では、母という原型は、とりわけ「型にはまったものではない」と言えるでしょう。一般の「陰―陽の」カップル（対）については、陰と陽の役割の（時折の、あるいは、副次的な、あるいは、「基本的なものでない」）「逆転」のもつダイナミズムを検討してみる余裕があったのは、これらのカップル（対）のうちのほんの少しに対してのみです。しかしながら、すべての陰―陽のカップル（対）に対して調べてはいませんが、このようなダイナミズムが存在するのではないかと思っています、あるいは、ほとんど確実だと思います。さらに、少なくとも、かなりの数のカップル（対）について、そのダイナミズムの存在を明らかにすることが出来るという確信さえあります。

いま、別の一例として、カップル（対）

部分――全体

を取り上げることにします、ここでは、部分は、全体との関係においては、陽であり、全体は陰です。しかし、いくらかでも、哲学的な考察をしたことのある人には、かなり親しみ深いことでしょうが、かなりしばしば、部分は、全体を忠実に「反映して」おり、これによって、部分は「全体を含んで」います、部分が全体に含まれているのと同じく。同様に、人間は、宇宙（コスモス）の一小片ですが、いくらかの人たちは、宇宙全体が私たちの中に反映しており、おのおのの人は、宇宙を含んでいることを理解し、私たちに確言しています。人体の生理学というもっと具体的なレベルにおいては、私たちの身体の諸器官の全体は、足の裏や耳たぶや目の虹彩の中にじつに精緻に刻み込まれています。顔の表情、手の線や形、文字の特徴は、それらを解読できる人にとっては、それらひとつひとつは、その人全体を明かします。声のもつ音や身体の姿勢、しばしば意図せずに、身体の言語によって私たちが表現している無数の異なったあり方のひとつひとつについても、同じことが言えます。年月を経る中で人間が想像し、発見してきた無数の占いの手法は、すべて、部分は（皮相な視線には、どんなに見えなく、どんなに意味のないものに思えようと）全体を忠実に反映しており、これによって全体を含んでいるという、この原理に基づいているものと思われます。

また、私たちの細胞のただひとつでも、私たちが持っており、私たちの子孫に伝える染色体の情報の全体を含んでいます。他の解説を積み重ねて、これらのページをつづけてゆくことが出来るでしょうが、ここは、その場所ではありません！

6　創造的な両義性(4)：両極端は触れ合う

（三月十九日）さらに少しばかり、カップル（対）

暑さ――寒さ（あるいは、冷たさ）

に立ち戻りたいと思います、これは、昨日、通りすがりに出会ったものです。「寒さ」は、冬、自然の冬の長い眠り、休息、静けさに関連しています。多くの側面が、その「陰の」性格を明らかにしています。「暑さ」の方は、夏の熱、植物と動物の生命の豊かさ、この豊かさの一部分をなす動きやざわめきに関連しており――これらの連想によって、その「陽の」性格が明らかにされます。

しかしながら、熱は増大し、酷暑となり、こうしてこの生命の豊かさは、冬の眠りにじつに似た無気力さの中でまどろみます。ただひとつ聞こえる音である、疲れを知らぬセミの声は、あらゆる方面から私たちを取り囲み、私たちに休息へと駆り立てる、音のとばりのようなものを織りなしているように思えます。したがって、極度な熱は、私たちを陰へといざないます。少なくとも、熱が、漠然としたままの形で現われるときには、このようになります。熱の凝縮した形を表わしている**火**は、あい変わらず、陽の疑い得ない、普遍的な体現となっています。しかし、火自身の熱と、直接にそれに触れているものの熱は、増大し、極度の激しさに達します。そこで、固体は、溶けて、液体に変わりはじめ、液体の方は、気体になりはじめ、ついには、あらゆる方向に旋回する粒子からなる混沌としたカオスに解体してしまいます。このカオスの中では、あらゆる形とあらゆる構造が永久に消えてしまったように見えます。このようにして、陽としての熱が、最も極端なレベルにまで激しくなると、陰のように見える状態へ、ついできわめて陰な状態へ、そして最後に原初のカオスという極度な陰へと至ります。

逆の方向で、極端な寒さは、私たちを陽の方へといざないます。私のなじみ深い諸国においては、すでに、冬の寒さだけで、生きた、しなやかな水を、固く、鋭利で、割れやすい氷に凝固させます――すぐれて陰であったものが、ここで、陽に変換されます！私のように、冬を知っている人たちは、激しい寒さは、火のごとく、すべてを「かみ」、すべてを「燃やす」ことを知っています。この故に、また、山の冬のさ中のきらめくような雪は、私たちには「燃えるように」見えるでしょう。寒さがさらに増大すれば、空気でさえ、液体の形となり、ついで固体となります。物理学者にとっては、最も極端な寒さの状態、つまり、分子間のあらゆる運動が停止するという極端に陰の状態は、同時に、気体や液体のあらゆる流動性が戻ることなく消えてしまう、極端に陰の状態です。それは、すべてのものの最大の濃縮と絶対的な堅固さの状態です。

このような「変則」あるいは「パラドックス」は、陰と陽の弁証法においては典型的なものです。20年も前でなくとも、私が、「陰」と「陽」という語を聞いたことがないとき、もし、偶然、だれかが、これについて私に話すことがあったとしても、私は、確実に、それらを、一貫性のない大きな幻想として、この陰と陽のいわゆる「哲学」の全体を、一括して棄てたことでしょう。それにつづく年月の間に、私自身の中の、そしてすべてのことがらの中の陰と陽の働きという現実に目を開くためには、ある日、私のもつ「女性的な」および「男性的な」二重の性質の発見という体験をする必要があったのでしょう…。

ここで、特別な一例を挙げて描写したばかりの変形の種類は、もちろん、いつの時代にも、よく知られているものです。「**両極端は触れ合う**」と言われます。私のような数学者にとっては、それは、ただちに、円のビジョンを呼び起こします。このとき、円のビジョンは、つぎのような幾何学的なイメージを示唆します：

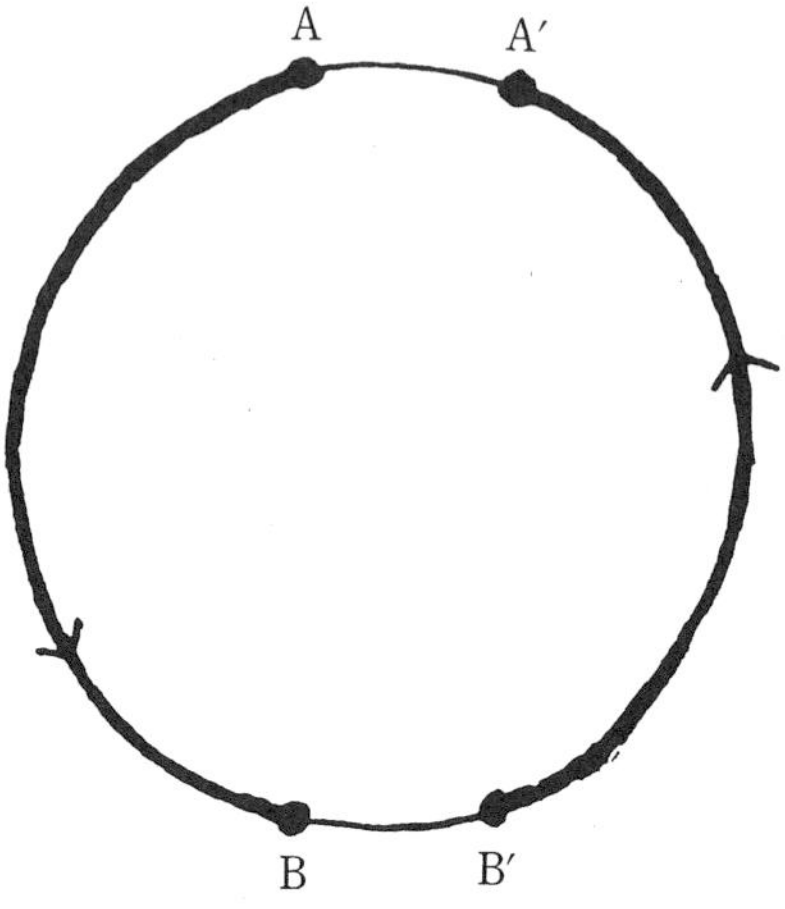

円の上の経路の方向ABB′A′は、「陽から陰への」方向を表わしています。弧$\overset{\frown}{AB}$は、陽(A)―陰(B)のカップル（対）のひとつの特別な「実現」を表わしています。Aが、「最も陽な」位置を占めるために、A′の方へ変わるとき、あるいは、Bが、「最も陰な」位置へ向かってB′の方へ変わるとき、あるいは、その両方をおこなうとき、A′をB′につなぐ短い方の円弧によって表わされる、新しいカップル(対)（(A′、B′)と記しましょう)は、今度は、**逆になって**います：経路の方向は、

私たちをB′からA′へといざない（その逆ではありません）、したがって、今回は、Aの新しい位置A′は、**陰**の極となり、Bの新しい位置B′は、**陽の**極となります。

しかし、数学者のこのあまりに単純なイメージが、陰と陽の関係のもつ性質についての理解を促すに適しているかどうかを知るということになると、話はまた別です…。

7　私の困惑：「含む――含まれる」と「重い――軽い」

いままで出てきた陰―陽のいくつかのカップル（対）においては、陰と陽の役割の問題は、特別な困難さを示しているようには思えません。私がここでこれらのカップル（対）を紹介したのは、とくに、これらを通して、陰と陽の間の遊戯の中のいくらかの特殊性を説明するためでした。これらの特殊性は、それに近い形のもとで、すべての中にとは言わないまでも、他の多くのカップル（対）において見い出せます。これらの準備を終わるにあたって、さらに、役割の配分が私をいくらか困惑させた、カップル（対）のいくつかのケースを指摘しておきたいと思います。

すでに、カップル（対）含む――含まれる（あるいは、包む――包まれる）(1)［P457］というケースに出会っています。これは、それほど問題が生じないカップル（対）

外部――内部、表面――深み、形――内容

に近いものです。こちらの方では、役割の配分（今の場合、陽―陰）は、ほとんど困惑を与えません。そして、私たちに、（正当な理由でもって）「含む」は、**陽**の機能を持ち、「含まれる」は、陰の姿をしていることを示唆しています。はじめに私を過ちに導いたのは、カップル（対）（この場合は、陰―陽の）

子宮――胎児、ちつ――ペニス

との類比をしたときでした。これらのカップル（対）においては、外部――内部という幾何学的な関係は、他のもっと重要な側面を前にしては、付随的なものに見えます。もっと重要な側面とは、子宮は、胎児に**養分を与え**、胎児の方は、子宮にすまい、**根を下ろして**います。また、ちつは、ペニスを受け入れ、ペニスの方は、ちつに**入ってゆきます**（直接の性的な意味あいは考慮にいれません。これには、いかなる曖昧さの余地もないでしょう！）。

二つのことがらで、ひとつが、もうひとつを取り囲んでいるように見えるケースの他の多くにおいて、陰―陽の関係は、こうした図形的な側面のみによって決定されてはいません。際立った一例は、つぎの二つの対（つい）によって与えられます：

（クルミの）から――核

果肉（桃あるいはアンズの）――核

第一のケースでは、堅いからは、内部を保護する機能を持っており、内部は、養分を表わしています。これは、陽―陰の役割配分です（図形的な側面と合致しています）。第二のケースにおいては、これが逆になっています。そこでは、果肉は、養分を表わしており、核は、子宮―果肉の中にすんでいる胎児の役割を演じています。

これに近い二つのカップル（対）

存在――不在、

充満――空虚（あるいは、充実――から）

（これらは、また、「肯定――否定」、「プラス――マイナス」というカップル（対）にも近いものです）においては、役割の配分は、陽―陰です。カップル（対）

集中――自由さ

においても、同じであり、ここでは、集中は、「充満」の状態とみられ、自由さは、「から」の状態とみられ、いま挙げた二つのカップル（対）の第二のものに合致しています。しかしながら、集中という状態は、（人が集中しているそのもの以外のすべてにとっては）**不在**の状態とみることが出来ますし、自由さは、（私たちの注意を促すことが出来るすべてのものにとっては）**存在**の状態とみることが出来ます。したがって、このカップル（対）は、陽―陰のカップル（対）であって、

不在――存在

となるようなものの存在を私たちに示唆しているのかもしれません。これは、たしかにカップル（対）ですが、陰―陽です（さきほどの「存在――不在」という陽―陰のカップル（対）の逆です）。この見かけ上のパラドックスは、「不在」という近い概念によって「集中」を翻訳することは、近似的なものであり、ある基本的

な側面を無視しているという考察によって、解消されるものと思えます：その基本的な側面とは、このいわゆる「不在」は、部分的なものにしかすぎず、私たちが注意を集中していることがらに対しては、その反対に、それだけの強い「存在」があり、これが（いわば）他の方向における不在を補っているということです。

なかでも、この実例は、類比という手段は、陰と陽のダイナミズムの中で見当をつけるために、貴重で、みるからに不可欠な指針ですが、にもかかわらず、絶対に確実なものではなく、巧みに、ある慎重さをもって用いなければならないことを、私たちに示してくれます。

ここに、「集中――自由さ」に近い三つのカップル（対）があります、

重い――軽い、濃い――薄い、集中した――散漫な

これらのカップル(対)について、陰と陽の役割配分はいかなるものかを納得するのに、私はいくらか難しさを感じました。(しかしながら、たぶん、これらは、相補的なカップル(対)であろうと、たしかに感じていました)。私の当惑の理由のひとつは、重い、濃い、集中したは、水と同じく、下へゆく傾向があり(これは、典型的な陰の特徴です)、軽いものは、上がる傾向があるということからきています。第二の当惑は、カップル(対)

抽象――具体

との比較から来ています。ここで、私にとって、はっきりしていることは、「抽象」は陽であり、「具体」は陰であり、これは、「精神――身体」、「理性――感覚」、「論理――直観」といったカップル（対）と合致しているということでした。さて、正否はともかくとして、私にとっては、「具体」は、濃さ、重さという考えに結びついており、「抽象」は、漠然、重さをはかれないという考えに結びついています。こうした符合する指標のために、私は、ある時点で（完全な確信があったわけではないのですが）重さ、あるいは、集中したは、軽いと漠然との関係では、**陰**であり、この軽いと漠然は、**陽**であろうと、推測することになったのでした。これは、最後に私が決めたものの逆です（私が最後に決めたものは、中国の伝統的な観念と合致していることが分かりました）。私の当惑がなんとか取り払われるようになったのは、さらに他のいくつかのカップル(対)との組み合わせをしたことによると思います(これらのカップル（対）は、私が「重い――軽い」と呼

ぶグループに入れることになりました)。だが認めねばなりませんが、今の時点でも、なお、私を過ちに導いた二つの類比は、なぜ故に、たしかに偽りなのか、本当に理解したという感情は持っていません。

注 (1) ノート「原型的な認識と条件づけ」(No.112')のはじめを見られたい[P100]。

8 統一性の探求

さきほど挙げましたカップル(対)「抽象——具体」は、いくらかの側面[1][P459]からしてこれに近いカップル(対)

特殊——一般

と突き合わせてみる必要があるでしょう(このカップル(対)は、昨日すでに検討したカップル(対)「部分——全体」の一変種として見ることが出来ます)。これも、また、陽—陰のカップル(対)ですが、一見したところは、前のカップル(対)「抽象——具体」の項の単なる逆転ではないかと思えるでしょう。別の言い方をすれば、自動的な反射作用だと、私たちは、「具体」を「特殊」と、「抽象」を「一般」と同一視する傾向があるでしょう。しかしながら、この二つのカップル(対)のそれぞれについて、ほんの少しでも考えてみさえすれば、これらは、きわめて異なった関係を表わしていることが分かります。「特殊」の「一般」に対する関係は、いま想起しましたように、「部分」の「全体」に対する関係です——一般は、特殊を「含む」あるいは「伴う」のです、全体が部分を含んでいるように。それは、「具体」と「抽象」の間に存在する関係では決してありません。具体的なことがらは、それがなんらかの仕方で私たちに想起させる、ある抽象的な概念の「実現」あるいは「体現」あるいは「現われ」と見ることが出来ます。例えば、銅製のなべ、あるいはむしろその縁は、円という概念の実現であり、また皮製のボールの表面(あるいは、地球という惑星の表面…)は、球面という概念の実現です。球面という概念は、例えば、私が指で示すフットボール用のボールのような具体的なものを「伴っている」あるいは「含んでいる」と言おうと思う人はだれもいないでしょう。そのボールの形(ほぼ球形の)は、無数にある他の側面のひとつにすぎず、これらの側面のどれも、おそらく、その全部を合わせたものも、ボールを論じ尽くすものではないでしょう。

たしかに、思考の特性は、「具体」を「抽象」によってなんとか把握すること、つまり、まさしく、「抽象化」というものの特別な（おそらく、唯一の）手段である**思考**による「具体」の把握です。したがって、あれこれの人の気質にしたがって、思考は、多かれ少なかれ高いレベルの抽象化をもった形に従う傾向があるでしょう。たしかに、数学上の思考は、最も抽象的な思考のひとつです。しかし、数学上の思考においてさえ、追求している考察の種類にしたがって、非常に多くの異なったレベルの抽象化があります[(2)][P459]。だが、人が身をおく抽象化の水準がいかなるものであろうと、この水準自体は、「一般」でも「特殊」でもない（と思います）。実際、それは、つねに、「一般的なもの」と「特殊なもの」とを含んでいます。一般的なものに関して知られているすべてのことは、当然のこととして、特殊なものにあてはまります。しかし、特殊なものの中には、さらに、ひとつひとつの「ケース」によって異なり、「一般」の（より小さな）単なる「原型どおりのもの」には還元されない、「個別的な」特徴がありま す。

（数学のような）ひとつの科学において、研究者の個人的な気質にしたがって、また、時代の精神、あるいはその時期の流行にしたがって、その研究は、多少とも一般的なことがらに、あるいは、多少とも特殊なことがらにおもむくことになります。いずれにしても、この研究は、当然「抽象的な」思考という枠組みの中でおこなわれるでしょう。

しかし、もちろん、科学的思考は、あらゆる流行やあらゆる時代の精神から独立して、その性質そのものによって、さまざまな特殊な状況のもつ当惑させられるような多様性の中に**共通な**ものを探求することに絶えず立ち戻ること、つまり、豊かで、限りない特殊を結びつけ、包み込んでいる「**一般**」を識別することに必ずやなることでしょう。別の言い方をすれば、さまざまな現象のもつ汲み尽くせぬ多様性を通して、**統一性**を探求することは、「科学的思考」という精神そのものに内在することがらのように思えます。世界のさまざまな側面のあれこれの中で、世界に探りを入れ、世界を知ろうとする、あらゆる熟考する思考についても、おそらく、同じことが言えるでしょう。これは、おそらく、私たちが欲すると否と、あるいは、知っていると否とにかかわりなく、たえず私たちを、多様を通して一つを求める方へと突き動かす、私たちの中の知の衝動のもつ普遍的な一特徴なのでしょう。また、この探求を表わしている陰—陽の対

多様性——統一性

多様——一つ

あるいは

において、私自身もまた、「遠くにあると同時に、きわめて近い、よく知られていると同時になぞに満ちた」——逃れやすい、つかみがたい統一性を探求する、この「多様なもの」であると感じざるを得ません…。

注 (1) 私は、はじめは、これら二つのカップル（対）「抽象——具体」、「特殊——一般」の双方を、「部分——全体」という同一のグループの中に入れていました。いまは、このうちの最初のもの、「抽象——具体」を、当初のグループから切り離すことにした、「単純——複雑」というグループに含めることにしました（第一節「岩と砂」の注(4)を見られたい［P435］）。

(2) 数学においては、ある概念の抽象化のレベルは、（ブルバキによって導入された）「構造」という技法的な概念を用いて、ある程度は表現することが出来ます。すべての「種類の構造」に、その「**ランク**」と呼び得る自然数が付与されており、この自然数が、考察中の種類の構造を叙述する上で入ってくる「基礎の集合」に付与された、（潜在的にある）構造の「タイプからなるはしご」をなん段まで昇らねばならないかを表わしているのです。このランクは、この考察中の構造の「複雑さ」あるいは「抽象化」のレベルを測っているものと考えることが出来ます。このとき、数学上のある概念（数学的**対象**のあるタイプについてのものであれ、ある決まったタイプの対象のある**性質**についてのものであれ）は、より高い段にある種類の構造が入ってくるとき、それだけ「抽象的な」ものと見ることが出来ます。この描写は、ある数学上の概念の「多かれ少なかれ高い抽象化」という（主観的な）印象におおまかに対応していると思います。しかしながら、こうした描写は、ある数学の概念が、「カテゴリー」の観点に結びついている言語や直観の中に根をもっている場合——これは次第に多くなっています——には、うまく通用しません（ここでは、さまざまなカテゴリーの間の比較の尺度となるのは、カテゴリーの「同型」ではなく、「同値」です）。ちょうど良い一例、つまり（いくつかの性質を満たしているカテゴリーとしての）**トポス**という概念を挙げますと、この概念は、「至る所で定義されてはいない結合法則」という概念を正当づけるものでしょう。どんな職業数学者も、これを、極端に抽象的だと呼ぼうと考えることはないでしょう。しかしながら、（空間という概念に替わるものと思われる、あるトポロジー的直観を体現しているものとしての）トポスという概念は、それほど抽象的ではないようだと思う数学者はほとんどいないでしょう！

9 一般性と抽象化――支払わねばならない代価

（三月二十日）昨夜、ノートを終えたあとも、「抽象」と「一般」についてながながと考えつづけました。（わずかのことを除くと）この双方は互いに全く関係がないと述べたばかりでした――その証拠は、この二つが自然に入っている二つのカップル（対）

抽象――具体、特殊――一般

は、実際、きわめて異なったものだし、それに、「抽象」は、ここでは、陽の役割を演じ、「一般」は、陰の役割だということでした！しかしながら、私の中に、なお、漠然とした不満足、現にあるこれらの「性質」によって作られている、ある状況をまだしっかりとは見ていないという印象がありました。「抽象化」と「一般性」とを近づけてみることは、「自動的な反射作用」だとして、はねつけたのでしたが、それでも、このことは、私の頭の中を徘徊しつづけていました！「具体」と「特殊」については、たしかに、かなり異なった性質であるような様子をしています。しかし、「抽象化」と「一般性」との間には、ある親近性、ある引き合うもの（かなり繊細だが、このどちらかを表わしている…）を感じざるを得ませんでした。これから浮き立たせてみようとするのは、この感情です。

たしかなことは、例えば、私の数学の仕事において、それ自体としての抽象化に引きつけられたことは**ない**ということです。だんだん「精巧になってゆく」概念の導入によって、次第にすすんでゆく抽象化に、私はうんざりしたことは一度もなかったことは、事実です。しかし、それは、私が本当に注意を払ったことが一度もない一側面です。より抽象的か、それほど抽象的でないか、それは、私にとっては、同じようなものでした（もちろん、数学の仕事の中で）、要するに、これを私は知覚することさえなかったのです。このテーマにおいて指揮しているのは、私でも、私の中の願望でも、衝動でもありませんでした。私がなすべきこと、これを通して、私が仕事をせねばならない「抽象化のレベル」とはどこか、を私に指図するのは、私が探りを入れつつあることがらです。それは、車での速度のようなものです――（その好み、より好みにしたがって）運転者が速度を指図するのではなくして、道が、ここでは君は第四速度で走り、あそこでは第三速度で走るのだ…と言うのです。

仕事の中での抽象化に対する私の関係は、数学者たちの中で決して典型的なものではないことを、私は知っています。ほとんどすべての数学者は、その人に固有の一種の「しきい」、つまり、「許容する」ことが出来る、ある抽象化のレベルを持っています。それを超えると、彼らは「はずれて」しまいます。気質にしたがって、欠点であるかのように、悔恨の感情をもってそうしたり（「残念だが、私は、この遊戯を君にしたがってやることは出来ないよ…」）、あるいは、これは、たしかに抽象的だ、私がついてゆく気にさえならないのだから、ほとんど愚にもつかないことだろう、と言ったことをにおわせる、多かれ少なかれヴェールで覆われた尊大な調子でもってそうしたりします…。

また、私が、この「しきい」がある（これは、明らかなことですが）という確認に導かれたのは、今日がはじめてです。また、私は、「ざっと見たところ」、この「しきい」は、どの程度、**気質**によって決められるのか、そして、どの程度、**選択**の結果であるのか（この選択において、まわりの環境からの影響は、ほとんどの場合、きわめて大きな重みを持っているでしょう）を言うのは難しいようです。とにかく、私が言うことが出来るのは、私が個人的に知っている数学者たちの中で、このしきいが私のもとで存在しないのと同じくらい存在していないという印象を受けたのは、すべてで三人です[1]［P464］。しかしながら、これら三人の場合において、あとになってから、抽象化に対して、「過度な」、「根拠のない」、「無駄な」ものとする、軽蔑の意図を確認することが出来ました[2]［P464］。したがって、そこには、（とりわけ）その時期の流行（これについては語る機会がありましたが）に結びついた選択があります。これらきわめて特別なケースにおいては、これらの選択は、実際上の観点からは、いま話しました「しきい」と同じ役割を演じています。

数学者としての私の仕事において、私は、抽象化を求めたことも、避けたこともありませんでした。これに対して、いつも私を引きつけ、魅惑したものがあったとすれば、それは、多様なさまざまな現象の中に**統一性**を探求することだった、と言うことが出来ます。別の言い方をすれば、漠然とした直観のように、つねに私を押しやる力は、似ていないように見えるさまざまな状況に**共通するもの**を絶えず把握し、引き出すことです。ひとつの警句を作るならば：「相違」は、表面に属しており、類似性は、深みから現われてくることを、私は発見しました、あるいは、ずっと以前から本能的に知っていました。こうして、統一性の探求は、しばしば、それを求めることもなく、それを考慮にいれることに気をくばることさえなく、深みへ飛び込む方へと私を導いたのでした。

　雑多なものの中に共通のものを探すこと、あるいは、似ていないものの中に類縁性を探すこと、それは、また、特殊を通して「**一般**」を探すことでもあります。数学上の流行が、一般論（根拠のない「一般性」や、さらには、無内容なことと同一視して）を軽蔑することになった時点で、数学者としての私の作品全体を通して現われている主な力は、たしかに、「一般的なもの」の探求であったことを、私は確認することになりました。たしかに、私としては、「一般性」よりも、「統一性」に力点をおく方を好みます。しかし、それらは、私にとっては、唯ひとつの探求の二つの側面なのです。統一性は、この探求の深い側面を表わしており、一般性は、表層にある側面です。これらの側面は、ひとつは、「類縁性」についての知覚によって、もうひとつは、「類似性」あるいは「相似性」についての知覚によって、現われてきます。

　これまでのページは、私にとっては、「抽象化」と「一般性」との間の性質の相違を明らかにしてくれました（「一般性」の方は、「統一性」の表面的な「対」をなしています）。このテーマについて、さらに付け加えれば、だれかのもとで、一般性の度合いに関しては、挫折せずに許容できる「しきい」というものを認めたことは一度もありません！（例えば）世界にあるすべてのものは、かならず、生まれ、そして死ぬ、と言うことよりも、「一般的な」主張を見い出すことは困難でしょう。その意味は、これを理解するために、読んだり、書いたり、計算したりすることを知る必要はなく、すべての人によって明確に受け取られます。おのおのは、浅いか、深いかの区別はありますが、ある理解のレベルにおいて、これが表現している実に単純な**事実**を理解するのです。これに対して、「2＋1＝1＋2」という、はるかに狭い範囲の主張は、その抽象的な性格の故に（数学者にとっては、じつにわずかなものであったとしても）、おそらく、人びとの圧倒的多数にとって、そのままでは理解不可能でしょう（かなりの数の具体的な実例について、熱心に、明らかにすることをしなければ）。

しかし、とくに言っておきたかった注目すべきことは、少なくとも、**科学的思考のレベルでは、一般性の追求は**、私たちが欲しようと否と、あるいはこれを考慮に入れようと否と、**必ず、次第に増大する抽象化を伴っている**ようだと言うことです。私は、このことを、単なる経験的な真理として、ここで確認しているのです。このことを、私は、まずはじめは、数学者としての私自身の仕事によって知りましたが、また、数学について、他の科学について、そして、科学的思考の歴史について、私の知っていることによっても確認されました。ここでの私のテーマは、この事実のさまざまな理由に探りを入れることではなく[3][P464]、とくに、それを確認することです。

科学的思考の進展の中での陰—陽のダイナミズムの用語を用いると、この確認は、つぎのように表現しなおすことが出来るでしょう。多様性の中に「統一性」を探求すること、特殊の中に「一般的なもの」を探求することは、ことがらについての私たちの把握と私たちの理解における、ある**陰の色調**の探求でもあります。この探求をつづけることは、したがって、ことがらについての私たちの理解において「ますます**陰の**」様相へと私たちをいざなうと思われます。他方では、この追求は、必ず、ことがらについての私たちの理解の中で、増大する抽象化、つまり、ある陽の側面の増大を伴うように思われます。したがって、この追求そのものを通して、この私たちの理解は、「次第に**陽に**」なってゆくことでしょう。

一方は陰に向かい、他方は陽に向かう、反対方向の、これら二つの進展を、思考の陰—陽の**均衡**を維持するような性質のものとして見たいという気になるかもしれません。しかしながら、この解釈が適切なものであるかどうか、私は疑問を持ちます。これが適切であるためには、「一般性」と「抽象化」が、陰—陽のカップル（対）をなしていなければならないでしょうが、もちろん、そうではありません。この二つを相互に結びつけているダイナミズムは、明らかに、カップル（対）のダイナミズムでは**ありません!** むしろ、つぎのように言った方がよいように思えます、「一般性」（あるいは、「統一性」）は、流行や時代の精神の変動を超えて、本能的にと言えるようですが、**私たちが追求していることであり**、そして、「抽象化」は、そのとき、私たちが欲すると否とにかかわらず、支払わねばならない「**代価**」なのでしょう——少なくとも、人が、科学的思考に、さらには、一般に、思考の中にとどまっているかぎりは、そうなのでしょう…。すでに語りましたように、数学者としての私の仕事の内部においては、この

「支払わなねばならない代価」が、私に重くのしかかったことは一度もありませんでした。しかし、この面においては、私のケースは、むしろ、典型的とは言えないようです――私の早すぎる「死去」のために、私の作品をみまった運命は、このことを確証しているようです。とにかく、さらに支払うべき他の「代価」があるのが分かります。それらは、私の作品をみまった運命とはかなりちがった結果を生んでいるようです。(4)

注 (1) ここで問題にしている数学者とは、ピエール・カルティエ、ピエール・ドゥリーニュ、オリヴィエ・ルロワです。私を含めて、彼らだけが、この種の数学者ではないと思います。だが、私が個人的に交流した数学者たちという限られた範囲の中では、彼らだけが、こうした「しきい」のない数学者であるようです。

(2) さらに、このような態度においては、つねに、「一般性」と「抽象化」の果てしない混同が入ってくるように見えます。

(3) (四月一日) この考察は、第20節から第24節までで、「抽象化」に関するものに戻ります[P 513―548]。それを求めたわけではありませんでしたが、この考察は、また、「抽象化」と「一般性」とのある緊密な結びつきについて、ここで確認された「事実」をはっきりとさせていると思います。

(4) 「外的な」代価(科学の「影響」)と「内的な」代価とがあります。これら「内的な」代価も、また、詳しく検討するに値するものです。なかでも、私が考えているものは、知の**細分化**であり、それは、数学のような個別科学の内部において、また(したがって)世界についての私たちの科学的知識の中で感ぜられるものです。ここで、私が、この細分化を、私たちの「統一性の探求」に対する「支払うべき代価」として述べることは、奇妙なパラドックスのように見えるかもしれません。そう見えることに、私は、いまの今、気づいたばかりで、したがって、これを具体的に浮き彫りにしてみようと考えたことは一度もありません。いずれにしても、数学のような、あるひとつの科学の内部でさえも、知の**分解**というこの現象を認めないわけにはゆかないでしょう。同時に全体的ビジョンでもあり、数学において知られていること、予感されていることの基本を包括するような、ひとつの理解、うつろいやすい統一性へ向けて「収束させよう」としているかもしれません。だが、私としては、今日、このような理解、このようなビジョンが、その人の中に生きているような、そうした人がいるかどうか疑わしいと思います。その反対に、科学の、いまの場合数学の、進展の過程において「**分散**」があるという印象を持ちます。

この分散という現象は、流行の変動についてのあらゆる問題を超えているように思います。この現象は、思考そのものに、あるいは、少なくとも、宇宙へのアプローチの道具として、宇宙を知るあり方としての「科学的思考」に内在するある限界を表わしているのではないかと感ぜられます。ひとりの人の思考においては、思考が与える知識の「広がり」と、この知識の「深み」は、ことがらの現在の状態においては私たちには破ることとの出来ない、ある限界の枠内でのみ、それらは結び合いながら、増大してゆくことが出来ます。これらの限界を超えようとすることは、個人の知識と、この知識が体現している個人的な理解に替わって、「集団的な知」の進展にまかせることになります。私に、「細分化され」、「区分けられ」、「分散する」本性をもっているものとして見えるのは、まさしく、この「集団的な知」です。このような知は、「認識」、理解、ビジョンという質を持っていません。このような質は、個人のレベルのものであって、集団とは無縁なものです、ましてや、そうした集団の「データ・バンク」や、コンピュータ保有台数とは無縁です。

10　二十面体とクリスマス・ツリーの話

（三月二十一日）昨夜、**思考**による現実の把握のあり方を示している陰―陽のカップル（対）に、もっと入り込むために、いくらか、あらゆる方向に考えをめぐらせつづけました。とくに、カップル（対）

単純――複雑

と、このカップル（対）と、昨日と一昨日にすでに検討したカップル（対）との関係に注目してみました。それは、また、つぎつぎに、他のいくつかの注目すべきカップル（対）をも援用するようになりました。（これらのカップル（対）については、しばらくあとで立ち戻るつもりです）。そのあと、私の考察は、思考という、微妙で複雑なこの現実をめぐってある、これらすべての「カップル（対）」の全体の包括的な理解（「形式的な」あるいは「数学的な」）に到達しようという思いに動かされて、かなり異なった方向へと進むことになりました。そのまえに、私は、これらのカップル(対)の全体を六つのグループに分けることに導かれていました――「単純――複雑」というグループが、「部分――全体」(別名「明確――漠然」、また別名「正確さ――一般性」)というグループから別れて、ちょうど自立したばかりだったのです。それで、六つになったのでした。これが、まさに、熟考する思考に開かれている、「宇宙への扉」の総数です。まずはじめに、これら六つのグループの中の任意の二つは、直接的で、否定できない、ある親近性によって結ばれていることを確認しました――したがって、これで、すでに、6・5／2＝15の稜ができます。これは、ただ、クリスマス・ツリーの形の私のダイアグラムの対応する頂点を相互に結ぶだけです。その結果、樹の左側にある、星形の六角形のペンダントをより印象のいいものにしようとして、ダイヤグラムのこの部分の形をつくり変えることになりました。

もっとうまくやるためには、おそらく、六角形の代わりに、正二十面体を描いて、この二十面体の12の頂点からつくられる、向かい合った(あるいは、「ちょうど反対のところにある」)頂点からなる六つの対(つい)として、さきほどの六つの頂点を解釈すべきだったでしょう。このとき、15の「宇宙的な」稜は、二十面体の30の稜からつくられる、反対側の稜からなる(二十面体の中心に関する対称によって対応し合っている)15の対(つい)に対応していると言えます。別の言葉で言えば、私がここで関心を持っているグラフの部分(これを、「思考」という小グラフと呼ぶことが出来るでしょう)は、私にはなじみ深い多面体型のひとつの形状の頂点と稜からなっていると解釈できます、これを、「**いびつな二十面体**」と呼ぶことにします。これは、通常の二十面体(例えば、球面状の曲面の「舗装」をなすものとみて)から、「正反対の」(あるいは、「直径の両端の」、つまり、中心に関して相互に対称な)二点を同一視することによって得られます。

この解釈は、私が関心を持っているグラフ(「思考をあらわすグラフ」)の、いびつな二十面体の「1―骨格」[(1)] [P469] としてのこの表現が、「**標準的**」であるときにのみ、なんらかの哲学的関心を呼ぶことでしょう(この「標準的」とは、「標準的」と「標準的でない」ということについての直観を発展させた、すべての数学者にとっては、明らかな意味においてです)。それは、また、つぎのことを意味します。考察中の六つの頂点でつくることの出来る、頂点の20の「三つ組み」(あるいは、三要素からなる集合)の中で、それから10個(これらを「面」と呼ぶことにしましょう)

を選び出す自然な仕方があって、それが、ちょうど、いびつな二十面体の10の面に対応しているということです（この10の面は、それ自体、通常の二十面体の20の面で作ることが出来る、向かい合った面からなる10の対（つい）に対応しています）[2][P469]。実際、六つの要素からなる集合に対して、10個の三つ組みを選んで、（いびつな）二十面体という形状を得る仕方は、12あります。ここで、私が、これら12の二十面体の構造の中からひとつを選ぶ「自然な仕方」について語るとき、それは、もちろんつぎのことを意味しています：なんらかの「明らかで」、否定できない仕方で、わが六つの頂点のおのおのの**意味**と、それらが形づくる集合の**意味**に結びついている仕方で、ということです。

このテーマに関して、最初にやってくる考えは、つぎのようなものです。ひとつの頂点の三つ組みは、わが宇宙的なカップル（対）からなる六つのグループの中の三つに対応しており、これら三つのグループの集まりは、それ自身、このようなカップル（対）の集合をなしています。このカップル（対）の集合は、あいまいさなしに、出発点の頂点の三つ組みを描いています。別の言い方をすれば、20個の可能な三つ組みは、「思考」を形容している宇宙的なカップル（対）の20の**異なった**「集まり」にうまく（「1対1に」）対応しています。私の推測では、これらの20の集まりをひとつひとつながめてみるとき（いままでに、それをおこなう時間を取りませんでした）、そのいくつかは、それらを構成しているさまざまなカップル（対）の意味を考えるとき、「人工的なもの」、「でたらめに作られた」集まりであることが分かるでしょう。これに対して、他のものは、「道理に合った」様子をしており、現実の「推論的な」理解（つまり、思考を用いての理解）のある（哲学的にみて）興味深い側面を表わしているようです[3][P469]。このことから、この第二の好都合なケース――これらの三つ組みを、「意味のあるもの」（哲学的にみて）と呼ぶことが出来るでしょう――が、ちょうど10だけ生じ、この10の三つ組み、あるいは「三角形」は、私たちの六つの頂点の集合に関する12の（いびつな）二十面体の構造のひとつに対応している「面」として、ちょうど解釈できるということが、考えられないではありません（だが、文字通りにそうだと、おそらくあまりにも出来すぎているでしょう）。

残念ながら、ケプラーはもはやいなく私の文を読んでくれません。なぜなら、この宇宙的な二十面体の話は、たとえそれがどんなに仮説としてあっても（彼を困惑させるものがあるとしても、この仮説ということについては、全く困惑しないでしょう！）ただちに彼を大いに感動させたにちがいないからです！さらに、私は、わがグラフを描きはじめた時から、一度ならず彼「ケプラー」のことを考えました。彼は、確実に、私に代わって、たぶん同時にすべての正多面体を含むような、とてつもないグラフを描くにちがいないと思いながら。ところが、故意にそうするまでもなく、私が二十面体に偶然出会っているのだと人は言うことでしょう。したがって、きっと、私は道理に合わないことをしているのでしょう…。

しかしながら、私は、仮定としてある「思考の二十面体」には関わりつづけませんでした。昨日と今日は、勢いに乗って、ダイアグラムを全体として再びながめてみました。わがクリスマス・ツリーの右側を肉づけし、ひとつは、「**飛翔——衰退**」（また、「生まれる——死ぬ」と「創造——破壊」）のまわりの、もうひとつは、「**善——悪**」のまわりの、二つのカップル（対）の集まりを、分離したグループとして自立させました（これらの集まりは、昨日までは、「高い——低い」というグループと「喜び——悲しみ」というグループに属していたのです）。さらに、これによって、「**大きさ——小ささ**」（別の名は、わが友「巨人——小人」）という新しいグループを全くはじめから作り上げ、前の二つの新しいグループと、「喜び——悲しみ」のグループと合わさって、今回は正方形の、もうひとつのかわいいペンダントが出来ることになりました。このペンダントに、最後に、時空の中の「**四つの方向**」に関する五つのグループからなる集まりをそのまま吊り下げることになりました。この樹の左側（陰）と右側（陽）との間にあった当初の対称は、時間が経つにつれて、ほぐれてしまいました。そうは言っても、これは、だんだんと本当にクリスマス・ツリーのようになってゆきました！均衡を保つために、さらに、樹に、東西南北（そして同時に、暗黙のうちに、四季）を示す、一種のばら模様を吊り下げました。これは、樹の幹にあるグループ「光——影」（そこには、カップル（対）「南——北」、「夏——冬」があります）を、枝の端にあるグループ「飛翔——衰退」（そこには、「東——西」、「春——秋」があります）につなげています。これは、まさしく、かわいくするためであって、これに番号は付けませんでした。

最後に、私のリストを再びながめてみて、樹の幹にある、グループ「権威——服従」（別の名は「主人——召し使い」）を自立させた方がよいことが分かりました。これは、もとは、グループ「信念——疑念」の中に含まれていたものでした。また、同時に、グループ「厳しさ——穏やかさ」に含まれていた、グループ「強い――弱い」（別名、「強烈――繊細さ」）を自立させました。それで、幹の上の頂点は、９つではなく、11になりました。また、左側に７つあり、右側に10あり、全部で11＋７＋10＝28の頂点ができました[4]［P470］。

ついにここまで来ました、わが樹の描写については、ここでやめることにします！

二十面体には気の毒ですが！

注 (1) 多面体の「１―骨格」とは、面を忘れて、頂点と稜だけからなる（１次元の）図形のことです。

(2) もちろん、このようにひとつの面に関連づけられた「三つ組み」（この面は、つねに三角形です）は、その三つの頂点からなる三つ組みにほかなりません。

六つの頂点から作られる三つ組みのうちの10の三つ組みの任意の「集まり」（これらの三つ組みは「面」と呼ばれます）は、頂点のこの集合に関する二十面体構造に対応しているとは**限らない**ことに注意されたい。このような「10の三つ組みからなる集まり」の数は、実に多くあり、何兆ものレベルになるでしょう。ところが、10の頂点の集まりに関する二十面体構造は、12しかないのです。

「10の面の集まり」がたしかに二十面体構造を描くための、特徴的な性質は、おのおのの稜（つまり、頂点の集合Sの二つの要素からなる部分集合）が、ちょうど**二つの**「面」に含まれていることです。

(3) 例えば、六角形の「ペンダント」の中に描かれている二つの三角形のおのおのがそのようなものであり、そこに含まれる「ダビデの星」をなしています。三つのカップル（対）

部分――全体、多様性――統一性、結果――原因

によって描かれているものは、（つぎにくる考察：「願望と必然性――道、そして目的」（第11節）の言葉を用いれば［P470］）「願望」を表わしているものと見ることが出来ます、また、三つのカップル（対）

単純――複雑、構造――実質、秩序――カオス

によって描かれている、もうひとつのものは、「必然性」を表わしているものと見ることが出来ます。さらに、このことは、つぎに来る文の「考えられないではありません」が、たしかにそうなって「あまりにも出来すぎている」ことを示してい

ます。なぜなら、三つ組みとその相補は、同一の二十面体構造の面を表わすことが出来ないからです。

(4)　（四月十五日）一週間前に、最後の段階で、さらに29番目のグループが付け加わりました。（「宇宙への扉」の節（No.25）のはじめを見られたい［P549］）。

11　願望と必然性——道、そして目的

さらに、陰と陽のダイナミズムによって与えられる、代替不可能な導きの糸にしたがって、探求し、熟考する思考についての私の探求をいくらかつづけたいと思います。昨夜、「なぐり書きをしながら」おこなった考察の過程で、つぎのような陰—陽のカップル（対）の二つの「包み」が引き出されました。これらは、「思考」に内在しているもののように思える、二つのいくらか相補的な傾向（あるいは力、あるいは衝動…）をたしかに明らかにしているように見えました。つぎのものがその二つの包みです：

部分——全体
および
特殊——一般
多様性——統一性
結果——原因
純粋——肥沃さ

単純——複雑
抽象——具体
正確——漠然
秩序——カオス
構造——実質。

これら10のカップル（対）のおのおのの中で、はっきりしておいた方がよいと思いましたので、思考のための一種の「引きつける極」をなしている項——思考が本能的に探している色調——を強調しておきました。気づかれるでしょうが、第一の包みにおいては、「引きつけるもの」となっているのは、「陰の」項であり、第二の包みでは、それは、「陽の」項です。

ここでもはっきりとしていることですが、この考察の中では、「思考」について私が語るとき、それは、暗黙のうちに、私たちの中で働いている労働者—子ども

の手にある道具として、「仕事をしている」思考のことを意味しています。それは、世界を探求するのに役立ち得る、他の多くの道具の中のひとつなのです。さらに、私にはよく分かっていますが、この道具は、私たちの中の知的な衝動のみが手にしているものではなく、その反対のことも多々あります。じつにしばしば、世界を探求し、それがどのように出来ているのかを発見するにあたって、思考は、この世界について、また私たち自身について、私たちがイメージを作り上げるのに役立ち、また、私たちを満足させ、安心感を与えるために作られたイメージを万難を排して維持するのに役立ちますが、さらにそれ以外に、なお、それが出来るときには、私たちに大切な、いくらかの野心をなんとか実現する上でも私たちを援助することもあります。**発見する**思考もあれば、**おおい隠す**（あるいは、回避する）思考もあるのです。この二つの思考は、ひとりの人の中に同居することが出来ます、また、もちろん、この一方を他方と取り違えることも起こります——しかしながら、この二つは、ほとんど似ていないのですが！ひとつは、知りたいという渇きによって活気づけられ、もうひとつの方は、知ることに対する恐れによって動かされています。これら二つの力のうちのどちらが作動しているのか目で識別することは出来ないので、それらを区別することが出来るのは、それから生まれる成果です。これから述べることは、「第二のあり方の」（もちろん、もっともありふれた！）思考、私たちの中の「ボス」に奉仕する思考は、**まったく**対象に入ってはいません。既成の体制の前に自ら身をおいている人であれば、それが、どんなに知的で、教養があり、どんなに立派な学者であっても、「証明」すべきもの、正当づけるべきものを、「証明したり」、正当づけたりするためには、曲がりくねった演繹的推論をすることも、論証すべきものを真の命題とみなして前提にすることも、粗雑な混同も、いずれも大いに良いものであり、歓迎すべきものとなり得ます。（この場合には）抽象化と一般化は（ときには巧みに）溺れるとは思えない魚を溺れさせるために使われます。単純化は、みるからに全く関係のないことがらを同じ袋に入れるのに用いられます。明確化は、それらが誤りであることを、その人は心の底では確実に知っていることを、断固とした様子で、「まじめに」主張するのに用いられます。私が、いま、いくらかの際立った側面を浮き彫りにしようとしているのは、こうした思考についてではありません[(1)] [P474]。

第一のグループの「引きつけるもの」が私たちに及ぼす引きつける力、そして、第二のグループの「引きつけるもの」の力は、私には、同じ性質のものとは思えません。それぞれの場合において、この性質をただひとつの示唆に富んだ言葉で描こうとすれば、第一のグループについては、引きつけるものは、**衝動**というレベルのもの、**願望**と名づけられるものであり、第二のグループにおいては、**必然性**、**制約**というレベルのものであり、それは、思考の本質そのものによって、および、思考のもつ固有の制約によって課されたものです。いま多少とも具体的に述べてみようと思っているのは、この二つの直観についてです[(2)]［P474］。

ことがらの見かけ上の差異の背後にある基本的な**統一性**という、私たちの中にあるこの種の「原型的な予感」を伴っている強力な魅惑については、『収穫と蒔いた種と』の中で、すでにさまざまな機会に、そして、さらに最近では、一昨日にも昨日にも述べてきました。知の衝動というレベルでは、この魅惑の中に、私は、科学的思考の進歩において作動している主な力を認めることが出来ると思います。この力は、つぎつぎに**綜合**をつくってゆき、そのおのおのの綜合は、独自の仕方で、この逃れやすい統一性をとらえるように努めているのです。たしかに、科学的思考のあり方、およびその「方法」――その結末の語はおそらく「**正確さ**」でしょう――の成功は、おそらく、この大部分は、「一般」について敢えて語る前に、「特殊」を系統的に検討するというその戦術に、予感される共通の「原因」についてほとんど予断をまじえずに、「影響」を厳密に確認することに、また、その基礎にある**統一性**についての予感を忘れているような形をとりながら、「多様さ」の目録を作成してゆくことにあるでしょう。正確さに固有のあり方は、特殊性や差異を、おそらくより隠れたものである**類似性**を通して、**共通のもの**と予感されたり、認められたりするもののために、これら特殊性や**差異**を、副次的なものにするのではなくして、それらをよく際立たせることにあるでしょう。しかし、これが、科学的思考のあり方および方法だとしても、知の渇望が私たちを自然にいざなうのは、この方向では**ありません**。それは、むしろ、思考は、直接に、「すべて」を把握することが出来ないことによるもの（と思われます）。思考には、一般を把握するために、特殊という迂回をすることが、一つを把握するために、多様という迂回をすることが、また、原因の統一性を把握するために、結果の多様性という迂回をすることが必要なのです。ひとたび、この迂回がなされるや、願望が私たちをいざなう地点、ことがらの原因と共通の根へと、私たちは立ち戻ることが出来るのです。そして、このようにして、はじめは、ほとんど、確認、目録の作成、描写以外のものではなかったものに、ある**意味**を与える、ひとつの**理解**へと到達するのです。

この理解は、部分のレベルではなく、全体のレベルのものです。この理解を通して、ことがらに対する私たちの視線は変わりました、あるいは、もっと適切な言い方では、もはや同じではないのは、私たちの「目」なのです。また、このことにより、かつて私たちがながめていた、これら同一のことがらも、また、「同じもの」では**もはやない**でしょう。たしかに、これらのことがらは、「特殊なもの」、「多様なもの」、「異なっているもの」であることをやめたのでした。だが、私たちは、いまや、これらに、**期待**(多かれ少なかれ明確な)をもって、また、**問い**(多かれ少なかれ執拗な)をもって取り組むのです。「方法」は同一のままです：つまり、なによりも明確であることです！――そして、これらの「問い」、私たちは、これらの問いを「全体に」対しては、大きな沈黙に対しては提出するのを控え、部分に対して提出します。この部分は、人が提出しようとするあらゆる問いに回答することをつねにせかされるのです――その問いが、ばか気たものであろうと、知的なものであろうと、表面的なものであろうと、深いものであろうと、それはどうでもよいことなのです！そして、多様な回答でもって、私たちのかばんや手帳を満たしたときは、あらたに、ひとつに、全体に戻るときなのです。代わりの、新しい一ついの目をもって。

このようなものが、願望と必然性との間の、認識という肉と知という骨との間の、**愛されているもの**と、これが住み、この愛されているものに私たちをいざなう**ことがら**との間の行き来する運動なのだと私には思えます。

この運動においては、「**純粋さ**」は、方法に、選んだ道に属しています。それは、ひとつの全体のさまざまな構成要素についての、それらに固有の特殊性についての、また、それら相互の相違についての明確なビジョンによって表現されます。この純粋さは、このビジョンの**正確さ**の中にあります。**肥沃さ**の方は、他のところからやってきます。それは、方法の中にも、私たちが問いかけることがらの中にさえなく、これらのことがらを住まわせ、これらのことがらを通して私たちに応える**愛されているもの**の中にあるのです。

別の言い方をすれば：純粋なものは、肥沃なものへ、**愛されるもの**、**母**に固有の肥沃さへと私たちをいざなう**手段**なのです。純粋なものが、手段であることをやめて、それ自身が目的となるとき、思考は、源泉から断ち切られ、再生することが出来ずに、枯渇してしまいます。このとき、思考がたとえ作品を積み重ね、図書館をいっぱいに埋めつくしたとしても、それは、愛の作品ではありません。それらの作品は、おそらく、ボスの栄光を告げていることでしょうが、母の肥沃さに属するものでは全くありません。

注 (1) 「私心のない」と「欲得ずくの」と呼ぶことの出来る、これら二つの思考の使用タイプの間のたしかに必要な区別をここでおこないながらも、私がこれを表現した仕方は、あまりに「白―黒」をはっきりとさせるものだということを気づいていました。知の渇望によって動かされた「働いている思考」でさえ（こうしたことが現実に存在していると仮定しても）あらゆる条件づけから自由であるということはまれです。『収穫と蒔いた種と』において一度ならず、私は、（例えば）「働いている数学者」でさえ、ことがらについての自分の認識の自由な開花をさまたげる、故意、偏見、狭い見方にどれほど囚われているのかを確認することになりました。しばしば、それは、その同僚たちの大多数あるいはすべてによって分かちあわれる集団的な狭い見方となります。他のところで語った「目に見えない枠組み」を描くのは、こうした集団的な偏見です。そのあるものは、大した影響を与えませんが、また別のものは、振り返ってみると、大きな厚い壁をつくっていることが分かります！しかしながら、これらの「大きな壁」は、あたかも一度もなかったかのごとく、なんということもないある人によって破られることがあります！そして、100年後には、このそそっかしい人が、なにくわぬ顔をして、それを超えて通り過ぎてゆくまでは、いく世代にもわたってすべての人を引き留めていたこれらの想像上の大きな壁を、だれも実際に思い出さなくなります。言い添えておけば、私にとって、「働いている思考」、あるいは**自由な**思考、**子どもの**思考を体現しているのは、まさに、このそそっかしい人であり――ことに、それを超えて通り過ぎてゆく時点でそうです、この「働いている思考」については、以下のページで述べる予定です。

(2) （三月二十五日）「願望と必然性」というテーマに関する以下の考察は、ノート「願望と厳格さ」（No.121）［P151］において通りすがりに触れたことと重なります。さらに、『収穫と蒔いた種と』の第一部の中の二つの節「願望とめい想」（No.39）、「夜の美しさ、昼の美しさ」（No.36）をみられたい［『数学者の孤独な冒険』、p293、p303］。そこでも、異なった照明のもとで、（いくらかの相違を別にして）この同じテーマに触れられています。

12 正確さと一般性——ことがらの表層

（三月二十二日）昨日、世界の発見へと向かう思考の中での、「母」の肥沃さによって体現されている「願望」あるいは「思考」が表現している認識の方法、あり方の純粋さによって体現されている「必然性」あるいは「道」との間の行き来の運動を浮き彫りにしてみようとしはじめました。この運動は、つぎのような「ジグザグのダイアグラム」によって、かなりうまく表現できるように思えます：

知ること	知られていること	明確さ	正確さ	特殊	純粋さ
認識	不思議さ	あいまいさ	漠然	一般	肥沃さ

私は、このジグザグのダイアグラムを、二つの切り離されたカップル（対）

純粋さ→肥沃さ　　知ること→認識

との間に、四つの陽の性質と四つの陰の性質とをつなぐ七つのカップル（対）（七つの矢じるしで表わされた）が表わされるように描きました。これら二つのカップル（対）の方は、ジグザグの七つのカップル（対）に共通するダイナミックな関係を表わしています。これら七つのカップル（対）は、すべて、「願望のダイナミズム」のもつ多様な側面のひとつをあらわしていると見ることが出来ます：そこでは、目録を作成し、説明する「知ること」は、「理解する」**認識**へ向かう手段そして道であり、知的な歩みの「純粋さ」の方は、全体についての直観のもつ**肥沃さ**へと向かう手段そして道です。この直観は、無意識の中に深く入り込んでおり、意識の領域でそれを描き、浮き彫りにするために、この直観が私たちに示唆するどんな表現も、これを完全に捉えたり、汲み尽くしたり出来るものではないでしょう…。

ダイアグラム全体の中に現われている六つの陽の項は、ひとつの直線の上にあり（当然ですが、右の線です）、また、六つの陰の項についても同じです（これらは、左の線を形づくっています）。ジグザグの中の陽の項は

特殊　　正確さ　　明確さ

知られていること（「知」によって把握された）

であり、これらは、「知」の極、および知に固有な「純粋さ」の極を表わしています——認識のあり方としての思考に固有な極です。陰の項は

一般　　漠然　　あいまいさ　　不思議さ

であり、これらは、把握し、理解する「認識」の極、ことがらの直観的な認識に固有の肥沃さの極を表わしています。

四つの陽の性質の列において、次第に鮮明になり、ますます輪郭がはっきりとした理解へと向かう進展が見られます。いわば思考によって「把握され」、「所有され」た、よく知られたものという最終段階にまで至るものです。これは、陽の方向への進展です。

四つの陰の項の列においても、同じく、逆方向の進展が感ぜられます。ほとんどあらゆる特殊という色調からは離れ、切り離されている「一般的」からはじまって、この「一般的」は、「漠然」として認められるとき、実質を明らかにしはじめます。この実質は、「あいまいさ（薄暗がり）」の中で、より近いもの、より肉体をもったものになります。そして、最後に、「不思議さ」の中で、その真の本質において、ついに、最も近いもの、最も親しいものとして、自らを明らかにします。

願望の力によって私たちを**引きつける**ものは、たしかに「**不思議さ**」です。この不思議さは、「漠然」と「あいまいさ」という慣れ親しんだ知覚を通して、自らの姿を私たちに現わします。また、同時に、ある奇妙なパラドックスによって、私たちは、絶えず、この不思議さに探りを入れ、あらゆる方向で測量し、それを、「**知られている**」ことがらに変えます。あるいは、もっと適切な言い方をすれば、**不思議さについての漠然とした認識を**、**言葉で表現された**、**知られている**ことがらに変えるのです。

このパラドックスは、思考に固有のものだと思います。このダイナミズムは、人間の精神は、漠然としたもの、あいまいさ（薄暗がり）、さらには不思議なものを嫌い、自然に人間の精神を引きつけるものは、すべて、完璧な**知識**の対象として、明確で、明らかな形のもとで表わされているものである、という印象を与えるかもしれません！たしかに、これこそは、まさしく、世代から世代へと伝達される知識の保管者である、集団のコンセンサスが私たちに告げていることでしょう。だが現実はこれとは全く異なっています。思考する精神は、陽であり、その精神を引きつけるもの、それは、その陰の相補である、不思議さです。精神自身が再生し、肥沃さを汲み上げるのは、薄暗がりにある

ものとの突き合せの中において、あるいは、いわば、不思議さとの絶えず更新される結び合いの中においてです。精神が、その表現と伝達の仕方において、漠然ではなく、明確さを選び、そこで、絶えず、薄暗がりではなく、明快さを求めるのは、それが、本能的に（あるいは、第二の天性のようになった、伝来の経験によって）、そこにこそ、未知の中に入り、不思議さを把握し、絶えず、愛するものとの結び合いを成就するための最もたしかな手段があることを知っているからです。

さきほどの四つの陰の性質の中で、「精神」の「正式の」内縁の妻の姿をしている唯一のものは、その中で最も陰の少ないものである、「一般」です。たしかに研究者（さらには「学者」）は「一般的なものを探求している」ということを繰り返し言う人はいないでしょう（少なくとも、もっと以前の、もっと心に余裕のあった時代にはそう言われたのでしたが…）。さらに、この「一般」は、せいぜい「特殊」を例外として、四つの対応する陽のもののそれぞれに対して、「**対立している**」、さらには敵対していると一般に感ぜられるものとしては、これら四つの陰の性質の中の唯一のものです。したがって、科学的思考が追求しているように思える、暗黙の理想は、一般的なものと正確さとの緊密な結びつきの中にあるように見えます。さきほどのダイアグラムの中にあるカップル（対）

正確さ→一般

によって表現されている理想です。このカップル（対）は、これに近いカップル（対）

正確さ→漠然　あるいは　特殊→一般

の場合や、わがジグザグのダイアグラムにある、それにつづく他の四つのカップル（対）の場合のようには、伝統的に、**対立するもの**からなる対（つい）という姿を持っていないようです。私の推測では、今日でも、このカップル（対）「正確さ――一般」は、科学上の歩みの中で求められている理想のハーモニーを表わしているものであることを認めようとしない科学者は少ないと思います。

私について言えば、もし誰かがこうした問題を私に提出する気になったとすれば、念入りに考えてみることもなく、この理想を認めるにちがいありません。しかし、すべての理想と同じく、この理想も、ことがらのほんの表層にしか触れていません。深さ、およびそれに固有の肥沃さがひそんでいるのは、理想の中ではなくて、豊かな**現実**の中、その母である**夢**の中です。

13　調和―秩序と不思議さの結び合い

（三月二十三日）昨夜、考察によって呼び起こされた、陰―陽のカップル（対）についての連想にしたがって、昨日のわが気のきいたジグザグの上側を延ばし、思考だけに限らない性質のタイプに入ってゆきました。はじめのダイアグラムの中の「一般」（つまり、「名詞化された」形容詞）という項を、対応する名詞「一般性」に置き換えるなどをしました(1)。そのとき、ダイアグラムはつぎのように延びました［P482］：

規律　管理　意志　厳格さ　正確さ　明確さ　知ること
↖ ← ↖ ← ↖ ← ↖ ← ↖ ← ↖ ← ↖ ←
想像　遊戯　放棄　自然性　一般性　不鮮明　あいまい　不思議さ

右の列は、やはり、陽の項からなっており、左は、陰の項です。（ずっとあとで与えられる）私の一覧表の中にあるカップル（対）を「太い」矢じるしで示しました(2)［P483］、これらは、「正式のカップル（対）」という姿を取っています。これらは、とくに「似合いの」ものに見えるカップル（対）であり、他の対は、いくらか、「内縁のカップル（対）」という姿をしています。（おそらくはっきりと言う必要もないと思いますが、私は、この区別は、厳密に客観的な性格をもつものとは考えていません！）

今回は、七つの陽の性質があり、「規律」から、「管理」、「意志」、「厳格さ」を通って、「知ること」へとゆくものです（この「厳格さ」は、ここでは、昨日のジグザグの中の「特殊」という項の代わりとなっています）。それらの項に「ななめに一対二で」向き合っている八つの陰の性質は、「想像」から、「遊戯」、「放棄」、「自然性」を通って、「不思議さ」へとゆくものです…。「想像」を、不思議さへの**直接的**で、直観的な**接近**として、あるいは、また、意識が無意識に近づく道として見ることが出来ます。厳格な思考のもつ規律は、**間接的な道**をなし、それは、また、思考に固有の道、すぐれて「陽の」道です。

いま導入した、新しい七つのカップル（対）のおのおのは、豊かな意味を持っており、それらが私たちに語ることを聞くために立ち止まるだけの価値があると思います。しかし、ここではそれを行ないません。昨日にも、現われてきたばかりの七つの最初のカップル（対）について別々に問いを発してみることはせずに、それらが全体として私に示唆することを記すだけで満足していましたが、今日は、むしろ、中断されたままであった、一昨日の考察に戻りたいと思います。おのおのが五つのカップル（対）からなる、二つのグループを書きました。第一のグループには、五つの**陰の**「引きつける項」があり、もうひとつのグループには、やはり、五つの**陽の**引きつける項があり、第一のものへと引きつけるものは、**願望**という性質をもっており、第二のものへと引きつけるものは、つまり、陽の引きつけるものは、思考に内在する**必然性**、願望の充足へと向かう**道**を表わしていると言いました。したがって、カップル（対）の第一の「包み」、「陰の引きつけるものの包み」に対して、こうした特殊な脇道を通って、「問いかけ」たのでした。今日は、第二のもの、「陽の引きつけるものの包み」へと向かいたいと思います。参考までに、ここで、この第二のものを想起しておきます：

単純———複雑
抽象———具体（あるいは、現実）
正確———漠然
秩序———カオス
構造———実質

この包みの中に現われている五つの陽の引きつけるものの中で、第一義的な役割を演じているように思える二つがあります。それは

単純（あるいは、単純さ）および**秩序**

です。**抽象化**、**正確さ**、およびことがらの**構造**の探求（ことがらの実質は、思考からきわめて執拗にのがれるものです）は、三つとも、精神は、これら自体のためには探求を行なわない、従属的な性質のように思えます。これらは、むしろ、ことがらや出来事のもつ当惑させられるほどの複雑さの中に「単純なもの」を把握し、現実についての生（なま）の知覚が私たちに明かす（少なくとも、観察する思考の目には）見かけ上のカオスの背後に、予感される秩序を見分ける、あるいはこうした秩序を引き出すことを思考に出来るようにする、思考に固有の**手段**なのです。

「単純さ」と「秩序」とは、同一のものだと言いたくなるほど、緊密に関連している性質です。しかしなが

ら、ことがらの中に私たちが明るみに出す秩序は、ことがらの調和についての私たちの把握の中に入り込んでゆく、その深さの程度にしたがって、それ自体、多かれ少なかれ「単純」であったり、あるいは多かれ少なかれ「複雑」であったりします。しかし、思考によって知覚され、表現された秩序自体はどんなに微妙で、どんなに複雑であったとしても、つねに、それは、そのものの本性によって、多かれ少なかれ「単純な」（さらには、「過度に単純な」）、あるいは、多かれ少なかれ微妙な、あるいは「複雑な」「単純さ」を体現していきます。また、逆に、複雑さの中に単純さを認めることは、そのときまでは私たちの目を逃れていたある秩序がそこに立ち現われるのを見ることです。また、私たちが、ことがらについての概念（あるいは、また、この概念を支えている推論）を「単純化する」に至るとき、私たちがそこに見る「秩序」が多かれ少なかれ粗雑な素描にしかすぎなかったとしても、ことがら自体に内在する秩序にいくらかでも近づいたことになります。完璧な単純化とは、ことがらそれ自体に内在する隠された秩序を完全な仕方で表現し、取り入れた単純化のことです。

したがって、「単純さ」と「秩序」は、ただひとつの性質の魂と身体のようなものと言うことが出来るでしょう。このただひとつの性質は、精神あるいは思考が創造したもの、あるいは、精神や思考に内在する性質で、それらが他のところへ投影したものでは、決してありません。この性質は、「具体的なもの」としても、「抽象的なもの」としても、宇宙のことがらの中に住みついているもので、これらのことがらを把握するように努める「精神」あるいは「思考」からは独立したものです。そして、この性質、これら同じことがらの本質的な**複雑さ**に対する関係の中で、あるいは、隠された秩序が知覚されないときに、これらのことがらが私たちの中に呼び起こす**カオス**があるという感情に対する関係の中で、この性質は、「陽」としてあるのですが、これは、「全体性（あるいは「全体」）、「統一性」（多様さの中での）、あるいは「原因」（多様な結果のもつ深い類似性によって結ばれた、共通の）といった言葉によって想起される、とりわけ「陰の」性質と緊密に関連していることが、はっきりと感ぜられます。結局のところ、あらゆる秩序は、この秩序そのものによって表現されるある**統一性**を作り出し、この秩序は、それが関わっていることがらの多様さを統御すると同時に結びつけているのです。同時に、また、この秩序は、それが作り出した、多様な関係の、そして、これらの関係が生み出す多様な結果の共通の**原因**のように私たちには見えます。また、逆に、ことがらの深い類似性の中にある統一性、ことがらの時には戸惑いを覚えるほどの多様性を通して、またそれを超えてみえる統一性は、まさに、見かけと現象のとてつもない複雑さの中に見い出そうとして、私たちがつかまえる、隠された「単純さ」（それは、まだ予感されているにすぎないとしても）にほかならないことも事実です。

このようにして、まったく予期しなかったのですが、考察の曲り角のところで、一昨日には、ほとんど対立するものに、あるいは少なくとも、きわめて異なった本質のように私には見えていた二つのタイプの性質の間の深い同一性が見えてきたように思います：その二つのタイプの一方は、母によって、また、**母**のものである肥沃さによって体現されている深い身体的な響きを伴った、**統一性**、**不思議さ**であり、また他方は、**秩序**であり、この秩序が体現している単純さです。これら秩序と単純さは、まずは、私には、母をもとめる私たちの絶えざる探求の中の、思考に固有な**道**を表わしているように見えたのでしたが。だが、ここで、母と秩序は、今回は、ことがらに内在するひとつの基本的な性質の切り離しがたい二つの側面として立ち現われています、一方は、影の斜面を、他方は、明るさという斜面を表わすものとして。

ひとつのものに、母に固有の肥沃さを通して、また、秩序のもつ純粋な単純さを通して現われている、生命のもつこの性質に名を探そうとすれば、私には、**調和**（ハーモニー）という言葉がやって来ます。これは、とりわけ、陰の「色調」でも、陽の「色調」でもなく、まさに、陰と陽との間、汲みつくせぬ肥沃さとしての母と不動の法則の表現である秩序との間の完璧な均衡を表わしています。

ことがらに内在する調和のもつこの二重の側面、つまり、肥沃さの源泉である不思議さという側面と、宇宙を統御している法則の表現である秩序という側面は、この調和を把握しようとしている人間精神の存在とは独立した、永遠の昔から、ことがらの中に存在するものに思われます。そして、思考は、精神に開かれている唯一の道ではなく、とくに、この目的のための、一番まっすぐな道ではありません。これは、「陽の道」であることは確かです——そして、なお今日まで、私がしたがっているのは、主としてこの道です。これは、ことがらのもつ調和に、南の斜面、秩序の斜面を通じて接近する道です。つまり、（いくらかは）言語によって**表現され**、把握され得るものを通してです。ただし、その日その日に必要に応じて言語を作り直すということはありますが、このアプローチの中で、ことがらの中に予感される秩序、**構造**の用語でもって正確にこの秩序を表現するための手段（つぎつぎと抽象化の階梯を必要なだけ高く昇ることもありますが…）――いつでも私たちが「手の届くところにある」と感じているのは、これら秩序と手段です。私たちはそうとは一度も言ったことはありませんが、漠然と、道具とは言わないまでも、道の姿をとっているのは、この秩序と手段なのです。

たしかに、労働者は、道具に結びついており、労働者にとっては、道具はもうひとりの自分のようなものです。しかしながら、その人の願望が投入されるのは、道具ではなく、仕事をしている内容に対してです。

絶えず私たちを前へと、高みへとひっぱっている願望が投入されるのは、南の太陽のもとで私たちが昇る、この斜面ではありません。もし願望が私たちをこのようにひっぱってゆくとすれば、予感される**もうひとつ**の斜面へ、影の斜面へ、願望が由来し、そこに達する、深い谷へ向かってなのです…。

注 (1) （三月二十五日）昨日のジグザグを延ばす前に、陽の項「特殊」（これは、「一般」あるいは「一般性」とカップル（対）をなすもので、ほぼ右隣りの「正確さ」と重複して用いられています）を、「厳格さ」という項と取り替えることに導かれ、すぐ下の（あるいは、「内縁の」）

正確さ――一般性

を補完することになる、新しいカップル（対）

厳格さ――一般性

が作られました。「似合い」だと思われるのは、たしかに、これらのカップル（対）のうちの新しいカップル（対）の方です。しばしば、一般性を獲得すれば、正確さは失われ、その逆も生じることも確かであり、「厳格さ――一般性」というカップル（対）にぴったりの状況は**決して**生ずることはありません。たしかに、厳格さは、特殊から発して一般へとゆく傾向があります。だが、厳格さは、それ自身の本質を全く失うことなしに、「一般」や「漠然」という文脈の中でも、「特殊」および完璧な正確さという文脈の中でも力を発揮します。私は、厳格さというテーマについては、はじめて、「厳格さともうひとつの厳格さ」という節（No.26）[『数学者の孤独な冒険』、P257]の中で、ついで、(前の注の中ですでに挙げた[第11節の注（2）])ノート「願望と厳格さ」（No.121）［P151］で述べました。

(2)　この「一覧表」(そして、例の「クリスマス・ツリーの形のダイアグラム」)をつくることによって呼び起こされた考察により、私は、はじめは私の注意を逃れていた「カップル(対)」(前の注で挙げた「厳格さ――一般性」のような)や、もっと似合っているようだと「判断された」、他のカップル(対)のために、無視したり、遠ざけられたりする傾向にあった「カップル(対)」を含めながら、途中で、この一覧表を豊富にしてゆくことになりました。この考察の過程で導入された新しいカップル(対)は、カッコを付けて示しました。このカッコは、これらのカップル(対)は、他のものよりも重要性が少ない、あるいは「意義深さ」が少ないことを示唆するものでは決してなく、主として、考察の進展を示すための目印として役立てるためです。

14　性格的なものと特徴的なもの
――宇宙のアコーディオン

(三月二十四日)(私の中の)夢をつくる人は、いく度も、夜じゅう、あるいはほとんど夜じゅう、陰と陽に関する私の仕事について私をからかって、大いに楽しみ出してから、もうかなり経ちます。当然のことながら、私はこの仕事にあまりに気を取られていましたので、夢をつくる人のからかいのいずれの意味についてもほとんど考えてみることはしませんでした。これは、みるからに、夢をつくる人を挑発するにすぎないことでしたから。昨夜、(まどろみの中で)きわめて控え目なフラッシュとして、アコーディオンを見ました。あきらかに、このアコーディオンは、昨日と一昨日のわが陰と陽の際限のないジグザグを表わしていました。私は、ベッドですでに、そして眠りにつく前に、このジグザグを上の方にさらにいくらか延ばすことに成功していたのでした。このアコーディオンは、さらに、このとき、「**ハーモニカ**」とも名づけられました。それが、あまりにも有無を言わせぬ調子だったので、たしかに間違いがあること、私が見たばかりの送風で鳴る楽器はこのように呼ばれるものではないと得心するのに、かなりの時間を必要としました。ちょうどこの時点で、私はこのギャグを理解しました――この送風口は、ちょうど問題にしたばかりだった、「秩序と不思議さ」の**ハーモニー**(調和)を表現している以外のなにものでもなかったのでした!

私はかつてのピタゴラスほど幸運にめぐまれておら

ず、このハーモニーを聞いたり、ずっと具体的なシンボルのもとで、ただそれを見るだけでもするという恩恵に恵まれませんでした。夢をつくる人は、みるからに、高い詩的な格調に考慮を払うことを全くしませんでした！また、この送風口によって示唆された**息吹き**は、もちろん、あらゆることがらに生命を与え、光の斜面を影の斜面に結びつける、生の息吹きにほかなりません。この息吹きを、私はよく知っています。それは、詩的な空想でも、隠喩でもなく、たとえ私が少しばかりそれを忘れることがあっても、しっかりとした、遍在する現実なのです。たしかに、なにか親しみのある物によって、これを象徴的に表わすという考えは、私には生じなかったでしょう――このように率直な無礼をおこなうことが出来るのは、夢をつくる人だけです！さらに、夢をつくる人は機転をきかせました――フラッシュの中で、ラメール[=母]夫人とロルドゥル[=秩序]氏を登場させて、ひとりは、このアコーディオン-ハーモニカの一端をもち、もうひとりは、他の端をもち、ぴったりと息を合わせて、引いたり押したりしている、このようにして、宇宙を活気づけ、統御している二人の仮定としてある配偶者の間を支配している完璧なハーモニーについてのぴったりとしたイメージ（「ein treffendes Bild」）を与えることは断念したのでした。

また、私がタイプを打ちながら坂道を降りてゆく（なんと言ったらよいのか分からないものですが）という、さらに入念に仕上がった夢をみました。私はそこで陰―陽のカップル（対）を打っているのです。道を通って、十五歩ほど離れたところから、じつに明確な文字で、これらのカップル（対）がみられます。実際のところ、これらは、ひとつひとつ、漠然と軽蔑的な、あるいは賛成できないという項と、ことがらを修正するといった様子をしている、価値の高い方の項とからなっているカップル（対）だったと思います。そのたび毎に、私は、音楽家のもつ内心の満足感をもって、目に見えないタイプで、そのカップル（対）を打つのでした。それは、音楽家が、自分の都合でわざと引き起こされた不協和音を、美しさの中に「解消する」ために、実感にあふれた和音を演奏するようなものでした。このようにひきつづく数多くのカップル（対）がありました。不協和音―挑発の列があり、おのおのは、それが呼ぶハーモニーによって解消されてゆくように（私たちは、ここで、再び、ハーモニー（調和）の中にいることになります！）。しかし、めざめのとき（記憶ちがいでなければ、夢が終わったすぐ直後です）、ただひとつのカップル（対）しか思い出せませんでした。

（これがなんであるか、当ててみますか、ちょっと無理でしょう！）それは、

性格的なもの――特徴的なもの

というカップル（対）でした。もちろん、私は大いに笑いました。この笑い（さきほども、また、やって来ました）は、ちょうど良いときに、「なぜ私は笑ったのか」と言うこともなく、みえざる深みからまっすぐに昇ってきたのでした――お腹からの笑いであって、頭での笑いではありませんでした。あるいは、私は、この笑いを「知っていた」（そして、今もなおおそらく「知っている」）としても、にもかかわらず、はっきりとした言葉でそれを説明することは出来なかったでしょうし、今も出来ないでしょう。それは大した支障ではないでしょう！とにかくはっきりしていることは、このからかいの標的となっているのは、私という人間にほかならないということです…。

この夢にはさらにあとがあります。それは、私のためにはっきりと書き記しておくだけの労に大いに値したでしょう、「それを説明する」というところまではゆかないとしても、少しはそれに入り込んでゆくことが出来たでしょう。だが、それを書き記すことはあきらめました。探求する思考における陰と陽に関する思いがけない、いくつかの新しいノートに立ち戻ることを急いでいたからでした――「終わりつつある」という状態がなかなか終わらない（いつものことですが！）ノートです。

そこで、まずは、わがアコーディオン-ハーモニカに立ち戻りたいと思います。それは、あまりに長くなって、ただひとつの二重の線で表わすことがもはや出来なくなりました。今回、送風口が（さらに上の方、「過去」の方向に）延びてゆきました。七つの口ではなく、**九つ**以上の口です。ここでは、わが調和のとれたジグザグの送風口の上側の「規律――想像」につながっている、残りの部分を示すだけにとどめます。つぎのものが、その残りの部分です：

規律　　事実　　現実　　必然　　法則　　秩序
（事実性）（現実性）（必然性）
↖　⬅　↖　⬅　↖　↙　⬅　↙　⬅　↙
想像　　夢　　可能　　偶然　　自由

昨日のジグザグにおける陽の側をしめくくっていた、右側の陽の項「規律」から「事実」に移るときに、ある小さな視点の変化があります。なぜなら、私たちは、ここで、精神あるいは思考に関する、「心の内部の」

性質あるいは色調から、探求する精神の中で観察され、反映されている世界に関する、「外的な」性質あるいは「視点」へと移っているからです。「事実」という項の横に、基本的に同値な（視点を別にして）項「事実性」というのを付け加えたのは、これら二つの視点の間を「つなぐ」ためです。また、この「事実性」という言葉は（残念ながら！、辞書「プチ・ロベール」にはみつからず）このとき自分で発明せねばなりませんでした。この「事実性」という言葉は、事実に厳格に密着している人の姿勢あるいは態度を指すものと考えられます。さらに、いくらか「客観性」というニュアンスがあります。このことがらに対する、じつに広く流布している、ドイツ語の語「Sachlichkeit」があります[1]［P488］。類似の理由によって、「必然」（これは、「可能」と対（つい）をなします）と「必然性」（これは、「偶然」と対（つい）をなします）を横に並べ、「現実」と「現実性」も同じようにする方が良いと考えました。

ここでは、ぐずぐずせずに、現われたばかりのこの一連の「陽の」、あるいは「陰の」新しい項をめぐるいくつもの豊かな連想、およびこれらの新しい項が相互に形づくるカップル（対）をいくらかでも描写することにします。これをしっかりとおこなうためには、何巻もの本を書くことが必要になるでしょう（宇宙のアコーディオンの昨日の部分にすでに現われている項やカップル（対）についても同じことが言えるでしょうが）！ここでは、ひとつのとくに強い連想だけを記すことにします。昨日、「想像」は、「意識が無意識へ近づく道」（これによって、また、「「不思議さ」への、未知なるものへの「直観的な、**直接的な**接近」」）を表わしていると記しました。つぎの陰の項、「**夢**」は、まさに、想像の特別な王国を指しています。想像は、夢の中では、めざめの状態では想像をとどめている（陽の、またスーパー陽の）束縛から解き放たれているのです。そして、「**可能なもの**」のすぐれた**伝達者**となっているのも、また、夢です（この「可能なもの」は、偶然であるかのように、つぎにくる陰の項です）。これによって、私たちが夢が伝えることを聞き、夢を信頼することを知っていさえすれば、夢は、また、私たちの創造的な飛翔に糧を与える着想とビジョンのひそかな源泉であり、この「可能なもの」を、しっかりとした、生きた現実に変えるのです。

だが、ここでの私のテーマは、またしても、構造に熱中する数学者のものです――長く延びたこのハーモニカ（すいません、アコーディオンでした）は、実際、魅惑的な構造を表わしているのです。すでに一昨日、七つの口をもつジグザグが、さらに別の七つの口でもって延ばされたとき、うまく整えるためには、それは、それ自体で閉じたものにする必要があるだろうと考えたことを思い出します――そのときには、これ以上は考えませんでした。実際のところ、このジグザグは、いくらか例のクリスマス・ツリーの形のダイアグラムのように、ある種の珍しいもののように、少しばかりら外に現われたのでしたが、同時に、たしかにじつに示唆に富んだものです！さきほどつなげた、送風口の部分については、その最後の口

秩序　↓　自由

は、「秩序」という項を、（偶然であるかのように）「自由」という名をもっている、自由なままの端に「つなげて」いますが、これは、今朝、日常の仕事をおこなっているときに、通りすがりに、私にやってきたものにすぎません。私はこのうえなく満足でした――したがって、ここで、この「秩序」が、アコーディオンに入れられたのでした。この「秩序」は、昨日には、ある重要人物のようなものに見えました――もっと適切な言い方をすれば、「不思議さ」という女性とともに、その日の最も重要な人物で、私の目には、その「不思議さ」と正式に結婚したばかりでした(2)［P488］。

　しかしながら、それは、ただちに的を得たものになったわけではありません。私は市場へ行くのに急がねばなりませんでしたし、まだ眠気もありました。「奇跡」が生じたのは、ほんのさっき、タイプを打ちはじめる前に、昨日の送風口につなげた、いくつかの新しいものを、はじめて、なぐり書きするという労を取ったときでした。ながく延びた送風口の一番上の端に、空きの項がありましたが、そこに、この朝、心の中で、**「秩序」**を付け加えたのでした。そして、一番下の端のことは、その間しばらく忘れていたのでしたが、そこに空きの項があり、これは、陰で、**「不思議さ」**というものでした。さて、まさに（ここでもまた偶然であるかのように）この二つの項、あるいは、むしろ、それが表わしている重要な人物が、そのときには全く予期していませんでしたが、昨日、つり合っていることが分かったのでした！したがって、これももちろん予期していなかったのでしたが、宇宙のアコーディオン―ハーモニカが閉じたものになったのでした！その結果、二重の線を延ばす必要はもはやなくなりました。このアコーディオンを表わすのは、今度は、もはや直線ではなく、**円**となりました：二つの同心円で、ひとつは陽で、外部にあり、もうひとつは陰で、内部にあります。（しかしながら、私の心の中の夢をつくる人の例のからかいの中のアコーディオンは、円形ではありませ

んでした)。

さっそく、手でもって、これらの円を急いで描き、外部の円には、陽の項を、内部の円には、陰の項を、そして、ななめの対応を転写しました。すると、太陽を連想させるダイアグラム、あるいは花びらをもった花冠(ヒマワリとしてもいいでしょう)が出来ました。そして、それは、12の陰の項と12の陽の項に対応している、**12の花びら**となっています。ちょうど黄道十二宮と同じですが、誓って言いますが、私はわざわざそうしたのではありません！それは、(これに名を与えることにして、宇宙のハーモニウムとしますが、)それに特徴的なものにちがいなく、(ここでは、秘教主義者のケプラーのライバルである、私のみの！) 性格的なものではありません。

しかしながら、仕事机の前に坐りながら、私が語ろうと思ったのは、このことでは全くありませんでした。だが、指図しているのは、私ではありません——ここで、私は、はっきりと描いたすばらしい図によって、[七不思議につぐ] 第八番目の不思議の出来たてを届けることになります。これを好みに応じて、宇宙的なアコーディオン、あるいは、宇宙のハーモニカ、あるいは、(すべての人が同意するように) **宇宙のハーモニウム**と呼ぶことが出来るでしょう。

注

(1) この語は、物事、あるいは事柄を意味する、「Sache」でもって作られています。したがって、「Sachlichkeit」は、「物事」、つまり「**事柄**」に関連している態度を指しています。記しておきますと、「事実」を指すドイツ語の語(「Tatsache」)も、同じ語幹「Sache」から形づくられています。

(2) この注目すべき結び合い

秩序——不思議さ

は、私の例の一覧表には入っていません。それは、昨日の考察ではじめて現われたものでした。しかしながら、カップル(対)

秩序——自由

は、政治用語としてよく流布していますが、これも、そのときまでは、私の目を逃れ、やっと今朝になって現われました。その理由は、おそらく、推定の夫の「秩序」は、(自動的な連想となっている) よく知られたカップル(対)

秩序——カオス

によって、すでに「取り入れられて」いるという事実により、私は抑制されていたからでしょう。

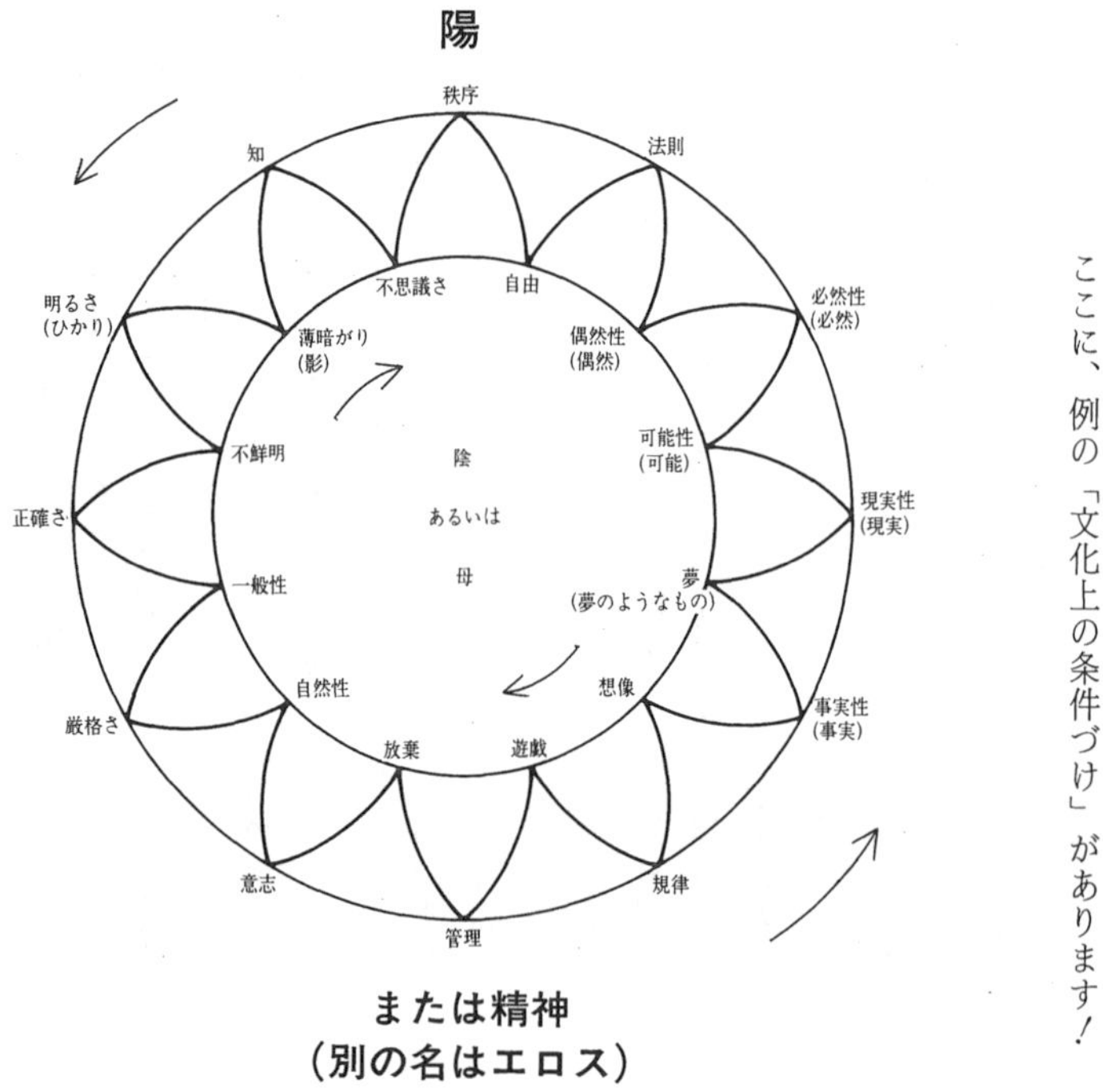

ここに、例の「文化上の条件づけ」があります！

15 発見それとも「発明」？——書きつける人と「別の人」

白状しますと、さきほど見つけたもので私は少しばかり茫然としていました。時間をとって、コンパスと定規などでもって、気のきいた図形を描きました（コンパスや定規は、使わなくなってから大変な時が経っていました）。それから食事をとり、そのあと、一、二時間、この図形をながめて、そして、これをいくらか深く理解してみようとしました[1]。正直に言って、これを「位置づける」のに困難を感じました。これは、私の精神の多少とも妙ちくりんな「発明」であろうか、それとも、私という人間から独立した、たしかに「存在している」なにかの**発見**であろうか？

私が数学をおこなうときに、このような問いを発したことはまだ一度もありません——一度もそう言ったことはありませんが、私は発明するのでは決してなく、存在していることがら——いつも存在していることがらを**発見する**のだということを、私はよく分かっています。神様でさえも、これらのことがらを、創造しなければならなかったということはなかったでしょう。神様は、きっと、私がこれらのことを明らかにする前に、おそらく私と同じく知っていたことでしょう。そ

[P 494]

して、今回は、私の延長されたアコーディオンは、私にはなじみ深いこうした奇跡によって、とつぜん、完全に異なったあるものに変わり――陰と陽の二重の黄道十二宮の中にひとつひとつ花びらを刻みこんで、十二の花びらをもつ、ある種の「宇宙の花」を開花させることになりました――今回もまた、私は、「発見する」人のもつ拒否できない感情をもちました。この生きた経験からくる「主観的な」観点からなのですが、とにかく、［数学上の発見のときの感情と］まったく相違のないものです。しかしながら、私は困惑したままです。私以外のだれかが、偶然に、私が検討しつつあったような種類の陰―陽のカップル(対)（いまの場合、とくに、思考と、思考が私たちに与えることがらの認識に関するカップル(対)）でもって遊んでみることを思いついて、それらをジグザグに集めて、それは閉じたものになるにちがいないという漠然とした思いがあるとき――その人は、十一の花びらあるいは十五の花びらなどをもった、全く異なった、自分で作った、ひとつ、あるいは多数の「宇宙の花」に到達しなかったであろうか？

たしかに、これらすべてのカップル（対）を、そこに「ピッタリ」はまるという印象をもった時点で、つぎつぎと付け加えてゆきましたし、また、ある項を、空きとなっている端と「結びつける」代わりに、もうひとつ別の項を付け加えることも出来たでしょう。そこに「任意性」があったとしても、それは、ただ、あらゆる話し言葉に内在する「不鮮明さ」のレベルのものでした。それは、（さきほど書きましたように）「必然性」と「必然」――少し異なった角度からみてはいるが、基本的には、同じ「ことがら」を指しています――のようなほとんど同義の表現を選ぶ上でためらいを生じさせるものです。

このとき私が述べることを全く考えていなかったことは、私が行き着いたダイアグラムは、**私の**精神が宇宙をみるその仕方について、宇宙のことがらの性質の中での、そしてそれらに探りを入れる精神の中での陰と陽の遊戯についてなにがしかのことを言っているということでした。私がさきほど明らかにした、この奇妙な構造は、どの程度、どのような意味で、私という人間から、またこの構造を宿した精神から独立した、「客観的な」意味をもっているのかを知るということに関しては、「神から授った知識」によっては、これに答えることは、たしかに出来ないと感じます。おそらく、このような問いに対する回答は、（例えば）十二の黄道領域と、これらの領域のおのおのに付与された特別な意味をもつ、天空の中での、黄道帯の区分について提出することが出来る、類似の問いに対する回答と同じように、経験からもたらされるということはほとんど不可能でしょう。こうした区分の、およびこの区分に基礎をもつ占い術の「発明者」は、おそらく当然、その人自身、このような問いを提出したことでしょう。（もちろん、私のテーマは、ある占い術の諸原理を引き出すことでは全くありません。この種のことがらは、まったく、私の心に触れるものではないので…）。

しかしながら、私の当惑の中で、二つのしっかりとして、明確な直観が立ち現われてくるのが見られます。そのひとつは、その中に現われているのを感じた、完璧な均衡と調和という性質を通じて、到達したばかりのダイアグラムは、少なくとも、私がわずかに始めたばかりの方向の中でのより進んだ探求、つまり、「**思考**」のもつ知覚と活動の様相、さらにはまた、「精神」のもつ知覚と活動の様相についての探求のための、すばらしい**導きの糸**となるにちがいないということです。さらに、いま感じるのですが、陰―陽のカップル（対）についての私の一覧表（ごく暫定的な）に入っている「項」（あるいは、「配偶者」）の集まりの中で、「構造を引き出す」（この構造という言葉の数学的な意味において）という（比較的おおざっぱな）この仕事は、いかに、どれほどまでに、それを行ないながら、これらのカップル（対）のおのおの**意味**についての、また、その二つの項によって示されている性質や実体についての私の知覚を明確なものにしなければならないものだったか、そして、これを通して、「一般に」陰と陽に関する遊戯についての私の直観をも精緻なものにしなければならなかったかということです。

このことから、第二の「明確な直観」に導かれます。これは、今日、「宇宙のハーモニウム」の思いがけない出現でもって頂点に達した、ここ一週間の仕事から出てきたものです。それは、ほとんど確信となっているものですが、この「項」と「カップル（対）」の雑多な集まりの中に、現在まで立ち現われてくるのを私が見てきたような種類の構造、じつに**豊かな構造**が存在するにちがいないというものです（ここで、私は、「構造」という言葉を数学的な意味にとっています）。まずは、例の「クリスマス・ツリーの形の」ダイアグラムがありました。その外観は、もちろん、少なくとも数学者の目には、驚くべきことは何もありません――このダイアグラムの頂点を形づくっている（カップル（対）の）「グループ」の選択も、また、ダイアグラムの稜によって表わされている、グループの間の「親近性というつながり」の選択も、かなりの程度、任意的なものであることは、考慮の外におきますが。しかし、それにもかかわらず、「宇宙への扉」のための全体的な「地図」の最初の素描としてみた、このダイアグラムの図は、ちょうど前の段落で明確にした意味において、きわめて有益な仕事であることが明らかになりました。

この考察から出てきた真に注目すべき、最初の数学上の対象は、六つの頂点によって表わされている、私が「思考」と名づけた、小ダイアグラムでした。これらの頂点の任意の二つは、相互に結ばれ、これによって、これら六つの頂点に関連した（いびつな）二十面体の構造の存在（なおしばらくは仮定的な）を示唆しています[2]［P495］。そして、第二の注目すべき構造（その対称性の豊かさによっても、また、**十二**という数に関連した、数学外の暗示的な意味あいにおいても注目すべき）は、今日になって、「宇宙の花」あるいは「二重の黄道十二宮」と共に現われたばかりです。しかしながら、私は、ほんの少し、仕事をはじめたばかりです――あるいは、もっと適切な言い方をすれば、私は、たんに、陰―陽のカップル（対）の一覧表とこれらのカップル（対）から作られた親近性によるグループからなるダイアグラムに、数ページの解説を添えようとしただけなのでした。私は、わが無邪気なクリスマス・ツリー以外のダイアグラムを探そうと考えたことは全くなく、まして、二十面体や二重の黄道十二宮といった学問的な構造を探そうと考えたのでもありませんでした！だが、それらが現われたのですから、それは、ここに、人が明らかにすることを待っている、知られざる**宝庫**があるにちがいないというしるしなのでしょう。

数学的な観点と、（これに入ってくる「頂点」、「矢印」、「つながり」に付与される意味による）哲学的な観点からして、興味深いいくらかの「派生的な」構造を引き出すことが出来る、基礎の数学的構造は、私の考えでは、つぎのものだと思います。仕事をする「基礎の集合」は、出来るかぎり包括的なものに作られた、陰―陽のカップル（対）のある一覧表に入っている「項」の集合Tです。（それは、例えば、ずっとあとにある私の一覧表でもいいでしょう。これは、ここ最近の日々にいく度も見直され、増大されました…）。この基礎の集合について、ざっと見たところ、二つの異なった構造に気づきます。そのひとつは、この一覧表の陰―陽のカップル（対）によって描かれる、「向きづけられたグラフ」という構造であり、Tの（異なった）要素の「カップル（対）」（a、b）（この「カップル（対）」は、数学的な意味で）として解釈されます。ここで、最初のaは、陽の項であり、第二のbは、カップル（対）の陰の項を指しています。グラフの上では、点によって、グラフの「頂点」が示されており（平面において、あるいは空間において——かなりの数の点になることに注意されたい、三、四百の点に！）、「カップル（対）」は、二つの対応する頂点を結ぶ「稜」によって表わされるでしょう。さらに、この稜の上には、「陽から陰へとゆく」、「方向」あるいは「コースの方向」が付いています[3][P495]。この考察のはじめに、すでに強調しましたように、研究しようとする、宇宙についての性質や実体を表わしている、「項」の集合Tをひとたび選べば、対応する向きづけられたグラフの構造は、あいまいさなしに決まります。つまり、Tの中の二つの項aとbに対して、これら二つの項は「カップル（対）」を形づくる」のかどうか、そして、もしイエスならば、この二つの項のどちらが、陽の役割を果たすのか（あるいは、aとbを表わす二つの頂点を結ぶ向きづけられた稜の「はじまり」がどちらであるのか）を（もちろん数学外の、「哲学的な」性質の直観あるいは考察によって）決めることが出来ます。

現在までに現われた、第二の構造は、第一の構造と重なり合いますが、それは、**親近性**という構造です。普通の数学の言語では、これも、**グラフ**の構造（だが今回は、向きづけられていない）であり、Tの要素のあらゆる可能な「対（つい）」（つまり、二つの要素aとbだけからなるTの部分集合）の集合の中に、aとbとは「近い」もの、あるいは、「親近性を表わしている」ものとみなされる対（つい）{a, b}={b, a}からなる、ある部分集合を指定することからなります。この親近性という概念も、「哲学的な」性質のもので、これは、はるかに明確でない仕方で決められます。ためらいのニュアンスを持たないで、「夢」と「想像」の間の親近性、あるいは「夢」と「可能なもの」との間の親近性に気づく読者はほとんどいないでしょう。これに対して、「夢」は、「偶然」、あるいは「遊戯」、さらには「自由」に近いものかどうかという問いには、確実に、人によってかなり異なった答えがあるでしょうし、ひとりの人にあっても、この問いに接する姿勢によって、答えはかなり異なったものになるでしょう。実際、多かれ少なかれ鍛えられた哲学的直観が私たちに明らかにするものは、「すべてか無か」というタイプ（「aとbは近い」、あるいは「それらは何の関係もない」）の情報ではなくて、むしろ「多かれ少なかれ」というタイプ（「aとbは非常に近い」、あるいは「かなり近い」、あるいは「漠然と似ている」…のような）情報です。（私たちが関心を持っている枠組みの中での）親近性という概念の分離できないこの「漠然」は、冒頭に指摘しました、カップル（対）の「グループ」と、このようなグループの間の「親近性」を形づくるにあたっての任意性の原因にもなっています。これらのグループの間の親近性によって、「宇宙への扉」のダイアグラム(向きづけられていない)、別の名は「クリスマス・ツリーのダイアグラム」が作られるのですが。

したがって、少しばかり具合の悪い状況の中にいるわけで、はっきりと定まった構造で仕事をすることに慣れている数学者は、ある種の「ぼやけた構造」に立ち会うことになるでしょう。そこでは、この数学者は、(どんな目的のためかもほとんど知らず…)、他のさまざまな構造の中でも、いわゆるグラフの構造(「親近性の構造」という) の中に、いかなる時点でも、頂点のある対(つい)が、たしかに稜を表わしているのか(つまり、その二つの項は「近い」とみなされるのか) 否かについてはそれほど確信の持てないままに、首を突っ込むことになるのです！

しかし、このような状況は、(例えば)それで仕事をすることになった**概念**そのものが、まだ創造されていないものからなる混沌の中にある場合に、理論を構築する仕事に習熟している数学者には、それほど奇妙なものではないでしょう。このときには、この混沌としたものを、ひとつひとつ、忍耐づよく、刻んでゆき、ある形のない一連の直観にひとつの意味を与えるに至ることです。これらの直観は、すべて、しだいに薄れてゆくようで、手で触れられないように見えますが、それでも、いわば肉体的な、あらゆる疑念を超えた「明白さ」でもって、しっかりとした組成と熱い実体が**感じられる**のです。

このとき、誕生のための仕事が進むにつれて、各時点で、形のこれこれの部分がどのように生まれようとしているのか、それが無から立ち現われて、存在するものになるためには、どの端をとらえればよいかを、私たちにささやくのは、このなお生まれていないものです。まだ生まれていないことがらを白日のもとに引き出すために、このことがらをつかむ手の模索そのものは、不決断でも、さまよいでもなく、あらゆるためらい、あらゆる当惑が不在な、意識的なものなのです。

そして、**ある別の人**が私たちの手を用いて書くかのごとく、私たちが書く、これらのことがら、それらを書きながら、私たちが学んでゆく、これらのことがら――それらは、私たちの中のどこかに、知られざる深いところにあり、私たちの手がそれらを書く前にすでに**知られていた**ものであり、それらに耳を傾け、しっかりと書き留めることを欲する、書きつける人の緊張した注意のみを待っていたのです。

注 (1) さらに、停電がありました。これにより、いやおうなしに、ノートの執筆に切れ目が出来ました。

(2) このテーマについては、「二十面体とクリスマス・ツリーの話」(No.10)の節をみられたい[P465]。

(3) しかし、注意していただきたいのは、わがすばらしい二重の黄道十二宮が示唆することとは反対に、「頂点」あるいは「項」の集合を、重なり合わない二つの集まり、ひとつは、「陽」で、もうひとつは、「陰」である。下位区分は**ない**ということです。

16 花とその動き
——私が遠ざかれば、それだけ私は近づく

(三月二十五日)考察の中断されていた糸を再びたどるために、わが宇宙の花と別れる前に、この花についてさらにいくらかの解説をしておきたいと思います。

外側の円上にある、十二の陽の項は、花冠の十二の花びらの点は、「ハーモニウム」の十二の陰の項となっている、内側の円の上にある十二の点と二つづつ結び合っています。

おのおの花びらは、別々にみると、一種のオジーブ(尖頭せりもち)形の「山」となっており、その陽の頂上は、山のそれぞれの斜面の最も低い点(1)[P501]によって表わされている、二つの陰の項のおのおのとカップル(対)を形づくっています。これらの最も低い点は、また、私たちの山と、これに隣接した二つの山との間に出来た、「谷」あるいは「峡谷」の底となっています。二つの斜面のおのおのの上に「陽から陰への」方向をしるすのはあきらめました。これは、下りの方向、宇宙の花の花冠によって囲まれた中心にある円盤の内部の方向です。

二つの斜面の中に、**左の斜面**(あるいは「陰の斜面」)と**右の斜面**(あるいは「陽の斜面」)とを区別することが出来ます。「正式のカップル(対)」あるいは「主要なカップル(対)」という姿をしている宇宙のカップル(対)に対応しているのは、右の斜面の方のようです(2)[P501]。そして、左の、あるいは陰の斜面によって描かれているカップル(対)は、「内縁のカップル(対)」という姿をしているようです。昨日、これらの十二のケースの中で、隣接した二つの山(あるいは、花びら)の「法則」と「必然性」に対しては、二つの例外があるように思えました。これらの山の四つの斜面の中で、私の一覧表にあるのは、実際は、陰に斜面に対応している

であって、陽の斜面に対応している

法則——偶然、　必然性——可能性

ではありません(こちらの方が、いま、「正式のカップル（対）」とみなされています)。だが、この変則は、見かけだけのものであり、私の一覧表の中のこの選択は、偶然のものではないかと考えられます。文化上の条件づけの側面として、政治の用語から、私たちは、「自由」を、「秩序」とも、「法則（あるいは法）」とも結びつけるように導かれます——そして、第一の場合においては、「法則(あるいは法)」という項は、「偶然」とカップル（対）にするような「気持ち」（心理的に言って、一夫一婦制の文化のもつ反射作用に悩まされている人にとって)になります。そして、このとき、(同じ一夫一婦制の反射作用によって）「必然性」を、「偶然」とではなく、「可能性」とカップル（対）にするようにせざるを得ません。もし逆の選択をおこなって、それが当然のごとく優位であったならば、それは、明らかに、「すべてのことがらは、必然性と偶然との娘である」というじつに有名な金言（私の記憶ちがいでなければ、デモクリストの)[3][P 501]によって示唆されて、「必然性」を「偶然」に結びつけるという普通の文化上の連想をおこなったことでしょう。しかしながら、もっと先見の明のあるデモクリトスが、「必然性」よりも、「法則」という語を用いていたとしても、この金言の意味は、ほとんど変化しなかったでしょう。(たしかに、現実の「科学的」な把握にいっそう合致している、この金言の変種は、この金言のもつ簡潔さという力の一部分を取り去っていることも事実ですが…)。

ここで疑わしいとされた二つの場合のおのおのについて(どうせ行なうのなら、他の十の場合についても、二つの斜面の中で、「正式の」カップル（対）に対応しているものを区別することがたしかに出来るのか（もうひとつは、「内縁の」カップル（対）です)、また（これが言えたときには）予想されたもの、陰でないものとして、それは、たしかに陽なのかどうかを、厳密な仕方で決めるということに関しては、そのためには、その度ごとに、それぞれのカップル（対）のもつ一連の意味の中により一層深く入ってゆくことが求められるでしょう。これは、今までも行ないませんでしたし、ここでも、これをおこなうことは、私のテーマではありません。

三日前の考察の中で[4][P 501](まだそうとは知らずに)送風口の最初の三分の一でもって、宇宙のアコーディオンの描写をはじめました。陽と陰の二つの直線の双方の上で上から下へとゆくとき、二重の進展があるのを私は確認したのでした：一方の直線の上では「しだいに陽の」方へゆき、他方の直線の上では「しだいに陰の」方へゆくのでした。矢印は、陽から陰へ向かう方向（あるいは、別の言い方をして、「陽の強いものから陽の弱いものへ」、あるいは「陰の弱いものから陰の強いものへ」）を表わしているというグラフ上の約束を守るならば、この二重の進展は、右の陽の直線では、下から上へゆく矢印で示され、左の陰の直線では、逆方向の矢印で示されるでしょう。ここには、宇宙の花のグラフ表示について示した二つの方向の行程の発見的な（あるいは、「存在論的な」）意味があります：つまり、内側の陰の円では、「時計の針の方向の」行程の方向があり、外側の陽の円では、逆の方向があります。ざっとした検討から、さきほど想起した、宇宙の花の周囲の三分の一について観察した現象は、実際には、周囲全体に対しても成り立つのではないか、また、おなじく、これは、陽の円（外側の）の上でも、陰の円（内側の）の上でも成り立つのではないかという印象を、たしかに私は持ちました。別の言葉で言えば、隣接した二つの陽の「頂点」によって表わされる実体は、一方は、（これ対して）陰の役割を演じている他方に対して、陽の役割を演じる、相互関係の中にある、つまり、この二つの実体は、陰―陽の「対（つい）」の関係（一週間前の考察「創造的な両義性(1)――対（つい）、長い行列、輪舞」（第三節）[P441]の意味で）[5] [P501] にあり、さらに、陽の項は、（陽の円について指摘したばかりの回転の方向に関して）**川上に**ある項であると、思われました。そして、同じことが、陰の円の「点―谷」で表わされている陰の実体に対しても、この円に指定されている逆の回転方向を用いることによって成り立つものと思われます。ここでも、また、隣接した頂点あるいは隣接した点―谷の二十四の対（つい）のおのおのに対してこうしたことが成り立つのかどうかを検討して、この印象が根拠のあるものであることを具体的に検証すること、そして（もしあれば）この規則に対する例外を明らかにすること、こうしたことは、現在、私が、一般的な性質の哲学的な探求に投入したいと考えている仕事よりも、さらにもっと深い仕事を必要とするでしょう。

宇宙の花によって着想を受けた、これまでのいくらかの解説は、陰と陽の遊戯のあらゆる繊細さ、この考察の冒頭で、より粗削りの実例を用いて、想起することをすでに試みていた繊細さを、じつにあざやかに示しているように思います。たとえば、（この花によって表わされている枠組みの中で）陽とみられている性質あるいは実体は、にもかかわらず、一方が、他方に対して陰の項の姿をとるような「対（つい）」の関係に入り得ること――また、陰とみられている性質と実体においても、その逆が成り立ち得ることが分かります。ここで、私たちは、このような「**対（つい）**」と（いわゆる「宇宙の」）「**カップル（対）**」と呼んだものとの間の区分けを再び見い出します。だが、さらに、花の中に、いわゆる「正式の」（おそらく、少しばかりは自由な）（これは、また、冗談めかしくなく「主要な」とも呼べるでしょう）カップル（対）と、いわゆる「内縁の」あるいは「内縁関係の」（もう少しまじめに言って、「副次的な」…）カップル（対）との間の補足的な区分けが現われているのが見られます。ここに、「衒学的な」もので全くなく、精神の単なる遊戯や約束を示しているのでもなく、いわば（精神にとって）「触知できる」**現実**、つまり性質、人間精神の知覚の様式と行動の様式の世界に属している現実をよく反映している（私はそうした印象を持っているのですが）ことを、疑いの余地なく確信すること――そのためには、忍耐づよい、厳密で、深い仕事によって、この世界についての直観を発展させ、精緻にすることが必要でしょう。この花は、そこで、このような仕事のための着想を与えるという役割と同時に標的の役割も果たすことが出来るでしょう。私はいつかたぶんこれを行なうことでしょう。あるいは、他の人が、私がはじめる前に、すでにおこなっていたならば、あらためて私はそれを行なうことでしょう。

この花は、すでに通りすがりに触れていた、もうひとつの現象をも明らかにしているようです。ここでは、私は、このことを、社会によってつくられた作為的な「階層づけ」、つまり「しだいに陽になる」という階層づけは、宇宙の実体のレベルでの類似した「階層づけ」の中にその反映（あるいは、むしろ、ひとつの原型）を探すとき、「**線形**」では全くない「順序」となっていることが明らかになるという言い方で表現したいと思います。ひとつの順序に対しては、階層づけの順序において ひきつづく一連の項の中に、「最も大きな」項（「指導者」、あるいは「神」、あるいは「理想」と呼ばれる）があり、また、「最も小さな」、あるいは「最も低い」項（「奴隷」、あるいは「悪魔」、あるいは「災禍」と呼ばれる）がありうるでしょう。だが、いまの場合の順序は、その反対に、**環状**になる傾向を持っています：つまり、「ますます陽のもの」に向かってすすみながら、出発点の項よりも「陽の少ない」項に至り、最後には、出発点の項に戻ることになるということです(6)［P 501］。

「陰の円」の**内部**は、花の「肉の」部分、その「肥沃な」部分をなしています。それは、また、「太陽―花」あるいは「ひまわり」の種子から成り立っています。それは、また、外部から近づく人にとっては、隠された、見えない、深い部分です。それは、「**陰**」あるいは「**母**」を表わしています。陰の円の上にある十二の「点―谷」に記入されている十二の性質あるいは実体は、それを形容するもの、あるいは、その典型的な現われです。

花の外側の空間の部分、つまり「陽の円」の**外部**は、母との出会いへと向かう認識の飛翔の中での「**陽**」あるいは（人間の）「**精神**」を表わしています。陽の円の上の十二の「点―頂点」は、その知覚と活動の様式を表わしています。

宇宙の花によって示唆されている探求のダイナミズムは、**内部**との出会いへと向かう**外部**のダイナミズムであり、**深み**をもとめる**表面**のダイナミズムであり、**夜**をもとめ、けっして汲み尽くすことなく、自身の中でそれと溶け合う**光**のダイナミズムです。

そして、これは、また、母から絶え間なく生まれ、母と再びめぐり会うために、世界と限りなきものとの出会いへと飛び出す、**エロス**子供でもあります。たとえば、朝、光は、もやと夜から生まれ、夕方そこへと再びもどり、沈んでゆきます。また、秩序は、原初のカオスからはっきりとしてゆき、宇宙が死ぬとき、カオスへと戻ってゆきます――夕方のあとにくる明け方にその灰から再び生まれる前に。こうして、不思議さという暗い子宮の中で懐胎中の秩序は、知ることを渇望している精神に対して自らを明かします。そして、この知識は、ただちに、精神の帆となり、影となぞの中に新たに飛び込んでゆくために、前へと精神を運んでゆきます。そして、真の自由を統御している見えない秩序は、ひとたび精神によって認められ、受けとめられると、より隠れた、より繊細な秩序によって統御されている、さらに大きな自由の手段となります。

たしかに、私がそれと認めるのは、**二つ**の運動であって、ただひとつの運動ではありません。相互に逆方向の、切り離しがたい二つの運動なのです。さきほど私の注意をとらえた第一のものは、**回帰**の運動――宇宙を探求する精神の運動、母へと戻ってゆくエロスの運動です。だが、あらがいがたく**死**のイメージを想起させるこの回帰の中には、また、**誕生**があり、再生があります(7)[P501]。未知の中への飛び込みごとに、そのあと、精神は、そこから前とは**異なって**出てきます。精神は**忘れ**ました、そして**学び**ました――「忘れること」と「学ぶこと」、これらの言葉のまったき意味においては、これは、死ぬこと、そして生まれることでもあり、また、**変わる**ことでもあります。

二つの運動について語ることよりも、**ただひとつ**の運動について語ることは、現実をより具体的に浮き彫りにすることになると思えます。私たちは、このひとつの運動を、ひとつは、重々しい、もうひとつは、明るい、緊密にからみ合った、二つの色調によって知覚するのです：つまり、生まれようとしていることがらからなる暗い住みかにおける、「回帰」あるいは「死」の色調であり——そして、また（私ははじめこれを忘れる傾向がありましたが）明るい日の光のもとでの、「出発」あるいは「誕生」の色調です。

同時にあべこべの二つの方向——中心から遠ざかる、出発の方向と、中心へと戻ってくる回帰の方向——において動いている、ひとつの「運動」を、ひとつの幾何学的イメージによって表わすことは、困難である、さらには不可能であるように見えるかもしれません。このようなひとつの運動という考え自体が、健全な論理とは矛盾しているように思えるでしょう。ところが、決してそうではありません。宇宙の花を、平面にではなく、球面の中に、同心円によって表わされている陰と陽の二つの円でもって、埋め込むことが出来ます。陰と陽の円を、赤道の両側に、同じ距離で描くとき、対称性において、最も美しい、最も豊かな図形が得られます[8][P502]。このようにして、もし、「出発点」からの運動を、陰の円に垂直な方向に取れば、この運動は、「陰の極」（あるいは、北極）から出ている「子午線」に沿ってすすみ、この極から遠ざかります。このとき、この運動は、この子午線に沿って、陰の半球から遠ざかりはじめ、（陽の半球を通過したあと）そこへ戻ってくるのが見られます。したがって、たしかに、これは、「（陰の極から）遠ざかりながらも、それに近づく」——だが「別の側を通っての…」——運動なのです。

ここで、再び、異なった光のもとで、陰と陽との間のダイナミックな関係の象徴として、さきほどの「円環的な」運動のイメージが見い出されます。今回は、陰と陽の円によって表わされている二つの「平行線」に沿っての運動に代わって、「子午線」のおのおのに沿っての運動があります。はじめの「平行線」の方のものは、「陽の少ないものから陽の多いものへ」、あるいは「陰の多いものから陰の少ないものへ」という「階層づけられた」進展を表しています[9][P502]。第二の「円環的な」ものは、誕生と死、願望と充足とを結ぶ、共通のダイナミズムの象徴です。これは、また、ことがらの不思議さの発見へと向かう、精神の道具としての、「探求する思考」[10][P502]がおこなう仕事の中で作動しているのが感ぜられるダイナミズムでもあります。

注

(1) ここでは、「低いもの」へ向かう方向とは、花の陰の円の中心へと向かう方向と理解しています。

(2) これは、「「正式の」あるいは「法律にかなった」と、「右側」あるいは「右の方向」との間の流布している連想に合致しているでしょう［これは、フランス語では、「右」と「法」とは同じ綴りの droit で表わされていることによります］。

(3) この金言の中では、「偶然」と「必然性」とが、陰―陽の役割の配分とは**反対の**性（フランス語の名詞としての）をもっていることは、奇妙なことです。同じことが、ドイツ語で生じています（「**der** Zufall」、「**die** Notwendigkeit」）。この金言の元（もと）の言語である、ギリシア語においてはどうなのか私は知りません。

(4) 「正確さと一般性――ことがらの表層」第十二節）をみられたい［P475］。

(5) これらの「対（つい）」と、私が「宇宙のカップル（対）」と呼んでいる、相補的な性質あるいは実体のカップル（対）とを混同しないように注意されたい。あきらかに、ここで問題にしている二十四の対（つい）のどれも、このようなカップル（対）ではありません。

(6) 「陰と陽の輪舞」を表わすための円環という考えは、はじめは、「創造的な両義性(1)：対（つい）、長い行列、輪舞」という節（第三節）の末の注において、ついで、「創造的な両義性(4)：両極端は触れ合う」（第六節）の末において現われました［P445―446、453］。この考えは、「五元素」に関する中国の伝統的な観念のもつ際立った一側面と調和します。実際、これらの元素の間には、「支配」の関係がみられますが、これも、「線形」のものでは決してなく、**円環的**なものです。

(7) これらの「死」、「誕生」、「再生」といった語は、それぞれが、きわめて強い意味を持っていて、思考のおこなう「仕事」や精神のおこなう「探求」が、もっぱら知的な探求の領域に限られるときには、極端なものと見えるかもしれません（理由のあることですが）。これは、とくに、普通の意味での、「科学」研究の中で生じていることです。ここで問題にしている「再生」は、このとき、心的現象のきわめて周辺的な層にしか触れず、精神の深い硬直化と道連れとなることも大いにあり得ます。ピタゴラスが観察したにちがいなく、成功はしなかったが、ピタゴラス教団を作って、これを予防しようとしたのは、きっと、この硬直化という現象だったのでしょう。

(8) どうせおこなうなら、陰の円と陽の円との間の角度の隔たりとしては、天球上の黄道帯の周の境界の円のものを取ることが出来るでしょう。さらに、宇宙の花の花びらを結ぶ線として、(点―谷と頂点との間の距離を最小にするように)大円の弧を取ることが出来るでしょう。このときには、この球面の図形は、(合同を除いて)あいまいさなく定められます。

(9) (九月二日)実際のところ、この運動が、私たちの注意を引いたのは、「陽から陰へ」という形においてでした。したがって、これは、「階層づけられた進展」の**反対**方向の、**低い方**へ向かっての運動です。これは、また、「根に向かっての」運動であり、数学者としての私の仕事において、すでに、自然に私のものとして認めることが出来たものでもあります。…つまり、「本能的に、また、その性質からして、私の歩みは、**水**の歩みであって、つねに**下ってゆく**傾向があり、この幹へ向かっての、これらの根に向かっての歩みでした…」(ノート「陰の葬儀」(No.124)、とくにP168、をみられたい[P167])。

(10) (四月二日)ここでは、「探求する思考と構築する思考」と書いた方がより味わい深かったかもしれません。この呼び方そのものによって、ここで問題にしている、このひとつのものである二重の運動を示唆するからです。この文を読み返してみて、私は、この運動は、二か月前に、ある文脈のもとで、そして異なった照明のもとで、「ひとつの作品をめぐるプロムナード」の末で想起したものと同じだということが分かりました。二つの行程「母の発見へ――二つの側面」、「子供と母」(第十七、十八節)[『数学者の孤独な冒険』、P72、77]、とくにP73~79をみられたい。

17 カオスと自由――手に負えない姉妹

(三月二十六日)宇宙の花という思いがけない(かつ歓迎すべき)合間の出来事のあと、三日前に放置しておいた考察(1)[P506]を急いで再び取り上げ、ついにその(暫定的な)結末へとゆくことにします。それは、五つのカップル(対)

単純――複雑

抽象――具体

正確——漠然

秩序——カオス

構造——実質

からなる「陽の引きつけるものの包み」を少し詳しくながめてみるということでした。これらは、「陰の引きつけるものの包み」と「対（つい）」をなしていました（が、これらは、ここでは挙げません）。この双方の包みは、前々日に、「願望と必然性——道、そして目的」（第十一節）［P470］という名を持った節において入ってきたものです。五日間にわたって、つづけられた考察の注意の的としての役割を果たしたのは、これら十のカップル（対）と、それらに含まれている（「陰」あるいは「陽」として見られた）性質のタイプです（たとえ、花という合間の出来事によって、それらは少しばかり忘れられてしまったように見えるとしても）。これらの二十の陰あるいは陽の性質の中で、四つだけが宇宙の花の中に見い出されます（それは、一般性、正確さ、不鮮明、そして、秩序です）。花の方は、二十四の性質を含んでいるのですが[2]［506］。

いましがた想起した「包み」の中にある五つの陽の引きつけるものの中で、

単純、秩序

の二つについてはすでに大いに論じました。これらに対しては、他の三つは、それより下位にあるように見えます。ついで、それらが表わしている性質は、実際のところ、「ただひとつの性質の魂かつ身体のよう」であることが分かりました。このとき、「秩序」を前に押し出し、すぐに、それを、あらかじめ予定されていた、陰のつれ合いである「**不思議さ**」と結び合わせるようにと私を駆り立てたのは、この共通の性質の最も陽の側面である「身体」の方であって、魂の方ではありませんでした。

これらの結び合わせが成就されるのを見ながら、私は、例の「包み」の中に「秩序」を入れたときのカップル（対）

秩序——カオス

においては、秩序は、**カオス**の夫としてであって、不思議さの夫としてではないということに、それほど困惑させられることはありませんでした。秩序と不思議さの結び合いが、あまりにも自然に出てきたように思えたので、このことには後になってからしか気づきませんでした！このことについては、そのあと再び考えてみました——どうして「カオス」は考察から消えてしまったようになったのだろうかと。それは、とくに、宇宙の花の中に跡を残していません。そこでは、秩序の方は、中心的な陽の項として、最も高い「頂点」として姿をみせているのです。この頂上のまわりに、他のすべてのもの、そしてそれらに対応している「峡谷」や「点—谷」も集まっているように見えます。そしてこの主人の頂点は、陰の斜面では「不思議さ」と、陽の斜面では「自由」とカップル（対）をなしていて、みごとに「カオス」を無視しているような風情です。

このことから、まずはじめに確認できたことは、宇宙の花の中、あるいは、二つの「引きつけるものの包み」のそれぞれの中にある、全部で四十の異なった性質と実体の中で、「押し返すもの」とは言わないまでも、一種の「**反—引きつけるもの**」として、他のすべてから区別されるものが、**二つ**だけあります。それらは、ちょうど、現在までに私たちが知っている、秩序の三人の妻たちの二人です（秩序ははっきりと一夫多妻なのです…）、つまり

カオス、自由

という女性です——したがって不思議さという女性は除かれています。彼女の方は、反対に、並み外れた力の引力を働かせています。

カオスという考えそのものも、人間の精神に、ほとんど克服できないほどの嫌悪を呼び覚ますようです。私たちは、それを、私たちの絶え間ない探求の対象である秩序に手ごわく**対立する**ものとして、「心の奥底で」そう感ずるのです。それは、「破壊」を、「創造」に対立するものとして、あるいは、「悪」を、「善」に対立するものとして感ずるのと同じです。秩序とカオスの**相補的**な性質を感じること、およびそれらの結び合いの現実を感ずることは、つよい条件づけとぶつかります。この条件づけを、私は、私自身のもとでも、他の人のものでも認めることが出来ます。多くの人たちのもとで、カオスに対する恐怖は、生の否定として、つよく、仮借ない敵として感ぜられる死に対する恐れ、恐怖とまざり合っているにちがいありません。

「自由」に対する精神の関係、とくに、**自分自身の**自由に対する精神の関係は、もっと両義的な（あいまいな）もののように思えます。それは、「カオスに対する恐怖」と比較できる、真の嫌悪というよりも、むしろ、本能的な**警戒心**という性質のものと言えるでしょう[3][P506]。私は、とくに、私自身において、数学者としての仕事の中で、こうした警戒心あるいは居心地の悪さを確認する機会が多々ありました。おそらくこの性

向は、他の数学者や科学者たちのもとにおけるよりも、私のもとでの方がはるかに強いものでしょう。だが、一般に、ことがらの中に隠されている秩序の探求をする精神は、ある**必然性**という感情によってつねに（拘束されているとは言わないまでも）支えられていると感ずることを好むものと思います。この必然性は、伝統によって引き継がれてきた、思考のしきたりや習慣によったり、安全な方法のもつ断固とした規則によったりしない場合でも、精神が問い掛けることがらそのものによって各時点で「**書き取らせる**」ものとしてあるようです(4)［P506］。このときには、精神は、むしろ、想像力が自由に働き、意識に由来するあらゆるコントロールが廃せられるときも、「可能なもの」という限りない領域を自由に働くことを嫌悪するでしょう(5)［P507］。

この嫌悪は、精神の性質そのものに内在するものではなくて、むしろ、つよい条件づけによって詰め込まれた「**重荷**」、すべての人間社会の中に見い出されるある**抑圧**の産物ではないかと思います。自分自身の自由に対するこの「警戒」、思考と発見の過程の中で「コントロールしようとする」この渇望（このコントロールは、その人の心の中心から来たり、外部から来たりします）は、私たちの中の創造性と創造の源泉そのものに対する「警戒によってもたらされる」私たちの「疎外」と不可分のように思われます。これらの源泉は、無意識の中に深く埋もれており、（私の考えでは）永久に意識をもった視線には隠されていると思います(6)［P507］。そして、私たちの中に生きているこの警戒心は、恐れでないときには（恐れは決して自分の名を名乗らないでしょうが…）、これも、また、無意識に閉じ込められています。だがたしかに深くはない層の中にあり、好奇心があり、洞察力のある視線によっては到達できるものです(7)［P508］。ここ最近の年月、私の中の精神のこの重みを、次第に鋭く、感知するようになりました。この重みを解消することは、現在、私の成熟の道の上で、私の前にある決定的な段階であると思います――しっかりと錠をかけられ、頑丈に閉じられた扉ですが、突如として大きく開くかもしれません…。そして、それは、また、夢が私たちに明かす軽やかさを見い出すこと、つまり、心の中の夢をつくる人が疲れを知らずに到達できない深みから引き上げてきて、なにくわぬ顔で、こっそりと笑いながら、私たちに投げつける虹色のシャボン玉をすばやくとらえることでもあります…。

これらすべての中で「カオス」のことは、またしても消えてしまいました！しかしながら、こうした執拗な消失は、私の精神がカオスに対していだいている恐怖によるものだとは思いません。（結局のところ、カオスについての考察は、私をカオスの前に立たせるのではなくて、それから距離をおかせるようになるでしょう！）私の印象では、むしろ、「カオス」は、単なる見かけとは言わないまでも、ただ、ことがらの表面的な現実を表わしており、より深い視線のもとでは消えてしまうものだということです。例えば、激突のさ中の錯乱したような粒子のランダムな衝突からなるカオス（そこでは、神様でさえ、これに加わっている分子の軌道を予言したり、規定したりすることには多分うんと苦労することでしょう）の背後に、注意深い精神は、その全体の中でこの系の進展を統御している、物理的、数学的な不変の**法則**の作用を感知するのです。また、心的現象の中で乱雑にある願望、感情、考えからなるカオスの背後に、私たちはある**秩序**を認識することが出来るのです：それは、原因と結果からなる秩序であり、また、深い創造的な力の存在の中にある、そして、その力を用いるか否かは自由に決められる選択の中にある秩序です。

注 (1) それは、「調和——秩序と不思議さの結び合い」という節（No.13）にあります［P478］。

(2) したがって、これらの二十の「性質」の中で、十六は、花の中には直接には現われていません。「思考」をめぐる、カップル（対）の六つのグループの中に現われているすべての性質の全体を検討してみるとき、その中に、宇宙の花の中に含まれていない、他のきわめて多くのものが見られます。これらのうちのかなりのものが、ひとつあるいは多数の注目すべきダイアグラムに集められるということは、あり得ないことでは決してありません。それらを、花そのものと共に「マンダラ」あるいは組織する原理という名の下に、集めることが出来るでしょう。「発見それとも「発明」？——書きつける人と「別の人」」という節（第十五節）の中の一昨日の解説と比較されたい［P489］。

(3) しかしながら、「自由に対する恐怖」（自分の自由に対するという意味です）は、たしかに存在します。そして、一度ならず私は他の人の中にそれを見てびっくりすることがありました…。

(4) これらの語を書きながら、私の仕事について語ることになったとき、いく度も、「書き取る」ということの「イメージ」が、私のペンにやってきたのを思い出しました。このとき、「繰り返す」のは避けようという考えは生まれませんでした、この「書き取る」という言葉は、単なるイメージや隠喩ではなく、仕事の中での各時点での現実を、発見の仕事について語ることになるときにはほとんどいつも、つねに同じ力でもってやって来る現実を描いているのです。

（四月二日）科学的思考という、より限られた領域の中でも、鉄のように固いものと信じるようにさえなっている、「決定論的な」性質の厳密な数学「モデル」の中に観測できる現実を記載することに対するほぼ専制的とも言える偏愛の中に、私は、自由という考えそのものに対する、精神のもつこの「本能的な警戒心」を感じます。分子生物学のような領域において、この傾向は、ときには、グロテスクな、さらには、強迫的な大きさのものになります。そこでは、上品な「教義」によると、地上における生命の出現と開花は、「偶然のうちでも最も大きなもの」によってなされ、進んでいったと言っているのです！（ルイス・マンフォードの書くところによると、分子生物学者たちのこの「偶然」は、彼らが、いかなる結果になろうとも、排除しようとした奇跡よりも、さらにもっとはるかに信じられない「奇跡」を表わしているということです…）。（いわゆる）社会科学あるいは社会心理学の領域では、この排除しようという強迫観念は、みるからに小数によって表現できるようには作られていない性質（知性のような）をテストしたり、「測ったり」するという偏執を伴って、とんでもない形を取ります。

(5)　（四月二日）「論理的な思考」（と、その言語）の構造そのものが、永久に、私たちから切れてしまうように見える、この「可能なもの」という限りない領域」については、三日前の考察である「イメージの言語――回帰の道」（第24節）において立ち戻ります［P535］。

(6)　（四月二日）少なくとも、直接の視線には隠されている、ということです。私たちはこれについてなにも知ることは出来ないと言おうとしているのではありません。例えば、物質の分子構造は、見たり、触れたりすることによる、直接の知覚には隠されていますが、直接に知覚できるその現われを通して、識別することが出来るし、正確に記述することさえ出来ます。もちろん、心的現象の深い創造的な層についてのいくらかでも正確な、あるいは微妙な知識からは、私たちは非常に遠いところにいます。私は、論証的な思考、「表面の」思考には、このような知識は、永久に到達できないのではないか――人間存在の表層は、決して、自らの深みを知ることが出来ないのではないかとさえ、考えています。

(7) このテーマについては、また、ノート「二つの認識——知ることに対する恐れ」(No.144)をみられたい [P302]。

18 漠然と正確さ——[魚をすくう] たも網と海

終わりに(がんばって終わらなくちゃ!)、私が「それよりも下位にある」(「単純さ」と、単純さがその魂である「秩序」に対して…)と呼んだ、三つの「陽の引きつけるもの」をもう少し詳しく眺めてみることが残されています。それは、

抽象、正確さ、構造

という性質です。これらの性質は、緊密に関連し合っているように見えます。すでに通りすがりに強調しましたが、正確さこそは、いわゆる「科学的」思考のあり方を特徴づけるものであり、ここ四世紀あまり以来のそのめざましい成功の(プルチネッラの)秘密でした[1][P510]。この性質は、単純さとはかなり異なった本質をもつものだと思われます。さまざまなケースによって、ある状態、あるいは文脈に内在する単純さは、ある熟達した思考のもつ正確な言語の助けによって、あるいは、霊感を受けた詩人、神をみる人、あるいは神秘主義者のもつ(見かけは「漠然とした」)言語によって、きわめて精緻に把握されるでしょう。科学的思考の意図、そして同時におそらく、その主な限界は、まさに、正確さによって接近できる、ことがらの諸側面に自らを限っていることです[2][P510]。意図的に制限された、この領域の中では、正確さは、また、「単純なもの」に近づく、つまり、見かけがもつ度はずれのカオスの背後に隠れている秩序を把握し、浮き彫りにするためのすぐれた手段であることが明らかになります。

この「正確さ」という手段は、今では私たちには親しみのある、「行き来」の、「ひとつのものである二重の運動」のダイナミズムによって作動しています[3][P510]。はじめに、思考は、「**漠然としたもの**」(別の名は「不鮮明なもの」)と、そして知ろうとしている(あるいは、**よりよく**知ろうとしている)未知の**実体**と向き合います。このとき、知るための「仕事」は、形のないものから苦労して切り離された、「正確に定式化できるもの」を「**浮き立たせること**」として現われます。そして、それは、言語を助けとして、思考によって(敏捷な手によってのごとく…)ただちに把握されます。また、言語は、有無を言わせぬ必要性に押されて、私た

ちを押しやる新しい指であるかのように、同時に自ら変わり、自ら再創造してゆきます。

　この仕事の終わりには、私たちは、ある知識、むしろ**新しい知識**――（おそらく）私たちがそれ以前に持っていたものの一式を助けにやってきた、概念からなる「道具のセット」を有することになるでしょう。このようにして、私たちのもつ「手段」は、この「漠然としたもの」の中への飛び込みによって、多様化され、精緻にされ、鍛え直されます(4)［P 510］。そして、これらの新しい道具は、今度は、「漠然としたもの」の中への、最も近いところにあるひだが、ほんの少し明らかにされ、消えていったばかりの、なおもやからなるその海の中への新しい飛び込みの手段となり、私たちにさらに広大な、これも、「漠然とした」、薄暗がりの別のひだを明らかにしてくれます…。

　大昔からの経験が主張している、ある漠然とした予感が、私たちに告げるところによると、漠然としたものともやとからなるこの**海**は、底もなく岸辺もなく、また、私たちが疲れを知らずに想像し、集めた、巧妙な［魚をすくう］たも網や探り入れのための道具一式は、すべてが、つねに、「ほんの少し不十分なもの」であるということです。このことは、その最初の言葉をたどたどしく話しはじめた、人間の精神の夜明けにおけると同じく、今日でも言えることです。百万年前と同じく、今日も、決して汲み尽くすことなく、決して底や岸辺に触れることなく、無限、**限りのないもの**を把握しようとしているのは、**限られたもの**、有限なのです…。

　このようなものが、「漠然としたもの」と「正確さ」との間、「未知なるもの」と「知られているもの」との間、「不思議なもの」（さらには、完全な無知、それ自体もまだ知られない無知からなるカオス）と「秩序」のもつ純化された輪郭との間の行き来する大昔からの運動なのです。ところが今ここに本当に気違いじみたことがらがあります：つまり、何世紀も何千年も以前からの、ことがらの発見へと向かう精神の冒険を考慮しているとみなされている広大な文献の中に、せいぜい行間にはあるとしても、**この運動のことが全く透けて見えない**のです。いつも(5)［P 511］、あたかも「正確なもの」が、「上げ板が出てくるように、あるいは、間違いをしない巨大コンピュータの「アウトプット」からのように…）「学者」の頭脳から足の先から頭の先まで身をまとって、一挙に出てきたかのように、つねに私たちに届けられ、このために特に用意された枠組み―つまり、段落、パラグラフ、章の中に非の打ちどころなく置かれ、いかにも学問的な論文やノートや通知を規則にかなった順序で構成するのです。そこで、私たちは、これらをゆったりと知ることが出来るといった具合です。

私たちに着想を与えるもの、何時間も何日も、さらには何年も、各時点で私たちがおこなうべきことを私たちにささやくもの、それは、また（おそらく）何年もの間、あるいは全生涯にわたって、さらには、いく世代にもわたって、堂々巡りをさせてきたものなのでしょうが、そうしたことに関しては――漠然としたもの、知られていないもの、不思議なもの、そして、つかまえられなく、執ようで、ひそやかな夢という岸辺のない海――**これらすべて**、すべての痕跡は、お上品ぶった、むっつりした、容赦のない**検閲官**のしわざであるかのように根絶させられているようなのです。

私がはっきりと分かりはじめたのは、その限りない姿のうちのひとつなのです！『収穫と蒔いた種と』のページをすすめる中で、一度ならず、その不安をよぶ、執ような影がくっきりと現われるのを私は見たのでした。はじめの数ページからすでに、このことに先鞭をつけた「子ども」の、そして「神さま」のあと、私が話さなければならなかった最初の人物は、この検閲官だったのです。それは、二つの節「子供と神さま」（また の名は「エロスと母」）、「誤りと発見」につづく節「打ちあけられない仕事」（『収穫と蒔いた種と』、第一部、第三節［『数学者の孤独な冒険』、P194］）においてでした。このようにして、思いがけなく、私の出発点に戻ってきました！

注

(1)　「願望と必然性――道、そして目的」という節（第11節）をみられたい［P470］。ここで、これらの「めざましい成功」は、深刻な裏面を伴っていたことを想起しておくことは良いことでしょう。これらの裏面は、次第に明らかなものになってきています…。

(2)　そこから、これらの側面以外の重要な側面はないと言明するに至るには、一歩しかありません、非常に多くの人たちによって軽やかに越えられている一歩です！

(3)　この運動は、まずは、「願望と必然性――道、そして目的」という節（第11節）において、ついで「花とその動き――私が遠ざかれば、それだけ私は近づく」（第16節）において現われました［P495］。

(4)　この「漠然としたもの」という言葉は、しばしば、軽蔑的なニュアンスをおびる傾向があります――それは、理解できないもの、不思議なものに対して、正確さについて型にはまった見方をする思考が与える名です…。

(5) この「いつも」という言葉は、少しばかり塩味をつけて受け取らねばなりません。たしかに、例外がありますが、それらは、きわめてまれです。私の知る唯一のものは、ケプラーですが、彼は、明らかに特別で、いろいろな理由でそう言えます。彼は、自分の試行錯誤、幻想、誤り、さまよいなどを含めて、自分自身について語ることにいかなるコンプレックスもありませんでした…。

19　秩序と構造――正確さの精神

だが、なお考察しなければならない、二つの「陽の引きつけるもの」‥

抽象と構造

に戻ることにします。最初のもの（あるいは、「抽象的なもの」）は、「具体的なもの」とカップル（対）をなし、第二のものは、カップル（対）

構造――実質

において夫となっています。妻の「実質」の方は、精神に対して強い魅惑を呼び起こしています。それは、どんなに正確なものであっても、思考のみでは、直接に「把握する」ことは出来ないものです。したがって、実質に「密着し」、ますます緊密な仕方で実質と結び合う、ますます精緻な構造の次第に密となる編み目を通して、この実質を把握しようとする努力がなされるのです。あることがらの実質に内在している「秩序」（このことがらは、概念の世界で生きていて、「具体的」であったり、「触知できるもの」であったり、「抽象的」であったりします）は、「構造」という形のもとで現われてくる傾向があると言いたいほどでしょう。しかし、おそらく、この秩序が、精神によって把握され、言語を用いて表現され、通知され、伝達されるのは、少なくともこの側面、つまり数学上の言語にとって接近可能な側面を通してであると言う方がより正しいでしょう。これは、明らかに、「正確さの精神」、あるいはパスカルが語っていた「幾何学の精神」のことです――この精神は、正確さというものを、未知なるもの、不思議なものを、それらの中に現われる秩序を通して把握するためのすべてとしているのです。「構造」の探求は、「秩序」を把握し、これを通して、ことがらの実質そのものを把握するにあたって、「正確さの精神」（なかでも特に、いわゆる「科学的」思考）のもつ最適の方法だと言うことが出来るでしょう。

したがって、もし、「正確さの精神」（単に、「精神」あるいは「思考」に固有なものというよりも）によって把握される性質の陰と陽のダイナミズムを表現するために、なんらかの小さな宇宙の花を求めるとすれば、陽の「主人の項」、他のすべての項がその周りに集まってくる項は、まちがいなく「構造」でしょう。そこでは、「構造」は、陰の斜面（心の斜面…）では、「不思議さ」に代わって、「実質」と結び合い、陽の斜面[1]（理性の斜面）では、「自由」に代わって、「運動」と結び合うことでしょう。すると、すでに、この小さな花を続けてゆくものが私の手の中にいっぱいあります、「運動」は、「構造」の隣の陽の項に昇進した「形」と結び合います（ここでは、「構造」は、「秩序」の隣の「法則」の代わりとなっています）。しかし、とにかく、ここで止めておきましょう…。

現在、私には、秩序、構造、正確さという性質の相互の関係がかなりはっきりと見えてきたと思います。あとは、ただ、とくに他の四つのものとの関係の中で、最後の陽の引きつけるもの

抽象的なもの（あるいは、抽象）

を検討してみることだけが残されています。また、すでに、ひきつづく二つの節「統一性の探求」、「一般性と抽象化――支払わねばならない代価」（第8、9節）の中で、これをいくらかながめてみる機会がありました[P457、460]。だが、このときには、本当にかなり奇妙なことがらである、「抽象」というものによって開かれたテーマをほんの少しスタートさせたばかりであることは、じつに明らかでした。そして、私のなぐり書きから出てきた、このことがらをさらに探ってみたい、ついで、例の二つの「引きつけるものの包み」を「テーブルの上に投げ広げて論じ」てみたいという願望がありました。ここでは、そのことのまず最初のひと巡りを終えつつあるところです。

注 (1) カップル（対）「運動――休息」（「活動――不活動」に関連している）の中で、「運動」は、陽の性質として認められます。ここでは、「運動」を少し異なった意味に取ります。（休息しているということに代えて）運動しているという事実そのものを意味しているのではなく、むしろ、「運動の質」（速い、遅い、円形である、直線的など）、さらには、運動の「方程式」によって表現できるといった、その正確な構造という意味です。ドイツ語には、これら二つのことがらに対する二つの異なった表現：「Schwung」と「Bewegung」とがあります。第二の意味での運動は、「形」と結び合い、

形——運動

というカップル（対）をつくるようです。そこでは、運動は、**陰**の役割を演じています。そこからはじまるジグザグは、おそらく、さらに「形——内容」とつづくでしょう。

20　抽象と具体（1）：思考の誕生

（三月二十七日）ちょうど一週間前にはじめた、抽象というテーマに戻ることにします。これを本当に忘れてしまったわけではありませんでしたが、それ以来そのまま放置しておいたのでした。

この一週間前の考察「一般性と抽象化——支払わねばならない代価」[P460]の中で、精神の抽象化に対する関係は、ほとんどの場合、両義性を持っていることを記しました。このことから、このことがら（この関係）と、他の四つの「陽の引きつけるもの」[つまり、単純、正確、秩序、構造」（これらは、「抽象」を考える中で、その翌日に導入されました）とは、はっきりと区別されます。もちろん、この場違いにやって来たものをやり過ごしてしまうことはまずいでしょう——白鯨を追うエイハブ船長のように［メルヴィルの小説『白鯨』の中の］、ことがらのとらえ難い身体の追求に乗り出した精神は、それに気づく様子さえみせずに、（願望の力をとらえるために、つぎつぎと引き揚げられる帆のように…）抽象化のレベルをつぎつぎと移ってゆくのですから！しかし、「冷たい」精神は、しばしば、抽象化という大きな建物の親しみのある階を去るとき、ほとんど克服しがたい嫌悪を示すようです。そこでは、精神は、本当に居心地の良い巣を整えたのに、より広い窓があり、景色が変わっているが、しばしばしっくりとしない、つぎの一階、二階、さらには三階に昇るように促されるのです。「単純さ」はいいでしょう（なぜならば、「複雑なもの」——つねに少し「入り組んだ」——を頭に詰め込むことほど疲れる、面白さのないものはないからです…）、また、「一般性」もまたいいでしょう。「それがそれほど高くはつかず」、そして、しばしば、それが、冗長なものを削り、ことがらを単純化するときには——だが、抽象化というのは、不承不承に、さらにもう一階昇る決心をすることなのです。補足としての抽象化は、ついに行き詰まりあるいは大混乱から抜け出る——成功するかどうかは分かりませんが——ために長い間その場でもたついていたり、堂々巡りをしていたりしたあと、しばしば、いやいやながら支払わねばならない「代価」なのです！

大多数の人びとの心の中では、「抽象化」と「複雑化」との同一視があります。これは、ほぼ心の奥底で自動的な反応のように生じています。注目すべきことは、数学者たち、抽象化のこれらのいわゆる熟達者あるいは専門家も例外ではないということです。私は、とくに、そこに「階を変えること」（そして、これを通して、いくらかは、宇宙を変えること…）に対する、この嫌悪を暗黙のうちに合理化しようとするのをみるのです。きわめて表面的で、性急な目では、この同一視は、根拠のあるものに見えるでしょう。しかしながら、これは、非常に粗っぽい混同から成っています。この混同は、白日のもとにおくだけの価値があるように思えます。

世界を理解するための精神の歩みの中で、抽象化は、直接に把握できるはずの単純なものを「複雑にする」ためではなく、癒しがたく複雑にみえることがらの中に、限りなく「異なった」、「偶然的な」変身を通して、「共通するもの」、「基本的なもの」を引き出しながら、単純なものを把握するためのものです。それは、はるかな昔に、言語の発明と共になされた、手探りの第一歩以来こうしたものでした。思考は、それを表現し、それに形を与える言語とは切り離せないものであり(1)、また、言語はすでに抽象化であるということは、実に当たり前のことですが、忘れてしまいやすい傾向のあるものです。思考すること、それは、ある言語によって表現することであり、また、「言語」ということは、「抽象化」ということです。**言語を創造するということは、「抽象する」ということに外なりません。**すべての言語は、抽象化を運ぶ手段です。ある日、**創造され**、ついで**用いられる**、多かれ少なかれ「高く」「よじ登る」抽象化を運ぶ手段なのです。そして、思考が、決まり切ったものからなる領域の中で動くことだけに、既知のものの上で生きるだけに留まらず、それが創造的である度合いに応じて、思考のおこなう仕事と、宇宙の認識の中でのその進展は、この仕事に実体を与える言語の創造的な革新と不可分なものです。このような革新は、その度ごとに、抽象化の新しい行為なのです。

[P516]

人間精神の認識の冒険における第一歩、私は、それを、その**意味**の理解を伴っての、最初の**語**の出現の中にみます：現在であれ、過去であれ、それとも未来の混沌の中であれ、限りなく多様な異なった状況に「共通する」あるものを表わす、ある「シンボル」の出現です…。ここに、個人の冒険の、そして、人類の冒険の第一歩があります——一方は、幼少時代にありましたし、他方は、遠くさかのぼる時代の闇の中に見えなくなっています。この双方とも、おそらく永久に、意識された記憶の中では消えているでしょう…。

最初の語は、なんと言っても、「ママ」あるいは「お母さん」でしょう。この音素（あるいは、異なった時点で、さまざまな人によって発音されても、「同じもの」であることが分かる、声によって作られた「音のタイプ」…）は、「語」、つまり、それが、私たちの宇宙の基礎そのものと感じている、**ある**親しみ深い人を指すだけではなく、私たちとは**別の**だれかに対して同様な役割を演じている**他の**すべての人をも同時に指すと思える時点で、ある限りないもの、ある決まっていないものに対するシンボルとなります。私たちが名づけるものは、私たちが指で触れたり、指したりすることがらのみではなく、それと共に、この名がそれ以後表現し、体現するものと考えられる、ある特別な「性質」を分かちあう、別のことがら（たとえ、一度も、見たことも、触れたこともなくとも）でもあるという理解をともなう、この**名づける**という行為——ここに、精神のレベルでのすぐれて創造的な行為があります。人間の精神の**原型的な行為**です。これらの「特別な性質」を**知覚する**こと、それらを**名づける**こと、そして直接的で、触知できるものである、特殊あるいは「具体」から一般あるいは「抽象的なもの」を**抽象化する**こと——これらは、ことがらの発見へと向かう精神の原初の行為、ただひとつの行為の三つの側面です。また、それは、ことがらの実質との精神の絶えず新たにされる抱擁でもあります…。

一歩一歩、歩んでゆきます！語は、「句」あるいは「節」に集められ、これらの「句」や「節」は、「文章」に集められます…。第一歩と比べると、「二たす一は、一たす二に等しい」のような文は、驚くべき抽象化のレベルを表わしています。しゃべりはじめた、「いち」と「に」という語の意味を知っている、一、二歳の子どもがいたとして、その子に、この文を役立てさせることを想像してみましょう！「あまりに抽象的だ」として棄て、それを「複雑だ」と呼ぶことになるでしょうか？たしかに、日常生活のほとんどすべての状況の中では、このような文は、なんの関係もなく、それを導入すること（例えば、いやがる子どもたちに対して、これを教える）は、人工的な複雑さを導入することです。それでも、私たちが、もっと一般的で、もっとはるかに抽象的な命題：「二つの数aとbに対して、a＋b＝b＋aである」を明確に理解していなければ、思考に開かれているいくつかの道が、私たちには全く理解することが出来ない状況に連れてゆくこともあります。思考のこのような領域においては、この命題（もちろん、おどろくほど抽象的で、「複雑な」）は、単純なもの、さらには明らかなものと見えます。そして、その抽象化のレベルは、知覚されもせず、それに含まれている諸概念、それに内容そのものも、じつに親しみ深いことがらに属しているようになり、これによって、「具体的な」ことがらとして感ぜられるのです。（例えば）リセ（中学・高校）の教室や大学の階段教室で学んだ知識をもって、なんとか自分の専門の中で仕事をしている科学者の表層の反応のレベルでは、「具体的なもの」とは、（とにかく頭に詰め込むために必要とされた努力を忘れたあと）親しみ深くなったものにほかならず、また、「抽象的なもの」とは、それに費やす代価を考えて、知ることをいやがる、うんざりするような未知なるものという形を取っているすべてのことがらのことです…。

注　(1)　（四月十六日）あとで気づきましたが、このことは、あるタイプの思考——私たちの文化の中で、公的な市民権のある唯一のものに対してだけ言えることです…。第22節「抽象と具体（3）：言語の諸層——皮膚と抱擁」の注（3）（四月四日付の）をみられたい［P527］。

21　抽象と具体（2）：単純さの奇跡

抽象化の段階をのぼるほど、それだけ、また、私たちが操ることになる概念は「複雑」になることは事実です。この事実は、じつにはっきりとした意味において言えて、さまざまなケースにおいて具体的に述べることは容易です。このことは、抽象化と単純さとを**対立させる**ことになる、「抽象的であればあるほど、より複雑になる」ことよりも、さきほどの「心の奥底での同一視」に対してある正当化のようなものを与えるかもしれません(1)［P518］！そうした考えからすれば、流体静力学におけるアルキメデスの原理は、「複雑」であろうし、惑星の運行を決定しているケプラーの法則は、もっとはるかに「複雑」だし、ニュートンの法則と、この法則を体現している微分方程式は、それらが、「説明」しようとしているケプラーのこれらの法則よりも、はるかに複雑だということになるでしょう。これは道理に合わないことは明らかです。しかし、たぶん、すこし詳しくこれを浮き彫りにしてみる価値があるでしょう。

抽象化を、ことがらに内在する秩序を表現するために、そしてそれを通じて把握するために、思考によって作られたきわめつきの道具としてみることが出来ます[2][P519]。別の言い方をすれば、それは、とくに、「複雑さ」の中の「単純さ」を把握し、引き出すための手段、単純さに近づくための、思考に固有の手段なのです。ことがらの表面より下にさらに深く入り込めば、それだけ、そこに現われる秩序は、把握し、表現する上でより微妙なものになります。それは、「単純さ」という基本的な性質を失ない、「複雑」になるということを意味するわけではありませんが、より「複合的」になると言うことが出来るでしょう。ことがらの内奥の構造の中により深く入るにつれて、つぎつぎに視野に現われてくる、異なった「**レベル**」の**秩序**、あるいは単純さがあると言った方がおそらくより適切でしょう。思考によって都合に合わせて作られた言語を用いて、この秩序を表現するというレベルでは、これらの「深さのレベル」は、(いわば、反対の方向に)次第に「高く」なってゆく抽象化のレベルによって表現されるようです。

「思考」あるいは「言語」と同じく、「抽象化」は、それ自体としては、「単純」でも、「複合的」でも(あるいは「複雑」でも)ありません。(抽象化の中には、思考がことがらに探りを入れる深さのレベルに対応した、これらのそれぞれのレベルがあることは事実なのですが、それでも、それ自体としては、「抽象化」は、「単純」でも「複合的」でもないと言えます)。しかしながら、「抽象化」の「存在理由」は、単純さに接近するための道具であるということです。よく研がれたナイフの存在理由は、切ることですが——にもかかわらず、刃の平たい部分あるいは柄を用いてハエをつぶすのに、それを利用することも出来ます…。

かなり大きな数学上の知識を用いて、ある概念的な「精密化」によって、ケプラーの法則を説明したいと考えれば、相手の人たちの大多数に対して(たとえそうした教養を持っている人でも)、それらの法則は、うんざりするような「抽象的な」側面をもち、「複雑に」見えるようになることも確かです。人が把握したり、理解しようとしたりする願望や理由がまったくない、結局のところ完全に無縁なことがらに対する、表面上の、「複雑だ」という、こうした感情は、関心の無さに伴って生ずる、無理解と無知の表現です[3][P519]。それは、このように表明する人について、わずかななにがしかのことを、私たちに教えてくれますが、これらの法則や、それらの「単純さ」や「複雑さ」の度合いについては、なにも教えてくれません。私たち自身がこれらの法則が適用されるとみなされていることがら(つまり、惑星の運行)に多少とも関心をいだき、観察されている現象の解き難い複雑さと、この複雑さをなんとか考慮にいれるために、円運動を用いた、運動学的な「モデル」を見い出すための、二千年にわたっておこなわれた努力についてのいくらかの考えを持つようになるとき、そのときにのみ、このテーマについて私たちは発言することが出来ます。（モデルは、観察が精緻になりながらも、すべては、「切り離された」まであるという状態の程度に応じて、次第に複雑になります）。ついには、これらの法則を表現する言語そのもの、つまり、ここでは楕円についての幾何学に最小限でも親しむことが必要になります。

このとき、はじめて、「**単純さの奇跡**」と呼ぶことの出来るものが明らかに見える立場を得ることになります。幾何学に関する通常の基礎にすでに通じている人にとっては、抽象化あるいは言語についての必要な「補足」は、楕円の幾何学についての、比較的小さな一章に限定されます：それは、まあまあ才能のある学生が一、二週間のあいだ取り組めばよい程度のものでしょう。これを用いることで、惑星の運行についての戸惑うほどの混乱の中で、いくらか単純な法則を引き出すための二千年にわたる実りのない努力を表わしている、チンプンカンプンな計算からなる一つの図書館全体を、大きな紙くずかごの中に投げ入れることが出来るのです…。

ここに、「道具としての抽象化」があります。抽象化のレベルを一段のぼる、つまり（例えば）ずっと昔からの仲間である、いとしの円の幾何学から、たしかに、それほど魅力的とは言えない様子をしているよそ者である、楕円の幾何学へと移ります。おそらく理由のあることでしょうが、これは、「かなり複雑」だ、さらには、「これらすべてはかなり複雑なものだ！」と言われるかもしれません。少なくとも何について語られているのかをよく知っているという印象をもつために、いくらかでも新しい言語を磨いて、結局のところ、くつろいだ姿勢をとるためには、百ページとは言わずとも、十ページたっぷりは必要であることは確かです。ひとつの言語を展開するための百ページ、それに新しい言語で表わされたひと握りの簡潔な命題——これで、千ページのチンプンカンプンなページを紙くずかごに棄ててもよいことになるのです(4)［P519］！

注 (1) 私は、つい最近にも、こうした見解を聞きました。これは、すぐれた代数学者でかつゲーテ、ヴィルヘム、そして『易経』に親しんでいるドイツ文学研究者である同僚の一友人のものです。わが友は、読んだばかりの私の「ひとつの作品を巡るプロムナード」（『数学者の孤独な冒険』、P10—96）

を批評して、(私が「プロムナード」の中で取り上げている) スキームという概念は、「単純なもの」(「子どもっぽいほどの単純さ」とさえ、私は言いました) だということに異を唱えました。その証拠として、その定義が抽象的なので、彼はそれを理解することに成功したことは一度もなかったということでした！

抽象化を許容する個人的な敷居が、この友人のもとでは、比較的低いところにあることが分かります。(それは、また、数学者としての彼の仕事において、ひとつの深刻なハンディキャップでした。幾何学 (とくに、スキームという肥沃な観点によって革新された、いわゆる代数幾何学) からくる、着想と理解の豊かな源泉 (「洞察力」、「見通し」) から切り離されたままだからです。この敷居よりも上にあるすべてのものは、そのとき、無造作に、「複雑なもの」とされてしまうのです…。

(2) (四月三日) 思考の「きわめつきの道具」であるのは、**言語**であって (抽象化ではない) と言う方が、おそらくより適切でしょう。「抽象化」は、むしろ、言語の仕上げの中で、また言語がおこなう仕事の中で、言語の「魂」そのものとして、あるいは、この道具の中で作動している指導的な原理として立ち現われると言えるでしょう。この点については、翌日の考察：「言語の諸層――皮膚と抱擁」(第22節) [P520] で立ち戻ります。

(3) もちろん、私たちは、すべてに関心を持つことは出来ません――それは、なににも関心を持たないことと等しいでしょう！私たちおのおのは、当然のことながらきわめて限られた部分――これは、実際には、知り得る厖大なことがらの前ではわずかなものです――の外では、こうした無理解、無知、無関心という態度をしています。だが、自分の中のこの限界を視野の中に含める人、精神のことがらについての判断の中に含める人、そして理解できない、あるいは関心を持つに至らないことがらを、「複雑な」、「理解できない」、「関心がない」と言って宣告しようとしない人は、まれです、とくに「知識人たち」の中では、まれです。

(4) この紙くずかごを強調したことの中に、軽蔑のニュアンスはまったくありません。この行を書きながら、とくにあった連想は、ひとりならずの知的な仕事をする人にとっては必ずそれと分かるでしょうが、私自身の紙くずかごについての連想と、このかごに、つぎつぎと紙や紙の束が投げ込まれてゆくのを見て私の感ずる、心の中での満足感についての連想でした。これらの紙や紙の束は、あらゆる種類の書きなぐり、ときにはまた、多少とも形のととのった定義—命題からなるいかめしい行列があり、それぞれが、(なお探求している思考の)原初のカオスを体現しているものであり、(紙くずかごの) カオスに戻ってゆくのです：一方では、それと同時に、私のテーブルの上には、カオスからある秩序が明確になってゆき、形のととのった(暫定的に…) 定まった、すばらしい清書からなる紙の整然とした山が出来てくるのです！

22 抽象と具体(3)：言語の諸層——皮膚と抱擁

(三月二十八日)昨日は、とくに有名で、特別な重要性をもつケースにおいて、「単純さのもつ奇跡」をながめてみました。この歴史的な側面に幻惑されなければ、この種の奇跡は——花が思いがけなく開花するように——あらゆる発見の仕事の中で一歩ごとに生まれていることが分かります：それは、たしかに、多少とも大きかったり、多少とも小さかったりしますが、それは問題ではありません。発見による興奮は、抑圧的な伝統が私たちに信じさせようとしているように、巨人のもつ特権ではなくて、子どものもつ特権なのです…。

この奇跡の**「手段」**は、ほとんどの場合、抽象化というのぼりの小道の上のさらなる一歩にしかすぎません。そして、この一歩が私たちにもたらす異なった見通しと新しい深みを伴って。そして、昨日、この一歩のための「諸手段」と、「単純さのもつ奇跡」——混乱の中から突然あらわれ出てくる、思いがけないある秩序というこの奇跡——との間にある、大きさの次元でのとてつもない相違を、その核心において把握しました。

これをしっかりと見ながらも、「手段」と「原因」とを混同してはならず、創造の奇跡は、抽象化においてわずかにクランクを始動させるだけという処方から生まれてくると想像してはなりません！「原因」、あるいは「火花」、あるいは「力」は、**どんな**クランクの始動の中にもありません。それは、他の所からやって来ます。それは、子どものもつ好奇心にみちた、神を恐れぬまなざしの中にあります。それは、私たちの手を用いて働き、各時点で、あれこれのロープを引き、そとからやってくる風の力を十全に捉え得るように、あれこれの帆を上げるために、どのクランクを始動させるべきかを私たちに告げる労働者の中にあります。

ケプラーは、また、楕円という概念を引き出したり、これについて彼が必要とするだけの理論を展開するために苦労したり（楽しい時を過ごしたり…）するには及びませんでした。この道具は、ずいぶん前から整えられていました。それが片隅で錆びはじめてから、千年とは言わないまでも、何世紀もたっていました。これに対して、もちろん、さらにずっと以前から、天体の運動は、**円**運動でしかあり得ず、あるいは、さもなくば、とてつもなく込み入った宇宙の広大な回転木馬の中の、見えざる巨大な車輪のからみ合いのごとく、円運動の重なりあるいは「組み合わせ」によって得られる運動でしかあり得ないのでした。あるとき、だれかが、断固とした形而上学的な論拠に依拠して、このことを主張しました、それ以来、すべての人は、すでに小さい時に学校で、あるいは少なくとも大学で、このことを学びました：つまり円を探しなさい！と。そして、もし十の円運動を、すべて異なった十の半径と十の角速度を持った円運動を重ね合わせねばならないならば、そうしなさい！ケプラーも、すべての人と同じくそう学び、やむなくそう信じていました、すべての人がそれを信じていたように。ところが、惑星は、彼の頭脳を破裂させるような数字でもって、その反対のことを彼に叫んでいたのでした――人が彼に言っていたように行なうために最善をつくしました：彼は耳をふさいだのでした！この狂気のエスカレートの遊戯に疲れる日までそうしました。それは、あまりにも沢山学んだことを**忘れて**、単に**聞く**ということを知った日でした。学識があったり、断固としている書物や師の言うことを聞くのではなく、ことがらが発する目立たない声を聞くことでした。

このとき、それは、「ひとつの作品を巡るプロムナード」の中にあちこちで語った「見えないサークル（枠組み）」[1]［P 526］のひとつ、宇宙論の歴史の中でもちろん最も強靱なものであったもののひとつを踏み越えたのでした。その「理由」は、何世代にもわたって、さらには何千年にもわたって、このような「枠組み」が、渡れない壁という効果を持っていたこと、にもかかわらず、だれかが、ある時点で、それを渡るという風になっていたことです――この理由は、技法上のレベルのものではありません。その理由は、（例えば）客観的な「困難さ」によって表現できるものでもなく、あるいは、（例えば）わが人類の遺伝的進化のある定まった時点までは人間の頭脳のもつ可能性を超えている、とんでもないほどの「抽象化のレベル」によって表現できるものでもありません。人間の精神の「抽象化する能力」は、今日、五千年前よりも大きいとは言えません(2)［P526］、また、ケプラーの「抽象化する能力」は、ヒッパルコスやアルキメデスの能力よりも、また、ひとりの数学者——だれでもいいですが——よりも大きいとは言えません。

　しかしながら、これらの相次ぐ「枠組み（サークル）—境界」は、一段一段と、私たちに抗するかのように広がってゆく「ある宇宙の境界」をしるすものであり、同時に、巨大な惰性のおもりをつけられている、ある種の「集団的な思考」の頑強な抵抗に会いながらの漸進的な進歩をも示しています——これらの枠組み（サークル）は、また、おおまかに言って、「抽象化」の中の相次ぐ「段階」あるいは「階梯」**をも表わしている**ように思えます。なおまだ異様な姿をしているつぎの階に向かって「一段のぼる」ために、なれ親しんだ階を去ることに対する、精神のもつこの嫌悪——それは、結局のところは、これによってあらゆる「宇宙の変化」に反対する、精神のほとんど克服できないこの惰性のもつ多くの側面のひとつにすぎないようです。人間の精神は、この「じつに小さな一歩」、**子どもじみた**一歩をおこなうよりも、ときには頭脳力において持久力において人間に可能なものの限界に挑戦しているように見えるほどに、技法上の妙技のもつ驚異を誇示する傾向があるようです。この子どもじみた一歩によって、人は、遊んでいるかのごとく、**もうひとつのレベル**に移行するのです——このレベルは、この力の大きな誇示のすべてを不必要なものにしてしまうのです！技法上の言葉では、この「じつに小さな一歩」は、しばしば、ほんの少しだけ高い「抽象化のレベル」への移行の表現以外のものではありません。

　昨日、私は、抽象化を、思考の「道具」と形容しました。これは、いまでは、いくらか不適切なものと思える表現です。**言語**は、精神の道具であるという方がより的を得ているでしょう。**思考**についても同じことが言えます。思考は、魂が身体と切り離しがたく結びついているように、言語と切り離しがたく結びついているからです。そこには、ただひとつの「道具」があるのです。その身体は、言語であり、その魂は、思考です(3)［P527］。抽象化について言えば、それは、この道具に固有の**性質**のひとつ、おそらくその主要な性質、この道具の本質そのものを最も深く表現している性質でしょう。思考するとは、抽象することです。あるいは、少なくとも、私たちの先任者たちによって達成され、言語という手段によって、文化上の遺産の中に入っている、抽象化のプロセスを用いるということです。ここで言う「言語」とは、「音声」言語（あるいは、「話しことば」）であり、かつ、書き言葉であり、さらにもっと一般に、(数学のような科学の一分野の中で用いられる記号のような）言語の機能を持っている、音、視覚その他のものによる「記号（シンボル）」のすべてを指しています。

思考と言語は、その本質からして「抽象的」であるというとき(他の説明を加えずに)、もちろん暗黙のうちに、それらは、言葉の最も厳格な意味での「具体的なもの」‥つまり私たちの前にあって見ているもの、あるいは指で触れる（この言葉の文字通りの意味で）ものに**比較して**「抽象的」だということです。抽象化というこの性質（それを「絶対的な」と呼ぶことが出来るでしょう）は、例外なく、言語の中のすべての語に内在するものです。これは、また、その語が、人間の一生涯の期間を超える時間の中で連続している一グループの文化上の財産であって、ひとりの人間の所有物であったり、空間と時間の中ではっきりと限定された経験の領域を相互に共有している、きわめて限られたグループの所有物であったりするものではないために不可欠な一条件でもあります。抽象化のもつこの「絶対的な」性質は、基礎の語、「母」、「父」、「食べる」、「飲む」、「太陽」、「土」、「水」、「火」、「雨」、「風」「家」などのような最も基本的な語にさえも現われていいます。ひとつの言語と、ことがらについての私たちの体験の土台そのものを形成しているこれらの語と、「家族」、さらには「グループ」、「人びと」、「国民」、「政府」、「政治」、「哲学」、「抽象化」といった語の間には、「基礎の語」そのものと、その語で呼んでいる「具体的なもの」との間に存在する「距離」、「抽象度」の相違に比較できる、ある「距離」、「抽象度」の相違が感じられます。

これを別の言い方で言えば、(**意味**の担い手としての**概念**の形成という観点からすると）宇宙のことがらの次第に微妙になってゆくひだやニュアンスを把握するに適した、ますます複雑で、ますます「分岐した」言語を次第に形成してゆく中で魂のごとく見える、抽象化の過程——この過程は、**積み重ね**の過程です。ひとたびこれらの過程の一歩が達成されるや、ひとつの新しい語によって体現される新しい概念は、さきほど**本当に**具体的なものと呼んだ他のことがらと同じく、さらにはもっと、親しみのある、「具体的な」ことがらに属することになります。

例えば、**数**という概念（整数とします）は、歴史的あるいは構造的にみて、あきらかに、かなり高い抽象度を持つものです(例えば、「2」や「3」のような語—概念よりもはるかに高いものです。これらの語—概念は、じつに具体的な性質を表わしています)。にもかかわらず、もちろん、この数という概念が極度に「具体的」なものに見えないような数学者はひとりもいないでしょう——それは、例えば、(その数学者が一度もそれを手にしたことがないとして) 多かれ少なかれ接触を失っていることがらを指す、「火」や「土」よりもはるかに具体的なものでしょう。多くの数学者が働いている抽象化のレベルにおいては、数は、その人が活躍している高みからは、フランス経済について、あるいは世界の穀物市場について語っている人にとっての、自分の家庭の食料棚とおなじく具体的（同時に、はるかに遠いものでもある!）に見えるでしょう。

これらすべては、すべての実際上の目的にとって、また、ひとたび**すべて**の思考と**すべての**言語は、「抽象的」である（言葉の通常の意味での「もの」と比較して）ことが実感されたあとは、「抽象化」という概念は、なによりも**相対的な概念**であることを説明するためでした。ひとつの論述、ひとつの言語、ひとつの思考、ひとつの理論は、他のものよりも、「より抽象的」であったり、「より具体的」であったりします。それらの二つが、思考のそれほど遠くはない領域に属しているときには、こうした（「より抽象的」、あるいは「それほど抽象的ではない」という）関係は、ほとんどの場合、じつに明確で、あいまいさがなく、言語の双方の「使用者」に共通する直観によって認められるものです。この直観は、たいていは、漠然としたもので、正確に浮き彫りにするのはおそらく容易ではないでしょう。この直観は、にもかかわらず、客観的で、確実な、ある**現実**の反映であると思われます：つまり「あい続く抽象化のレベル」と呼ぶことが出来る、ある種の**言語の階層化**という現実です。（ここでは、「言語」という語は、通常の言語と、科学上あるいは技術上の知識の多かれ少なかれ専門化された言語とを区別なく指しています）。

昨日、考察から、この階層化という直観が引き出されるのを見ながら、私は、とくに、多かれ少なかれ科学的な言語（例えば、数学者の言語）について、したがって、「正確さの精神」と呼べるものに役立っている言語について考えていました。しかしながら、相次ぐ「階層」の重なりによる、この精緻さの過程は、「正確さ」に固有の、いくらか「専門的な」言語に限られたものでは全くないことが、いま分かってきました。これは、例外なく**すべての**言語の中に認めることの出来るひとつの注目すべき特徴にちがいないと確信しています——何千年もの過程で形成され、変化してきた言語の中でも、情報学者たちからなる一チームの創意に富んだ頭脳からまたたくまに出てきた、最新型のコンピュータの言語の中でも認められるものだと思います。間違いなく、言語学者たちは、ずいぶん以前に、なんらかの形のもとで、このことを観察し、叙述しているにちがいありません(4)［P529］。

ひとつの抽象度からつぎの抽象度へと移行することは、ひとつの階層から「より高い」もうひとつの階層へと「**のぼる**」ことであり、上にあがる過程、きわめて強い**陽**の色調の過程です。また、他方では、この過程は、ことがらについての私たちの知識の中で**深めてゆくこと**、したがって、下降しながら進むための、**陰**の中への「**下降**」のための、私たちの手段でもあります。ここには、ひとつの運動の二つの側面があります。それは、まさしく、すでに一週間前の考察の中で、つまり「願望と必然性——道、そして目的」（第11節）［P470］の中で現われた運動です。

ことがらの実りのある深みの中でより前へと探りを入れるように絶えず私たちを押しやるのは、この「願望」、発見したいというこの渇望です。「必然性」、あるいは願望（充足させられるや直ちにその灰の中から再び生まれてくる…）の充足のための「道」に関して言えば、それは、具体的な言葉で言って、とくに、**ひとつの言語を再び発明する**ことから成っていることが分かります。つまり、ことがらの汲みつくせぬ身体をつねにより深く、より密着して探り入れるに適した、ますます柔軟で、ますます微妙で、繊細な言語を発明しなおしてゆくことです。さらにより深く入ってゆく願望の運動、そして、私たちを一段階のぼらせる必然性の運動は、ただひとつの創造的な運動です。目に見える、触知できるレベルでは、この創造の行為は、着想し、名づけ、抽象する行為であり——私たちの探求する思考の土台であり身体としてある古い諸階層の上にある、新しい階層を出現させるようにし、この階層を「のぼる」という行為です。あるいは、もっと適切な言い方をすれば、それは、その前にあった皮膚の上に重なる、より微妙で、さらにより敏感な、新しい**皮膚**のようなものを形成するという行為です。

この「新しい皮膚」は、ここで無から出てきたように思えるかもしれません——あるいは、アブラカダブラという呪文をとなえながら、さっと手品師の帽子から出てきたように思えるかもしれません——あなたが予想していなかった、すばらしい兎のように！いつでも、あとになってから、ことがらを示すのは、このような具合にです。私が、あれこれのものを「無から引き出した」かのように、私自身のことに関して、誇り高く示したことが、たしかにありました。だが現実は全くそうではありません。

革新的な抽象化、現われるや否や、新しい皮膚のように、精神と**一体化する**抽象化——それは、無からも、どんなにすばらしい、どんなに人気のある「帽子」からも出てくるものではありません。それは、夜に、薄闇の中で生まれるのです。それは、願望が絶えず私たちを連れて行く先であるそのひと——私たちを受け入れることに決して飽きることのないそのひととの愛情がこもった抱擁から生まれる地味な果実なのです。

注 (1) これらの「見えない枠組み」については、「ただひとりだということの重要性」という行程（『収穫と蒔いた種』、第0部、「プロムナード」、第2節）［『数学者の孤独な冒険』、P15］で、はじめて触れました。

(2) ここで私が話しているのは、精神が直面する「必要性」にしたがって、多かれ少なかれ高い、抽象化の「区域」あるいは「段階」の上で現われる、**個人の**能力としての「抽象化する能力」のことです。精神が直面する「必要性」は、もちろん、とくに、文化上の文脈に依存しています。これらの必要性は、今日、自分の受けた「科目」をなんとか頭に詰め込む、数学の学生のだれもが直面している必要性と比較するとき、カルデア人の僧侶—占星術者—天文学者にとっては相対的にはささやかなものだったでしょう。しかしながら、こうした学生、あるいは現在第一線の数学者でも、このはるか以前のパイオニアたちの「抽象能力」よりも大きな抽象能力を持っているというのは、かなりのお世辞と言えるでしょう——これらのパイオニアたちは、最初の小道を作ったのでしたが、そこには、いま、誰でも通れる大通りや高速道路が広がっているのです…。

ある定まった集団と時代の**集団的**能力としての「抽象能力」というのも存在するにちがいありません。きわめて顕著な進展が認められるのは、こちらの方です。今日では、この進展は、もはや千年単位や世紀単位で測ることはできず、とくに科学の世界においては、一世代あるいは二世代の間にはっきりとした進展を認めることが出来ます。抽象能力についてのこれらの二つの概念——一方は、個人について、他方は、集団についての——は、さまざまな仕方で関連し合っているようですが、非常に異なった性質のものです。私の考察の中では、個人のもとでのこの抽象能力の自由な展開に対して、集団的な抽象化の「力」あるいは「敷居」が示す、「ブレーキ」という性質に力点を置いてきました。このことは、精神の「惰性の原理」

により、大多数の人は、「個人の敷居」を設けて、単純に、「集団的な敷居」に「歩調を合わせる」ことによります。

(3)

（四月四日）このくだりを書いているとき、私は、ただ、言葉の通常の意味での「思考」と「言語」についてのみ考えていました――それは、「語からなる言語」であり、「めざめた思考」あるいは「論理的な思考」（もちろん、この「論理」という語は非常に広い意味で…）と呼びうるものの言語でもあります。だが、これとは全く異なった「思考」と全く異なった「言語」とがあるのを完全に忘れていました！それは、「**イメージによる**」言語あるいは**思考**と呼ぶことが出来るものです――「思考」と「言語」――これは、心的現象におけるひとつのプロセスの「魂」と「身体」のようなものかもしれませんが――これら二つを、ここで、区別できるのかどうかという問題は問わないとして。これは、原初の言語あるいは原型的な言語と呼ぶことが出来るでしょう。それは、また、とりわけ夢の言語でもあります。私は、その翌々日になって、はじめて、「イメージの言語――回帰の道」という節（第24節）［P535］でこの言語と、思考のこの「古い（アルカイックな）」タイプのことを思い出したのでした。

通常の意味での「思考」（私たちの文化の中では、これだけが、思考として認められています）を、「論理的な思考」と呼ぶ（通常の意味での思考は、非常にまれにしか、この呼称に値しません）よりも、「抽象的な思考」と呼んだ方がより適切でしょう。**もうひとつの**言語、語も句もない言語の主要な特徴は、抽象化のあらゆるプロセスとは全く無縁なもののように思います。それは、「論理以前の」言語ではなく（なぜなら、それは、その論理はたとえ異なっていても――より流動的で、よりほのめかしの傾向があり、語を用いて浮き彫りにしにくいものであったとしても――語による言語と同じく論理的なものですから）、むしろ、「抽象以前の」言語と言えるでしょう。それは、完全に「**具体的な**」言語なのです。

イメージの言語についての短い考察のあと、この言語、あるいはこの思考は、私たちの種（人類）のみの専有物ではなく、少なくとも、私たちの種に近い動物種と、さらには、ありえないことではなく、例外なく、動物および植物のすべての生き物と、これを共有しているのではないかという考えが浮かびました。このことで、そのとき、B・

リーマンの全集の中に含まれている哲学的断片を思い出しました。数か月前にこの断片に目を通して、私はあっけに取られ、かなり強い印象を受けたのでした。リーマンは、そこで、思考の支えとなる感覚的な「イメージ」を示す暗示的な意味あいを結びつけることなしに、みるからにはるかに広い意味において「思考」という言葉を取り上げているのです。したがって、それは、思考によって探りを入れられる、あることがらの次第に奥深くなる「知識」の方向にあるが、物質の、あるいは感覚の「支え」は全くなく（と、私には思えました）、にもかかわらず、限りない進展が可能な思考というものです。彼は、とくに、「地球（という惑星）の思考」について語っています。この思考は、何世紀も、何千年も、さらには何百万年も、何十億年もの過程で、それが糧を与えてきた、数知れない植物の思考と微妙な共生をしながら進展してきたものであり、この思考は、この過程で、数知れない生き物の経験によって明確になってきた、個別の「知識」を、いわば、ひとつの全体的な創造的「知識」にまとめているのです。

理性の世紀のただ中での、近代の大数学者のひとりの筆で書かれた、このような考えは、奇妙に調子はずれのように見えます。私にとっては、それは、きわめてまれな、おそらく比類のない質を持った一精神の深みを表わしているものです――その精神の中では、抽象化にとって恵まれた場所（数学と物理学）において、大いに活躍している、革新的で、肥沃な科学的思考が、より微妙で、より基本的なことがらについての直接的で、洞察力に富む直観と結び合っているのです。これらのより微妙で、より基本的なことがらは、おそらく、「思考―抽象化」、あるいは、少なくとも、いわゆる「科学的な」思考という大ざっぱな枠では、決してとらえられないものでしょう。

リーマン、この控え目で、気取らない人物の偉大さをなしていると思えるものは、一般には「対立するもの」と考えられている、この二つの並みはずれた「才能」の併存ではありません。彼の同時代人たちによってより高く評価されていた一方の能力のあやしげな「利益」のために、彼のもうひとつの能力を否定することなく、自分自身でありつづけるという無邪気さを保持したということに、彼の偉大さがあるのでしょう。私には疑う余地がありませんが、彼のものであった仕事――数学者という仕事の中でも、わざわざ求めることもなく、「偉大」であったのは、やはりこの無邪気さによるものでしょう。

(4)　言語のひとつの「階層」からつぎの階層への移行の操作を表わすための、あるいは、いくらか、「模倣する」ための、明らかな数学上の範列（パラダイム）があります。それは、ひとつの（有限）集合から、その部分集合、あるいは、この部分集合の集合の適当な部分集合への移行です。出発点の集合は、ある定まった言語の「語」あるいは「概念」の集まりを表わしていると言え、その後は、この言語の発展のある段階における「具体」、「素材」を表わしていると言えます。これから作られる部分集合の集合は、新しい観念を作ったり、付加したりして、また、元のものから発して「抽象化」して、元の階層に重ねられる「新しい階層」を表わすものでしょう。したがって、ここでは、「新しい観念」（あるいは、新しい「概念」）を、ひとつの「部分集合」、つまり、この言語の中ですでに認められている、（対応する「語」によって表現された）すべての概念の集合のある「部分集合」と同一視されます。たとえば、「親」という概念は、「母」と「父」という二つの概念の「統合」によって得られます。「人」という概念は、（大まかにいって！）多かれ少なかれ特定の人たちを指す、すでに知られているすべての概念の統合化によって得られる、と言った具合です。

23　抽象化と意味――コミュニケーションの奇跡

（三月二十九日）ここ二日間、私は、あれこれのための思考の「きわめつきの手段」としての「抽象化」についての感動的な「賛辞」をつくりつつあったと言えるかもしれません！この「抽象化」というとてつもないメダルの裏側を、大急ぎで一瞥（べつ）してみるのも、おそらく無駄なことではないでしょう。

まず、はじめに、「必要性にもとづく」抽象化とは別に、「遊びのための」抽象化と呼べるものがあります。私の印象では、この種の「抽象化の遊戯」は、ほとんど常に、さらには常に、不毛なものであるということです。それは、ことがら、とくにとんでもないほど学問的なことがらを、ひねくりまわしながら、あるいは魚を上手に溺れさせながら、おこなったり、話したりする様子をするひとつのあり方です。（場合に応じて、魚は、多かれ少なかれ抽象的であったり、あるいは多かれ少なかれ具体的であったりします）。これは、科学者の論述や刊行物の中で、また、哲学者の論述や刊行物の中で、そして毎日の生活の中での態度、行為、振る舞いが散りばめられている数知れない論述の中でお目にかかるような種類のものです。このことについては、気取ったり、なにかを「覆い隠して」しまう思考についてではなく、探りを入れ、発見する思考について考察しているときに、すでに言及することがありました[1][P534]。ここで強調しておきますが、以前もそうでしたが、今日でも、この種の思考は、「思考と精神の世界」とみられているものの中で最も高級な領域においても、まれなものでは決してないということです。

気取ったり、魚を溺れさせるという姿勢をとっていないような人においてさえ、「抽象化の暗礁」というものがあるものです。それは、「**具体的なもの」との接触を失ってしまう**という危険性です。ここでの「具体的なもの」とは、抽象化のレベルの中の以前の階層の内容や実体をなしていて、それだけが、私たちが使用している語に**意味**を与えている、対象、性質、事実、経験といったものを指します。実際、これは、私たちが述べることとの**意味**との接触の喪失であり、このときには、単なる**おしゃべり**となってしまいます。これは、また、「空疎な言葉だけで満足する」、あるいは「言葉のわな」にはまり込むと呼ばれるものです。こうした誘惑——言語の抽象化のおのおののレベルにおいて、その「階」に固有の一貫性をもった規則があり、それらの規則は、ほとんどの場合、暗黙のものですが、抽象化に慣れた精神は、すみやかに自己のものとし、習熟してしまうものだけに、こうした誘惑は自然なものです。それは、ひとつの論述に対して、用いられている言葉の「具体的な」意味との、また、その論述が伝達していると考えられている全体的な意味との接触を多かれ少なかれ失いながらも、完璧な装いを付与することを可能にします。しかしながら、無遠慮にも、こうした論述に対して、ある意味を探ろうとするとき、実際のところ、全く意味がない、あるいは、啞然とさせられるほど、内容があまりに貧弱であったり、矛盾していたりしているのを確認してしばしば驚かされることがあります。意味があるとすれば、**間接的な**意味であり、このような論述の中で作動している無意識の意図に関してなんらかのことがらを学ぶことになります[2][P534]。

ここで私が「意味」について語るとき、微妙な性質のもので、ここでそれを完全に浮き彫りにしようとするには、あまりに複雑なことがらだと考えているものです。ただ強調しておきたいのは、それは、その「文」あるいはそこで言われていることの「客観的な」性質のことではないということです。「**意味**」は、**書いたり、述べたりしている人**、あるいは（別の角度からは）読んだり、聞いたりする人**と切り離すことは出来ません**。また、ひとりの人が表現しようとしている意味（書いている、あるいは話している時点で、その人によって知覚されている、ある意味を表現しようとする意図が本当にあるとして）と、もうひとりの人によって把握された意味（すでにあらかじめすべてが用意されている「意味」が読まれたり、聞かれたりすることの中に自分を単に投影するだけで満足せずに、把握しようという心づかいがあるとして…）とは、めったに完全に合致することはありません。しばしば、それらは、互いに完全にちぐはぐなものでさえあります。さらに、とくに日々の生活の中のさまざまな状況においては、一方あるいは他方あるいは双方が、同時にひとつ以上の意味――相互にかなり矛盾していることもあり得る――に基づいて「機能する」ことも、決して異例のことではありません（たしかに、ほとんどの場合、そのことについて自覚することさえなく！）。したがって、ここで、通りすがりに、いわゆる「伝達（コミュニケーション）」についての複雑な諸問題に触れていることになります。

だが、いま、自分自身に対してであれ、他のだれかひとりの人に対してであれ、ひとつの考えを表現する人に限って言えば、この考えは、しっかりと確立されたものではなく、また、「探求しつつある思考」、あるいは「構築しつつある思考」でもないと、おそらく言うことが出来るでしょう。また、ある**意味**が、定式化している時点でたしかに存在しているとき、その意味は、その定式化の魂であり、存在理由であり、たとえ象徴的で、いつも不完全なものであっても、まさに、言葉によって取り上げ、体現させ、「把握しよう」としているものだと言うことが出来るでしょう。もちろん、このようになっていると言えるのは、この意味が、たとえ、あいまいであったとしても（そして、それによって、把握し、浮き彫りにしようとしている現実の中にたしかに存在しているあいまいさ、あるいは両義性を、おそらく、反映しているとしても）、にもかかわらず、それ自身に矛盾していたり、他のところで適切な形で知っていることがらと矛盾している「意味のない」ものではないときのみです(3)[534]。他方では、この意味は、それを表現する人の人生の中で体験されたすべての経験の多かれ少なかれ広い、また多かれ少なかれ深い部分を暗黙のうちに含んでいる、豊かで、極度に複雑なことがらでもあり得ます。

明らかなことですが、例えば、数学のあるテーマについて

についてなんらかのことを表現する数学者の場合においては、この「体験されたもの」は、ほとんどの場合、比較的限られたもので、その数学の仕事の分野の中の経験にかぎられている、したがって（基本的には）その思考のみにかぎられているでしょう。そこでは、（例えば）喜怒哀楽の感情の部分は、最小であるか、全くないかでしょう。これに対して、「私は自分の子どもたちを愛しています」。あるいは「私は数学をおこなうことが好きです」、あるいは「私は、私の国が好きです」といった、じつに単純なことがらを述べる人にとっては、状況はまったく異なります。たしかに、ほとんどの場合、あれこれの状況にうながされて、時折、熟慮したわけではないが、まじりけのない、ある確信をもって、発言するようになるのは、こうした単純な表現—反応です！このときには、さきほど言及した間接的な（かつ控え目なものではない！）意味を別にすると、狭い意味での「意味」はほとんどありません。しかし、ある意味がたしかにそこにあるとき、これらの言葉が述べられる人びとと時点の数だけの異なった意味があると、ほぼ言うことが出来るでしょう。同じ言葉でもって、つねに複雑な、ある現実の完全に異なった把握のレベルに応じて、完全に異なった性質をもつ現実を表現することが出来るのです。

ひとつの「意味」と別の「意味」との間のこのような「乖離（かいり）」は、生きた言葉であったものが、のちになって文化的な知識となった場合には、おそらく、さらに顕著なものになるでしょう。例えば、「あなた自身に対すると同じように隣人を愛しなさい」とか、「もしあなたが小さな子どものようにならなければ、王国の中には決して入れないでしょう」とか、「なんじ自身を知れ」…と言ったものがそうです。

（例えば）ある人々には、抽象的で、「複雑」にみえる、ある文が、それが書かれた時点にあった、その文の魂をなしている、「単純で」、生きた、ある**意味**の表現に、たしかになっているのかどうかという問い、あるいは、その反対に、それを書いた人が、「遊びのために抽象化をおこなっている」のか、「自分の話に酔いつつ話している」のか、また「空疎な言葉だけで満足している」のかどうかという問い——こうした問いには、適用することが出来る「客観的な基準」の中に、できあいの解答、至る所で通用する解読格子のようなものがありません。また、なんらかの文化上のコンセンサスの中にも、そうしたものはありません。これには、せいぜい例外があるだけです。それは、科学あるいは技術上の文であって、長い時間をとった場合に、その文が伝達しようとしている「経験」の「人間的な」部分分、そしてそれが宛てられている読者の「人間的な」部分が、比較的小さいとき――「読者」が、多かれ少なかれ無名の「公衆」の中に消えて、これにより、多かれ少なかれ「客観的」になるときです。したがって、この場合には、この文の意味の把握には、あるテーマに対する読者の**関心**とある**専門的な能力**のみが投入されますが、このテーマの中に、いくらかでも個人的には組み込まれることは全くなく、また、読者の**成熟度**もそこには介入しません。

他のケースにおいて、「意味」があるとき、その「意味」は、自分自身の中のなにかとの「**共鳴に入る**」と感じる人によってのみ、把握されます、あるいは少なくとも、かいま見られたり、予感されたり（ドイツ語で「erahnt」）します。もっと正確に言えば、それは、その文を書いている時点に存在している連想（はっきりと言葉では表現されていない）からなる内容豊かな雲状のもの全体であり、それのみが、この文にその「意味」の全体を付与するのであり、それが、また、不思議にも、それを読む人の中に、今度は、読者の体験と結びついた連想からなるもうひとつの雲状のものを出現させ、活気づけるのです。このもうひとつの雲状のものは、たしかに、まったく「異なったもの」でしょうが、しかし、おそらく把握しがたいが、否定できない、ある「**類縁性**」によって、それを呼び起こしたものに「近い」ものでしょう。まさにこの「共鳴」によって、そして、一方から他方に伝達されるこの運動によって、そしてまた、ひとつの世界ともうひとつの世界とのコミュニケーションによって確認される類縁性です。

ここには、再び、「奇跡」があり、これは、**二人の人間**が関わっている奇跡です――ただひとりの人しか関わっていない、単純さの奇跡よりも、ずっとまれなものです。すべての奇跡にとってと同じく、これを追いかけてみようとしても無駄です：それを生じさせようとすればするほど、それは逃げていってしまいます！　こうした奇跡が生じるのか否か、また、長い登りのさ中の偶然にまったく思いがけなく、花の微笑に出会うように、私の歩む道を照らしてくれるまた別の奇跡がやってくるのか否か、ということは私の関心事ではありません。

私の責任は、奇跡の開花の中にはありません。これは、私の手からは全く離れたところにあります。私の責任は、私のみに関わることの中にあります：私がおこなっていることの中で、本当に私がいて、真実であることです――私が文によって、あるいは肉声で自分を表現するときにも、また、私が読んだり、聞いたりするときにもそうです。私が自分を表現するとき、私の中の「意味」を、言語でもってこれに形をとらせることを試みながら、それを聞くことに心を配るのです。このとき、それを表現するにちがいない語をひとつひとつ集めるのは、この「意味」です。

それらの語は、「抽象的」か否かを問わず、適切なものでしょう！

注 (1) 「願望と必然性――道、そして目的」(第11節)、とくに［P 470―471］をみられたい。

(2) なんらかの会話あるいは議論（「興味深い会話」や「精神や知識などを豊かにする会話」などを含めて）の中で言われていることにいくらかでも注目するとき、ほとんど常に、決まり文句、意味のないもの、間違いの連続でしかないことが確認されます――あちらこちらでなされている議論は（「厳密に言えば」）意味がないものであることが確認されます。私自身に関して言えば、私の人生の圧倒的な部分は、すべての人と同様、決まり文句からなるある「知識」に基づいて、それに、多かれ少なかれよく吸収した個人的な経験、そして、ことがらについてのいくらかは繊細な、またいくらかは表面的な直接の直観を重ね合わせながら生きてきました。にもかかわらず、確信をもって、決まり文句から「抜け出た」ときには、適切なこと、さらには深いことを言っているのだと確信しつつ、「空疎な言葉だけで満足する」人のおこなう議論のようなものの中に落ち込んでしまうことはまれだったと言えると思います。しかしながら、「導師シンドローム」に関連した（一九七二年または一九七三年ごろに現われた）いくつかの議論については例外とすることが出来ます――私の書いた文に再び戻る機会がありましたが、そのとき私は唖然としました！（「導師でない導師――三本脚の馬」の節（「収穫と蒔いた種」、第一部、No.45［『数学者の孤独な冒険』、P 324］）、また、ノート「陽が陰をもてあそぶ――師の役割」（No.118［P 139］）。これに対して、ほとんど言う必要はないかもしれませんが、数学においては、「なにも言わないためにしゃべる」ということになったことはないと思います。

(3) （四月五日）一見したところ当然のことと思われるかもしれない、この「前提」は、にもかかわらず、すこしばかり「塩味」をつけねばなりません。あるぼんやりとした直観を言葉に表わそうとする探求の中で、文字に書き留めるや否や、なんらかの理由によって「バカ気たもの」にみえることを書くことになることが多々あります。「バカ気ているることを確認するために、やはりまずは書いてみる必要があった」のでした！このテーマについては、『収穫と蒔いた種』の冒頭のところで、「誤りと発見」の節（『収穫と蒔いた種』、第一部、第2節）［『数学者の孤独な冒険』P192］において説明しました。このことは、折よく、さらにあとでおこなうことになった確認、つまり、ひとつの文の中での、「意味」の存在の問題は、あらゆる「客観的な基準」からは逃れているものだということを例証しています。（にもかかわらず、この問いそのものには、「意味がない」とか、この問いには、ためらいなく、よく事情を心得て解答することは出来ないことを意味するものでは全くありません）。「意味」があるか否かという問題は、厳密に言えば、文そのものに関することではなく（この問いの中で、その文は、ひとつの「文—証拠となるもの」という役割しか演じていません）、この文によって考えを表明している人の心の姿勢に関するものです。

24　母-言語——回帰の道

（三月三十日、四月五／六日）昨日、「語のわな」について検討しました——それは、多くの場合そうであるように、そこに落ちたいと思っている人だけが落ちるわなです。言語は、すべての道具と同じく、ひとつの機能、ひとつの存在理由を持っています：ある意味を表現するというものです。これは、また、「抽象化」、つまりきわめて精密な道具のよく切れる刃であるという存在理由でもあります。そのことを知った上で、身振り手振りをするために、かみそりを用いることが出来ます——まだひげがもじゃもじゃのままであって、おまけに切り傷をつけてしまうかもしれませんが。これは全く当然のことですが！

これは、おそらく、「抽象化というメダルの裏面」のもつ最も一般的な側面でしょう。これは、また、この裏面の最も表面的で、最も大ざっぱな側面でしょう。愛情をこめて仕事をしている素材の中に入り込んでゆくためのこの道具を持って働いているひとりの労働者を待ち続けているのは、この危険ではありません。そこには、もっと隠れた「裏面」があります。それについて語るのは今からです。

言語の「階梯」をより高くのぼるとき、それだけ、「なまの経験」と呼ぶことが出来るものから遠ざかります：この「なまの経験」は、私たちの**感覚**がもたらし、私たちの**感情**を通して表現されるものです。仕事をしている労働者の体験の強さのため、この「なまの体験」は容易に忘れられてしまうということがあり得ます。それは、たしかに遠いものですが、感覚の世界を大いに想起させ、それが良いことだと判断したときには(そして、そのための余裕があるならば！)、その労働者は、この感覚の世界へと戻ることが出来ると考えるでしょう。さらに、この記憶は、その人の言語と、精神上のことがらについてのその人の知覚そのものに、あたかも、それがなければ欠けている、重み、ざらざらした表面、おそらくさらに、より深い**共鳴**を与えるためであるかのように、糧を与えつづけるのです。また、その仕事においては、ある「感情」――高く舞う感動もたしかにあります。突然、解放をともなう大詰めによって解決をみる、ある期待、あるいはある長いサスペンスの緊張があります。長い期間にわたる「部分部分に関する」型作りのほぼ官能的なとも言える喜びがあり、おそらくはじめはとっつきにくいが、それを扱っている手の中で、少しずつやわらかくなり、自らを明かしてゆく素材との接触があります。発見のよろこび、少しずつもやのとばりから抜け出てきて、ひとつひとつと完全な形の輪郭が立ち現われてくるのを観察し、じっくりとみつめてみる穏やかな喜びがあります。

そこには、これらすべてがあります、だが…

探りを入れ、いくらかの語でもって「欠けているもの」を浮き彫りにしようと試みるとすれば、つぎのように言えるでしょう：そこには緊張があり、広がりがありますが、ある**深み**が欠けているということです。緊張の中には、そして広大な広がりの中には、喜びがあり、凝視があります。だが、**苦しみ**という重い色調が欠けています。

欠けている領域、欠けている深みが見い出されるのは、たしかに、そこにおいてです。なぜなら、深く触れるすべてのものは、喜びの涙であり、同時に痛みの涙である、私たちの涙を流させる、恵みをもたらす苦しみとして、私たちにやって来るからです。人間によってまかれ、人間を洗う、これらの水は、この「言語の世界」、「精神の世界」にはありません。この微妙な言語が、神について、魂について、私たち自身について語ったとしても、それでも、この言語は、これらの水から、私たち自身から、私たちを遠ざけたままです。

私たちがやって来た、涙とちりの地方よりも、ずっと美しい、選ばれた国にいるごとく、高みにあるこの世界に住みながら、私たちは、ひそかな、苦しみを伴う、これらの弦を避けているのです――これらの恐れられている弦は、それらの話すままにしさえすれば、私たち自身について、私たちに語ってくれるのです。また、**私たち**が言葉を選んで話すときには、**これらの弦**は沈黙してしまうのです…。

ここ数日間、抽象化のための手段および材料としての「言語」について語ってきましたが、「語からなる言語」と呼ぶことが出来るものについてのみ考えてきました。あたかも、他の言語がひとつも存在していないかのごとく。この「語からなる言語」とは、(ひとつの「意味」、ひとつの「意義」の伝達手段としての)「**語**」として抜擢された、「記号」あるいは「信号」を用いて作られた言語のことです。これらの「記号」あるいは「信号」は、(文字の支えなしの話し言葉の中でのように)音声であることもあるし、(長持ちのする物質的な跡を残せるように)記号で表わされることもあります。これらの「記号」あるいは「信号」は、それ自体としては、それらが指すとみなされている現実の「イメージ」――たとえ図案化されたものであっても――の機能をもつものでは決してありません。

母、海、山

といった語において、話される語の**音**は、母や海や山に関連した音を連想させるものだとは思われないし、書かれた語の字体は、指されたことがらの特徴や輪郭を想起させるとも思われていません。これらの記号と、それらの「意味」との対応は、用いられる言語に固有の、ある「取り決め」によって定められていると言うことが出来ます。「意味→記号」のこのような取り決めに基づく割り当てからなる意味するものの全体が、「ことば」と呼ぶことが出来るものです(1)[P546]。したがって、ひとつの「言語」は、原則として(変種はありますが)、多くのさまざまな「ことば」、無数のさまざまな「ことば」とさえ言えるもの、によって作られると言えます。(実際上は、ひとつのことばから他のことばへと橋渡しをする「辞書」(2)は、つねに近似的なものであることも事実ですが[P546])。例えば、ある定まったことばの中で、ひとつの**考え**が、多くのさまざまな形の語によって表現されうるように、ひとつの言語(3)[P546]のある**概念**は、この言語を体現するために用いられていることばに従って、無数の異なった「語」に翻訳され得ます。

さらに、「概念」あるいは「語」からなる言語とはちがった「言語」があります――これは、全く性質の異なった言語です。それは、ただひとつのことばによって体現されています。そのことばは、多かれ少なかれ「普遍的な」もののようで、「基本的には」、はるかな以前から、（フランス人でも、中国人でも、ホッテントット［コイサン］人でも）ある人と他の人との間で、またある時代と他の時代との間で、「同一のもの」でしょう。これは、「**イメージによることば**」(4)［P546］と呼ぶことの出来る、ある種の「原型的なことば」の役割を果たしています。これは、夢や「想像」が、意識に由来するコントロールを全く受けずに展開されるとき、なによりも、これら夢や「想像」のことばです。

語からなる言葉の中には、例えば、「母」や「海」や「山」という概念に結びついた語はただひとつあります。あるいは、せいぜい、異なるニュアンスに対応した、少数の語があります：例えば、「母」に対してママ、「海」に対して大洋、「山」に対して「…山」…といったものです。イメージによる言葉においては、「思考」ということがらを想起することが出来て、しかも無数に変わりうる、感覚的な、感動的な、あるいは「思いやりのある」「内容」を伴って、無数の異なった仕方でもって連想することが出来る、**無数の**さまざまなイメージからなる選択幅があります。また、あらかじめ限定されているようなひとつの「全体」（たとえ無限だとしても）を示唆する「選択幅」というイメージは、適切ではありません。多様な「ニュアンス」を表現するための同義語がおどろくほど豊かな、語からなる言葉の語のように、すでにあらかじめ与えられているイメージの「集まり」の中から「選択する」ということでは決してありません。ここでは、選択することではなくて、各時点で、イメージとその動きとを、すべての部分にわたって、**創る**ということです。もし表現するべき考えが、（例えば）「母」を含んでいるならば、「母」といった観念は、「話している」人の実の母によって表現することが出来るし、また、最も日常的なものから最も空想的なものに至るまでの、どんな姿勢や身なりで表現することも出来ます。それは、一度出会ったという記憶は全くなく、「話して」いる人自身にも理由は分からないが、その人にとっては、「母」あるいは「自分の母」を想起させる女性であることもあります。また、それは、数知れない姿のひとつのもとでの海のイメージでもあり得るし、はっきりとしない輪郭をもつ雲の「海」のイメージでもあり得るし、地下の暗い深みでもあり得るでしょう…。

したがって、さきほどは、「普遍的な」ことば、大昔から私たちに伝えられている「原型的なことば」について語りましたが、これは、同時に、**最も個人的なことば**でもあると付け加えねばなりません。私たちという存在の深い層にまでさかのぼる、おのおのの「記号―イメージ」は、私たちのまわりの世界を私たちはどのように把握しているのか（しばしば、私たちの知らないままに）、また、それらのまわりで、人間の条件がつくられている、太古以来の紛争は、私たちという存在の中で、どのように働いているのか、といった私たちという存在のメッセージを伝達するものです。

これは、語からなる言語と同じく、**象徴**を用いた言語です。だが、象徴は、厳密に言って、「概念」を表わすものではなくて、むしろ、「**経験**」、あるいは「状況」を表わしています。これらの「経験」や「状況」は、多くの場合、意識的に体験された経験についてのあらゆる個人的な記憶からは逃れてしまうものです(5)［P546］。また、とくに、ひとつのイメージ―象徴に結びつけられた**意味**は、「取り決めによる」ものでは全くなく、その理解（あるいはそのイメージの解釈）も、自動的なものでは全くありません。ここでは、「聞いて」いる人の注意と存在の質に替わり得るどんな「辞書」もありません！（同じく、辞書は、私たちの生の骨組みを作っている、無数の体験された状況の中のただひとつのものでも、その理解の鍵を与えることは出来ないでしょう）。また、イメージからなる言葉のこれらの「イメージ―象徴」は、たしかに、想像することが出来るかぎり最も完璧な意味でのイメージなのです：つまり、**生きたイメージ**であり、またもっと適切には、**体験されたイメージ**なのです。さらには、私たちの日常の「体験」の中ではほとんど常に欠けている、知覚と存在についてのある鋭さをもった体験なのです。

イメージは、その「感覚的組成」によって、音、あるいはにおい、あるいは味覚、あるいは目による知覚のような、身体のどこかの部分によって知覚される、あらゆる性質の感覚から成り立ち得ます。大部分の夢の中では、私たちの感覚の多くのものが同時に働きます。しかし、感覚が提供するこの「土台としての組成」は、「イメージ」を汲み尽くすものではなく、「イメージ」を「表わし」尽くしていません、それは、リズムが、メロディーを表わしつくしておらず、花の輪郭が、色彩の微妙な戯れや、そよ風の中でのその動きを表わしつくしていないのと同じであり、また、この花にのみある芳香やこの花に蜜を求めにやって来た蜂の酔いを表わしつくしていないのと同じです。ひとつのイメージが担っている感情、それを取り囲む連想からなる多かれ少なかれはっきりとした、あるいは多かれ少なかれ漠然とした雲のようなものは、そのイメージとそのメッセージの意味に属するものです。それは、芳香が花の一部分であるのと同じくらい緊密なものです。

イメージからなる言葉は、このように、あらゆる時点で、**意味**(6)［P547］の知覚、**身体**(7)［P547］、さらには、身体と感覚の娘であり、知覚されるものからのメッセージに忠実な、**感情**と直接的な接触を保っています。**知覚**、**感情**、**ある感覚**（あるいは、ある「**考え**」）**の表現**は、ここでは、ただひとつのことがらなのです。

私は、「語」が、「論述」の構成のための石材であるように、「イメージ」を、あたかも切り離れた実体のごとく、「感覚」あるいは「考え」を表現するための（多かれ少なかれ交換することの出来る）「要素」であるかのように語りながら、「イメージからなる言葉」という言葉（じっくりと眺めずに、そのまま取り上げて）のわなにはまったような感じをいだきます。しかしながら、ここには、「句」をつくりだす「語」もなく、「意味」をつくるために集められる、切り離された「イメージ」さえもありません。それは、かもめの飛翔の中にも、川や小川の絶えざる流れの中にも、トンボのダンスの中にも、そうしたものがないのと同じです。各瞬間において、「物語」は、この飛翔**であり**、この流れであり、このダンスなのです——それは、飛翔、流れ、ダンスを生きながら、それを知ることも、それを「欲する」ことさえなく、「物語を語っている」人によってその時点時点で体験された**生**なのです(8)［P548］。ある夢によって語られる「物語」あるいは「考え」が、多かれ少なかれ静的なひとつのイメージ、あるいはこのようなイメージの単なる連続からなっていることは、私にはきわめてまれにしかありません。むしろ、物語と意味は、ある種の「心理劇」の中で、「聞く」ということのもつ質にしたがって、多かれ少なかれはっきりと分かる、生き生きとした**たとえ話**の中で、**上演されるの**です。

小さなことがらを通してであれ、大きなことがらを通してであれ、この物語—たとえ話は、なによりも私たち自身について、私たちに語りかけます：私たちの中に眠っている、あるいは働いている知られざる諸力とそれらの地下の働きについて、私たちという存在の中にあって、私たちの気づかぬうちに、私たちの生の枠組みおよび真の実体をなしている、あらゆる種類の紛争、緊張、仮面劇、出来事について、また、**存在していること**（私たちが見るのを避けている…）について、かつて**存在していたこと**（ずっと以前から忘れている…）について、私たちを待ち受けている思いがけない「**可能なこと**」（私たちはそれを実行するだけでよい…）について、私たちに語りかけているのです。

さきほど、「心理劇」という表現を取り上げました。この用語は、かなり流行のものだと思いますが、またなかなか力強いものです。たしかに、多くの夢のシナリオと上演は、悪夢のもつ純粋な苦悩に変わるとき、私たちに固有の生の枠組みの中で、古代の「演劇」のもつ暗い色彩や色調を惜しげもなく用いることもします。私たち、このドラマの俳優たちは、たしかに、そこでしっかりと「演じて」います。ただし、目ざめると、全くバカ気たことだと感じ、大急ぎで別のことを考えますが！この奇妙な言語、「イメージからなる言葉」あるいは「**たとえ話による言語**」、「**生を描く言語**」を「話して」いるのは、たしかに、私たちではありません。そこには、母語のごとくこの言語を操る、わたしたちよりも大ものの演出家がいます。母語とは、私たち自身と私たちの生の実質そのものが、その語の身体を形成しているものです。この演出家は、雑多に、ドラマ、笑劇、田園恋愛劇、あるいはエレジーを上演します――だが、ドラマが最高潮に達しているその時にも、目に見えない語り手が、すみっこで微笑を浮かべているのが見られます。苦悩と死は、実に単純なことがらで、「ドラマチック」なものでは全くないことを、この語り手は知っているのです。「ドラマ」とは、これら苦悩と死のまわりに、私たちが作るのを好む波であり、私たちがこれらのことがらを複雑にするということなのです…。

この「心理劇」という言葉に私がどうしてもくつろぎを感じることにならないのは、この語り手の「すみっこでの微笑」を感じるからです。この言葉でもいいのですが――私としては、「たとえ話」という穏やかな言葉の方を好みます。「上演される」たとえ話、もちろんそうであり、多かれ少なかれ単純に、あるいは多かれ少なかれ錯綜とした「シナリオ」を持っています。しばしばコッケイな、つねに思いがけなく、つねに切り込むような上演です（それが理解されるのかどうかということには全く気にかけていないようです…）。[9] それは、様式や礼儀に関していかなる制限もなく［P548］、大きな劇の上演のための技術上の制限も全くありません――この上演は、最も着想力のある魔術師―映画製作者の最も幻想的な演出をも色あせさせるものです！このようなイメージと音の「魔術師」が、ときには、私たちを魅惑し、感動させるとすれば、それは、私たちのおのおのの中で働いている、おどろくべき手段をもった、この師匠―魔術師の言うことを、自分自身の中で、たしかに聞くことが出来たからです。非常にしばしば、私たちはそれを聞くのを避けているのですが。もちろん、その劇は、無料であり、コマーシャルもありません。

たとえ話による言語、イメージの言語において、多分もっとも当惑させられることは、その**自由さ**です。そこにこそ、この言語の魂と真髄があると感ぜられます。それは、ひとりならずの人をたじろがせるものです：つまり、無限の創造的な自由なのです。この言語を「話す」（この問題はほとんど提起されません――話すのは、私たちの中の別の人だからです…）ための、また、それを聞き、すばやく把握するための、従うべき規則は全くありません！どの一歩も、つぎの一歩を規定しないようであり、それに先んずるものによって規定されないようです――どんな夢も、つぎの夢を予示するものではありません――にもかかわらず、その度ごとに、漠然と、ある見えない**秩序**、ある**話題**、私たちが演じつつあるものの「意味」について考えてみることもなく、私たちが、おとなしい、のろまな俳優である、たとえ話のある**意味**を知覚するものです…。

これは、もちろん、「ボス」、つまりいやいやながらの観客の能力を超えている言葉です。この観客［ボス］は、自分の頭の上を通ってゆく、「とんでいる」これらの遊戯にいつも居心地の悪さを感じています――要するに全くバカ気た遊戯なのです。幸せにも、かなり常規を逸したものでさえあり、ショックを受けたり、不安になったり、感動したりするところさえないのです――酔っぱらった、狂気にみちた夢をつくる人の単なるたわ言であり、それは、（残念ながら！）ボスがうとうとしたり、眠り込んだりするたびに、目ざめさせるのです。

もちろん、それは、「ボス」の言葉ではなく、――たとえ、それが、人が無視することを好んでいる意味を明らかにするためにこそあると言わないまでも――規則や格言や忠告を表現するのに適していず、勇気づけを与える決まり文句や他の意味のない言葉をいくらかでも表現するのにも適していません！それは、のろまな手やぐずな精神の言葉ではなく、決して眠らない「夜通し起きている人」のためのものでも、知識にしがみついているが、知ることを恐れている「学者」のためのものでもありません。

それは、はつらつとしながら眠っている人、大胆不敵な人、親切な人の言葉であり――その軽やかな手に、最もひそかな考え、最もうつろいやすい願望、最も執拗な願望、そして最も狂気にみちた願望をもっている人の言葉です。この人は、私たちの恐れや苦悩、私たちのあとを日々ついてくる恐れや苦悩、この人のみが鍵をもっている底のない箱の中に沈められ、ずいぶん前から忘れられている恐れや苦悩をも知っています。

そして、私たちの希望、苦悩、勢い、恐れ、願望、考え、直視するのを避けている弱さ、知られていない力が形作っているこれらすべての糸から——この人は、時間に流れにしたがって、この人だけが知り、操ることが出来る言葉のきらびやかな布を織り上げるのです。それは、一瞬一瞬、その魔術師の手もとで作られ、変形されている言葉です。見えず、つかまえることが出来ない、いたずらっぽい子ども、謎にみちた賢い老人、——生きた言葉、生（せい）の言語、母-言語の師匠は、こうした人なのです。数知れない語からなる言語の数えきれない語が、はるかな昔から、その生命、その力強さ、その意味を汲み取っているのは、この言語の中においてです。

　この母-言語、すべての人間に（さらには、すべての生き物とさえ言えます…）共通な言葉が、ひとりの人から他の人へ、**ある意味を伝達する**手段としては、これほどまでに適していないと思われるのは、奇妙なことです。それは、たしかに、ボスの言葉ではありません。そして、たとえそれが伝達手段だとしても、もちろん、ボスからボスへのものではありません。

　もちろん、この言葉を、語からなる言語に「翻訳する」ことが出来ます。ある夢が並みはずれた力をもって私を呼びとめるごとに（あるいは、そのほとんどの場合…）、このうえない心遣いで必ずおこなっているのは、もちろんこの「翻訳」です。このような「翻訳」は、聞くための一手段であり、少しばかり遠い耳のための補聴器のようなものです！場合によっては、これは、じつに有用であり、不可欠なものでさえあります。だが、もちろん、イメージからなる言語は、語に翻訳されるために作られてはいませんし、語からなる言語も、補聴器のために作られていません。そしてまた、すべての翻訳は、もとのたとえ話とは異なります。火や水や体験された場面の叙述は、描かれたことがらとは違ったものであるように。

　もし私が、イメージからなる言語あるいはこれに近いなにか他の「言語」による直接的な伝達手段を挙げようとすれば、（おそらく想像力の欠如のためでしょう）絵画、彫刻、そしてとくに**ダンス**——すぐれて動きによる言語、**身体**の言語——しか挙げられません。

　たしかに、身体は、——語からなる言語あるいはダンスよりも時には雄弁な言語によって——自己を表現したり、「話し」たりする他の無数の仕方を持っています。もちろん、愛の遊戯もあります。これは遊戯の中の遊戯です。地球が、太陽と、空と、雨と、その生き物のおのおのと、数知れない恋人たちと戯れるのもこの遊戯です…。また、目による言葉があり、同じく、手の言葉もあります（冗談の好きな小さな悪魔が私にささやくところでは、脚の言語もありますが…）。

みるからに、このリストは、すでに豊かになってきました！また、私は、とくに、身体が表現する、（科学は、それを「心身医学」と名づけている）言語についても考えてみました、おそらく、それは、身体が、身体を通してこうむる、あるいは、しばしば「精神」という旗をかかげている、不安を呼び起こす、情け容赦のない力の手中にある、身体の中に根づいている心的現象の深い層を通してこうむる暴力を、おそらく、独自の仕方で「埋め合わせ」している言語なのでしょう。おそらく、そこには、どんなものであれ、どんな言語においてであれ、はっきりと表現された「意味」はないでしょうし、また、はっきりと「聞き取れる」ものもないでしょう…。

私はたぶん脇道に入りつつあるのでしょう――なぜなら、さきほど挙げたこれらすべての「言語」は、この「たとえ話の言語」、母-言語にたしかに属していると私に告げている人は、それらすべてをまとめている人でしょうから。たしかにそうでないかと、私は推測していますが…。だが、親しみ深い形、つまり「**たとえ話**」に戻ることにします――そこでは、巧妙な演出家――手品師によって表現された、ある**意味**の存在は、（たとえ、なにがなんでも、それを無視しようとしても）目にとまります。長い間、私がそこに真の**言葉**があるのを認めることにためらいを示していたのは（このためらいは、今もなお、完全には解消されていないと感じていますが…）、おそらく、この言葉は、すべてのことば、すべての言語の存在理由そのものであるように思えるもの、つまり他の人との交流にあまり適していないように見えたからです。

しかしながら、**自分自身**と「交流する」ことが出来ることは、さらに重要なことを私はよく分かっています。

目ざめた状態で、「私自身と語る」という考えが、「私」から出たときには、（少なくとも、つい最近までは）語を用いる言語、つまり「私」が知っており、自在に操れる言語（ドイツ語であれ、フランス語であれ）以外のものに訴えるという考えはやって来ませんでした。だが、こうした考えが、私からではなく、私の中の「他の人」からやって来るときには、その人が私に語るのは、この語を用いる言語では決してありません。それは、つねに、たとえ話の言語、「イメージによる言語」の中でです――それを聞く労を取るとき、私は、しばしば、「私の言語」にそれを「翻訳する」のに大変な苦労をします。いつか、それが苦労の伴わないものになのかどうかは、私には分かりません…。

　たとえ話の言語の「存在理由」は、とくに、**私たちが、私たち自身と語るための、私たちについて語るため**の手段であるようです。それは、私たちの「無意識」が、「意識に対して語る」ために選んだ言葉です。創造的な深い層が自己を表現し、自己を知らせるための言葉であり――それらの層は、「**知って**」おり、それを「**可能にする**」ところであり、**他の人**――**遊戯者**――**夢をつくる人**――**演出家**あるいは**手品師**あるいは、人がそれに与える別の名、が住むすみかです。それは、見る**目**であり、聞く**耳**であり、すべての箱とすべての地下室の鍵を持っている、そしてすべての人と各人の心の奥底をみるための松明（たいまつ）を持っている**手**なのです…。

　この他の人は、たとえ私たちが聞こうとしなくとも、「私たちに」語りかけることに決し飽きないということは、奇妙でさえあります。しかしながら、この人は自分自身の遊戯でどれほど楽しんでいるのかを、しばしば私は感じます――もちろんその遊戯をみつめてではなく、この人のみにある、この奔放な想像力でもって、それらの遊戯を発明し、ひとつひとつ組み立ててゆくことを楽しんでいるのです――観衆――聴衆がいるかどうかについては、どうも全く気にかけていないようです。それは、私たちの中に**存在し**、声のないものに見えるものの**声**です。その存在理由は、**聞かれること**にあるのではなく、**存在すること**にある（と思われます）。それは、創造する人、どんな人とも対話をする前に、あるいは、どんな人もその作品についてこの人と喜び合う前に、証人なしで**創造している人**です。

　イメージの言語は、子どもの言語だと言われます。子どもが、自分を取り囲んでいる世界を把握するための「言語」です。私は、自分の子ども時代を忘れてしまいました。だが、これは本当であり、それは、たしかに、私自身の子ども時代の言語でもあったと、なにかが私に告げています。いつか私がこの言語を再び見い出すかどうか分かりません。しかし、私の中のだれかがこの言語を話しています。自然に、努力することなく、かつて私がそれを話していたかのごとく――ある日、私がそれを埋葬し、忘れてしまう前に。私の中のだれかがこれを話しています。しかし、私がこれを聞くという姿勢になることはまれです。

　この言語をまれにしか聞かない、さらには決して聞かないのは、私だけではありません。私たちはそれを聞かないことをしっかりと学びました。そして、精緻に集められ、固定された**語**からなる水のもれない船体をもつ、大文字の「思考」、別の名は「抽象化」という船にしっかりと乗り込んだのです！私たちが、おそらく、決して、決して語では表現することが出来ない、私たちの子ども時代の忘れられた言語への、笑いと涙の源泉への、忘れられた苦悩へと回帰の道を見い出そうとしても――この道は永久に失われてしまったように見えます…。

注　(1)　もちろん、ここで、私は極端に単純化しています。語をまとめるための統辞法の規則があり、「文法」に関するあらゆる細かなことがあります。私はこれらに一度もしっかりと「取り組んだ」ことはありませんが…。

(2)　したがって、ここで、別の道を通って、例の「コミュニケーション(伝達)の問題」に触れることになります！だが、実際のところ、本当に問題なのは、「辞書」という側面では決してありません！

(3)　つまり、ここでは、「言語」という言葉を、かなり特殊な意味で、これを体現しているさまざまな言語の前に存在していたなにかとして、概念と、概念の間の関係からなっている、そしてこれらの概念を物質化している記号―語からは独立した、ある種の「構造的な母胎」として考えています。したがって、このような「言語」は、それを体現している「言語」に共通するある「魂」のようなものです。それは、ひとつの考えが、ある定まった言語の中で、さらには、多様な異なった言語の中でそれを表現する無数の仕方に共通している魂のようなものであるのと同じです。

(4)　「イメージによることば」という用語は、精神療法の専門用語としてはかなり普及しているようですが、私としては、ドイツ語の表現「Sprache der Bilder」から取りました。これは、最近知った非常に興味深い本（「イマジネーション」、あるいは「イメージ」による治療の技術に関する）にあったものです。(Henry G・Tietze, Imagination und Symboldeutung, Ariston Verlag, Genf)

(5)　ひとりの人が向き合うことになる経験や状況の中で最も重要なものは、ある**典型的な経験あるいは状況**の、その限りない特殊な姿のひとつのもとでの、現われと見ることが出来ます。そうした経験あるいは状況のあれこれの時点での人生の中での出現は、ずっと以前から、人間としての条件に内在しているもののようで、ひとりの人間の存在が繰り広げられている特殊な枠組み（歴史的、文化的その他の）とは独立したものです。C・G・ユングの概念によると、私たちの種の「集合無意識」と彼が呼ぶものの中に蓄えられているのは、こうした「原型的な」経験や状況で、そのおのおのは、ある特別なタイプの「イメージ」として翻訳されるというものです。私がさきほど言及した、この「原型的な言葉」あるいは「普遍的な言語」を形づくるのが、これらの「イメージのタイプ」です。

普遍的な「象徴の体系」と呼ぶことが出来るもの、さらに「言葉」と呼ぶことが出来るものの現実について、こうした呼び名がもつわなにはまらないように気をつけるという条件のもとで、私は疑いを抱いていません。私の夢の中で働いているのが見られる、夢をつくる人は、みるからに、ある「象徴の体系」あるいは「言葉」を「知っており」、そこでは、おのおのの「語」（あるいは、なんらかの原型的な「経験」あるいは「状況」に対応している、「イメージのタイプ」あるいは「原型」）は、限りない実現の自由に余地を与えながら、きわめて「流動的な」性格をもって現われます。だが、これもじつに明らかなことですが、原型に対してうやうやしくお辞儀をすることを余儀なくされていると感ずることなく、この夢をつくる人が望んだときに、望んだように、そうした「象徴の体系」を用いたり、それから着想を得ているということです。その創造のほとんどすべては、私が「個人的な」と呼んでいる素材の中からすべてを取り出していると思います。

(6) このフランス語の「サンス」という語が、一般に私たちの感覚による知覚能力と、（ある文、ある経験、ある状況、ある存在様式、あるいは一般に存在の）「意味」という哲学的な概念とを指すということは、きわめて注目すべきことがらです。同じことが、ドイツ語で、「Sinn」という語でも言えます。これは、この「サンス」という語の二つの「意味」（また意味です！）の間の深いつながり（まず私がこのことを忘れる傾向にありました…）を示していることは明らかです。

(7) しかしながら、私は、いかなる感覚の支えもなく、どんな語の支えもない、ある考え、ある感情、あるいは、ある考え—感情からなっている夢を見ることがありました。それは、（あちこちで私が示唆したと思えることに反して）思考は、それを表現する言語からも独立した、ある存在をもっているのではないかと思わせます。言語という物質的な支えがなくなると消えてしまうように思われるのは、ある種のタイプの思考のみ（そしてとくに、科学上の思考）について言えることです。

(8) この「物語を語る」という言葉は、混乱を引き起こす可能性があります。夢を「生きている」人、「夢を見ている人」は、夢を「**作っている**」人、夢を創造している人、つまり私が、夢みる人［夢をつくる人］と呼んでいる人とはちがいます。それは、夢をつくる人の手の中にある生きた言葉であり、この夢をつくる人は、自分が描く「物語」の意味については知りませんし、ある意味について考えることもありませんし、それは、白昼、雑踏の中にまぎれ込んでいる人は、自分の生活という物語について考えることも、この物語の意味について考えることもないのと同じです…。

(9) しかしながら、検閲官の警戒の裏をかくときには、制約という形になり得る、「戦術上の」要請があります。だが、私の印象では、夢みる人［夢をつくる人］にとっては、この困難は、むしろ、この遊戯の魅力と面白みに属しているようです…。

25 宇宙への扉

A）扉と鍵穴（一覧表）

（4月9、10日）ついに、はじめに約束しておいた、親近性のもとづく「グループ」（別の名は、「宇宙への扉」）に従って並べられた、陰―陽の「宇宙のカップル（対）」（あるいは、「宇宙への鍵穴」）の一覧表にやって来ました。今夜になって、ただひとつのカップル(対)だけからなる、不運なグループ「右――左」を肉づけすることを試みながら、最後の瞬間には、29番目の「扉」が付け加わりました。さて、「右」は、「権利―法律」に、従って「正義―司法」につながります、これから、直ちに、陰―陽のカップル（対）

正義――愛徳（慈悲）

が連想されます（ここでは、キリスト教のもともと意味での「愛徳(慈悲)」です、ドイツ語では、「Barmherzigkeit」です）。さらに、8つのカップル（対）を与える、他の連想につながりました。これらのカップル(対)は、4つの花びらをもつ花に集められ、その陰の名は、「慈悲」あるいは「恩寵」であり、陽の名は、「正義（司法、裁判)」あるいは「報酬(報い)」です(ドイツ語では、「Vergeltung」です――「業(ごう)」というニュアンスをこめて)。最後に、さらに、9番目の宇宙のカップル(対)を見出しました。このカップル(対)は、あたらしくやって来た、このグループ(あるいは、扉―花)の陰―陽の二重の性質を最もうまく表わしているように思えます。それは、カップル(対)

責任(あるいは業(ごう))――恩寵

です。結局、「右――左」(別の名は、幅広さ)という扉は、以前と同じく、たったひとつの鍵穴を持っているだけです！これに対して、現われてきた新しい「頂点」は、(わがグループあるいは扉から作られた)例のダイアグラム―クリスマス・ツリーの左側を豊かにし、その対称的な形をさらに強めます。実際、新しいグループは、「右――左」のグループ(これは、木の右側に下がっている、「4つの方向」という包みに入っています)とはかなり表面的にしかつながっていませんが、「結果――原因」(別の名は、原因性、また別の名は、合目的性)のグループと「秩序――カオス」というグループの二つには明白で、深いあり方でつながっています。これらの対応する頂点は、木の左側に下がっている「思考」という二十面体の稜のひとつの端点をなしています。したがって、**責任**という新しいグループは、二十面体のこの稜に「つり下げられて」おり、同時に、それは、クリスマス・ツリーの幹の上のグループ「厳しさ――穏やかさ」(別の名は、厳しさ)から発している新しい枝の端点をなしています。しかし、私にとってとくにうれしいことは、ダイアグラム―クリスマス・ツリーの頂点によって表わされているグループを適当な包みにまとめなおして得られる、カップル(対)の「大グループ」でもって、あとで説明するような「簡約されたダイアグラム」[1]を作るとき、8つの頂点に代わって、9つの頂点をもつダイアグラムが得られ、これがはるかに美しいことです。その形そのものが、それはどんな名であらねばならないかを告げています：それは、「窓」です(はっきりとさせる必要があるとすれば、宇宙への窓と言えばよいでしょう！)。

(1)あとにある、小節C)「窓」[P570]をみられたい。

この新しくやって来たグループにV′という番号をつけました。私は、1から29までのダイアグラムの頂点に単に番号を振ることをせずに、ローマ数字を選びました、必要なときには′(木の左側にある頂点に対しては)を、″(右側の頂点に対しては)を用い、さらには、

（「思考」に関する二十面体をつくる6つの頂点IV'_1からIV$'_6$までに対するように）添数字を用いましたが、その理由は、ダイアグラム―クリスマス・ツリーの上でのそれらの配置を考えてみれば、かなり明確だろうと思います。

はじめに（「岩と砂」の節（第1節）［P430］で）述べましたように、最初は、グループのおのおのを、とくにそれを代表しているように思えた、その中のカップル（対）のひとつでもって呼ぶことにしていました。また、時折は、第二のカップル（対）をとって、それを「あだ名」としました。（それらが属しているグループを名づけるために用いられた）これらのカップル（対）は、一覧表の中では、ゴチック体で表わされています。「父――母」あるいは「子ども――母」などにおけるように、ひとつのグループの中に、ある原型的なカップル（対）があるときには、それを名にしたりあだ名にしたりしました。例外は、グループⅠの中のカップル（対）「男――女」で、そこでは、すでに原型的なカップル（対）「父――母」があったからです。最後に、考察の過程で、さらに、より簡潔な名を、グループのおのおのに付けることになりました。

まず、つぎのものが、これら29のグループあるいは「扉」のリストです、ダイアグラムに配置したものとは独立しています。

Ⅰ　懐胎
Ⅱ　行動
Ⅲ　運動
Ⅳ　光
Ⅴ　認識
Ⅵ　信念
Ⅶ　権威
Ⅷ　勢い（あるいは、与えること）
Ⅸ　強度（あるいは、重み）
Ⅹ　厳しさ
Ⅺ　力
Ⅲ′　表現（あるいは、伝達）
IV'_1　全体
IV'_2　単純
IV'_3　統一性
IV'_4　構造

Ⅳ′5　原因（あるいは、原因性—合目的性）
Ⅳ′6　秩序

Ⅴ′　責任（あるいは業（ごう））

Ⅲ″　熱
Ⅳ″1　感情
Ⅳ″2　倫理
Ⅳ″3　大きさ
Ⅳ″4　進展
Ⅴ″1　高さ（あるいは、高い——低い）
Ⅴ″2　厚さ（あるいは、前——後）
Ⅴ″3　幅広さ（あるいは、右——左）
Ⅴ″4　期間（あるいは、未来——過去）
Ⅴ″5　連続（あるいは、空間——時間）

記しておきますが、最後の9つのグループ（Ⅳ″とⅤ″に添え数を付した数字）を別にして、他の20のグループの名は、これらのグループを作っているカップル（対）の中にある性質——陰であれ陽であれ——から取っています。これらの名のうちの16は、陽の色調をもち、4つだけが陰の色調を持っています、その陰の色調のものは、懐胎、全体、統一性、原因です（この最後の3つは、二十面体「思考」の「願望」と名づけられた三角形をなしています）。

つぎのものが、約束の一覧表です。

Ⅰ　懐　胎

父——母
父性——母性
父親的なもの——母親的なもの
男性——女性
雄——雌
男——女

（男が）**子をやどらせる——受胎する**
ペニスの——ちつの
実行——着想
すべるもの——引き留めるもの

なめらかな——ざらざらした
突き出た——引っ込んだ
凸状——凹状

II 行動

活動——不活動
能動——受動
主体——客体
主張——留保

目ざめ——眠り
目ざめている——眠る
生——死
生きているもの——死んでいるもの

（精神——物質）(2)

ダイナミック——均衡
飛翔——安定（あるいは、根づき）（V″$_4$）(1)
熱情——固執
激情——根気

情熱——平静
粘り強さ——超然
追求——放棄

説明する——理解する（III′、IV′$_4$）
知る——わかる（IV′$_4$）
知識——認識（IV′$_4$）

生産——消費
排泄——吸収

現存——潜在（III、IV′$_1$）
エネルギー——力（III）

(1)　カップル（対）のあとに置かれたカッコ内のローマ数字は、このカップル（対）が姿を見せている他のグループの番号を示しています。

(2)　カッコ内に置かれたカップル（対）は、3月16日以来おこなわれた考察の過程で、一覧表に追加されたものです。

III 運動

運動――**休息**
可動――不動
速い――ゆっくり
速度――惰性
エネルギー――物質

現存――潜在（II、IV′1）
エネルギー――力（II）
変化――安定
不安定――安定
変化（あるいは、変動、革新）――連続
進歩（あるいは、革新）――伝統（V″4）

変化――不動
束の間――永続
通るもの――留まるもの
瞬間――永遠

IV 光

光――**影**（あるいは、闇）
明るい――暗い

光るもの――くすんだもの

日――夜

夏――冬（III″）
南――北（III″）

V 認識

認識――**無知**
既知――未知
認識可能――認識不可能
明白なもの――不可解なもの
知る――不思議さ
（知る――難解さ）

見える――見えない
目につく――隠されている
意識――無意識
表層――深み（IV′4）
確信――疑念

解答――質問

答える（あるいは、主張する）——質問する
学ぶ——忘れる（あるいは、学んだことを忘れる）（IV″4）

VI 信念

信念——疑念(1)
信頼——留保(1)
勇気——用心(1)
大胆——自制
率直——如才なさ
自信——謙虚(1)
誇り——控え目
勇気——謙虚(1)
断固とした——慎重な(1)

(1) ここで、(1)の記号のついているカップル（対）は、「信念」のグループの中に入れることの出来る、一方は、6つの、他方は8つの宇宙的なカップル（対）（このうち8つは、列挙したリストの中には入っていません）をまとめている、次のページの二つの花——ひとつは、3つの花びらをもち、もうひとつは、4つの花びらをもつ——に中にも見い出せるものです。

3つの花びらをもつ花の中では、「断固とした——慎重な」の代わりに、「決断——慎重」を入れました。もちろん、「決断」は、ここでは、「断固たる精神」（ドイツ語で「Entschlossenheit」、英語で「decisiveness」）という意味で取り上げています。「慎重さ」は、ドイツ語の「Bedachtsamkeit」に対応しています。最後に、4つの花びらをもつ花の中では、陰の項「予感（pressentiment）」は、ドイツ語の「Ahnung」あるいは「Erahnen」にきわめて近い、フランス語の対応語です。それは、あることがらを得ることが出来るかどうか、しばしばまだほとんど確信できない、非常に漠然とした、非常に不鮮明な認識を指しています。

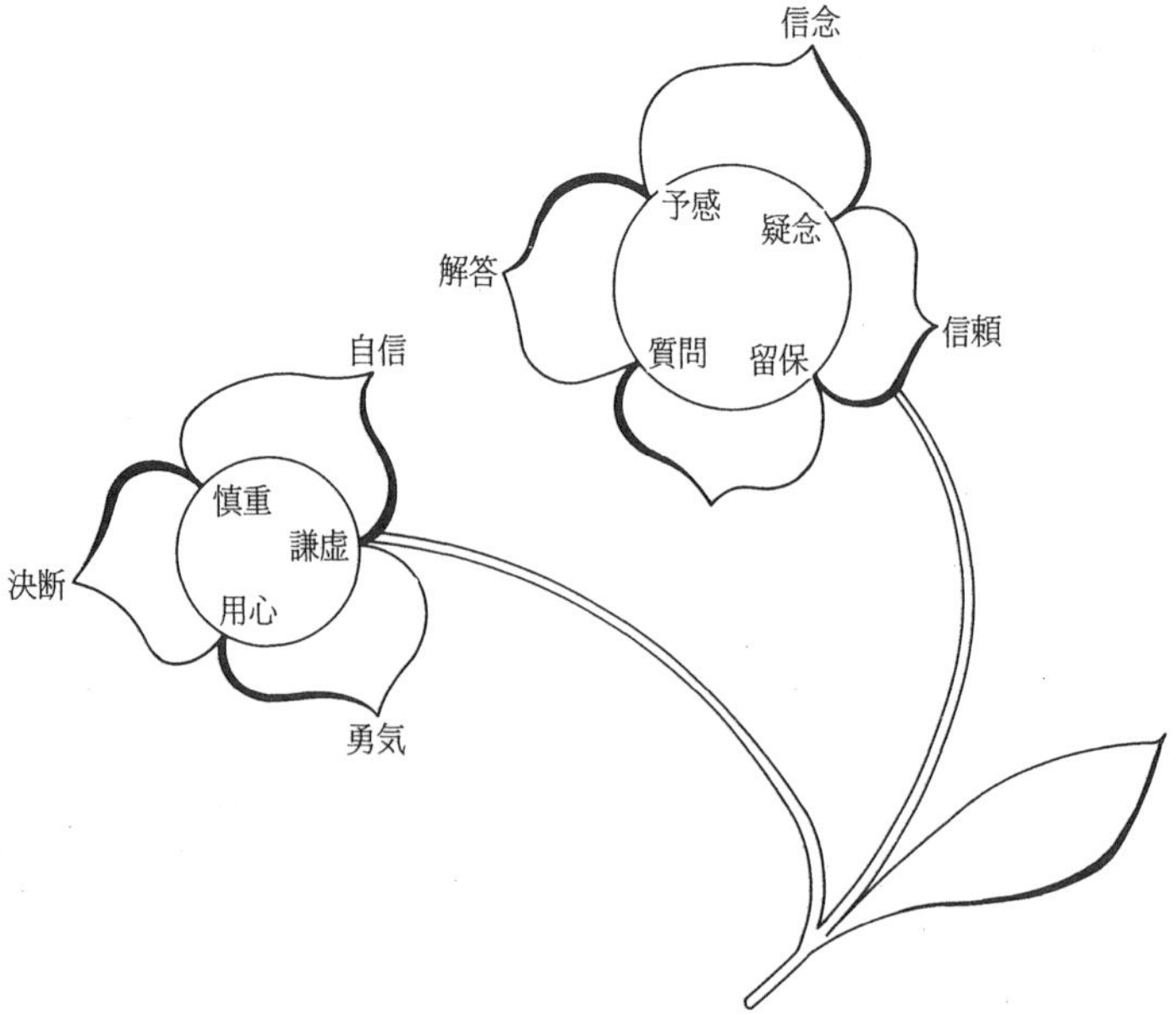

VII　権　威

権威――服従（あるいは、従順さ）
命令するもの――従うもの
主人――召し使い
支配――奉仕
重きをなすもの――服従するもの
固執すること――譲歩すること
主張するもの――確認するもの

精神――身体

自立――依存
保護するもの――保護されるもの

批判――称賛（あるいは、称揚）（X）
拒否――受け入れ（X）
一徹――妥協（X）

VIII　勢い（あるいは、与えること）

与える――受ける
与えること（あるいは勢い）――受け入れ

挿入するもの——挿入されるもの
挿入する人——受け入れる人
浸透するもの——浸透されるもの
しみ込むもの——吸収するもの

（太陽——地球）（III″）

不快な——甘美な
塩辛いもの——甘いもの

集中——開放（あるいは自由さ）
閉ざされている——開かれている
閉じる——開く

詰まった——空いた（IV″₁IV″₁）
満たす——空にする（IV″₁IV″₁）
充満——空虚（IV″₁）
息を吸う——息を吐く（IV″₁）

IX　強　度（あるいは重み）

重い——軽い

濃いもの——薄められたもの（あるいは、軽いもの、ほっそりしたもの）
強度（あるいは重さ）——軽さ
集中した——散漫な（あるいは、薄められた）
集中——分散（あるいは、拡散、薄めること）
収縮——拡大
内側への破裂——爆発
地味——横溢（あるいは、過剰）
節約——豊富
厳しさ——心の広さ（あるいは、気前のよさ）
（簡潔さ——饒舌）

真っすぐ——丸み
真っすぐなもの——丸いもの
真面目さ——ユーモア
厳格さ——やさしさ（X）

X　厳しさ

厳しさ——穏やかさ
硬い——軟らかい
硬直——柔軟さ
ぴんと張った——ゆるんだ

緊張――ゆるみ
批判――称賛（Ⅶ）
拒否――受け入れ（Ⅶ）
一徹――妥協（Ⅶ）
厳格さ――やさしさ（Ⅸ）

堅固さ――流動性
固体――流体

管理――放棄(1)
意志（あるいは、厳しさ）――自然性(1)
規律――遊戯(あるいは、ファンタジー、想像)

(1)

規律　↙　管理　↙　意志　↙　厳格さ
想像　↖　遊戯　↖　放棄　↖　自然性

(1)　(1)のついているカップル（対）は、「厳しさ」のグループの最後にあるジグザグのダイアグラムの中にも見い出されます。このダイアグラムには、さらに4つのカップル（対）が含まれていますが、これらは、その前のリストの中にはありません。

XI　力

強いもの――弱いもの
努力――くつろぎ
威力――恵み
強烈――繊細さ
力強さ――微妙さ
抵抗力のあるもの――もろいもの
丈夫――ひ弱さ

Ⅲ′　表　現（あるいは、伝達）

口に出された言葉――聞くこと
音――無言
表現――知覚
表現――印象(あるいは、インスピレーション)
説明する――理解する（Ⅱ、Ⅳ′₄）
（論述――意味）
（伝達――考え・感情などの一致）

IV′1　全体

部分——全体
特殊——一般
細目——全体
偶然の出来事——本質

個人——種（あるいは、社会）
個人——環境

正確——漠然（あるいは、不鮮明）(1)
（明確なもの——不鮮明なもの）(1)
正確さ——一般性(1)
（厳格さ——一般性）(1)

定まったもの——不定なもの
表現されたもの——表現されないもの
達成されたもの——未完なもの
形——形のないもの
表現——印象(III′)

有限——無限

限られたもの——限りないもの

現存——潜在
現実——夢(2)
実現する——夢みる
（必然性——可能性）(2)
（現実的なもの——可能なもの）(2)
（事実性——夢）(2)
（事実性——想像）(2)

厳格さ　↙　一般性　↖　正確さ　↙　不鮮明　↖　明確さ

現実　　　事実性（事実としてあるもの）
↖　↙　↖　↙
可能性　　夢　　想像

(1)　(1)の付いているカップル（対）は、「全体」のグループの末にある、二つのジグザグのダイアグラムの最初のものの中に見い出されるものです。
(2)　(2)の付いているカップル（対）は、「全体」のグループの末にある、二つのジグザグのダイアグラムの第二のものの中に見い出されるものです。
（注　これら二つのダイアグラムは、第14節の宇宙の花からの抜すいです［P489］）

IV′$_2$　単純

単純――**複雑**（IV′$_6$）
抽象――具体
純潔（純粋）――受胎能力（肥沃さ）（IV′$_6$）
客観性――主観性

なめらかな――ざらざらした（I）

理性――感覚
省察――本能
論理――直観
方法的なもの――着想を得たもの
一貫性――ビジョン
めい想（熟考）――凝視（観想）

（必然性――願望）

IV′$_3$　統一性

多様性――**統一性**
多様性――一様性（IV′$_6$）
不均質――均質（IV′$_6$）
相違――親近性（あるいは、類似性）
不同なもの――同類
離れているもの――統一しているもの
切り離す――統一させる
分割する――集める
分析――綜合

分裂している――全体
紛争――一致
分裂――統一
不協和――調和

IV′$_4$　構造

形――**内容**
文字――精神

表層——深み（Ⅴ）
入れるもの——なかみ
包むもの（あるいは、包み）——包まれているもの
構造——実質

リズム——メロディー

感覚——知覚
説明する——理解する（Ⅱ、Ⅲ′）
知る——わかる（Ⅱ）
知識——認識

慇懃さ——熱気
尊敬——親しみ
離れている——近い

Ⅳ′$_5$　原因（あるいは、原因性—合目的性）

結果——原因
（目的性——原因性）
生まれるもの——生み出すもの

養われるもの——養うもの
子ども——母
行為——動機
運命——業（ごう）

Ⅳ′$_6$　秩序

秩序——カオス
（秩序——自由）(1)
（秩序——不思議さ）(1)
法則——自由(1)
（法則——偶然）(1)
必然性——偶然(1)
不均質——均質（Ⅳ′$_3$）
多様性——一様性（Ⅳ′$_3$）
単純——複雑（Ⅳ′$_2$）
純潔（純粋）——受胎能力（肥沃さ）（Ⅳ′$_2$）

秩序　　　法（法則）　必然性
↙　↖　↙　↖
不思議さ　　自由　　偶然

(1)　(1)の付いているカップル（対）は「秩序」のグループの末にある（宇宙の花から抜粋した）ジグザグのダイアグラムの中にあるものです。

V′　責　任（あるいは、業（ごう））

責任（あるいは、業（ごう））——**恩寵**
正義——慈悲(1)
報い——許し(1)
認識(2)——理解(1)
判断——恩寵

(1)　(1)を付した4つのカップル（対）は、「責任」のグループの末にある、4つの花びらの花の8つのカップル（対）の中に入っています［P 563］。この花の中の他の4つのカップル（対）も、このグループに属していますが、リストの中には入れませんでした。

(2)　この「認識（connaissance）」という言葉は、ドイツ語の「Erkenntnis」という語の意味で取られています。この「Erkenntnis」という語のより正確なフランス語の訳は、多分、「intellection(思惟、思考)」でしょう。（残念なことに、この語は、日常言語の中に入っているドイツ語の「Erkenntnis」とは反対に、かなりの哲学上の「専門用語」となっています）。これは、つよく存在する、明確で、判明な（だが、必ずしも「知的な」ものではない）「認識」のことですが、「connaissance」の方は、より漠然としているというニュアンスと、時間の中ではっきりと局在していることがらというよりは、ある持続期間があるというニュアンスを持っています。
　よく状況を知った上での「判断」は、「認識」—思惟・思考（Erkenntnis、Erkennen、Einsicht…）を前提としますが、かならずしも「理解」（Verstehen）を前提としません。「理解」は、「判断」の、あるいは「思惟・思考」の陰の調和的な補足として現われ、とりわけ、これらには欠けている「深み」を与えています。

　カップル（対）

認識（思惟・思考）――許し

は、つぎのようなことを想起させます。つまり、侮辱を「忘れること」にかぎられる（また、非常にしばしば、侮辱と侮辱の意図とを無視し、それを知ろうとしないという意図に限られる）「許し」は、心穏やかであるということで、不快な現実を隠してしまうことからなる、間違った許しにすぎないというものです。なされた侮辱あるいはこうむった迷惑についてはっきりと知ることがあってのみ、はじめて真の許しがあり得えます。

このことは、自分が、侮辱する人と共にくみ込まれている状況についての完璧な理解を意味しているわけでは必ずしもありません。私は確信していますが、もしそれがかなり深いところまでゆくならば、このような理解は、侮辱というあらゆる感情をただちに消してしまうという効果をもつ（したがって、「許し」という問題はもはや提起されない）ということです。したがって、私たちがどのようにしようと、「神を侮辱する」ことが出来るとは、私は思いません。それでも、私たちは、私たちの行為――悪意によりなされた行為をも含めて――の果実を収穫することはあります――だが、この収穫は、「罰」に由来するものではなく、ただ**因果関係**によるものです。

ある悪意のある行為あるいは破壊的な行為が許されることは、許す人を含む、すべての人にとっても、私たちにとっても、益になることです。だが、この行為によってつくられた業は、それでも、それを行なった私たち自身においても、それに組み込まれた他の人たちにおいても（おそらく、侮辱されたが、よく事情をわきまえて許した人を別にして）、消えることはないでしょう。この業は、犯された行為の性質とその深い意味についての完全で、まったき認識（Erkenntnis）を得るときにのみ、私たちの中で消えてゆきます。そしてこの認識によって、業は認識に変わるのです。しかし、このように、私たちが、業をつくった行為を完全に「受けとめた」としても、他の人の中に、その行為がつくった業（おそらく、それが現われる好都合な時期を待ちながら、潜在的な攻撃性あるいは敵意という形のもとにある）は、にもかかわらず、消えるものではありません。

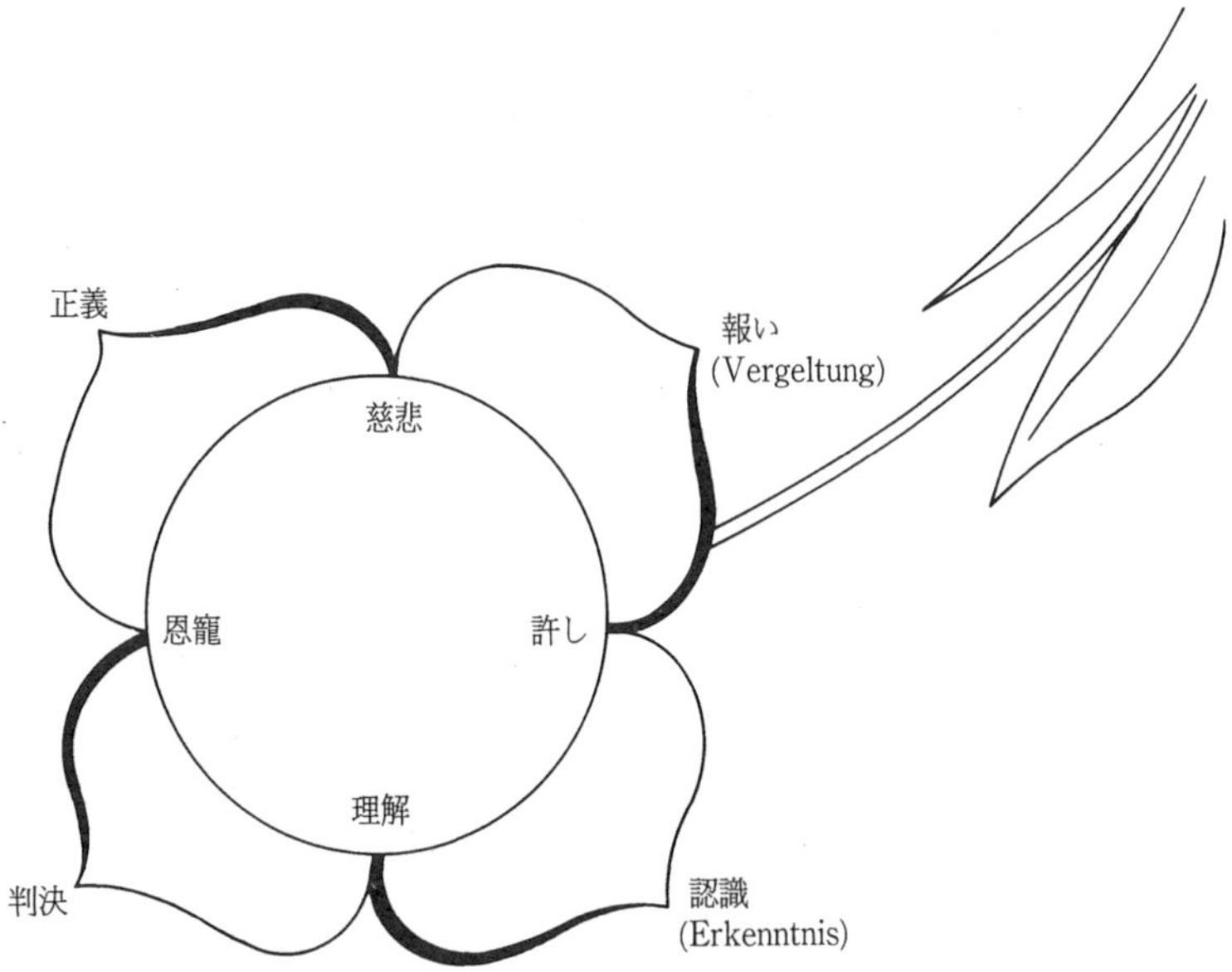

III″　熱

暑さ——寒さ
燃えるような——なまぬるい
火——水
乾いたもの——湿ったもの
（太陽——地球）（Ⅷ）
夏——冬（Ⅳ）
南——北（Ⅳ）

IV″₁　感情

喜び——悲しみ
笑い——涙
笑う——泣く
喜び——苦しみ
楽しみ——悩み（あるいは、苦悩）
楽しむ——苦しむ
歓喜——嘆き（あるいは、うめき）

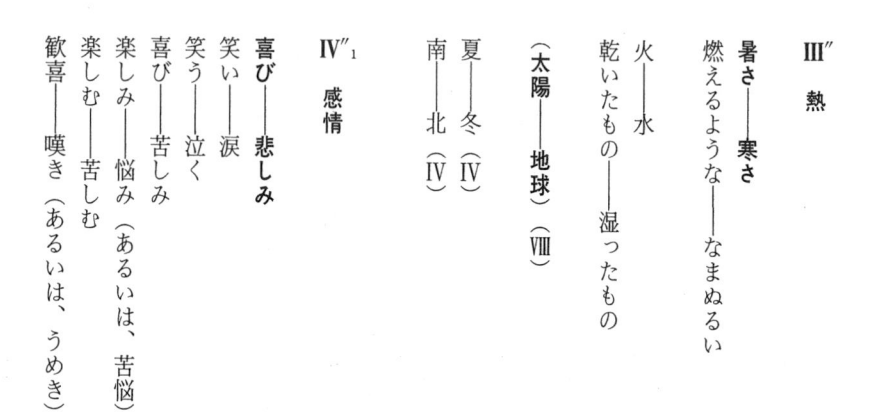

希望（あるいは、期待）——不安(1)

吸引——反発
引きつけるもの——押し返すもの
（喜び——不快）
（心地よい——不快な）
（望ましい——望ましからざる）
（期待しているもの——懸念しているもの（あるいは、恐れているもの）

存在——不在
記憶——忘却(2)
充満——空虚（Ⅷ）
詰まっている——空のもの（Ⅷ）
満たす——空にする（Ⅷ）

ポジティブ——ネガティブ
肯定——否定

(1) 私は、これに近い「カップル（対）」である、

楽観——悲観

を含めることを考えたのですが、ある種の居心地の悪さを点検してみて、これは、陰—陽の「宇宙的な」カップル（対）ではないと確信しました。実際、「楽観」と「悲観」という表現の通常の意味においては、この二つは、知覚と行動の真の様式というよりも、多かれ少なかれ固定した「意図」を指しています。ひとつは、陽の色調の、もうひとつは、陰の色調の、この二つの心の態度は、ここでは、それらの結び合いによって、ある均衡、ある調和を生じさせ得る、「相補的なもの」としてではなく、はっきりとした**対立的**なものとしてあると思われます。二つの項の集まり

理想主義——現実主義

に対しても、同じ考察があてはまります。この集まりは、宇宙的なカップル（対）「夢——現実」とは共通するところは全くありません。理想主義は、これもまた、（一般には「楽観的な」）「意図」からなる、心の態度です。したがって、それには、閉ざすということが含まれています。これに対して、夢は、私たちに対して、あらゆる無限の可能性へと開くものです。

(2) このカップル（対）「記憶——忘却」を、それに

近いカップル（対）「学ぶ——学んだことを忘れる」と比較することが出来るでしょう（このあとの方のカップル（対）は、グループＶ（認識）とグループIV″$_4$（進展）の中に入れました）。はじめのカップル（対）は、心のある**状態**を描き、後者のカップル（対）は、ある**行為**の陰と陽の様態を描いていることに注目されたい。

IV″$_2$　倫理

善——悪
崇高なもの——低劣なもの
神々しいもの——悪魔的なもの
神——悪魔
神——サタン

IV″$_3$　大きさ

大きさ——小ささ
広大なもの——微細なもの
堂々たるもの——取るに足りないもの
巨大なもの——微小なもの
巨人——小人（こびと）

IV″$_4$　進展

飛翔——衰退
成長——老化
再生——摩滅

幼少時代（あるいは、青年期）——老年期
無邪気さ——成熟
子ども——老人

生まれる——死ぬ
誕生——死(1)
創造——破壊
学ぶ——（学んだことを）忘れる（Ｖ）

開始——終末
起源——目的地
出発——回帰
出る——帰る

早い——遅い

早熟——遅まき
朝——夕方
春——秋
東——西

(1)　このカップル（対）「誕生——死」と、私がグループII（「活動——不活動」）に入れた、これに近いカップル（対）「生——死」とを比較されたい。

V″$_1$　高さ

高い——低い
登る——下る
上昇——下降
高いところ——深み(1)
天——地
高さ（あるいは、長さ）——幅広さ(1)
垂直の——水平の
痩せている——太っている
広がり——深み
広いもの——深いもの
高音——低音

(1)　ひとつは、固有の意味で、もうひとつは、比喩的な意味で、二重の意味をもつ、陰—陽のすべてのカップル（対）と同じく、これら二つのカップル（対）「高いところ——深み」、「高さ——幅広さ」は、この双方の意味で理解することが出来ます。

V″$_2$　厚さ

前——後
前進する——後退する
攻撃——防御
作用——反応
攻撃——逃亡
攻撃性——恐れ

V″₃　幅広さ

右——左(1)

(1) カップル（対）「右——左」の解説については、つぎの小節「木」をみられたい。

V″₄　期間

未来——過去
運命——歴史
永続——古さ
革新——伝統（Ⅲ）
飛躍——根づき（Ⅱ）

V″₅　連続性

空間——時間
広がり（あるいは、距離）——持続
遍在性——永遠性

B）木

（4月11日）ダイアグラム—クリスマス・ツリーの最初の描写においては、それらの頂点を番号で示し、そのあとに、考えているグループの名の代わりをする、典型的なカップル（対）を置きました。さらに（そうした場合があるときには）あだ名の役をする第二の典型的なカップル（対）を置きました。こうすると、ダイアグラムは、少しばかりかさばったものになったので、読者が以下に見られる、より軽やかな描写にすることを最終的に選びました。そこでは、グループ（あるいは、「扉」）は、「簡潔な名」によって示されています。読者は、これらの名を、それに先立つ一覧表の中に見い出すのに苦労することはないでしょう（一覧表では、本書550—551ページで示されている順序でグループが並べられています）。

これらのノートのはじめの批評的な解説（「岩と砂」（第1節）［P430］）に、さらにつぎのものを付け加えておきます。木の左側には、なによりも、「思考」という6角形（あるいは、もっと適切には、二十面体）があり、さらに、表現、責任という二つの「扉」があります。これに対して、木の右側は、感情というグループと、引きつけ——反発という極性がとくにつよく作動しているカップル（対）の全体とが中心となっているように思えます。こうして、木の左側は、陽が支配的な色調であり、右側は、陰が支配的な色調のように思えます。さて、カップル（対）

右——左

において、陽の役割を演じているのは、右であり、陰の役割を演じているのは、左です。このことは、右側と左側を交換して、私が描いたものとは対称的な木を描いた方が、陰と陽の弁証法により合致しているだろうことを示唆しています。私はさらに（N＋1）回目を描くことを欲しませんでしたので、このままのものをみなさんに届けることにします。この木は、あなたや私と同じように、高いところと低いところ、前（これは、礼儀からして、私たちに向かっています…）と後、右と左があることを考えるなら、私たち観察者にとっては、左側にあるのが、木の右であると言いながら、へ理屈をこねることも出来るでしょうが。したがって、神さま（あるいは、悪魔）は、とにかく私の手をうまく導き、最初の描きなぐりの時から、「思考」の6角形を形づくることになったグループを、紙の左側（つまり、木の右側）に置かせたのでした！

ついで言っておきますが、カップル（対）「右——左」は、私が考えることが出来た、すべてのものの中で、たしかに宇宙的なカップル（対）であるのか否かを、私の力でもって決めることに至らなかった唯一のものでした。それをカップル（対）としてしめす、説得力のある内在的な理由がひとつも見つからなかったので、最終的には、残念に思いながら、これは、そうしたものではなく、他の3つのカップル（対）

高い——低い、前——後、未来——過去

とともに形づくられたすばらしい集まりを、あいにく分割することにしました。そのあと、私は、さまざまなところから（中国の伝統により、また、精神—心理学者たちのつい最近の観察により）、人間の左側は、「感情」（したがって、陰）の側として考えることができ、右側は、「理性」（したがって、陽）の側として考えることが出来ることを知りました。このようにして、木の右に吊り下がっている、かわいい「クリスマスの包み」の内容は、不似合いなものにはなりませんでした！

しかしながら、ある曖昧さがなお残っています（それは、結局のところ、さきほど述べた、木に関する曖昧さにかなり似たものです）：それは、身体の右側を統御しているのは、脳の左側であり、身体の左側を統御しているのは、脳の右側だという、よく知られている

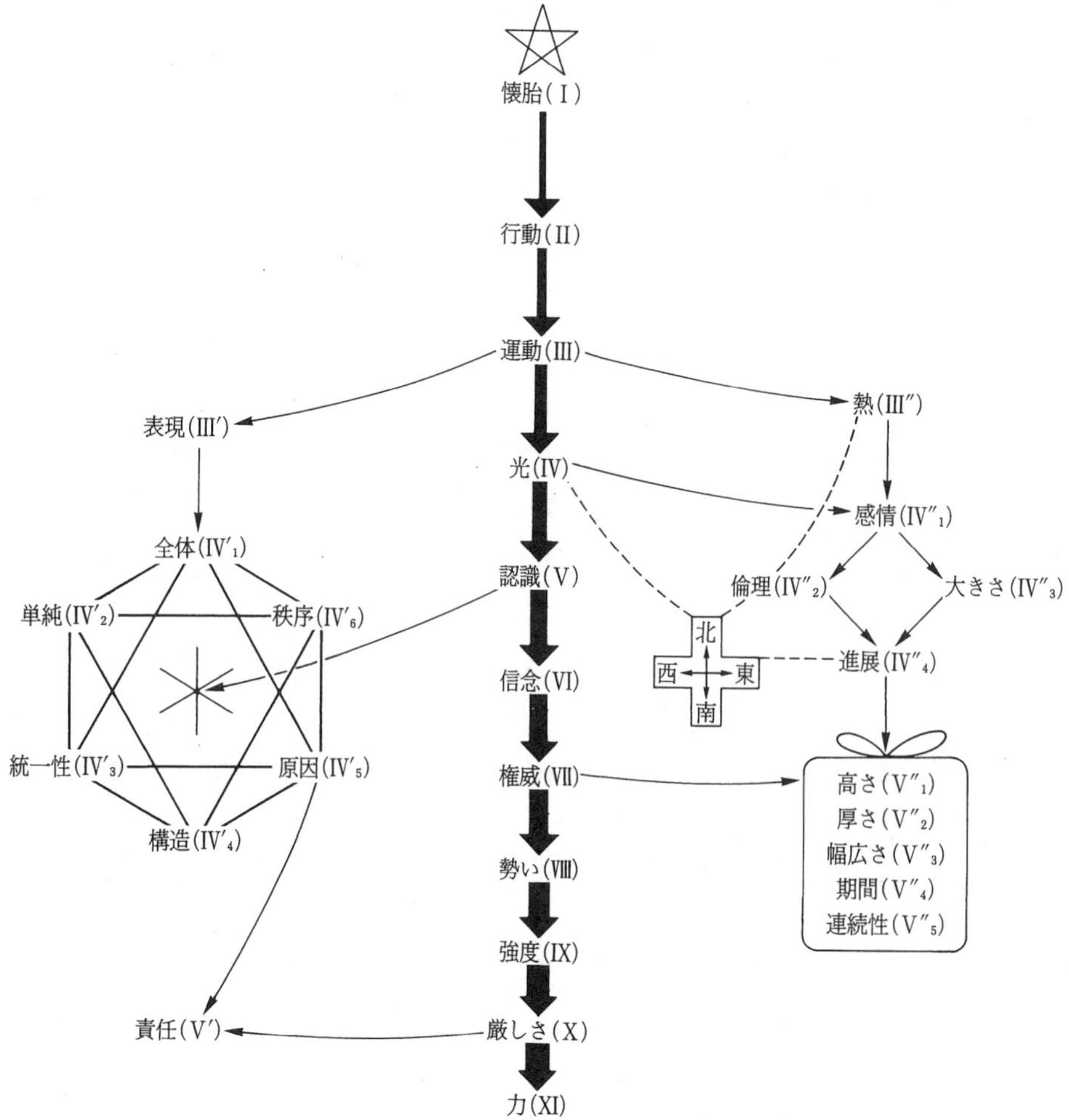
懐胎(Ⅰ)
行動(Ⅱ)
運動(Ⅲ)
表現(Ⅲ′)
熱(Ⅲ″)
光(Ⅳ)
感情(Ⅳ″1)
全体(Ⅳ′1)
単純(Ⅳ′2)
秩序(Ⅳ′6)
統一性(Ⅳ′3)
原因(Ⅳ′5)
構造(Ⅳ′4)
認識(Ⅴ)
倫理(Ⅳ″2)
大きさ(Ⅳ″3)
北
西
東
南
進展(Ⅳ″4)
信念(Ⅵ)
権威(Ⅶ)
高さ(Ⅴ″1)
厚さ(Ⅴ″2)
幅広さ(Ⅴ″3)
期間(Ⅴ″4)
連続性(Ⅴ″5)
勢い(Ⅷ)
強度(Ⅸ)
責任(Ⅴ′)
厳しさ(Ⅹ)
力(Ⅺ)

ことです。したがって、脳のレベルでは、左側は、陽であり、右側は、陰であって、その逆ではありません。（救えるものだけでも救うということで）脳氏があべこべに位置し、うしろを見ているということを認めるのでなければ…。

C）窓

いまから、カップル（対）のグループ（あるいは、扉）のいくつかを、「大きなグループ」（あるいは、「門」）に分けることに進みたいと思います。ここで私が提案するグループ分けは、この木の構造自体によって（つまり、ダイアグラムのさまざまな頂点に結びついた意味とは独立に）、「形式的な」あるいは「数学的な」観点からも、「存在論的な」、つまり「宇宙への扉」としての、ダイアグラム―クリスマス・ツリーの頂点のおのおのの意味を考慮に入れた観点からしても、私にぜひ必要となったものです。

木の左側では、「思考」の6角形が、ただちに、このような門として認められます。6角形の上と下にある、二つの「扉」である表現と責任は、おのおのが、それだけで、「門」として認められます。それらは、その中にある唯一の扉と同じ名を持ちます。こうして（上から下への順で）三つの門を得ることになります。

表現、思考、責任

木の右側には、二つの大きな門があり、これは、すぐに目にとまります。まずはじめに、リボンのついた、きれいな「クリスマスの包み」があります。これは、吊り下げられており、つぎの5つの扉からなっています。

高い――低い、前――後、右――左、
未来――過去、
そして空間――時間。

この最後にあるカップル（対）は、はじめの4つのカップル（対）のある種と要約として見ることが出来ます。（3次元の）「空間」は、（その3つの次元の役割を果たしている）最初の3つの扉に対応しており、「時間」は、アインシュタイン流の時空連続体の例の「第4次元」に対応していると見ることが出来るのです。宇宙への門に昇格した、このクリスマスの包みは、当然のことながら、

四つの方向

という名を持つことでしょう。（そして、これは、「四つの次元」ではありません、なぜなら、「次元」のおの

おのは、ここでは、陰と陽の弁証法の観点からは、向きづけられていない唯一つの「方向」とみなされて、二つの反対の「方向」の観点から考察されているからです。）

この包みの上にある、扉

感情、倫理、大きさ、進展

からなる菱形は、引きつけ（陽の項として）――反発（陰の項として）についての通常の反応が結びついた、

喜び――悲しみ、善――悪、
大きさ――小ささ、飛翔――衰退

といったカップル（対）に対応しています。ここで問題にされている4つの扉は、そのおのおのは、プシュケ（心―霊魂）の中に深く根づいている、ある「極性」を体現していると言うことが出来るでしょう[1][P573]。このため、私は、これらを、

4つの極性

という名をもつ門に集めることを提案します。プシュケ（心―霊魂）の成熟の長い過程の中での基本的な「仕事[2]」[P573]のひとつ、おそらく、すべての中で最も困難でかつ最も決定的なものは、これらの「極性」の中に、表面的な現実（さらには、「幻想」）を認め、それらの背後にある、より深い、より基本的な現実を知覚して、これらの「極性」を超越することであると思われます。このより深く入ってゆく光のもとで見るとき、これらの極性は、「循環的な関係」となります：（例えば）

生――死、あるいは、生まれる――死ぬ

のような、はじめは対立していると感じられる、二つの項のおのおのは、いわば他方から「生まれ」、成就し、新たにその中に「死んで」ゆく、他方の自然で、必然的なつづきのように見えます…。

木の右側には、さらに、熱あるいは「暑さ――寒さ」とう名をもった、一番高い扉があります。この扉を形づくるカップル（対）は、一般に、極として感ぜられるようには見えません、あるいは、いま問題にしたカップル（対）に対するものに比較できる強度をもっては感ぜられません。したがって、これは、別の門にする必要があり、私としては、これに、

循環

という名をつけることを提案します。実際、このカップル（対）に対しては、陰と陽のダイナミズムの循環的な性質が、とくにはっきりとしているように思えま

した[3]［P573］——さらに、循環的なダイナミズムに関するこうした直観に到達したのは（「創造的な両義性(4)：両極端は触れ合う」（第6節）［P451］において）、このカップル（対）を実例としてでした。その上、連続する門の名を併置すると：

循環、4つの極性

となり、これは極という現実を超えて、循環のさらに深い現実を想起させます。

あと、木の幹にある扉のグループ分けによって作られる、「中央の」門をはっきりとさせることが残っています。私は、幹の上の連続する多くの扉のおのおので作られている、3つのこのような門を見い出しました。今回は、木の一番高いところにある扉からはじめて、私がおこなったグループ分けは、つぎのものです（IからIXまでのひきつづく順序にしたがって扉を挙げると）：

懐胎、行動、運動
光、認識、信念
権威、勢い、強度、厳しさ、力。

これらのグループ分けの「存在論的な」理由は、これらの門に対して、ここで私が提案する名そのもの、つまり

行動、認識、力

がよく要約しているように思えます。

このようにして、9つの門が見つかりました。おのおのが3つの門からなる三つの包みに自然に分けられます。その包みは、それぞれ、木の二つの側と幹に対応しています。これらの門は、それ自体、新しいダイアグラムの頂点に対応するものとみなすことが出来ます。このダイアグラムの稜は、門の間の「**隣接**」あるいは「**近隣**」という関係を表わしています。それは、当初のダイアグラム、つまりわが木の中で、稜は、扉の間の隣接の関係を表わしているのと同じです。もとの稜の中で、「門」のひとつの中に「含まれて」いない稜を取って、（稜の端点によって表わされている扉を通して）それらがつないでいる門はどんなものであるのかを見ると、新しいダイアグラムの稜が見い出されます。このようにして、見事な単純さをもった、

表現 ← 行動 → 循環
↓ ↓ ↓
思考 ← 認識 → 4つの極性
↓ ↓ ↓
責任 ← 力 → 4つの方向

つぎのダイアグラムが得られます：

この新しいダイアグラム（あるいは「グラフ」）の名は、それ自体から出てきます：それは、

（宇宙に面した）**窓**

です！

わが（クリスマス）ツリーに関して言えば、それは、この中に再び見い出される、じつに精巧なものですが、——手品師の使う揚げ戸の中に消えてしまいました…。

(1) これらの極性、あるいは少なくとも感情についての極性(喜び——悲しみ、心地よい——不快な、引きつけ——反発…という極性）と進展についての極性（飛翔——衰退、誕生——死、…という極性)は、たしかに、動物の心的現象の中にもあり、そこで有効な役割を演じています。しかしながら、わが種（人類）の場合においては、これらは、条件づけによって著しく強められ、今日ではとくに、しばしば精神病的なレベルにまで達しているほどです。

(2) この「仕事」の大きさを考えると、また、ほとんどの人びとがこのことに投ずる熱の少なさを考えるとき、その帰結を見るために、数知れない人間存在の「サイクル」をざっと見渡して見る必要があるというのも、ぜい沢とは言えないでしょう——また、しばしば私たちが忘れてしまう傾向がある、いくらかの現実や認識との接触を回復するために、ときには、動物や植物の状態に立ち戻ってみながら…。

(3) 実際、季節の循環とともに、この連想が私に示唆されたのは、このグループの中にカップル(対)「夏——冬」があることによります。

D）二重の二十面体

（4月12日)「扉」についてのこの説明を終えるにあたって、さらに「思考」の六角形に関する、二十面体の「標準的な」構造の問題に立ち戻りたいと思います。これは、「二十面体とクリスマス・ツリーの話」の節（第10節）［P465］で提起した問題です。これについては、一昨日も考えてみました(1)［P588］。この問題におそらく満足すべき解答を与えることが出来ると思われる、ひと

つのアイデアがあります。とにかく、この六角形に関して、**二つ**の二十面体の構造からなる**対**を提出しなければなりません。これは、今から説明する意味において「相補的な」ものであり、ひとつは、陰の役割を演じ、もうひとつは、陽の役割を演じているのです(2)［P588］。

まずはじめに、いびつな20面体の組み合わせ論といびつな二重二十面体という概念についての純粋に幾何学的ないくらかの準備的な説明をしなければなりません。組み合わせ論の観点から二十面体(好みに応じて、通常の、あるいは、「いびつな」)をながめるという労をとった(および喜びを得た)のは、私だけであるようですので、したがって、これらのことがら(二〇〇〇年以上前から「よく知られて」いることにちがいないのですが)についての文献の中にひとつも参照できるものがないようなので、ここで、私としては喜んで、それを知ることが出来るように、必要とされるだけに限って、「整った形で」展開してみたいと思います(3)［P589］。

以下では、6つの要素(「頂点」として)からなる集合Sが与えられているとします。Sの要素は、「**頂点**」と呼ばれ、Sの中の、Sの二つの要素からなる部分集合は、「**稜**」と呼ばれます。最後に、三つの要素からなるSの部分集合を、簡単に、(Sの)「**三角形**」と呼ぶことにします。A(S)あるいはAを、Sの稜の集合とし、T(S)あるいはTを、Sの三角形の集合とすれば、ただちに分かるように

$$\mathrm{card}(S)=6,\ \mathrm{card}(A)=15,\ \mathrm{card}(T)=20$$

となります(最初の式は、参考までに書いたのですが)。(注　Eを有限集合とすると、card(E) は、その要素の数を指しています)。

定義　1　Sの三角形の集合Tの部分集合Fが、Sの上の**二十面体**(言外に、いびつな)**の構造**であると呼ばれるのは、Sのすべての稜が、Fに属するちょうど二つの三角形に含まれているときである。

別の言い方をすれば、Fの要素である三角形を「**面**」と呼ぶことにすれば、上に述べた条件は、**おのおのの稜は、ちょうど二つの面に含まれている**ということです。ひとつの二十面体の構造Fをもった6つの要素からなる集合Sは、**組み合わせ論的な二十面体**(6つの頂点ではなく、12の頂点をもつ、「通常の」二十面体と混同しないためには、言外に「いびつな」)、あるいは単に(いびつな)二十面体と呼ばれます。I=(S, F) とI'=(S', F') を、二つのこのような二十面体とすれば、一対一対応

$$u : S \overset{\sim}{\rightarrow} S'$$

で、u(F)=F′、つまり、I′の面は、ちょうど、Iの面のuによる像となっているような、すべての対応を、相互の**同型**であると言います。

ひとつの二十面体を研究するにあたって、3つのタイプの異なった「見通し」を得るために、ひとつの頂点に注意を「集中しながら」、あるいは、ひとつの稜に注意を「集中しながら」、あるいは、また、ひとつの面に注意を「集中しながら」ながめることが出来ます。私たちの現在のテーマにとって、最も便利なのは、ひとつの面に集中した見通しでしょう。つぎのものは、私たちに必要なもののすべて（さらに、それ以上のもの）を含んでいる、要約した命題です：

定理 1

(a) 二つの（組み合わせ論的な、いびつな）二十面体は、つねに同型である、さらに正確に言えば、一方から他方へちょうど60の同型が存在する。

(b) ひとつの二十面体はちょうど10の面を有する。fを、20面体 I=(S, F) のひとつの面、f′を、二十面体 I′=(S′, F′) のひとつの面とすれば、fからf′へのすべての一対一対応 u_0 に対して、IからI′への同型対応uで、uはfをf′に移し、fとf′との間では一対一対応 u_0 を導くようなものがただ一つ存在する。

(c) I=(S, F) を、ひとつの二十面体とし、F′を、Tの中のFの補集合とする、つまり、Sの三角形で、面では**ない**ものの集合とする。このとき、Iのすべての面 f∈F に対して、Sにおけるその補集合f′（つまり、面fに属して**いない**頂点の集合）は、F′の中にある（つまり、Iの面では**ない**三角形である）。この写像

$$f \mapsto f' : F \rightarrow F'$$

は、FとF′との一対一対応である。そして、F′もまたS上の二十面体構造である（これは、構造Fに**相補的**な二十面体構造と呼ばれる）。

(d) Sを、6つの要素からなる頂点の集合とする。

$$Ic(S) \subset p(T(S))(=T(S)\ \text{の部分集合の集合})$$

を、S上の二十面体構造の集合とする。このとき、Ic(S)は12の要素を持っている。また、写像

$$F \mapsto F',\ Ic(S) \to Ic(S)$$

は、この集合の、不動点のない対合である（つまり、Ic(S)のすべてのFに対して、$(F')'=F$ でかつ $F'\neq F$ である）。

(e)　Fを、S上のひとつの二十面体構造とし、F′を、その相補的構造とする。f∈F を、Fのひとつの面とし、f′∈F′を、fに相補的なF′の面とする。すべての頂点 s∈f に対して、s′を、稜 $a_s=f-\{s\}$ を含む、fとは異なった、Fの唯一の面 f(s) の「第三の頂点」とする。このとき、s′∈f′であり、また、写像

$$s \mapsto s' : f \to f'$$

は、fからf′への一対一対応であり、

$$u_f : f \xrightarrow{\sim} f'$$　と記す。

同様に、（FとF′の役割を交換すると）一対一対応

$$u_{f'} : f' \xrightarrow{\sim} f$$

が定義される。これらの一対一対応は相互に逆の対応である：

$$u_{f'}u_f = id_f,\ u_f u_{f'} = id_{f'}。$$

(f)　Sを、6つの要素からなる集合、fを、Sの三角形、f′を、相補的な三角形、P_fを、fからf′への一対一対応の集合（これは、6つの要素からなる集合です）、$\varepsilon_f=\{f, f'\}$ を、fとf′とからなる、T(S)（三角形の集合）の二つの要素からなる部分集合とする。S上のすべての二十面体構造Fに対して、

$$c(F)=(\alpha(F),\ u(F))\in\varepsilon_f\times P_f$$

をつぎのように定義する：α(F) は、f∈F あるいは f′∈F であるかに従って、fあるいはf′に等しいとする（つまり、α(F) は、α(F)∈F であるような、ε_fの唯一の要素です）、また、u(F) は、u_f（前の(e)の中の記号を用いて）等しいとする。したがって、写像

$$c : Ic(S) \to \varepsilon_f \times P_f$$

が定義されたことになる。この写像は、**一対一**である。言い換えれば、S上のひとつの二十面体構造Fを与えることと、要素の対（φ, u）——ここで、φは、二つの要素f、f´のうちのひとつ（Fの面となるはずのもの）であり、uは、一対一対応 f ⇄ f´——を与えることとは同等である。

定理の証明　fからf´への一対一対応は、ちょうど6つあり、I´の面はちょうど10あり、このとき、60＝10・6 であることを考えるとき、(a)は(b)から出てきます。他方では、(d)の中にある、F⇄F´は、不動点のない対合であるという事実は、(c)の中に与えられている定義から明らかです。Ic(S) が12の要素を持っているという事実に関しては、標準的な「数え上げ」の議論によって、(a)から直ちに出てきます（Sからそれ自身へのすべての一対一対応の群は、6!＝6・5・4・3・2・1＝720の要素をもち、Fを不動にする部分群は、60の要素を持っていることから、その数は、12＝720/60 であることが分かります）。この12をみつける、もうひとつの仕方は、(f)の中で説明した「ひとつの面のまわりの見通し」を通して）

$$12 = 2 \times 6$$

となります[4]［P589］。したがって、証明すべきなのは、(b)、(c)、(e)、(f)の部分のみとなります。(b)、(c)、(f)においては、ひとつの与えられた二十面体構造（S, F）から出発します。おのおのの稜は、二つの面に含まれているので、少なくともひとつの面が存在します、それをfとします。f´を、Sの中のその相補的な面として、(e)で定義されている写像

$$u_f : f \to f', \ a \mapsto a'$$

を考えます。つぎのことを示します。この写像は単射であること、したがって（fとf´とは、同じ数の要素、つまり3つの要素をもっていますから）全射であること。fの中の二つの異なった頂点 a≠b で、a´＝b´ となるようなものがあるとして、これを

$$c = a' = b'$$

と置きます。fの第三の頂点をsで示すと、

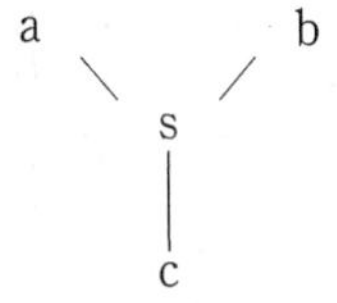

という図形が得られます、共通の稜{s, a}, {s, b}, {s, c}に沿って、sのまわりにサイクリックに並べた、3つの面{s, b, c}, {s, c, a}, {s, a, b}が得られます。これは不可能であることを示します。

実際、uとvとを、これまでに出た点s、a、b、cとは異なった、Sの二つの点であるとします。稜{s, u}を考え、hを、この稜を含む面とします。このとき、hの第三の頂点（定義によってs、uとは異なる）は、三つの点a、b、cのひとつ、例えばa、に等しいということはあり得ません、なぜなら、稜{s, a}は、この二十面体の三つの面の中に含まれることになるからです。したがって、この第三の頂点は、vとなります。すると、稜{s, u}は、ただひとつの三角形{s, u, v}のみに含まれることになり、矛盾です。

以上のことから、a、b、cが、面fの三つの頂点ならば、f′の頂点a′、b′、c′は、異なっていること、したがって、この二十面体の6つの頂点は、a、b、c、a′、b′、c′であることが分かります。すると、「fに関する見通し」を通して、この二十面体のすべての面の集合のリストを書くことが出来ます。このリストをうまく視覚化するためには、頂点を、平面の点で表わし、稜を、これらの点を結ぶ線分で表わし、面を、その面に含まれている三つの稜によって限られている三角形の領域で表わした、ひとつのデッサンを描くと便利です。さらに、このグラフがよく見えるように、点a′、b′、c′（a、b、cではない）のおのおのを、**二つづつ**描き、その第二のものは、（平面の点としては）それぞれa″、b″、c″と表わすことにしたらよいでしょう。したがって、a′とa″とは、平面の異なった点ですが、「抽象的な」集合Sの同一の点を指しています。

こうして、つぎのような図が得られます。これは、また、ひとつの面（{a, b, c}と名づけられる）を「中心として」みた、空間の中での通常の正二十面体の「投影」図と解釈することも出来ます。

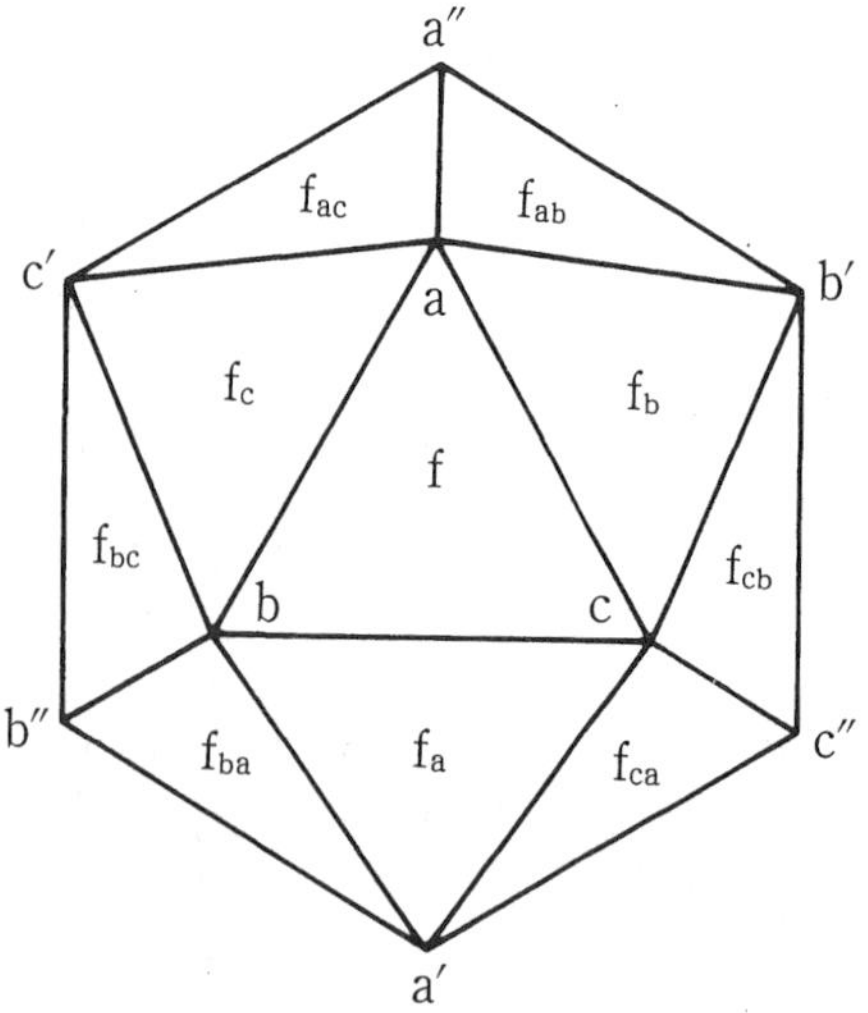

この図には、10の（三角形の）面が出てきます。そのうち四つは、出発点の面

(1) $f=\{a, b, c\}$, $f_a=\{b, c, a'\}$,
$f_b=\{c, a, b'\}$, $f_c=\{a, b, c'\}$

であり、さらに、三つの稜 $\{a, a''\}=\{a, a'\}$, $\{b, b''\}=\{b, b'\}$, $\{c, c''\}=\{c, c'\}$ に沿って二つずつ隣接している、6つの「外側の」面があります。したがって、はっきりと書き表わすと、

(2) $f_{a,b}=\{a, a'', b'\}=\{a, a', b'\}$

と、同様な5つの三角形 $f_{a,c}$, $f_{b,c}$, $f_{b,a}$, $f_{c,a}$, $f_{c,b}$ とがあります。（例えば）$f_{a,b}$ が、たしかにひとつの面であることを示すためには、稜 $\{a, a''\}=\{a, a'\}$ が、第三の頂点がbでもcでもない、二つの面に属していること（なぜなら、稜 $\{a, b\}$ と $\{a, c\}$ のおのおのは、すでに、(1)の四つの面の二つに含まれているからです）、したがって、その第三の頂点の可能性としては、b′とc′しかないことに注目すればよいでしょう。

これら10の面の集合は、すべての面の集合Fとなっていることを示します。このために、わがグラフの中にある稜の数を数えることにします。fに対しては三つ、三つの三角形 f_a, f_b, f_c のおのおのに対しては、補足の二つ（これで9つです）、$\{a, a''\}=\{a, a'\}$ という形の三つの稜（これで12です）。図形の輪郭を作っている6つ（$\{a', b''\}$ などという形の稜）、これで18になります、ところが、稜は全部で15しかありません！しかし、図形の中心に関して対称な、$\{a', b''\}$ と $\{a'', b'\}=\{b', a''\}$のような稜は、Sのただひとつの稜（いまの場合、$\{a', b'\}$）を表わしていることに注目すると、計算はこれで良かったことが分かります：つまり、Sのすべての稜は、この図の中に現われており、三角形 {a′, b′, c′} の稜を除いて、ただ一度だけ現われる、この三角形 {a′, b′, c′} の稜は、そこには二度現われています。

　このとき、図をざっと見ると、この図に現われている稜のおのおのは、上の10の面のうちのちょうど二つだけに属していることが分かります。したがって、この10の面の集まりに属していない面hがあったとすれば、hに含まれているひとつ稜は、少なくとも三つの面に含まれることになり、矛盾します。

　こうして、その面のひとつから出発して、任意の二十面体の「標準的な図」としての「図面」をはっきりと描き上げることが出来ました。定理1の(b)の部分は、この図の決定からただちに出てきます。

　こうして、(b)、したがって(a)が証明されました。つぎに(c)を証明することにしましょう。ひとつの面f（わが中心の面をとることが出来ます）に対して、相補的な三角形は、面ではないという事実は、f′={a′, b′, c′} は、われわれの図をみると、10の面の中に入っていないので、ただちに出てきます。三角形の集合Tは、20の要素をもち、Fは、そのうちの10の要素、F′も、10の要素をもち、また、FからF′への写像 $f \mapsto f'$ は、明らかに単射なので、それは、全単射となります。言い換えれば、Sのひとつの三角形fが、面であるためには、その相補的な三角形が、面ではないことが、必要かつ**十分**です。

　(c)の証明を終えるためには、あと、F′が、二十面体的構造であること、つまり、Sのすべての稜に対して、これを含む、F′の要素である三角形がちょうど二つあることを証明することが残っています。Sにおける補集合に移ると、これは、Sのすべての「四角の」部分集合（つまり、四つの要素をもつ部分集合）は、ちょうど二つの（二十面体構造Fに関する）面を含んでいる、というのと同値です。さて、この部分集合S−Lの中に含まれない面は、ちょうど、その補集合 L={a, b} と出会う面、つまりaまたはbを含んでいる面と同じです。さて、頂点aを含んでいる面の集合F_aは、ちょうど5つの要素をもっています（図をみられたい、もちろん、そこで、aは、図を描くために用いられた出発点の面fのひとつの頂点と仮定することが出来ます）。F_bに対しても同じことが言えます。他方では、その共通集合 $F_a \cap F_b$は、稜 {a, b} を含む面からなっています。したがって、それは、ちょうど二つの要素をもっています。すると、$F_a \cup F_b$ は、$5+5-2=8$ の要素をもっています。Fは10の要素をもっていましたから、S−Lの中に含まれる、Fの要素はたしかに二つということになります。

あと(e)と(f)の証明が残されています。(e)においては、関係

$$u_{f'}\cdot u_f=\mathrm{id}_f$$

と、これと対称的な関係（FとF′の役割を交換することで、上の関係から導かれます）を証明することが残っているだけです。上の図をつくるために用いたfを再び用いると、この関係は、図上では、つぎのように解釈できます：例えばaに対して（bとcに対しても同じです）適用すると、この関係 $(a')'=a$ は、単に、三角形 $\{b', c', a\}$ は、F′の面である、つまり、これは、出発点の構造の面では**ない**ということと同値ですが、たしかにそうなっています。

(f)の証明、つまり写像

$$c: F \mapsto (\alpha(F),\ u(F)): Ic(S) \to \varepsilon_f \times P_f$$

が一対一対応であることの証明が残されています。これは、φが、三角形f、f′のうちのひとつで、uが、一対一対応 $u: f \rightleftarrows f'$ であるような、すべての対（φ, u）に対して、これが由来する、ただひとつの二十面体構造Fが存在することを意味しています。もし $\varphi=f$ ならば、これは、fを面として許し、一対一対応uを生み出す、ただひとつの二十面体構造が存在するということと同じです、——これは、さきほどのはっきりとした図の作成の中で見たことです。もし $\varphi=f'$ ならば、これは、$f'\in F$ であって、$u_{f'}=u$ であるような、ただひとつの構造Fが存在することを意味しています。F′で、その相補的な二十面体構造を示せば、これは、また、$f\in F'$ であって、$u_f=u$ であるような、ただひとつの二十面体構造F′が存在することを意味しています。このことは（記号を代えることを除けば）いま見たばかりのことです。

これで、定理1の証明は終わりました。

定義2、Sを6つの要素からなる集合とする。相互に相補的な二つの二十面体構造の対（つい）のことを、S上の（組み合わせ論的で、いびつな）**二重の二十面体構造**と呼ぶ。

定理の(d)により、S上にはちょうど 12/2=6 の二重の二十面体構造があることになります。(f)により、f

を、Sのひとつの三角形、f′を、その相補的三角形とすれば、これら6つの二重の二十面体構造の集合S*は、fからf′への一対一対応の集合 =P_f と標準的に一対一対応しています。より詳しく言えば、(f)におけるように、S上の二十面体構造の集合 Ic(S) と積集合 $\varepsilon_f \times P_f$ とを同一視すれば、相補的な二十面体構造への移行の演算 F ↦ F′ は、演算

$$(\varphi, u) \mapsto (\varphi', u)$$

と解釈されます。ここで、二つの要素からなる集合 ε_f ={f, f′} のすべての φ に対して、φ′は、ε_f のもうひとつの要素を指しています。

6つの要素からなる集合Sと、相互に相補的な、二つの**二十**面体構造からなる、S上の二重の**二十**面体構造からなる対 (S, {F, F′}) を、「**組み合わせ論的な、いびつな二重の二十面体**」(あるいは、単に、**二重の二十面体**) と呼びます。

このような対象の**同型**を通常の仕方で定義します。すると、二つの二重の二十面体は、同型であり、一方から他方への同型対応の集合は、ちょうど120の要素からなることが分かります。例えば、ひとつの二重の**二十面体** (S, {F, F′}) の自己同型を考えるならば、それらの自己同型は、ひとつの「群」をなします (この語の数学上の意味において、つまり結合と逆要素への移行にあたって安定性を有しているもの)、そして、この群は、おのおのが60の要素をもつ、交わりのない、二つの部分集合に分解されます (したがって、全部で120の要素となります) : 第一の部分集合は、Fをそれ自身に移すような、Sとそれ自身の一対一対応 (あるいはSの「置換」) からなっています——別の言葉で言えば、それらは、二十面体 (S, F) (あるいは、(S, F′)) の自己同型です。第二の部分集合は、FをF′に移す、あるいは同じことですが、F′をFに移す置換からなっています、つまり、それらは、また、二十面体 (S, F) と (S, F′) との同型対応です。定理1の(a)の部分により、やはり60の要素からなっています。

さて、私の「哲学的な」テーマにとって必要なものよりもはるかに多くのことを述べることになってしまいました(5)[P 590]。基本的なことは、本書579ページの図ではっきりと描いた、(いびつな)二十面体の構造、相補的な二十面体という概念 (これは、二重の二十面体という概念を生み出します)、そして、S上の二十面体構造あるいは二重の二十面体構造を、Sのあらかじめ

与えられたひとつの三角形fと相補な三角形f′との6つの一対一対応の集合P_fによる叙述です。最後に、組み合わせ論的な構造に関する空間内の幾何学的直観の観点からは、これをはっきりと見るためには、手元に、通常の正二十面体のボール紙製の模型があると非常に便利です[6][P590]。それには、12の頂点、30の稜、20の面があります。そして、(空間内の立体としてみた)この「通常の」あるいは「ピタゴラス的な」二十面体を用いて、組み合わせ論的で、いびつな二十面体を、(容易に説明できるような意味で、基本的に標準的な仕方で[7][P591]) 叙述されるように、「視覚化する」ことも非常に便利です。このとき、いびつな二十面体の頂点、稜、面としては、ピタゴラス的な立体の中心に関してちょうど反対にある頂点、稜、面の**対**をとるのです。本書580ページの図は、まさにこの考えに基づいて作られました。そこでは、対{a′, a″}, {b′, b″}, {c′, c″}は、ちょうど、立体の二十面体の正反対に位置している頂点の対を指しています。また、稜の対({a′, b″}, {a″, b′})などについても同様です。これらの稜は、まさに、ただひとつの稜に同一視する必要のあるものでした。

ここで、思考の六角形にやってきました。木の左側に吊り下がっている、六角形―ダビデの星の頂点として表わされている、6つの「扉」からなる集合Hから作られているものです[P569]。これは、まさに、図から明らかなように、六角形に内接しているダビデの星を共同で作っている二つの三角形―グラフによって表わされている、Sの二つの相補的な「三角形」です。思考の六角形の6つの頂点、つまりSの要素に周に沿って番号を付すことが、いくらかあてずっぽうに行なわれましたが、これは、神さまが少しばかり手を押してくれたものと考えねばなりません：つまり、これらの二つの三角形のおのおのは、これまでの哲学的な考察の言葉で、かなりはっきりとした「意義」をもっていることが分かります。それは、二つの三角形

(f)　{全体、統一性、原因}

と

(f′)　{単純、構造、秩序}

のことです。すでに、第10節の注(3)［P469ページ］において、勢いに乗って、記しておきましたように、これら二つの三角形は、かなり明白で、かつ鮮やかな仕方で、「願望と必然性――道、そして目的」の節(第11節)［P470］で引き出しはじめていたダイナミズムにおける、二つの項

願望、必然性

と対応しているように思えます。それは、5つの「陰の引きつけるもの」

(P) 全体、一般、統一性、原因、肥沃さ

と、5つの陽の引きつけるもの

(P′) 単純、抽象、正確、秩序、構造

とを導入した考察においてでした。最初の三角形の扉に対して、私が自然に付与した、三つの「簡潔な」名(f)(全体、統一性、原因)は、すべて、上の「陰の包み」(あるいは「願望の包み」)(P)の中に見い出され、第二の三角形の三つの「簡潔な」名(f′)(単純、構造、秩序)は、すべて、「陽の包み」(あるいは「必然性の包み」)(P′)の中に見い出されます。このため、ただちに、第一の三角形に対しては、「願望」との、第二のものに対しては、「必然性」との連想が呼び起こされたのでした。

また、陰の引きつけるものの5つの項(P)が、「三角形」(f)の「扉」のいずれかの中に現われているというのは正しくありません――それは、最初の4つに対してだけ言えて、最後のものは、カップル(対)

純粋――肥沃さ

の中に現われており、このカップル(対)は、単純さの扉、つまり陽の三角形(f′)に属しています。同じく、(P′)の中の5つの陽の引きつけるものの中で、ひとつが、カップル(対)

正確さ――不鮮明さ、あるいは正確――漠然

の中にあります。このカップル(対)は、全体の扉、つまり陰の三角形(f)に属しています。結局、「4対1の割合で」、陰の引きつけるものは、陰の三角形の中に入り、陽の引きつけるものは、陽の三角形の中にはいっていることになります。このことは、これら二つの三角形に対して、ただちに、私に必然的であるかのように生じた、存在論的な解釈をかなりはっきりと確認しているようです。それらは、3月21日付の「二十面体とクリスマス・ツリーの話」の節[P465]の中で示唆した意味において、みるからに「意味深い」ものです(この3月21日という日は、ちょうど、「願望と必然性」のテーマについて考察した日です)。

このことは、はじめは、ある当惑を引き起こしまし

た――なぜなら、思考の六角形Sの上で、私が望んでいた、標準的な二十面体構造は、私の心の中では、少なくとも、すべての三角形は、じつにはっきりとした存在論的な意味を有して、「面」として振る舞うはずのものだったからです。しかし、三角形「願望」と「必然性」とは、相補的なので、同一の二十面体構造に属することは出来ません！これに対して、H上のすべての**二重**の二十面体構造に対して、これら二つの三角形は、それぞれ、この構造を構成する二つの二十面体構造FとF′とを決定します。陰の三角形は、「陰の」と名づけられる構造のための面となり、陽の三角形は、「陽の」と名づけられるもうひとつの二十面体構造のための面となるのです。このようにして、S上の12の二十面体構造は、おのおのが6つからなる二つの包みに分かれます、ひとつの包みは、陰で、もうひとつの包みは、陽です。他方では、S上の6つの二重の二十面体構造のひとつを与えることは、三角形「願望」と三角形「必然性」との間の6つの一対一対応

$$f \rightleftharpoons f'$$

のひとつを与えることに帰着されます。したがって、問題は、これらの6つの一対一対応の中で、存在論的な観点からみて、他のものよりも、より注目すべきひとつをたしかに取り出せるのかどうかということになります。

木の図そのものと、それに属している思考の六角形の図から、六角形の三つの陰の頂点に、その陽の頂点を「対角線状に」結びつける、つまり全体を構造に、統一性を秩序に、原因を単純にと、正反対の頂点からなる対によって結びつけるということが示唆されるでしょう。だが、神さまの善意を考慮に入れたとしても、少々早過ぎる結論のようです！私は、三つの陰の（あるいは、「願望」の）扉のおのおのに対して、それに最も強い形で結びついている陽の（あるいは、「必然性の」）扉はどれであるかを見てみました。このテーマについて詳しい議論に入るまでもなく、三つのケースのおのおのの中で、たしかにこのような特別な結びつきがあり、こうして、グループ分け

全体――単純、統一性――秩序、原因――構造

が得られるように思えました。（したがって、これは、六角形の図から、単に、頂点「単純」と頂点「構造」とを、相互に交換して、対角線状に結びつけることにより得られるものです(8)［P591］）。

この示唆に基づいて、六角形Hの上の、一方は、陰

―思考あるいは願望―思考と呼ばれ、他方は、陽―思考あるいは必然性―思考と呼ばれる、二つの思考の二十面体からなる、二重二十面体構造が得られます。つぎのものは、本書579ページの原型としての図からそのままコピーした投影―図です：

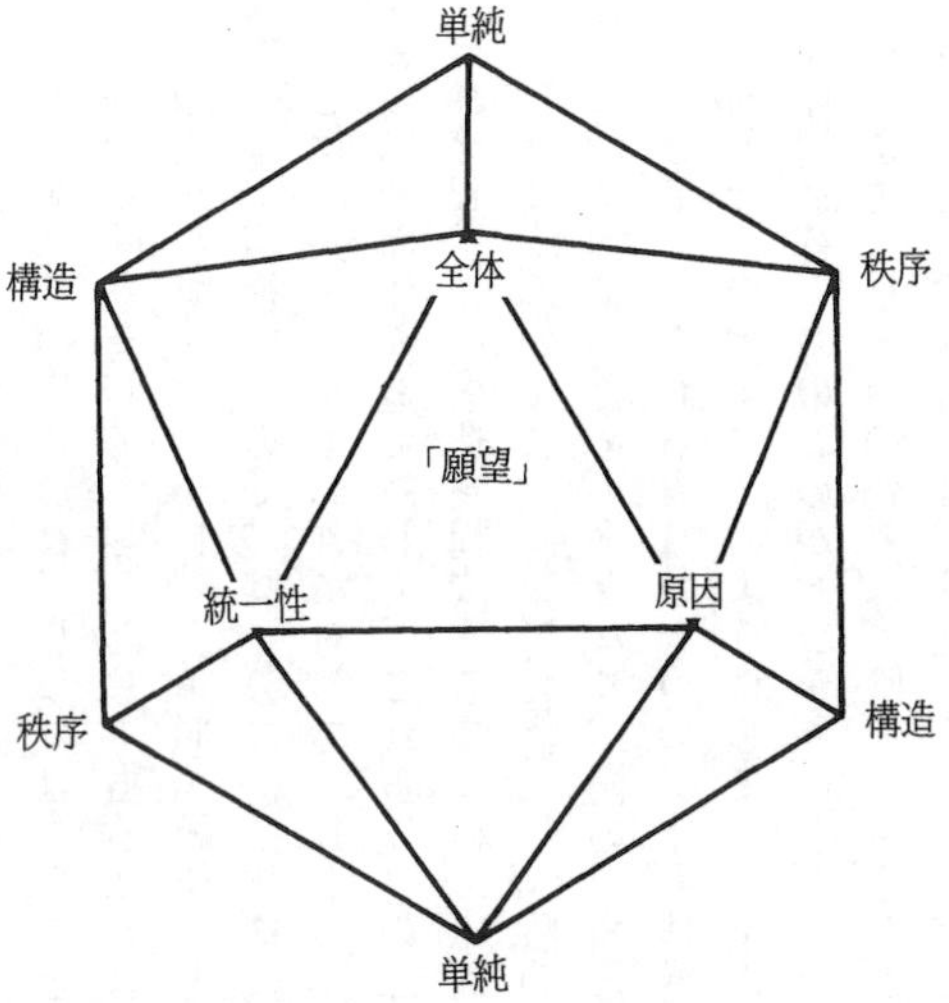

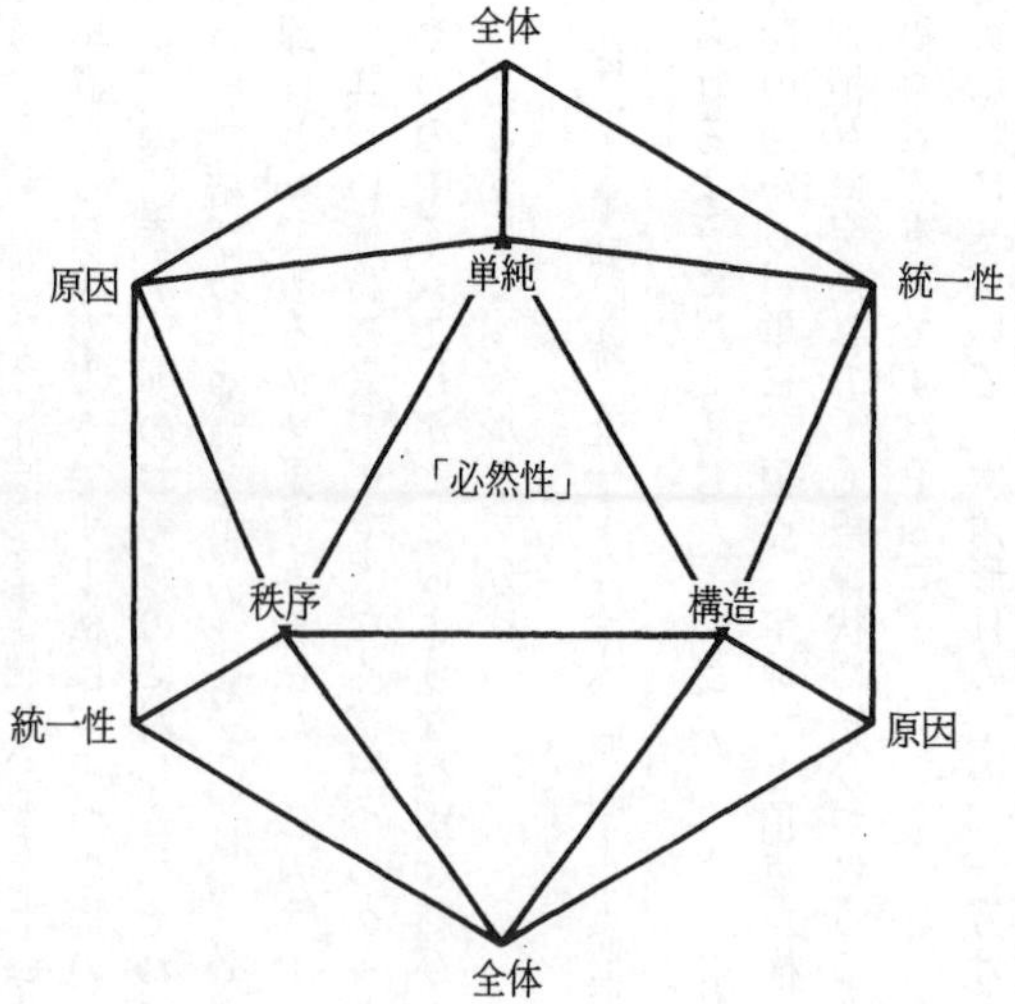

中央の三角形に、三角形の名を記しました。陰の二十面体の場合には、「願望」を、陽の二十面体に対しては、「必然性」を。あと残っているのは、どの程度、他の面に、また可能ならば、稜にも、哲学的な意味を付与することが出来るのかを見ることです。

もし（例えば、ボール紙製の）立体の二十面体を有しているならば、12の頂点のところに6つの扉の名を書いて、「思考」のそれぞれの組み合わせ論的な二十面体を作ることが出来ます。ちょうど正反対のところにある頂点に同じ名をつけ、(陰と陽の)上に与えられた図―モデルの中で示されている配置を尊重するのです。この立体―二十面体をそれ自身に移す「回転だけ」を除くと、これは、一意的な仕方で可能です。「表現」の扉に対応する頂点に結びつけながら、木にこの二十面体を吊り下げるためには、これを、その二つの稜(相互に正反対の位置にある)

全体――構造

のひとつで吊り下げる必要があります、伝達[あるいは表現]の扉と直接的な親近性によって強く結びついているのは、まさにこれらの扉だからです。(注、ダイアグラム―木において、私は、表現(III')を全体(IV'_1)とつなぐ稜のみを示し、六角形の一番下にある構造(IV'_4)とつなぐものは描きませんでした、図がかさばらないようにするためです)。この稜が水平で、この立体を重力に従うように吊り下げるとき、二つの稜

原因――秩序

(これらは、すでに述べましたように、より下にある責任あるいは業(ごう)の頂点に結びつけられます。この頂点は、原因性にも秩序にも強く結びついています)は、(陰の場合には)水平となり、(陽の場合には)垂直となります。この陽の場合には、これもただちに分かりますが、二つの正反対の位置にある稜のそれぞれの中に示されている、一番下の末端の二つの頂点は、一方は、「原因」となり、他方は、「秩序」となります。したがって、責任の扉をこの二十面体につなぐために、これら二つの末端へと結ぶ、多かれ少なかれ垂直な糸(陰の場合には、対称的にするために、4本となりますが)によって、(原因と秩序とを同等に扱った)対称な、きれいな吊り下げが得られます。こうして、木の左側は、つぎのように描けます(陽の思考の二十面体よりも少しばかり高いところにいる観察者から見たながめです)。

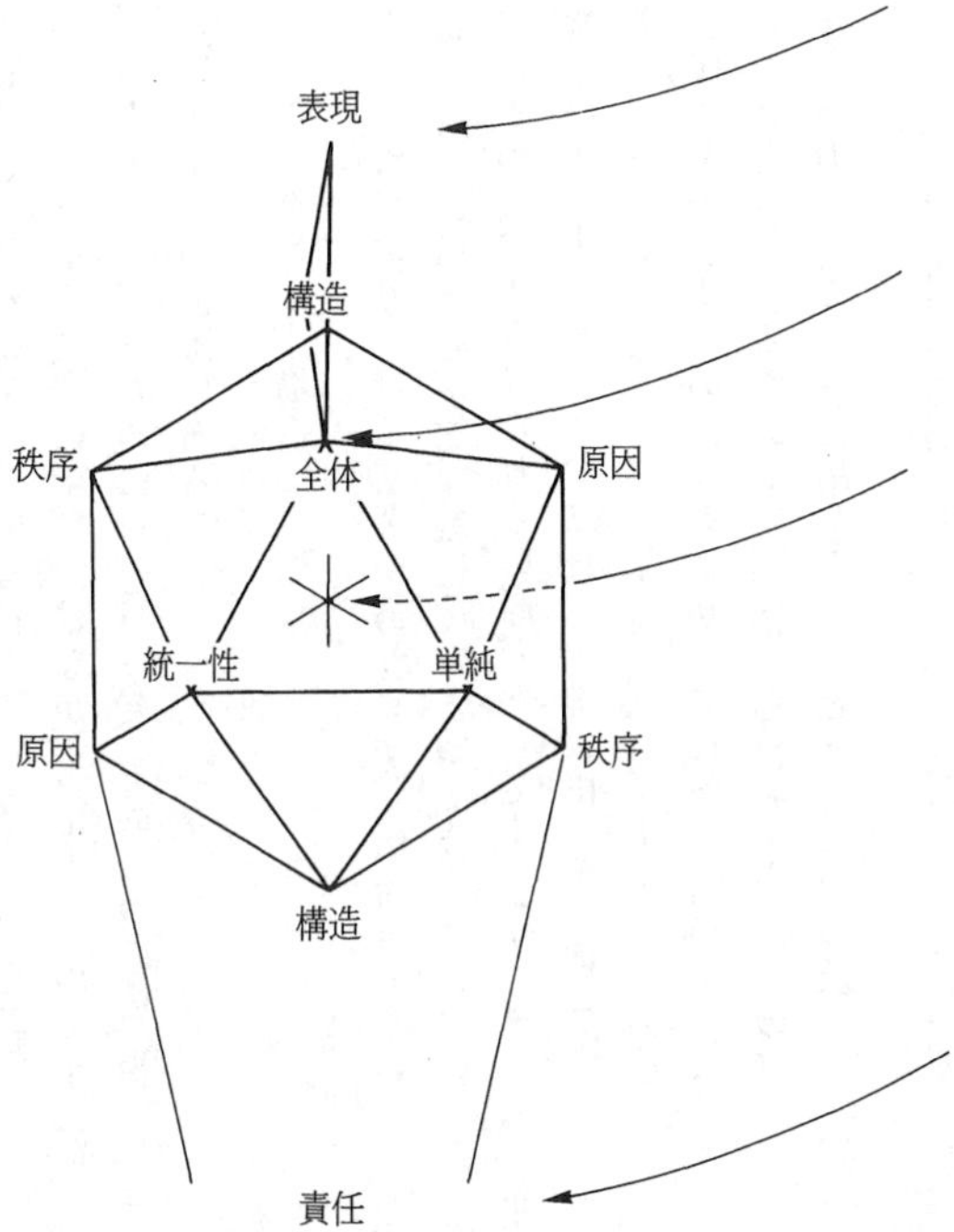

(1) それは、「責任」、またの名は業(ごう)、さらに(その元の名を忘れないために記せば…)「(神の)恩寵」という4つの花びらをもった花が立ち現われてきた、夜中の考察でもって、その余勢に乗ってでした。

(2) さらに入念な研究により、二十面体構造のこの対(つい)が、たしかに、「存在論的な」あるいは「哲学的な」観点からして「満足すべき」ものであることが確認されるとすれば、この対は、厳密に言って、はじめの問いに答えるものではないでしょう。このはじめの問いは、**一つの**標準的な二十面体構造を見い出すことであって、二つを見い出すことではありませんでした。だが、これは、肥沃な問いの「変形のおかげ」と呼ぶことが出来るものの無数の実例のうちのひとつでしょう(しばらくは、先月私が提起した問いが、実際にこのような問いであることが明らかになるかどうかについては問わないで)。このような問いによって開かれた道にしたがって、文字通りに取ると、解答は、「あり得ない」ものからなる(ここでは、他のすべてのものよりも「より良い」、思考の六角形の上の二十面体構造はないということです)ので、この問いを再定式化する方がよいことがきわめてはっきりと明らかになることがあり得ます。それにもかかわらず、より正確で、より適切な、新しい問いは、もとの問いが「漠然とした」ものに見えようと、このもとの問いの娘なのです。そして、この娘の問いの肥沃さは、ほとんどの場合、寸分ちがわず、母の問いから受け継がれた肥沃さなのです。

(3) 組み合わせ論的な側面に強い力点を置いた、二十面体に関する私の考察は、1977年からはじまります。この年、私は、このすばらしいテーマに関する、一年間のDEA(専門研究課程終了証書)のための講義をおこないました。それは、また、同時に、私の教育体験における初めての大きなフラストレーションの時期でもありました。聴講者たち（私の大学の第3期課程の学生と教員）がこれに身を入れることが出来るように希望して、講義のレベルを意識的にきわめて初等的で、きわめて「視覚的な」ものにしたにもかかわらず、どの聴講者の中でも、真の関心と参加の火花を生じさせることに成功しませんでした。唯一の例外は、一・二の聴講者によって、二十面体（単位球面に内接されているものと見て、その稜は、大円の弧によって表わされている）の平面への立体射影の図が作られたことでした、これは、同時に、双対的な十二面体をも出現させるのですが。たしかに、これらの立体射影(射影の中心として、ある頂点、ある稜の中点、ある面の中心を取って）の図は、とくに、5つの色による、稜（さらには、面も）の標準的な着色をするとき、じつに美しいものです…。

(4) ここでは、ひとつの面を中心とした「見通し」を用いた描写のことです。ひとつの稜を中心とした、また、ひとつの頂点を中心とした見通しによって得られる、集合 Ic(S) の、これも同じく得るところの多い、他の二つの描写があります。最後に、つぎの標準的な一対一対応をも記しておきます。

$$Ic(S) \approx Bic(S) \times \omega(S)$$

ここで、Bic(S) は、S上の二重二十面体構造の集合であり、$\omega(S)$ は、Sの「方向」(つまり、Sの「目じるし」の集合、すなわちその要素を1から6まで番号づけたもの、の対称群 S_6 の交代部分群による商集合）からなる、二つの要素をもつ集合です。この対応は、すべての二十面体構造Fに対して、一方では、これに随伴した二重二十面体構造{F, F'}を対応させ、他方では、ここでは描くことはやめますが、Fに標準的に結びつけられる、Sのある方向 or (F) を対応させることで得られるものです。

$$\mathrm{or}\,(F) \neq \mathrm{or}\,(F')$$

であることが分かります。したがって、ひとつの二重二十面体構造{F, F'}に対応する二つの二十面体構造は、Sの可能な二つの方向によって「目じるし」がつけられます。

(5)　（4月14日）これに対して、これは、ここ最近の日々に新たにめざめた、私の数学者としての情熱にとっては、少ないものです。ここで、二十面体の関する私の考察は再スタートしました。これは、私の熟した年令における数学に対する愛情の対象です！したがって、たぶん、これらのノートに、（付録として？）二十面体の組み合わせ論と6つの要素からなる集合の幾何学についての補足を付け加えることになるでしょう…。

(6)　私の家にこうした模型がひとつあります、非常に美しいものです。これは、（1976年だと思いますが）（クリスティーヌ・ボワザンの協力のもとでおこなった）二十面体に関する、「選択科目の講義」の年末の試験のために、学部の一年生の学生が作ったものの「コピー」です。同じテーマでの翌年のＤＥＡ（専門研究課程終了証書）のための私の講義とは反対に、高校（リセ）を出たばかりの学生たちを対象としたこの講義には、熱烈な参加が見られました。試験の結果は、あまりにもすばらしく、わが同僚の教授たちは、私が教育の役割の信用を失墜させるためにおこなった悪ふざけではないかと考えたほどです。そして、教授たちは、すべての評点を、強制的に、3分の2に減らしてしまいました（20点満点で18点のものを12点にしてしまいました）。学生が喜んで研究し、喜んで試験の準備をすることがあり得るということは、とんでもないことだと、わが同僚たちの大多数が考えているのを、私がびっくりしながら知ったのは、このときでした。彼ら自身、かなりうんざりしながら、研究をおこない、大学の教授というすばらしいポストに到達したのですから、現在、他の人たちが、順番として、うんざりしないということ、いかなる理由も本当になかったわけです…。

(7)
もし、立体（あるいは「ピタゴラス的な」）二十面体の二つのこのような「作品」があれば、これらの作品に適合した、つまり、Sの点による、正反対の頂点の対の「しるしづけ」と適合した、この二つの間の直接の**唯一の**相似性が存在します。もしこれら二つの二十面体が同じ「大きさ」、つまり、稜の長さが等しいならば、この相似性は、「移動」ともなります。

(8)
この結果、二つの頂点2と4（もっと正確には、IV′₂とIV′₄を交換して、六角形の6つの頂点の当初の番号づけを変えることを考えました。ところが、（このように手直しされた一覧表において）ひとつの陰—陽のカップル（対）のグループからつぎのグループへと移るにあたって、私を導いてきた親近性の糸がもはや見当らないので、この変更は最終的にはやめることにしました。とにかく、木に吊り下げられている、ダビデの星の六角形の図［P569］は暫定的なものです。さらにあとのページにもうひとつ図があります。そこでは、（認識の…）木に、思考の二十面体が「標準的に吊り下げられ」ています。

事項さくいん

[ア]

愛　78、80、114、122、130、200、442、445
愛されているもの　473
愛情　29、181、419
愛情のこもった残念さ　230
愛する人　109、111、112、122
アイデア　161、165
愛と死　113、117
愛の詩　77、121、122
愛の行為　104、204、377
愛の衝動　94、103、104、107、118、128、152、180、236、354
愛の体験　78、79、114、119
愛の遊戯　115、138、278
あい棒　264
アウシュヴィッツ　66
明るい――暗い　553
「悪」のなぞ　136、138、386、398、428
アコーディオン　483、486、487、490
アコーディオン――ハーモニカ　484、485
朝――夕方　566
足かせ　139、141
新しい概念の発見　161
新しい観点　161
新しい言語　165
新しい主人たち　239、258、360
新しい父　24、38、190、317
新しい見通し　188、423
新しい問題の発見　161
新しい倫理　247、252
与える――受ける　555
与えること――受け入れ　555
暑い――寒い　439
暑さ――寒さ　449、451、563、571
厚さ　551、566
あてのない暴力　292
兄との一体化　381
姉　55、57、58、63、381、389
アーベル的とは限らない代数幾何学　261、264
アーベル多様体　35、44、162
甘やかされた子ども　331
「あらゆる方向に向けられた」破壊　396
ある回帰の意味　237
あるがままの自分　59、122
ある権力による酔い　311
ある強靭な幻想　71
ある生の歴史　57
ある秘密の終えん　163
『あるプログラムの概要』　261、262、264
ある別の人　494
ある夢の思い出　24、38、190、237、317
操り人形　283、286、288、397、404

[イ]

家を建てる　239、249
勢い　550、555

息を吸う——息を吐く　556
生きているもの——死んでいるもの　552
「生き残り・生きる」運動　272、408、414
生き残りの問題　8
生き物との接触　7
居心地の悪さ　155、225、364、365
遺産　49、281、282、356
遺産相続者　50、237、267、272、316、346、355、356、357、372
遺産の拒否　19、20、36、39、370
意志——自然性　478、557
意識——無意識　553
意志——放棄　478、557
EGA（代数幾何学の基礎）　41、43、48
位相的K理論　32、36
遺体　183、246
異端　172、182、267、268、349、355
異端に対する制裁　182
一番内密にしておかれた秘密　285、292
一妻多夫　439、440
一緒にあるもの　136、397、449
一掃　347、363
一体化　363、370、371、372、373、374、375、379、380、381、382、384、386、387
一般性　462、463、464
一般性と抽象化　460、512、513
一夫多妻のことがら　439、440
一義性　443
1—骨格　466、469
一貫性——ビジョン　559
一徹——妥協　555、557
一覧表　430、433、435、483、496、548、550、552、567
偽りの中の真実　327
祈りと紛争　277、417
いびつな二十面体　466、574、575
入れもの——なかみ　560
意味　530、531、532、533、534
イメージ　156、157、158、527、528、538、546、547
陰　53、54、55、60、65、72、74、80、86、87、93、98、99、101、121、137、139、142、143、149、150、153、154、161、167、168、169、170、171、172、192、199、207、209、217、235、246、249、250、252、253、256、266、271、278、289、326、330、338、341、342、345、351、368、381、430、445
陰—陰の親近性　253
陰——陽　74、83、87、91、138、156、233、236、252、266、270、272、278、322、323、339、432、434
陰と陽　74、94、95、100、107、117、118、125、126、133、139、145、150、153、154、169、174、181、184、185、186、190、191、211、212、218、227、255、264、265、334、352、362、431
陰が陽を埋葬する　143、224、266、334、363
慇懃さ——熱気　560
インディアン　412、416
陰と陽の鍵　50、189、190、214、226、

275、277、327、328、335、378、385、386、390、419、430
陰と陽の逆転　68、176、208、221、226、350、378
陰と陽の均衡　67、76、85、86、143、144、382
陰と陽の調和　54、83、89、101、383
陰と陽の弁証法　6、91、93、436、442、452
陰と陽の結び合い　57、60、62、127、187、203
陰と陽の遊戯　435
陰の基調　228、233
陰の色調　229、463
陰の葬儀　167、185、213、222、227、265、272、302、327、347、349、357
陰の中の陰　80
陰の中の陽　80、89、101、131、138、154、155、211、253、266、448、450
陰のめざめ　69、76、193、200、201、278、357、398、416
陰は陽をもてあそぶ　143
陰―奉仕者　239、253、258、264、272、308、316、360
陰―陽のカップル(対)　85、430、431、433、434、434、439、440、441、470、478
陰―陽の相補性　233
陰―陽のダイナミズム　91、154、330、335、378、463、470、512
陰―陽の役割の配分　100、436

【ウ】

ヴェイユ予想　34、35、44、50、51、56、162、248、262、264、425
上にあがる過程　525
上半分の弧　132
受け入れ　76、79、80、82、123、125、127、129、131、132、133、135、136、137、138、139、144、189、194、200、201、214、278、345、357、396、397
受け入れられない　98、127、130、131、132
失われた楽園　119、123、128、189、214
歌　115、117
歌――騒音　444
内側への破裂――爆発　556
宇宙のアコーディオン　483、496
宇宙の花　490、492、495、497、502、503
宇宙のハーモニウム　488、491
宇宙レベルのカップル(対)　133、442、443、446、447
宇宙への扉　430、433、434、466、492、494、548、570
打ちあけられない仕事　510
美しさ　50、167、255、256
うっぷん晴らし　426
うぬぼれ　67、82、97、106、257、393、394
うぬぼれと再生　139、414、419
生まれる――死ぬ　446、468、565、571
生まれるもの――生み出すもの　560
海　28、29、160、175、199、201、209、253、426、508、509
海――見習い水夫　444
海のアプローチ　160

うらみ　319、337、398、399
Unsicherheit　45、49
運動　550、552
運動——休息　434、440、512、553
運命——業(ごう)　560
運命——歴史　567

[エ]

永続——古さ　567
『易経』　92、378、385、518
エコロジー　414
エスカレート　313、315、316、328
SGA　19、41、43、244
SGA4　235、237、251、342、347
SGA$4\frac{1}{2}$　359
SGA5　245、268、269、347
エタール・トポロジー　56
エタール・コホモロジー　33、56、232、237、248、260、261、272
枝——樹　443
エネルギー——力　440、553
エネルギーの分散　4、81、254
エネルギー——物質　440、553
エリート主義的な態度　252
L関数　162、232
ℓ進コホモロジー　34、35、44、51、227、237、260、262、272
ℓ進の類似物　33、34、35、44
エロス子供　499
エロスの衝動　79、151、278
エロス　104、122、149、151、444、449
『園(シャン)の探求』　9、37、187、248、254、260
円環　120、130、132、133、135、144、214、384、449、501
演技　142、144、145
円積問題　99、148

[オ]

追い立て　38、49、230、231、236、327
追い払う　230
横領　49、301、310、311、313
大きさ　551、565、571
大きさ——小ささ　468、565、571
大きな装備一式　232、235、239、240、241、242、244、248、250
大詰め　174、340、347、356、359
オーガスム　104、115
贈り物　192、194
教え　141、142、143、219
雄——雌　551
おせじ　24、32、38、39、40、50、170、185、227、265、272
恐れ　115、295、302、304、305、306、388、396
男——女　103、439、550、551
穏やかさ　210、287
音——無言　557
踊り場　31
重い——軽い　454、456、556
重きをなすもの——服従するもの　555
重荷　134、144、505
終わりのない鎖　386、428
穏和トポロジー　261、262

【カ】

絵画　543
回帰　54、131、132、334
回帰の運動　499
回帰の道　527、535、546
階級の特権　248
外国人　344、415
開始――終末　565
会衆全体　172、176、182、267、302、315、317、346、349、358
解析空間　163、164
解読不可能　240、242、251、342、362
階層づけ　498、502
懐胎　164、166、550、551
「外的な」代価　464
回転木馬　180、181、276、289
解答――質問　553
外部――内部　100、101、454
解放　139、141、384
快楽　119
カオス　452、502、504、506、520
鍵　152、153
鍵穴　102、430、433、434、447、548
書き写してみる　26、46
書きつける人と「別の人」　489、494
限られたもの――限りないもの　146、558
書くことへの賛辞　25、47、181、200
核型空間　342
核心　174、188、189、208、236、318、327
確信――疑念　553
確信――謙虚　436
確信と認識　385、422
革新――伝統　567
学派　33、314、316
隠れた活力　309
隠れた力　327、330、348
過去の埋葬　67、364、369
過剰保護　450
カースト的な態度　257
仮説　336
家庭の破壊のエピソード　177
硬い――軟らかい　556
形――形のないもの　158、558
形――実質　441
形――実体　445
形――内容　441、445、454、513、559
肩幅　333、338
学校数学　147、148
葛藤　46、53、191、198、287、369、384、427
葛藤の核心　46、428
葛藤の中心　203、205、212、217、219
活動　88、89、134
活動――反応　440
活動――不活動　85、87、89、92、434、435、436、438、440、442、512、552、566
カップル(対)　83、84、85、86、87、90、93、100、102、103、106、107、108、133、138、146、155、156、158、168、178、252、272、312、435
カップルの中の分裂　125、129
渇望　309、310、311、313、314、317、325、328、330、331、332、375

活力の中の活力　320、325、329、330、334、347、367、372、375、384
糧を与える層　448
カテゴリー　342、459
過度な自己投入　65
金切りのこ　50、258、259、263、316、327
果実――枝　443
果肉――核　455
紙屑かご　518、519
神　176、442、445
神――悪魔　441、565
神――サタン　565
(クルミの)から――核　455
殻　130、235
カルタン・セミナー　244
カルデア人　526
ガロアの遺産　123
「ガロアの理論を貫く長い歩み」　123、167
川――海　444
乾いたもの――湿ったもの　563
代わりの父　192、270、318、332、371
感覚――知覚　560
歓喜――嘆き　563
簡潔さ――饒舌　556
環状　498
関心　80
関数解析　11、163、347
感嘆　56
願望　116、136、151、152、153、164、362、387、469、472、475、479、551、585
願望と厳格さ　151、474、482
願望のダイナミズム　475
願望とめい想　56、200、416、474
顔面に一発　286
寛容さ　79
管理――放棄　478、557
管理――遊戯　478、557

［キ］

樹――土地　443
記憶――忘却　564
幾何学の精神　511
期間　551、567
基金　237、239
危険な場所　393、396
起源――目的地　565
気質　461
期待　473
期待しているもの――懸念しているもの　564
既知――未知　553
基調　100、229、230、233、235、330
記念すべき巻　237、248
疑念　75、303、375
起爆薬　162
厳しさ　550、557
厳しさ――穏やかさ　468、549、556
厳しさ――心の広さ　556
希望――不安　564
基本的な一義性　448
客観性――主観性　559
虐殺　24、35、38、39、62、176、182、185、203、206、208、213、229、327、422
逆転　49、93、144、176、181、224、226、

227、228、265、266、270、272、273、275、
278、306、312、326、327、332、334、346、
362、363、367、368、369、380、381、448、
450
逆向きの誕生 104、107
九か月 162、166、236
吸引――反発 564
急所をなす断片 328、329
休息 3、4、13、87、89
休暇中のうらみ 399
旧約聖書 52
教育の失敗 69、425
共感 80
強者の法則 264
強制収容所 66、147、291
兄弟 384
兄弟と夫たち 229、239、316、319、334、
347
強度 550、556
強度――軽さ 556
強烈――繊細さ 469、557
共同相続者 50、259、316、355、356、
357
強迫観念 179、301
共鳴に入る 533
協力者 272
強力な行動原理 133
巨人 322、323、337、338、346、347、362、
367、368、372、375、379、380、384
巨人――小人(こびと) 441、468、565
拒絶 79、128、130、132、135、354、358、
359
巨大な挑戦 208
巨大なもの――微小なもの 565
拒否 123、125、132、133、135、136、137、
138、144、181、189、206、214、217、222、
285、345、397
拒否――受け入れ 435、448、555、557
距離をおく 230、314
規律――想像 478、485、557
規律――遊戯 478、557
切り離す――統一させる 559
気力を失わせる力 252
きわめて自然な一般性 32、35、37、
43
均衡 137、155、228、339、463
禁じられた果実 136、309
禁じられた夢 249
近親姦 103、104、105、440
「近親姦の称賛」 105、106、118、125、
149、202、214、383、384、444、446
緊張――ゆるみ 557
筋肉 52、53、361、362

【ク】

空間――時間 551、567、570
空席の状態のうらみ 337
偶然の出来事――本質 558
寓話 104
下ってゆく傾向 168
口に出された言葉――聞くこと
557
苦悩 25、26、284、285、286、287、288、
292、294
苦悩の仕切り弁を自在に操作する
286、288

組み合わせ論的 431、574、575
グラフ 430、435
クリスマス・ツリー 84、103、431、433、434、438、465、466、468、483、487、491、494、495、549、550、567、570、573、585
クリスマスの包み 568、570
グループ 84、85、102、103、106、146、431、434、435
グロタンディーク群 32、43
グロタンディークリーズ 33、34
群衆 346

[ケ]

形式的スキーム 235
軽蔑 98、135、170、171、172、176、177、179、181、220、222、224、271、279、291、310、313、343、346、347、354、360、363、368、375、379、396
結果――原因 108、469、470、549、560
決断――慎重 554
結末の語 130、132、183
ケプラーの母 309
権威 276、277、550、555、
権威――服従 439、468、555
原因 551、560、584、585
検閲官 115、116、118、130、353、510、548
厳格さ 31、151、152、165、255、482
厳格さ――一般性 478、482、483、558
厳格さ――自然性 478、557
厳格さ――やさしさ 557
「研究へのいざない」 149
原型 92、118、384、439、440、448、450
原型的 86、103、122
原型的なカップル(対) 108、550
原型的な言語 527
原型的な行為 515
原型的な象徴 439
原型的な認識 100、101、450、457
原型的な予感 472
謙虚さ 360、361
言語 157、508、514、517、523
言語の諸層 516、519、520
言語の「魂」 519
言語の発明 514、525
健康 39、208、407
堅固さ――流動性 557
現実――可能 485
現実――夢 485、558
現実的なもの――可能なもの 558
原始的なグループ 85
原初の言語 527
建設者 249、250
幻想 71、75、83
現存――潜在 553、558
権力 311、314、315
権力の所有 275

[コ]

語のわな 535
(男が)子をやどらせる――妊娠する 85、86、103、551
濃い――薄い 456
濃いもの――薄められたもの 556
業(ごう)[カルマ] 383、385、428、429、

561、588
業の保存の法則　383、428
行為　86、102、103、107、109、124、125、128、203、218、377、383、434、435、446
行為――動機　560
高音――低音　434、566
好奇心　26、140、141、393、394
後景　350、351、357
光景の三つの場面　129、182、189、369
光景の核心　329
光景の第四の面　191
攻撃――逃亡　566
攻撃性――恐れ　566
攻撃――防御　566
神々しいもの――悪魔的なもの　565
交叉コホモロジー　35、36、44
構造　102、156、157、459、482、508、511、550、560、584、585
構造――実質　469、470、479、503、511、560
拘束　98、99、143
後退　131、132
広大な統一的ビジョン　46、51、314、324
広大なプログラム　314、316
広大なもの――微細なもの　565
構築する思考　502、531
硬直――柔軟さ　556
肯定――否定　455、564
高等科学研究所（IHES）　18、32、33、36、40、41、42、43、44、45、48、227、230、231、237、238、239
行動　550、552、572
黄道十二宮　488、490、492、495
合流　174
枯渇　10、48、173、258、340
国際数学者会議　414
国防省　237、239
国立科学研究所（CNRS）　238
五元素　501
心地よい――不快な　564、573
心の奥　50、53、361、362
心の底での抵抗　342、343
心の広さ　253、257、264、272、308、316、360
後光　38、46、49、173、225、327
5歳　22、127、291、403
小細工の中に足　288、370
51歳　195、285
52歳　194
固執すること――譲歩すること　555
故人　2、39、92、175、266、267、270、302、314、315、348、349、362、391
個人――種　558
個人――環境　558
個人の中の分裂　98、125、126、129、189
個人の中での紛争と分裂の維持　95
固体――流体　557
答える――質問する　554
孤独　122、413
孤独な冒険　16、17、136、309
子ども　28、59、60、61、62、64、68、73、74、76、103、105、112、128、

129、131、133、142、152、166、169、176、193、210、211、217、222、224、226、236、285、289、294、301、304、305、307、309、316、320、332、334、340、383、384、389、391、398、426、427、429、440、449、474、510、515、520、522
子どもエロス 107
子ども時代 63、64、90、300
子どもと海 28、199、426
子どもの言語 545
子ども――母 448、550、560
子どもと母 249
子どもに甘い父親 317、320、323、325、328、329、332、379、384
子ども――老人 439、565
子ども―労働者 20
子どもへの回帰 131
小人 322、346、347、362、379、380、381、384
小人(こびと)――巨人 323
小人と巨人 320、325、327、329、332、334、337、338、348、367、368、372、374、375、379、380、384
コホモロジー 19、21、32、33、34、37、44、45、57、163、232、235、245、261、268
コホモロジーの道具 240、248
ごみ捨て用の溝 283
コミュニケーション 529、533、546
固有の死を生きる 104
孤立 130、230
根拠のない暴力 278、283、286、299、422、423、424、428
混合ホッジ構造 34、44、262
コンセンサス 96、98、99、128、131、151、179、202、203、204、205、280、297、305、306、329、332、380、404、428

【サ】

差異 472
菜園 6、7、9、15
再会 69、74、77、120、131、133、193、200、201、203、383、384、398、416
最初の決定的な転換(一九三三年) 62
最初の突破口 101
再生 70、139、141、144、151、369、377、391、499、501
再生――摩滅 565
細目――全体 558
探り入れ 316
砂漠 135
作用――反応 566
三角形 574
三本脚の馬 25、107、123、145、383

【シ】

死――生 105、108、109
死――誕生 105、108、109
師 49、141、142、143、237、253、314
師――学生 272
師の埋葬シンドローム 257
師の役割 139、144、326、384、534
塩辛いもの――甘いもの 556
時間の要素 26
四季 434、468

敷居 14、31、71、106、142、286、287、461、464、519、527
仕切り弁 283、286、288、397、404
子宮——胎児 100、454
仕組み 295
死 104、107、114、120、122、123、128、130、132、193、202、215、396、499
死亡届 2
死去 49、331、346
自己投入 134、135、154、173、307、318、341、356、419、424、428
自己を知る 28、393
自己に対する愛 82
自己の軽蔑 98、190、192、197、206、212、286、292、303、323、330、391、393、396、426
自己の発見 134、140、141
自己の否認 192、197、207、212、359
思考 20、458、465、466、467、470、474、491、522、549、550、567、570、572
仕事 88、89、142、150
自在さ 10、11、14、15、47、69、

173、255、258、335、340
事実——想像 485
事実——夢 485
事実性——夢 558
事実性——想像 558
使者 113、116
自信——謙虚 554
静けさ——調和 444
自然な一般性 32、170
持続的な注意 19、20、22
事態の回帰 203、327、333、334、374、384、399、404
時代の精神 246
執行猶予中のうらみ 327、337、338、374、399、404
実行——着想 85、86、551
シット(景) 237、342
支配——奉仕 252、555
「支配するために分断せよ」 98
支払わねばならない代価 460、463、513、514
自分を完全に受け入れる 82

自分に固有の力 46
自分自身との深い一致 421
自分自身の中に生きている否認された女性の葬儀 349
自分自身の中の女性的なものの拒否 360
しみ 206
地味——横溢 556
ジャンプ台 314
じゅうたん 341
収穫 66、187、298、336、429
『収穫と蒔いた種と』 2、4、9、11、15、17、39、46、65、72、79、83、109、122、124、134、160、169、183、187、188、189、201、217、218、247、249、253、264、288、303、328、335、336、347、348、352、370、371、406、407、413、417、418、422、426、427、431、472、474、510、535
主人 224、246、252、363
主人——召し使い 252、439、468、555
主人と奉仕者 224、265

自由　193、295、296、502、504
充実――から　455
収縮――拡大　556
集合無意識　546
集団的な知　465
集団無意識　172、345、357
集中――自由さ　455、456
集中した――散漫な　456、556
集中――開放　556
集中――分散　556
充満――空虚　455、556、564
主観性　431、433
主体――客体　85、552
手段　71
主張――留保　552
主張するもの――確認するもの　555
出発――回帰　565
純粋性――肥沃さ　470、475、559、560
純粋性の擁護者たち　247
職業倫理上のコンセンサス　247、258
常規を逸した願望　367、368、372、373
条件づけ　61、76、88、94、100、101、106、107、119、125、130、145、169、173、198、208、228、281、289、344、349、419、450、457、474、489、496、505
上祭服をきた司祭　175、348、356、358
省察――本能　559
上昇　317
象徴の体系　547
衝動　472
情熱――平静　86、90、439、552
丈夫――ひ弱さ　557
譲歩　59、64、79
食生活　5
女性　53、54、61、64、74、77、78、95、97、107、148、150、154、178、191、352
女性的　53、55、60、61、65、67、71、72、77、78、85、86、90、93、99、103、105、149、150、153、156、158、166、168、169、171、172、175、179、181、184、187、191、192、199、207、212、213、220、222、225、228、233、241、246、249、252、266、271、281、289、342、344、345、349、351、354、362、363、367、381、382、430、442、448、453
女性性　179
「女性的なもの」の葬儀と埋葬　184
情報の所有とコントロール　247、258
自立――依存　555
自律性　96、193、194、285、288
知る――認識する　439、475
知り・創造する力　191
知ることに対する恐れ　302、367、393
知る――わかる　86、552、560
知る――不思議さ　475、478、553
知る――難解さ　553
親近性　84、173、232、233、236、239、241、253、265、266、348、358、359、373、374、381、409、430、431、433、466、491、493、494
「信仰」　215、217
真実の瞬間　370
人種差別主義者　436
身体　3、4、8、9、13、14、64、

67、122、183
身体上の努力　7、13
身体の言語　543
進展　551、565、571
信念　30、550、554
信念——疑念　468、554
進歩——伝統　553
進歩は止められない　187、252、358
シンボル　172、176
信用貸しの学位論文　237、264
信頼——留保　554
心理劇　541
神話　115、117

【ス】

垂直の——水平の　566
垂直な切断　105、125
水平な切断　105
睡眠　3、5、9、13、14、88、406
数学　8、9、11、12、15、27、28、29、30、31、43、51、52、69、75、83、101、102、122、123、134、139、140、144、145、146、147、148、149、150、151、152、153、154、155、156、157、158、159、161、162、163、164、165、166、167、168、169、170、172、175、184、185、187、191、209、210、218、225、231、233、234、236、237、238、242、245、247、248、253、255、258、262、265、266、268、269、271、273、288、289、298、300、301、302、305、307、308、314、317、318、339、341、342、343、344、347、348、355、358、359、360、361、364、365、366、369、370、373、378、380、388、408、416、319、423、432、437、447、458、459、460、462、463、464、465、491、492、517、529、532、534、570、590
数学共同体　172、245、350
数学に対する情熱　8、9、314、316
数学における陰と陽　167、185、378
数学者　8、9、10、15、27、40、41、43、148、150、153、154、155、156、158、160、165、168、170、186、234、236、239、240、244、247、255、259、265、271、317、324、341、342、343、345、348、358、372、389、414、418、432、437、453、461、462、463、464、466、474、494、502、505、514、519、524、532、590
「数学上の女性的なもの」の葬儀　172、175、349
数学上の夢　249
『数学刊行物』　40、41、42
崇高なもの——低劣なもの　565
数論　43、45、57、163、227、260
数論的幾何学　260、261、262、264、343
スキーム　19、21、32、33、38、240、259、262、519
救いとしての根こぎ　19、36、71、209
スズメバチの巣　290、293
スタンダード予想　56、425
頭脳　14、53、64、134、147
「頭脳の筋肉」の諸価値　52
すばらしき未知なるもの　148、217
「すべてのことがらは、必然性と偶然との娘である」　496
すべるもの——引き留めるもの

551
スポーツのような数学　252
スーパー陰　68、143、227、271、326、340
スーパー・ウーマン　340
スーパーおんな　340、341
スーパー女性的　199、266
スーパー男性　65、330
スーパー男性的　266、398
スーパー・ファーザー　62、65、69、133、176、181、182、183、184、187、191、192、213、222、229、318、320、328、329、330、332、333、334、337、338、340、369、374、391、397、398
スーパー・マザー　176、181、184、185、191、192、213、222、318、330
スーパー・ママ　174、221、222、340
スーパーマン　65、66、69、330、338、340、362
スーパー陽　68、72、99、139、140、146、154、173、179、192、207、224、225、227、228、241、252、256、263、271、326、331、341、342、373、382、399、486
スーパー陽の順応主義　133
スーパー陽の方向での不均衡　136

【セ】

生　114
生を描く言語　541
生――死　430、434、436、552、566、571
性　64、354
「西欧的」　52、91
性の一義性のタブー　125
性の抑圧　218
性格的なもの　483、485、488
正確さ　472、473、508、511、584
正確――漠然　470、475、479、503、558、584
正確さ――不鮮明　478、584
正確さの精神　512
正確さ――一般性　466、475、478、482、558
正義――慈悲　548、561、563
正義――恩寵　563
生産――消費　552
成熟　72、76、131、134、135、216、224、254、255、258、293、317、383、420
成熟度　533
精神――物質　440、441、442、443、552
精神――身体　456、555
精神分析　149、176、351、423
成長――老化　565
正当な暴力　288、426
正式のカップル(対)　495、496、498
制約　472
責任　296、549、551、561、570、572、588
責任(あるいは業(ごう))――恩寵　549、561
世代　85、96、105、213、281
切断　105、125
説明する――理解する　86、552、557、560
節約――豊富　556
ゼネラル・ナンセンス　234
善――悪　430、431、434、436、468、565、571

全員一致 267、355、358
前進する――後退する 566
戦争 95、284
全体 550、551、558、584、585
選択 64、315、419、461
戦闘的な反乱 214
一九一四～一八年の戦争 220
一九三三年 55、62、67、195、389
一九三六年 369
一九三九年 63、68
一九四二年 66、68
一九四八年 355
一九四九年の法令 415
一九五二年 341
一九五三年 342
一九五五年 163、240
一九五七年 66、242、343、345
一九六〇年 324、343
一九六五年 300、324、347
一九七〇年 56、163、240、241、314、331、343、355、359、399、416
一九七二～七三年 534
一九七四年 140、408
一九七六年 54、69、77、145、182、200、203、285、398、590
一九七七年 589
一九七八年 217
一九七九年 202、203
一九八〇年 285
一九八一年 145、237、315
一九八二年 285、287、288

［ソ］

相違――親近性 559
騒音――静けさ 444
想起 118、348、352、353、370
葬儀 118、168、172、174、175、176、184、185、190、192、205、227、266、267、298、302、348、349、350、352、358、385
葬儀における大司祭 355
綜合 472
早熟――遅まき 566
創造 151、377、426、442、445
創造的な両義性 441、444、447、450、451、497、501、572
創造的な逆転 448
創造――破壊 431、436、446、468、565
創造的な力 130、304、308、363
挿入するもの――挿入されるもの 556
挿入する人――受け入れる人 566
相補 53、92、94、95、101、106、107、109、133、137、155、171、225、229、232、233、236、265、266、380、501、504、564、574、576、583
相補的な二十面体構造 575
送風口 484、485、487、496
聡明――愚かさ 435
創立記念の小冊子 18、19、21、32、36、39、40、42、52
葬列 50、92、182、190、226、237、259、316、348
速度――惰性 553
測度の理論 153
素材 134
そそっかしい人 474

ソフトな数学　361
尊敬――親しみ　560
存在――不在　455、564
尊重を示す行為　271

[タ]

ダイアグラム　84、85、103、435、440、549
第一の時期　54
第一の場面　298、301、320、327、337、340、348、349、350、351、370
対合　576、577
大司祭　190、266、298
第三の時期　54、64
第三の場面　349、350、351、357
代数幾何学　18、33、35、43、45、57、163、164、165、227、235、259、260、261、262、324、519
『代数幾何学の基礎(EGA)』　41、43、48
代数幾何学セミナー(SGA)　19、41、43、244
代数幾何学とトポロジーと数論の綜合　51
代数群　235
代数的K理論　32、36、37、43、171
「代数的連接層」　163
代数多様体　19、21、56
大胆――自制　554
大定理　242、243
ダイナミック――均衡　85、552
第二の大きな転換点　64
第二の司祭　357
第二の場面　357
第二の弧　135
第二の時期　71
第二の天性　93、319、363、369、373、379、477
第八番目の不思議　488
堆肥　363
タイム!　49、116、310、311、312、313、388
「タイム!」というスタイル(文体)　49
太陽――地球　439、556、563
太陽――月　439
太陽とその惑星　404、413
対立的な兄弟　376
「代理人を立てての」うらみ　400、401
楕円　518、520
高い――低い　108、434、438、468、551、566、568、570
高さ　551、566
高いところ――深み　566
高さ――幅広さ　566
多重体(ミュルティプリシテ)　260
惰性　83、137、141、194、366、369、387
戦い　138
ただひとりでいることに対する恐れ　306
達成されたもの――未完なもの　558
たとえ話の言語　541、544
(他人の)無謬と(自己に対する)軽蔑　46、190、306、375、428
「楽しみにおこなう」暴力　283

楽しむ――苦しむ　563
ダビデの星　469、583、591
タブー　104、114
たも網　508、509
多様――ひとつ　459
多様性――一様性　559、560
多様性――統一性　459、469、470、559
探求する思考　435、485、500、502、531
探求し、熟考する思考　470
断固とした――慎重な　554
男根主義者　436
誕生　70、71、74、215、499、500
誕生――死　566、573
単純　503、550、559、584、585
単純――複雑　459、465、466、469、470、479、502、559、560
単純さの奇跡　516、518、520
ダンス　543
男性　53、54、61、64、74、77、78、95、97、104、191、352
男性的　53、55、59、60、61、65、67、71、78、85、90、93、99、103、105、145、149、151、154、156、166、169、170、171、177、191、207、212、213、220、222、223、224、225、229、234、255、271、289、331、333、339、344、362、363、366、367、382
男性――女性　551
単独の騎士　16
断片　313、328、329、330、334、337、338、348、365

[チ]

中国　80、86、91、93、99、101、119、392、396、419、568
中国医学　91、93
中国医療　6
力　413、550、557、572
力を行使すること　276
力強さ――微妙さ　557
力と後光　38、173、189、327
力の開花　66、130
力の誇示　65、68、69、73
地球の思考　528
蓄積されたうらみ　292
秩序　487、503、508、517、551、561、584、585
秩序――カオス　469、470、479、488、503、549、560
秩序――自由　485、487、488、561
秩序と不思議さの結び合い　478
秩序――不思議さ　488、561
父　22、54、57、58、59、62、66、67、68、69、86、103、111、129、166、177、192、193、195、197、198、201、202、205、206、207、212、213、218、220、221、222、223、224、225、235、270、271、273、281、294、318、319、326、330、331、332、333、337、339、340、372、374、375、381、384、388、391、403、407、410
父――母　86、103、439、550、551
父親的なもの――母親的なもの　551
父代わりの人　371、374
父との一体化　57、60、67、371
父との紛争　205、206、371

父の苦悩についての夢　201、203
知の衝動　67、236、289、315、381
知識――認識　552、560
知的活動　6、8、13、14
ちつ――ペニス　100、454
抽象――具体　456、457、459、460、470、479、502、559
抽象化　458、459、460、461、462、463、464、471、519、523、530
抽象化する能力　522、526
抽象化の段階　516
抽象化の暗礁　530
抽象化のレベル　513
「抽象化」というメダルの裏面　535
蝶の採集者　29、191
彫刻　543
弔辞　18、19、21、24、25、32、33、35、36、37、38、39、50、117、124、153、170、172、173、184、185、186、189、226、227、248、265、272、327、340、347、350
調査　47、116、124、348
頂点　84、430、435、466、469
嘲弄　177、271、323、343、345、349
調和　95、106、136、137、138、397、420、421、478、480、481
直観　117、156、157、189、393、423
直観と流行　264
直観――論理　146、156、158
［ツ］
Zielgerichtetheit　65
対(つい)　447、497、498、501
追求――放棄　552
通夜　419
束の間――永続　553
突き進む人　255
突き出た――引っ込んだ　552
包む――包まれる　454
包むもの――包まれているもの　560
壺の半分　97
つまずきの石　334
詰まった――空いた　556
詰まっている――空のもの　564
妻であった人　332、333、334、388、399、402
強い――弱い　468
強いもの――弱いもの　557
［テ］
抵抗力のあるもの――もろいもの　557
DEA(専門研究課程終了証)　590、590
敵対する夫婦　87、435
敵としての父　187、205、212、220、221、222、226、334、371、375、388
手品師　313
手に負えない姉妹　502
出る――帰る　565
天――地　566
天――地球　439
転移　278、368、376、385、386、391、428
転換点　167、235、302、314、363、386、403、426、427

伝記的なメモ　327、346、384
天使の性を論ずる　216、432
伝説的な困難さ　51、171、361
伝達――考え・感情などの一致　557

［ト］

問い　56、151、473
統一性　74、75、97、172、173、191、192、201、365、412、461、462、463、472、480、550、551、559、584、585
統一性の探求　168、457、464、512
胴切り切断　187、252、358
同型　575
東西南北　433、438、468
導師シンドローム　534
導師でない導師　25、107、123、142、144、145、383
堂々たるもの――取るに足りないもの　565
『道徳経』　114、119、148、149
逃避　136、137、196
逃避シンドローム　401
当惑　175
通るもの――留まるもの　553
特異点の解消の問題　425
特殊――一般　457、459、460、470、475、558
特別な話し相手　163
匿名の暴力　284
閉ざされている――開かれている　556
閉じる――開く　556
凸状――凹状　552
扉(宇宙に開かれている)　101、102、102、106、146、430、434、548、550、567、573
トポス　37、43、51、171、234、237、240、248、252、259、260、271、342、459、460
トポロジー的　431
トポロジー　45、163、227、257、259、260、261、342、460
導来カテゴリー　38、248
囚われ人　115、118
努力――くつろぎ　557
奴隷　99、219、283、286、288、404
とんまなパパ　319

［ナ］

内縁のカップル(対)　478、495、496、498
「内的な」代価　464
名を名乗らない暴力　426
長い行列　443、444、447、497、501
なぞ　210、214、217
夏――冬　433、468、553、563、573
なまの経験　536
波　112、208、209、210、211、229、241
南無妙法蓮華経　406、410、416、419
なめらか――ざらざらした　552、559
ナンセンス　170、240

［ニ］

憎しみもなく、容赦もなく　386
憎しみのない破壊　392、395、396
二十面体　465、467、468、469、492、495、

549、550、551、567、575
二重の二十面体　573、582
二十面体の構造　469、470、574、577
二重の署名　229、236、239、316、319、
330、334、347
日本山妙法寺　406、408、412、413、415、
419
任意性　431、433、490
人形遊び　61
人間存在のもつ大きななぞ　214、218
認識　148、286、304、383、387、420、423、
424、550、553、561、563、572
認識——許し　562、563
認識——理解　561、563
認識可能——認識不可能　553
認識——無知　434、553

［ネ］

粘り強さ——超然　86、552
熱　449、551、563
熱情——固執　552
熱情——根気　85
熱心さ——慎重さ　436
熱望　298、301
年長者　16、46

［ノ］

能動——受動　85、552
望ましい——望ましからざる　564
登る——下る　566
のみとハンマー　166

［ハ］

排泄——吸収　552
破壊　62、64、87、388
破壊の意志　388、389、390、391、392、
398、400
墓　235、370
墓掘り人　50、162、172、176、182、183、
259、263、267、268、285、302、317、345、
349、358
墓掘り人シンドローム　257
破壊——創造　106、108
烈しい妻　176、208、221、226、275、276、
277、326
漠然——明確　146
橋渡し　213
パズル　313、327、329、337、340、348、
365
働いている思考　474
二十日ねずみに対する猫の権力　311
発見　29、30、149、176、489、490
八歳　58、133、195、382、393、398
ハードな数学　361
話し相手　165、167
花とその動き　495、510
離れている——近い　560
離れているもの——統一している
もの　559
母　22、24、54、56、57、58、59、
61、62、63、65、66、68、69、71、
86、101、103、104、108、122、123、129、
137、166、177、193、195、197、198、202、
203、205、212、220、221、222、223、224、
225、226、228、229、230、235、270、275、
281、285、326、339、340、389、391、403、

440、444、473、478、481、499、538
母――子ども　105、108、450
母との一体化　331
母の問い　589
母の父　220、270
母の発見へ　249、502
母への回帰　78、104
幅広さ　551、567
ハーモニカ　483、485
速い――遅い　436、439
速い――ゆっくり　553
春――秋　433、438、468、566
判決――理解　563
半分　97、105、191
半分と全体　93、124、126、128、129、130、189、306
ハンマーとのみによるアプローチ　159、250

［ヒ］

火――水　439、563
火の中の百本の鉄棒　11、424、426
美――醜　435
東――西　433、438、468、566
光　550、553
光――影　433、468、553
光るもの――くすんだもの　553
光のある点　274
引きつけるもの――押し返すもの　564
引きつける極　470
飛翔　122、134、136、223、263、309、445
飛翔――安定　85、552
飛翔――衰退　438、468、565、571、573
飛翔――根づき　552
微笑　265、270、318、354、390、424
ビジョン　91、92、93、94、95、132、133、141、144、150、175、182、183、193、316、379
ひそかな憎しみ　398、399
ピタゴラス的な二十面体　583
ひつぎ　50、187、252、259、316、358
必然性　472、474、479、585
必然――偶然　485
必然――可能　485、496、558
必然性――偶然　495、560
人を乗せること　276、278
ひとつの誕生　70
否認　348、351、353、358、359、370、371、373、374、393
否認された女性の埋葬　172、176、349、351、352、358
否認された師　257
批判――称賛　555、557
ひび　97
ひび割れ　93、98、124、126、129、130、189、303、304、306、332
皮膚　525
皮膚と抱擁　516、519、520
疲弊　13
疲労　5、13
肥沃さ　55、57、161、473、584
病気　2、18、87、89、91、116、124、182、183、184
病気のエピソード　9

標準的な参考文献　251
表現　550、557、570、572
表現――知覚　557
表現――印象　557
表現されたもの――表現されないもの　558
表層　18、20、22、29、47、113、181、187、197、200、322、326、343、367、478、501
表層――深み　454、553、560
標的　338、345、397、400、401、402、403、404、422、429
ひらめき　191
広いもの――深いもの　566
広がり――持続　435、567
ヒロシマ・デー　406
ビロードをまとった足　265、270、273、274、275、276、279、280、281、283、289、298、311、312、314、318、322、388、390、396、424
ビロードをまとった爪　181、265、319、321、331、379、427
敏感な点　274
ぴんと張った――ゆるんだ　556

【フ】

不安　73、82
不安定――安定　553
フィールズ賞　32、33、36、43、45、49
夫婦の曲芸　273、274、288、312
深い層　322、326、332、367、379、545
不快な――甘美な　556
深き淵より　18
不活動　87、88、89
深み　18、20、21、22、47、536
不協和――調和　559
不均衡　87、90、92、136、137、146、155、224、225、226、255、256、338、341、382、450
不均質――均質　559、560
複合的　517
複雑　514、516
含む――含まれる　100、101、454
不公正　237
不在――存在　455
不思議さ　476、487、503
不条理　25、26、28、363、377、392
腐植土　363、377、392
父性――母性　551
舞台化　363、367、379
二つの顔をもった殻　131
二つの認識　302、367
不同なもの――同類　559
不動点のない対合　576、577
船――川　444
不能性　345、346
部分――全体　451、457、459、466、469、470、558
部分は全体を含む　450
プラス――マイナス　455
ブランド・イメージ　144、173、256、271
振り返り　129、182、187、188、266、318、364、369
プルチネッラの秘密　508

「プログラムの代わりに」 149、217
「プロムナード」 249、250、502、526
分割する――集める 559
分散 465
紛争 94、124、190、196、201、212、215、217、218、219、334、370、374、379、392、394、395、417
紛争の状況 72
紛争――一致 559
紛争の発見への旅 126、189
紛争のなぞ 210、391
紛争と発見 385、386
紛争の理解 394、395
分析――綜合 559
分裂 58、64、70、74、76、95、98、105、130、196、219、224、420
分裂していない、「ひとつ」である人 193
分裂――統一 559
分裂している――全体 559

[ヘ]
別の人 489、494
へつらい 83、137、300、303
ペニスの――ちつの 551
変化――安定 553
変化――連続 553
変化――不動 553
遍在性――永遠性 567
変身 358、366、367、368、371、373、375、382、384

[ホ]
方位盤 438
放棄 127
忘却 58、323
宝庫 18、21、24、39、492
報告書 235、238
奉仕者 253、264
奉仕 242、243、245、246、252、257、265
法則――偶然 485、496、560
法則――自由 485、495、560

方法的なもの――着想を得たもの 559
方法 28、29、147、152、156、157、161
訪問 251、326、350、366、368、370、385
暴力 278、285、288、290、294、295、299、378、427
保形形式 265
保形関数の理論 265
母―言語 535、543
母権的 52、96、139
保護するもの――保護されるもの 101、555
誇り――控え目 554
ポジティブ――ネガティブ 564
ボス 12、20、54、61、66、67、75、76、123、131、152、169、208、209、210、211、228、236、256、257、263、289、301、302、308、317、330、368、369、373、375、379、381、382、428、471、542、543
母性 166、321、340、341、361、445、448、449、450
ホッジの理論 33、35、38、44、425

ホモトピー 260、264
ホモロジー 32、264
ホモロジー代数 163、259
ぼやけた構造 494
ボンベイの会議 57
翻訳 537、543、544

【マ】

埋葬 4、9、18、20、24、38、46、47、59、66、67、83、102、116、124、131、162、171、175、176、177、178、181、182、183、185、187、188、189、190、191、192、202、203、204、205、206、212、213、222、226、236、242、248、258、263、264、267、283、298、301、302、303、309、310、314、316、317、318、320、325、327、335、337、340、344、348、349、350、351、353、355、356、357、360、362、363、366、367、370、372、382、398、419、420、426、427、428
埋葬の核心 124
埋葬シンドローム 234、247
前――うしろ 440
摩擦 232、307
真面目さ――ユーモア 556
まじめな数学 234
またとない状況 340、356、359、381
真っすぐ――丸み 556
真っすぐなもの――丸いもの 556
マッチョ 145、161、207
窓 549、570、573
学ぶ――(学んだことを)忘れる 434、438、554、565

【ミ】

見えないサークル(枠組み) 474、521、526
見える――見えない 553
右――左 549、551、567、568、570
水の歩み 168、502
満たす――空にする 556、564
道案内 31、424
満ちてくる海 153、161、162、166、184、185、212、236、241、249、266
導きの糸 491
見通し 50、328、422、423
南――北 433、468、553、563
見習い水夫――船員たち 444
未来――過去 551、567、568、570

【ム】

無意識 54、64、65、68、78、140、144、151、171、178、179、180、196、199、224、228、271、273、281、282、283、291、292、294、300、302、310、322、323、337、344、348、354、367、377、400、404、417、422、424、428、434、436、439、475、486、505、530、545
迎え入れ 80、285
報い――許し 561、563
報い――慈悲 563
∞―園(シャン) 37、260
無邪気さ 57、127、128、131、187、203、307、314、334、339、384
無邪気さ――成熟 565
無邪気な微笑 273、277

無邪気な暴力　278、391
矛盾の代価　19、20、36、39、370
結び目　204、205
娘の問い　589
難しさ　50、51、52、55
結び合い　66、96、130
六つの演算　38、248
無気力　89
無力さ　192、303、304、306、308、332
無力さの告白　199

［メ］

明確――漠然　466、475
明確さ――不鮮明　558
めい想　8、19、22、23、26、27、31、55、56、57、69、70、77、93、122、123、136、141、142、143、162、169、172、189、191、193、194、200、202、209、210、211、214、223、278、287、288、289、293、303、387、416
めい想――凝視　559
めい想の発見　144、145、200
明白な――不可解な　553
命令するもの――従うもの　555
めざめ――眠り　85、552
めざめた視線　20、21
目につく――隠されている　553
メブク層　317
面　466、467、469

［モ］

もうひとつの自分自身　327、370、372
燃えるような――なまぬるい　563
目的性――原因性　560
文字――精神　441、442、443、445、559
モチーフ　35、38、44、50、57、240、248、249、260、261、262、264、316、317、366、370、425
モチーフの誕生　24、190、237、317
黙許　137
最も熱い鉄棒　426
モーデル予想　51、55
もの乞いの立場　97
門　570、572

［ヤ］

矢　208、209、210、211、397、449
矢と波　208、210、229、249
役割の逆転　49、88、93、138、179、266、272、322、447
養われるもの――養うもの　560
痩せている――太っている　566
やわらかい数学　361、362

［ユ］

勇気――用心　554
勇気――謙虚　554
有限――無限　558
夢　70、89、112、113、114、115、118、122、136、201、202、203、478、486、493、505、527、540、547
夢をつくる人　264、370、483、484、505、545、547、548
夢の言語　112、118、119
夢――現実　146、564
ユングの自伝　421

【ヨ】

陽のつよい不均衡　6、73、75、146
陽の中の陰　88、154、155、223、250、448
陽の中の陽　250
陽は陰を埋葬する　50、62、66、87、119、133、143、153、167、184、185、213、222、226、227、229、265、272、328、334、347、349、357、362、369、398
陽は陰をもてあそぶ　139、142、143、326、384、534
陽は陽を埋葬する　205、212、220、221、222、226
陽―陽の親近性　233、236
幼少時代　8、22、23、24、54、55、57、59、60、65、69、70、71、72、73、93、129、132、135、145、147、157、170、173、192、193、195、203、208、220、281、282、285、291、294、330、332、333、339、369、373、374、376、382、383、384、399、402、428、515
余暇　88、89
抑圧　65、67、77、79、98、107、125、144、196、219、224、229、256、351、382
抑圧のメカニズム　76
よこしまさ　37、311、319
よこしまな層　311
よこしまなシンポジウム　36、237、315、317、391
四つの方向　468、549、570
四つの極性　571、572
夜の美しさ、昼の美しさ　474
喜び――悲しみ　468、563、571、573
喜び――苦しみ　563
喜び――不快　564
四という数　377
四十八歳　54、60、64、133、351

【ラ】

楽観――悲観　564
ラマヌジャン予想　35、44

【リ】

理解　106、129、150、156、394、473、561
理解の質　31
理解したいという願望　152
理解を超えたもの　400、404、426
履行された義務　370
リズム――メロディー　560
理性――感覚　456、559
理想　375
理想主義――現実主義　564
リーマン・ロッホ・ヒルツェブルフ・グロタンディークの公式　37、162、242、343
理由のなさ　310
理由のない暴力　289、295、390、391、393、396、398、401、403、422、426、427
稜　103、466、469、574
両義性　65、66、442、443、444
両義的な関係　69
両義的な反乱　181、270、271、275、326
両極端は触れ合う　451、453、501、572

両親　23、24、54、55、57、58、59、62、68、76、93、127、128、177、178、191、193―198、200、201、202、204、205、212、213、214、217、219、222、290、294、389、416
両親の文通(一九三七―三九)　23
両親の文通(一九三三―三四)　22、23、24
両親についてのめい想
(一九七九・八―一九八〇・三)　22、57、66、200、224
両親との紛争　195、205
両性具有(アンドロジン)　442、444、445
輪舞　441、444、447、497、501
倫理　551、565

[ル]

類縁性　533
類似性　16、333、334、336、462、472

[レ]

霊きゅう車　50、259、316、426
レクチャー・ノート　900、20、38、237、248
連想　40、47、49、50、103、114、116、117、124、153、158、170、173、174、176、177、184、185、186、225、226、227、232、327、328、335
連続性　567

[ロ]

労働者　54、61、131、169、209、211、236、315、317、369、482、520
労働者――子ども　263、368、369、470
老人――子ども　108
老年　132
牢獄　116、118
六歳　62、285、393
論述――意味　557
論理――直観　456、559

[ワ]

若者たちの気取り　247
別れ　120、134、139、142、144、164、167、229、230、234、239、241、258、268、273、314、317、345、348、355、359、368、369、399、408、416
別れの言葉　123
わが母なる死　86、102、124、189
脇道　118、124、153、174、177、184、187、190、232、298、313、386
「わたし」　54、61、67、75、94、131、140、141、152、169、206、207、229、236、289、326、369、379
私自身の中の暴力　427
私たち自身を問題に付す　353
私の孤児たち　248、264、370
私たちの種　106、115
私の情熱　67、210
私の生来の統一性　75
私の中での分裂の不在　59
私の手になる詩集　22、25、84

私自身に対する視線　285
私自身を知ること　23
私の中の「陰の」原初の基調　228
私が遠ざかれば、それだけ私は近づく　495
わな　10、47、173、258、335、340
笑う――泣く　563
笑い――涙　563
わりに合わない取引　298、310

人名さくいん

【ア行】
アイレンバーグ 163
アインシュタイン 570
アショーカ王 414
アーベル 167、218、261、264
アーメド 6、93
アルキメデス 516、522
アンジェラ 120、121、123
イヴォンヌ 272
イワン雷帝 392
ヴィルヘルム 518
ヴェイユ 232、248、425
ヴェルディエ 251、260、272、357
ウォール 41
エイハブ船長 513
エドワーズ 414
エプシュタイン 40

【カ行】
ガヴェツキー 40
ガブリエル 235
カルタン 163、244
カルティエ 40、464
ガロア 123、167
キュイペール 18、19、40、42、48、49
キリスト 395
クィレン 370
グエジ 414
クリシュナムルティ 139、141、142、143
グロタンディーク 33、34、35、36、40、41、43、44、45、171、343
グロモフ 40、45
ケストラー 309
ゲーテ 518
ケプラー 305、306、309、467、468、488、511、516、517、521、522
ケーラー 425
ゲルファント 244
ゴレスキー 35、36、44
コンヌ 40、45、49

【サ行】
サヴァール 415
サミュエル 414、415
サリヴァン 40、45
ジュアノルー 272
シュヴァレー 15、16、17、139、253、407、414、415
シュタイン 163
ジョラン 272、416
シン 37
スターリン 280、392、396
スラ先生 153
セール 50、162、163、164、165、166、232、233、234、235、236、255、256、341、343、425

【タ行】
ダーウィン 216

ダビデ 583、591
ダモクレス 402
ティッツ 41
デモクリトス 496
デュドネ 40、41、43、48、227
ドゥミトレスク 144
ドゥリーニュ 17—19、33—35、38、40、42—45、49—50、56、102、123、162、167、170—172、182、187、190、226、231、233—234、236—241、245、248、251、253、255—256、262、264—271、282、298、302—303、313—314、320、324、326、330、334、340、342—343、346—347、349—350、355、357—358、360、366、372、384—385、388、398—399、464
トム 40、45、237、238

【ナ行】

ナタリー 102、123
日蓮 410、411
ニュートン 516

【ハ行】

バース 37
パスカル 511
ビュキュル 422
ピタゴラス 483、501、583、591
ヒッパルコス 522
ヒトラー 396、397
ヒルツェブルフ 36、343
ヒロナカ 238
ファルティングス 45、51、55
フィールズ 237
フェルマー 12、45、51、216、218
藤井日達 404、406—412、417、419、420
ブッダ 395、411、413、417、419
プラトン 219
ブリーン 261
フレーリヒ 40
フロイト 149、151、184、351、376
プルチネッラ 508
ブルバキ 10、15、27、48、151、158、160、161、163、241、243、343
ヘラクレス 51、340、341
ポアンカレ 12、43
ホッジ 33、38、425
ボワザン 590

【マ行】

マクファースン 35、36、44
マニン 235
マリア 56
マンフォード 507
ミッシェル 40、45、237、238
メブク 2、36、38、425
モーゼ 52
モチャン 41、48、238
モーデル 51、55

【ヤ行】

ユークリッド 147、152
ユング 92、351、376—378、421、546

【ラ行】

ラドガイリー 182、247、252、358

ラマニュジャン　35、44
ラングランズ　265
ランフォード　40、45
リーマン　52、218、343、437、528
リュイテンス　142
リュエル　40、45、237、238
リュスティグ　44
ルベーグ　153
ルロワ　252、464
老子　114、118、148、351
ロッホ　343

訳者あとがき

本書は、アレクサクドル・グロタンディーク（Alexandre GROTHENDIECK）著『収穫と蒔いた種と――数学者のある過去についての省察と証言』（RECOLTES ET SEMAILLES Réflexion et témoignage sur un passé de mathématicien）の第三部にあたる『埋葬(2)あるいは陰と陽の鍵』（L' ENTERREMENT ou La Clef du Yin et du Yang）とこれに付された付録『宇宙への扉（陰と陽の鍵への付録）』（LES PORTES SUR L' UNIVERS）の全訳です。これらは、フランスのモンペリエ(Montpellier)にあるラングドック科学・技術大学（Université des Sciences et Techniques du Languedoc）と国立科学研究所（Centre National de la Recherche Scientifique)から発行されているものです。訳書としては、『数学者の孤独な冒険』（一九八九年）、『数学と裸の王様』（一九九〇年）につづくものです。

これは、一九七六年十月の「めい想」の発見からつづいている、グロタンディークの自己の発見の旅のなかに位置するものですが、一九八四年四月に明らかになった「グロタンディークの人物と作品の明明白な埋葬」の深い意味、根源を問い、探求することがテーマとなっています。本書について、グロタンディークは、『収穫と蒔いた種と』の第四部を書き終えたあとの一九八五年五月に書かれた「ひとつの手紙」[1]の中で、つぎのように語っています。

「…こうして、『収穫と蒔いた種と』という広大な運動の中に第三の波が生まれました――陰（イン）と陽（ヤン）、ものごとのダイナミズムと人間の存在における「影」と「光」の面に関するテーマについての長い「波――めい想」です。このめい想は、埋葬の中で働いている深い諸力をいっそう掘り下げて理解しようという願望から出てきたのですが、にもかかわらず、はじめから、独自の自立性と統一性をもっており、直ちに、最も普遍的なもの、そしてそれと同時に、最も深く個人的なものへと向かいました。このめい想の過程で、私はつぎの事実(少しでもこう問題を提出すれば、実際には明白な）を発見しました。つまり、数学においても他のことにおいても、ものごとの発見にあたっての私の自然なすすめ方の中で、「基調」をなしているのは、「陰」、「女性的」なものであること、またとくに、普通にあることとは反対に、私の中のこの原初の性質に忠実でありつづけ、周囲の環境において尊重されている支配的な諸価値に自分を順応させるために、この性質を曲げたり、改めたりしたことは一度もなかったことでした(※)。この発見は、最初はただの珍しいもののように思えました。とはいえ、それが埋葬を理解するための基本的な鍵であることは、少しずつわかってきたにすぎません。そればかりではなく――このことは、さらに大きな広がりを持っていると思われます――今ではきわめて明瞭に、あらゆる疑いの余地なく見えることなのですが、私が決して例外的な知的能力をもっているわけではないのに、数学研究において、つねに全力を注ぐことができ、広大で、力強く、肥沃な作品とビジョンを産みだすことができたのは、ほかでもなく、この原初の性質に忠実であったこと、自分を規格に順応させようとする配慮がまったくなかったおかげです。だからこそ、私は、原初の知の衝動に全幅の信頼をもって身をまかせることが出来たのです。その力や鋭敏さや分割不可能な性質をいっさい切り刻んだり、分断したりせずに。

しかしながら、このめい想「埋葬(2)――陰(イン)と陽(ヤン)の鍵」の中で、注意の中心にあるのは、創造性やその根源ではなく、むしろ「葛藤(紛争)」、創造性がさえぎられる状態、あるいは、プシュケ(心)の中で、対立する諸力(大抵の場合、隠れた)の衝突による創造的エネルギーの分散です。**暴力**、(見かけ上)「根拠のない」、「楽しみとしておこなう」暴力の諸側面は、埋葬においていく度となく私を面くらわせました。それはまた同様な体験を味わった多くの状況を思い起こさせました。この暴力の体験は、私の人生の中で、「紛争の体験の中の消し去ることのできない、堅い核」のようなものでした。これまでは、人間存在一般において、またとくに私の人生において、この暴力の存在そのものや、その普遍性についての恐るべきなぞに一度も向きあったことはありませんでした。陰と陽についてのめい想の後半を通じて、注意の中心にあるのは、このなぞ(「陰」あるいは「衰退」の面)です。埋葬と、そこで表現されている諸力の意味についてのより深いビジョンが徐々にひき出されてくるのは、めい想のこの部分を通じてです。それはまた私自身を知るという面で、『収穫と蒔いた種と』のもっとも実り多い部分だと思われます。これが、私に、急所をなす問題や状況と接触させてくれ、また昨年まではなお回避していたまさにこの「急所の」性格を感じさせてくれたのです。」

(※)この「私の原初の性質に対する忠実さ」は、もちろん完全なものではありませんでした。長い間、それは数学上の仕事に限られていました。他のところでは至る所で、とくに他の人との関係においては、私の中の「男性的」と感じられる特徴に価値を付与し、優先権を与え、「女性的な」特徴を抑圧しながら、一般の運動に従っていました。このことについては、「陰と陽の鍵」を実質上切り開く一群のノート「ある生の歴史：三つの運動からなるサイクル」（№107—110）［本書P57］でかなり具体的に論じられています。

なお、いま引用しました文のある「ひとつの手紙」は、『数学者の孤独な冒険［のP97—162］』にすでに訳されていますので、『収穫と蒔いた種と』の全体的ビジョンをつかむ上での格好の文献として参考にしていただきたい。

★　★　★

本書が発表されて以後、「グロタンディークの人物と作品の埋葬」に直接に関係するものとして、最近、アレクサンドル・グロタンディークの60回目の誕生日を祝って編まれた記念論文集「ザ・グロタンディーク・フェストシュリフト（The Grothendieck Festschrift）」（Birkhäuser 社）が刊行されました。グロタンディーク本人は、これを、もと学生であったL・イリュジーから受け取りましたが、つぎのような公開の手紙という形でイリュジーに返事をだしました。本書でなされている探求と関連するものとして、最近のグロタンディークの考えを知ることは重要だと思いますので、この手紙を送ってもらい、ここに全訳することにしました。また、この手紙に関連するものとして、シャピラに宛てられた手紙も全文を訳出しておきます。

レゾメットにて
一九九一年三月二十九・三十日

親愛なるイリュジー

私に栄誉を与えるための『フェストシュリフト（記念論文集）』の3巻本を受け取ったばかりです。この本の底に流れる精神を把握するために、数時間かけてざっと目を通してみました。いまは、底に流れる精神のみが、私にとって重要です。数学的な内容の方は、しばしば私の頭上を通り過ぎてゆきます。まずはじめに、編集委員会の事務局を担当したものとして払った、あなたの労苦に対してお礼を述べさせていただきたい。

たしかに、だれも悲しませることなく、すべての人を喜ばせようという、あなたの望みは、疑うことは出来ません。しかしながら、いまの状況は、こうしたじつに自然な望みが、実現できないばかりではなく、さらに、魂のとる真実の姿勢とも相い入れるものではないでしょう。あなたがこうしたことを感ずることが出来なかったことを私はおおいに残念に思います。また、少なくとも、故SGA5（あなたの表現を取りましたが）の「廃墟」の編集をするというあなたが担った役割という忘れがたい先例のあとだけに、私に「栄誉をあたえる」ことを目的とした、だが、私の目には、だれに対しても栄誉をあたえていない一著作を企画するにあたって、私自身の気持ちを聞いてみるという慎重さ（あるいは、恥じらい…）をあなたが持つことが出来なかったのをおおいに残念に思います。私の目には、だれに対しても栄誉をあたえていないと言ったのは、現在、本人には全く必要ではない花で埋められている、場所ふさぎなこの「死者」に対しても、また、これらのページの中で、いかなる時点でも、**真実のことば**をひとつも発することなく、この種の機会にあたって、いつもの花火を打ち上げている人たちに対してもといかもしれない真実のことばが発せられていないのでいうことです。それによって、この栄誉が救われていたかもしれない真実のことばが発せられていないのです。リュック［・イリュジー］、この貧しさについて、私は「体面上」のことについて言っているのではなく、深いところに生きている、**真の**栄誉という意味において言っているのです。かつて、積極的であれ、黙許によるものであれ、ヴェールにつつまれた、ひそやかな軽蔑の中で、不在の師とそれと共に埋葬された人たちの埋葬に参加した人たちのひとりによる、こうした真実のことばもなく、あるいは、それがなくとも、少なくとも、これらの奇妙な葬儀へのより遠くからの、あるいは比較的近くからの（また、多少とも陰にまわった）受動的な立ち会い人であったし、いまもそうありつづけている人たちのひとりによる真実のことばもないのです。

もっとも、これらの受動的な立ち会いのひとたちに対しては、私は、この敬意をあらわす行為が心からのものであることを疑ういかなる理由ももっていません。そして、これらの人たちのなかのある人による評価や感謝のことばに心を打たれました。そして、しばしの間、いつわりの文脈を忘れさせてくれました。これらすべての人たちに対して、ここで、私は喜んで感謝の意を表したいと思います。真実のことばはありませんが（たしかに、だれも、こうしたことばをどうしても発したくなかったようです）、これらの人たちのいく人かと、私は、ときおりは、ある美しさについての人を引きつける、「共通の」知覚の中で、ある種の考え・感情の一致を感じたようにおもいました…、（こうした美しさに対しては、私は敏感でありつづけており、それは、いまも、かつてと同じです）。

あいにく（死者がひとり動きましたので…）、祝いの日々の紙吹雪と祝いのことばのために、シャベルと綱を手放さねばならないと信じた、かつての埋葬をおこなった人たちに関しては、あなたに隠しませんが、むしろ、「すべてのひとは親切で、世界はすばらしい！」といった調子のこの仮装行列に加わるのを控えた、学生たち、かつての友人たちの中の数多くのひとたちに感謝したいと思います。ひとに見られないように、知られないようにしながら、照準を修正しようとする、これらの大急ぎの、ひそかな試み…、これらの杓子(しゃくし)定規なおせじ…――あなたは、いく度となく、どれほどそれらはぎくしゃくしたものであるかを感じたにちがいありません。もうだれも欺くことのできない、欺瞞のこの見直され、修正された変種、これに対して、今回もまた、あなたは、あなたの保証を与えたのでした。あなたは、流れに逆らって感じていた、あなたの中の座をしらけさすひとをはねつけながら、あえて、全般の動きに喜んでつき従ったのでした。

『収穫と蒔いた種と』に関して言えば（この本が、この突然の大量の花が生み出された、たしかに意図されたものではない原因でしょう）、この機会に、あなたに告げておきますが、私が［フランス語の版を出版社から］出版するという考えを放棄してから、すでに二、三年たちます。それは、ひとを困らせたり、悲しませることを避けるためではなく、また、この省察とこの証言が、それが書かれたときよりも、いまでは、現在性が少なくなっているから、あるいは、内容において密度が高くなくなっているからというのではありません。そうではなく、まさにその反対なのです。出版するという考えを放棄したのは、今日まで、私の知るかぎりでは、ただひとつ、私によって、一年あまりにわたって、完全な孤独の中で、苦しみながら、この省察と証言を生みだしながら、おこなわれた行為をのぞいて、ただのひとつの真実の行為も呼び覚ますことが出来なかったことによります。こうして、私は、この行為の唯一ただひとりの受益者となっているのがわかります。そして、私以外のだれかにとって、この私の行為が肥沃なものになることについて、もはや私は期待していません。

あなたに宛てるこの手紙は、『フェストシュリフト（祝いの記念論文集）』に対する私の応答です。これは、公開の手紙です。この手紙が公表されるようにしていただければ、あなたに感謝します。

あなたの心づかいに感謝しつつ

アレクサンドル・グロタンディーク

さらに、この手紙には、次のような追記があります：

追記（四月二十一日）『フェストシュリフト』の第一巻の冒頭にある、2ページの筆者名のない序文は、私という人間と私の作品を紹介するという形をとっています。私の人生を支配した、あるいは導いた、諸事実、出来事、重要な行為、あるいは大きな諸力については、ただひとつなりとも挙げられていません。またとくに作品（すべての人の目の前で、公然と、そしてすべての人の満足のもとで、略奪され、埋葬された…）の生命と力をなしているものも挙げられておりません。いくつかの戸籍上の事実、ほめ言葉の積み重ね、私の作ったいくらかの概念の雑然とした数え上げ（この中には、たしかに私のものだと考えたのでしょう、悲しき思い出のある「重さの哲学（ヨガ）」さえ加えられています。これについては、その当初のアイデアは、セールによるものであることを、『収穫と蒔いた種と』の中ではっきりと想起しておいたのですが）となっています…。なんという貧しさだろう！わく組み（つまり、偽善）を考慮に入れないでおいたとしても、「栄誉を与えよう」としている人の人生と人物に関しては、精神上の貧しさがあり、作品の関することでは、知的な貧しさがあります。大急ぎで、奇妙な名をもったいくつかの木の名が数え挙げられています（理解できる人は理解されたいといった具合に…）――だが、これらの木々がひとつの森に属していることを推測することが出来るものはなにもありません。ひとつの風景、ひとつの地方を感じさせるようなものもなにもありません。解析学、幾何学、そして数論（それに、これらにとっての共通の奉仕者である、代数学）を統一する、この大きなビジョンについて、このビジョンが、一日一日と、夜と影から出てきて、私の目に明らかになってゆく前にさえ、私の作品の全体を鼓舞していた、この大きな息吹きについて、まったくの沈黙がなされています。

もし、私ひとりを除いて、もうだれも、このビジョンを見たり、感じたりすることが出来ないとしたならば（また、墓掘り人の精神をもってしては、大きなことがらを見たり、作ったりすることは出来ないでしょうが…）、『収穫と蒔いた種と』のページへといく度もいく度も立ち戻ってきたとしても、それは、私の過ちとは言えないでしょう（『収穫と蒔いた種と』の中で、私は、詳しく、私の人生の基本をなしているものに探りを入れていますから）。このビジョンと私の人生の基本をなしているものについては、『収穫と蒔いた種と』の冒頭にある、「ひとつの作品をめぐるプロムナード」[(1)]の中で、これについて全く知らない読者のために、全体的な素描をおこないました［注(1)はP 631］。名を記していない、この序文の執筆者は、『収穫と蒔いた種と』に言及するという配慮をたしかに払ってはいますが（『収穫と蒔いた種と』について、だれも巻き添えにしないような、いくらか月並みなことを言うために）、じつに明らかなことは、この執筆者は、「ひとつの作品をめぐるプロムナード」も、他の部分も、読むという労を払わなかったということです。たとえ読んだとしても、読んだものを忘れるようによく気をつかったのでしょう。私に「栄誉を与える」ことでは、おせじと月並みなことば以外はなにも用いないという意図の中に閉じこもっていたからでしょう。

たしかに、数学共同体（あるいは、少なくとも、私と共に道を歩んだ人たち、私の学生たち、そして私の友人であった人たちからなるより狭い集団）は、その名を記さない代弁者を通して、重荷をおろしました。大きな重荷でした。その中の最もはっきりとしているのは、私の書き上げられた作品の基本的なものを含んでいる、一連のSGA［マリーの森の代数幾何学セミナー］に関するものです。その作者の資格は、私が高貴な社会を去ったあと、全員一致で、まずは、徐々に沈黙に付され、ついには完全に否認されるに至りました。ところが、名を名乗らない声を通して、この作者の資格が、大きな、明確な——そしてじつに優しいことばを用いて言明されているのです。これで、人びとは、なにも変わったことは一度も生じなかった（さあ、本当でしょうか）と判断するのでしょうか…。このことを私は喜ぶべきなのでしょうか？

これは、取るに足りない「勝利」でしょう！熱心な立て役者であった人たち、あるいは、これにこびて立ち会い人となった人たちのだれのもとでも、なにも、全くなにも変わっていません。うぬぼれに餌（えさ）を投げ与え、うぬぼれがそれを食べているのです！だが、魂は裏切られたままであり、精神も裏切られたままです。私の中の魂と精神のみではありません。**ひとりひとりの**魂と精神も裏切られています。

私は新たにこうしたことを学びました——今回は、嘲弄や侮辱や、不明瞭で、陰険な論調を通してではなく、ひとが私に与えねばならないと考えた、これらの「栄誉」を通して。

つぎのものが、シャピラに宛てた手紙です。

親愛なるシャピラ

レゾメットにて
一九九一年五月二十九日

二十五日付のお手紙ありがとう。すでにイリュジーにはっきりと言ってあることですが、イリュジーあての私の公開の手紙が、フランス数学会の会報（Bulletin）に発表されることを、私が望む理由は、つぎのようなものです。つまり、私は（用いている言語から言っても、出身からしても）フランスの数学者であり、かつそうしたものとして知られていること、また、フランス数学会の会報は、一般に、当然のこととして、フランスの数学共同体の最も代表的な定期刊行物とみなされているからというものです。あなたが挙げている、「わが雑誌の通常の方針」をめぐってある、困難さ（あるいは容易さ）は、国際的な関心をあつめている他のすべての数学雑誌に対しても、同じことを言うことが出来ますし、今後もそう言うことができることについては、私も分かっています。そのため、フランス数学会の会報の編集委員会がこれに否定的な決定を下した場合には、私としては、前もって言っておきますが、フランスあるいは外国の数学雑誌に、この公開の手紙を発表するのをあきらめることにします。私の思いでは、フランスの数学共同体が、フランスの数学者という私の資格（私の公開の手紙の対象となっている『フェストシュリフト』（記念論文集）がこのことを示していますが）のもついくらかの特典を受け入れようと判断するならば、それは、ゆうに1500ページはある（私に栄誉を与えるものと考えられている）一出版物に対して、3ページからなる私の返事を出す権利を私に与えることは、初歩的な礼節あるいは「フェアプレイ」の問題だと考えます。編集委員会が否定的な決定を行なうならば、（取り上げられる実務上の理由がいかなるものであれ、みるからに例外的な、そして明らかに前例のない状況においては）それは、私の目には、検閲という行為にうつります。その検閲の当面の、そしてしばらくの間の効果は、問題の『フェストシュリフト』に関しておおやけに言うべきだと私が考えていることについて、数学に関係のある人びとを無知にしておくというものでしょう。このような決定は、その「会報」を通して、フランス数学会の責任の問題を生じさせるように思います。この故に、説明を加えたこの手紙のコピーを、編集委員会の委員の皆さんとフランス数学会の会長に届くようにしていただければ、あなたに感謝いたします。

あなたの心づかいとあなたの協力に感謝しつつ

アレクサンドル・グロタンディーク

★　★　★

この第3部の訳出にあたっても、著者に質問を出し、ていねいに答えてもらうことができました。比較的小さな事項のみでしたが、30箇所ほどありました。

その中には、ロワール川流域地方の方言やグロタンディークの「造語」などもありました。

今回は、事項さくいんを作ってみました。これは、グロタンディークの長く、多岐にわたる探求の糸をいわばどこからでも捉えることができるようにという考えにもとづいたもので、そこで挙げた事項あるいは言葉のみが重要だとみなしたわけではありません。また、完璧さをめざしたわけではありませんのでそこここで抜け落ちもあるでしょう。

『数学者の孤独な冒険』、『数学と裸の王様』が刊行されて以後、この『収穫と蒔いた種と』に対して強い関心をあらわす言葉を聞くことができました。そうした言葉を発っせられた皆さん——おおぜいなのでここでは名前を挙げられませんが——に、ここで感謝の意を表わしたいと思います。

現代数学社の富田栄、古宮修、竹森章の諸氏には、今回もたいへんお世話になりました。

注 (1) 『数学者の孤独な冒険』、P10—96

一九九一年七月二十三日

辻 雄一

追記

(1)陰—陽のリストのほん訳では、フランス語のひとつの語に対して日本語のひとつの語をあてましたので、ニュアンスの上でどうしてもずれが生じていますが、そのことを加味して、全体として理解していただきたい。

(2)P416の注(11)の「太陽の踊り」などは、実際に日本語で使われている言葉とは異なっていると思われますが、著者グロタンディークが用いているフランス語をそのままほん訳しておきましたので、日本山妙法寺の皆さんは微笑をもって読まれるかもしれません。

(3)献辞およびノート「クロード・シュヴァレーとの別れ」(No.100)[P15]にあります、クロード・シュヴァレーは、日本ではとくによく知られている大数学者であり、数学上の活動については、最近ではつぎのもので紹介されています。

弥永昌吉「Claude Chevalley の業績」(雑誌「数学」(第37巻)(1985年10月)(pp355—361)(岩波書店)

佐竹一郎「シュバレーの思い出」(雑誌「数学セミ

ナー」、No.23、（1984年12月）（日本評論社）
弥永昌吉、佐々木力編「現代数学対話」（1986年）（朝倉書店）の「クロード・シュヴァレー」（pp115—125）

数学を超えたところでの思索や活動についてはあまり知られていません。ガリマール社の「ル・デバ誌」（1988年5—8月号）（No.50）の「知られざる有名人と名高い無名人」という欄（P238）に、ミッシェル・ブルエという人がつぎような少しニュアンスの異なる角度で小文を書いておりますので、その抜すいを紹介しておきます。

「シュヴァレー（クロード）［1909—1984］」

代数学者であり、20世紀の最も傑出した数学者のひとりであるクロード・シュヴァレーは、1909年に［南アフリカ共和国の］ヨハネスブルクで、プロテスタントのしっかりとした伝統をもった家庭で生まれた。

17才で高等師範学校に入学し、そこで、論理学者で哲学者であるジャック・エルブランと友情で結ばれた。このエルブランは、山での事故で23才で亡くなった。第一次世界大戦により、上の世代の人たちが大量に亡くなっていた。これにより、フランスにおける数学研究は損傷を受けていた。したがって、シュヴァレーとエルブランは、主として、自分たち自身で学ぶことになった。数年上の年長者であるアンドレ・ヴェイユから影響を受けて、彼らは、「現代」代数学と数論の研究のためにドイツにゆくことになった。シュヴァレーは、ドイツで類体論についての学位論文を準備した、それは、1933年に口頭審査をパスした。

1934年、ニコラス・ブルキバの教科書をつくるというアイデアが生まれたのは、若い数学者たちからなる小グループにおいてだった。クロード・シュヴァレーは、アンドレ・ヴェイユと共に、そこで、基本的な役割を果たした。最初の分冊は、1939年に刊行された。戦争のため、この集団のメンバーは散り散りとなり、新たに全員がそろったのは、やっと1945年のことだった。

…　…

このきわめて簡潔な文においてさえ、それがどんなに重要なものだとしても、クロード・シュヴァレーの数学上の活動のみを叙述するにとどめておくことは出来ないだろう。事実、彼は生涯を通して哲学に情熱を持ちつづけた。まずはエルブラン、ついでアルノー・ダンデューが彼に深い影響を与えた（シュヴァレーは、彼らと共に、1932—33年に、さまざまな文学あるいは哲学雑誌に多くの論文を発表した）。1930年代の哲学および政治思想の開花に、彼は積極的に参加し、また、1968年の出来事においては、熱烈な立て役者でもあった。このとき、パリ大学の理学部を去り、創立されたばかりのヴァンセンヌの大学に移った。シュヴァレーは、生涯を通じて、「気休めの方便・妥協の醜悪さ、自己自身に対する、さらに一般に人間に対する自己満足の、そしてさらに、あらゆる種類の偽善の醜悪さ」と彼が描いたものに対する自分の考え方に忠実でありつづけた。」

新装版　ある夢と数学の埋葬　――2016©

一九九三年三月　十日　初版1刷発行
二〇一六年十月二十日　新装版1刷発行

著　者　A・グロタンディーク
訳　者　辻　雄一

発行所　京都市左京区鹿ヶ谷西寺ノ前町一
株式会社　現代数学社
電話（〇七五）七五一－〇七二七

印刷・製本　亜細亜印刷株式会社
装　丁　ESpace／eSpace3@me.com

ISBN978-4-7687-0460-8
落丁・乱丁はお取替え致します．